Max Koecher · Aloys Krieg

# Elliptische Funktionen und Modulformen

Zweite, überarbeitete Auflage

Mit 26 Abbildungen

Springer

Prof. Dr. Max Koecher †

Prof. Dr. Aloys Krieg
Lehrstuhl A für Mathematik
Rheinisch-Westfälische Technische Hochschule Aachen
Templergraben 55
52062 Aachen
E-mail: krieg@mathA.rwth-aachen.de
Internet: http://www.mathA.rwth-aachen.de

Bibliografische Information der Deutschen Nationalbibliothek

Die Deutsche Nationalbibliothek verzeichnet diese Publikation in der Deutschen Nationalbibliografie; detaillierte bibliografische Daten sind im Internet über http://dnb.d-nb.de abrufbar.

Mathematics Subject Classification (2000): 11F11, 11F25, 11F27, 11F66, 30B50, 33E05

ISBN 978-3-540-49324-2   Springer Berlin Heidelberg New York

ISBN 978-3-540-63744-8   1. Aufl. Springer-Verlag Berlin Heidelberg New York



Umschlaggestaltung: WMXDesign GmbH, Heidelberg
Herstellung: LE-TeX Jelonek, Schmidt & Vöckler GbR, Leipzig
Satz: Reproduktionsfertige Vorlage des Autors
Gedruckt auf säurefreiem Papier        175/3100YL - 5 4 3 2 1 0

# Vorwort zur zweiten Auflage

Neben der Korrektur von Druckfehlern wurde in der vorliegenden zweiten Auflage das Literaturverzeichnis aktualisiert und ergänzt. Darüber hinaus wurden einige neue Übergangsaufgaben aufgenommen. Frau B. GIESE danke ich für die sorgfältige Erstellung der TEX–Vorlage.

Aachen, im Januar 2007                                            A. KRIEG

# Vorwort zur ersten Auflage

Der vorliegende Text ist aus dem Vorlesungsmanuskript entstanden, das ich im Wintersemester 88/89 in Hemer angefertigt habe. Eine neue Version des Manuskriptes (April 1989) haben freundlicherweise die Herren E. NEHER (Ottawa), H.P. PETERSSON (Hagen) und J. ELSTRODT (Münster) durchgesehen und dabei wertvolle Anmerkungen gemacht. Besonders Herrn ELSTRODT danke ich für viele ergänzende Bemerkungen.

Münster, im Juni 1989                                            M. KOECHER

Das vorliegende Buch wendet sich an Studierende der Mathematik im Hauptstudium. Unser Ziel ist es, im Anschluss an eine einsemestrige Vorlesung über Funktionentheorie eine Einführung in die klassische Theorie der elliptischen Funktionen und elliptischen Modulformen zu geben. Es sei ausdrücklich darauf verwiesen, dass die Kapitel II bis V über Modulformen auch unabhängig vom Kapitel I über elliptische Funktionen gelesen werden können.

Dieses Buch ist aus der Ausarbeitung der oben erwähnten Vorlesung von Herrn KOECHER entstanden. Nach seinem Tod hatte ich die Aufgabe übernommen, die Vorlage im KOECHERschen Stil zu überarbeiten und zu ergänzen. Darüber hinaus habe ich auf der Grundlage dieses Manuskriptes Vorlesungen an der Universität Münster (Wintersemester 89/90 und 91/92) sowie an der RWTH Aachen (Wintersemester 93/94 und 95/96) gehalten. Herrn Dr. K. HAVERKAMP und Herrn Dipl.–Math. F. BÜHLER danke ich für die Mitarbeit bei den Korrekturen, den Zeichnungen und den Aufgaben, Frau G. WECKERMANN und Frau A. SEVES für die Erstellung der druckfertigen TEX–Vorlage und schließlich dem Verlag für sein Entgegenkommen.

Aachen, im Mai 1997                                            A. KRIEG

# Inhaltsverzeichnis

# Kapitel I.

# Elliptische Funktionen

## Einleitung

**1. Vorbemerkung.** Wenn man sich als Student nach Vorlesungen zur Funktionentheorie über ein oder zwei Semester erinnert, welche „konkreten" Funktionen man kennen gelernt hat, so notiert man die

  (i) rationalen Funktionen,
 (ii) trigonometrischen und hyperbolischen Funktionen zusammen mit der Exponentialfunktion und ihre Umkehrfunktionen

sowie eventuell die

(iii) Gamma-Funktion.

Zum gleichen mageren Ergebnis kommt man, wenn man die Standard-Lehrbücher zur Funktionentheorie auf konkrete Funktionen durchsieht.

In allen drei angegebenen Beispielklassen braucht man eigentlich keine zusätzliche Theorie für die Behandlung der Funktionen, man kann sie vielmehr ohne „Funktionentheorie", d. h. ohne Verwendung von Sätzen dieser Theorie, direkt herleiten: Man hat dabei lediglich die in der reellen Analysis üblichen Begründungen auf komplexe Argumente auszudehnen.

Historisch gesehen waren (i) und (ii) sowie die wesentlichen Teile von (iii) bis zum Beginn des 19. Jahrhunderts bekannt. Erst im 19. Jahrhundert beginnt die Funktionentheorie ihren Siegeszug durch die Analysis, nachdem eine Theorie zur Behandlung neuer Funktionenklassen entwickelt werden musste. Eine solche neue Klasse von Funktionen wird in diesem Kapitel I untersucht.

**2. Integrationsprobleme.** Im ausgehenden 18. und beginnenden 19. Jahrhundert wurde immer wieder das Problem der Berechnung eines Integrals der Form

$$(1) \qquad F(x) := \int_a^x \frac{dt}{\sqrt{p(t)}}$$

behandelt, wobei $p(t)$ ein gegebenes reelles Polynom 3. oder 4. Grades in $t$ ist, das im betrachteten Intervall nur positive Werte annimmt. Die analoge Frage für Polynome $p$ vom Grad 1 oder 2 kann elementar bzw. mit den Funktionen 1(ii) gelöst werden. Im Fall (1) gelingt eine elementare Integration jedoch i. A. nicht! Integrale der Form (1) treten u. a. bei der Bestimmung der Bogenlänge von Ellipsen (vgl. **5**), Hyperbeln und der Lemniskate ($p(t) = 1 - t^4$, vgl. **4**) auf, man nennt sie daher (missverständlich) *elliptische Integrale*. Solche elliptischen Integrale findet man in der Literatur zuerst um etwa 1655 bei J. WALLIS (1616–1703) und dann bei Jacob BERNOULLI (1654–1705).

Will man die Problematik umgehen, die durch eventuelle Nullstellen von $p$ entsteht, so nehme man an, dass $F$ (lokal) eine streng monoton wachsende Umkehrfunktion $G$ besitzt. Eine elementare Umrechnung führt dann zum (äquivalenten) Problem der Lösung der Differentialgleichung

$$(2) \qquad\qquad G'^2 = F'(G)^{-2} = p(G).$$

An dieser Differentialgleichung kann man sich leicht überlegen, dass man den Fall eines Polynoms $p$ vom Grad 4 stets auf den Fall eines Polynoms von einem Grad $\leq 3$ zurückführen kann:

**Proposition.** *Sei $p(t)$ ein komplexes Polynom vom Grad 4 und $r \in \mathbb{C}$ eine Nullstelle von $p(t)$ sowie*

$$q(t) := p'(r) \cdot t^3 + \tfrac{1}{2}p''(r) \cdot t^2 + \tfrac{1}{6}p'''(r) \cdot t + \tfrac{1}{24}p^{(iv)}(r) \in \mathbb{C}[t].$$

*In diesem Fall ist $G$ genau dann eine Lösung der Differentialgleichung $G'^2 = p(G)$, wenn entweder*

$$G \equiv r \quad oder \quad H := \frac{1}{G - r}$$

*die Differentialgleichung*

$$(3) \qquad\qquad H'^2 = q(H)$$

*erfüllt.*

*Beweis.* Es sind

$(*) \quad G \not\equiv r$ und $H = 1/(G - r)$ gleichwertig mit $H \not\equiv 0$ und $G = r + 1/H$.

Ist $G \not\equiv r$ eine Lösung von $G'^2 = p(G)$, so liefert eine einfache Rechnung

$$H'^2 = (G - r)^{-4} \cdot G'^2 = (G - r)^{-4} \cdot p(G) = H^4 \cdot p\left(\frac{1}{H} + r\right) = q(H),$$

also (3).

Sei nun $H$ eine Lösung von (3). Aufgrund von $q(0) = \tfrac{1}{24}p^{(iv)}(0) \neq 0$ gilt $H \not\equiv 0$. Wegen $(*)$ ergibt eine analoge Rechnung

$$G'^2 = H^{-4} \cdot H'^2 = (G - r)^4 \cdot q\left(\frac{1}{G - r}\right) = p(G). \qquad\qquad \square$$

Hat $q$ den Grad 3, so ersetzt man ggf. noch $H$ durch $\alpha H + \beta$, $\alpha, \beta \in \mathbb{C}$, $\alpha \neq 0$. Dann kann man $q$ in der so genannten WEIERSTRASS*schen Normalform*

$$(4) \qquad q(t) = 4t^3 - c_2 t - c_3$$

annehmen. Der in der Proposition aufgezeigte Weg, von einem Polynom 4. Grades zu einem Polynom 3. Grades zu gelangen, wurde erstmals 1856 von A. CAYLEY (1821–1895) angegeben (*Coll. math. papers IV*, 60–69). Diese Reduktion wurde von K.T.W. WEIERSTRASS (1815–1897) etwa ab 1862 in seinen Vorlesungen an der Universität Berlin behandelt (*Math. Werke V*).

Ein anderer Weg einer Reduktion auf eine einfache Normalform wurde schon ab 1825 von A.M. LEGENDRE (1752–1833) (vgl. [1825; I], 4–11, oder H. WEBER [1908], §4) eingeschlagen: $p(t)$ habe nur einfache Nullstellen. Es seien $a, b \in \mathbb{C}$, $a \neq b$ mit $p(a) = p(b) = 0$. Man setzt nun mit einem $0 \neq \gamma \in \mathbb{C}$:

$$H := \begin{cases} \sqrt{\gamma \cdot (G - a)}, & \text{falls } \operatorname{Grad} p(t) = 3, \\ \sqrt{\gamma \cdot (G - a)/(G - b)}, & \text{falls } \operatorname{Grad} p(t) = 4. \end{cases}$$

Aus (2) folgt für $H$ eine Differentialgleichung der Form

$$H'^2 = AH^4 + BH^2 + C, \quad A, B, C \in \mathbb{C}, \quad AC \neq 0.$$

Durch geeignete Wahl von $0 \neq \gamma \in \mathbb{C}$ erhält man eine Reduktion auf die so genannte LEGENDRE*sche Normalform*

$$(5) \qquad H'^2 = C \cdot q(H), \quad q(t) = (1 - t^2) \cdot (1 - k^2 t^2), \quad k^2 \in \mathbb{C}, \ k^2 \neq 0, 1.$$

Die Zahl $k$ nennt man den *Modul* des zugehörigen elliptischen Integrals. Geht man von der WEIERSTRASS*schen* Normalform (4) mit

$$p(t) = 4(t - a)(t - b)(t - c)$$

aus, so kommt man z. B. auf

$$k^2 = (b - a)/(c - a).$$

Hat $p(t)$ den Grad 4, so ist $k^2$ das Doppelverhältnis der Nullstellen. Entsprechend nennt man ein Integral der Gestalt

$$(6) \qquad \int_0^x \frac{dt}{\sqrt{(1 - t^2)(1 - k^2 t^2)}}$$

ein Integral (erster Gattung) in LEGENDRE*scher Normalform.* Durch die Substitution $t = \sin \psi$ kann man (6) zurückführen auf Integrale der Form

$$(7) \qquad \int_0^\varphi \frac{d\psi}{\sqrt{1 - k^2 \sin^2 \psi}}, \qquad \varphi = \arcsin x,$$

die ebenfalls nach LEGENDRE benannt werden.

**3. FAGNANOS Beispiel.** An einem über 250 Jahre alten Beispiel soll nun gezeigt werden, dass Lösungen der Differentialgleichung 2(2) zusätzliche unerwartete Eigenschaften haben können: Sei dazu $p(t) := 1 - t^4$, d. h. $k = i$ in 2(6), also

$$(1) \qquad F(x) := \int_0^x \frac{dt}{\sqrt{1 - t^4}} \, , \quad 0 \le x \le 1.$$

Aufgrund von $1 - t^4 = (1 - t)(1 + t + t^2 + t^3) \ge 1 - t$ für alle $0 \le t \le 1$ existiert das uneigentliche Integral $F(1) =: \sigma$ (vgl. **4.5**). Die Funktion $F : [\![0, 1]\!] \to [\![0, \sigma]\!]$ ist streng monoton wachsend und stetig und hat daher eine streng monoton wachsende Umkehrfunktion $G : [\![0, \sigma]\!] \to [\![0, 1]\!]$ mit der Eigenschaft

$$(2) \qquad G'^2 = 1 - G^4 \, , \; G(0) = 0 \, , \; G'(0) = 1.$$

Conte G.C. FAGNANO (1682–1766; *Opere matematiche I–III*, Mailand–Rom–Neapel 1911–1912) entdeckte um 1750 eine unerwartete Eigenschaft von $F$:

**Satz von FAGNANO.** *Für alle hinreichend kleinen $x \ge 0$ gilt*

$$2F(x) = F\left( 2x \cdot \frac{\sqrt{1 - x^4}}{1 + x^4} \right) \, .$$

Man schreibt dies auf die Umkehrfunktion $G$ um und erhält das

**Korollar.** *Für alle hinreichend kleinen $u \ge 0$ gilt*

$$G(2u) = \frac{2G(u)G'(u)}{1 + G^4(u)} \, .$$

*Beweis.* Der Ansatz $t^2 = 2s^2/(1 + s^4)$ führt zu

$$1 - t^4 = \left( (1 - s^4)/(1 + s^4) \right)^2 \quad \text{und} \quad t \cdot dt = 2s(1 - s^4)/(1 + s^4)^2 \cdot ds,$$

also zu

$$\frac{dt}{\sqrt{1 - t^4}} = \sqrt{2} \cdot \frac{ds}{\sqrt{1 + s^4}}.$$

Die erneute Substitution $s^2 = 2r^2/(1 - r^4)$, also $t = 2r \cdot \sqrt{1 - r^4}/(1 + r^4)$, ergibt

$$\frac{ds}{\sqrt{1 + s^4}} = \sqrt{2} \cdot \frac{dr}{\sqrt{1 - r^4}}, \quad \text{also} \quad \frac{dt}{\sqrt{1 - t^4}} = 2 \cdot \frac{dr}{\sqrt{1 - r^4}}.$$

Das ist aber die Behauptung. $\qquad\qquad\qquad\qquad\qquad\qquad\qquad\qquad\qquad\square$

An der durch (2) definierten Funktion $G$ kann man die Herleitung von 2(4) gut exemplifizieren: Man setzt

$$H := \frac{1}{G+1} - \frac{1}{2}, \quad \text{also} \ \ G = \frac{1-2H}{1+2H}$$

und verifiziert die WEIERSTRASSsche Normalform $H'^2 = 4H^3 + H$. Mit der Substitution $G = 1/\sqrt{H}$ erhält man dagegen $H'^2 = 4H^3 - 4H$. Man vergleiche hierzu WEIERSTRASS' Arbeit über die *lemniskatische* Funktion (*Math. Werke VI*, 183–219).

FAGNANOs Werk *Produzioni matematiche* wurde L. EULER am 23.12.1751 zur Begutachtung in der Berliner Akademie vorgelegt. Diesen Tag bezeichnet JACOBI als den *Geburtstag* der elliptischen Funktionen. In der Tat gab das Studium des genannten Werkes EULER die Anregung zu seinen wichtigsten Untersuchungen über die elliptischen Integrale, insbesondere zur Entdeckung der Additionstheoreme (P. STÄCKEL und W. AHRENS [1908], 23, 31 und 34):

> *... Bei dieser Gelegenheit habe ich auch einen für Geschichte der Mathematik ungemein wichtigen Tag gefunden, an welchem unsere Akademie EULER auffordert, das von FAGNANI ihr übersandte Werk zu prüfen, ehe man dem Verfasser antwortet. Aus dieser Prüfung ist die Theorie der elliptischen Functionen entstanden* (Brief von JACOBI an FUSS vom 24.10.1847).

Im Jahre 1761 griff L. EULER (1707–1783; *Opera omnia I*, **20**, 58–107) dieses Problem auf und zeigte ein allgemeines *Additionstheorem*:

**Satz von EULER.** *Für alle hinreichend kleinen* $x, y \geq 0$ *gilt*

$$F(x) + F(y) = F\left( \frac{x\sqrt{1-y^4} + y\sqrt{1-x^4}}{1 + x^2 y^2} \right).$$

Der Übergang zur Umkehrfunktion ergibt hier das

**Korollar.** *Für alle hinreichend kleinen* $u, v \geq 0$ *gilt*

$$G(u+v) = \frac{G(u)G'(v) + G(v)G'(u)}{1 + G^2(u)G^2(v)}.$$

Bald danach schreibt EULER, dass die elliptischen Integrale als selbstständige Transzendente in die Analysis eingeführt werden sollten. LEGENDRE hat diese Auffassung voll unterstützt.

Das Beispiel von FAGNANO ist in dem Sinne typisch, dass die Umkehrfunktion von Integralen der Form 2(1), d. h. die Lösungen von Differentialgleichungen der Form 2(2), eine Klasse von interessanten Funktionen bilden. Man wird dabei natürlich ins Komplexe gehen und allgemein meromorphe Funktionen zulassen. Aus der eindeutigen Lösbarkeit des Anfangswertproblems (2) erhält man

$$(3) \qquad\qquad G(iu) = iG(u).$$

Das Korollar zum Satz von EULER zeigt dann, dass die Funktion $G$ *doppelt-periodisch* sein wird: Für alle $v \in \mathbb{C}$ mit $G'(v) = 1$ gilt $G(v) = 0$ nach (2) und damit $G(u + v) = G(u)$ für alle $u \in \mathbb{C}$. Wegen (3) ist dann mit $v$ auch $iv$ eine Periode von $G$.

Die Entdeckung der doppelten Periodizität jener Umkehrfunktionen ist die Grundlage der Entwicklung der Theorie der elliptischen Funktionen durch N.H. ABEL (ab 1826) und C.G.J. JACOBI (ab 1827). Bereits gegen Ende des 18. Jahrhunderts besaß C.F. GAUSS wesentliche Ergebnisse zu den elliptischen Funktionen. Er hat dazu aber außer einer kurzen Andeutung in den *Disquisitiones arithmeticae* (*Werke I*, Art. 335 (1801)), einer Anwendung auf die Arithmetik (*Werke II*, 9–45 (1808)) und einer Anwendung auf die Theorie der Säkularstörung (*Werke III*, 331–355 (1818)) nichts veröffentlicht. Dass GAUSS in der Tat viele wesentliche Ergebnisse bekannt waren, wurde erst bei der Sichtung und Auswertung seines Nachlasses deutlich (*Werke III*, 361–490, und *VIII*, 35–117; ferner F. KLEIN und M. BRENDEL [1911]).

In diesem ersten Kapitel wird ein auf J. LIOUVILLE (1809–1882) und H. BURKHARDT (1861–1914) zurückgehender Zugang zu diesen Funktionen entwickelt, der nicht wie noch bei K.T.W. WEIERSTRASS (*Math. Werke V*) von den elliptischen Integralen ausgeht, sondern die doppelte Periodizität in den Mittelpunkt stellt. In der Literatur erscheint dieser Aufbau wohl erstmals in dem Buch von H. BURKHARDT ([1899], 2. Abschnitt). Durch das klassische Buch von HURWITZ–COURANT [1964] aus dem Jahre 1922 wurde dieser Ansatz weltweit verbreitet.

**4. Die Lemniskate und ihre Bogenlänge.** In der euklidischen Ebene $\mathbb{R}^2$ seien zwei verschiedene Punkte $p, q$ gegeben. Unter einer *Lemniskate* versteht man dann den geometrischen Ort aller Punkte $z \in \mathbb{R}^2$, für welche

$$(1) \qquad |z - p| \cdot |z - q| = \tfrac{1}{4}|p - q|^2$$

gilt. Offenbar geht die Kurve durch den Mittelpunkt $\frac{1}{2}(p+q)$ der Strecke von $p$ nach $q$. Bis auf eine Bewegung der Ebene darf man daher den Mittelpunkt als Ursprung sowie

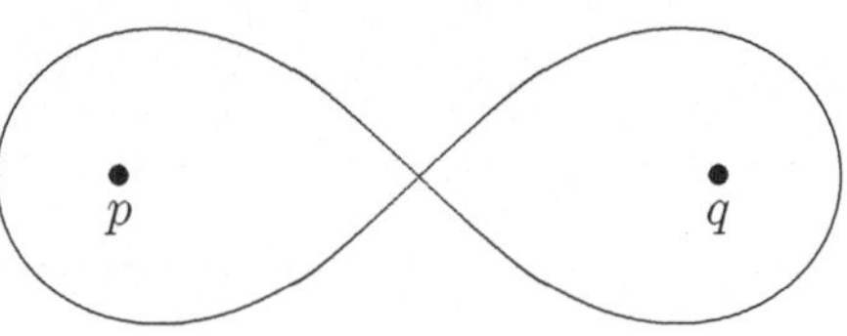


Abb.1: Die Lemniskate

$$p = \begin{pmatrix} -a \\ 0 \end{pmatrix}, \; q = \begin{pmatrix} a \\ 0 \end{pmatrix}, \; a > 0 \quad \text{und} \quad z = \begin{pmatrix} x \\ y \end{pmatrix},$$

also

$$((x + a)^2 + y^2) \cdot ((x - a)^2 + y^2) = a^4$$

annehmen. Dies ist gleichwertig mit $(x^2 + y^2)^2 = 2a^2(x^2 - y^2)$. Nun liegt es nahe, die Normierung $2a^2 = 1$ vorzunehmen, also den Abstand der beiden Punkte $p, q$ auf $\sqrt{2}$ zu normieren:

$$(2) \qquad\qquad\qquad (x^2 + y^2)^2 = x^2 - y^2.$$

Führt man hier Polarkoordinaten $x = r\cos\varphi$, $y = r\sin\varphi$, $r \geq 0$, $0 \leq \varphi < 2\pi$, ein, so wird (2) gleichwertig mit

$$(3) \qquad\qquad r^2 = \cos 2\varphi , \ 0 \leq \varphi < 2\pi.$$

In der Analysis lernt man, dass die Bogenlänge $s = s(t)$ einer in Polarkoordinaten $r = r(t)$ und $\varphi = \varphi(t)$ gegebenen Kurve durch die Differentialgleichung

$$(4) \qquad\qquad s'^2 = x'^2 + y'^2 = r'^2 + r^2 \cdot \varphi'^2$$

bestimmt ist.

**Proposition.** *Die Bogenlänge der Lemniskate wird gegeben durch*

$$s'^2 = \frac{r'^2}{1 - r^4}.$$

*Beweis.* Aus (3) folgt $rr' = -\sin 2\varphi \cdot \varphi'$, also auch

$$r^2 r'^2 = \sin^2 2\varphi \cdot \varphi'^2 = (1 - \cos^2 2\varphi) \cdot \varphi'^2 = (1 - r^4) \cdot \varphi'^2.$$

Wegen (4) erhält man

$$s'^2 = r'^2 \cdot \left(1 + \frac{r^4}{1 - r^4}\right) = \frac{r'^2}{1 - r^4} . \qquad\qquad \square$$

Beschränkt man sich etwa auf den ersten Quadranten, so kann man $r$ als Parameter wählen. Dann wird die Bogenlänge der Lemniskate gegeben durch

$$F(R) := \int_0^R \frac{dr}{\sqrt{1 - r^4}},$$

also durch das FAGNANO–*Integral* 3(1), das in **4.5** berechnet wird. Der Satz von FAGNANO besagt dann, dass das Doppelte der Länge des Bogens zwischen dem Ursprung und dem Punkt $P$ mit der Länge des Bogens zwischen dem Ursprung und dem Punkt $Q$ bereinstimmt, wenn die zugehörigen Parameter $r = r_P$ und $R = r_Q$ die Beziehung

$$R = 2r \cdot \sqrt{1 - r^4}/(1 + r^4)$$

erfüllen. Die geometrische Bedeutung dieser Formel liegt in der Tatsache, dass die Quadrate von $R$ und $r$ wegen

$$R^2 = 4r^2 \cdot \frac{1 - r^4}{(1 + r^4)^2} \quad \text{bzw.} \quad r^2 = \frac{2t^2}{1 + t^4} \quad \text{mit} \quad t^2 = \frac{2R^2}{1 - R^4}$$

jeweils durch rationale Operationen zusammen mit dem Ziehen von Quadratwurzeln auseinander hervorgehen. Man erhält den

**Satz.** *Die Verdopplung des Lemniskatenbogens ist durch Konstruktion mit Zirkel und Lineal möglich.*

FAGNANO schätzte diese Verdopplung so sehr, dass er den (später ausgeführten) Wunsch äußerte, eine Lemniskate auf seinem Grabstein einzumeißeln!

**Literatur:** C.L. SIEGEL, *Ges. Abhandlungen III*, 249–251, und [1988].

**5. Die Bogenlänge der Ellipse.** Im Anschluss an die Arbeit über das FAGNANO-Integral 3(1) hat EULER noch 1761 (*Opera omnia I*, **20**, 153–200) ein Integral behandelt, das die Bogenlänge der Ellipse einschließt. Für das Integral

$$(1) \qquad E(x) := \int_0^x \frac{1 + At^2 + Bt^4}{\sqrt{1 + Ct^2 + Dt^4}}\, dt$$

zeigte EULER dort die Funktionalgleichung

$$(2) \qquad E(x) + E(y) - E(z) = xyz \cdot \left( -A - \frac{x^2 + y^2 + z^2}{2} B + \frac{x^2 y^2 z^2}{6} BD \right)$$

mit

$$(3) \qquad z := \frac{x\sqrt{1 + Cy^2 + Dy^4} + y\sqrt{1 + Cx^2 + Dx^4}}{1 - Dx^2 y^2}.$$

Wie man sieht, herrscht im Fall $A = B = 0$ völlige Analogie zum Satz von EULER in **3**.

Ist nun eine Ellipse gegeben durch

$$\frac{x^2}{a^2} + \frac{y^2}{b^2} = 1\,,\ a > 0,\ \ b > 0,$$

so gilt im ersten Quadranten

$$y = \frac{b}{a}\sqrt{a^2 - x^2}\,,\ y' = -\frac{b}{a}\frac{x}{\sqrt{a^2 - x^2}}\,,\ \ 0 \le x < a.$$

Damit erhält man für die Bogenlänge ein Integral der Form

$$\frac{1}{a}\int_0^x \frac{\sqrt{a^4 + (b^2 - a^2)s^2}}{\sqrt{a^2 - s^2}}\, ds = a\int_0^{x/a} \frac{\sqrt{1 + kt^2}}{\sqrt{1 - t^2}}\, dt\,,\ \ k := \frac{b^2 - a^2}{a^2},$$

wenn man $s = at$ substituiert. Da man hierfür auch

$$a\int_0^{x/a} \frac{1 + kt^2}{\sqrt{(1 - t^2)(1 + kt^2)}}\, dt$$

schreiben kann, ergibt (2) eine einfache Funktionalgleichung für die Bogenlänge.

**6. ABEL und JACOBI: Eine Theorie entsteht.** Das *Journal für die reine und angewandte Mathematik* oder *Crelles Journal* war Mitte des 19. Jahrhunderts international die führende mathematische Zeitschrift. Sie wurde 1826 von dem Oberbaurat A.L. CRELLE (1780–1855; ab 1828 Referent im preußischen Kultusministerium) gegründet. Der erste Band enthält 7 Arbeiten von N.H. ABEL (1802–1829). Darunter ist die berühmte Arbeit über die Unlösbarkeit der allgemeinen Gleichung 5. Grades durch Radikale. Im gleichen Band findet man eine Arbeit von C.G.J. JACOBI (1804–1851), während im zweiten Band 9 Arbeiten von JACOBI und 4 von ABEL abgedruckt sind.

Sowohl in ABELs grundlegender Arbeit *Recherches sur les fonctions elliptiques* aus dem Jahre 1827/28 (*Œuvres complètes I*, 263–388) als auch in JACOBIs berühmtem Buch *Fundamenta nova theoriae functionum ellipticarum* aus dem Jahre 1829 (*Ges. Werke I*, 49–239) entsteht aus einer Theorie der elliptischen Integrale eine Theorie der elliptischen Funktionen durch Benutzung der Umkehrfunktionen der elliptischen Integrale in LEGENDREscher Normalform, wie sie etwa gleichzeitig auch JACOBI entwickelte. Die Theorie erscheint als eine natürliche Verallgemeinerung der trigonometrischen Funktionen. Ein wesentlicher Teil ist dabei der Multiplikation der elliptischen Funktionen im Sinne von **6.8** gewidmet. Es erscheint heute so, dass ABEL einige Zeit vor JACOBI im Besitz der wesentlichen Einsichten war.

In den *Fundamenta nova* übernimmt JACOBI für die obere Grenze $\varphi$ des LEGENDREschen Integrals 2(7)

$$(1) \qquad u := u(\varphi) := \int_0^{\varphi} \frac{d\psi}{\sqrt{1 - k^2 \sin^2 \psi}}$$

von LEGENDRE ([1825; I], 14) die Benennung *Amplitude*, schreibt $\varphi = am\, u$ für die Umkehrfunktion von (1) und nennt die trigonometrischen Funktionen

$$\sin \varphi = \sin(am\, u)\,, \quad \cos \varphi = \cos(am\, u)\,, \quad \sqrt{1 - k^2 \sin^2 \varphi} = \Delta(am\, u)$$

*elliptische Funktionen*. Nach Chr. GUDERMANN (1798–1852; Crelles Journal **18, 19, 20, 21, 23** und **25**) schreibt man auch kurz

$$(2) \qquad sn\, u\,, \; cn\, u\,, \; dn\, u.$$

JACOBI zeigte, dass die Funktionen (2) zwei „unabhängige" Perioden haben, nämlich $4K$ und $2iK$ mit $K := u(\pi/2)$.

In der Gedächtnisrede auf JACOBI vergleicht L. DIRICHLET die Ergebnisse von ABEL und JACOBI in lesenswerter Weise (C.G.J. JACOBI, *Ges. Werke I*, 1–28). Er schreibt auf S. 10:

> Obgleich die Umgestaltung der Theorie der elliptischen Functionen, welche man Abel und Jacobi verdankt, aus dem Zusammenwirken mehrerer sich gegenseitig unterstützender Gedanken hervorgegangen ist, so scheint doch zweien dieser

Gedanken die größte Wichtigkeit zugeschrieben werden zu müssen, weil sie alle Theile der neuen Theorie innig durchdringen. Während die früheren Bearbeiter dieses Gegenstandes das elliptische Integral der ersten Gattung als eine Function seiner Grenze ansahen, erkannten Abel und Jacobi unabhängig von einander, wenn auch der erstere einige Monate früher, die Nothwendigkeit die Betrachtungsweise umzukehren und die Grenze nebst zwei einfachen von ihr abhängigen Größen, die so unzertrennlich mit ihr verbunden sind wie der Sinus zum Cosinus gehört, als Functionen des Integrals zu behandeln, gerade wie man schon früher zur Erkenntniss der wichtigsten Eigenschaften der vom Kreise abhängigen Transcendenten gelangt war, indem man den Sinus und Cosinus als Functionen des Bogens und nicht diesen als eine Function von jenen betrachtete.

Ein zweiter Abel und Jacobi gemeinsamer Gedanke, der Gedanke das Imaginäre in diese Theorie einzuführen, war von noch größerer Bedeutung und Jacobi hat es später oft wiederholt, dass die Einführung des Imaginären allein alle Räthsel der früheren Theorie gelöst habe.

**Niels Henrik Abel** wurde 1802 als Sohn eines mittellosen Pfarrers in dem norwegischen Dorf Find bei Stavanger geboren. Ab 1822 besuchte er die Universität von Christiania, er las bereits als Schüler klassische mathematische Literatur und bemerkte dabei, dass nicht alle der veröffentlichten Sätze durch strenge Beweise gesichert waren. Er soll sich schon damals vorgenommen haben, an der Schließung dieser Lücken zu arbeiten. Sein Lehrer Holmboe, der bereits 1839 das *Œuvres* Abels herausgab, erkannte seine außergewöhnliche Begabung. Abel erregte Aufsehen durch eine Veröffentlichung, in der er fälschlich behauptete, eine allgemeine Methode zur Auflösung der allgemeinen Gleichung fünften Grades zu besitzen. Den Nachweis, dass eine solche Methode nicht existiert, veröffentlichte er 1824 auf einem Flugblatt (*Œuvres complètes I*, 28–33).

Auf Grund dieses Erfolges erhielt er ein Stipendium für eine Auslandsreise, die ihn zunächst nach Berlin zu A.L. Crelle, dem Herausgeber des „Journals", führte. Anschließend reiste er nach Paris zu Cauchy, wo er erkrankte. Er kehrte 1827 nach Oslo zurück und starb dort 1829 an Tuberkulose.

**Carl Gustav Jacob Jacobi** wurde 1804 in Potsdam als Sohn eines vermögenden Bankiers geboren. Ab 1821 studierte er an der Universität Berlin, an der er auch im Alter von nur 20 Jahren seine akademische Karriere als Privatdozent begann. Von 1826 bis 1844 war er an der Universität Königsberg tätig, wo er den Astronomen F. Bessel traf. Jacobi verfasste zahlreiche Arbeiten über elliptische Funktionen, Analysis, Zahlentheorie, Geometrie und Mechanik. Seine Arbeiten über elliptische Funktionen führten ihn zu der französischen Schule um Legendre, Fourier und Poisson, die er zweimal in Paris besuchte.

Im Jahre 1843 erkrankte Jacobi schwer an Diabetes. Seine hoch geschätzten Vorlesungen konnte er fortan nur noch selten halten. Nach einer Art Kuraufenthalt in Italien ging er 1844 als Mitglied der Preußischen Akademie der Wissenschaften zurück nach Berlin, wo er 1851 starb.

# §1. Perioden und Gitter

**1. Meromorphe Funktionen.** Eine Funktion $f$ heißt *meromorph* auf $\mathbb{C}$, wenn es eine abgeschlossene, diskrete Teilmenge $D_f$ von $\mathbb{C}$ gibt, so dass

(i)  $f : \mathbb{C} \setminus D_f \to \mathbb{C}$ holomorph ist und
(ii) in den Punkten von $D_f$ Pole hat.

Dabei heißt eine abgeschlossene Teilmenge $D$ von $\mathbb{C}$ *diskret*, wenn es zu jedem $c \in \mathbb{C}$ eine Umgebung $U$ von $c$ gibt, für die $D \cap U$ endlich ist. Für $U$ kann man jede beschränkte Umgebung von $c$ nehmen. Äquivalent kann man sagen, dass die Menge

$$(1) \qquad \{z \in D\,;\ |z| \leq \rho\} \text{ für jedes } \rho > 0 \text{ endlich ist.}$$

Weiter hat $f$ in $c \in D_f$ genau dann einen *Pol*, wenn $f$ in $c$ nicht holomorph fortsetzbar ist, wenn es aber eine positive ganze Zahl $m$ und eine Umgebung $U$ von $c$ gibt, so dass

$$(2) \qquad (z - c)^m \cdot f(z) \quad \text{auf } U \setminus \{c\} \text{ beschränkt ist.}$$

Bezieht man das Nullstellenverhalten an den Holomorphiestellen von $f$ ein, so ist $f \neq 0$ genau dann auf $\mathbb{C}$ meromorph, wenn es zu jedem $c \in \mathbb{C}$ ein $n \in \mathbb{Z}$, eine Umgebung $U$ von $c$ und eine holomorphe Funktion $g : U \to \mathbb{C}$ gibt mit der Eigenschaft

$$(3) \qquad f(z) = (z - c)^n \cdot g(z) \quad \text{für alle } z \in U \setminus \{c\} \text{ und } g(c) \neq 0.$$

Dann ist natürlich $n =: \mathrm{ord}_c f$ die *Ordnung von $f$ in $c$*. Die Menge der auf $\mathbb{C}$ meromorphen Funktionen wird mit $\mathcal{M}$ bezeichnet. Dem Leser wird dringend empfohlen, Beispiele von meromorphen Funktionen zu sammeln, die über die rationalen Funktionen hinausgehen. Wegen (2) sind mit $f$ und $g$ natürlich auch $\alpha f$, $\alpha \in \mathbb{C}$, $f + g$ und $f \cdot g$ wieder meromorph und es gilt .

$$D_{\alpha f} = D_f\,,\ \alpha \neq 0\,,\ D_{f+g} \subset D_f \cup D_g\,,\ D_{fg} \subset D_f \cup D_g.$$

Nach dem Identitätssatz ist die Nullstellenmenge eines $0 \neq f \in \mathcal{M}$ abgeschlossen und diskret in $\mathbb{C}$. Damit ist auch $1/f$ auf $\mathbb{C}$ meromorph und es gilt der

**Satz.** *Die auf $\mathbb{C}$ meromorphen Funktionen $\mathcal{M}$ bilden einen Körper.*

**Bemerkungen.** a) Die meromorphen Funktionen auf $\mathbb{C}$ sind entgegen dem üblichen Sprachgebrauch nicht auf $\mathbb{C}$ definierte Abbildungen. Durch die übliche Erweiterung der Definition $f(c) := \infty$ für alle $c \in D_f$ erhält man jetzt aus jeder meromorphen Funktion $f$ eine Abbildung $f : \mathbb{C} \to \mathbb{P}(\mathbb{C}) := \mathbb{C} \cup \{\infty\}$. Die Verknüpfungen in $\mathcal{M}$ sind dann mit den üblichen Rechenregeln für das Rechnen mit Unendlich,

$$c + \infty = \infty\,,\quad \frac{\alpha}{0} = \infty\,,\quad \frac{\alpha}{\infty} = 0\,,\quad \alpha \cdot \infty = \infty \quad \text{für } \alpha \neq 0 \quad \text{usw.}$$

verträglich. Die Bezeichnung $\mathbb{P}(\mathbb{C})$ soll daran erinnern, dass $\mathbb{C} \cup \{\infty\}$ auf kanonische Weise mit dem *projektiven Raum* $\mathbb{P}_1(\mathbb{C})$ identifiziert werden kann. Als Warnung wird vermerkt, dass weder $0 \cdot \infty$ noch $\infty \pm \infty$ definiert sind: Diese Bildungen haben keinen Sinn.

b) Algebraisch ist $\mathcal{M}$ der Quotientenkörper des Ringes aller ganzen Funktionen: Zu jedem $f \in \mathcal{M}$ gibt es auf $\mathbb{C}$ holomorphe Funktionen $p$ und $q$, $q \not\equiv 0$, mit

$$f(z) = p(z)/q(z) \quad \text{für alle} \quad z \in \mathbb{C} \setminus D_f.$$

Für einen Beweis vergleiche man R. REMMERT [1995], Satz 3.1.5.

**2. Perioden meromorpher Funktionen.** Zunächst führen wir eine abkürzende, unmissverständliche Schreibweise ein: Für $\omega \in \mathbb{C}$ und $D \subset \mathbb{C}$ sei die Teilmenge $D + \omega$ von $\mathbb{C}$ erklärt durch

$$(1) \qquad\qquad D + \omega := \{d + \omega \; ; \; d \in D\}.$$

Offenbar gilt dann

$$(2) \qquad\qquad (D + \omega) + \omega' = D + (\omega + \omega') \quad \text{für} \quad \omega, \omega' \in \mathbb{C}.$$

Sei $f$ eine meromorphe Funktion auf $\mathbb{C}$. Ein $\omega \in \mathbb{C}$ heißt *Periode* von $f$, wenn

(P.1)   $D_f + \omega = D_f$   und
(P.2)   $f(z + \omega) = f(z)$   für alle $z \in \mathbb{C} \setminus D_f$

erfüllt ist. Trivialerweise ist $0$ eine Periode von $f$ für jedes $f \in \mathcal{M}$. Es bezeichne Per $f$ die Menge der Perioden von $f$. Wegen (2) sieht man sofort, *dass* Per $f$ *stets eine Untergruppe der additiven Gruppe* $\mathbb{C}$ *ist*. Fordert man (P.2) für alle $z \in \mathbb{C}$, für welche beide Seiten von (P.2) erklärt sind, dann ist (P.1) eine Konsequenz von (P.2). Natürlich gilt Per $f = \mathbb{C}$ für jede konstante Funktion $f$.

**Lemma.** *Ist $f \in \mathcal{M}$ nicht konstant, dann ist* Per $f$ *eine abgeschlossene, diskrete Untergruppe der additiven Gruppe* $(\mathbb{C}, +)$.

*Beweis.* Ist Per $f$ nicht diskret oder nicht abgeschlossen, dann gibt es paarweise verschiedene $\omega_n \in$ Per $f$, $n \geq 1$, für die $\omega := \lim_{n \to \infty} \omega_n$ existiert. Aus (P.1) folgert man $D_f + \omega = D_f$, da $D_f$ abgeschlossen in $\mathbb{C}$ ist. Ist $f$ in $c$ holomorph, dann ist $f$ also auch in $c + \omega$ holomorph und es gilt $f(c) = f(c + \omega_n)$ für alle $n$. Nach dem Identitätssatz ist $f$ aber konstant gleich $f(c) = f(c + \omega)$. $\qquad\square$

Eine Beschreibung der möglichen Periodenmengen beinhaltet das

**3. Fundamental-Lemma.** *Ist $f \in \mathcal{M}$ nicht konstant, so tritt genau einer der drei folgenden Fälle ein:*

(I)   Per $f = \{0\}$.

(II)  *Es gibt ein bis auf das Vorzeichen eindeutig bestimmtes $\omega_f \in \mathbb{C} \setminus \{0\}$ mit
      der Eigenschaft* Per $f = \mathbb{Z}\omega_f := \{m\omega_f\,;\ m \in \mathbb{Z}\}$.

(III) *Es gibt $\omega_1, \omega_2 \in \mathbb{C} \setminus \{0\}$ mit folgenden Eigenschaften*

   (i)   Per $f = \mathbb{Z}\omega_1 + \mathbb{Z}\omega_2 := \{m_1\omega_1 + m_2\omega_2\,;\ m_1, m_2 \in \mathbb{Z}\}$.
   (ii)  *$\omega_1, \omega_2$ sind linear unabhängig über* $\mathbb{R}$.
   (iii) *$\tau := \omega_1/\omega_2$ erfüllt* $\operatorname{Im}\tau > 0$, $|\operatorname{Re}\tau| \le \frac{1}{2}$ *und* $|\tau| \ge 1$.

$\omega_1, \omega_2 \in \mathbb{C} \setminus \{0\}$ sind offenbar genau dann linear unabhängig über $\mathbb{R}$, wenn
$\omega_1/\omega_2$ nicht reell ist.

*Beweis.* Sei Per $f \ne \{0\}$. Da Per $f$ nach Lemma 2 abgeschlossen und diskret
ist, gibt es nach 1(1) ein $\omega_f \in$ Per $f$ mit der Eigenschaft

$$(*) \qquad\qquad 0 < |\omega_f| = \inf\{|\omega|\,;\ 0 \ne \omega \in \text{Per } f\}.$$

Wir untersuchen zunächst die Perioden auf der Geraden $\mathbb{R}\omega_f$.

**Behauptung:** Per $f \cap \mathbb{R}\omega_f = \mathbb{Z}\omega_f$.

*Beweis.* Offenbar gilt $\mathbb{Z}\omega_f \subset$ Per $f \cap \mathbb{R}\omega_f$. Für ein beliebiges $\omega \in$ Per $f \cap \mathbb{R}\omega_f$
gibt es ein $\alpha \in \mathbb{R}$ mit $\omega = \alpha\omega_f$. Man wählt $m \in \mathbb{Z}$ mit $|\alpha - m| < 1$ und erhält

$$|\omega - m\omega_f| = |\alpha - m| \cdot |\omega_f| < |\omega_f|.$$

Da mit $\omega$ und $\omega_f$ auch $\omega - m\omega_f$ zu Per $f \cap \mathbb{R}\omega_f$ gehört, folgt $\omega = m\omega_f$ aus $(*)$.
Also hat man auch Per $f \cap \mathbb{R}\omega_f \subset \mathbb{Z}\omega_f$.　　　　　　　　$\square$

Liegt Per $f$ auf einer Geraden durch
0, also auf $\mathbb{R}\omega_f$, so folgt (II) aus der
Behauptung. Zur Eindeutigkeit beach-
te man, dass $\mathbb{Z}\omega = \mathbb{Z}\omega'$ für $\omega, \omega' \in \mathbb{C}$
bereits $\omega' = \pm\omega$ impliziert.

Wir dürfen somit $\mathbb{Z}\omega_f \ne$ Per $f$ annehmen. Nach 1(1) existiert dann auch ein
Element $\omega_1 \in$ Per $f \setminus \mathbb{Z}\omega_f$ mit

$$(**)\quad |\omega_1| = \inf\{|\omega|\,;\ \omega \in \text{Per } f \setminus \mathbb{Z}\omega_f\}.$$

Sei $\omega_2 := \omega_f$. Dann gilt $\tau := \omega_1/\omega_2 \notin \mathbb{R}$
nach der Behauptung. Also sind $\omega_1, \omega_2$
linear unabhängig über $\mathbb{R}$. Indem man
ggf. $\omega_1$ durch $-\omega_1$ ersetzt, darf man ohne Einschränkung $\operatorname{Im}\tau > 0$ annehmen.
Aus $(*)$ folgt

$$|\omega_1| \ge |\omega_2|, \quad \text{also} \quad |\tau| \ge 1.$$

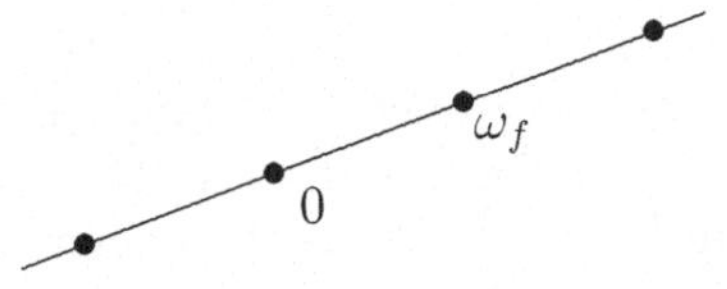



Abb. 2: Periodenmenge

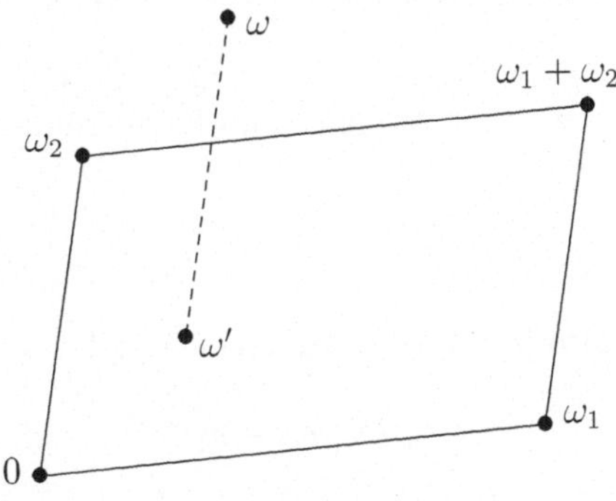



Abb. 3: Periodengitter

Wegen $(**)$ gilt

$$|\omega_1 \pm \omega_2| \geq |\omega_1|, \quad \text{also} \quad |\tau \pm 1| \geq |\tau|$$

und damit $|\operatorname{Re}\tau| \leq 1/2$.

Offenbar gilt $\mathbb{Z}\omega_1 + \mathbb{Z}\omega_2 \subset \operatorname{Per} f$. Sei nun $\omega \in \operatorname{Per} f$. Da $\omega_1, \omega_2$ eine $\mathbb{R}$-Basis von $\mathbb{C}$ ist, gibt es $\alpha_1, \alpha_2 \in \mathbb{R}$ mit $\omega = \alpha_1\omega_1 + \alpha_2\omega_2$. Nun wählt man $m_j \in \mathbb{Z}$ mit $\beta_j = \alpha_j - m_j, |\beta_j| \leq \frac{1}{2}, j = 1, 2$. Dann gilt

$$\omega' := \omega - m_1\omega_1 - m_2\omega_2 = \beta_1\omega_1 + \beta_2\omega_2 \in \operatorname{Per} f.$$

Ist $\beta_1 = 0$, so folgt $\omega' = 0$ bereits aus der Behauptung. Nimmt man $\beta_1 \neq 0$ an, so gilt natürlich $\omega' \in \operatorname{Per} f \setminus \mathbb{Z}\omega_f$ und

$$
\begin{aligned}
|\omega'|^2 &= |\beta_1\omega_1 + \beta_2\omega_2|^2 = (\beta_1^2 \cdot |\tau|^2 + 2\beta_1\beta_2 \cdot \operatorname{Re}\tau + \beta_2^2) \cdot |\omega_2|^2 \\
&\leq (\beta_1^2 + |\beta_1|\,|\beta_2| + \beta_2^2) \cdot |\tau|^2 \cdot |\omega_2|^2 \leq \tfrac{3}{4}|\omega_1|^2,
\end{aligned}
$$

wenn man (iii) berücksichtigt. Das ist ein Widerspruch zu $(**)$. Also folgt $\omega' = 0$ und auch $\operatorname{Per} f = \mathbb{Z}\omega_1 + \mathbb{Z}\omega_2$, d. h. (III). $\qquad\square\square$

Es sei $V$ ein reeller Vektorraum der endlichen Dimension $n \geq 1$, also z. B. $V = \mathbb{R}^n$. Eine Teilmenge $\Omega$ von $V$ heißt ein *Gitter* in $V$, wenn es eine $\mathbb{R}$-Basis $(\omega_1, \omega_2, \ldots, \omega_n)$ von $V$ gibt mit $\Omega = \mathbb{Z}\omega_1 + \mathbb{Z}\omega_2 + \ldots + \mathbb{Z}\omega_n$. Man nennt dann $(\omega_1, \omega_2, \ldots, \omega_n)$ auch eine *Basis* von $\Omega$. Eine Darstellung eines $\omega \in \Omega$ in der Form

$$\omega = m_1\omega_1 + m_2\omega_2 + \ldots + m_n\omega_n \quad \text{mit} \quad m_1, m_2, \ldots, m_n \in \mathbb{Z}$$

nennt man auch eine *Linearkombination von $\omega$ durch $\omega_1, \omega_2, \ldots, \omega_n$ über* $\mathbb{Z}$. Offenbar ist mit $\Omega$ auch $\lambda\Omega := \{\lambda\omega \,;\, \omega \in \Omega\}$ ein Gitter in $V$, falls $0 \neq \lambda \in \mathbb{R}$. Im Fall (III) ist die Periodenmenge $\operatorname{Per} f$ also ein Gitter im $\mathbb{R}$-Vektorraum $\mathbb{C}$. Im Hinblick auf Lemma 2 und das Fundamental-Lemma vermerken wir noch die

**Proposition.** *Jedes Gitter $\Omega$ in $\mathbb{C}$ ist abgeschlossen und diskret in $\mathbb{C}$.*

*Beweis.* Für $\rho > 0$ sei $M = \{\omega \in \Omega; |\omega| \leq \rho\}$. Indem man ggf. $\rho$ durch $\rho/|\omega_2|$ ersetzt, darf man ohne Einschränkung $\Omega = \mathbb{Z}\tau + \mathbb{Z}, \tau = x + iy \in \mathbb{C}, y > 0$, annehmen. Ist $\omega = m\tau + n \in M$ mit $m, n \in \mathbb{Z}$, so folgt einerseits sogleich

$$\rho^2 \geq |m\tau + n|^2 = (mx + n)^2 + m^2 y^2 \geq m^2 y^2,$$

also $|m| \leq \rho/y$. Andererseits gilt

$$\rho \geq |mx + n| \geq |n| - |mx|, \quad \text{also} \quad |n| \leq \rho\,(1 + |x|/y)\,.$$

Daher ist $M$ endlich. $\qquad\square$

**Bemerkungen.** a) Einen anderen Beweis des Fundamental-Lemmas findet man in dem Buch von HURWITZ–COURANT [1964], II, 1, § 2, aus dem Jahre 1922.
b) Hinter den Fällen (II) und (III) steht der folgende allgemeine

**Satz*.** *Für eine Untergruppe $G \neq \{0\}$ der additiven Gruppen $(\mathbb{R}^n, +)$ sind quivalent:*

  (i) *$G$ ist diskret.*

  (ii) *Es gibt linear unabhängige Vektoren $c_1, \ldots, c_r \in \mathbb{R}^n$, $1 \leq r \leq n$, mit $G = \mathbb{Z}c_1 + \ldots + \mathbb{Z}c_r$.*

Einen *Beweis* findet man z. B. bei M. KOECHER [1985], Theorem I.5.5.
c) Mit dem Fundamental-Lemma ist eine notwendige Bedingung an die Periodenmenge Per $f$ einer nicht-konstanten meromorphen Funktion $f$ hergeleitet. Dabei ist Per $f = \{0\}$ sicherlich als der „allgemeine Fall" anzusehen, jedoch ist er im vorliegenden Zusammenhang ohne Interesse. Ist $0 \neq \omega \in \mathbb{C}$, so gibt es sogar eine ganze Funktion $f$ mit Per $f = \mathbb{Z}\omega$. Man wählt einfach $f(z) = \exp(2\pi i z/\omega)$. Nach R. REMMERT, G. SCHUMACHER [2002], Satz 12.3.2, gibt es zu jeder ganzen Funktion $f$ mit Per $f = \mathbb{Z}\omega$ genau eine auf $\mathbb{C}\backslash\{0\}$ holomorphe Funktion $F$ mit der Eigenschaft

$$f(z) = F(\exp(2\pi i z/\omega)) \quad \text{für alle } z \in \mathbb{C}.$$

Bevor in § 3 gezeigt wird, dass es zu jedem Gitter $\Omega$ in $\mathbb{C}$ auch meromorphe Funktionen $f$ mit $\Omega = $ Per $f$ gibt, ist eine Diskussion der fundamentalen Eigenschaften von Gittern in $\mathbb{C}$ sinnvoll. Nach der Beschreibung eines anderen Zugangs in **4** geschieht dies in den Abschnitten **5** bis **7**.

**4*. JACOBIS Zugang.** Im Jahre 1835 beschäftigte sich C.G.J. JACOBI (*Ges. Werke II*, 23–50) mit der Frage, wie viele „unabhängige" Perioden eine nicht-konstante meromorphe Funktion haben kann, und zeigte, dass diese Zahl höchstens zwei ist. Seine Ergebnisse formulieren wir in moderner Sprache als

**Lemma von JACOBI.** *Ist $\Omega$ eine diskrete Untergruppe von $(\mathbb{C}, +)$ und sind $\omega_1, \omega_2, \omega_3 \in \Omega$ gegeben, dann gibt es $m_1, m_2, m_3 \in \mathbb{Z}$, nicht alle Null, so dass*

$$m_1\omega_1 + m_2\omega_2 + m_3\omega_3 = 0.$$

Damit sind also je drei Elemente von $\Omega$ über $\mathbb{Q}$ linear abhängig. Für einen Beweis benutzt man die so genannte

**KRONECKER-Approximation.** *Zu jeder positiven ganzen Zahl $N$ und allen $\omega_1, \omega_2, \omega_3 \in \mathbb{C}$ gibt es $m_1, m_2, m_3 \in \mathbb{Z}$, nicht alle Null, mit den Eigenschaften:*

  (i) $$|m_1|, |m_2|, |m_3| \leq N,$$

  (ii) $$|m_1\omega_1 + m_2\omega_2 + m_3\omega_3| < \frac{6\sqrt{2}}{\sqrt{N}} \cdot \max\{|\omega_1|, |\omega_2|, |\omega_3|\}.$$

*Beweis.* Man setzt $M := \max\{|\omega_1|, |\omega_2|, |\omega_3|\}$ und

$$\langle m, w \rangle := m_1\omega_1 + m_2\omega_2 + m_3\omega_3 \quad \text{für} \quad m = (m_1, m_2, m_3)\,, \ w = (\omega_1, \omega_2, \omega_3).$$

Schließlich wird das achsenparallele Quadrat in $\mathbb{C}$ mit Mittelpunkt 0 und Kantenlänge $2K$ mit $Q(K)$ bezeichnet, also

$$Q(K) := \{z \in \mathbb{C} \;;\; |\operatorname{Re} z| \le K \,, \ |\operatorname{Im} z| \le K\}.$$

Für alle $m = (m_1, m_2, m_3)^t \in \mathbb{Z}^3$ mit

$$(*) \qquad\qquad\qquad 0 \le m_1, m_2, m_3 \le N$$

gilt dann $\langle m, w \rangle \in Q(T)$ mit $T := 3MN$. Die Kanten von $Q(T)$ werden nun in $t$ gleiche Teile geteilt. Damit erhält man eine Zerlegung von $Q(T)$ in $t^2$ Quadrate der Kantenlänge $2T/t$. Die Anzahl der $m \in \mathbb{Z}^3$ mit $(*)$ ist $(N+1)^3$. Nach dem DIRICHLETschen Schubfachschluss liegen im Fall $(N+1)^3 > t^2$ wenigstens zwei Punkte $\langle m', w \rangle$ und $\langle m'', w \rangle$ in einem Quadrat der Kantenlänge $2T/t$. Damit erhält man durch Differenzbildung ein $0 \ne m \in \mathbb{Z}^3$ mit (i) und

$$(**) \qquad \langle m, w \rangle \in Q\left(2T/t\right), \quad \text{also} \quad |\langle m, w \rangle| \le \sqrt{2} \cdot 2T/t.$$

Man wählt nun ein $t \in \mathbb{Z}$ mit $(N+1)^{3/2} > t \ge (N+1)^{3/2} - 1$. Dann gilt also $(N+1)^3 > t^2$ und $t \ge N^{3/2}$. Aus $(**)$ folgt somit (ii). $\qquad\qquad\square$

Zum *Beweis* des Lemmas von JACOBI gibt es nach 1(1) ein $\rho > 0$ mit $|\omega| \ge \rho$ für alle $0 \ne \omega \in \Omega$. Für hinreichend großes $N$ ist daher die linke Seite von (ii) gleich Null. $\qquad\qquad\square\square$

Aus dem Lemma von JACOBI kann man nun einen neuen Beweis des Fundamental-Lemmas ableiten. Dieser Beweis ist methodisch nicht uninteressant:

Ist $\Omega$ eine diskrete Untergruppe von $\mathbb{C}$ und sind $\omega_1, \omega_2 \in \Omega$ linear unabhängig über $\mathbb{R}$, dann ergibt das Lemma von JACOBI sofort

$$(1) \qquad\qquad\qquad \Omega \subset \mathbb{Q}\omega_1 + \mathbb{Q}\omega_2.$$

**Proposition.** *Es gibt* $N \in \mathbb{N}$ *mit der Eigenschaft*

$$\Omega \subset \frac{1}{N}(\mathbb{Z}\omega_1 + \mathbb{Z}\omega_2).$$

*Beweis.* Andernfalls würde es $\omega \in \Omega$ nach (1) mit beliebig großen Nennern geben, d. h., man hätte

$$0 \ne \omega'_k = \frac{1}{N_k}(r_k\omega_1 + s_k\omega_2) \in \Omega \,, \ k \in \mathbb{N},$$

mit ganzen Zahlen $r_k, s_k, N_k, \operatorname{ggT}(r_k, s_k, N_k) = 1$ und $N_k \to \infty$ für $k \to \infty$. Da man nach Addition geeigneter Punkte aus $\mathbb{Z}\omega_1 + \mathbb{Z}\omega_2$ ohne Einschränkung $0 \le r_k, s_k \le N_k$, also auch $|\omega'_k| \le |\omega_1| + |\omega_2|$ für alle $k \in \mathbb{N}$ annehmen darf, würde es eine aus paarweise verschiedenen Gliedern bestehende konvergente Teilfolge von $(\omega'_k)_{k \in \mathbb{N}}$ geben. Da $\Omega$ diskret ist, erhalten wir einen Widerspruch.$\square$

Bekanntlich (vgl. K. MEYBERG [1980], Satz 5.5.1) ist jede Untergruppe einer endlich erzeugten freien abelschen Gruppe selbst wieder frei. Nach der Proposition ist $\Omega$ eine Untergruppe einer *freien* Gruppe, also auch frei. Wegen $\mathbb{Z}\omega_1 + \mathbb{Z}\omega_2 \subset \Omega$ ist $\Omega$ notwendig ein Gitter.

**5. Die Gruppe** $GL(2;\mathbb{Z})$. Die Menge

$$\mathrm{Mat}(2;\mathbb{Z}) := \left\{ U = \begin{pmatrix} a & b \\ c & d \end{pmatrix} \; ; \; a,b,c,d \in \mathbb{Z} \right\}$$

bildet bekanntlich bei Matrizen-Addition und -Multiplikation einen Ring mit Einselement $E := \left( \begin{smallmatrix} 1 & 0 \\ 0 & 1 \end{smallmatrix} \right)$. Die Gruppe der Einheiten des Ringes $\mathrm{Mat}(2;\mathbb{Z})$ heißt *allgemeine lineare Gruppe vom Grad 2 über* $\mathbb{Z}$ und wird mit $GL(2;\mathbb{Z})$ bezeichnet:

(1)  $GL(2;\mathbb{Z}) := \{U \in \mathrm{Mat}(2;\mathbb{Z}) \; ; \; \text{es gibt } V \in \mathrm{Mat}(2;\mathbb{Z}) \text{ mit } UV = VU = E\}.$

**Äquivalenz-Satz.** *Für* $U \in \mathrm{Mat}(2;\mathbb{Z})$ *sind äquivalent:*
(i)   $U \in GL(2;\mathbb{Z})$.
(ii)  $\det U = \pm 1$.
(iii) *$U$ ist invertierbar über* $\mathbb{Q}$ *und* $U^{-1} \in \mathrm{Mat}(2;\mathbb{Z})$.
(iv)  *Die Abbildung* $U : \mathbb{Z}^2 \to \mathbb{Z}^2$, $x \mapsto Ux$, *ist bijektiv.*
(v)   *Die Abbildung* $U : \mathbb{Z}^2 \to \mathbb{Z}^2$, $x \mapsto Ux$, *ist surjektiv.*

*Beweis.* Die Implikationen (iii) $\Rightarrow$ (i) $\Rightarrow$ (iv) $\Rightarrow$ (v) sind offensichtlich.
(v) $\Longrightarrow$ (ii): Es gibt also $u, v \in \mathbb{Z}^2$ mit $Uu = \left( \begin{smallmatrix} 1 \\ 0 \end{smallmatrix} \right)$ und $Uv = \left( \begin{smallmatrix} 0 \\ 1 \end{smallmatrix} \right)$, d.h. $UV = E$ für $V := (u, v)$. Durch Determinantenbildung folgt $\det U \cdot \det V = 1$, also (ii).
(ii) $\Longrightarrow$ (iii): Man verwendet die bekannte Darstellung

$$U^{-1} = \frac{1}{\det U} \begin{pmatrix} d & -b \\ -c & a \end{pmatrix} \quad \text{für} \quad U = \begin{pmatrix} a & b \\ c & d \end{pmatrix}. \qquad \square$$

Neben der Gruppe $GL(2;\mathbb{Z})$ betrachtet man noch den Normalteiler

(2)  $$SL(2;\mathbb{Z}) := \{U \in GL(2;\mathbb{Z}) \; ; \; \det U = 1\}$$

von $GL(2;\mathbb{Z})$, die so genannte *spezielle lineare Gruppe vom Grad 2 über* $\mathbb{Z}$. Wegen

$$GL(2;\mathbb{Z}) = SL(2;\mathbb{Z}) \cup SL(2;\mathbb{Z}) \cdot \begin{pmatrix} 1 & 0 \\ 0 & -1 \end{pmatrix}$$

hat $SL(2;\mathbb{Z})$ den Index 2 in $GL(2;\mathbb{Z})$. Die Gruppen $GL(2;\mathbb{Z})$ bzw. $SL(2;\mathbb{Z})$ sind „größer" als man zunächst denkt: Für $U = \left( \begin{smallmatrix} a & b \\ c & d \end{smallmatrix} \right) \in GL(2;\mathbb{Z})$ folgt zunächst $\pm 1 = \det U = ad - bc$, so dass z.B. $c$ *und* $d$ *teilerfremd sind.* Umgekehrt gilt das

**Ergänzungs-Lemma.** *Sind* $c, d \in \mathbb{Z}$ *teilerfremd, dann gibt es eine Matrix*

$$U = \begin{pmatrix} * & * \\ c & d \end{pmatrix} \in SL(2;\mathbb{Z}).$$

*Hier ist $U$ bis auf einen linksseitigen Faktor der Form $\left(\begin{smallmatrix} 1 & k \\ 0 & 1 \end{smallmatrix}\right)$ mit $k \in \mathbb{Z}$ eindeutig bestimmt.*

*Beweis.* Da $c, d$ teilerfremd sind, gibt es $a, b \in \mathbb{Z}$ mit $ad - bc = 1$, d. h., $U = \left(\begin{smallmatrix} a & b \\ c & d \end{smallmatrix}\right)$ gehört zu $\mathrm{SL}\,(2; \mathbb{Z})$. Ist $V \in \mathrm{SL}\,(2; \mathbb{Z})$ eine weitere Matrix mit $V = \left(\begin{smallmatrix} * & * \\ c & d \end{smallmatrix}\right)$, dann folgt

$$VU^{-1} = \begin{pmatrix} * & * \\ c & d \end{pmatrix} \begin{pmatrix} d & -b \\ -c & a \end{pmatrix} = \begin{pmatrix} * & * \\ 0 & 1 \end{pmatrix} \in \mathrm{SL}\,(2; \mathbb{Z}),$$

also notwendig $VU^{-1} = \left(\begin{smallmatrix} 1 & k \\ 0 & 1 \end{smallmatrix}\right)$ mit einem $k \in \mathbb{Z}$. $\qquad\qquad\square$

**Bemerkungen.** a) Das Beispiel $U = 2E$ zeigt, dass man – im Gegensatz zu der analogen Situation über einem Körper – die Bedingung „$U : \mathbb{Z}^2 \to \mathbb{Z}^2$ ist injektiv" nicht in den Äquivalenz-Satz aufnehmen kann.

b) Das Ergänzungs-Lemma erlaubt die Konstruktion von zahllosen Beispielen: Die Matrizen

$$\begin{pmatrix} 3 & 1 \\ 2 & 1 \end{pmatrix}, \quad \begin{pmatrix} 2 & 3 \\ 3 & 5 \end{pmatrix}, \quad \begin{pmatrix} 3 & 10 \\ 2 & 7 \end{pmatrix}, \quad \begin{pmatrix} 89 & 144 \\ 144 & 233 \end{pmatrix}, \quad \begin{pmatrix} 514\,229 & 832\,040 \\ 832\,040 & 1\,346\,269 \end{pmatrix}$$

gehören z. B. zu $\mathrm{SL}\,(2; \mathbb{Z})$.

c) Die Ergebnisse dieses Abschnitts lassen sich cum grano salis leicht auf $n \times n$ Matrizen übertragen. Man vergleiche V.1.1 oder M. KOECHER [1985], Chap. I, oder M. NEWMAN [1972], Chap. II.

**6. Basis-Lemma.** *Sei $\Omega$ ein Gitter in $\mathbb{C}$ und $(\omega_1, \omega_2)$ eine Basis von $\Omega$. Für $\omega_1', \omega_2' \in \mathbb{C}$ gilt dann:*
a) *Genau dann gehören $\omega_1'$ und $\omega_2'$ zu $\Omega$, wenn es ein $U \in \mathrm{Mat}(2; \mathbb{Z})$ gibt mit*

$$(1) \qquad\qquad \begin{pmatrix} \omega_1' \\ \omega_2' \end{pmatrix} = U \begin{pmatrix} \omega_1 \\ \omega_2 \end{pmatrix}.$$

b) *Genau dann ist $(\omega_1', \omega_2')$ eine Basis von $\Omega$, wenn die Matrix $U$ in (1) zu $\mathrm{GL}\,(2; \mathbb{Z})$ gehört.*

*Beweis.* a) Sind $\omega_1', \omega_2'$ beliebige Punkte von $\Omega$, dann gibt es $a, b, c, d \in \mathbb{Z}$ mit

$$\omega_1' = a\omega_1 + b\omega_2\,, \quad \omega_2' = c\omega_1 + d\omega_2,$$

also

$$(*) \qquad\qquad \begin{pmatrix} \omega_1' \\ \omega_2' \end{pmatrix} = U \begin{pmatrix} \omega_1 \\ \omega_2 \end{pmatrix} \quad \text{mit} \quad U = \begin{pmatrix} a & b \\ c & d \end{pmatrix} \in \mathrm{Mat}(2; \mathbb{Z}).$$

Gilt umgekehrt $(*)$, so gehören $\omega_1'$ und $\omega_2'$ zu $\Omega$.
b) Ist $(\omega_1', \omega_2')$ eine Basis von $\Omega$, dann gibt es auch eine Matrix $V \in \mathrm{Mat}(2; \mathbb{Z})$ mit der Eigenschaft $\left(\begin{smallmatrix} \omega_1 \\ \omega_2 \end{smallmatrix}\right) = V \left(\begin{smallmatrix} \omega_1' \\ \omega_2' \end{smallmatrix}\right)$. Es folgt

$$\begin{pmatrix} \omega_1 \\ \omega_2 \end{pmatrix} = VU \begin{pmatrix} \omega_1 \\ \omega_2 \end{pmatrix} \quad \text{und} \quad \begin{pmatrix} \omega_1' \\ \omega_2' \end{pmatrix} = UV \begin{pmatrix} \omega_1' \\ \omega_2' \end{pmatrix}.$$

Da aber $(\omega_1, \omega_2)$ und $(\omega_1', \omega_2')$ über $\mathbb{R}$ linear unabhängig sind, hat man $VU = UV = E$, also $U \in \mathrm{GL}(2; \mathbb{Z})$ nach 5(1).

Ist $U \in \mathrm{GL}(2; \mathbb{Z})$, dann sind $(\omega_1', \omega_2')$ in $(*)$ zunächst linear unabhängig über $\mathbb{R}$. Für beliebige $\omega_1'', \omega_2'' \in \Omega$ gibt es analog ein $W \in \mathrm{Mat}(2; \mathbb{Z})$ mit

$$\begin{pmatrix} \omega_1'' \\ \omega_2'' \end{pmatrix} = W \begin{pmatrix} \omega_1 \\ \omega_2 \end{pmatrix}, \quad \text{also} \quad \begin{pmatrix} \omega_1'' \\ \omega_2'' \end{pmatrix} = WU^{-1} \begin{pmatrix} \omega_1' \\ \omega_2' \end{pmatrix}.$$

Damit sind $\omega_1'', \omega_2''$ jeweils Linearkombinationen von $\omega_1', \omega_2'$ über $\mathbb{Z}$. Also ist $\omega_1', \omega_2'$ eine Basis von $\Omega$. $\qquad\square$

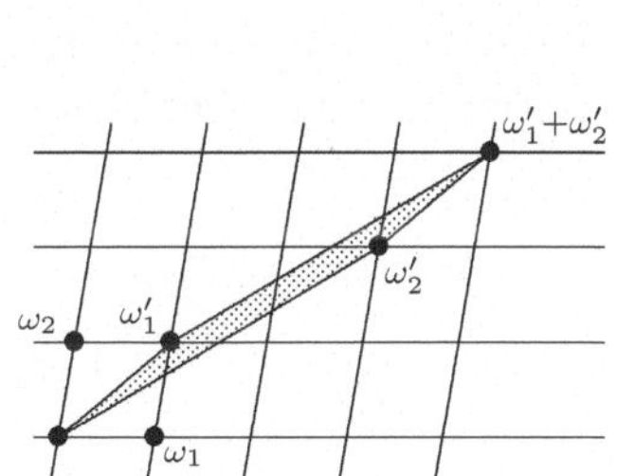

Abb. 4: Grundmaschen

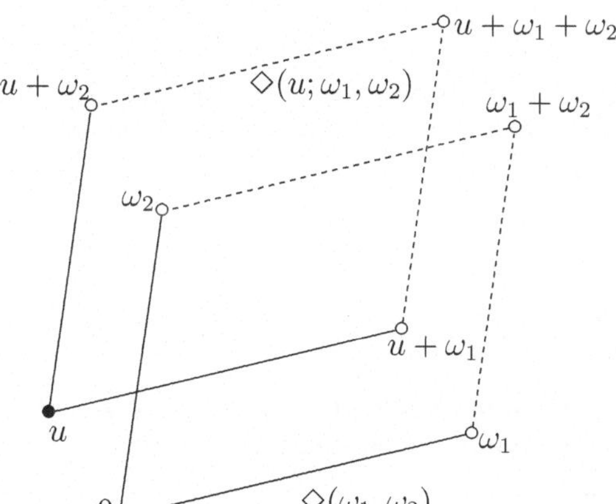

Abb. 5: Periodenparallelogramme

Es sei $\Omega$ ein Gitter in $\mathbb{C}$ und $(\omega_1, \omega_2)$ eine Basis von $\Omega$. Für $u \in \mathbb{C}$ definiert man das *Periodenparallelogramm* (bezüglich $\omega_1, \omega_2$ mit *Basispunkt* $u$) durch

$$(2) \qquad \Diamond(u; \omega_1, \omega_2) := \{u + \alpha_1 \omega_1 + \alpha_2 \omega_2 \; ; \; 0 \leq \alpha_1 < 1, \, 0 \leq \alpha_2 < 1\}.$$

Im Fall $u = 0$ schreibt man auch

$$(3) \quad \Diamond(\omega_1, \omega_2) := \Diamond(0; \omega_1, \omega_2) = \{\alpha_1 \omega_1 + \alpha_2 \omega_2 \; ; \; 0 \leq \alpha_1 < 1, \, 0 \leq \alpha_2 < 1\}$$

und nennt $\Diamond(\omega_1, \omega_2)$ auch eine *Grundmasche* des Gitters. Jedes Periodenparallelogramm $P := \Diamond(u; \omega_1, \omega_2)$ ist ein *Fundamentalbereich* von $\mathbb{C}$ bezüglich $\Omega$ im folgenden Sinne:

**Proposition A.** *Zu jedem $z \in \mathbb{C}$ gibt es genau ein $\omega \in \Omega$ mit $z + \omega \in P$. Gehören insbesondere $z$ und $z + \omega$, $\omega \in \Omega$, zu $P$, dann gilt $\omega = 0$.*

*Beweis.* Man wähle $\xi_1, \xi_2 \in \mathbb{R}$ mit $z - u = \xi_1 \omega_1 + \xi_2 \omega_2$ und reduziere $\xi_1$ und $\xi_2$ modulo 1. $\qquad\square$

Natürlich gibt es zu jedem Gitter viele Periodenparallelogramme, es gilt aber die

**Proposition B.** *Die elementar-geometrische Fläche eines beliebigen Perioden-parallelogramms $P = \Diamond(u; \omega_1, \omega_2)$ ist gleich*

$$\mathrm{vol}\,\Omega := |\mathrm{Im}\,(\omega_1\overline{\omega_2})|.$$

*Sie ist unabhängig von der Wahl der Basis $(\omega_1, \omega_2)$ von $\Omega$ und des Basispunktes $u$.*

*Beweis.* Die elementar-geometrische Fläche des Parallelogramms $P$ ist in euklidischen Koordinaten zunächst gegeben durch (vgl. M. KOECHER [1997], IV.1.6)

$$F := \left| \det \begin{pmatrix} \mathrm{Re}\,\omega_1 & \mathrm{Re}\,\omega_2 \\ \mathrm{Im}\,\omega_1 & \mathrm{Im}\,\omega_2 \end{pmatrix} \right|.$$

Eine Verifikation ergibt $F = |\mathrm{Im}\,(\omega_1\overline{\omega_2})|$. Ist nun $\omega_1' = a\omega_1 + b\omega_2$, $\omega_2' = c\omega_1 + d\omega_2$ mit $a, b, c, d \in \mathbb{Z}$, $ad - bc = \pm 1$, eine weitere Basis von $\Omega$ nach dem Basis-Lemma, so folgt

$$F' = |\mathrm{Im}\,(\omega_1'\overline{\omega_2'})| = |\mathrm{Im}\,(ad\omega_1\overline{\omega_2} + bc\omega_2\overline{\omega_1})| = |ad - bc| \cdot |\mathrm{Im}\,(\omega_1\overline{\omega_2})|,$$

also $F' = F$. $\qquad\qquad\qquad\qquad\qquad\qquad\qquad\qquad\qquad\qquad\qquad\qquad\qquad\quad\square$

**7. Die Faktorgruppe $\mathbb{C}/\Omega$.** Es sei $\Omega$ eine Untergruppe von $(\mathbb{C}, +)$. Man erklärt eine Äquivalenzrelation auf $\mathbb{C}$ durch

$$(1) \qquad\qquad a \equiv b \pmod{\Omega} \iff a - b \in \Omega.$$

Die Äquivalenzklassen können dann in der Form $a + \Omega$, $a \in \mathbb{C}$, geschrieben werden. Als abelsche Untergruppe von $(\mathbb{C}, +)$ ist $\Omega$ ein Normalteiler von $\mathbb{C}$. Die Faktorgruppe wird mit

$$(2) \qquad\qquad \mathbb{C}/\Omega := \{a + \Omega\ ;\ a \in \mathbb{C}\}$$

abgekürzt und die kanonische Projektion mit $\pi$ bezeichnet:

$$(3) \qquad\qquad \pi : \mathbb{C} \longrightarrow \mathbb{C}/\Omega\ ,\ \pi(a) := a + \Omega.$$

Ist $\Omega$ ein Gitter in $\mathbb{C}$, dann ist nach Proposition 6A für jedes beliebige Periodenparallelogramm $P = \Diamond(u; \omega_1, \omega_2)$ die Einschränkung

$$(4) \qquad\qquad \pi|_P : P \longrightarrow \mathbb{C}/\Omega \quad \text{bijektiv.}$$

Bekanntlich ist die Addition in $\mathbb{C}/\Omega$ durch

$$(5) \qquad\qquad (a + \Omega) + (b + \Omega) := (a + b) + \Omega$$

gegeben. Damit ist $\mathbb{C}/\Omega$ eine abelsche Gruppe mit Nullelement $\Omega$. Induziert man die Topologie von $\mathbb{C}$ mit der kanonischen Projektion (3) nach $\mathbb{C}/\Omega$, betrachtet man also $\mathbb{C}/\Omega$ mit der Quotiententopologie, so wird $\mathbb{C}/\Omega$ zu einem kompakten topologischen Raum. Dabei heißt definitionsgemäß eine Teilmenge $A$ von $\mathbb{C}/\Omega$ offen, wenn $\pi^{-1}(A)$ offen in $\mathbb{C}$ ist. Wegen (4) kann man sich $\mathbb{C}/\Omega$ als *Torus* im $\mathbb{R}^3$ vorstellen. Man hat dazu lediglich die gegenüberliegenden Seiten eines Periodenparallelogramms zu identifizieren.

**Bemerkung.** Mit Bemerkung 3b sieht man, dass eine diskrete Untergruppe $\Omega$ von $(\mathbb{C}, +)$ genau dann ein Gitter ist, wenn die Faktorgruppe $\mathbb{C}/\Omega$ kompakt ist.

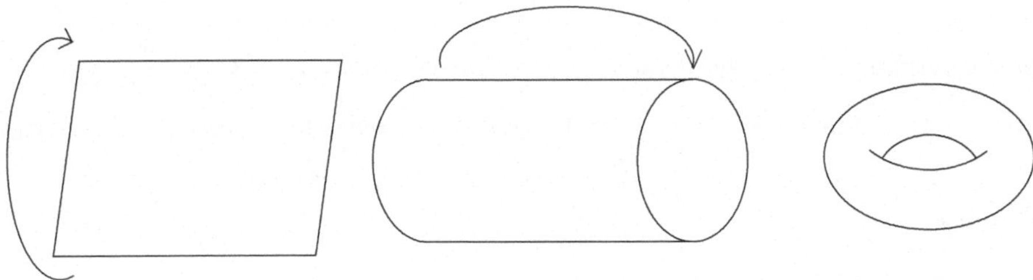

Abb. 6: Der Torus $\mathbb{C}/\Omega$

**8. Bemerkungen über mehrfach unendliche Reihen.** Mehrfache, also z. B. $n$-fach unendliche Reihen schreibt man meist in der allgemeinen Form

$$(1) \qquad \sum_{g \in \mathbb{Z}^n} \alpha_g \quad \text{mit} \quad \alpha_g \in \mathbb{C}$$

und behandelt für $n > 1$ nur den Fall absoluter Konvergenz. Die Reihe (1) heiß *absolut konvergent*, wenn es ein $C > 0$ gibt mit der Eigenschaft $\sum_{g \in E} |\alpha_g| < C$ für *jede* endliche Teilmenge $E$ von $\mathbb{Z}^n$. Für jede Bijektion $\varphi : \mathbb{N} \to \mathbb{Z}^n$ ist dann die Reihe $\sum_{k \in \mathbb{N}} \alpha_{\varphi(k)}$ absolut konvergent und der Grenzwert, der als $\sum_{g \in \mathbb{Z}^n} \alpha_g$ geschrieben wird, hängt nach dem Umordnungssatz (vgl. R. REMMERT, G. SCHUMACHER [2002], Satz 0.4.3) nicht von der Abzählung $\varphi$ ab. Man hat damit auch den

**Satz.** *Eine absolut konvergente Reihe darf beliebig umgeordnet werden.*

**9. Gitterinvarianten.** Sei $\Omega$ ein Gitter in $\mathbb{C}$ mit einer Basis $(\omega_1, \omega_2)$. Dann ist

$$(1) \qquad \delta := \delta(\omega_1, \omega_2) := \sup\{|z - w| \,;\; z, w \in \Diamond(\omega_1, \omega_2)\}$$

der *Durchmesser* der zugehörigen Grundmasche. Für $\rho > 0$ sei $A_\rho(\Omega)$ die Anzahl der Gitterpunkte im abgeschlossenen Kreis um 0 mit Radius $\rho$, also

$$A_\rho(\Omega) := \sharp\{\omega \in \Omega \,;\; |\omega| \leq \rho\}\,.$$

**Satz.** *Für alle $\rho \geq \delta$ gilt*

$$\frac{\pi}{\operatorname{vol}\Omega}(\rho - \delta)^2 \leq A_\rho(\Omega) \leq \frac{\pi}{\operatorname{vol}\Omega}(\rho + \delta)^2\,.$$

*Beweis.* Man vergleicht die Mengen

$$K_\rho := \{z \in \mathbb{C}\,;\ |z| \leq \rho\} \quad \text{und} \quad M_\rho := \bigcup_{\omega \in \Omega, |\omega| \leq \rho} \Diamond(\omega; \omega_1, \omega_2)\,.$$

Aus der Definition von $\delta$ folgt

$$K_{\rho-\delta} \subset M_\rho \subset K_{\rho+\delta}\,.$$

Der Übergang zur Fläche liefert die Behauptung, denn es gilt

$$\text{Fläche } K_\rho = \pi\rho^2 \quad \text{und} \quad \text{Fläche } M_\rho = \text{vol}\,\Omega \cdot A_\rho(\Omega)\,. \qquad \square$$

Damit erhalten wir das

**Konvergenz-Lemma.** *Die Reihe*

$$\sum_{0 \neq \omega \in \Omega} |\omega|^{-\alpha}$$

*konvergiert genau dann, wenn* $\alpha > 2$.

*Beweis.* Sei zunächst $\alpha > 2$ und $\emptyset \neq E \subset \Omega \setminus \{0\}$ endlich sowie $M := \max\{|\omega|\,;\ \omega \in E\}$. Aus dem Satz erhält man ein $c_2 > 0$ mit

$$A_{n+1}(\Omega) - A_n(\Omega) \leq \frac{\pi}{\text{vol}\,\Omega} \cdot [(n+1+\delta)^2 - (n-\delta)^2] \leq c_2 n$$

für alle $n \geq \delta$. Mit

$$c_1 := \sum_{0 \neq \omega \in \Omega, |\omega| \leq \delta+1} |\omega|^{-\alpha}$$

ergibt sich (vgl. W. WALTER [1997; I], 5.10)

$$\sum_{\omega \in E} |\omega|^{-\alpha} \leq c_1 + \sum_{n \in \mathbb{N}, \delta < n < M} (A_{n+1}(\Omega) - A_n(\Omega))n^{-\alpha} \leq c_1 + c_2 \sum_{n=1}^{\infty} n^{1-\alpha} =: C < \infty\,.$$

Trivialerweise divergiert die Reihe für $\alpha \leq 0$. Sei $0 < \alpha \leq 2$ und $N \in \mathbb{N}, N > 2\delta$. Aus dem Satz erhält man ein $c_3 > 0$ mit

$$A_{kN}(\Omega) - A_{(k-1)N}(\Omega) \geq \frac{\pi}{\text{vol}(\Omega)} \cdot [(kN - \delta)^2 - ((k-1)N + \delta)^2] \geq c_3 k$$

für alle $k \in \mathbb{Z}, k \geq 2$. Sei $E_n = \{\omega \in \Omega\,;\ 0 < |\omega| \leq nN\}$. Dann gilt

$$\sum_{\omega \in E_n} |\omega|^{-\alpha} \geq \sum_{k=2}^{n} (A_{kN}(\Omega) - A_{(k-1)N}(\Omega)) \cdot (kN)^{-\alpha} \geq c_3 N^{-\alpha} \cdot \sum_{k=2}^{n} k^{1-\alpha}\,.$$

Weil die Reihe $\sum_{k>1} k^{1-\alpha}$ für $\alpha \leq 2$ divergiert (vgl. W. WALTER [1997; I], 5.10), divergiert auch $\sum_{0 \neq \omega \in \Omega} |\omega|^{-\alpha}$ für $\alpha \leq 2$. $\qquad \square$

Eine andere Version dieses Konvergenz-Lemmas findet man in III.2.1.

Damit sind die so genannten EISENSTEIN-*Reihen*

$$(2) \qquad G_k := G_k(\Omega) := \sum_{0 \neq \omega \in \Omega} \omega^{-k} \quad \text{für } k \in \mathbb{Z}, \ k \geq 3$$

absolut konvergent. Da mit $\omega$ auch $-\omega$ zu $\Omega$ gehört, erhält man mit einer Umordnung wegen Satz 8 sofort $G_k = (-1)^k \cdot G_k$, also die

**Proposition.** *Es gilt* $G_k(\Omega) = 0$ *für ungerades* $k \geq 3$.

Zunächst kann man nicht ausschließen, dass *alle* $G_k$ gleich Null sind, wenn das auch den unbefangenen Leser wohl wundern würde. Wir werden erst in Satz 4.2 sehen, dass alle $G_k$, $k \geq 4$ gerade, i. A. von Null verschieden sind.

Es gehört zu den faszinierenden Ergebnissen der noch zu entwickelnden Theorie der elliptischen Funktionen, dass diese EISENSTEIN-Reihen Polynome über $\mathbb{Q}$ in $G_4$ und $G_6$ sind (vgl. Korollar 3.3E). Zum Beispiel gilt $7G_8 = 3G_4^2$ und $11G_{10} = 5G_4G_6$. Dies steht in Analogie zu bekannten Ergebnissen über die RIEMANN*sche Zetafunktion*

$$\zeta(s) := \sum_{n=1}^{\infty} n^{-s}, \ s \in \mathbb{R}, \ s > 1.$$

Betrachtet man nämlich statt eines Gitters $\Omega$ eine Untergruppe „vom Rang 1" , also z. B. $\Omega = \mathbb{Z}$, dann erhält man an Stelle von (2) die Gitterinvarianten $F_k :=$ $2\zeta(k)$, $k \geq 2$ gerade, die nach L. EULER bekanntlich rationale Vielfache von $\pi^k$ sind, sich also als Monome in $F_2$ schreiben lassen:

$$5F_4 = F_2^2, \quad 35F_6 = 2F_2^3.$$

Man vergleiche hierzu M. KOECHER [1987], V.5.5.

**Aufgaben.** 1) Sei $0 \neq \omega \in \mathbb{C}$.
a) Es gibt eine Folge $(f_n)_{n \in \mathbb{N}}$ von linear unabhängigen ganzen Funktionen mit Periodenmengen Per $f_n \supset \mathbb{Z}\omega$.
b) Die Menge der ganzen Funktionen $f$ mit Per $f \supset \mathbb{Z}\omega$ ist ein Ring, der zum Ring der holomorphen Funktionen auf $\mathbb{C}\backslash\{0\}$ isomorph ist.
2) Sei $\Omega = \mathbb{Z}\omega_1 + \mathbb{Z}\omega_2$ ein Gitter in $\mathbb{C}$. Für $\omega = m_1\omega_1 + m_2\omega_2 \in \Omega$ sind äquivalent:
(i)  Es gibt ein $\omega' \in \Omega$ mit $\Omega = \mathbb{Z}\omega + \mathbb{Z}\omega'$.
(ii)  $m_1$ und $m_2$ sind teilerfremd.
(iii) Ist $n \in \mathbb{Z}$, $n > 1$, so gilt $\frac{1}{n}\omega \notin \Omega$.
3) Man bestimme $m_1, m_2, m_3 \in \mathbb{Z}$, nicht alle Null, so dass

$$(*) \qquad |m_1\sqrt{2} + m_2(\sqrt{3} + i\sqrt{5}) + m_3 i\sqrt{7}| < 1$$

und $m_1^2 + m_2^2 + m_3^2$ minimal unter der Bedingung $(*)$ ist.
4) Sei $K = \mathbb{Q}(\sqrt{d})$, $d < 0$ quadratfrei, ein imaginär-quadratischer Zahlkörper der Diskriminante $D$ und $\Omega$ der Ring der ganzen Zahlen, d.h. $\Omega = \mathbb{Z} + \mathbb{Z}\frac{1+\sqrt{d}}{2}$, $D = d$, falls $d \equiv 1$ (mod 4), und sonst $\Omega = \mathbb{Z} + \mathbb{Z}\sqrt{d}$, $D = 4d$. Dann ist $\Omega$ ein Gitter in $\mathbb{C}$ und die Fläche eines Periodenparallelogramms ist $\frac{1}{2}\sqrt{|D|}$.

5) $\mathrm{SL}\,(2;\mathbb{Z})$ wird erzeugt von den Matrizen $\left(\begin{smallmatrix} 1 & 0 \\ 1 & 1 \end{smallmatrix}\right)$ und $\left(\begin{smallmatrix} 1 & 1 \\ 0 & 1 \end{smallmatrix}\right)$.

6) Sei $\Omega = \mathbb{Z}\omega_1 + \mathbb{Z}\omega_2$ ein Gitter in $\mathbb{C}$ und $\delta$ der Durchmesser 9(1). Dann gilt

$$\delta(\omega_1, \omega_2) = \max\{|\omega_1 + \omega_2|, |\omega_1 - \omega_2|\}.$$

7) Sei $\Omega = \mathbb{Z}\omega_1 + \mathbb{Z}\omega_2$ ein Gitter in $\mathbb{C}$ mit $\tau := \omega_1/\omega_2 \in \mathbb{C} \setminus \mathbb{R}$, $|\tau| \geq 1$, $|\mathrm{Re}\,\tau| \leq \frac{1}{2}$ (vgl. **3**). Dann gilt

$$\delta(\omega_1, \omega_2) \leq \delta(\omega_1', \omega_2') \quad \text{für jede Basis} \quad (\omega_1', \omega_2') \quad \text{von } \Omega.$$

8) Sei $\Omega$ ein Gitter in $\mathbb{C}$ und $C \in \mathbb{R}$. Dann gibt es eine Basis $\omega_1, \omega_2$ von $\Omega$ mit $\delta(\omega_1, \omega_2) > C$.

9) Seien $a, b \in \mathbb{R}$ beide positiv. Für $\rho > 0$ sei

$$e(\rho) := \sharp\left\{(x, y) \in \mathbb{Z} \times \mathbb{Z} \; ; \; \left(\tfrac{x}{a}\right)^2 + \left(\tfrac{y}{b}\right)^2 \leq \rho\right\}$$

die Anzahl der ganzen Punkte innerhalb der Ellipse. Dann gibt es ein $c > 0$, so dass

$$|e(\rho) - ab\pi\rho^2| \leq c\rho \quad \text{für alle } \rho \geq 1.$$

10) Ein anderer Beweis des Konvergenz-Lemmas 9 verläuft wie folgt:
(i) Es genügt, das Gitter $\Omega = \mathbb{Z}i + \mathbb{Z}$ zu betrachten.
(ii) Sei $\alpha > 1$. Dann gibt es $0 < c' < c$, so dass für alle $0 \neq m \in \mathbb{Z}$ gilt:

$$c' \cdot |m|^{1-\alpha} \leq \sum_{n \in \mathbb{Z}} (m^2 + n^2)^{-\alpha/2} \leq c \cdot |m|^{1-\alpha}.$$

(iii) Man folgere die Behauptung des Konvergenz-Lemmas aus (i) und (ii).

11) Sei $\Omega = \mathbb{Z}\omega_1 + \mathbb{Z}\omega_2$ ein Gitter in $\mathbb{C}$. Dann gilt für $\alpha > 2$

$$\sum_{0 \neq \omega \in \Omega} |\omega|^{-\alpha} = \sum_{0 \neq g \in \mathbb{Z}^2} (g^t S g)^{-\alpha/2}, \quad S = \begin{pmatrix} |\omega_1|^2 & \mathrm{Re}\,(\omega_1\overline{\omega_2}) \\ \mathrm{Re}\,(\omega_1\overline{\omega_2}) & |\omega_2|^2 \end{pmatrix}.$$

12) Sei $k \in \mathbb{Z}$, $k > 2$. Es gilt $G_k(\Omega) = 0$, falls $\Omega = \mathbb{Z}i + \mathbb{Z}$ und $k \not\equiv 0 \,(\mathrm{mod}\,4)$ oder $\Omega = \mathbb{Z}\frac{1}{2}(1 + i\sqrt{3}) + \mathbb{Z}$ und $k \not\equiv 0 \,(\mathrm{mod}\,6)$.

# §2. Der Körper der elliptischen Funktionen

Bisher ist es überhaupt nicht klar, ob es zu einem gegebenen Gitter $\Omega$ in $\mathbb{C}$ meromorphe Funktionen $f$ gibt mit Per $f = \Omega$ (vgl. Bemerkung 1.3c). Unter der Annahme der Existenz einer geeigneten solchen Funktion gelingt überraschenderweise schon die Beschreibung aller derartigen Funktionen. Der Existenz-Beweis wird dann in §3 nachgeliefert.

In diesem Paragrafen sei $\Omega = \mathbb{Z}\omega_1 + \mathbb{Z}\omega_2$ stets ein Gitter in $\mathbb{C}$.

**1. Erste Eigenschaften elliptischer Funktionen.** Eine meromorphe Funktion $f$ auf $\mathbb{C}$ heißt *elliptisch* oder *doppelt–periodisch* bezüglich $\Omega$, wenn $\Omega$ in der Menge Per $f$ der Perioden von $f$ (vgl. 1.2) enthalten ist: $\Omega \subset$ Per $f$. Das bedeutet also

$$(1) \qquad D_f + \omega = D_f \quad \text{für alle } \omega \in \Omega,$$

$$(2) \qquad f(z + \omega) = f(z) \quad \text{für alle } \omega \in \Omega \text{ und } z \in \mathbb{C} \setminus D_f.$$

Interpretiert man hier (2) derart, dass die Gleichung für alle $z$ und $\omega$ gelten möge, für welche beide Seiten sinnvoll sind, so ist (1) eine Folge von (2). Die Bedingungen (1) und (2) sind sicher erfüllt, wenn sie für eine Basis von $\Omega$ richtig sind. Es bezeichne $\mathcal{K}(\Omega)$ die Menge der bezüglich $\Omega$ elliptischen Funktionen.

Für $0 \neq f \in \mathcal{M}$ und $c \in \mathbb{C}$ hat man bekanntlich (R. REMMERT, G. SCHUMA-CHER [2002], 12.1.3) eine LAURENT-*Entwicklung* der Form

$$f(z) = \sum_{n \geq m} a_n (z - c)^n \ , \quad a_m \neq 0, \ \ m \in \mathbb{Z},$$

die in einer punktierten Umgebung von $c$ normal, speziell also lokal-gleichmäßig konvergiert. Hier sind die *Ordnung von $f$ in $c$* wie in 1.1(3) durch $\mathrm{ord}_c f := m$ und das *Residuum von $f$ in $c$* durch $\mathrm{res}_c f := a_{-1}$ erklärt.

Für $f \in \mathcal{K}(\Omega)$, $\omega \in \Omega$ und $z$ aus einer geeigneten Umgebung von $c + \omega$ hat man

$$f(z) = f(z - \omega) = \sum_{n \geq m} a_n (z - [c + \omega])^n$$

und es folgt daher

$$(3) \qquad\qquad \mathrm{ord}_{c+\omega} f = \mathrm{ord}_c f \quad \text{sowie} \quad \mathrm{res}_{c+\omega} f = \mathrm{res}_c f.$$

Damit ist speziell mit $c$ auch $c+\omega$ , $\omega \in \Omega$, ein Pol (bzw. eine Nullstelle oder eine $w$-Stelle) von $f \in \mathcal{K}(\Omega)$. Da sich die Pole in kompakten Mengen nicht häufen können, hat man zusammengefasst die

**Proposition.** *Die elliptischen Funktionen $\mathcal{K}(\Omega)$ bezüglich $\Omega$ bilden einen Unterkörper des Körpers $\mathcal{M}$ aller meromorphen Funktionen auf $\mathbb{C}$, der die konstanten Funktionen enthält. Jedes $f \in \mathcal{K}(\Omega)$ hat in jedem Periodenparallelogramm nur endlich viele Pole.*

Ein Blick auf (1) und (2) ergibt das einfache, aber wichtige

**Lemma.** *Mit $f(z)$ gehören auch*

$$f'(z) \quad und \quad g(z) := f(nz + w) \quad mit \quad 0 \neq n \in \mathbb{Z}, \ w \in \mathbb{C} \ fest,$$

zu $\mathcal{K}(\Omega)$.

**2. Die vier Sätze von LIOUVILLE.** Im Jahre 1847 bemerkte J. LIOUVILLE (1809–1882), dass für elliptische Funktionen erhebliche, zunächst nicht erkennbare Einschränkungen gelten (J. Reine Angew. Math. **88**, 277–310 (1880)):

**Satz A.** *Ist $f \in \mathcal{K}(\Omega)$ holomorph, dann ist $f$ konstant.*

*Beweis.* Sei $P$ ein Periodenparallelogramm. Da der Abschluss von $P$ kompakt ist, gibt es ein $C > 0$ mit $|f(z)| \leq C$ für $z \in P$. Ist $z \in \mathbb{C}$ beliebig, so gibt es nach Proposition 1.6A ein $\omega \in \Omega$ mit $z + \omega \in P$. Damit folgt

$$|f(z)| = |f(z + \omega)| \leq C,$$

so dass $f$ auf $\mathbb{C}$ beschränkt ist. Nach dem klassischen Satz von Liouville (R. Remmert, G. Schumacher [2002], Satz 8.3.5) ist $f$ konstant.     $\square$

**Satz B.** *Ist* $f \in \mathcal{K}(\Omega)$ *und* $P$ *ein Periodenparallelogramm, dann gilt*

$$(1) \qquad \sum_{c \in P} \operatorname{res}_c f = 0.$$

*Beweis.* Wegen 1(3) und Proposition 1.6A ist die Summe (1) endlich und unabhängig von der Wahl von $P$. Sei also $u$ so gewählt, dass auf dem Rand $\partial P$ von $P$ keine Singularitäten liegen.

Man integriert nun $f$ über den Rand $\partial P$. Nach dem Residuensatz gilt dann

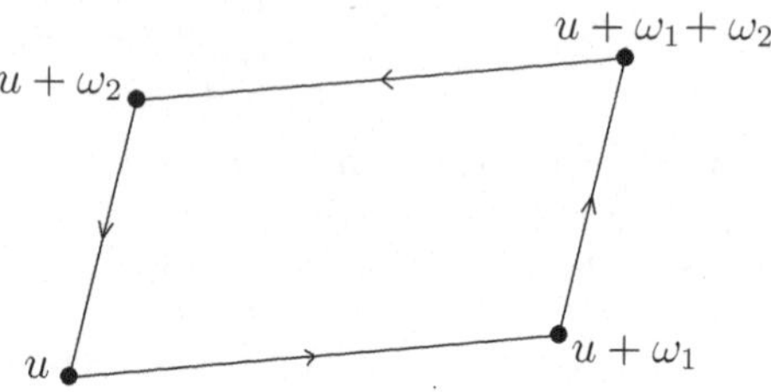

Abb. 7: Integrationsweg

$$\pm 2\pi i \sum_{c \in P} \operatorname{res}_c f = \int\limits_{u}^{u+\omega_1} f(z)\,dz + \int\limits_{u+\omega_1}^{u+\omega_1+\omega_2} f(z)\,dz + \int\limits_{u+\omega_1+\omega_2}^{u+\omega_2} f(z)\,dz + \int\limits_{u+\omega_2}^{u} f(z)\,dz$$

$$= \int\limits_{u}^{u+\omega_1} (f(z) - f(z+\omega_2))dz + \int\limits_{u+\omega_2}^{u} (f(z) - f(z+\omega_1))dz \ .$$

Wegen $f \in \mathcal{K}(\Omega)$ ist die rechte Seite aber Null.     $\square$

**Satz C.** *Ist* $f \in \mathcal{K}(\Omega)$ *nicht konstant und* $P$ *ein Periodenparallelogramm, dann gilt für jedes* $w \in \mathbb{C}$

$$(2) \qquad \sum_{c \in P} \operatorname{ord}_c(f - w) = 0,$$

*d. h., wenn man mit den entsprechenden Vielfachheiten zählt, ist*

$$\textit{Anzahl der Pole von } f \ = \ \textit{Anzahl der w-Stellen von } f$$
$$= \ \textit{Anzahl der Nullstellen von } f$$

*in* $P$*. Speziell nimmt jedes nicht-konstante* $f \in \mathcal{K}(\Omega)$ *in* $P$ *jeden Wert an.*

*Beweis.* Nach Lemma 1 ist

$$g(z) := \frac{f'(z)}{f(z) - w}$$

wieder eine elliptische Funktion bezüglich $\Omega$ und es gilt $\operatorname{res}_c g = \operatorname{ord}_c(f - w)$. Damit folgt die Behauptung aus Satz B. Weil $f$ nicht konstant ist, besitzt $f - w$ nach (2) eine Nullstelle in $P$, da $f - w$ nach Satz A und 1(3) mindestens einen Pol in $P$ hat.     $\square$

**Satz D.** *Ist* $0 \neq f \in \mathcal{K}(\Omega)$ *und* $P$ *ein Periodenparallelogramm, so gilt*

$$(3) \qquad \sum_{c \in P}(\operatorname{ord}_c f) \cdot c \in \Omega.$$

*Beweis.* Man wendet die in Satz B benutzte Methode an auf das Integral

$$2\pi i \sum_{c \in P}(\operatorname{ord}_c f) \cdot c = \int_{\partial P} z \cdot \frac{f'(z)}{f(z)} dz$$

$$= \pm \left( \int_u^{u+\omega_1} z\frac{f'(z)}{f(z)} - (z+\omega_2)\frac{f'(z+\omega_2)}{f(z+\omega_2)} dz + \int_{u+\omega_2}^{u} z\frac{f'(z)}{f(z)} - (z+\omega_1)\frac{f'(z+\omega_1)}{f(z+\omega_1)} dz \right)$$

$$= \pm \left( \omega_1 \int_u^{u+\omega_2} \frac{f'(z)}{f(z)} dz - \omega_2 \int_u^{u+\omega_1} \frac{f'(z)}{f(z)} dz \right).$$

Wegen $f(u) = f(u + \omega_j)$ gilt

$$\int_u^{u+\omega_j} \frac{f'(z)}{f(z)} dz \in 2\pi i \mathbb{Z} \quad \text{für} \quad j = 1, 2,$$

also (3). $\qquad \square$

Nach Satz B gibt es keine elliptischen Funktionen mit nur einem Pol 1. Ordnung in $P$. Entweder muss man also wenigstens zwei Pole 1. Ordnung oder einen Pol 2. Ordnung mit Residuum Null zulassen. Beide Wege wurden von K.T.W. WEIERSTRASS beschritten, wir betrachten zunächst nur den zweiten Fall.

Zählt man die Null- und Polstellen eines nicht-konstanten $f \in \mathcal{K}(\Omega)$ mit den Vielfachheiten, dann gibt es nach Satz C Punkte $a_1, \ldots, a_r$ und $b_1, \ldots, b_r$ aus $P$, so dass $f$ genau in $a_1, \ldots, a_r$ Nullstellen und genau in $b_1, \ldots, b_r$ Pole hat. Dabei wird die Vielfachheit jeweils durch die Anzahl der Wiederholungen der Punkte angegeben. Damit schreibt sich die Aussage von Satz D mit 1.7(1) in der Form

$$(4) \qquad a_1 + \cdots + a_r \equiv b_1 + \cdots + b_r \,(\operatorname{mod} \Omega).$$

Diese Relation war N.H. ABEL bereits 1826 bekannt (*Œuvres complètes I*, 145–211). Nach einem Vorschlag von JACOBI heißt (4) daher auch ABEL*sche Relation*. Man nennt $r$ die *Ordnung* der elliptischen Funktion $f$. Die Sätze A und B besagen, dass eine elliptische Funktion der Ordnung 0 konstant ist und dass es keine elliptische Funktion der Ordnung 1 gibt. Wir werden in **6.3** sehen, dass $r \geq 2$ und (4) auch hinreichend für die Existenz einer elliptischen Funktion mit vorgegebenen Null- und Polstellen sind.

**3. Der Existenz-Satz und erste Folgerungen.** Als erste Konsequenz der LIOUVILLEschen Sätze zeigt es sich in diesem und im nächsten Abschnitt, dass man allein aus der Annahme der Existenz *einer geeigneten* elliptischen Funktion eine Beschreibung aller elliptischen Funktionen folgern kann. Es sind dabei keine weiteren analytischen Schlüsse erforderlich. Dazu werden lediglich die LIOUVILLEschen Sätze angewendet!

**Existenz-Satz.** *Es gibt eine elliptische Funktion $\wp = \wp_\Omega$, die genau in jedem Gitterpunkt von $\Omega$ einen Pol 2. Ordnung hat und sonst holomorph ist. Ihre* LAURENT-*Reihe bei* 0 *hat die Form*

$$(1) \qquad \wp(z) = z^{-2} + a_1 z + \dots.$$

Der *Beweis* wird bis zum nächsten Paragrafen zurückgestellt (vgl. **3.1**). Nach 1(3) ist klar, dass $\wp$ an allen Polen das Residuum Null hat. Wegen Satz 2A ist $\wp$ als elliptische Funktion durch (1) eindeutig bestimmt. Man nennt $\wp$ die WEIERSTRASSsche $\wp$–*Funktion* (zum Gitter $\Omega$).

**Proposition.** a) $\wp$ *ist eine gerade Funktion, d. h.* $\wp(-z) = \wp(z)$. *Es gilt* $a_1 = 0$ *in* (1).
b) $\wp'$ *ist eine ungerade Funktion, die genau an allen Gitterpunkten von* $\Omega$ *Pole 3. Ordnung hat und sonst holomorph ist.*

*Beweis.* a) Die elliptische Funktion $f(z) := \wp(-z) - \wp(z)$ ist nach (1) in 0 und daher überall holomorph. Nach Satz 2A ist $f$ konstant und somit 0 nach (1).
b) Die Behauptung folgt aus a) und dem Existenz-Satz. $\qquad\square$

Damit können wir schon alle Nullstellen von $\wp'$ angeben.

**Lemma A.** *Ist* $\omega \in \Omega$, *aber* $\omega/2 \notin \Omega$, *dann ist* $\omega/2$ *eine einfache Nullstelle von* $\wp'$. *Jede Nullstelle von* $\wp'$ *hat umgekehrt diese Form.*

*Beweis.* Da $\wp'$ eine ungerade elliptische Funktion ist, hat man

$$\wp'(z + \omega) = \wp'(z) = -\wp'(-z).$$

Ist $\omega/2$ kein Pol von $\wp$ und $\wp'$, d. h. $\omega/2 \notin \Omega$, dann darf man $z = -\omega/2$ setzen und erhält

$$\wp'(\omega/2) = -\wp'(\omega/2), \quad \text{also} \quad \wp'(\omega/2) = 0.$$

Sei $\omega_1, \omega_2$ eine Basis von $\Omega$. Im Periodenparallelogramm $P = \Diamond(\omega_1, \omega_2)$ hat $\wp'$ dann die Nullstellen

$$(*) \qquad \omega_1/2 \, , \ \omega_2/2 \, , \ (\omega_1 + \omega_2)/2 \, .$$

Nach (1) hat $\wp'$ in $P$ nur einen Pol 3. Ordnung bei 0. Gemäß Satz 2C ist die Anzahl aller Nullstellen von $\wp'$ in $P$ (gezählt mit ihren Vielfachheiten) gleich 3. Die Nullstellen $(*)$ sind daher einfach und es sind alle Nullstellen von $\wp'$ in $P$. Ist nun $z$ eine beliebige Nullstelle von $\wp'$, so existiert ein $\omega' \in \Omega$ mit $z - \omega' \in P$. Dann ist aber $z - \omega'$ einer der Punkte $(*)$ und somit $z$ von der Form $\omega/2$ mit $\omega \in \Omega$, aber $\omega/2 \notin \Omega$. $\qquad\square$

Als gerade Funktion hat $\wp$ mit $u$ auch $-u$ als Nullstelle. Allgemein gilt das

**Lemma B.** *Es sei $P$ ein Periodenparallelogramm. Zu $w \in \mathbb{C}$,*

$$(2) \qquad\qquad w \neq \wp(\omega/2)\, , \ \omega \in \Omega\, , \ \omega/2 \notin \Omega,$$

*gibt es genau zwei verschiedene Punkte $u, v \in P$ mit $\wp(u) = \wp(v) = w$. In diesem Fall gilt $u + v \in \Omega$. Gibt es umgekehrt zwei verschiedene $u, v \in P$ mit $\wp(u) = \wp(v) = w$, so gilt (2).*

*Beweis.* Man wendet Satz 2C auf $\wp$ an. Nach (1) ist die Anzahl der $w$-Stellen von $\wp$ in $P$ (gezählt mit ihren Vielfachheiten) gleich 2. Man unterscheidet die beiden Fälle:
a) Es gibt nur ein $u \in P$ mit $\wp(u) = w$. Dann ist $u$ eine doppelte $w$-Stelle von $\wp$ und es folgt $\wp'(u) = 0$. Wegen (2) ist dieser Fall nach Lemma A ausgeschlossen.
b) Es gibt zwei verschiedene $u, v \in P$ mit $\wp(u) = \wp(v) = w$. Aus Satz 2D folgt dann sogleich $u + v \in \Omega$. $\qquad\qquad\qquad\qquad\qquad\qquad\quad\ \square$

Man wählt jetzt eine Basis $\omega_1, \omega_2$ von $\Omega$, setzt $P := \Diamond(\omega_1, \omega_2)$ und benutzt die Standard-Bezeichnung

$$(3) \qquad\qquad e_k := \wp(\omega_k/2)\, , \ k = 1, 2, 3 \quad \text{mit} \ \omega_3 := \omega_1 + \omega_2.$$

Nach Lemma A und B hat dann

$$(4) \qquad \wp(z) - e_k \quad \text{genau eine doppelte Nullstelle in } P, \text{ nämlich in } z = \omega_k/2$$

für $k = 1, 2, 3$ und

$$(5) \qquad \wp(z) - w \quad \text{zwei einfache Nullstellen in } P \text{ für } w \neq e_1, e_2, e_3.$$

Weil $\omega_1/2, \omega_2/2, \omega_3/2$ paarweise verschieden sind, sind nach (4) auch

$$(6) \qquad\qquad e_1, e_2, e_3 \quad \text{paarweise verschieden.}$$

Diese Ergebnisse führen bereits zur ersten Differentialgleichung für $\wp$:

**Satz.** *Für alle $z \in \mathbb{C} \setminus \Omega$ gilt*

$$\wp'^2(z) = 4 \cdot (\wp(z) - e_1) \cdot (\wp(z) - e_2) \cdot (\wp(z) - e_3).$$

*Beweis.* Man betrachtet neben $\wp'^2$ die elliptische Funktion

$$f(z) := 4 \cdot (\wp(z) - e_1) \cdot (\wp(z) - e_2) \cdot (\wp(z) - e_3).$$

Nach (4) hat $f$ in $P$ Nullstellen (und zwar doppelte) genau an den Stellen

$$\omega_1/2\, , \ \omega_2/2\, , \ \omega_3/2 = (\omega_1 + \omega_2)/2.$$

Nach Lemma A gilt die gleiche Aussage für $\wp'^2$. Da sich die Pole in $f$ nicht wegheben können, hat $f$ in $P$ nur einen Pol in 0 und zwar der Ordnung 6. Wegen (1) gilt aber

$$(*) \qquad \wp(z) = z^{-2} + \dots \ , \qquad \wp'(z) = -2z^{-3} + \dots \ , \qquad \wp'^2(z) = 4z^{-6} + \dots$$

und daher hat auch $\wp'^2$ in $P$ nur einen Pol bei $z = 0$ und zwar von der Ordnung 6. Damit ist $\wp'^2/f$ eine elliptische Funktion ohne Pole, also nach Satz 2A konstant. Vergleicht man mit $(*)$ den Koeffizienten von $z^{-6}$ in den LAURENT-Entwicklungen um 0, so sieht man, dass diese Konstante gleich 1 ist. $\qquad\square$

**Bemerkungen.** a) Die Definition (3) hängt natürlich von der Wahl der Basis von $\Omega$ ab. Bei einem Wechsel der Basis werden die Werte $e_1, e_2, e_3$ aber lediglich permutiert.

b) Wenn man bereit ist, die zunächst unbekannten Koeffizienten von $z^2$ und $z^4$ in der LAURENT-Entwicklung von $\wp$ einzubeziehen, kann man auch eine zweite Form der Differentialgleichung für $\wp$ so herleiten, wie es in **3.3** geschehen wird.

c) Eine einfache Funktion $f \in \mathcal{K}(\Omega)$ mit zwei Polen erster Ordnung ist z. B.

$$f(z) := \frac{\wp'(z) - \wp'(w)}{\wp(z) - \wp(w)} \ , \quad w \in \mathbb{C} \setminus \tfrac{1}{2}\Omega$$

(vgl. Proposition 5.1). Man sieht unschwer, dass $f$ nur Pole 1. Ordnung an den Stellen $\Omega$ und $-w + \Omega$ besitzt.

**4. Der Körper $\mathcal{K}(\Omega)$.** Wegen 3(1) ist klar, dass sich bei einem Polynom in $\wp$ die Pole nicht wegheben können. Damit ist $\wp$ nicht algebraisch, also transzendent über dem Körper $\mathbb{C}$. Der Körper $\mathbb{C}(\wp)$ ist somit isomorph zum Körper aller rationalen Funktionen über $\mathbb{C}$.

**Satz.** a) *Die geraden elliptischen Funktionen bezüglich $\Omega$ sind genau die rationalen Funktionen in $\wp$.*
b) $\mathcal{K}(\Omega) = \mathbb{C}(\wp)[\wp']$.
c) *Der Grad der Körpererweiterung von $\mathcal{K}(\Omega)$ über $\mathbb{C}(\wp)$ ist 2.*

Wegen Satz 3 lässt sich dann jedes $f \in \mathcal{K}(\Omega)$ eindeutig schreiben als

$$(1) \qquad\qquad f = R(\wp) + Q(\wp) \cdot \wp',$$

wobei $R$ und $Q$ rationale Funktionen über $\mathbb{C}$ sind. Man kennt also die elliptischen Funktionen „so gut, wie man die Funktion $\wp$ kennt".

*Beweis.* a) Es sei $f \in \mathcal{K}(\Omega)$ gerade und nicht konstant. Die Ordnung von $f$, also die Anzahl der Pole von $f$ im Periodenparallelogramm (gezählt mit ihren Vielfachheiten), sei $m$. Weiter sei $P := \Diamond(\omega_1, \omega_2)$ die zugehörige Grundmasche und $N := \{c \in P \, ; \, f'(c) = 0\}$. Dann ist $N$ endlich.

(i) *Die Zahl $m$ ist gerade, $m = 2k$. Zu jeder komplexen Zahl $u \notin f(N)$ gibt es paarweise verschiedene Punkte*

$$(*) \qquad c_1, \dots, c_k \, , \ c'_1, \dots, c'_k \in P \, , \ c_j + c'_j \in \Omega \quad \text{für } j = 1, \dots, k,$$

*so dass $u$ von $f$ in $P$ genau an den Stellen $(*)$ angenommen wird, und zwar mit der Vielfachheit 1.*

Nach Satz 2C ist die Anzahl der $u$-Stellen von $f$ ebenfalls gleich $m$. Sei $c \in P$ mit $f(c) = u$ gegeben. Da $f$ gerade ist, gilt auch $f(-c) = u$ und es gibt ein $\omega \in \Omega$ mit $c' = \omega - c \in P$ sowie $f(c') = u$. Im Falle $c' = c$ würde $f(c + z) = f(\omega - c + z) = f(-c + z) = f(c - z)$, also $f'(c + z) = -f'(c - z)$ und damit $f'(c) = 0$, also $u \in f(N)$ folgen. Daher sind $c$ und $c' = \omega - c$ verschieden und die $u$-Stellen von $f$ treten in Paaren auf. Wegen $u \notin f(N)$ hat jede $u$-Stelle die Vielfachheit 1.

(ii) *$f$ ist eine rationale Funktion in $\wp$.*
Man wählt nun $v \neq u$ nicht aus $f(N)$ und erhält nach (i) Punkte

$$(**) \qquad d_1, \ldots, d_k \,,\ d_1', \ldots, d_k' \,,\ d_j + d_j' \in \Omega \quad \text{für } j = 1, \ldots, k,$$

so dass $v$ von $f$ in $P$ genau an den Stellen $(**)$ angenommen wird, und zwar mit der Vielfachheit 1. Die elliptische Funktion

$$g(z) := \frac{f(z) - u}{f(z) - v}$$

hat dann

$$(***) \qquad \begin{array}{l} \text{Nullstellen in } P \text{ genau an den Stellen } (*), \text{ und zwar mit der Ordnung 1,} \\ \text{und Pole in } P \text{ genau an den Stellen } (**), \text{ und zwar mit der Ordnung 1,} \end{array}$$

denn die Pole von $f$ heben sich heraus.

Weil die Punkte in $(*)$ und $(**)$ paarweise verschieden sind, gilt

$$c_j, c_j', d_j, d_j' \notin \frac{1}{2}\Omega.$$

Demnach hat

$$h(z) := \frac{(\wp(z) - \wp(c_1)) \cdot \ldots \cdot (\wp(z) - \wp(c_k))}{(\wp(z) - \wp(d_1)) \cdot \ldots \cdot (\wp(z) - \wp(d_k))}$$

ebenfalls die Eigenschaft $(***)$. Der Quotient $g/h$ ist daher holomorph, also nach Satz 2A konstant. Aus $g \in \mathbb{C}(\wp)$ folgt wegen

$$f = \frac{vg - u}{g - 1}$$

die Behauptung.
b) Ist $f \in \mathcal{K}(\Omega)$ nicht-konstant, dann schreibt man

$$f = g + h\wp' \ \text{ mit } \ g(z) := \frac{1}{2}(f(z) + f(-z)) \ \text{ und } \ h(z) = \frac{1}{2\wp'(z)}(f(z) - f(-z)).$$

Offenbar gehören $g$ und $h$ zu $\mathcal{K}(\Omega)$ und sind gerade. Nach a) sind dann $g$ und $h$ rationale Funktionen von $\wp$.
c) Wegen $\wp' \notin \mathbb{C}(\wp)$ folgt die Behauptung aus Satz 3. $\qquad\qquad \square$

In algebraischer Formulierung erhält man das

**Korollar A.** *Für über $\mathbb{C}$ unabhängige Unbestimmte $X, Y$ gilt*

$$\mathcal{K}(\Omega) \cong \mathbb{C}(X)[Y]/I(X,Y),$$

*wenn $I(X,Y)$ das von $Y^2 - 4(X - e_1)(X - e_2)(X - e_3)$ erzeugte Hauptideal in $\mathbb{C}(X)[Y]$ bezeichnet.*

*Beweis.* Man definiert einen Ring-Homomorphismus

$$\Phi : \mathbb{C}(X)[Y] \to \mathcal{K}(\Omega) \quad \text{durch} \quad X \mapsto \wp, \ Y \mapsto \wp'.$$

Nach dem Satz ist $\Phi$ surjektiv. Man schreibt nun $\varphi \in \mathbb{C}(X)[Y]$ nach Division mit Rest über dem Körper $\mathbb{C}(X)$ in der Form

$$\varphi(X,Y) = \left(Y^2 - 4(X - e_1)(X - e_2)(X - e_3)\right) \cdot q(X,Y) + r(X,Y)$$

mit $q, r \in \mathbb{C}(X)[Y]$ und $r(X,Y) = r_1(X) + r_2(X) \cdot Y$ mit $r_1(X), r_2(X) \in \mathbb{C}(X)$. Aufgrund der Differentialgleichung in Satz 3 liegt $\varphi$ genau dann im Kern von $\Phi$, wenn $r(\wp, \wp') = 0$ gilt. Wegen (1) bedeutet das $r(X,Y) = 0$. Damit erhält man Kern $\Phi = I(X,Y)$ und die Behauptung folgt aus dem Homomorphie-Satz für Ringe. $\qquad\square$

Nach dem Satz hat $\mathcal{K}(\Omega)$ im Sinne der Algebra den Transzendenzgrad 1 über $\mathbb{C}$ (vgl. K. MEYBERG [1976], Abschnitt 6.10B). Damit sind je zwei Elemente von $\mathcal{K}(\Omega)$ algebraisch abhängig und man erhält das

**Korollar B.** *Zu $f, g$ aus $\mathcal{K}(\Omega)$ gibt es ein nicht-triviales Polynom $P(X,Y)$ in $\mathbb{C}[X,Y]$ mit*

$$P(f,g) = 0.$$

**Bemerkung.** Weil $\mathcal{K}(\Omega)$ ein Körper ist, ist $I(X,Y)$ ein maximales Ideal in $\mathbb{C}(X)[Y]$ und somit $Y^2 - 4(X - e_1)(X - e_2)(X - e_3)$ ein irreduzibles Polynom in $Y$ über $\mathbb{C}(X)$.

**5*. Divisoren.** Für jede Abbildung $\varphi : \mathbb{C}/\Omega \to \mathbb{Z}$ mit endlichem Träger ist der *Grad* von $\varphi$ definiert durch

$$\text{Grad } \varphi := \sum_{c \in \mathbb{C}/\Omega} \varphi(c) \in \mathbb{Z}.$$

Unter einem *Divisor* von $\mathbb{C}/\Omega$ versteht man nun eine Abbildung $\varphi : \mathbb{C}/\Omega \to \mathbb{Z}$ mit endlichem Träger und Grad $\varphi = 0$. Bei punktweiser Addition bildet die Menge Div $(\mathbb{C}/\Omega)$ aller Divisoren von $\mathbb{C}/\Omega$ eine abelsche Gruppe.

Jedem $0 \neq f \in \mathcal{K}(\Omega)$ kann nun eine Abbildung

$$\varphi_f : \mathbb{C}/\Omega \longrightarrow \mathbb{Z} , \ \varphi_f(c + \Omega) := \text{ord}_c f,$$

zugeordnet werden. Nach 1(3) hängt diese Definition nicht von der Wahl des Vertreters $c$ ab. Wegen Satz 2C ist dann $\varphi_f$, $f \in \mathcal{K}(\Omega)$, ein Divisor, der so genannte *Hauptdivisor* zu $f$.

Wir definieren einen surjektiven Gruppen-Homomorphismus

$$\Phi : \operatorname{Div}(\mathbb{C}/\Omega) \longrightarrow \mathbb{C}/\Omega, \quad \Phi(\varphi) := \sum_{c \in \mathbb{C}/\Omega} \varphi(c) \cdot c,$$

und erhalten

$$\operatorname{Div}(\mathbb{C}/\Omega)/\operatorname{Kern}\Phi \cong \mathbb{C}/\Omega.$$

Zum Nachweis von

$$\varphi_f \in \operatorname{Kern}\Phi \quad \text{für alle} \quad 0 \neq f \in \mathcal{K}(\Omega)$$

beachte man

$$\Phi(\varphi_f) = \sum_{c \in \mathbb{C}/\Omega} \varphi_f(c) \cdot c = \sum_{c \in P} (\operatorname{ord}_c f) \cdot (c + \Omega)$$

für jedes Periodenparallelogramm $P$ von $\Omega$. Nach Satz 2D ist die rechte Seite aber gleich $\Omega$. In **6.3** wird man dann sehen, *dass auch umgekehrt zu jedem* $\varphi \in \operatorname{Kern}\Phi$ *ein* $0 \neq f \in \mathcal{K}(\Omega)$ *existiert mit* $\varphi = \varphi_f$.

**Aufgaben.** 1) Ein gerades $f \in \mathcal{K}(\Omega)$ nimmt alle seine Werte bereits in dem Dreieck mit den Ecken $0, \omega_1, \omega_2$ an.

2) Sei $f$ eine elliptische Funktion, die im Periodenparallelogramm $P$ genau zwei einfache Pole in $a$ und $b$ hat. Dann gilt $f(a + b - z) = f(z)$.

3) Man beschreibe alle $f \in \mathcal{K}(\Omega)$, die genau in den Punkten $\omega/2$, $\omega \in \Omega$, $\omega \notin 2\Omega$, einfache Pole haben und sonst holomorph sind.

4) Sei $\omega \in \Omega$ und $f \in \mathcal{K}(\Omega)$. Ist $f$ ungerade, so hat $f$ an der Stelle $z = \omega/2$ einen Pol oder eine Nullstelle und zwar von ungerader Ordnung. Ist $f$ gerade, so ist die Ordnung von $f$ an der Stelle $z = \omega/2$ gerade.

5) Sei $0 \neq f \in \mathcal{M}$, so dass es zu jedem $\omega \in \Omega$ ein $c(\omega) \in \mathbb{C}$ gibt mit $f(z + \omega) = c(\omega)f(z)$ für alle $z \in \mathbb{C} \setminus D_f$. Dann gilt

(i) $\operatorname{ord}_{c+\omega} f = \operatorname{ord}_c f$ für alle $c \in \mathbb{C}, \omega \in \Omega$.

(ii) $\sum_{c \in P} \operatorname{ord}_c f = 0$.

(iii) Ist $f$ ganz, so existieren $a, b \in \mathbb{C}$ mit $f(z) = ae^{bz}$ für alle $z \in \mathbb{C}$.

6) Sei $f$ eine ganze Funktion, so dass es zu jedem $\omega \in \Omega$ ein $c(\omega) \in \mathbb{C}$ gibt mit $f(z + \omega) = f(z) + c(\omega)$. Dann gibt es $a, b \in \mathbb{C}$ mit $f(z) = az + b$.

7) Es gilt $\wp''(z) = 6\wp^2(z) + 2(e_1e_2 + e_2e_3 + e_3e_1)$.

8) Man bestimme ein nicht-triviales Polynom $P(X, Y)$ mit $P(\wp', \wp'') = 0$.

9) Es gilt $[\mathcal{K}(\Omega) : \mathbb{C}(\wp')] = 3$.

10) Man verschärfe Bemerkung 3a in folgender Weise: Zu $e_1, e_2, e_3$ definiert man

$$\bar{e}_1 = (1, 0), \ \bar{e}_2 = (0, 1), \ \bar{e}_3 = (1, 1) \in (\mathbb{Z}/2\mathbb{Z})^2.$$

Ist $\omega_1' = a\omega_1 + b\omega_2$, $\omega_2' = c\omega_1 + d\omega_2$ eine weitere Basis mit $M = \left(\begin{smallmatrix} a & b \\ c & d \end{smallmatrix}\right) \in \operatorname{GL}(2; \mathbb{Z})$, so betrachte man $\overline{M} \in \operatorname{GL}(2; \mathbb{Z}/2\mathbb{Z})$, das aus $M$ durch Reduktion der Komponenten mod 2 entsteht. $\overline{M}$ permutiert die Menge $\{\bar{e}_1, \bar{e}_2, \bar{e}_3\}$. Bezeichnet man die entsprechenden Größen zur neuen Basis mit einem Strich, so gilt $\bar{e}_j' = \bar{e}_j \cdot \overline{M}$, $j = 1, 2, 3$.

11) Man betrachte $f(z)$ aus Bemerkung 3c und berechne $f(w)$ sowie die Residuen von $f$ an den Stellen $z = 0$ und $z = -w$.

12) Sind $a_0, \ldots, a_n \in \mathbb{C}, a_1 = 0$, so existiert genau ein $f \in \mathcal{K}(\Omega)$ mit $D_f \subset \Omega$ und der LAURENT–Entwicklung $a_n z^{-n} + \ldots + a_0 + \ldots$ um 0.

13) Sei $\omega_1, \omega_2$ eine Basis des Gitters $\Omega$ und $f \in \mathcal{K}(2\Omega)$. Dann gehört

$$g(z) := f(z) + f(z + \omega_1) + f(z + \omega_2) + f(z + \omega_1 + \omega_2)$$

zu $\mathcal{K}(\Omega)$. Welche elliptische Funktion entsteht, wenn $f$ die zugehörige $\wp$-Funktion ist?

14) Seien $a, b \in \mathbb{C}$. Es gibt genau dann eine elliptische Funktion $f \in \mathcal{K}(\Omega)$, die in a und b holomorph ist und $f(a) \neq f(b)$ erfüllt, wenn $a \not\equiv b \,(\mathrm{mod}\ \Omega)$.

15) Es existiert kein $f \in \mathcal{K}(\Omega)$ mit $\mathcal{K}(\Omega) = \mathbb{C}(f)$.

16) Man gebe eine invariante (d. h. von 4(1) unabhängige) Beschreibung der GALOIS–Gruppe der Körpererweiterung $\mathcal{K}(\Omega) \supset \mathbb{C}(\wp)$ an.


# §3. Die WEIERSTRASSsche $\wp$-Funktion

In diesem Paragrafen sei $\Omega = \mathbb{Z}\omega_1 + \mathbb{Z}\omega_2$ stets ein Gitter in $\mathbb{C}$.

**1. Konstruktions-Satz für die $\wp$-Funktion.** Für spätere Zwecke formulieren wir die Aussage gleich etwas allgemeiner. Dazu benötigen wir die

**Proposition.** *Sei $K \subset \{(\omega_1, \omega_2) \in \mathbb{C} \times \mathbb{C} ;\ \omega_2 \neq 0,\ \omega_1/\omega_2 \notin \mathbb{R}\}$ ein Kompaktum. Dann gibt es positive Konstanten $\alpha$ und $\beta$, so dass*

$$\alpha \cdot |m_1 i + m_2| \leq |m_1 \omega_1 + m_2 \omega_2| \leq \beta \cdot |m_1 i + m_2|$$

*für alle $m_1, m_2 \in \mathbb{R}$ und $(\omega_1, \omega_2) \in K$.*

*Beweis.* Aus Homogenitätsgründen darf man $m_1^2 + m_2^2 = 1$, also $|m_1 i + m_2| = 1$ voraussetzen. Die stetige Funktion $(\omega_1, \omega_2, m_1, m_2) \mapsto |m_1 \omega_1 + m_2 \omega_2|$ nimmt auf der kompakten Menge $K \times \{(m_1, m_2) \in \mathbb{R} \times \mathbb{R} ;\ m_1^2 + m_2^2 = 1\}$ ihr Minimum $\alpha$ und ihr Maximum $\beta$ an. Weil $\omega_1, \omega_2$ über $\mathbb{R}$ linear unabhängig sind, gilt stets $m_1 \omega_1 + m_2 \omega_2 \neq 0$ für alle $(0, 0) \neq (m_1, m_2)$. Also sind $\alpha$ und $\beta$ positiv. $\qquad\square$


Als Anwendung erhalten wir den

**Konvergenz–Satz für die $\wp$-Funktion.** *Die Reihe*

$$(1) \qquad \wp(z; \omega_1, \omega_2) := z^{-2} + \sum_{0 \neq \omega \in \mathbb{Z}\omega_1 + \mathbb{Z}\omega_2} \left( (z - \omega)^{-2} - \omega^{-2} \right)$$

*konvergiert absolut gleichmäßig auf jedem Kompaktum in*

$$(2) \qquad \{(z, \omega_1, \omega_2) \in \mathbb{C} \times \mathbb{C} \times \mathbb{C} ;\ \omega_2 \neq 0,\ \omega_1/\omega_2 \notin \mathbb{R},\ z \notin \mathbb{Z}\omega_1 + \mathbb{Z}\omega_2\} \,.$$

*Beweis.* Sei $K$ eine kompakte Teilmenge von (2). Wir wählen ein $\rho > 0$ und ein Kompaktum $K' \subset \{(\omega_1, \omega_2) \in \mathbb{C} \times \mathbb{C} ;\ \omega_2 \neq 0,\ \omega_1/\omega_2 \notin \mathbb{R}\}$, so dass

$$K \subset K_\rho \times K',\ K_\rho = \{z \in \mathbb{C} ; |z| \leq \rho\} \,.$$

Zu $K'$ wählt man $\alpha$ nach der Proposition. Dann gilt für alle $(z, \omega_1, \omega_2) \in K$ und $(m_1, m_2) \in \mathbb{Z}$ mit $|m_1 i + m_2| \geq (\rho + 1)/\alpha$ auch

$$|\omega| \geq \rho + 1 \quad \text{für} \quad \omega = m_1 \omega_1 + m_2 \omega_2$$

und

$$\left| \frac{1}{(z - \omega)^2} - \frac{1}{\omega^2} \right| = \left| \frac{2z\omega - z^2}{\omega^2 (z - \omega)^2} \right| = \left| \frac{2 - z/\omega}{(1 - z/\omega)^2} \right| \cdot \frac{|z|}{|\omega|^3}$$

$$\leq \frac{3}{(1 - \rho/(\rho + 1))^2} \cdot \frac{\rho}{|\omega|^3} \leq \frac{3\rho(\rho + 1)^2}{\alpha^3 \cdot |m_1 i + m_2|^3} \cdot$$

Da nur endlich viele Paare $(m_1, m_2) \in \mathbb{Z} \times \mathbb{Z}$ mit $|m_1 i + m_2| \leq (\rho + 1)/\alpha$ existieren, folgt die Behauptung aus der absoluten Konvergenz der EISENSTEIN-Reihe $G_3(\mathbb{Z}i + \mathbb{Z})$ nach dem Konvergenz–Lemma 1.9. $\qquad\square$

Für ein festes Gitter $\Omega$ erhält man analog das

**Lemma.** *Für $k \in \mathbb{N}, k \geq 3$, konvergiert die Reihe*

$$\sum_{\omega \in \Omega} (z - \omega)^{-k}$$

*auf jedem Kompaktum in $\mathbb{C} \setminus \Omega$ absolut gleichmäßig.*

Nun erhalten wir den angekündigten

**Konstruktions-Satz für die $\wp$-Funktion.** *Die Reihe*

$$(3) \qquad \wp(z) := \wp_\Omega(z) := z^{-2} + \sum_{0 \neq \omega \in \Omega} \left( (z - \omega)^{-2} - \omega^{-2} \right) , \ z \in \mathbb{C} \setminus \Omega,$$

*konvergiert in jedem Kompaktum von $\mathbb{C}$, das keinen Gitterpunkt enthält, absolut gleichmäßig. Die Funktion $\wp$ ist eine gerade elliptische Funktion bezüglich $\Omega$, sie hat in den Gitterpunkten von $\Omega$ Pole 2. Ordnung mit Residuum Null und ist holomorph in $\mathbb{C} \setminus \Omega$. Die LAURENT-Reihe bei $0$ hat die Form*

$$(4) \qquad \wp(z) = z^{-2} + a_2 z^2 + \ldots.$$

Damit ist zugleich der Beweis des Existenz-Satzes 2.3 gegeben.

Man nennt $\wp(z)$ die WEIERSTRASSsche $\wp$-Funktion (zum Gitter $\Omega$). Die Idee, eine elliptische Funktion durch eine Summe über alle Gitterpunkte zu definieren und so die doppelte Periodizität augenscheinlich zu machen, geht auf F.G.M. EISENSTEIN (1823–1852) und K.T.W. WEIERSTRASS (1815–1897) zurück. Man vergleiche hierzu die historische Anmerkung in **7**. Nachschriften kann man entnehmen, dass sich in WEIERSTRASS' Vorlesungen das „WEIERSTRASS $\wp$" allmählich aus einem gewöhnlichen $p$ entwickelt hat.

*Beweis.* Zur Abkürzung setze man

$$f_\omega(z) := (z - \omega)^{-2} - \omega^{-2} \ \text{ für } \ 0 \neq \omega \in \Omega \ \text{ und } \ K_\rho := \{z \in \mathbb{C}\,;\, |z| \leq \rho\}\,, \ \rho > 0.$$

Die absolute, kompakt gleichmäßige Konvergenz der Reihe (3) folgt bereits aus dem Konvergenz-Satz.

**Behauptung 1.** *Die Reihe* (3) *stellt eine in* $\mathbb{C}$ *meromorphe Funktion dar, die genau in den Punkten von* $\Omega$ *Pole 2. Ordnung mit Residuum Null hat.*

Zum *Beweis* sei $\rho > 0$. Es folgt

$$\wp(z) = z^{-2} + \sum_{|\omega| < \rho+1} f_\omega(z) + \sum_{|\omega| \geq \rho+1} f_\omega(z).$$

Hier ist die erste endliche Summe meromorph auf $K_\rho$, während die zweite nach dem Konvergenz-Satz holomorph auf $K_\rho$ ist. Also hat $\wp|_{K_\rho}$ genau in den Punkten $\Omega \cap K_\rho$ Pole 2. Ordnung mit Residuum 0.     $\square$

**Behauptung 2.** $\wp$ *ist eine gerade Funktion und es gilt* (4).

Zum *Beweis* ersetzt man $\omega$ durch $-\omega$ in der Summe (3). Wegen der absoluten Konvergenz folgt $\wp(-z) = \wp(z)$. Nun beachtet man $f_\omega(0) = 0$ für $\omega \neq 0$ und sieht, dass die LAURENT-Reihe bei 0 das konstante Glied 0 hat.     $\square$

**Behauptung 3.** *Es gilt* $\wp(z + \omega) = \wp(z)$ *für alle* $\omega \in \Omega$ *und* $z \in \mathbb{C}\backslash\Omega$.

Zum *Beweis* hat man nach dem Konvergenz-Satz

$$\wp'(z) = -2 \cdot \sum_{\omega \in \Omega} (z - \omega)^{-3}\,, \ z \in \mathbb{C} \setminus \Omega,$$

und diese Reihe ist nach dem Lemma absolut konvergent. Es folgt $\wp'(z + \omega) = \wp'(z)$ für $\omega \in \Omega$. Ist daher $\omega_1, \omega_2$ eine Basis von $\Omega$, so gilt $\wp(z + \omega_j) = \wp(z) + C_j$ mit Konstanten $C_j$ für $j = 1, 2$. Für $z := -\omega_1/2$ bzw. $z = -\omega_2/2$ folgt $C_1 = C_2 = 0$, da $\wp$ gerade ist. Damit gilt $\wp(z + \omega_j) = \wp(z)$ für $j = 1, 2$ und $\wp$ hat alle $\omega \in \Omega$ als Perioden.     $\square$

**Bemerkungen.** a) In Kenntnis des Satzes von MITTAG–LEFFLER (vgl. R. REMMERT [1995], Satz 6.1.3) stellt man fest, dass man hier einen Beweis jenes Satzes in einem Spezialfall wiederholt hat. Historisch ist der Satz von MITTAG–LEFFLER aber umgekehrt nach dem Vorbild der WEIERSTRASSschen Konstruktion der $\wp$-Funktion modelliert worden.

b) In der obigen Behauptung 3 kann der Umweg über $\wp'$ nicht ohne zusätzliche Überlegungen vermieden werden. Wir verdanken Herrn J. ELSTRODT den Hinweis auf einen direkten Beweis, der auf einer genauen Betrachtung der durch Differenzbildung aus (3) für $\wp(z + \omega) - \wp(z)$ entstehenden Reihe beruht. Man vergleiche hierzu H. HANCOCK ([1910], Art. 270).

**2. Die LAURENT-Entwicklung.** Wie in 1.9(2) betrachtet man die EISENSTEIN-Reihe

$$(1) \qquad G_k := G_k(\Omega) := \sum_{0 \neq \omega \in \Omega} \omega^{-k} \quad \text{für gerades } k \geq 4.$$

Nach Proposition 1.9 sind die entsprechenden Reihen für ungerades $k \geq 3$ gleich Null. Man setzt schließlich

$$\gamma := \gamma(\Omega) := \min\{|\omega| \, ; \, 0 \neq \omega \in \Omega\}$$

und erhält den

**Satz.** *Für alle $z \in \mathbb{C}$ mit $0 < |z| < \gamma(\Omega)$ gilt*

$$(2) \quad \wp(z) = z^{-2} + \sum_{n=2}^{\infty} (2n-1)G_{2n} \cdot z^{2n-2} = z^{-2} + 3G_4 \cdot z^2 + 5G_6 \cdot z^4 + \dots .$$

*Beweis.* Aufgrund von

$$\frac{1}{(1-t)^2} = \frac{d}{dt}\left(\frac{1}{1-t}\right) = \sum_{m=1}^{\infty} mt^{m-1} \, , \quad |t| < 1,$$

hat man für $\omega \neq 0$

$$\frac{1}{(z-\omega)^2} - \frac{1}{\omega^2} = \frac{1}{\omega^2}\left(\frac{1}{(1-z/\omega)^2} - 1\right) = \sum_{m=2}^{\infty} m \cdot \frac{z^{m-1}}{\omega^{m+1}} \, , \quad |z| < \gamma,$$

und daher

$$(*) \qquad \wp(z) = z^{-2} + \sum_{0 \neq \omega \in \Omega}\left(\sum_{m=2}^{\infty} m \cdot \frac{z^{m-1}}{\omega^{m+1}}\right) \, , \quad 0 < |z| < \gamma.$$

Wegen

$$\left| m \cdot \frac{z^{m-1}}{\omega^{m+1}} \right| \leq \gamma m \left(\frac{|z|}{\gamma}\right)^{m-1} \cdot |\omega|^{-3}$$

und aufgrund des Konvergenz-Lemma 1.9 ist die Reihe $(*)$ in $m$ und $\omega$ absolut konvergent. Nach Satz 1.8 darf man also umordnen und erhält

$$\wp(z) = z^{-2} + \sum_{m \geq 2} mG_{m+1} \cdot z^{m-1} \, , \quad 0 < |z| < \gamma.$$

Wegen Proposition 1.9 ist das aber (2).      $\square$

**3. Die zweite Differentialgleichung.** *Die* WEIERSTRASS*sche $\wp$-Funktion genügt der Differentialgleichung*

$$(1) \qquad \wp'^2 = 4\wp^3 - g_2\wp - g_3.$$

Dabei sind $g_2$ und $g_3$ definiert durch

$$(2) \qquad g_2 := g_2(\Omega) := 60\,G_4(\Omega) \quad \text{und} \quad g_3 := g_3(\Omega) := 140\,G_6(\Omega)\,.$$

Man nennt $g_2$ und $g_3$ die WEIERSTRASS-*Invarianten* des Gitters $\Omega$. Wir verwenden das LANDAU-*Symbol* und schreiben $\mathcal{O}(z^k)$ für eine Funktion $f(z)$, die $|f(z)| \le C \cdot |z|^k$ mit einem geeigneten $C$ für $z$ aus einer Umgebung von 0 erfüllt.

*Beweis.* Ausgehend von

$$\wp(z) = z^{-2} + 3G_4 \cdot z^2 + 5G_6 \cdot z^4 + \mathcal{O}(z^6)$$

(vgl. 2(2)) berechnet man

$$
\begin{aligned}
\wp^2(z) &= & z^{-4} + 6G_4 + 10G_6 \cdot z^2 + \mathcal{O}(z^3)\,, \\
\wp^3(z) &= & z^{-6} + 9G_4 \cdot z^{-2} + 15G_6 + \mathcal{O}(z)\,, \\
\wp'(z) &= & -2 \cdot z^{-3} + 6G_4 \cdot z + 20G_6 \cdot z^3 + \mathcal{O}(z^4)\,, \\
\wp'^2(z) &= & 4 \cdot z^{-6} - 24G_4 \cdot z^{-2} - 80G_6 + \mathcal{O}(z)\,.
\end{aligned}
$$

Daraus erhält man mit (2)

$$(*) \qquad \wp'^2(z) - 4\wp^3(z) + g_2\wp(z) + g_3 = \mathcal{O}(z).$$

Hier gehört die linke Seite zu $\mathcal{K}(\Omega)$ und hat Pole höchstens dort, wo $\wp$ oder $\wp'$ Pole hat. Nach $(*)$ ist die linke Seite aber bei 0 und daher überall holomorph. Satz 2.2A zeigt, dass diese Funktion konstant ist. Nach $(*)$ wiederum ist diese Konstante gleich Null. $\qquad\square$


Differenziert man (1), so folgt das

**Korollar A.** *Es gilt*

$$2\wp'' = 12\wp^2 - g_2.$$

**Korollar B.** *Für* $k \in \mathbb{N}$ *gilt*

$$\wp^{(k)} \in \mathbb{Z}[G_4, G_6, \wp] + \mathbb{Z}[G_4, G_6, \wp]\wp'.$$

*Beweis.* Dies ist für $k = 0$ und 1 richtig. Wegen (2) folgt die Aussage für $k = 2$ aus Korollar A. Nun ergibt eine Induktion die Behauptung. $\qquad\square$


**Korollar C.** *Für* $f \in \mathcal{K}(\Omega)$ *sind quivalent:*
(i)  $f$ *ist holomorph in* $\mathbb{C} \setminus \Omega$.
(ii)  $f \in \mathbb{C}[\wp] + \mathbb{C}[\wp] \cdot \wp'$.

*Beweis.* (i) $\Longrightarrow$ (ii): Subtrahiert man $\alpha\wp^n$ bzw. $\alpha\wp^n \cdot \wp'$, $\alpha \in \mathbb{C}$, $n \in \mathbb{N}_0$, geeignet, von $f$, so kann man nun die Ordnung der Pole in den Gitterpunkten sukzessiv erniedrigen. Schließich beachte man noch $\mathrm{res}_0 f = 0$ nach Satz 2.2B.
(ii) $\Longrightarrow$ (i): Klar. $\qquad\square$

**Korollar D.** *Für $n \geq 4$ gilt die Rekursionsformel*

$$(3) \qquad (n-3)(2n+1)(2n-1)G_{2n} = 3 \cdot \sum_{\substack{p\geq 2,\, q\geq 2 \\ p+q=n}} (2p-1)(2q-1)G_{2p}G_{2q}.$$

*Beweis.* Man trägt die LAURENT-Reihe 2(2) in $\wp'' + 30\,G_4 = 6\wp^2$ nach Korollar A ein:

$$\sum_{n\geq 2}(2n-1)(2n-2)(2n-3)G_{2n}z^{2n-4} + 30G_4$$

$$= 12\sum_{n\geq 2}(2n-1)G_{2n}z^{2n-4} + 6\sum_{p\geq 2}\sum_{q\geq 2}(2p-1)(2q-1)G_{2p}G_{2q}z^{2p+2q-4}\,.$$

Ein Koeffizientenvergleich ergibt bereits die Behauptung. $\qquad\square$

Speziell erhält man

$$(4) \quad 7G_8 = 3G_4^2\,,\ 11G_{10} = 5G_4G_6\,,\ 143G_{12} = 42G_4G_8 + 25G_6^2 = 18G_4^3 + 25G_6^2$$

und das

**Korollar E.** *Für $k \geq 8$ gilt*

$$G_k \in \mathbb{Q}[G_4, G_6].$$

**Korollar F.** *Sei $\Omega$ ein Gitter in $\mathbb{C}$ mit zugehörigen* WEIERSTRASS*–Invarianten $g_2$ und $g_3$. Jede in einem Gebiet $G \subset \mathbb{C}$ meromorphe, nicht-konstante Lösung $f$ der Differentialgleichung*

$$f'^2 = 4f^3 - g_2 f - g_3$$

*wird durch $f(z) = \wp(z+w)$, $z \in G$, mit geeignetem $w \in \mathbb{C}$ gegeben. Ist $f \in \mathfrak{M}$ eine solche Lösung, dann ist $\Omega$ das Periodengitter von $f$. Das Gitter $\Omega$ ist durch $g_2(\Omega)$ und $g_3(\Omega)$, also auch durch $G_4(\Omega)$ und $G_6(\Omega)$ eindeutig bestimmt.*

*Beweis.* Sei $f$ eine in $G$ meromorphe, nicht-konstante Lösung der angegebenen Differentialgleichung. Ist $f$ in einer Kreisscheibe $U \subset G$ um $u$ holomorph und $f'$ ungleich Null in $U$, dann gilt bei geeigneter Wahl einer Wurzel $f' = \sqrt{4f^3 - g_2 f - g_3}$. Nach Lemma 2.3B wählt man nun ein $w \in \mathbb{C}$ mit $\wp(w+u) = f(u)$ und darf darüber hinaus noch $\wp'(w+u) = f'(u)$ annehmen, indem man ggf. $w$ durch $-w-2u$ ersetzt. Die Funktionen $f(z)$ und $g(z) := \wp(z+w)$ genügen der gleichen Differentialgleichung 1. Ordnung und stimmen im Punkt $u$ überein. Dann folgt $f(z) = g(z)$ für alle $z \in U$ aus dem Existenz- und Eindeutigkeitssatz (vgl. W. WALTER [2000], 66). Der Identitätssatz impliziert $f(z) = g(z)$ für alle $z \in G$. Die fehlende Behauptung folgt nun aus der Tatsache, dass für die $\wp$-Funktion nach dem Konstruktions-Satz 1 das Periodengitter gleich der Polstellenmenge ist. $\qquad\square$

**Bemerkung.** An Stelle der Differentialgleichung (1) kann man bei gegebener rationaler Funktion $R$ allgemeiner nach Lösungen $w = f(z)$ der so genannten *binomischen Differentialgleichung*

$$(5) \qquad\qquad w'^n = R(z, w)$$

für gegebenes $n \in \mathbb{N}$ fragen. Es gilt hier der

**Satz von Malmquist und Yosida.** *Besitzt* (5) *eine auf* $\mathbb{C}$ *meromorphe und transzendente Lösung, dann ist* $R(z, w)$ *ein Polynom in* $w$ *von einem Grad* $\leq 2n$.

Einen *Beweis* findet man in E. HILLE, *Ordinary differential equations in the complex domain*, J. Wiley, New York 1976, Theorem 4.6.4. Eine Klassifikation der binomischen Differentialgleichungen beschreibt N. STEINMETZ, Math. Ann. **244**, 263–274 (1979).

**4. Ein Vergleich der Differentialgleichungen.** Neben

$$(1) \qquad\qquad \wp'^2 = 4\wp^3 - g_2\wp - g_3$$

war in Satz 2.3 die Differentialgleichung

$$(2) \qquad\qquad \wp'^2 = 4(\wp - e_1)(\wp - e_2)(\wp - e_3)$$

hergeleitet worden. Dabei waren $e_1, e_2, e_3$ wie in 2.3(3) durch

$$(3) \qquad\qquad e_k = \wp(\omega_k/2)\ ,\ k = 1, 2, 3\ ,\ \omega_3 := \omega_1 + \omega_2,$$

definiert, wenn $\omega_1, \omega_2$ eine Basis von $\Omega$ ist. Da $\wp$ mehr als drei verschiedene Werte annimmt, ergibt ein Vergleich für eine Unbestimmte $X$ über $\mathbb{C}$ den

**Satz.** *Es gilt*

$$4X^3 - g_2 X - g_3 = 4(X - e_1)(X - e_2)(X - e_3).$$

Aus Korollar 2.4A folgt dann

**Korollar A.** *Für über* $\mathbb{C}$ *unabhängige Unbestimmte* $X, Y$ *gilt*

$$\mathcal{K}(\Omega) \cong \mathbb{C}(X)[Y]/I(X, Y),$$

*wenn* $I(X, Y)$ *das von* $Y^2 - 4X^3 + g_2 X + g_3$ *in* $\mathbb{C}(X)[Y]$ *erzeugte Hauptideal ist.*

Ein Koeffizientenvergleich im Satz ergibt das

**Korollar B.** *Es gilt*

$$(4) \qquad 0 = e_1 + e_2 + e_3,$$

$$(5) \qquad g_2 = -4(e_1 e_2 + e_2 e_3 + e_3 e_1),$$

$$(6) \qquad g_3 = 4 e_1 e_2 e_3.$$

**Korollar C.** *Es gilt*

$$g_2^3 - 27g_3^2 = 16(e_1 - e_2)^2(e_2 - e_3)^2(e_3 - e_1)^2 \neq 0.$$

*Beweis.* Mit (4) und (5) erhält man zunächst

$$(*) \qquad g_2 = 2(e_1^2 + e_2^2 + e_3^2) \quad \text{bzw.} \quad g_2^2 = 16(e_1^2 e_2^2 + e_2^2 e_3^2 + e_3^2 e_1^2).$$

Weiter ergeben (4) und (5) dann auch noch

$$2(e_1 - e_2)^2 = 2(e_1^2 + e_2^2) - 4e_1 e_2 = 2g_2 - 2e_3^2 + 4e_3(e_1 + e_2) = 2g_2 - 6e_3^2,$$

also

$$(e_1 - e_2)^2 = g_2 - 3e_3^2.$$

Da die durch zyklische Vertauschung der $e_1, e_2, e_3$ entstehenden Beziehungen ebenfalls gültig sind, hat man

$$16(e_1 - e_2)^2(e_2 - e_3)^2(e_3 - e_1)^2 = 16(g_2 - 3e_1^2)(g_2 - 3e_2^2)(g_2 - 3e_3^2)$$
$$= 16g_2^3 - 3 \cdot 16g_2^2(e_1^2 + e_2^2 + e_3^2) + 9 \cdot 16g_2(e_1^2 e_2^2 + e_2^2 e_3^2 + e_3^2 e_1^2) - 27 \cdot 16e_1^2 e_2^2 e_3^2 \,.$$

Wegen $(*)$ und (6) ist die rechte Seite aber gleich $g_2^3 - 27g_3^2$. Nach 2.3(6) sind $e_1, e_2, e_3$ paarweise verschieden. $\qquad\square$

$$(7) \qquad\qquad \Delta := \Delta(\Omega) := g_2^3 - 27g_3^2$$

nennt man die *Diskriminante* und

$$(8) \qquad\qquad j := j(\Omega) := (12g_2)^3/\Delta$$

die *absolute Invariante* des Gitters $\Omega$. Mit Korollar B und C folgt das

**Korollar D.** *Es gilt*

$$j = -4 \cdot 12^3 \cdot \frac{(e_1 e_2 + e_2 e_3 + e_3 e_1)^3}{(e_1 - e_2)^2(e_2 - e_3)^2(e_3 - e_1)^2}.$$

**Korollar E.** *Für* $\lambda := \dfrac{e_2 - e_3}{e_1 - e_3}$ *gilt*

$$j = 256 \cdot \frac{(1 - \lambda + \lambda^2)^3}{\lambda^2(1 - \lambda)^2}.$$

**Bemerkungen.** a) Die Diskriminante $\Delta$ ist (bis auf einen Faktor) zugleich auch die Diskriminante des Polynoms $f(X) := 4X^3 - g_2 X - g_3$ im Sinne der Algebra (vgl. S. Lang [1993], V, §10): Dort wird die Diskriminante des Polynoms $f$ (bis auf einen Faktor) als die *Resultante* von $f$ und $f'$ erklärt, also durch

$$\det \begin{pmatrix} 4 & 0 & -g_2 & -g_3 & 0 \\ 0 & 4 & 0 & -g_2 & -g_3 \\ 12 & 0 & -g_2 & 0 & 0 \\ 0 & 12 & 0 & -g_2 & 0 \\ 0 & 0 & 12 & 0 & -g_2 \end{pmatrix} = -64\Delta.$$

b) Die Bezeichnung „absolute Invariante" rechtfertigt sich in **4.4**.

c) $\lambda$ aus Korollar E tritt bereits in E.2 beim Übergang von der WEIERSTRASS-schen zur LEGENDREschen Normalform elliptischer Integrale auf.

**5. Konjugationsstabile Gitter.** Ein Gitter $\Omega$ heißt *konjugationsstabil*, wenn mit $\omega$ auch die konjugiert komplexe Zahl $\overline{\omega}$ zu $\Omega$ gehört, d. h. $\Omega = \overline{\Omega}$. Die wichtigsten Beispiele für konjugationsstabile Gitter sind

a) die *Rechteck–Gitter*: $\Omega = \mathbb{Z}\omega_1 + \mathbb{Z}\omega_2$ mit $\frac{1}{i}\omega_1, \omega_2 \in \mathbb{R}^+$,

b) das *Sechseck–Gitter*: $\Omega = \mathbb{Z}\rho + \mathbb{Z}$ mit $\rho = \frac{1}{2}(1 + i\sqrt{3})$.

Man erhält direkt die

**Proposition.** *Ist $\Omega$ ein konjugationsstabiles Gitter, dann gilt für alle $z \in \mathbb{C} \setminus \Omega$*

$$\overline{\wp_\Omega(z)} = \wp_\Omega(\overline{z}) \quad und \quad \overline{\wp'_\Omega(z)} = \wp'_\Omega(\overline{z}) .$$

*Speziell hat man für $z \in \mathbb{C} \setminus \Omega$ :*

a) $\wp_\Omega(z)$ *ist reell für $z \in \mathbb{R}$ und $z \in i\mathbb{R}$,*

b) $\wp'_\Omega(z)$ *ist reell für $z \in \mathbb{R}$ und rein imaginär für $z \in i\mathbb{R}$.*

Eine Charakterisierung enthält der folgende

**Satz.** *Für ein Gitter $\Omega = \mathbb{Z}\omega_1 + \mathbb{Z}\omega_2$ sind äquivalent:*

  (i)   *$g_2(\Omega)$ und $g_3(\Omega)$ sind beide reell.*

  (ii)  *Alle $G_k(\Omega)$, $k \geq 4$ gerade, sind reell.*

 (iii)  *Von den Größen $e_1, e_2, e_3$ sind zwei konjugiert komplex und die dritte reell oder alle drei reell.*

 (iv)  *$\Omega$ ist konjugationsstabil.*

*Beweis.* (i) $\iff$ (ii): Man verwende 3(2) und Korollar 3D.

(i) $\iff$ (iv): Die Behauptung folgt aus $\overline{g_2(\Omega)} = g_2(\overline{\Omega})$, $\overline{g_3(\Omega)} = g_3(\overline{\Omega})$ und der Tatsache, dass $\Omega$ nach Korollar 3F durch $g_2$ und $g_3$ eindeutig bestimmt ist.

(i) $\implies$ (iii): Die Werte $e_1, e_2, e_3$ sind nach Satz 4 genau die Nullstellen des reellen Polynoms $4X^3 - g_2 X - g_3$. Daher ist mindestens eine Nullstelle reell.

(iii) $\implies$ (i): Man verwende 4(5) und 4(6).          $\square$

**Bemerkung.** Mit konjugationsstabilen Gittern kann man die elliptischen Integrale in WEIERSTRASSscher Normalform

$$\int \frac{dt}{\sqrt{q(t)}}, \quad q(t) = 4t^3 - c_2 t - c_3,$$

mit reellen $c_2$, $c_3$ berechnen (vgl. **4.5**).

**6. Die durch $\wp$ definierte Abbildung für ein Rechteck-Gitter.** In diesem Abschnitt sei $\Omega$ stets ein Rechteck-Gitter und

(1)              $(\omega_1, \omega_2)$    eine Basis von $\Omega$ mit $\frac{1}{i}\omega_1 > 0$ und $\omega_2 > 0$.

Man überlegt sich leicht, dass $\omega_1$ und $\omega_2$ hierdurch eindeutig bestimmt sind.

**Proposition.** *Sei $z \in \mathbb{C} \setminus \Omega$.*
a) $\wp(z)$ *ist genau dann reell, wenn es ein $\omega \in \Omega$ gibt mit*

$$(2) \qquad\qquad z \in \tfrac{\omega}{2} + \mathbb{R} \quad oder \quad z \in \tfrac{\omega}{2} + i\mathbb{R} .$$

b) *Für $z \in \tfrac{\omega}{2} + \mathbb{R}$, $\omega \in \Omega$, ist $\wp'(z)$ reell. Für $z \in \tfrac{\omega}{2} + i\mathbb{R}$, $\omega \in \Omega$, ist $\wp'(z)$ rein imaginär.*

*Beweis.* Wegen (1) gilt $\tfrac{1}{2}(\omega - \overline{\omega}) \in \Omega$. Dann folgt

$$(3) \qquad \overline{\wp\left(\tfrac{\omega}{2} + z\right)} = \wp\left(\tfrac{\omega}{2} + \overline{z}\right) , \quad \overline{\wp'\left(\tfrac{\omega}{2} + z\right)} = \wp'\left(\tfrac{\omega}{2} + \overline{z}\right)$$

aus Proposition 5. Weil $\wp$ gerade und $\wp'$ ungerade ist, nehmen $\wp$ und $\wp'$ an

den angegebenen Stellen nur re- elle bzw. rein imaginäre Werte an.
Sei nun $z \in \Diamond(\omega_1, \omega_2)$, so dass $z$ nicht von der Form (2) ist. Wäre $\wp(z)$ reell, so würde $\wp$ wegen (3) an den vier paarweise verschiedenen Punkten

$$z, \omega_1 + \overline{z}, \omega_1 + \omega_2 - z, \omega_2 - \overline{z}$$

in $\Diamond(\omega_1, \omega_2)$ den gleichen Wert annehmen. Das widerspricht Lemma 2.3B. $\qquad\square$

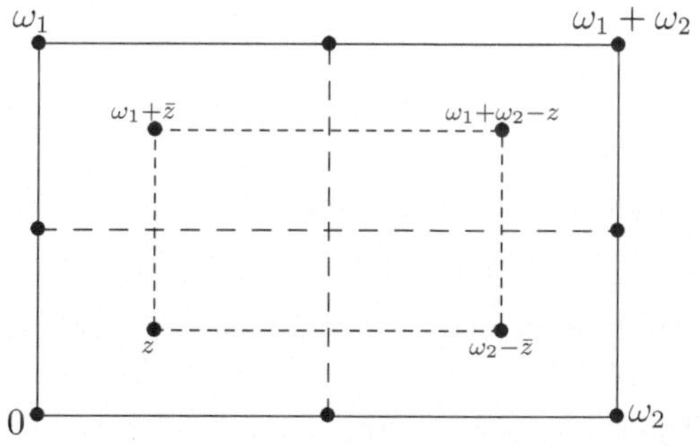


Abb. 8: Rechteckgitter

**Satz.** *Das Innere des Viertelrechtecks $0, \tfrac{\omega_1}{2}, \tfrac{\omega_1 + \omega_2}{2}, \tfrac{\omega_2}{2}$ der $z$-Ebene wird durch $z \mapsto w = \wp(z)$ auf die untere $w$-Halbebene konform so abgebildet, dass der Rand des Rechtecks auf die reelle Achse (von $-\infty$ nach $+\infty$) bijektiv abgebildet wird.*

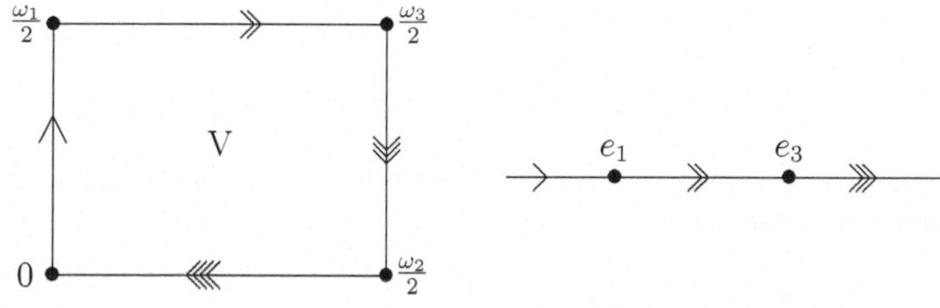


Abb. 9: Abbildungsverhalten auf dem Viertelrechteck

*Beweis.* Es sei $V$ das Innere des obigen Viertelrechtecks. Für $z = x + iy$ mit $0 < x \le \varepsilon$, $0 < y \le \varepsilon$ mit hinreichend kleinem $\varepsilon > 0$ gilt

$$(*) \qquad \wp(z) = z^{-2} + \mathcal{O}(\varepsilon^2) = \frac{x^2 - y^2 - 2ixy}{(x^2 + y^2)^2} + \mathcal{O}(\varepsilon^2).$$

Weil $\wp(V)$ zusammenhängend ist, impliziert die Proposition

$$(**) \qquad \wp(V) \subset H \quad \text{mit} \quad H := \{w \in \mathbb{C} \,;\, \operatorname{Im} w < 0\},$$

Wegen $\wp(z + \omega/2) = \wp(-z - \omega/2) = \wp(-z + \omega/2)$ folgt

$$\begin{aligned}
\wp\left(\tfrac{\omega_3}{2} + V\right) &= \wp(V) \subset H\,, \\
\wp\left(\tfrac{\omega_1}{2} + V\right) &= \wp\left(\tfrac{\omega_2}{2} + V\right) \subset \overline{H} = \{w \in \mathbb{C} \,;\, \operatorname{Im} w > 0\} = \mathbb{H},
\end{aligned}$$

so dass die Gleichheit in $(**)$ aus der Proposition und Satz 2.2C folgt. Nach Lemma 2.3A hat man $\wp'(z) \neq 0$ für alle $z \in V$. Also ist $\wp : V \to H$ biholomorph.

Für hinreichend kleines $\varepsilon > 0$ ist $f(y) := \wp(iy)$, $0 < y \leq \varepsilon$, wegen

$$f'(y) = i\wp'(iy) = 2y^{-3} + \mathcal{O}(\varepsilon), \quad \text{also} \quad f'(y) > 0,$$

sicher monoton wachsend. Aus der Differentialgleichung

$$\wp'^2 = 4(\wp - e_1)(\wp - e_2)(\wp - e_3) \quad \text{und} \quad \wp'(iy) \neq 0$$

erhält man $f'(y) > 0$ für $0 < y < \omega_1/2i$. Also ist $f$ auf dem gesamten Intervall $]0, \omega_1/2i]$ streng monoton wachsend und bildet es bijektiv auf $]-\infty, e_1]$ ab.

Auf den anderen Seiten von $V$ schließt man ähnlich. $\qquad\qquad\square$

Die Bilder der anderen Viertelrechtecke von $\Diamond(\omega_1, \omega_2)$ werden nach dem Schema

| + | − |
|---|---|
| − | + |

auf die untere bzw. obere $w$-Halbebene abgebildet. Dabei gilt insbesondere

$$e_1 < e_3 < e_2.$$

Mit dem Satz kann man jetzt auch gewisse Integrale der Form

$$\int \frac{dt}{\sqrt{4t^3 - gt - h}} \quad \text{mit} \quad g, h \in \mathbb{R}$$

„berechnen": Hat man zu $g$ und $h$ ein Rechteck-Gitter $\Omega$ mit $g = g_2(\Omega)$ und $h = g_3(\Omega)$ gefunden, dann gilt für $0 < r < s < \tfrac{\omega_2}{2}$

$$\int_{\wp(s)}^{\wp(r)} \frac{dt}{\sqrt{4t^3 - gt - h}} = s - r.$$

Zum *Beweis* substituiert man $t = \wp(z)$ und beachtet $\wp'(z) < 0$.

Das Problem liegt hier natürlich darin, ein Gitter $\Omega$ der angegebenen Art zu finden. Man vergleiche dazu Korollar 4.4.

**Bemerkungen.** a) Natürlich kann man auch für beliebiges Gitter $\Omega$ die durch $\wp$ vermittelte Abbildung eines Periodenparallelogramms nach $\mathbb{C}$ studieren. Man vergleiche hierzu etwa E. GRAESER ([1950], 81–83).

b) Nach dem RIEMANNschen Abbildungssatz ist jedes Rechteck in $\mathbb{C}$ biholomorph äquivalent zum Einheitskreis. Eine solche biholomorphe Abbildung kann man explizit mit dem Satz und der CAYLEY–Transformation (vgl. II.1.2) konstruieren.

**7. Ferdinand Gotthold Max EISENSTEIN** (1823–1852) publizierte 1846/47 in *Crelles Journal* sechs *Beiträge zur Theorie der elliptischen Functionen* (vgl. *Math. Werke I*, 299–478). In diesen Arbeiten entwickelte er völlig neue Gesichtspunkte, die weit über die Arbeiten seiner Vorgänger A.M. LEGENDRE (1752–1833), N.H. ABEL (1802–1829) und C.G.J. JACOBI (1804–1851) hinausgingen. Seine Arbeiten blieben aber weitgehend unbeachtet.

L. KRONECKER (1823–1891) hatte 1891 beabsichtigt, auf der ersten Tagung der Deutschen Mathematiker Vereinigung (DMV) in Bremen einen Vortrag „über Eisenstein" zu halten. Als er aus persönlichen Gründen absagen musste, schrieb er (*Werke V*, 499) an den Präsidenten der DMV:

> *„... über seine Arbeiten sprechen. Dabei müssten dann ausser den rein arithmetischen und analytisch-arithmetischen noch ganz besonders seine rein analytischen Untersuchungen über elliptische Functionen hervorgehoben werden, welche dem Bewusstsein der Jetztzeit ganz abhanden gekommen sind, ..."*

Diese Arbeiten scheinen in der Tat im 19. Jahrhundert außer von KRONECKER nur noch von A. HURWITZ (1859–1919) in einer Fußnote (*Werke I*, 31), von H. BURKHARDT und von F. KLEIN und R. FRICKE ([1890], 24 und 150) erwähnt zu werden. Im Vorwort zu seinem Buch [1899] spricht BURKHARDT von den „EISENSTEIN–WEIERSTRASSschen Partialbruchreihen". Erst R. FRICKE (1861–1930) nennt dann EISENSTEIN in seinem Enzyklopädie-Bericht (*Analysis II. B.3*, 243 f.) *einen Vorläufer von* WEIERSTRASS. Schließlich beschreibt und würdigt H. HANCOCK ([1910], Art. 273, 280, 287, 291) ausführlich EISENSTEINs Ergebnisse.

Im Jahre 1976 erschien dann das Buch *Elliptic functions according to Eisenstein and Kronecker* von A. WEIL [1976], in dem er die EISENSTEINschen Beträge zu den elliptischen Funktionen überzeugend würdigte: Von EISENSTEIN wurden bereits 1846/47 die wesentlichen Ergebnisse über die $\wp$-Funktion, ihre Differentialgleichung und das Additionstheorem, über die $\sigma$-Funktion und die $\zeta$-Funktion (vgl. §6) vorweggenommen. Erst ab 1862 hat K.T.W. WEIERSTRASS über entsprechende Ergebnisse in seinen Vorlesungen an der Berliner Universität vorgetragen (*Werke V*, das zugrundeliegende Manuskript hat WEIERSTRASS 1863 Herrn F. MERTENS diktiert). Die $\wp$-Funktion wird hier noch als Lösung der Differentialgleichung $\wp'^2 = 4\wp^3 - g_2\wp - g_3$ eingeführt. Die Tatsache, dass bei EISENSTEIN in der Definition des Analogons der $\wp$-Funktion (sowie bei $\sigma$ und $\zeta$)

die konvergenzerzeugenden Summanden fehlen, darf einen nicht zweifeln lassen, denn EISENSTEIN ersetzt dies durch eine besondere Summationsvorschrift der entsprechenden bedingt konvergenten Reihen.

Man kann heute nicht verstehen, dass WEIERSTRASS zu keiner Zeit auf die Vorarbeiten EISENSTEINs verwiesen hat. Wenn man historisch korrekt sein wollte, müsste man im Bereich der elliptischen Funktionen alle auf WEIERSTRASS bezogenen Namen in EISENSTEIN–WEIERSTRASS umbenennen. Das hat sich aber nicht durchgesetzt, vor allem wohl deswegen, weil dieser Sachverhalt in der Lehrbuch-Literatur (noch) keinen Platz gefunden hat.

EISENSTEIN stützt alle seine Überlegungen auf Reihen über alle Gitterpunkte analog zur $\wp$-Funktion und deren elementare Manipulation. Wie er zunächst ausführt, kann seine Methode hervorragend auf die Grundlegung der trigonometrischen Funktionen angewendet werden. Dies wird in dem Buch von R. REMMERT, G. SCHUMACHER [2002], Kap. 11, §4, ausgeführt.

Ein lesenswertes Märchen und eine Würdigung EISENSTEINs findet man im Bulletin der AMS **82**, 658–663 (1976), aus der Feder von A. WEIL.

**Aufgaben.** 1) Für $E_j := \begin{pmatrix} e_j & e_j^2 + e_k e_\ell \\ 1 & -e_j \end{pmatrix}$ , $\{j, k, \ell\} = \{1, 2, 3\}$ gilt

$$E_j^2 = (e_j - e_k)(e_j - e_\ell)\begin{pmatrix} 1 & 0 \\ 0 & 1 \end{pmatrix} \quad \text{und} \quad E_j E_k = (e_k - e_j)E_\ell.$$

Die Menge $\{\lambda E_\nu \,;\, 0 \neq \lambda \in \mathbb{C}, \nu = 1, 2, 3\} \cup \{\lambda E; 0 \neq \lambda \in \mathbb{C}\}$ ist eine Untergruppe von GL $(2; \mathbb{C})$.

2) Für gegebenes $\omega \in \Omega$ mit $\omega \notin 2\Omega$ wird $T$ definiert durch

$$T(z) = T_\omega(z) := \frac{\wp(\omega/4)) - \wp(\omega/2)}{\wp(z) - \wp(\omega/2)} \,, \quad z \in \Omega.$$

a) $T$ ist eine gerade elliptische Funktion bezüglich $\Omega$ mit Nullstellen 2. Ordnung in den Punkten von $\Omega$ und Polen 2. Ordnung in den Punkten $\omega/2 + \Omega$.

b) Jede gerade elliptische Funktion kann rational durch $T$ dargestellt werden.

c) $T(z) \cdot T(z + \omega/2) = 1$.

3) Sei $\omega_1, \omega_2$ eine Basis von $\Omega$. Dann gilt

$$\wp''(\omega_1/2) = 6e_1^2 - \frac{1}{2}g_2 = 2(e_1 - e_2)(e_1 - e_3), \quad \wp^{(iv)}(\omega_1/2) = 72e_1^3 - 6e_1 g_2 = 24e_1(e_1 - e_2)(e_1 - e_3).$$

Man leite analoge Formeln für die Werte an den Stellen $\omega_2/2$ und $\omega_3/2$ her.

4) Man bestimme $e_1, e_2, e_3$ für den Fall, dass $g_3 = 0$ bzw. $g_2 = 0$ gilt.

5) Sei $\Omega = \mathbb{Z}\rho + \mathbb{Z}$, $\rho = \frac{1}{2}(1 + i\sqrt{3})$. Dann gilt

$$e_2 = \wp_\Omega(1/2) > 0, \quad e_1 = \wp_\Omega(\rho/2) = -\rho e_2, \quad e_3 = \wp_\Omega(-\overline{\rho}/2) = -\overline{\rho} e_2.$$

6) Gilt $g_3 \neq 0$, so betrachte man die normierte, homogene WEIERSTRASS-Gleichung

$$p(X, Y, Z) = \tfrac{4}{g_3}X^3 - \tfrac{g_2}{g_3}XZ^2 - Z^3 - \tfrac{1}{g_3}Y^2 Z = 0.$$

Dieses Polynom soll als Determinantenfläche

$$(*) \qquad\qquad\qquad p(X, Y, Z) = \det(XA + YB - ZE) = 0$$

mit $A, B \in \text{Mat}(3; \mathbb{C})$ dargestellt werden.

a) Gilt $(*)$, so besitzt $A$ die Eigenwerte $\frac{1}{e_1}, \frac{1}{e_2}, \frac{1}{e_3}$ und $B$ die Eigenwerte $0, \pm\frac{1}{\sqrt{-g_3}}$. Die Eigenwerte sind jeweils paarweise verschieden.

b) Es gibt eine Lösung von $(*)$, in der $A$ eine Diagonalmatrix und $B$ schiefsymmetrisch ist.

7) Man gebe explizit eine biholomorphe Abbildung zwischen dem Einheitskreis und dem Einheitsquadrat $\{z \in \mathbb{C}\,;\ 0 < x, y < 1\}$ in $\mathbb{C}$ an.

8) Sei $\Omega = \mathbb{Z}i\lambda + \mathbb{Z}\lambda$, $0 \neq \lambda \in \mathbb{C}$ ein Quadratgitter. Dann sind die Nullstellen der $\wp$–Funktion genau die Punkte der Menge $\frac{1+i}{2}\lambda + \Omega$. Jede Nullstelle ist von der Ordnung 2.

9) Ist $\Omega$ ein Gitter, so dass die WEIERSTRASSsche $\wp$-Funktion nur doppelte Nullstellen hat, dann existiert ein $0 \neq \lambda \in \mathbb{C}$ mit $\Omega = \mathbb{Z}i\lambda + \mathbb{Z}\lambda$.


# §4. Die Abhängigkeit vom Gitter

In diesem Paragrafen soll die Abhängigkeit der WEIERSTRASSschen $\wp$–Funktion und der EISENSTEIN–Reihen $G_k$ vom Gitter $\Omega$ untersucht werden. Dazu sei $\Omega = \mathbb{Z}\omega_1 + \mathbb{Z}\omega_2$ stets ein Gitter in $\mathbb{C}$.

**1. Homogenität und Basiswechsel.** Mit $\Omega$ ist natürlich auch $\lambda\Omega$ für jedes $0 \neq \lambda \in \mathbb{C}$ ein Gitter in $\mathbb{C}$. Aus 3.1(3) und 3.2(1) folgt sofort

$$(1) \qquad \wp_{\lambda\Omega}(\lambda z) = \lambda^{-2} \cdot \wp_\Omega(z) \quad \text{und} \quad G_k(\lambda\Omega) = \lambda^{-k} \cdot G_k(\Omega), \quad k \geq 3.$$

Mit 3.3(2), 3.4(7) und 3.4(8) ergibt sich auch

$$(2) \qquad \begin{aligned} g_2(\lambda\Omega) &= \lambda^{-4} \cdot g_2(\Omega), \quad g_3(\lambda\Omega) = \lambda^{-6} \cdot g_3(\Omega), \\ \Delta(\lambda\Omega) &= \lambda^{-12} \cdot \Delta(\Omega), \quad j(\lambda\Omega) = j(\Omega). \end{aligned}$$

**Satz.** *Für Gitter $\Omega$ und $\Omega'$ in $\mathbb{C}$ sind äquivalent:*
(i) *Es gibt ein $0 \neq \lambda \in \mathbb{C}$ mit $\Omega' = \lambda\Omega$.*
(ii) *$j(\Omega') = j(\Omega)$.*

*Beweis.* (i) $\Longrightarrow$ (ii): Man vergleiche (2).
(ii) $\Longrightarrow$ (i): Sei zunächst $j(\Omega') = j(\Omega) \neq 0$. Dann gilt $g_2(\Omega) \neq 0$ und $g_2(\Omega') \neq 0$ nach 3.4(8). Also existiert ein $0 \neq \lambda \in \mathbb{C}$ mit

$$g_2(\Omega') = \lambda^{-4} \cdot g_2(\Omega) = g_2(\lambda\Omega)\,.$$

Mit (2) und 3.4(7) ergibt sich

$$g_3(\Omega') = \pm\lambda^{-6} \cdot g_3(\Omega) = \pm g_3(\lambda\Omega)\,.$$

Ersetzt man ggf. $\lambda$ durch $i\lambda$, so folgt $g_2(\Omega') = g_2(\lambda\Omega)$ und $g_3(\Omega') = g_3(\lambda\Omega)$. Dann erhält man $\Omega' = \lambda\Omega$ aus Korollar 3.3F. Gilt $j(\Omega) = j(\Omega') = 0$, so folgt $g_2(\Omega) = g_2(\Omega') = 0$ und $g_3(\Omega) \neq 0$ sowie $g_3(\Omega') \neq 0$ aus Korollar 3.4C. Dann erhält man die Behauptung analog. $\square$


Ist $(\omega_1, \omega_2)$ eine Basis von $\Omega$ (vgl. 1.3), so schreibt man auch (vgl. 3.1(1))

(3)        $\wp(z;\omega_1,\omega_2) := \wp_\Omega(z)$    und    $G_k(\omega_1,\omega_2) := G_k(\Omega)$   für $k \geq 3$.

Da aber $\wp$ und die $G_k$ nur vom Gitter $\Omega$ und nicht von der Wahl einer Basis abhängen, ergibt das Basis-Lemma 1.6 sofort

(4)    $\wp(z;\omega_1',\omega_2') = \wp(z;\omega_1,\omega_2)$    und    $G_k(\omega_1',\omega_2') = G_k(\omega_1,\omega_2)$    für $k \geq 3$

und

(5)                 $\begin{pmatrix} \omega_1' \\ \omega_2' \end{pmatrix} = U \begin{pmatrix} \omega_1 \\ \omega_2 \end{pmatrix}$   mit   $U = \begin{pmatrix} a & b \\ c & d \end{pmatrix} \in \mathrm{GL}\,(2;\mathbb{Z})$,

also für

(6)    $\omega_1' = a\omega_1 + b\omega_2$ , $\omega_2' = c\omega_1 + d\omega_2$ und $a,b,c,d \in \mathbb{Z}$ , $ad - bc = \pm 1$.

Für $0 \neq \lambda \in \mathbb{C}$ hat dann (1) für $k \geq 3$ auch die Form

(1')    $\wp(\lambda z; \lambda\omega_1, \lambda\omega_2) = \lambda^{-2} \cdot \wp(z;\omega_1,\omega_2)$,  $G_k(\lambda\omega_1, \lambda\omega_2) = \lambda^{-k} \cdot G_k(\omega_1,\omega_2)$ .

Als Basis von $\Omega$ sind $\omega_1$, $\omega_2$ über $\mathbb{R}$ linear unabhängig, d. h. $\tau := \omega_1/\omega_2 \notin \mathbb{R}$. Da mit $(\omega_1,\omega_2)$ auch $(-\omega_1,\omega_2)$ eine Basis von $\Omega$ ist, darf man ohne Einschränkung $\mathrm{Im}\,\tau > 0$ annehmen. Man beachte, dass dies genau dann der Fall ist, wenn das Dreieck $(0,\omega_2,\omega_1)$ positiv orientiert ist. Aus (4) und (1') folgert man daher

(7) $\wp(z;\omega_1,\omega_2) = \omega_2^{-2} \cdot \wp(z/\omega_2; \tau, 1)$  und  $G_k(\omega_1,\omega_2) = \omega_2^{-k} \cdot G_k(\tau, 1)$ für $k \geq 3$.

Zur Untersuchung von elliptischen Funktionen bezüglich $\Omega$ darf man daher ohne wesentliche Einschränkung $\omega_2 = 1$, also

$$\Omega = \mathbb{Z}\tau + \mathbb{Z}   \text{ mit }   \tau \in \mathbb{H}$$

annehmen. Dabei ist die *obere Halbebene* $\mathbb{H}$ definiert durch

$$\mathbb{H} := \{\tau \in \mathbb{C} \,;\, \mathrm{Im}\,\tau > 0\}.$$

Wegen

(8)      $\tau' := \dfrac{\omega_1'}{\omega_2'} = \dfrac{a\omega_1 + b\omega_2}{c\omega_1 + d\omega_2} = \dfrac{a\tau + b}{c\tau + d}$   und   $\mathrm{Im}\,\tau' = \dfrac{ad - bc}{|c\tau + d|^2} \cdot \mathrm{Im}\,\tau$

darf man dann aber beim Übergang von der Basis $(\tau, 1)$ von $\Omega$ zur Basis $(\tau', 1)$ des Gitters $\frac{1}{c\tau+d}\Omega$ mit $\tau' \in \mathbb{H}$ nur noch Matrizen $U = \left(\begin{smallmatrix} a & b \\ c & d \end{smallmatrix}\right)$ aus der *speziellen linearen Gruppe über* $\mathbb{Z}$, also $\mathrm{SL}\,(2;\mathbb{Z}) := \{U \in \mathrm{GL}\,(2;\mathbb{Z}) \,;\, \det U = 1\}$, zulassen (vgl. 1.5(2)). Damit kann (4) wegen (6) und (1') in der Form

(9)              $\wp \left( \dfrac{z}{c\tau + d} ; \dfrac{a\tau + b}{c\tau + d}, 1 \right) = (c\tau + d)^2 \cdot \wp(z; \tau, 1)$

bzw.

(10)              $G_k \left( \dfrac{a\tau + b}{c\tau + d}, 1 \right) = (c\tau + d)^k \cdot G_k(\tau, 1)$   für $k \geq 4$

geschrieben werden. Dabei sind $a, b, c, d \in \mathbb{Z}$ und es gilt $ad - bc = 1$.

**2. Eine Reihenentwicklung für die** $G_k$**.** Zur Herleitung einer solchen Entwicklung geht man von einem Gitter der Form

$$(1) \qquad \Omega = \mathbb{Z}\tau + \mathbb{Z} \quad \text{mit Im } \tau > 0, \text{ also } \tau \in \mathbb{H},$$

aus und betrachtet hier $\tau$ als beliebig, aber fest. In der Bezeichnung von **1** ist

$$(2) \qquad G_k(\tau) := G_k(\tau, 1) = {\sum_{m,n}}' (m\tau + n)^{-k} , \quad k \geq 4 \text{ gerade},$$

wobei der Strich an dem Summenzeichen bedeuten soll, dass über alle Paare

$$(0,0) \neq (m,n) \in \mathbb{Z} \times \mathbb{Z}$$

zu summieren ist. Natürlich kann man die $G_k$ als Abbildungen der oberen Halbebene $\mathbb{H}$ nach $\mathbb{C}$ auffassen.

Das wesentliche Hilfsmittel besteht nun in der folgenden Verallgemeinerung der Sinus-Partial-bruchentwicklung:

**Proposition.** *Für alle* $\tau \in \mathbb{H}$ *und alle ganzen* $k \geq 2$ *gilt*

$$(3) \qquad \sum_{n \in \mathbb{Z}} (\tau + n)^{-k} = \frac{(-2\pi i)^k}{(k-1)!} \cdot \sum_{r=1}^{\infty} r^{k-1} e^{2\pi i r \tau}.$$

*Beweis.* Durch Differentiation der Cotangens-Partialbruchentwicklung (vgl. R. REMMERT, G. SCHUMACHER [2002], Satz 11.2.1) erhält man die Partialbruchentwicklung

$$\left( \frac{\pi}{\sin \pi \tau} \right)^2 = \sum_{n \in \mathbb{Z}} (\tau + n)^{-2} , \quad \tau \in \mathbb{C}, \quad \tau \notin \mathbb{Z}.$$

Die rechte Seite konvergiert dabei in jedem Kompaktum in $\mathbb{C}$, das keinen Punkt von $\mathbb{Z}$ enthält, gleichmäßig. Wählt man hier $\tau \in \mathbb{H}$, so erhält man wegen $|e^{2\pi i \tau}| = e^{-2\pi \text{Im } \tau} < 1$ auch

$$\left( \frac{\pi}{\sin \pi \tau} \right)^2 = \left( \frac{2\pi i}{e^{\pi i \tau} - e^{-\pi i \tau}} \right)^2 = (-2\pi i)^2 e^{2\pi i \tau} \frac{1}{(1 - e^{2\pi i \tau})^2} = (-2\pi i)^2 \cdot \sum_{r=1}^{\infty} r e^{2\pi i r \tau} .$$

Die Behauptung (3) ist also für $k = 2$ bewiesen. Da aber beide Seiten lokal gleichmäßig in $\tau$ konvergieren, erhält man den allgemeinen Fall durch wiederholte Differentiation nach $\tau$. $\qquad \square$

Die linke Seite von (3) ist offenbar in $\tau$ periodisch mit der Periode 1, die rechte Seite von (3) gibt diesen Sachverhalt in Form einer FOURIER-Reihe wieder. Damit erhalten wir sogleich die FOURIER–*Entwicklung* der EISENSTEIN–Reihen.

**Satz.** *Für alle $\tau \in \mathbb{H}$ und alle geraden $k \geq 4$ gilt*

$$(4) \qquad G_k(\tau) = 2\zeta(k) + 2\frac{(2\pi i)^k}{(k-1)!} \cdot \sum_{m=1}^{\infty} \sigma_{k-1}(m) \cdot e^{2\pi i m \tau}, \quad \tau \in \mathbb{H},$$

*mit*

$$\zeta(s) := \sum_{m=1}^{\infty} m^{-s}, \; s > 1, \quad und \quad \sigma_s(m) := \sum_{d \in \mathbb{N}, d \mid m} d^s, \; s \in \mathbb{R}.$$

*Die Reihe (4) konvergiert für $\varepsilon > 0$ in jedem Bereich $\{\tau \in \mathbb{H}\,;\; \mathrm{Im}\,\tau \geq \varepsilon\}$ absolut gleichmäßig. Die $G_k$ sind auf $\mathbb{H}$ holomorph und erfüllen*

$$(5) \qquad G_k\left(\frac{a\tau + b}{c\tau + d}\right) = (c\tau + d)^k \cdot G_k(\tau) \quad \text{für alle} \; \begin{pmatrix} a & b \\ c & d \end{pmatrix} \in \mathrm{SL}\,(2;\mathbb{Z}).$$

Wegen (4) ist nunmehr klar, dass die $G_k$ für gerades $k \geq 4$ nicht identisch verschwinden.

*Beweis.* Wegen der absoluten Konvergenz nach dem Konvergenz-Lemma 1.9 für $\Omega = \mathbb{Z}\tau + \mathbb{Z}$ kann man (2) umformen in

$$G_k(\tau) = \sum_{n \neq 0} n^{-k} + \sum_{m \neq 0} \sum_{n \in \mathbb{Z}} (m\tau + n)^{-k} = 2\zeta(k) + 2\sum_{m=1}^{\infty} \sum_{n \in \mathbb{Z}} (m\tau + n)^{-k}.$$

Jetzt trägt man die Proposition ein und erhält

$$G_k(\tau) = 2\zeta(k) + 2\frac{(2\pi i)^k}{(k-1)!} \cdot \sum_{s=1}^{\infty} \sum_{r=1}^{\infty} r^{k-1} e^{2\pi i r s \tau}.$$

Schließlich fasst man die Terme mit $rs = m$ zusammen und bekommt (4). Die Holomorphie folgt aus der lokal gleichmäßigen Konvergenz der Reihe (4) und (5) ist eine Umformulierung von 1(10). $\qquad\qquad\square$

Mit Hilfe der bekannten Formeln (vgl. M. KOECHER [1987], V.5.5)

$$(6) \qquad\qquad \zeta(4) = \frac{\pi^4}{90}, \quad \zeta(6) = \frac{\pi^6}{945}$$

erhält man speziell

$$(7) \qquad G_4(\tau) = \frac{\pi^4}{45}\left(1 + 240 \cdot \sum_{m=1}^{\infty} \sigma_3(m) \cdot e^{2\pi i m \tau}\right),$$

$$(8) \qquad G_6(\tau) = \frac{2\pi^6}{945}\left(1 - 504 \cdot \sum_{m=1}^{\infty} \sigma_5(m) \cdot e^{2\pi i m \tau}\right).$$

Bereits 1881 hat A. HURWITZ (1859–1919) in seiner Dissertation (*Math. Werke I*, 1–66) gezeigt, dass die algebraischen Gleichungen, denen die Reihen $G_k$ nach Korollar 3.3D genügen, Anlass zu zahlentheoretischen Aussagen geben. Wir notieren den einfachsten Fall als

**Korollar** (HURWITZ-*Identität*). *Für alle* $m \in \mathbb{N}$ *gilt*

$$\sigma_7(m) = \sigma_3(m) + 120 \sum_{\substack{r,s\in\mathbb{N}\\ r+s=m}} \sigma_3(r)\sigma_3(s)\,.$$

*Beweis.* Man verwendet die Identität $7G_8 = 3G_4^2$ gemäß 3.3(4). Trägt man hier (7) und

$$G_8(\tau) = 2\zeta(8) + 2\frac{(2\pi)^8}{7!} \cdot \sum_{m=1}^{\infty} \sigma_7(m) \cdot e^{2\pi i m\tau}$$

ein, so erhält man nach Ausmultiplizieren eine Potenzreihenidentität in $q = e^{2\pi i\tau}$. Ein Koeffizientenvergleich ergibt $7\zeta(8) = 6\zeta^2(4)$ und

$$7\frac{2(2\pi)^8}{7!}\sigma_7(m) = 3\frac{\pi^8}{45 \cdot 45}\left(480\sigma_3(m) + 240 \cdot 240 \sum_{r+s=m} \sigma_3(r)\sigma_3(s)\right).$$

Das ist aber die Behauptung. $\qquad\qquad\qquad\qquad\qquad\qquad\qquad\qquad\square$

**Bemerkungen.** a) Wer wegen der „Reinheit der Methode" oder aus anderen Gründen die Werte (6) für $\zeta(4)$ und $\zeta(6)$ nicht als bekannt voraussetzen will, kann diese – und eine lineare Rekursionsformel für die $\zeta(k)$, $k \geq 4$ gerade – aus der Identität 3.3(4) durch Vergleich der Koeffizienten von $e^{2\pi i\tau}$ gewinnen.
b) Die Aussage der Proposition bleibt mit $\Gamma(k)$ statt $(k-1)!$ für beliebiges reelles $k > 1$ richtig und wird dann manchmal nach R. LIPSCHITZ benannt (J. Reine Angew. Math. **105**, 127–156 (1889)).
c) Die im Korollar bewiesene HURWITZ-Identität ist eine Aussage über natürliche Zahlen und als solche Gegenstand der elementaren Zahlentheorie. Es ist bis jetzt jedoch kein Beweis bekannt, der innerhalb der elementaren Zahlentheorie geführt werden kann. Ein unveröffentlichter Beweis, der mit formalen (oder konvergenten) Potenzreihen mit Koeffizienten aus $\mathbb{Z}$ arbeitet, stammt von D. ZAGIER und N. SKORUPPA (1978). Man vergleiche auch N. SKORUPPA, J. Number Theory **43**, 68-73 (1993): Für eine Unbestimmte (oder reelle Variable $x$ mit $|x| < 1$) setzt man

$$F_n := F_n(x) := \frac{x^n}{1 - x^n}$$

und bemerkt zunächst die Identität

$$(*) \qquad\qquad \sum_{n} \sigma_r(n)x^n = \sum_{m} m^r F_m.$$

Dabei sind hier und später die Summationen über alle positiven ganzen Zahlen zu erstrecken. Weiter verifiziert man

$$F_m F_n = F_{m+n}(F_m + F_n + 1).$$

Mit den Abkürzungen

$$A_k := \sum_{m+n=k} mn F_m F_n \,, \quad B_k := \sum_{n-m=k} mn F_m F_n \,, \quad C_k := k F_k \cdot \sum_m m F_m$$

beweist man dann

$$A_k \;=\; 2F_k \cdot \sum_{m<k} m(k-m)F_m + \frac{k^3-k}{6}F_k \,,$$

$$B_k \;=\; 2C_k + F_k \cdot \sum_{m<k} m(m-k)F_m - \sum_{m>k} m(m-k)F_m \,,$$

also

$$A_k + 2B_k - 4C_k = \frac{k^3-k}{6}F_k - 2\sum_{m>k} m(m-k)F_m.$$

Damit folgt nun

$$\left(\sum_n n^3 F_n\right)^2 = \sum_{m,n} \frac{mn}{12}\big((m+n)^4 + (m-n)^4 - 2m^4 - 2n^4\big)F_m F_n$$

$$= \sum_k \frac{k^4}{12}(A_k + 2B_k - 4C_k) = \sum_k \frac{k^4}{12}\frac{k^3-k}{6}F_k - \sum_m \frac{m}{6}F_m \cdot \sum_{k<m} k^4(m-k) \,.$$

Verwendet man nun die Summenformel für die Summen der 4. und 5. Potenzen, so erhält man

$$120\left(\sum_n n^3 F_n\right)^2 = \sum_k (k^7 - k^3)F_k.$$

Wegen $(*)$ ist dies die HURWITZ-Identität.

**3. Die Diskriminante.** Wie in 3.3(2) bzw. 3.4(7) führt man

(1)   $g_2(\tau) := 60\, G_4(\tau), \quad g_3(\tau) := 140\, G_6(\tau) \quad$ und $\quad \Delta(\tau) := g_2^3(\tau) - 27 g_3^2(\tau)$

ein. Aus 2(7) und 2(8) erhält man dann

(2) $$g_2(\tau) = \frac{(2\pi)^4}{12}\left(1 + 240 \cdot \sum_{m=1}^{\infty} \sigma_3(m) \cdot e^{2\pi i m \tau}\right),$$

(3) $$g_3(\tau) = \frac{(2\pi)^6}{216}\left(1 - 504 \cdot \sum_{m=1}^{\infty} \sigma_5(m) \cdot e^{2\pi i m \tau}\right).$$

**Satz.** *Die Diskriminante $\Delta(\tau)$ besitzt eine* FOURIER-*Entwicklung der Form*

$$(4) \qquad \Delta(\tau) = (2\pi)^{12} \cdot \sum_{m=1}^{\infty} \tau(m) \cdot e^{2\pi i m \tau} \ , \quad \tau \in \mathbb{H},$$

*mit Koeffizienten $\tau(m) \in \mathbb{Z}$ und $\tau(1) = 1$. Die Diskriminante $\Delta : \mathbb{H} \to \mathbb{C}$ ist eine holomorphe Funktion mit $\Delta(\tau) \neq 0$ für alle $\tau \in \mathbb{H}$ und*

$$(5) \qquad \Delta\left(\frac{a\tau + b}{c\tau + d}\right) = (c\tau + d)^{12} \cdot \Delta(\tau) \quad \text{für alle} \quad \begin{pmatrix} a & b \\ c & d \end{pmatrix} \in \mathrm{SL}\,(2;\mathbb{Z}).$$

Die Bezeichnung der Koeffizienten in (4) mit $\tau(m)$ ist eine Tradition, die beiden $\tau$'s sollten hier kein Anlass zur Konfusion sein.

*Beweis.* Mit den Abkürzungen

$$A := \sum_{m=1}^{\infty} \sigma_3(m) \cdot e^{2\pi i m \tau} \ , \quad B := \sum_{m=1}^{\infty} \sigma_5(m) \cdot e^{2\pi i m \tau},$$

hat man nach (2) und (3)

$$(*) \qquad \Delta(\tau) = \frac{(2\pi)^{12}}{1728} \cdot \left((1 + 240A)^3 - (1 - 504B)^2\right) = (2\pi)^{12} \cdot (e^{2\pi i \tau} + \dots)$$

und rechts steht eine Potenzreihe in $q = e^{2\pi i \tau}$. Zum Nachweis, dass hier die Koeffizienten in $\mathbb{Z}$ liegen, hat man zunächst $d^3 \equiv d^5 \,(\mathrm{mod}\ 12)$ für $d \in \mathbb{Z}$ und folglich $\sigma_3(m) \equiv \sigma_5(m)\,(\mathrm{mod}\ 12)$ für $m \in \mathbb{N}$. Bezieht man die Kongruenz also auf die Koeffizienten, so gilt $A \equiv B\,(\mathrm{mod}\ 12)$. Jetzt rechnet man modulo $1728 = 12^3$ und bekommt

$$(1 + 240A)^3 - (1 - 504B)^2 \equiv 12^2(5A + 7B) \equiv 0\,(\mathrm{mod}\ 12^3).$$

Der Nenner in $(*)$ kürzt sich also in allen Koeffizienten heraus.

Mit $g_2$ und $g_3$ (vgl. Satz 2) ist auch $\Delta$ holomorph. Man erhält $\Delta(\tau) \neq 0$ aus Korollar 3.4C. Die Beziehung (5) folgt direkt aus 2(5) und (1).     $\square$

$(6)$

| $m$ | $\tau(m)$ | | | Primfaktorzerlegung | | | | | |
|---|---|---|---|---|---|---|---|---|---|
| 1 | 1 | | 1 | | | | | | |
| 2 | $-24$ | $-$ | $2^3$ | 3 | | | | | |
| 3 | 252 | | $2^2$ | $3^2$ | | 7 | | | |
| 4 | $-1\,472$ | $-$ | $2^6$ | | | | | 23 | |
| 5 | $4\,830$ | | 2 | 3 | 5 | 7 | | 23 | |
| 6 | $-6\,048$ | $-$ | $2^5$ | $3^3$ | | 7 | | | |
| 7 | $-16\,744$ | $-$ | $2^3$ | | | 7 | 13 | 23 | |
| 8 | $84\,480$ | | $2^9$ | 3 | 5 | 11 | | | |
| 9 | $-113\,643$ | $-$ | | $3^4$ | | | | 23 | 61 |
| 10 | $-115\,920$ | $-$ | $2^4$ | $3^2$ | 5 | 7 | | 23 | |

**4. Die absolute Invariante.** Neben der Diskriminante $\Delta$ spielt die absolute Invariante $j$ gemäß 3.4(8) eine wichtige Rolle:

$$(1) \qquad j(\tau) := (12g_2(\tau))^3 / \Delta(\tau) \ , \ \tau \in \mathbb{H}.$$

Man beachte, dass $j(\tau)$ wegen Satz 3 für alle $\tau \in \mathbb{C}$ mit $\operatorname{Im} \tau > 0$ erklärt ist. $g_2$ und $\Delta$ sind nach 3(2) und 3(4) durch FOURIER-Reihen in $\tau$ darstellbar, also Potenzreihen in $q := e^{2\pi i \tau}$. Zur Herleitung einer entsprechenden Reihe für $j$ benötigt man die

**Proposition.** *Sind $f$ und $g$ für $|q| < 1$ konvergente Potenzreihen,*

$$f(q) = \sum_{n \geq 0} a_n q^n \ , \ g(q) = \sum_{n \geq 0} b_n q^n \ , \ a_n \, , \ b_n \in \mathbb{Z},$$

*mit $b_0 = 1$ und $g(q) \neq 0$ für $|q| < 1$, so ist auch $f/g$ eine für $|q| < 1$ konvergente Potenzreihe mit Koeffizienten aus $\mathbb{Z}$.*

*Beweis.* Zunächst sind $f$ und $g$, also auch $f/g$ für $|q| < 1$ holomorph, also dort in eine Potenzreihe entwickelbar, deren Koeffizienten wir mit $c_n$ bezeichnen. Aus

$$\left( \sum_{n \geq 0} c_n q^n \right) \cdot \left( \sum_{n \geq 0} b_n q^n \right) = \sum_{n \geq 0} a_n q^n$$

sowie $b_0 = 1$ folgt die Rekursionsformel

$$c_0 = a_0 \ , \ c_m = a_m - \sum_{n=0}^{m-1} c_n b_{m-n} \ , \ m \geq 1.$$

Also sind alle $c_m$ ganze Zahlen. $\qquad\qquad\qquad\qquad\qquad\qquad\qquad\qquad\qquad$ $\square$

Damit erhalten wir den

**Satz A.** *Die absolute Invariante $j : \mathbb{H} \to \mathbb{C}$ ist holomorph und besitzt eine* FOURIER-*Entwicklung der Form*

$$(2) \quad j(\tau) = e^{-2\pi i \tau} + \sum_{m \geq 0} j_m \cdot e^{2\pi i m \tau} = e^{-2\pi i \tau} + 744 + 196884 \cdot e^{2\pi i \tau} + \ldots$$

*mit $j_m \in \mathbb{Z}$ für alle $m \geq 0$. Es gilt*

$$(3) \qquad j\left( \frac{a\tau + b}{c\tau + d} \right) = j(\tau) \quad \text{für alle} \quad \begin{pmatrix} a & b \\ c & d \end{pmatrix} \in \mathrm{SL}(2; \mathbb{Z}).$$

*Beweis.* Die Holomorphie folgt mit (1) aus Satz 2 und Satz 3. Spaltet man einen Faktor $q$ aus $\Delta$ ab, so kann man die Proposition anwenden und erhält (2) aus 3(2) und 3(4). Schließlich ist (3) eine Konsequenz von 2(5) und 3(5). $\qquad$ $\square$

Man wird später (Satz 6.6) sehen, dass die Koeffizienten $j_m$ sogar alle positiv sind. Durch (3) wird gleichzeitig der Name „absolute Invariante" motiviert. Es gilt aber auch die Umkehrung von (3):

**Satz B.** *Sind* $\tau, \tau' \in \mathbb{H}$ *und gilt* $j(\tau') = j(\tau)$, *dann gibt es eine Matrix* $\left(\begin{smallmatrix} a & b \\ c & d \end{smallmatrix}\right) \in$ SL $(2; \mathbb{Z})$ *mit*

$$\tau' = \frac{a\tau + b}{c\tau + d}.$$

*Beweis.* Nach Voraussetzung gilt $j(\mathbb{Z}\tau' + \mathbb{Z}) = j(\mathbb{Z}\tau + \mathbb{Z})$. Es folgt $\mathbb{Z}\tau' + \mathbb{Z} = \mathbb{Z}\lambda\tau + \mathbb{Z}\lambda$ für ein $0 \neq \lambda \in \mathbb{C}$ aus Satz 1. Dann sind also $(\tau', 1)$ und $(\lambda\tau, \lambda)$ zwei Basen eines Gitters. Nach dem Basis-Lemma 1.6 gibt es daher $M = \left(\begin{smallmatrix} a & b \\ c & d \end{smallmatrix}\right) \in$ GL $(2; \mathbb{Z})$ mit $\tau' = a\lambda\tau + b\lambda, 1 = c\lambda\tau + d\lambda$, also $\tau' = \frac{a\tau+b}{c\tau+d}$. Da aber $\tau$ und $\tau'$ in $\mathbb{H}$ liegen, folgt det $M = 1$ aus 1(8). $\qquad\square$

Eine später in Korollar III.5.2A in schärferer Form zu beweisende Aussage notieren wir bereits jetzt als

**Satz C.** *Zu jedem* $c \in \mathbb{C}$ *gibt es ein* $\tau \in \mathbb{H}$ *mit* $j(\tau) = c$.

*Beweis.* Wir nehmen an, dass $j(\tau) \neq c$ für alle $\tau \in \mathbb{H}$ gilt. Dann ist

$$F(\tau) = \frac{j'(\tau)}{j(\tau) - c}$$

holomorph auf $\mathbb{H}$. Wir betrachten das Integral

$$\int_\gamma F(\tau)d\tau, \quad \gamma = \gamma_1 + \gamma_2 + \gamma_3 + \gamma_4 + \gamma_5,$$

mit dem Weg $\gamma = \partial G$ aus nebenstehender Abbildung. Aus (3) folgt

$$F(\tau + 1) = F(\tau), \quad F(-1/\tau) = \tau^2 \cdot F(\tau).$$

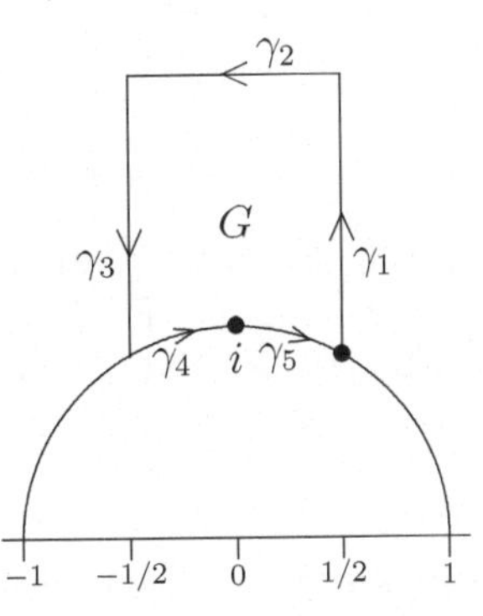


Abb. 10: Integrationsweg

Daraus ergibt sich

$$\int_{\gamma_1} F(\tau)d\tau + \int_{\gamma_3} F(\tau)d\tau = \int_{\gamma_4} F(\tau)d\tau + \int_{\gamma_5} F(\tau)d\tau = 0.$$

Nach der Proposition und (2) besitzt $F(\tau)$ eine FOURIER-Entwicklung der Form

$$F(\tau) = \sum_{m \geq 0} a_m e^{2\pi i m \tau}, \quad a_0 = -2\pi i.$$

Damit erhält man $\int_{\gamma_2} F(\tau)d\tau = 2\pi i$. Mit dem Residuensatz folgt nun

$$2\pi i \cdot \sum_{\tau \in G} \mathrm{ord}_\tau(j - c) = \int_\gamma F(\tau)d\tau = 2\pi i.$$

Das ist ein Widerspruch. Also existiert ein $\tau \in \mathbb{H}$ mit $j(\tau) = c$.          □

Betrachtet man scheinbar allgemeiner an Stelle von $j(\tau)$, d. h. an Stelle eines Gitters der Form $\mathbb{Z}\tau + \mathbb{Z}$, $\tau \in \mathbb{H}$, die absolute Invariante $j(\Omega)$ für ein beliebiges Gitter $\Omega$ von $\mathbb{C}$ gemäß 3.4(8), so zeigt Satz 1

$$(4) \qquad j(\Omega) = j\left(\omega_1/\omega_2\right), \quad \text{falls } \operatorname{Im}\left(\omega_1/\omega_2\right) > 0.$$

Die Bedeutung des Satzes A für elliptische Funktionen liegt nun in dem

**Korollar.** *Sind $c_2, c_3 \in \mathbb{C}$ mit $c_2^3 - 27c_3^2 \neq 0$, dann gibt es genau ein Gitter $\Omega$ in $\mathbb{C}$ mit*

$$c_2 = g_2(\Omega) \quad und \quad c_3 = g_3(\Omega).$$

*Beweis.* Nach Satz C gibt es ein Gitter $\Omega$ mit

$$j(\Omega) = \frac{(12c_2)^3}{c_2^3 - 27c_3^2}.$$

a) $c_2 = 0$: Dann ist $j(\Omega) = 0$, also $g_2(\Omega) = 0$, $g_3(\Omega) \neq 0$. Man wählt nun ein $0 \neq \lambda \in \mathbb{C}$ mit $g_3(\Omega) = \lambda^6 c_3$. Wegen 1(2) folgt

$$g_3(\lambda\Omega) = \lambda^{-6} \cdot g_3(\Omega) = c_3 \quad und \quad g_2(\lambda\Omega) = \lambda^{-4} \cdot g_2(\Omega) = 0 = c_2.$$

b) $c_2 \neq 0$: Dann ist $j(\Omega) \neq 0$, also $g_2(\Omega) \neq 0$. Man wählt nun ein $0 \neq \lambda \in \mathbb{C}$ mit $g_2(\Omega) = \lambda^4 c_2$. Es folgt $g_2(\lambda\Omega) = c_2$ und aus $j(\lambda\Omega) = j(\Omega)$ erhält man $c_3^2 = g_3^2(\lambda\Omega)$. Die Existenz ergibt sich, indem man ggf. $\lambda$ durch $i\lambda$ ersetzt.

Die Eindeutigkeit ergibt sich in beiden Fällen aus Korollar 3.3F.          □

**Bemerkung.** Aufgrund des Korollars, das auch als *Inversions–Satz* bezeichnet wird, kann man mit der zugehörigen WEIERSTRASSschen $\wp$–Funktion, die in E.2 genannten Differentialgleichungen und Integrationsprobleme lösen.

**5. Berechnung des FAGNANO–Integrals.** Wir wenden nun die Ergebnisse an, um das in E.3(1) beschriebene FAGNANO–Integral zu berechnen. Dazu sei

$$(1) \qquad \Gamma(s) := \int_0^\infty t^{s-1} e^{-t}\, dt, \quad s \in \mathbb{C}, \ \operatorname{Re}(s) > 0,$$

die *Gamma–Funktion* (vgl. R. REMMERT [1995], 2.3.2).

**Proposition.** *Es gilt*

$$\int_1^\infty \frac{1}{\sqrt{4x^3 - 4x}}\, dx = \int_0^1 \frac{1}{\sqrt{1 - t^4}}\, dt = \frac{\Gamma(1/4)^2}{4\sqrt{2\pi}}.$$

*Beweis.* Durch die Substitution $x = 1/t^2$ geht das erste Integral in das zweite über. Aus (1) folgert man

$$\Gamma(1/4)^2 = \int\limits_0^\infty \int\limits_0^\infty (xy)^{-3/4} e^{-(x+y)} dx\, dy.$$

Mit der Substitution $x = r^2 \cos^2\varphi$, $y = r^2 \sin^2\varphi$ erhält man

$$\Gamma(1/4)^2 = 4\sqrt{2} \cdot \int\limits_0^\infty e^{-r^2} dr \cdot \int\limits_0^{\pi/2} \frac{1}{\sqrt{\sin(2\varphi)}}\, d\varphi$$

$$= 4\sqrt{2\pi} \cdot \int\limits_0^{\pi/4} \frac{1}{\sqrt{\sin(2\varphi)}}\, d\varphi = 4\sqrt{2\pi} \cdot \int\limits_0^1 \frac{1}{\sqrt{1-t^4}}\, dt\, ,$$

wenn man R. REMMERT, G. SCHUMACHER [2002], 12.4.6, und darüber hinaus die Substitution $t = \sqrt{\sin(2\varphi)}$ verwendet. $\qquad\square$

Nun berechnen wir zunächst die EISENSTEIN–Reihen zum Gitter $\mathbb{Z}i + \mathbb{Z}$.

**Satz A.** *Es gilt*

$$g_2(\mathbb{Z}i + \mathbb{Z}) = \frac{\Gamma(1/4)^8}{16\pi^2} \quad und \quad g_3(\mathbb{Z}i + \mathbb{Z}) = 0.$$

*Beweis.* Wegen $\mathbb{Z}i + \mathbb{Z} = i(\mathbb{Z}i + \mathbb{Z})$ folgt aus 1(2)

$$g_3(\mathbb{Z}i + \mathbb{Z}) = g_3(i(\mathbb{Z}i + \mathbb{Z})) = -g_3(\mathbb{Z}i + \mathbb{Z}), \quad \text{also } g_3(\mathbb{Z}i + \mathbb{Z}) = 0.$$

Andererseits erhält man aus 3(2)

$$g_2(\mathbb{Z}i + \mathbb{Z}) = g_2(i) = \frac{(2\pi)^4}{12}\left(1 + 240 \cdot \sum_{m=1}^\infty \sigma_3(m) \cdot e^{-2\pi m}\right) > 0.$$

Dann existiert nach 1(2) ein $\lambda \in \mathbb{R}$, $\lambda > 0$, so dass $\Omega := \lambda(\mathbb{Z}i + \mathbb{Z}) = \mathbb{Z}i\lambda + \mathbb{Z}\lambda$ bereits $g_2(\Omega) = 4$ und $g_3(\Omega) = 0$ erfüllt. Wegen $4x^3 - 4x = 4x(x-1)(x+1)$ folgt $e_1 = -1$, $e_2 = 1$, $e_3 = 0$ aus Satz 3.4. Mit Satz 3.6 sowie $\wp = \wp_\Omega$ ergibt sich

$$\int\limits_1^\infty \frac{1}{\sqrt{4x^3 - 4x}}\, dx = \int\limits_{\lambda/2}^0 \frac{\wp'(t)}{\sqrt{4\wp(t)^3 - 4\wp(t)}}\, dt = \int\limits_0^{\lambda/2} dt = \frac{\lambda}{2},$$

wenn man die Differentialgleichung 2.3 sowie $\wp'(t) < 0$ auf $]0, \lambda/2[$ verwendet. Die Proposition führt auf $\lambda = \Gamma(1/4)^2/(2\sqrt{2\pi})$. Aus 1(2) ergibt sich dann

$$g_2(\mathbb{Z}i + \mathbb{Z}) = \lambda^4 \cdot g_2(\Omega) = \frac{\Gamma(1/4)^8}{16\pi^2}. \qquad\square$$

**Korollar** *Sei $\Omega = \mathbb{Z}i + \mathbb{Z}$ und $\wp = \wp_\Omega$ die zugehörige* WEIERSTRASS*sche $\wp$-Funktion. Ist $0 < R \leq 1$, so gilt für das* FAGNANO*-Integral* E 3(1)*

$$\int_0^R \frac{1}{\sqrt{1-t^4}}\, dt = \frac{\Gamma(1/4)^2}{2\sqrt{2\pi}}\, \xi \,,$$

*wobei $\xi \in {]}0, 1/2{]}$ bestimmt ist durch*

$$\wp_\Omega(\xi) = \frac{\Gamma(1/4)^4}{8\pi R^2}.$$

*Beweis.* Setzt man $\lambda = \Gamma(1/4)^2/(2\sqrt{2\pi})$, so folgt mit Satz A

$$\lambda\xi = \lambda \int_\xi^0 \frac{\wp'(s)}{\sqrt{4\wp^3(s) - 4\lambda^4\wp(s)}}\, ds = \lambda \int_{\lambda^2/R^2}^\infty \frac{1}{\sqrt{4x^3 - 4\lambda^4 x}}\, dx = \int_0^R \frac{1}{\sqrt{1-t^4}}\, dt,$$

wenn man die Substitution $x = \lambda^2/t^2$ verwendet. $\qquad\qquad\square$

Ein entsprechendes Ergebnis soll nun noch für das Sechseck–Gitter hergeleitet werden. Analog zur Proposition erhält man das

**Lemma.** *Es gilt*

$$\int_1^\infty \frac{1}{\sqrt{4x^3 - 4}}\, dx = \int_0^1 \frac{1}{\sqrt{1-t^6}}\, dt = \frac{\sqrt{\pi} \cdot \Gamma(1/6)}{6 \cdot \Gamma(2/3)} \,.$$

*Beweis.* Die erste Gleichung folgt mit der Substitution $x = t^{-2}$. Aus (1) erhält man

$$\Gamma(1/2) \cdot \Gamma(1/6) = \int_0^\infty \int_0^\infty x^{-1/2} y^{-5/6} e^{-(x+y)} dx\, dy$$

Mit der Substitution $x = r\cos^2\varphi$, $y = r\sin^2\varphi$ ergibt sich

$$\Gamma(1/2) \cdot \Gamma(1/6) = 2 \int_0^\infty \int_0^{\pi/2} r^{-1/3} (\sin\varphi)^{-2/3} e^{-r} d\varphi\, dr = 6\Gamma(2/3) \cdot \int_0^1 \frac{1}{\sqrt{1-t^6}}\, dt,$$

wenn man im letzten Schritt $t = (\sin\varphi)^{1/3}$ substituiert. Wegen $\Gamma(1/2) = \sqrt{\pi}$ (vgl. R. REMMERT, G. SCHUMACHER [2002], 12.4.6) folgt die Behauptung. $\square$

Nun können wir die EISENSTEIN–Reihen zum Gitter $\mathbb{Z}\rho + \mathbb{Z}$ berechnen.

**Satz B.** *Sei $\rho = \frac{1}{2}(1 + i\sqrt{3})$. Dann gilt*

$$g_2(\mathbb{Z}\rho + \mathbb{Z}) = 0 \quad und \quad g_3(\mathbb{Z}\rho + \mathbb{Z}) = \frac{4\pi^3 \cdot \Gamma(1/6)^6}{3^6 \cdot \Gamma(2/3)^6}.$$

*Beweis.* Aus $\rho^2 = \rho - 1$ folgt $\rho(\mathbb{Z}\rho + \mathbb{Z}) = \mathbb{Z}\rho + \mathbb{Z}$ und mit 1(2)

$$g_2(\mathbb{Z}\rho + \mathbb{Z}) = g_2(\rho(\mathbb{Z}\rho + \mathbb{Z})) = \rho^{-4} \cdot g_2(\mathbb{Z}\rho + \mathbb{Z}), \quad \text{also} \quad g_2(\mathbb{Z}\rho + \mathbb{Z}) = 0$$

wegen $\rho^{-4} \neq 1$. Andererseits erhält man aus 3(3)

$$g_3(\mathbb{Z}\rho + \mathbb{Z}) = \frac{(2\pi)^6}{216}\Big(1 - 504 \cdot \sum_{m=1}^{\infty}(-1)^m \sigma_5(m) \cdot q^m\Big), \quad q = e^{-\pi\sqrt{3}}.$$

Aus der Abschätzung

$$\frac{\sigma_5(m+1)q^{m+1}}{\sigma_5(m)q^m} \leq \Big(\frac{m+1}{m}\Big)^5 \zeta(5) \cdot q \leq 2^5 \cdot \frac{\pi^4}{90} \cdot q < 1$$

folgt, dass $(\sigma_5(m)q^m)_{m \geq 1}$ eine monoton fallende Nullfolge ist. Nach dem LEIBNIZ–Kriterium ist $g_3(\mathbb{Z}\rho + \mathbb{Z})$ daher positiv. Dann existiert nach 1(2) ein $\lambda \in \mathbb{R}$, $\lambda > 0$, so dass das Gitter $\Omega = \lambda(\mathbb{Z}\rho + \mathbb{Z}) = \mathbb{Z}\lambda\rho + \mathbb{Z}\lambda$ bereits $g_2(\Omega) = 0$ und $g_3(\Omega) = 4$ erfüllt. Weil 1 die einzige reelle Nullstelle von $4x^3 - 4$ und $\wp(x) = \wp_\Omega(x)$ für $x \in \mathbb{R}\backslash\mathbb{Z}$ nach Proposition 3.5 reell ist, folgt

$$e_2 = 1 \quad \text{und} \quad \lim_{x \downarrow 0} \wp_\Omega(x) = \infty.$$

Da die $\wp$–Funktion auf $]0, \lambda/2]$ streng monoton ist, ergibt sich

$$\int\limits_1^{\infty} \frac{1}{\sqrt{4x^3 - 4}}\, dx = \int\limits_{\lambda/2}^{0} \frac{\wp'(t)}{\sqrt{4\wp(t)^3 - 4}}\, dt = \int\limits_0^{\lambda/2} dt = \lambda/2,$$

wenn man die Differentialgleichung in Satz 2.3 verwendet. Das Lemma führt auf den Wert $\lambda = \sqrt{\pi} \cdot \Gamma(1/6)/(3 \cdot \Gamma(2/3))$. Aus 1(2) ergibt sich dann

$$g_3(\mathbb{Z}\rho + \mathbb{Z}) = \lambda^6 \cdot g_3(\Omega) = \frac{4\pi^3 \cdot \Gamma(1/6)^6}{3^6 \cdot \Gamma(2/3)^6}. \qquad\qquad \square$$

**Bemerkung.** Aus den Eigenschaften der Gamma-Funktion (vgl. R. REMMERT [1995], 2.2.2) folgert man leicht

$$\int\limits_0^1 \frac{1}{\sqrt{1 - t^6}}\, dt = \frac{\Gamma(1/3)^3}{4\pi\sqrt[3]{2}}, \quad g_3(\mathbb{Z}\rho + \mathbb{Z}) = \Big(\frac{\Gamma(1/3)^3}{2\pi}\Big)^6.$$

**Aufgaben.** 1) Für $z \in \mathbb{C} \setminus \mathbb{Z}$ ist $\tau \mapsto \wp(z; \tau, 1)$ eine meromorphe Funktion auf $\mathbb{H}$. Man bestimme die Pole und die Hauptteile der LAURENT-Entwicklungen. Man entwickle $\wp(z; \tau, 1)$ in eine FOURIER-Reihe bezüglich $\tau$.

2) Zu paarweise verschiedenen $\alpha, \beta, \gamma \in \mathbb{C}$ mit $\alpha + \beta + \gamma = 0$ gibt es genau ein Gitter $\Omega$ mit $e_1 = \alpha$, $e_2 = \beta$ und $e_3 = \gamma$.

3) Das Gitter $\Omega$ erfüllt genau dann $g_3(\Omega) = 0$ bzw. $j(\Omega) = 1728$, wenn es ein $0 \neq \lambda \in \mathbb{C}$ gibt

mit $\Omega = \mathbb{Z}i\lambda + \mathbb{Z}\lambda$. Das Gitter $\Omega$ erfüllt genau dann $g_2(\Omega) = 0$ bzw. $j(\Omega) = 0$, wenn es ein $0 \neq \lambda \in \mathbb{C}$ gibt mit

$$\Omega = \mathbb{Z}\tfrac{1}{2}(1 + i\sqrt{3})\lambda + \mathbb{Z}\lambda.$$

4) Genau dann gilt $j(\Omega) \in \mathbb{R}$ (vgl. 3.5), wenn es ein $0 \neq \lambda \in \mathbb{C}$ gibt, so dass $\lambda\Omega$ konjugationsstabil ist. Es gilt $j(\tau) \in \mathbb{R}$, falls $2\mathrm{Re}\,(\tau) \in \mathbb{Z}$.

5) $e_1, e_2, e_3$ sind genau dann alle reell, wenn $g_2(\Omega)$ und $g_3(\Omega)$ reell sind und $\Delta(\Omega) > 0$ gilt.

6) $\Omega$ ist genau dann ein Gitter, bei dem die Nullstellen von $\wp_\Omega(z)$ in $\frac{1}{2}\Omega$ enthalten sind, wenn $\Omega = \mathbb{Z}i\lambda + \mathbb{Z}\lambda$ für ein $0 \neq \lambda \in \mathbb{C}$ gilt.

7) Wie in Korollar 4.4E betrachte man die Funktion

$$\lambda : \mathbb{H} \to \mathbb{C} \ , \ \lambda(\tau) := \frac{\wp(1/2; \mathbb{Z}\tau + \mathbb{Z}) - \wp((\tau + 1)/2; \mathbb{Z}\tau + \mathbb{Z})}{\wp(\tau/2; \mathbb{Z}\tau + \mathbb{Z}) - \wp((\tau + 1)/2; \mathbb{Z}\tau + \mathbb{Z})}.$$

Dann ist $\lambda$ holomorph mit $\lambda(\tau) \neq 0, 1$ und erfüllt

$$\lambda\left(\frac{a\tau + b}{c\tau + d}\right) = \lambda(\tau) \quad \text{für alle} \quad \begin{pmatrix} a & b \\ c & d \end{pmatrix} \in \mathrm{SL}\,(2; \mathbb{Z}) \ \text{mit} \ b \equiv c \equiv 0\,(\mathrm{mod}\ 2),$$

$$\lambda(\tau + 1) = 1 - \lambda(\tau), \quad \lambda(-1/\tau) = 1/\lambda(\tau).$$

8) Sei $\lambda : \mathbb{H} \to \mathbb{C}$ wie in Aufgabe 7 definiert. Dann existiert zu $\gamma \in \mathbb{C}$ mit $\gamma \neq 0, 1$ ein $\tau \in \mathbb{H}$ mit $\lambda(\tau) = \gamma$.

9) Man berechne ein Analogon der HURWITZ-Identität für $\sigma_9$ und $\sigma_{11}$, in der nur $\sigma_3$ und $\sigma_5$ vorkommen.


# §5. Elliptische Kurven und das Additionstheorem der $\wp$-Funktion

Wenn es nicht ausdrücklich anders gesagt wird, ist $\Omega = \mathbb{Z}\omega_1 + \mathbb{Z}\omega_2$ auch in diesem Paragrafen ein beliebiges Gitter in $\mathbb{C}$ und $\wp(z) = \wp_\Omega(z) = \wp(z; \omega_1, \omega_2)$ die zugehörige WEIERSTRASSsche $\wp$-Funktion.

**1. Das Additionstheorem.** *Für alle* $z, w \in \mathbb{C}$ *mit* $z, w, z \pm w \notin \Omega$ *gilt*

$$(1) \qquad \wp(z + w) + \wp(z) + \wp(w) = \frac{1}{4}\left(\frac{\wp'(z) - \wp'(w)}{\wp(z) - \wp(w)}\right)^2.$$

Man hat dazu zunächst die

**Proposition.** *Für* $w \in \mathbb{C} \setminus \frac{1}{2}\Omega$ *ist*

$$(2) \qquad f(z) := f(z; w) := \frac{1}{2}\frac{\wp'(z) - \wp'(w)}{\wp(z) - \wp(w)}$$

*eine elliptische Funktion zum Gitter* $\Omega$ *mit Polen erster Ordnung in den Punkten*

$$(3) \qquad z \in \Omega \quad \text{und} \quad z \in -w + \Omega$$

*und Hauptteilen*

$$(4) \qquad f(z;w) = -\frac{1}{z} - \wp(w) \cdot z + \mathcal{O}(z^2) \quad bei \quad z = 0,$$

$$(5) \qquad f(z;w) = \frac{1}{z+w} + c(w) + \mathcal{O}(z+w) \quad bei \quad z = -w.$$

Der Koeffizient $c(w)$ wird sogleich bestimmt.

*Beweis.* Außer an den Stellen (3) ist $f$ zunächst an den Stellen $z \in w + \Omega$ nicht definiert. Wegen

$$\lim_{z \to w} f(z;w) = \frac{1}{2} \lim_{z \to w} \frac{(\wp'(z) - \wp'(w))/(z-w)}{(\wp(z) - \wp(w))/(z-w)} = \frac{1}{2} \frac{\wp''(w)}{\wp'(w)}$$

und Lemma 2.3A liegen hier aber hebbare Singularitäten vor. Bei $z = 0$ verwendet man $\wp(z) = z^{-2} + \mathcal{O}(z^2)$, also $\wp'(z) = -2z^{-3} + \mathcal{O}(z)$ zum Beweis von (4). Bei $z = -w$ liegt nach 2.3(5) ein einfacher Pol vor, dessen Residuum sich nach Satz 2.2B zu 1 ergibt. $\qquad \square$

*1. Beweis des Additionstheorems und der Nachweis von*

$$(5') \qquad\qquad c(w) = 0.$$

(Ein 2. Beweis folgt in Abschnitt 5.) Man betrachte die elliptische Funktion

$$g(z) := (f(z;w))^2 - \wp(z+w) - \wp(z) - \wp(w) \,, \quad w \in \mathbb{C} \setminus \tfrac{1}{2}\Omega.$$

Nach der Proposition hat $g$ höchstens in den Punkten (3) Pole. Bei $z = 0$ gilt

$$(*) \qquad g(z) = (z^{-2} + 2\wp(w)) - \wp(w) - z^{-2} - \wp(w) + \mathcal{O}(z) = \mathcal{O}(z),$$

und bei $z = -w$ ist

$$g(z) = \frac{1}{(z+w)^2} + \frac{2c(w)}{z+w} - \frac{1}{(z+w)^2} + \mathcal{O}(1) = \frac{2c(w)}{z+w} + \mathcal{O}(1).$$

Danach hätte $g$ höchstens Pole erster Ordnung an den Stellen $-w + \Omega$. Nach Satz 2.2B können solche Pole aber nicht auftreten. Es folgt also $c(w) = 0$ und $g$ ist nach Satz 2.2A konstant. Aus $(*)$ ergibt sich $g = 0$.

Die bisher ausgeschlossenen Fälle $\omega \in \Omega$, $w = \omega/2 \notin \Omega$ folgen nun aus Stetigkeitsgründen. $\qquad \square$

**Korollar A.** *Für $z \in \mathbb{C} \setminus \tfrac{1}{2}\Omega$ gilt*

$$(6) \qquad \wp(2z) = -2\wp(z) + \frac{1}{4}\left(\frac{\wp''(z)}{\wp'(z)}\right)^2.$$

*Beweis.* Für $w \to z$ erhält man (6) aus (1). $\qquad \square$

Analog kann man mit $\wp(nz)$ für $n = 3, 4, \ldots$ verfahren, indem man das Additionstheorem verwendet. Man beachte, dass sich alle $\wp(nz)$ als gerade elliptische Funktionen rational durch $\wp(z)$ ausdrücken lassen (vgl. **2.4**). Auf diese Frage wird in **6.8** eingegangen.

**Korollar B.** *Für alle $z, w \in \mathbb{C}$ mit $z, w, z \pm w \notin \Omega$ gilt*

$$(7) \qquad \wp(z + w) - \wp(z - w) = -\frac{\wp'(z) \cdot \wp'(w)}{(\wp(z) - \wp(w))^2}.$$

*Beweis.* Man ersetzt $w$ durch $-w$ in (1) und subtrahiert beide Gleichungen. $\square$

**Korollar C.** *Für alle $z \in \mathbb{C}$ mit $z, z + \omega_1/2 \notin \Omega$ gilt*

$$\wp\left(z + \omega_1/2\right) = \frac{e_1\wp(z) + e_1^2 + e_2 e_3}{\wp(z) - e_1}.$$

*Beweis.* Für $w := \omega_1/2$, also $\wp'(w) = 0$, trägt man die Differentialgleichung aus Satz 2.3 in (1) ein und verwendet Korollar 3.4B. $\square$

Durch zyklische Vertauschung von $e_1, e_2, e_3$ erhält man analoge Formeln.

**Bemerkungen.** a) Der Proposition entnimmt man direkt die Formel

$$\frac{1}{2}\frac{d}{dz}\frac{\wp'(z) - \wp'(w)}{\wp(z) - \wp(w)} = \wp(z) - \wp(z + w) \quad \text{für} \quad z, w \in \mathbb{C} \quad \text{mit} \quad z, w, z \pm w \notin \Omega,$$

denn die Differenz ist eine elliptische Funktion ohne Pole und daher 0 nach (4).
b) Mit Hilfe der Proposition kann man elliptische Funktionen konstruieren, die an zwei vorgegebenen Punkten eines Periodenparallelogramms je einen Pol 1. Ordnung haben.
c) Das Additionstheorem für die Umkehrfunktion von $\wp$ fand man im Nachlass von C.F. GAUSS in einem Spezialfall (*Werke VIII*, 93–95).
d) Nach dem Additionstheorem und der Differentialgleichung ist $\wp'(z) \cdot \wp'(w)$ ein Polynom in $\wp(z)$, $\wp(w)$ und $\wp(z + w)$. Nach Quadrieren erhält man bei Beachtung der Differentialgleichung 3.3(1) ein *algebraisches Additionstheorem* für $\wp$, d. h., es existiert ein Polynom $0 \neq P \in \mathbb{C}[X, Y, Z]$ mit

$$P(\wp(z), \wp(w), \wp(z + w)) = 0 \quad \text{für alle} \quad z, w \in \mathbb{C} \quad \text{mit} \quad z, w, z + w \notin \Omega.$$

Explizit erhält man

$$P(X, Y, Z) = \left[4(X + Y + Z)(X - Y)^2 - X^2 - Y^2\right]^2$$
$$- 4(4X^3 - g_2 X - g_3) \cdot (4Y^2 - g_2 X - g_3).$$

WEIERSTRASS hat gemäß H.A. SCHWARZ [1893] in seinen Vorlesungen (allerdings nicht in der in den *Math. Werken V* abgedruckten Version) die folgende Umkehrung bewiesen:

**Satz.** *Erfüllt eine meromorphe Funktion $f$ auf $\mathbb{C}$ ein algebraisches Additions-theorem, dann ist $f$ entweder*
a) *eine rationale Funktion oder*
b) *eine rationale Funktion in $e^{2\pi i \alpha z}$ mit geeignetem $0 \neq \alpha \in \mathbb{C}$ oder*
c) *eine elliptische Funktion zu einem geeigneten Gitter.*

Einen *Beweis* findet man bei W.F. OSGOOD ([1920], 515–516) oder H. HAN-COCK ([1910], Chap. II).

**2. Elliptische Kurven.** In **1.7** hatten wir bereits die Faktorgruppe

$$(1) \qquad\qquad \mathbb{C}/\Omega = \{z + \Omega \; ; \; z \in \mathbb{C}\}$$

betrachtet. Die Teilmenge

$$(2) \qquad \mathbb{E} := \mathbb{E}(\Omega) := \{(X, Y) \in \mathbb{C} \times \mathbb{C} \; ; \; Y^2 = 4X^3 - g_2 X - g_3\}$$

von $\mathbb{C} \times \mathbb{C}$ heißt die (affine) *elliptische Kurve* zu $\Omega$. Die WEIERSTRASSsche $\wp$-Funktion erlaubt eine *Parametrisierung* der elliptischen Kurve (2) durch die Faktorgruppe (1):

**Lemma.** *Die Abbildung*

$$(3) \qquad \Phi : (\mathbb{C}/\Omega) \setminus \{\Omega\} \longrightarrow \mathbb{E}(\Omega) \; , \; \Phi(z + \Omega) := (\wp(z), \wp'(z)),$$

*ist eine Bijektion.*

*Beweis.* Die Differentialgleichung 3.3(1) zeigt zunächst, dass das Bild von $\Phi$ in $\mathbb{E}$ enthalten ist. Zu $(X, Y) \in \mathbb{E}$ wähle man ein $z \in \mathbb{C}$ mit $\wp(z) = X$ gemäß Lemma 2.3B. Dann gilt

$$Y^2 = 4X^3 - g_2 X - g_3 = \wp'(z)^2.$$

Ersetzt man ggf. $z$ durch $-z$, so folgt neben $\wp(z) = X$ auch $\wp'(z) = Y$. Damit liegt $(X, Y)$ im Bild von $\Phi$ und $\Phi$ ist surjektiv.

Sind nun $z_1, z_2 \in \mathbb{C}\setminus\Omega$ mit $(\wp(z_1), \wp'(z_1)) = (\wp(z_2), \wp'(z_2))$ gegeben, so erhält man

$$z_1 \equiv z_2 \,(\mathrm{mod}\, \Omega), \quad \text{falls} \quad \wp'(z_1) \neq 0,$$

oder

$$z_1, z_2 \equiv \omega_1/2, \omega_2/2, \omega_3/2 \,(\mathrm{mod}\, \Omega), \quad \text{falls} \quad \wp'(z_1) = 0,$$

aus 2.3(5) bzw. 2.3(4). Da aber $\wp(\omega_k/2) = e_k$, $k = 1, 2, 3$, paarweise verschieden sind (vgl. 2.3(6)), folgt auch in diesem Fall $z_1 \equiv z_2 \,(\mathrm{mod}\, \Omega)$. Damit ist $\Phi$ injektiv. $\qquad\qquad\qquad\qquad\qquad\qquad\qquad\qquad\qquad\qquad \Box$

Neben $\mathbb{E} = \mathbb{E}(\Omega)$ betrachten wir den „Abschluss"

$$(4) \qquad\qquad \overline{\mathbb{E}} := \overline{\mathbb{E}}(\Omega) := \mathbb{E} \cup \{\mathcal{O}\} \quad \text{mit} \quad \mathcal{O} := (\infty, \infty)$$

und setzen die Abbildung $\Phi$ fort zu einer Bijektion

$$(5) \qquad \Phi : \mathbb{C}/\Omega \longrightarrow \overline{\mathbb{E}}(\Omega), \qquad \Phi(z + \Omega) := \begin{cases} (\wp(z), \wp'(z)) & \text{für } z \notin \Omega, \\ \mathcal{O} & \text{für } z \in \Omega. \end{cases}$$

Mit Hilfe der bijektiven Abbildung $\Phi$ kann man nun die Gruppenstruktur von $\mathbb{C}/\Omega$ (vgl. **1.7**) auf die Menge $\overline{\mathbb{E}}$ übertragen: Für $P, Q \in \overline{\mathbb{E}}$ wird eine Addition erklärt durch

$$(6) \qquad\qquad P + Q := \Phi(\Phi^{-1}(P) + \Phi^{-1}(Q)),$$

wobei die Addition in $\mathbb{C}/\Omega$ durch $(u + \Omega) + (v + \Omega) := (u + v) + \Omega$ gegeben ist. Damit erhält man direkt den

**Satz.** *Mit der Verknüpfung (6) wird $\overline{\mathbb{E}}(\Omega)$ zu einer abelschen Gruppe mit $\mathcal{O}$ als neutralem Element.*

$$\Phi : \mathbb{C}/\Omega \to \overline{\mathbb{E}}(\Omega)$$

*ist ein Isomorphismus der Gruppen. Für $z \in \mathbb{C}\backslash\Omega$ gilt*

$$-(\wp(z), \wp'(z)) = (\wp(-z), \wp'(-z)) = (\wp(z), -\wp'(z)),$$

*und für alle $u, v \in \mathbb{C}$ mit $u, v, u + v \notin \Omega$ hat man*

$$(7) \qquad\qquad (\wp(u), \wp'(u)) + (\wp(v), \wp'(v)) = (\wp(u + v), \wp'(u + v)).$$

Damit ist natürlich noch nicht geklärt, wie man die Summe (6) für $P, Q \in \mathbb{E}$ berechnet. Nach dem Additionstheorem 1(1) kann man wegen (7) zumindest die erste Komponente des Punktes $P + Q$ durch die Komponenten von $P$ und $Q$ ausdrücken. In den Abschnitten **4** und **5** werden auf geometrische Weise explizite Formeln für die Komponenten von $P + Q$ hergeleitet. Man erhält damit u. a. einen neuen Beweis des Additionstheorems.

**Bemerkungen.** a) Die Ausnahmerolle des Punktes $\mathcal{O} = (\infty, \infty)$ entfällt, wenn man die elliptische Kurve „projektiv" beschreibt: Es bezeichne $\mathbb{P}_2(\mathbb{C})$ den 2-dimensionalen *projektiven Raum* über $\mathbb{C}$. Dann gibt es eine kanonische surjektive Abbildung

$$\pi : (\mathbb{C} \times \mathbb{C} \times \mathbb{C}) \setminus \{0\} \to \mathbb{P}_2(\mathbb{C})$$

mit

$$\pi(X, Y, Z) = \pi(X', Y', Z') \iff (X, Y, Z) = \alpha(X', Y', Z') \text{ für ein } 0 \neq \alpha \in \mathbb{C}.$$

Damit ist die *projektive elliptische Kurve* zu $\Omega$ definiert durch

$$\mathbb{PE} := \mathbb{PE}(\Omega) := \{\pi(X, Y, Z) \;;\; Y^2 Z = 4X^3 - g_2 X Z^2 - g_3 Z^3\}.$$

Offenbar wird durch $(X, Y) \mapsto \pi(X, Y, 1)$ eine Injektion $\mathbb{E} \to \mathbb{PE}$ definiert und der Punkt $\mathcal{O}$ erscheint als $\pi(0, 1, 0)$.

b) Fasst man $\mathbb{C}/\Omega$ als RIEMANNsche Fläche auf und betrachtet man $\overline{\mathbb{E}}$ als Kurve im $\mathbb{P}_2(\mathbb{C})$, so definiert (5) eine biholomorphe Abbildung.

**3. Beispiele.** a) *Der reelle Teil von* $\mathbb{E}$. Ist $\Omega$ konjugationsstabil (vgl. **3.5**), dann sind $g_2$ und $g_3$ nach Satz 3.5 reell und man kann den „reellen Anteil" von $\mathbb{E}$ zeichnen: Je nachdem ob $4X^3 - g_2 X - g_3$ drei oder eine reelle Nullstelle hat, erhält man die beiden Bilder:

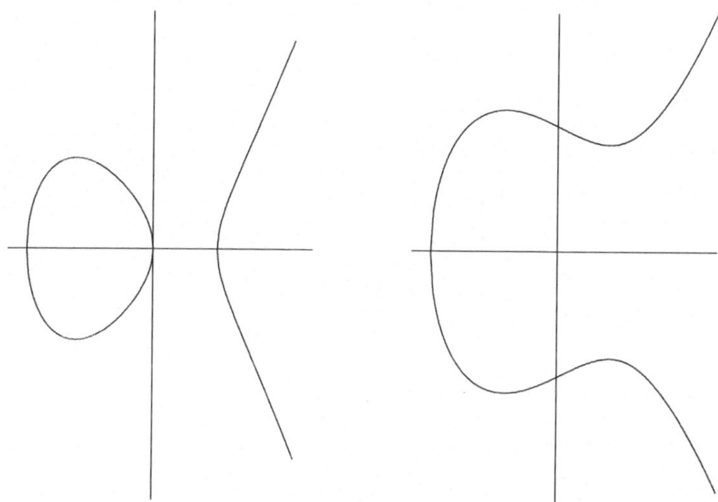

Abb. 11: Elliptische Kurven

b) *Eine* FERMAT-*Kurve*. Man wählt $\Omega$ gemäß Korollar 4.4 mit $g_2 = 0$, $g_3 = 12^3$, also auch $\wp'^2 = 4\wp^3 - 1728$. In der Tat folgt

$$\Omega = \frac{\Gamma(1/3)^3}{4\pi\sqrt{3}} (\mathbb{Z}\rho + \mathbb{Z})$$

aus Bemerkung 4.5. Eine Verifikation zeigt, dass in diesem Fall die Abbildung

$$(X, Y) \mapsto (U, V), \quad U := \frac{72 + Y}{12X}, \quad V := \frac{72 - Y}{12X},$$

eine Bijektion von

$$\mathbb{E}' := \{(X, Y) \in \mathbb{C} \times \mathbb{C} \,;\, Y^2 = 4X^3 - 1728, \; X \neq 0\}$$

auf die FERMAT-Kurve

$$\mathbb{F} := \{(U, V) \in \mathbb{C} \times \mathbb{C} \,;\, U^3 + V^3 = 1\}$$

ist. Die Umkehrabbildung wird dabei durch

$$(U, V) \mapsto (X, Y) \quad \text{mit} \quad X := \frac{12}{U + V} \quad \text{und} \quad Y := 72\frac{U - V}{U + V}$$

gegeben.

**4. Schnittpunktformeln.** Für die Punkte $P$ von $\mathbb{C} \times \mathbb{C}$ soll auch $P = (X_P, Y_P)$ geschrieben werden. Für $P, Q \in \mathbb{E}$ mit

$$(1) \qquad\qquad X_P \neq X_Q$$

betrachte man die komplexe Gerade $\Gamma = \Gamma_{P,Q}$ durch $P$ und $Q$:

$$(2) \qquad Y = a_{P,Q} X + b_{P,Q}.$$

Hier sind $a_{P,Q}$ und $b_{P,Q}$ natürlich gegeben durch

$$(3) \qquad a_{P,Q} := \frac{Y_P - Y_Q}{X_P - X_Q},$$

$$b_{P,Q} := Y_P - a_{P,Q} X_P = \frac{X_P Y_Q - X_Q Y_P}{X_P - X_Q}.$$

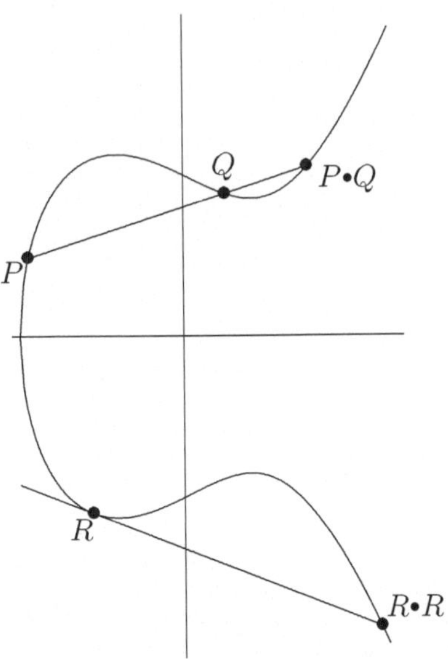

Die Gerade $\Gamma$ wird die Kurve $\mathbb{E}$ in einem weiteren Punkt schneiden. In dem Fall, dass $\mathbb{E}$ einen reellen Teil besitzt, hat man etwa das nebenstehende Bild.

Zur Präzisierung dieses Sachverhaltes definiert man einen Punkt $P \bullet Q$ aus $\mathbb{C} \times \mathbb{C}$ durch die Koordinaten

$$(4) \quad \begin{aligned} X_{P \bullet Q} &:= \tfrac{1}{4} a_{P,Q}^2 - X_P - X_Q, \\ Y_{P \bullet Q} &:= a_{P,Q} X_{P \bullet Q} + b_{P,Q}. \end{aligned}$$

Abb. 12: Geraden und Elliptische Kurven

Offenbar liegt $P \bullet Q$ auf $\Gamma$.

**Lemma A.** *Für alle* $X \in \mathbb{C}$ *gilt*

$$(5) \quad 4X^3 - g_2 X - g_3 = 4(X - X_P)(X - X_Q)(X - X_{P \bullet Q}) + (a_{P,Q} X + b_{P,Q})^2.$$

*Beweis.* Zunächst stimmen in (5) die Koeffizienten von $X^3$ und wegen (4) auch die Koeffizienten von $X^2$ überein. Damit reduziert sich (5) auf eine Gleichung der Form

$$g_2 X + g_3 = A X + B \quad \text{mit} \quad A, B \in \mathbb{C}.$$

Da (5) aber nach Wahl von $\Gamma$ für $X = X_P$ und $X = X_Q$ richtig ist, folgt $A = g_2$ und $B = g_3$, also die Gültigkeit von (5). $\qquad\qquad\qquad\qquad\qquad\square$

Damit erhält man das

**Korollar A.** *Für* $P, Q \in \mathbb{E}$ *mit* $X_P \neq X_Q$ *gilt* $P \bullet Q \in \mathbb{E}$.

Der Punkt $P \bullet Q$ ist also der dritte Schnittpunkt der Geraden $\Gamma$ mit $\mathbb{E}$. Die Formeln (4) nennt man daher *Schnittpunktformeln*. Gilt $P \neq Q$ mit $X_P = X_Q$, so hat man $P \bullet Q = \mathcal{O}$.

Im Falle $P = Q$ geht man nun analog vor: Statt der Verbindungsgeraden hat man die Tangente durch einen Punkt $P \in \mathbb{E}$ mit $Y_P \neq 0$ zu nehmen. Mit

$$(6) \qquad a_P := \frac{12X_P^2 - g_2}{2Y_P} \, , \quad b_P := Y_P - a_P X_P$$

ist dann ist $Y = a_P X + b_P$ die Tangente durch $P$ an $\mathbb{E}$. Sei $P \bullet P \in \mathbb{C} \times \mathbb{C}$ mit

$$(7) \qquad X_{P \bullet P} := \tfrac{1}{4}a_P^2 - 2X_P \, , \quad Y_{P \bullet P} := a_P X_{P \bullet P} + b_P.$$

**Lemma B.** *Für alle $X \in \mathbb{C}$ gilt*

$$(8) \qquad 4X^3 - g_2 X - g_3 = 4(X - X_P)^2(X - X_{P \bullet P}) + (a_P X + b_P)^2.$$

*Beweis.* Wieder stimmen die Koeffizienten von $X^3$ und wegen (7) auch die Koeffizienten von $X^2$ überein. Für $X = X_P$ gilt aber (8) und wegen (6) auch die abgeleitete Gleichung von (8). $\qquad\qquad\square$

Damit erhält man das

**Korollar B.** *Für $P \in \mathbb{E}$ mit $Y_P \neq 0$ gilt $P \bullet P \in \mathbb{E}$.*

Der Punkt $P \bullet P$ ist also der zweite Schnittpunkt der Tangente an $\mathbb{E}$ durch $P$ und (7) sind die entsprechenden *Schnittpunktformeln*. Gilt $Y_P = 0$, so hat man $P \bullet P = \mathcal{O}$.

**5. Anwendung auf die $\wp$-Funktion.** Mit Hilfe der Bijektion 2(5),

$$(1) \qquad \Phi : \mathbb{C}/\Omega \longrightarrow \overline{\mathbb{E}}(\Omega) \, , \quad \Phi(z + \Omega) := \begin{cases} (\wp(z), \wp'(z)) & \text{für } z \notin \Omega, \\ \mathcal{O} & \text{für } z \in \Omega, \end{cases}$$

erklären wir für $u, v \in \mathbb{C}$ Punkte $P, Q$ von $\overline{\mathbb{E}}$ durch

$$(2) \qquad P := \Phi(u + \Omega) \, , \quad Q := \Phi(v + \Omega).$$

**Lemma.** *Sind $u, v, w \in \mathbb{C} \setminus \Omega$ mit $u + v + w \in \Omega$, so dass $u + \Omega$, $v + \Omega$, $w + \Omega$ paarweise verschieden sind, dann gilt*

$$P \bullet Q = \Phi(w + \Omega) \, .$$

*Beweis.* Die elliptische Funktion $f(z) := \wp'(z) - (a_{P,Q}\wp(z) + b_{P,Q})$ hat einen Pol 3. Ordnung in 0, also auch 3 Nullstellen in $\mathbb{C}/\Omega$. Nach Konstruktion gilt $f(u) = f(v) = 0$ und aus Satz 2.2D folgt $f(w) = 0$. Dann sind $P, Q$ und $R := \Phi(w + \Omega)$ Schnittpunkte der Geraden mit $\mathbb{E}$. Wäre z. B. $P \bullet Q = P$, so erhält man $a_{P,Q} = a_P$ und $b_{P,Q} = b_P$ aus 4(3), 4(4), 4(6) und 4(7). Dann wäre die Gerade eine Tangente an $\mathbb{E}$ und hätte nur die beiden Punkte $P$ und $Q$ als Schnittpunkte mit $\mathbb{E}$. Weil $P, Q, R$ paarweise verschieden sind, ist das nicht möglich und man erhält $R = P \bullet Q$. $\qquad\qquad\square$

*2. Beweis des Additionstheorems.* Aus dem Lemma und 4(3), 4(4) folgt für $u, v, w \in \mathbb{C}\backslash\Omega$ mit $u+v+w = 0$, wenn $u+\Omega$, $v+\Omega$, $w+\Omega$ paarweise verschieden sind:

$$\wp(u + v) = \wp(-w) = \wp(w) = \frac{1}{4}a_{P,Q}^2 - X_P - X_Q$$

$$= \frac{1}{4}\left(\frac{\wp'(u) - \wp'(v)}{\wp(u) - \wp(v)}\right)^2 - \wp(u) - \wp(v).$$

Die verbleibenden Fälle ergeben sich mit einem Stetigkeitsargument.    □

Für $P \in \mathbb{C} \times \mathbb{C}$ setzt man schließlich

$$(3) \qquad\qquad P^* := (X_P, -Y_P)\,, \quad \text{falls } P = (X_P, Y_P).$$

Als finales Ergebnis hat man den

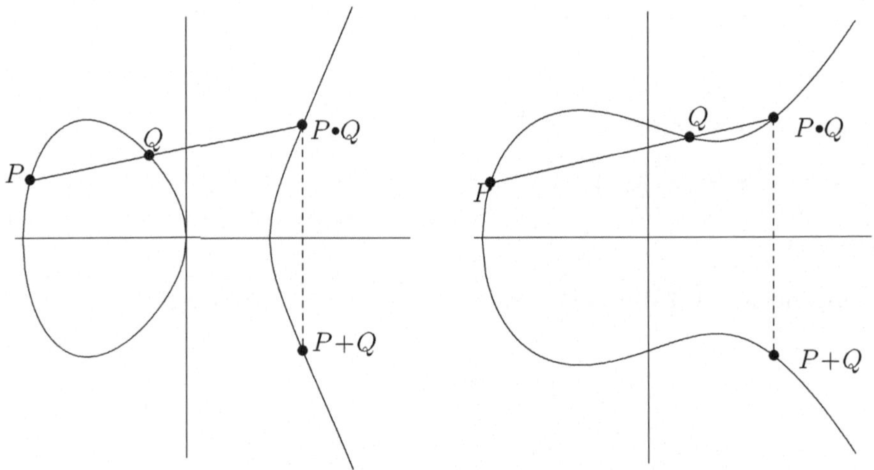

Abb. 13: Addition auf Elliptischen Kurven

**Satz.** *Die Addition* $(P, Q) \mapsto P + Q$ *auf* $\mathbb{E}$ *wird beschrieben durch*

$$(4) \qquad\qquad P + Q = (P \bullet Q)^*, \quad \textit{falls } X_P \neq X_Q,$$

*bzw. durch*

$$(5) \qquad\qquad 2P = (P \bullet P)^*, \quad \textit{falls } Y_P \neq 0,$$

*d. h. durch*

$$(6) \qquad X_{P+Q} := \frac{1}{4}a_{P,Q}^2 - X_P - X_Q\,, \; Y_{P+Q} := -a_{P,Q}X_{P+Q} - b_{P,Q}\,,$$

*falls* $X_P \neq X_Q$, *bzw.*

$$(7) \qquad X_{2P} := \tfrac{1}{4}a_P^2 - 2X_P \,, \quad Y_{2P} := -a_P X_{2P} - b_P \,,$$

*falls* $Y_P \neq 0$. *Darüber hinaus gilt*

$$(8) \qquad -P = P^* = (X_P, -Y_P)\,.$$

*Beweis.* Für $\wp(u) \neq \wp(v)$ hat man nach 2(6) und dem Lemma

$$\begin{aligned} P + Q \;&=\; \Phi(\Phi^{-1}(P) + \Phi^{-1}(Q)) = \Phi(u + v + \Omega) = \Phi(-w + \Omega) \\ &=\; (\wp(w), -\wp'(w)) = (\Phi(w + \Omega))^* = (P \bullet Q)^* \,. \end{aligned}$$

Die fehlenden Behauptungen folgen nun aus 4(4) bzw. 4(7) und Satz 2. $\qquad\square$

**Bemerkungen.** a) Die Formel (6) beinhaltet das Additionstheorem für die Ableitung der $\wp$-Funktion. Die Addition ist durch den Satz vollständig beschrieben, wenn man beachtet, dass $X_P = X_Q$ bereits $Y_P = \pm Y_Q$ impliziert und $(X_P, Y_P) + (X_P, -Y_P) = \mathcal{O}$ aus (8) folgt.
b) Im Vektorraum $\mathbb{C} \times \mathbb{C}$ liegen drei Punkte $(a_1, a_2)$, $(b_1, b_2)$ und $(c_1, c_2)$ bekanntlich genau dann auf einer Geraden, wenn

$$\det \begin{pmatrix} 1 & 1 & 1 \\ a_1 & b_1 & c_1 \\ a_2 & b_2 & c_2 \end{pmatrix} = 0$$

gilt. Für $P, Q \in \mathbb{E}$ liegen $P, Q$ und $P \bullet Q$ nach Definition auf einer Geraden. Nach dem Lemma folgt daher für $u, v, w \in \mathbb{C} \setminus \Omega$ mit $u + v + w \in \Omega$

$$\det \begin{pmatrix} 1 & 1 & 1 \\ \wp(u) & \wp(v) & \wp(w) \\ \wp'(u) & \wp'(v) & \wp'(w) \end{pmatrix} = 0\,.$$

**6*. Rationale Punkte.** Es sei $\Omega$ ein Gitter, für welches $g_2$ und $g_3$ *rational* sind. Man betrachte dann die Teilmenge

$$(1) \qquad \mathbb{E}_{\mathbb{Q}} := \mathbb{E}_{\mathbb{Q}}(\Omega) := \{(X, Y) \in \mathbb{E} \,;\, X, Y \in \mathbb{Q}\}$$

der *rationalen Punkte* von $\mathbb{E}$. Die Formeln 5(6), 5(7), 5(8) zeigen, dass dann

$$(2) \qquad \overline{\mathbb{E}}_{\mathbb{Q}} := \mathbb{E}_{\mathbb{Q}}(\Omega) \cup \{\mathcal{O}\} \,, \quad \mathcal{O} := (\infty, \infty),$$

eine Untergruppe von $\overline{\mathbb{E}}$ ist.

**Beispiele.** a) *Eine* FERMAT-*Kurve.* Nach Beispiel 3b sind die rationalen Punkte

$$\mathbb{E}_{\mathbb{Q}} := \{(X, Y) \in \mathbb{Q} \times \mathbb{Q} \,;\, Y^2 = 4X^3 - 1728\}$$

und

$$\mathbb{F}_{\mathbb{Q}} := \{(U, V) \in \mathbb{Q} \times \mathbb{Q} \,;\, U^3 + V^3 = 1\}$$

vermöge $X = \frac{12}{U+V}$, $Y = 72\frac{U-V}{U+V}$ birational aufeinander bezogen. $\mathbb{F}_{\mathbb{Q}}$ hat bekanntlich nur die Lösungen $(1, 0)$ bzw. $(0, 1)$, da das FERMAT-Problem nach dem Satz von WILES (Ann. Math. **141**, 443–551 (1995)) unlösbar ist. Der hier verwendete Fall $n = 3$ ist aber elementar zu beweisen (vgl. F. ISCHEBECK [1992], § 15). Also sind $(12, 72)$ und $(12, -72)$ die einzigen rationalen Punkte von $\mathbb{E}$. Damit ist $\overline{\mathbb{E}}_{\mathbb{Q}}$ eine Gruppe der Ordnung 3.

b) Man betrachte

$$\mathbb{E} := \{(X, Y) \in \mathbb{C} \times \mathbb{C} \; ; \; Y^2 = 4X^3 - 4X + 4\}.$$

Offenbar gilt $P := (1, 2) \in \mathbb{E}_{\mathbb{Q}}$ und 5(7) ergibt $2P = (-1, 2) \in \mathbb{E}_{\mathbb{Q}}$. Mit 5(6) berechnet man nun nacheinander

$$(3) \quad
\begin{aligned}
3P &= (0, -2), & 4P &= (3, -10), & 5P &= (5, 22), \\
6P &= \left(\frac{1}{4}, \frac{7}{4}\right), & 7P &= \left(-\frac{11}{9}, -\frac{34}{27}\right), & 8P &= \left(\frac{19}{25}, -\frac{206}{125}\right).
\end{aligned}$$

Man kann hier zeigen, dass $\overline{\mathbb{E}}$ eine unendliche zyklische Gruppe ist, die von $P$ erzeugt wird.

c) Die zu $Y^2 = 4X^3 - 28X + 25$ gehörige Gruppe hat den Rang 3.

**Bemerkungen.** a) Nach einem Satz von L.J. MORDELL (Proc. Cambridge Phil. Soc. **21**, 179–192 (1922)) sind die Gruppen $\overline{\mathbb{E}}_{\mathbb{Q}}$ stets endlich erzeugt. Dieses Ergebnis wurde bereits von J.H. POINCARÉ vermutet.

b) Neben den rationalen Punkten von $\mathbb{E}$ kann man auch nach den *ganzen Punkten* von $\mathbb{E}$, also nach $\mathbb{E} \cap (\mathbb{Z} \times \mathbb{Z})$ fragen. L.J. MORDELL zeigte 1923 (Proc. London Math. Soc. (2) **21**, 415–419), dass diese Menge stets endlich ist. Man vergleiche C.L. SIEGEL (*Ges. Abhandlungen I*, 207–208). Wegen (3) ist klar, dass die Menge der ganzen Punkte von $\mathbb{E}$ i. A. keine Untergruppe von $\overline{\mathbb{E}}_{\mathbb{Q}}$ ist.

c) H.W. LENSTRA (Proc. Int. Congr. Berkeley 1986, 99–120) hat eine Methode zur Faktorisierung großer natürlicher Zahlen entwickelt, die elliptische Kurven benutzt. Dieses Verfahren hat sich als sehr effektiv erwiesen. Man geht dabei von einer natürlichen Zahl $n$ aus, wählt mit einem Zufallszahlengenerator natürliche Zahlen $x, y, g_2$ und definiert $g_3 := 4x^3 - g_2 x - y^2$. Im Fall $g_2^3 - 27 g_3^2 \neq 0$ definiert

$$Y^2 = 4X^3 - g_2 X - g_3$$

eine elliptische Kurve, die den Punkt $P := (x, y)$ enthält. Mit den Formeln 4(4) und 4(7) kann man nun sukzessiv die Vielfachen $kP$ auf der elliptischen Kurve (mod $n$) berechnen, solange die Nenner in 4(3) und 4(6) zu $n$ teilerfremd sind. Das Verfahren liefert also entweder die Punkte $kP$ auf der elliptischen Kurve (mod $n$) oder einen Teiler von $n$.

**Literatur:** H. COHEN [1993], D.H. HUSEMÖLLER [1987], J.H. SILVERMAN [1985], D. ZAGIER, Lösungen von Gleichungen in ganzen Zahlen, in *Miscellanea mathematica*, Springer–Verlag, Berlin–Heidelberg–New York 1991, 311–326.

**7*. Dreieckszahlen.** Eine positive ganze Zahl $f$ heißt *Dreieckszahl* oder HERON-*Zahl* (engl. *congruent number* von dem lateinischen Wort *congruere* [= *harmonieren*]), wenn es ein rechtwinkliges Dreieck mit *rationalen* Seitenlängen $a, b, c$

und Fläche $f$ gibt. Man kann hier ohne Einschränkung annehmen, dass $f$ quadratfrei ist. Das Problem, welche Zahlen in diesem Sinne Dreieckszahlen sind, wurde bereits von den Griechen behandelt und ist (neben dem Problem der vollkommenen Zahlen) das letzte bis heute ungelöste Hauptproblem der Antike (vgl. L.E. DICKSON, *History of the theory of numbers II*, Chelsea, New York 1960, chap. XVI).

Setzt man fest, dass $c$ die Hypotenuse im rechtwinkligen Dreieck ist, so gilt also

$$(1) \qquad \tfrac{1}{2}ab = f.$$

Die naheliegende Idee, die klassische Beschreibung der pythagoreischen Tripel (vgl. F. ISCHEBECK [1992], § 14) zur Lösung des Problems zu verwenden, führt auf die

**Proposition.** *Eine natürliche quadratfreie Zahl $f$ ist genau dann eine Dreieckszahl, wenn es eine ganze Zahl $q$ und teilerfremde ganze Zahlen $u, v$ gibt mit*

$$(2) \qquad q^2 f = uv(u^2 - v^2) \quad und \quad u > v, u \not\equiv v \,(\mathrm{mod}\ 2).$$

*Beweis.* Für eine Dreieckszahl $f$ wählt man rationale $a, b, c$ mit (1) und $q \in \mathbb{N}$, so dass $qa, qb, qc$ ein primitives pythagoreisches Tripel ist, wobei ohne Einschränkung $qb$ gerade sei. Es gibt dann teilerfremde ganze Zahlen $u, v$ mit $u > v > 0$, $u \not\equiv v \,(\mathrm{mod}\ 2)$ und

$$(*) \qquad qa = u^2 - v^2 \,, \quad qb = 2uv \,, \quad qc = u^2 + v^2.$$

Es folgt $q^2 f = \tfrac{1}{2}qa \cdot qb = uv(u^2 - v^2)$, also (2).

Sind umgekehrt $q, u, v$ durch (2) gegeben, so definiert man $a, b, c$ durch $(*)$. $\square$

Da mit $f$ auch $n^2 f$, $n \in \mathbb{N}$, eine Dreieckszahl ist, kann man sich auf die Beschreibung der quadratfreien Dreieckszahlen beschränken.

Die Liste der quadratfreien Dreieckszahlen $\leq 50$ lautet

$$5, 6, 7, 13, 14, 15, 21, 22, 23, 29, 30, 31, 34, 37, 38, 39, 41, 46, 47.$$

Es gibt genau 361 quadratfreie Dreieckszahlen $\leq 1000$.

Die folgende kleine Tabelle zeigt, dass man auf diese Weise zwar viele Dreieckszahlen bekommt, aber nicht entscheiden kann, ob eine gegebene Zahl eine Dreieckszahl ist. Dabei ist $q \in \mathbb{N}$ maximal mit $q^2 | uv(u^2 - v^2)$ gewählt:

| $u$ | $v$ | $uv(u^2-v^2)$ | $q$ | $a=(u^2-v^2)/q$ | $b=2uv/q$ | $c=(u^2+v^2)/q$ | $f$ |
|---|---|---|---|---|---|---|---|
| 2 | 1 | 6 | 1 | 3 | 4 | 5 | 6 |
| 3 | 2 | 30 | 1 | 5 | 12 | 13 | 30 |
| 4 | 1 | 60 | 2 | 15/2 | 4 | 17/2 | 15 |
| 4 | 3 | 84 | 2 | 7/2 | 12 | 25/2 | 21 |
| 5 | 4 | 180 | 6 | 3/2 | 20/3 | 41/6 | 5 |
| 7 | 2 | 630 | 3 | 15 | 28/3 | 53/3 | 70 |
| 8 | 1 | 505 | 6 | 21/2 | 8/3 | 65/6 | 14 |
| 9 | 4 | 2340 | 6 | 65/6 | 12 | 97/6 | 65 |
| 9 | 8 | 1224 | 6 | 17/6 | 24 | 145/6 | 34 |
| 13 | 12 | 3900 | 10 | 5/2 | 156/5 | 313/10 | 39 |
| 16 | 9 | 25200 | 60 | 35/12 | 24/5 | 337/60 | 7 |
| 25 | 16 | 147600 | 60 | 123/20 | 40/3 | 881/60 | 41 |
| 50 | 49 | 242550 | 105 | 33/35 | 140/3 | 4901/105 | 22 |
| 72 | 49 | 9818424 | 462 | 253/42 | 168/11 | 7585/462 | 46 |
| 325 | 36 | 1220649300 | 9690 | 323/30 | 780/323 | 106921/9690 | 13 |
| 1250 | 289 | 534281163750 | 118575 | 5301/425 | 1700/279 | 1646021/118575 | 38 |
| 1600 | 81 | 330925694400 | 103320 | 8897/360 | 720/287 | 2566561/103320 | 31 |
| 4901 | 4900 | 235370034900 | 90090 | 99/910 | 52780/99 | 48029801/90090 | 29 |

Die in der obigen Tabelle fehlenden quadratfreien Dreieckszahlen $\leq 50$ erhält man als

$$f = 23, \quad u = 24336, \qquad v = 17689,$$
$$f = 37, \quad u = 777925, \qquad v = 1764,$$
$$f = 47, \quad u = 14561856, \quad v = 2289169.$$

Ein Beispiel mit großer „minimaler" Lösung stammt von D. ZAGIER:

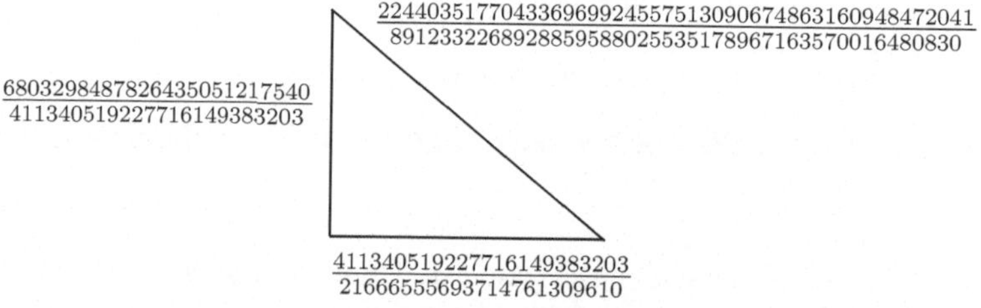


Abb. 14: Dreieckszahl 157

Das Seitenverhältnis beträgt etwa 16,6 : 19 : 25. Hier ist $f = 157$.

Überraschenderweise besteht nun ein Zusammenhang zwischen den Dreieckszahlen und gewissen rationalen Punkten von elliptischen Kurven: Zur Abkürzung wird im Rest dieses Abschnitts mit $\nu(x) \in \mathbb{N}$ der Nenner von $0 \neq x \in \mathbb{Q}$ in gekürzter Bruchdarstellung bezeichnet.

**Lemma.** *Für eine natürliche quadratfreie Zahl $f$ sind äquivalent:*

(i) *$f$ ist eine Dreieckszahl.*

(ii) *Es gibt einen rationalen Punkt $(x, y)$ auf der elliptischen Kurve $Y^2 = 4X^3 - 4f^2X$, so dass $x$ ein Quadrat in $\mathbb{Q}$ mit geradem $\nu(x)$ ist.*

*Beweis.* (i) $\implies$ (ii): Man wählt $q \in \mathbb{N}$ und teilerfremde natürliche Zahlen $u, v, u \not\equiv v \,(\mathrm{mod}\ 2)$, $u > v$, so dass das Dreieck mit den Seiten

$$a = (u^2 - v)^2/q\,, \quad b = 2uv/q\,, \quad c = (u^2 + v^2)/q$$

die Fläche $f$ hat:

(∗) $$a^2 + b^2 = c^2 \quad \text{und} \quad f = \tfrac{1}{2}ab.$$

Da $qa, qb, qc$ ein primitives pythagoreisches Tripel ist, ist $qc = u^2 + v^2$ ungerade. Setzt man nun $x := (c/2)^2$, dann ist $\nu(x)$ gerade. Wegen (∗) hat man

$$x \pm f = (c/2)^2 \pm f = ((a \pm b)/2)^2\,,$$

so dass $4x^3 - 4f^2 x = 4x(x^2 - f^2) =: y^2$ mit $y = c(a^2 - b^2)/4 \in \mathbb{Q}$ folgt.

(ii) $\implies$ (i): Man setzt $\alpha := \sqrt{x} \in \mathbb{Q}$, $\beta := y/\alpha$ und erhält

$$\beta^2 = 4x^2 - 4f^2\,, \quad \text{d.\,h.} \quad \beta^2 + 4f^2 = 4x^2.$$

Nach Voraussetzung ist $t := \nu(\alpha)$ gerade. Da $f$ ganz ist, haben $\beta^2$ und $4x^2$ den gleichen Nenner $\nu(4x^2) = t^4/4$. Damit ist $t^2\beta/2, t^2 f, t^2 x$ ein primitives pythagoreisches Tripel. Es gibt daher teilerfremde natürliche Zahlen $u, v, u \not\equiv v \,(\mathrm{mod}\ 2)$, $u > v$ mit

$$t^2\beta/2 = u^2 - v^2\,, \quad t^2 f = 2uv\,, \quad (t\alpha)^2 = u^2 + v^2,$$

denn $t^2 f$ ist gerade. Damit sind $2u/t, 2v/t, 2\alpha$ die Seiten eines rechtwinkligen Dreiecks der Fläche $f$. $\qquad\qquad\square$

**Literatur:** N. KOBLITZ [1993], G. KRAMARZ, Math. Ann. **273**, 337–340 (1986).

**Aufgaben.** 1) Man drücke $\wp(2z)$ und $\wp(3z)$ rational durch $\wp(z)$ aus.

2) $\wp'(z + w) = -\tfrac{1}{2}[\wp'(z) + \wp'(w)] + \tfrac{1}{4}\dfrac{(\wp'(z) - \wp'(w))(\wp''(z) - \wp''(w))}{(\wp(z) - \wp(w))^2} - \tfrac{1}{4}\left(\dfrac{\wp'(z) - \wp'(w)}{\wp(z) - \wp(w)}\right)^3,$

$\quad\ \wp'(2z) = -\wp'(z) + \tfrac{1}{4}\dfrac{\wp''(z)\wp'''(z)}{\wp'(z)^2} - \tfrac{1}{4}\left(\dfrac{\wp''(z)}{\wp'(z)}\right)^3 = -\wp'(z) + \dfrac{3\wp(z)\wp''(z)}{\wp'(z)} - \tfrac{1}{4}\left(\dfrac{\wp''(z)}{\wp'(z)}\right)^3$

$\qquad\quad\ = \dfrac{28\wp^3(z) - g_2\wp(z) + 2g_3}{2\wp'(z)} - \tfrac{1}{4}\left(\dfrac{12\wp^2(z) - g_2}{2\wp'(z)}\right)^3.$

3) Für $z, w \in \mathbb{C}$ mit $z, w, z \pm w \notin \Omega$ gilt

$$\wp(z + w) + \wp(z - w) = \frac{\left(2\wp(z)\wp(w) - \tfrac{1}{2}g_2\right)(\wp(z) + \wp(w)) - g_3}{(\wp(z) - \wp(w))^2}\,,$$

$$\frac{\wp'(z + \omega/2)}{\wp'(z)} = -\tfrac{1}{2}\frac{\wp''(\omega/2)}{(\wp(z) - \wp(w/2))^2}\,, \quad \omega/2 \notin \Omega\,.$$

4) $(\wp(\omega_1/4) - e_1)^2 = 2e_1^2 + e_2 e_3 = (e_1 - e_2)(e_1 - e_3).$

5) $X^4 - \tfrac{1}{2}g_2 X^2 - g_3 X - \tfrac{1}{48}g_2^2 = \left(X - \wp\left(\tfrac{\omega_1}{3}\right)\right)\left(X - \wp\left(\tfrac{\omega_2}{3}\right)\right)\left(X - \wp\left(\tfrac{\omega_1 + \omega_2}{3}\right)\right)\left(X - \wp\left(\tfrac{\omega_1 - \omega_2}{3}\right)\right).$

6) Ist $z_0 \in \mathbb{C}$ mit $\wp(z_0) = 0$, so gilt

$$\wp(2z_0) = -\frac{g_2^2}{16g_3} \quad \text{und} \quad \wp(3z_0) = \frac{8g_3}{g_2} - \frac{256g_3^3}{g_2^4}\,.$$

7) a) Es gibt genau 3 Punkte der Ordnung 2 in $\overline{\mathbb{E}}$, nämlich $(e_1, 0), (e_2, 0)$ und $(e_3, 0)$.

b) Zu $N \in \mathbb{N}$ gibt es genau $N^2$ Punkte in $\overline{\mathbb{E}}$, deren Ordnung ein Teiler von $N$ ist. Wie viele

Punkte der Ordnung $N$ gibt es?

8) Seien $g_2, g_3 \in \mathbb{Q}$ und $N \in \mathbb{Z}$, $N > 1$. Ist $P = (x, y) \in \overline{\mathbb{E}}$ von der Ordnung $N$, so sind die Koeffizienten $x, y$ algebraisch über $\mathbb{Q}$ von einem Grad $\leq N^2$.

9) $\overline{\mathbb{E}}$ ist isomorph zu $(\mathbb{R}/\mathbb{Z}) \times (\mathbb{R}/\mathbb{Z})$.

10) Sei $\Omega$ ein Rechteckgitter. Dann gilt

$$\mathbb{E}_{\mathbb{R}} := \mathbb{E} \cap (\mathbb{R} \times \mathbb{R}) = \{(\wp(z), \wp'(z)) \; ; \; z \in \left(\tfrac{\omega}{2} + \mathbb{R}\right) \setminus \Omega, \; \omega \in \Omega\}.$$

$\overline{\mathbb{E}}_{\mathbb{R}} := \mathbb{E}_{\mathbb{R}} \cup \{\mathcal{O}\}$ ist eine zu $(\mathbb{Z}/2\mathbb{Z}) \times (\mathbb{R}/\mathbb{Z})$ isomorphe Untergruppe von $\overline{\mathbb{E}}$.

11) Man gebe eine Parametrisierung der FERMAT–Kurve $\mathbb{F}$ in Beispiel 3b) an.

12) Sei $f$ eine quadratfreie Dreieckszahl und $(x, y)$ nach Lemma 7 ein rationaler Punkt der elliptischen Kurve $Y^2 = 4X^3 - 4f^2 X$, so dass $x$ ein Quadrat in $\mathbb{Q}$ mit geradem $\nu(x)$ ist. Dann gilt $\nu(y) \equiv 0 \pmod 4$.

13) Sei $f \in \mathbb{N}$ quadratfrei. $f$ ist genau dann eine Dreieckszahl, wenn ein $x$ existiert, so dass $x, x + f, x - f$ Quadrate in $\mathbb{Q}$ sind.

14) Zu $f \in \mathbb{N}$ bestimme man das Gitter $\Omega$ zur elliptischen Kurve $Y^2 = 4X^3 - 4f^2 X$.

# §6. Produkt-Entwicklungen

Das Ziel dieses Paragrafen ist neben der Darstellung der Theorie der $\zeta$- und der $\sigma$-Funktionen die Herleitung der Produktformel für die Diskriminante $\Delta = g_2^3 - 27 g_3^2$. Die Schlussweisen sind klassisch, wir folgen dazu der vorzüglich organisierten Darstellung von S. LANG [1987], chap. 18. Darüber hinaus wird als Anwendung das Problem der Multiplikation der $\wp$-Funktion behandelt.

Es sei $\Omega$ stets ein Gitter in $\mathbb{C}$ und $(\omega_1, \omega_2)$ eine Basis von $\Omega$.

**1. Die $\sigma$-Funktion.** Nach dem WEIERSTRASSschen Produktsatz (R. REMMERT [1995], Satz 3.1.4) und dem Konvergenz-Lemma 1.9 ist das Produkt

$$(1) \qquad \sigma(z) := \sigma(z; \Omega) := z \cdot \prod_{0 \neq \omega \in \Omega} \left(1 - \frac{z}{\omega}\right) \cdot e^{\frac{z}{\omega} + \frac{1}{2}\left(\frac{z}{\omega}\right)^2}$$

in jedem Kompaktum von $\mathbb{C}$ absolut und gleichmäßig konvergent. Damit ist $\sigma$ eine ganze Funktion, die genau an den Stellen $z \in \Omega$ Nullstellen 1. Ordnung besitzt. Da mit $\omega$ auch $-\omega$ ganz $\Omega$ durchläuft, *ist $\sigma$ ungerade.* Man nennt $\sigma(z)$ die WEIERSTRASS*sche Sigmafunktion.*

Nach WEIERSTRASS bezeichnet man die logarithmische Ableitung von $\sigma$ mit $\zeta$, also

$$(2) \quad \zeta(z) := \zeta(z; \Omega) := \frac{\sigma'(z)}{\sigma(z)} = \frac{1}{z} + \sum_{0 \neq \omega \in \Omega} \left(\frac{1}{z - \omega} + \frac{1}{\omega} + \frac{z}{\omega^2}\right), \quad z \notin \Omega.$$

Wenn Missverständnisse mit der RIEMANNschen Zetafunktion zu befürchten sind, spricht man hier von der WEIERSTRASS*schen Zetafunktion.* Wegen

$$\frac{1}{z - \omega} + \frac{1}{\omega} + \frac{z}{\omega^2} = \frac{z^2}{\omega^2 (z - \omega)}$$

konvergiert die Reihe (2) nach dem Konvergenz-Lemma 1.9 auf jedem Kompaktum in $\mathbb{C}$, das keinen Gitterpunkt enthält, absolut gleichmäßig. *Offenbar ist $\zeta$ ebenfalls ungerade.*

Ein Vergleich mit 3.1(3) ergibt

$$(3) \qquad \zeta' = \left(\frac{\sigma'}{\sigma}\right)' = -\wp.$$

Wegen $\wp(z + \omega) = \wp(z)$ für $\omega \in \Omega$ ist daher

$$(4) \qquad \eta(\omega) := \eta(\omega; \Omega) := \zeta(z + \omega) - \zeta(z)$$

von $z$ unabhängig. Es folgt

$$(5) \qquad \eta(\omega + \omega') = \eta(\omega) + \eta(\omega') \quad \text{für } \omega, \omega' \in \Omega.$$

Also ist $\eta : \Omega \to \mathbb{C}$ ein Gruppenhomomorphismus.

**LEGENDRE-Relation.** *Es gilt*

$$\eta(\omega_2) \cdot \omega_1 - \eta(\omega_1) \cdot \omega_2 = 2\pi i, \quad falls \quad \text{Im } (\omega_1/\omega_2) > 0.$$

*Beweis.* Man integriert $\zeta(z)$ über den positiv orientierten Rand $\partial P$ eines Periodenparallelogramms $P := \Diamond(u; \omega_1, \omega_2)$, wobei $u$ so gewählt ist, dass $0$ ein innerer Punkt von $P$ ist. Mit dem Residuensatz folgt

$$\int_{\partial P} \zeta(z)dz = 2\pi i,$$

denn $\zeta$ hat genau einen Pol 1. Ordnung mit Residuum 1 in $P$. Andererseits ist

$$\int_{\partial P} \zeta(z)dz = \int_{u}^{u+\omega_2} \zeta(z)dz + \int_{u+\omega_2}^{u+\omega_1+\omega_2} \zeta(z)dz + \int_{u+\omega_1+\omega_2}^{u+\omega_1} \zeta(z)dz + \int_{u+\omega_1}^{u} \zeta(z)dz$$

$$= \int_{u}^{u+\omega_2} (\zeta(z) - \zeta(z + \omega_1))dz + \int_{u+\omega_1}^{u} (\zeta(z) - \zeta(z + \omega_2))dz ,$$

wenn man beachtet, dass das Parallelogramm $(0, \omega_2, \omega_1 + \omega_2, \omega_1)$ nach Voraussetzung positiv orientiert ist. Mit (4) folgt die Behauptung. $\qquad\square$

**Korollar.** *Für beliebige $\omega, \omega' \in \Omega$ gilt*

$$\eta(\omega) \cdot \omega' - \eta(\omega') \cdot \omega \in 2\pi i \mathbb{Z}.$$

Zum *Beweis* verwende man (5) und die LEGENDRE-Relation. $\qquad\square$

Man schreibt manchmal einfach

$$(6) \qquad \eta_1 := \eta(\omega_1) , \quad \eta_2 := \eta(\omega_2),$$

hat dabei aber zu beachten, dass diese Definition von der Wahl der Basis abhängt. Aus (1), (2) und (4) erhält man schließlich für $0 \neq \lambda \in \mathbb{C}$:

$$(7)\ \sigma(\lambda z; \lambda\Omega) = \lambda \cdot \sigma(z; \Omega)\ ,\quad \zeta(\lambda z; \lambda\Omega) = \tfrac{1}{\lambda} \cdot \zeta(z; \Omega)\ ,\quad \eta(\lambda\omega; \lambda\Omega) = \tfrac{1}{\lambda} \cdot \eta(\omega; \Omega).$$

**2. Das Verhalten von $\sigma$ bei Translationen aus $\Omega$.** Natürlich ist $\sigma$ als ganze nicht-konstante Funktion keine elliptische Funktion zum Gitter $\Omega$. Zur Beschreibung des Verhaltens von $\sigma$ unter den Translationen $z \mapsto z + \omega$, $\omega \in \Omega$, definiere man eine Abbildung $\chi : \Omega \mapsto \{\pm 1\}$ durch

$$(1) \qquad\qquad \chi(\omega) := \begin{cases} 1\,, & \text{falls } \omega/2 \in \Omega, \\ -1\,, & \text{falls } \omega/2 \notin \Omega. \end{cases}$$

**Satz.** *Für alle $\omega \in \Omega$ und $z \in \mathbb{C}$ gilt*

$$(2) \qquad\qquad \sigma(z + \omega) = \chi(\omega) \cdot e^{\eta(\omega)(z+\omega/2)} \cdot \sigma(z).$$

*Beweis.* Für $z \in \Omega$ sind beide Seiten von (2) gleich 0. Wegen 1(2) hat man $\sigma'(z) = \sigma(z) \cdot \zeta(z)$ für $z \notin \Omega$ und 1(4) ergibt

$$\frac{d}{dz}\left(\frac{\sigma(z+\omega)}{\sigma(z)}\right) = \frac{\sigma(z+\omega)}{\sigma(z)} \cdot \eta(\omega) \quad \text{für } \omega \in \Omega.$$

Damit ist

$$\frac{\sigma(z+\omega)}{\sigma(z)} \cdot e^{-\eta(\omega)z}, \quad \text{also auch} \quad \psi(\omega) := \frac{\sigma(z+\omega)}{\sigma(z)} \cdot e^{-\eta(\omega)(z+\omega/2)}$$

von $z$ unabhängig. Da $\sigma$ ungerade ist, erhält man zunächst durch $z = -\omega/2$

$$(*) \qquad\qquad \psi(\omega) = -1, \quad \text{falls } \omega/2 \notin \Omega.$$

Wegen 1(5) ist

$$(**) \qquad \psi(2\omega) = \frac{\sigma(z+2\omega)}{\sigma(z+\omega)} \cdot \frac{\sigma(z+\omega)}{\sigma(z)} \cdot e^{-2\eta(\omega)(z+\omega)} = \psi^2(\omega).$$

Nun sei $0 \neq \omega/2 \in \Omega$. Da $\Omega$ diskret ist, gibt es eine natürliche Zahl $n \geq 1$ mit der Eigenschaft $\omega' := 2^{-n}\omega \in \Omega$, aber $\tfrac{1}{2}\omega' = 2^{-n-1}\omega \notin \Omega$. Es folgt $\psi(\omega) = \psi(2^n\omega') = (\psi(\omega'))^{2^n}$ nach $(**)$ und dann $\psi(\omega) = 1$ aus $(*)$. Zusammengefasst erhält man $\psi = \chi$. $\qquad\qquad\qquad\qquad\qquad\qquad\qquad\qquad\quad\square$

**Korollar.** *Setzt man $f(z) := \frac{\sigma(z-a)}{\sigma(z-b)}$ für $a, b \in \mathbb{C}$, so gilt für alle $\omega \in \Omega$ und $z \in \mathbb{C}, z \notin b + \Omega$:*

$$f(z + \omega) = e^{\eta(\omega)(b-a)} \cdot f(z).$$

**3. Existenz und Darstellung von elliptischen Funktionen.** Sei $f$ eine nicht-konstante elliptische Funktion zum Gitter $\Omega$ und $P$ ein Periodenparallelogramm. Wiederholt man die Null- und Polstellen von $f$ in $P$ gemäß ihren

Vielfachheiten, dann zeigt Satz 2.2C, dass es $a_1, \ldots, a_r$ und $b_1, \ldots, b_r$ aus $P$ gibt mit $r \geq 2$, so dass $f$ in $P$ genau an den Stellen $a_1, \ldots, a_r$ Nullstellen und an den Stellen $b_1, \ldots, b_r$ Pole hat. Nach Satz 2.2D gilt dann die ABELsche Relation

$$(1) \qquad a_1 + \ldots + a_r \equiv b_1 + \ldots + b_r \pmod{\Omega}.$$

Bis jetzt ist nicht klar, ob diese notwendige Bedingung auch hinreichend ist!

**Existenz-Satz.** *Seien $a_1, \ldots, a_r$ und $b_1, \ldots, b_r$ zwei endliche Folgen aus $\mathbb{C}$, für welche die Mengen $\{a_1 + \Omega, \ldots, a_r + \Omega\}$ und $\{b_1 + \Omega, \ldots, b_r + \Omega\}$ disjunkt sind und für die*

$$(2) \qquad \omega_0 := b_1 + \ldots + b_r - (a_1 + \ldots + a_r) \in \Omega$$

*gilt. Dann ist*

$$(3) \qquad f(z) := e^{-\eta(\omega_0)z} \cdot \frac{\sigma(z - a_1) \cdot \ldots \cdot \sigma(z - a_r)}{\sigma(z - b_1) \cdot \ldots \cdot \sigma(z - b_r)}$$

*eine elliptische Funktion, die genau an den Stellen $a_1 + \Omega, \ldots, a_r + \Omega$ Nullstellen und an den Stellen $b_1 + \Omega, \ldots, b_r + \Omega$ Pole besitzt.*

*Beweis.* Man verwende Korollar 2, Korollar 1 und 1(1).                     $\square$

Zwei elliptische Funktionen mit den gleichen Null- und Polstellen (einschließlich Vielfachheiten) unterscheiden sich nach Satz 2.2A nur um einen konstanten Faktor. Eine direkte Konsequenz aus dem Existenz-Satz ist daher der

**Darstellungs-Satz.** *Ist $f$ eine elliptische Funktion zum Gitter $\Omega$ und hat $f$ in einem Periodenparallelogramm $P$ Nullstellen bei $a_1, \ldots, a_r$ und Pole an den Stellen $b_1, \ldots, b_r$ (gezählt in den richtigen Vielfachheiten), dann gibt es eine Konstante $C$ und ein*

$$\omega_0 := b_1 + \ldots + b_r - a_1 - \ldots - a_r \in \Omega$$

*mit der Eigenschaft*

$$f(z) = C \cdot \frac{\sigma(z - a_1 - \omega_0) \cdot \sigma(z - a_2) \cdot \ldots \cdot \sigma(z - a_r)}{\sigma(z - b_1) \cdot \ldots \cdot \sigma(z - b_r)}.$$

Als Anwendung auf die $\wp$-Funktion erhalten wir das

**Korollar A.** *Für $z, w \in \mathbb{C} \setminus \Omega$ gilt*

$$\wp(z) - \wp(w) = -\frac{\sigma(z + w) \cdot \sigma(z - w)}{\sigma^2(z) \cdot \sigma^2(w)}.$$

*Beweis.* Aus Stetigkeitsgründen darf man $2w \notin \Omega$ annehmen. Sei nun $w$ fest. Dann hat $\wp(z) - \wp(w)$ in $z = 0$ einen Pol zweiter Ordnung und nach 2.3(5) in $z = \pm w$ je eine Nullstelle 1. Ordnung. Nach dem Darstellungs–Satz gilt

$$\wp(z) - \wp(w) = C \cdot f(z) \quad \text{mit} \quad f(z) := \frac{\sigma(z+w) \cdot \sigma(z-w)}{\sigma^2(z) \cdot \sigma^2(w)}$$

mit einer Konstanten $C$. Wegen 1(1) und 3.1(4) gilt

$$\lim_{z \to 0} z^2 \cdot f(z) = -1 \, , \, \lim_{z \to 0} z^2 \cdot (\wp(z) - \wp(w)) = 1, \quad \text{also} \quad C = -1. \qquad \square$$

**Korollar B.** *Für $z \in \mathbb{C} \backslash \Omega$ gilt*

$$\wp'(z) = -\frac{\sigma(2z)}{\sigma^4(z)}.$$

*Beweis.* Man multipliziert die Aussage von Korollar A mit $\frac{1}{z-w}$ und führt den Grenzübergang $w \to z$ aus. $\qquad \square$

**Korollar C.** *Für $z \in \mathbb{C} \setminus \Omega$ und $\omega \in \Omega$, $\omega/2 \notin \Omega$, gilt*

$$\wp(z) - \wp(\omega/2) = \left( e^{\eta(\omega)z/2} \cdot \frac{\sigma(z - \omega/2)}{\sigma(z) \cdot \sigma(\omega/2)} \right)^2.$$

*Beweis.* Man trägt $w = \omega/2$ in Korollar A ein und verwendet 2(2) in der Form

$$\sigma(z + \omega/2) = -e^{\eta(\omega)z} \cdot \sigma(z - \omega/2). \qquad \square$$

Nach Korollar C ist $\wp(z) - \wp(\omega/2)$, $\omega \in \Omega \setminus 2\Omega$, Quadrat einer meromorphen Funktion, man kann also

$$(4) \qquad \sqrt{\wp(z) - \wp(\omega/2)} := -e^{\eta(\omega)z/2} \cdot \frac{\sigma(z - \omega/2)}{\sigma(z) \cdot \sigma(\omega/2)} = \frac{1}{z} + \cdots \, , \quad \frac{\omega}{2} \notin \Omega,$$

definieren. Man beachte aber, dass (4) keine elliptische Funktion zum Gitter $\Omega$ ist. Es gilt jedoch das

**Korollar D.** *Für $\omega_0 \in \Omega \backslash 2\Omega$ ist*

$$\sqrt{\wp(z) - \wp(\omega_0/2)} := -e^{\eta(\omega_0)z/2} \cdot \frac{\sigma(z - \omega_0/2)}{\sigma(z) \cdot \sigma(\omega_0/2)}$$

*eine elliptische Funktion der Ordnung 4 zum Gitter $2\Omega$. Ihre Pole sind alle einfach und liegen in $\Omega$. Ihre Nullstellen sind ebenfalls alle einfach und liegen in $\frac{\omega_0}{2} + \Omega$.*

*Beweis.* Die Aussagen über die Null- und Polstellen folgen direkt aus den Eigenschaften der $\sigma$–Funktion in **1**. Wendet man Korollar 2 an, so folgt für $\omega \in \Omega$

$$\sqrt{\wp(z + 2\omega) - \wp\left(\omega_0/2\right)} = -e^{\eta(\omega_0)(z+2\omega)/2} \cdot \frac{\sigma\left(z + 2\omega - \omega_0/2\right)}{\sigma(z + 2\omega) \cdot \sigma\left(\omega_0/2\right)}$$

$$= \sqrt{\wp(z) - \wp(\omega_0/2)} \cdot e^{\eta(\omega_0)\omega - \eta(\omega)\omega_0} = \sqrt{\wp(z) - \wp(\omega_0/2)},$$

wenn man zusätzlich 1(5) und Korollar 1 beachtet. $\qquad\qquad\square$

Mit der Standard-Bezeichnung

$$e_k := \wp\left(\omega_k/2\right) \ , \ \ k = 1, 2, 3, \quad \omega_3 = \omega_1 + \omega_2,$$

gemäß 2.3(3) ergeben Korollar C und Satz 2

$$(5) \qquad \begin{cases} e_2 - e_1 & = \ e^{-\eta(\omega_1)\omega_2/2} \cdot \left( \dfrac{\sigma(\omega_3/2)}{\sigma(\omega_1/2) \cdot \sigma(\omega_2/2)} \right)^2 , \\[4mm] e_3 - e_1 & = \ e^{\eta(\omega_1)\omega_3/2} \cdot \left( \dfrac{\sigma(\omega_2/2)}{\sigma(\omega_1/2) \cdot \sigma(\omega_3/2)} \right)^2 , \\[4mm] e_3 - e_2 & = \ e^{\eta(\omega_2)\omega_3/2} \cdot \left( \dfrac{\sigma(\omega_1/2)}{\sigma(\omega_2/2) \cdot \sigma(\omega_3/2)} \right)^2 . \end{cases}$$

Als eine weitere Anwendung von Korollar A beweisen wir die

**Sigma-Relation.** *Für alle $u, v, w, z \in \mathbb{C}$ gilt*

$$\begin{aligned} & \sigma(u - v)\sigma(u + v) \cdot \sigma(z - w)\sigma(z + w) \\ + \ & \sigma(v - w)\sigma(v + w) \cdot \sigma(z - u)\sigma(z + u) \\ + \ & \sigma(w - u)\sigma(w + u) \cdot \sigma(z - v)\sigma(z + v) = 0. \end{aligned}$$

*Beweis.* Für $u, v, w, z \in \mathbb{C}\backslash\Omega$ trägt man dazu $U := \wp(u)$, $V := \wp(v)$, $W := \wp(w)$ und $Z := \wp(z)$ in die Identität

$$(U - V)(Z - W) + (V - W)(Z - U) + (W - U)(Z - V) = 0$$

ein und beachtet Korollar A. $\qquad\qquad\square$

**Bemerkungen.** a) A. H**URWITZ** (*Werke I*, 722–730) bestimmte alle in einer Umgebung von 0 holomorphen Funktionen, die die Sigma-Relation erfüllen.
b) Definiert man speziell eine meromorphe Funktion $f$ durch

$$f(z) := \sqrt{\frac{\wp(z) - e_1}{e_3 - e_1}} \ ,$$

so verifiziert man leicht die Differentialgleichung

$$f'^2 = (e_2 - e_1) \cdot (1 - f^2)(1 - \chi^2 f^2) \quad \text{mit} \quad \chi^2 := \frac{e_3 - e_1}{e_2 - e_1} \neq 0, 1.$$

Damit kann man die Integrale in LEGENDREscher Normalform (vgl. E.2(5)) berechnen.

**4. Eine weitere Produktentwicklung.** Wie in **4.1** beschränkt man sich nun auf Gitter der Form

$$(1) \qquad \Omega = \mathbb{Z}\tau + \mathbb{Z} \quad \text{mit} \quad \tau \in \mathbb{C}, \quad \operatorname{Im} \tau > 0,$$

also auf $\omega_1 = \tau$, $\omega_2 = 1$, und setzt zur Abkürzung

$$(2) \qquad \sigma(z;\tau) := \sigma(z;\Omega)\,, \quad \eta(\omega;\tau) := \eta(\omega;\Omega) \quad \text{für} \quad \omega \in \Omega = \mathbb{Z}\tau + \mathbb{Z}$$

und

$$(3) \qquad \eta := \eta(1;\tau) = \eta(1;\Omega).$$

Die LEGENDRE-Relation 1 lautet dann

$$(4) \qquad \eta \cdot \tau - \eta(\tau;\tau) = 2\pi i.$$

Als weitere Abkürzung wird die Standard-Bezeichnung

$$(5) \qquad q := e^{2\pi i \tau} \quad \text{für} \quad \tau \in \mathbb{H}\,, \quad w := e^{2\pi i z} \quad \text{für} \quad z \in \mathbb{C}$$

eingeführt. Speziell sei $\sqrt{q} := e^{\pi i \tau}$ bzw. $\sqrt{w} := e^{\pi i z}$.

**Lemma.** *Die Funktion*

$$(6) \qquad f(z) := e^{-\eta z^2/2} \cdot \sqrt{w} \cdot \sigma(z;\tau)$$

*erfüllt*

$$(7) \qquad f(z+1) = f(z) \quad \text{und} \quad f(z+\tau) = -\frac{1}{w} \cdot f(z).$$

*Beweis.* Aus 2(2) bekommt man zunächst

$$\sigma(z+1;\tau) = -e^{\eta \cdot (z+1/2)} \cdot \sigma(z;\tau)$$

und

$$\sigma(z+\tau;\tau) = -e^{\eta(\tau;\tau) \cdot (z+\tau/2)} \cdot \sigma(z;\tau) = -\frac{1}{w\sqrt{q}} \cdot e^{\eta \cdot \tau \cdot (z+\tau/2)} \cdot \sigma(z;\tau)\,,$$

wenn man (4) beachtet. Wegen (6) folgt die Behauptung.   $\square$

**Satz.** *Definiert man die Funktion $f$ nach (6), so gilt*

$$(8) \qquad f(z) = \frac{1}{2\pi i}(w-1) \prod_{n=1}^{\infty} \frac{\left(1 - wq^n\right)\left(1 - \frac{1}{w}q^n\right)}{(1-q^n)^2}\,,$$

*d. h. also*

$$(9) \qquad \sigma(z;\tau) = \frac{1}{2\pi i} e^{\eta z^2/2} \left(\sqrt{w} - \frac{1}{\sqrt{w}}\right) \prod_{n=1}^{\infty} \frac{\left(1 - wq^n\right)\left(1 - \frac{1}{w}q^n\right)}{(1-q^n)^2}\,.$$

Wegen $|q| < 1$ konvergiert das Produkt absolut und kompakt gleichmäßig in $z$.

*Beweis.* Bezeichnet man die rechte Seite von (8) mit $g(z)$, so ist $g$ zunächst eine ganze Funktion und es folgt $g(z + 1) = g(z)$ aus (5). Für $z \mapsto z + \tau$ geht $wq^n$ bzw. $\frac{1}{w}q^n$ über in $wq^{n+1}$ bzw. $\frac{1}{w}q^{n-1}$. Es folgt also

$$g(z + \tau) = \frac{1}{2\pi i}(wq - 1) \prod_{n=1}^{\infty} \frac{\left(1 - wq^{n+1}\right)\left(1 - \frac{1}{w}q^{n-1}\right)}{(1 - q^n)^2},$$

d. h.

$$\frac{g(z + \tau)}{g(z)} = \frac{wq - 1}{w - 1} \cdot \frac{1 - 1/w}{1 - wq} = -\frac{1}{w}.$$

Damit hat man $g(z + \tau) = -\frac{1}{w} \cdot g(z)$. Ein Vergleich mit dem Lemma zeigt, dass die meromorphe Funktion $h := f/g$ die Perioden $1$ und $\tau$ hat, also eine elliptische Funktion zum Gitter (1) ist.

Als absolut konvergentes Produkt hat $g$ Nullstellen 1. Ordnung an den Stellen $z$, für welche

$$w = e^{2\pi i z} = 1 \quad \text{oder} \quad wq^m = e^{2\pi i(m\tau + z)} = 1 \quad \text{oder} \quad \frac{1}{w}q^m = e^{2\pi i(m\tau - z)} = 1$$

für $m = 1, 2, \ldots$ gilt. Das sind aber genau die Stellen $z \in \Omega = \mathbb{Z}\tau + \mathbb{Z}$. Da $f$ nach (6) und 1(1) aber die gleichen Nullstellen hat, ist $h$ konstant. Wegen

$$\lim_{z \to 0} \frac{\sigma(z; \tau)}{z} = 1, \quad \text{also} \quad \lim_{z \to 0} \frac{f(z)}{z} = 1, \quad \text{und} \quad \lim_{z \to 0} \frac{g(z)}{z} = 1$$

hat man schließlich $h = 1$. $\qquad\qquad\qquad\qquad\qquad\qquad\qquad\qquad\qquad\square$

**Bemerkung.** In Kenntnis des WEIERSTRASSschen Produktsatzes (vgl. R. REMMERT [1995], Satz 3.1.4) kann die fundamentale Identität (9) wie folgt interpretiert werden: Beide Seiten von (8) haben die gleichen Nullstellen mit gleichen Vielfachheiten, es gibt also eine ganze Funktion $F$ ohne Nullstellen mit

$$e^{-\eta z^2/2} \cdot \sqrt{w} \cdot \sigma(z; \tau) = f(z) = F(z) \cdot (w - 1) \prod_{n=1}^{\infty} \frac{\left(1 - wq^n\right)\left(1 - \frac{1}{w}q^n\right)}{(1 - q^n)^2}.$$

Das subtile Ergebnis der bisherigen Abschnitte, nämlich $F(z) = \frac{1}{2\pi i}$, kann man aber von einer allgemeinen Theorie wohl nicht erwarten. Nimmt man allerdings die HADAMARDsche Theorie der ganzen Funktionen endlicher Ordnung zu Hilfe, dann kann man sofort folgern, dass $F(z) = e^{q(z)}$ gilt mit einem Polynom $q$, das höchstens den Grad 2 hat. Zum Beweis muss man sich klar machen, dass die im Beweis mit $g$ bezeichnete ganze Funktion die Ordnung 2 hat. Dann ist $\sigma$ das zugehörige kanonische Produkt und der HADAMARDsche Satz (E.C. TITCHMARSH [1958], 8.24) liefert die Behauptung.

**5. Das $\Delta$-Produkt.** Zum Nachweis der

**Produktformel**

$$(1) \qquad \Delta(\tau) = (2\pi)^{12} \cdot q \cdot \prod_{n=1}^{\infty} (1 - q^n)^{24} \, , \quad q := e^{2\pi i \tau} \, , \quad \operatorname{Im} \tau > 0,$$

werden „lediglich" die bereit gestellten Bausteine zusammengesetzt. Aber immer dann, wenn man die teilweise subtilen Rechnungen in Einzelheiten nachvollzogen hat, wundert man sich, wie aus komplizierten Formeln ein solch einfacher und doch komplexer Ausdruck entstehen kann.

Zur Abkürzung beginnt man mit

$$(2) \qquad \begin{cases} P_0 := \displaystyle\prod_{n=1}^{\infty} (1 - q^n) \, , & P_2 := \displaystyle\prod_{n=1}^{\infty} (1 + q^n) \, , \\[2mm] P_1 := \displaystyle\prod_{n=1}^{\infty} \left(1 - q^{n-1/2}\right) \, , & P_3 := \displaystyle\prod_{n=1}^{\infty} \left(1 + q^{n-1/2}\right) \, . \end{cases}$$

Man beachte, dass alle Produkte wegen $|q| < 1$ absolut konvergieren. Wegen

$$P_0 P_1 P_2 P_3 = \prod_{n=1}^{\infty} (1 - q^{2n}) \cdot \prod_{n=1}^{\infty} (1 - q^{2n-1}) = P_0$$

hat man zunächst

$$(3) \qquad\qquad\qquad\qquad P_1 P_2 P_3 = 1.$$

Nun wird die Produktdarstellung 4(9) der $\sigma$-Funktion verwendet. Mit der Abkürzung $\eta := \eta(1; \tau)$ berechnet man daher

$$(4) \qquad \begin{cases} 2\pi i \cdot P_0^2 \cdot \sigma\left(1/2; \tau\right) &= 2ie^{\eta/8} \cdot P_2^2 \, , \\[2mm] 2\pi i \cdot P_0^2 \cdot \sigma\left(\tau/2; \tau\right) &= -q^{-1/4} e^{\eta \cdot \tau^2/8} \cdot P_1^2 \, , \\[2mm] 2\pi i \cdot P_0^2 \cdot \sigma\left((\tau+1)/2; \tau\right) &= iq^{-1/4} e^{\eta \cdot (\tau+1)^2/8} \cdot P_3^2 \, . \end{cases}$$

Unter Beachtung der Legendre-Relation 4(4) ergibt 3(5) nun

$$(5) \qquad \begin{cases} e_1 - e_2 = e^{-\eta \cdot \tau/2} & \cdot \left( \dfrac{\sigma\left((\tau+1)/2; \tau\right)}{\sigma\left(1/2; \tau\right) \cdot \sigma\left(\tau/2; \tau\right)} \right)^2 \, , \\[4mm] e_3 - e_1 = e^{(\eta \cdot \tau - 2\pi i)(\tau+1)/2} & \cdot \left( \dfrac{\sigma\left(1/2; \tau\right)}{\sigma\left(\tau/2; \tau\right) \cdot \sigma\left((\tau+1)/2; \tau\right)} \right)^2 \, , \\[4mm] e_3 - e_2 = e^{\eta \cdot (\tau+1)/2} & \cdot \left( \dfrac{\sigma\left(\tau/2; \tau\right)}{\sigma\left(1/2; \tau\right) \cdot \sigma\left((\tau+1)/2; \tau\right)} \right)^2 \, . \end{cases}$$

Die Formeln (4) in (5) eingetragen liefern bei Beachtung von (3) die Überraschung

$$e_2 - e_1 = \pi^2 P_0^4 P_3^8 \,, \quad e_3 - e_1 = 16\pi^2 \sqrt{q} P_0^4 P_2^8 \,, \quad e_3 - e_2 = -\pi^2 P_0^4 P_1^8.$$

Wegen Korollar 3.4C hat man schließlich

$$\Delta(\tau) = 16(e_1 - e_2)^2(e_2 - e_3)^2(e_3 - e_1)^2 = (2\pi)^{12} \cdot q \cdot P_0^{24} \cdot (P_1 P_2 P_3)^{16}$$

und die Behauptung (1) folgt aus (3).

**Bemerkung.** Die $\Delta$-Funktion ist bis auf den Faktor $(2\pi)^{12}$ die 24. Potenz der meist nach R. DEDEKIND benannten *Etafunktion*

$$(6) \qquad \eta(\tau) := e^{\pi i \tau / 12} \cdot \prod_{n=1}^{\infty} \left(1 - e^{2\pi i n \tau}\right).$$

Dieses Produkt wird bereits von L. EULER (*Opera omnia I*, **8**, *Introductio in analysin infinitorum*, Caput XVI: *De partitione numerorum*, und *Opera posthuma I*, 76–84) sowie C.G.J. JACOBI (*Ges. Werke I*, 141–155) behandelt. Man vergleiche auch III, §6.

**6. Anwendung auf die absolute Invariante.** Nach 4.4(1) war die absolute Invariante durch

$$j(\tau) = (12g_2(\tau))^3 / \Delta(\tau) \,, \ \operatorname{Im} \tau > 0,$$

definiert. Gemäß 4.3(2) gilt

$$12g_2(\tau) = (2\pi)^4 \left(1 + 240 \cdot \sum_{m=1}^{\infty} \sigma_3(m) \cdot e^{2\pi i m \tau}\right),$$

und nach 5(1) ist

$$\Delta(\tau) = (2\pi)^{12} e^{2\pi i \tau} \cdot \prod_{m=1}^{\infty} (1 - e^{2\pi i m \tau})^{24}.$$

Es folgt daher

$$e^{2\pi i \tau} \cdot j(\tau) = \left(1 + 240 \cdot \sum_{m=1}^{\infty} \sigma_3(m) \cdot e^{2\pi i m \tau}\right)^3 \cdot \prod_{m=1}^{\infty} \left(\sum_{n=0}^{\infty} e^{2\pi i m n \tau}\right)^{24}.$$

Hier haben alle Faktoren positive FOURIER-Koeffizienten. Eine Ausmultiplikation ergibt daher

$$j(\tau) = e^{-2\pi i \tau} + \sum_{m=1}^{\infty} j_m \cdot e^{2\pi i m \tau},$$

und den

**Satz.** *Die* FOURIER-*Koeffizienten $j_m$ von $j$ sind positive ganze Zahlen.*

Weitere arithmetische Aussagen über die $j_m$ findet man in III.2.4.

**7. Die JACOBIsche Theta–Reihe** zum Gitter $\Omega = \mathbb{Z}\tau + \mathbb{Z}, \tau \in \mathbb{H}$, ist definiert durch

$$(1) \qquad \vartheta(z;\tau) := \sum_{n \in \mathbb{Z}} e^{\pi i n^2 \tau + 2\pi i n z}.$$

Reihen dieses Typs wurden von C.G.J. JACOBI ab 1829 in seinen *Fundamenta nova (Ges. Werke I)* zur Konstruktion von elliptischen Funktionen verwendet.

**Lemma.** *Die Reihe* (1) *konvergiert absolut kompakt gleichmäßig auf* $\mathbb{C} \times \mathbb{H}$*. Für festes* $\tau \in \mathbb{H}$ *ist* $\vartheta(z;\tau)$ *eine ganze Funktion in* $z$*, die in den Punkten* $\frac{\tau+1}{2} + \Omega$ *Nullstellen hat. Es gilt*

$$(2) \qquad \vartheta(z+1;\tau) = \vartheta(z;\tau) \quad und \quad \vartheta(z+\tau;\tau) = e^{-\pi i \tau - 2\pi i z} \cdot \vartheta(z;\tau).$$

*Beweis.* Ist $K \subset \mathbb{C} \times \mathbb{H}$ kompakt, so existiert ein $\varepsilon > 0$ mit $\operatorname{Im} \tau \geq \varepsilon$ und $|\operatorname{Im} z| \leq 1/\varepsilon$ für alle $(z,\tau) \in K$, also

$$\sum_{n \in \mathbb{Z}} |e^{\pi i n^2 \tau + 2\pi i n z}| \leq 1 + 2 \cdot \sum_{n=1}^{\infty} e^{-\pi n^2 \varepsilon + 2\pi n/\varepsilon} < \infty.$$

Demnach konvergiert die Reihe kompakt gleichmäßig auf $\mathbb{C} \times \mathbb{H}$ und ist somit holomorph in $z$ und $\tau$. Aus (1) folgt direkt $\vartheta(z+1;\tau) = \vartheta(z;\tau)$ sowie

$$\vartheta(z+\tau;\tau) = e^{-\pi i \tau - 2\pi i z} \cdot \sum_{n \in \mathbb{Z}} e^{\pi i (n+1)^2 \tau + 2\pi i (n+1) z} = e^{-\pi i \tau - 2\pi i z} \cdot \vartheta(z;\tau).$$

Weiterhin gilt

$$\vartheta\left(\tfrac{\tau+1}{2};\tau\right) = \sum_{n \in \mathbb{Z}} (-1)^n e^{\pi i n(n+1)\tau} = \sum_{m \in \mathbb{Z}} (-1)^{-m-1} e^{\pi i (-m-1)(-m)\tau} = -\vartheta(\tfrac{\tau+1}{2};\tau),$$

also $\vartheta(\tfrac{\tau+1}{2};\tau) = 0$. Aus (2) erhält man dann

$$\vartheta\left(\tfrac{\tau+1}{2} + m\tau + n;\tau\right) = 0 \quad \text{für alle} \quad m,n \in \mathbb{Z}. \qquad \square$$

Als unmittelbare Folgerung notieren wir

**Korollar A.** *Für alle* $a,b,c,d \in \mathbb{C}$ *mit* $a + b - (c+d) \in \mathbb{Z}$ *ist*

$$f(z) := \frac{\vartheta(z-a;\tau) \cdot \vartheta(z-b;\tau)}{\vartheta(z-c;\tau) \cdot \vartheta(z-d;\tau)}$$

*eine elliptische Funktion zum Gitter* $\Omega = \mathbb{Z}\tau + \mathbb{Z}, \tau \in \mathbb{H}$.

Wir zeigen nun die berühmte

**JACOBIsche Tripelprodukt–Identität.** *Für alle* $z \in \mathbb{C}, \tau \in \mathbb{H}$ *gilt*

$$(3) \qquad \begin{aligned} \vartheta(z;\tau) &= \sum_{n \in \mathbb{Z}} e^{\pi i n^2 \tau + 2\pi i n z} \\ &= \prod_{m=1}^{\infty} (1 - e^{2\pi i m \tau}) \cdot (1 + e^{\pi i (2m-1)\tau + 2\pi i z}) \cdot (1 + e^{\pi i (2m-1)\tau - 2\pi i z}). \end{aligned}$$

*Beweis.* Es bezeichne $g(z;\tau)$ die rechte Seite von (3). Dann ist $g(z;\tau)$ eine ganze Funktion in $z$ mit einfachen Nullstellen genau in den Punkten

$$z = \tfrac{\tau+1}{2} + m\tau + n, \quad m, n \in \mathbb{Z}.$$

Außerdem folgt $g(z+1;\tau) = g(z;\tau)$ sowie

$$\frac{g(z+\tau;\tau)}{g(z;\tau)} = \frac{1 + e^{-\pi i\tau - 2\pi iz}}{1 + e^{\pi i\tau + 2\pi iz}} = e^{-\pi i\tau - 2\pi iz}.$$

Nach dem Lemma ist $\vartheta(z;\tau)/g(z;\tau)$ eine ganze elliptische Funktion zum Gitter $\Omega = \mathbb{Z}\tau + \mathbb{Z}$. Nach dem LIOUVILLEschen Satz 2.2.A ist der Quotient konstant. Also existiert eine holomorphe Funktion $\varphi : \{q \in \mathbb{C}\,; 0 < |q| < 1\} \to \mathbb{C}, q = e^{\pi i\tau}$, mit der Eigenschaft

$$\varphi(q) = \frac{\vartheta(z,\tau)}{g(z;\tau)} = \frac{\displaystyle\sum_{n\in\mathbb{Z}} q^{n^2} \cdot e^{2\pi inz}}{\displaystyle\prod_{m=1}^{\infty} (1 - q^{2m}) \cdot (1 + q^{2m-1} \cdot e^{2\pi iz}) \cdot (1 + q^{2m-1} \cdot e^{-2\pi iz})}.$$

Nun gilt

$$\varphi(q) = \frac{\vartheta(1/4;\tau)}{g(1/4;\tau)} = \frac{\displaystyle\sum_{n\in\mathbb{Z}} i^n q^{n^2}}{\displaystyle\prod_{m=1}^{\infty} (1 - q^{2m}) \cdot (1 + iq^{2m-1}) \cdot (1 - iq^{2m-1})}$$

$$= \frac{\displaystyle\sum_{n\in\mathbb{Z}} i^{2n} q^{(2n)^2}}{\displaystyle\prod_{m=1}^{\infty} (1 - q^{4m}) \cdot (1 - q^{4m-2}) \cdot (1 + q^{4m-2})}$$

$$= \frac{\vartheta(1/2; 4\tau)}{\displaystyle\prod_{m=1}^{\infty} (1 - q^{8m}) \cdot (1 - q^{8m-4}) \cdot (1 - q^{8m-4})} = \frac{\vartheta(1/2; 4\tau)}{g(1/2; 4\tau)} = \varphi(q^4).$$

$\varphi$ ist in 0 holomorph ergänzbar mit $\varphi(0) = 1$. Per Induktion folgert man $\varphi(q^{4k}) = \varphi(q)$ für alle $k \in \mathbb{N}$. Aus dem Identitätssatz ergibt sich dann

$$\varphi \equiv \varphi(0) = 1, \quad \text{d.h.} \quad \vartheta = g. \qquad \qquad \square$$

Ersetzt man nun $\tau$ durch $3\tau/2$ und setzt man $z = (\tau+2)/4$, so folgt mit $q = e^{\pi i\tau}$ direkt der

**EULERsche Pentagonalzahlensatz.** *Für $q \in \mathbb{C}$, $|q| < 1$ gilt*

$$\prod_{m=1}^{\infty} (1 - q^m) = \sum_{n \in \mathbb{Z}} (-1)^n q^{(3n^2+n)/2}.$$

**Bemerkungen.** a) Bezeichnet $p_g(m)$ bzw. $p_u(m)$ die Anzahl der Partitionen von $m$ mit gerader bzw. ungerader Summandenzahl, so ist der EULERsche Pentagonalzahlensatz äquivalent zu der Aussage

$$p_g(m) - p_u(m) = \begin{cases} (-1)^n, & \text{falls } n \in \mathbb{Z} \text{ mit } (3n^2 + n)/2 = m, \\ 0, & \text{sonst}. \end{cases}$$

Diese Identität wurde von L. EULER 1750 per Induktion bewiesen (vgl. *Introductio in analysin infinitorum*, Caput XVI, in *Opera Omnia I*, **8**). Der hier angegebene Beweis geht auf C.G.J. JACOBI zurück (*Ges. Werke I*, 49–239). Die Pentagonalzahlen $1, 5, 12, 22, \ldots$ entstehen in der Form $(3n^2 + n)/2$ für $n = -1, -2, -3, -4, \ldots$ und graphisch, indem man regelmäßig Fünfecke, deren Kantenlänge jeweils um 1 zunimmt, ineinander legt und die Eckpunkte zählt. Historische Anmerkungen dazu findet man bei T.M. APOSTOL [1976] und R. REMMERT [1995], I. §§4,5. Einen allgemeinen Zugang beschreibt E. NEHER, Jahresber. Dtsch. Math.–Ver. **87**, 164–181 (1987).

b) Die Theta–Reihe erfüllt die so genannte *Wärmeleitungsgleichung*

$$\frac{\partial}{\partial \tau}\, \vartheta(z; \tau) = \frac{1}{4\pi i}\, \frac{\partial^2}{\partial z^2}\, \vartheta(z; \tau).$$

**8. Die Multiplikation der $\wp$-Funktion.** Für jedes $n \in \mathbb{N}$ wird nach WEIERSTRASS (*Werke V*, 212) eine Abbildung $\psi_n : \mathbb{C} \setminus \Omega \to \mathbb{C}$ definiert durch

$$(1) \qquad\qquad \psi_n(z) := \sigma(nz)/\sigma^{n^2}(z)\,, \ \psi_1 = 1.$$

Offenbar ist $\psi_n$ gerade, wenn $n$ ungerade, bzw. ungerade, wenn $n$ gerade ist.

**Satz.** *Die Funktion $\psi_n$ ist eine elliptische Funktion zum Gitter $\Omega$, die nur in den Punkten von $\Omega$ Pole hat und zwar von der Ordnung $n^2 - 1$. Sie ist*
a) *ein Polynom in $\wp$ vom Grad $\frac{n^2-1}{2}$ mit höchstem Koeffizienten $n$, falls $n$ ungerade ist, bzw.*
b) *ein Produkt von $\wp'$ mit einem Polynom in $\wp$ vom Grad $\frac{n^2-4}{2}$ mit höchstem Koeffizienten $-\frac{n}{2}$, falls $n$ gerade ist.*

*Beweis.* Aus Satz 2 erhält man

$$\psi_n(z + \omega) = \psi_n(z) \cdot \chi(n\omega)/\chi^{n^2}(\omega) = \psi_n(z), \quad \text{also} \quad \psi_n \in \mathcal{K}(\Omega).$$

Die fehlenden Behauptungen folgen aus Korollar 3.3C sowie $\sigma(z) = z + \mathcal{O}(z^3)$, wenn man beachtet, dass $\psi_n$ für ungerades $n$ eine gerade und für gerades $n$ eine ungerade Funktion ist.                                                                                      $\square$

**Korollar A.** *Für $n \geq 2$ gilt*

$$\wp(nz) - \wp(z) = -\psi_{n-1}(z) \cdot \psi_{n+1}(z)/\psi_n^2(z).$$

*Beweis.* Man verwendet Korollar 3A und (1). □

**Korollar B.** *Es gilt*

$$(2) \qquad \psi_2 = -\wp',$$

$$(3) \quad \psi_3(z) = (\wp(z) - \wp(2z))\wp'^2(z) = 3\wp^4(z) - \frac{3}{2}g_2\wp^2(z) - 3g_3\wp(z) - \frac{1}{16}g_2^2,$$

$$(4) \qquad \psi_4(z) = -\wp'(2z) \cdot \wp'^4(z) =$$

$$- \wp'(z)\left(2\wp^6(z) - \frac{5}{2}g_2\wp^4(z) - 10g_3\wp^3(z) - \frac{5}{8}g_2^2\wp^2(z) - \frac{1}{2}g_2g_3\wp(z) + \frac{1}{32}g_2^3 - g_3^2\right).$$

*Beweis.* (2) folgt aus dem Satz mit $n = 2$. Nach Korollar A ist damit

$$\psi_3(z) = (\wp(z) - \wp(2z)) \cdot \wp'^2(z).$$

Mit Korollar 5.1A, 3.3(1) und Korollar 3.3A folgt (3). Man hat

$$\psi_4(z) = \frac{\sigma(4z)}{\sigma^{16}(z)} = \frac{\sigma(4z)}{\sigma^4(2z)} \cdot \left(\frac{\sigma(2z)}{\sigma^4(z)}\right)^4$$

und kann (2) eintragen. Die weiteren Umformungen erfolgen analog. □

Nach dem Satz gibt es jetzt Polynome $A_n$ und $B_n$, $n \geq 2$, mit

$$(5) \qquad A_n(\wp(z)) = \psi_{n-1}(z) \cdot \psi_{n+1}(z) \quad \text{und} \quad B_n(\wp(z)) = \psi_n^2(z).$$

Dabei gilt

$$(6) \qquad A_n(\wp) = (n^2 - 1)\wp^{n^2} + \ldots \text{ und} \quad B_n(\wp) = n^2\wp^{n^2-1} + \ldots.$$

Damit schreibt sich Korollar A in der Form

$$(7) \qquad \wp(nz) - \wp(z) = -\frac{A_n(\wp(z))}{B_n(\wp(z))}, \quad n \geq 2.$$

Das Problem der *Multiplikation der $\wp$-Funktion* besteht nun in der expliziten Bestimmung der Funktionen $\psi_n$ bzw. der Polynome $A_n$ und $B_n$. Man vergleiche hierzu die „explizite" Formel in Korollar 7.3A. Hilfreich ist das folgende

**Lemma.** *Es gelten die Rekursionsformeln:*

$$(8) \qquad \psi_{2n+1} = A_{n+1}(\wp)B_n(\wp) - A_n(\wp)B_{n+1}(\wp),$$

$$(9) \qquad \wp' \cdot \psi_{2n} = A_{n-1}(\wp)B_{n+1}(\wp) - A_{n+1}(\wp)B_{n-1}(\wp).$$

*Beweis.* In der Sigma-Relation 3 setzt man $z = 0$ und bekommt

$$\sigma^2(u)\cdot\sigma(v-w)\cdot\sigma(v+w)+\sigma^2(v)\cdot\sigma(w-u)\cdot\sigma(w+u)+\sigma^2(w)\cdot\sigma(u-v)\cdot\sigma(u+v) = 0 \ .$$

Für $u = nz$, $v = mz$ und $w = z$ mit $m > n$ ergibt dies

$$\psi_{m+n} \cdot \psi_{m-n} = \psi_n^2 \cdot \psi_{m-1} \cdot \psi_{m+1} - \psi_m^2 \cdot \psi_{n-1} \cdot \psi_{n+1}.$$

Jetzt setzt man einmal $m = n + 1$ und ersetzt andererseits $n$ durch $n - 1$ und $m$ durch $n + 1$. Man erhält (8) und (9) mit Hilfe von (5) und (2).          $\square$

Ein Polynom $P$ vom Grad $m \geq 2$ nennen wir für den Augenblick ein *Lückenpolynom*, wenn sein zweithöchster Koeffizient Null ist, wenn es also $0 \neq \alpha_m \in \mathbb{C}$ gibt mit

$$P(X) = \alpha_m X^m + \alpha_{m-2}X^{m-2} + \ldots + \alpha_0.$$

Man beachte hier die folgenden Rechenregeln für Lückenpolynome $P$ und $Q$:
a) Haben $P, Q$ und $P + Q$ den gleichen Grad, so ist auch $P + Q$ ein Lückenpolynom.
b) $P \cdot Q$ ist ein Lückenpolynom.
c) Ist $P/Q$ ein Polynom, dann ist $P/Q$ ein Lückenpolynom.

**Proposition.** *Die Polynome $A_n$ und $B_n$ sind Lückenpolynome.*

*Beweis.* Nach Korollar B sind $\psi_2, \psi_3, \psi_4$ und wegen (5) auch $A_2, A_3, B_2, B_3$ Lückenpolynome. Seien nun $A_\nu, B_\nu$ für alle $\nu \leq n$ Lückenpolynome. Wegen (8) und (9) sind dann auch $\psi_1, \ldots, \psi_{2n-1}$ Lückenpolynome und gemäß (5) auch die $A_\nu, B_\nu$ für $\nu \leq n + 1 \leq 2n - 2$.          $\square$

**Bemerkungen.** a) Die ersten Formeln in (3) und (4) deuten darauf hin, dass möglicherweise eine einfache geschlossene Form für die $\psi_n$ existiert, wenn man höhere Ableitungen zulässt. In der Tat gilt

$$\psi_n = \frac{(-1)^{n-1}}{(2! \cdot \ldots \cdot (n-1)!)^2} \cdot \det \begin{pmatrix} \wp' & \wp'' & \cdots & \wp^{(n-1)} \\ \wp'' & \wp''' & & \wp^{(n)} \\ \vdots & \vdots & & \vdots \\ \wp^{(n-1)} & \wp^{(n)} & \cdots & \wp^{(2n-3)} \end{pmatrix}.$$

Diese und weitere Formeln für $\psi_n$ findet man bei R. FRICKE [1922], 184–196.
b) Eine weitere „explizite" Formel wird in Korollar 7.3A gegeben.

**9*. Multiplikativ invariante Funktionen.** In diesem Abschnitt soll ein weiterer Zugang zu den elliptischen Funktionen kurz dargestellt werden. Es sei dazu $q \in \mathbb{C}$ mit $0 < |q| < 1$ fest gewählt. Mit $\mathcal{K}_q$ bezeichnen wir die Menge aller in $\mathbb{C}^\times := \mathbb{C} \setminus \{0\}$ meromorphen Funktionen $g$, für die

$$(1) \qquad\qquad g(qw) = g(w) \quad \text{für } w \in \mathbb{C}^\times$$

gilt. Offenbar ist $\mathcal{K}_q$ ein Unterkörper des Körpers aller in $\mathbb{C}^\times$ meromorphen Funktionen, der $\mathbb{C}$ enthält. Es gilt $g(q^n w) = g(w)$ für alle $n \in \mathbb{Z}$. Für $r > 0$ sei

$$B := B_r := \{ w \in \mathbb{C}^\times \; ; \; r < |w| \leq r/|q| \}$$

ein halboffener Kreisring. Jedes $g \in \mathcal{K}_q$ nimmt dann alle seine Werte bereits in $B$ an.

**Lemma.** *Ist $g \neq 0$ in $\mathbb{C}^\times$ holomorph und gilt $g(qw) = c \cdot g(w)$ für ein $c \in \mathbb{C}$ und alle $w \in \mathbb{C}^\times$, dann gibt es $k \in \mathbb{Z}$ mit $c = q^k$ und $g(w) = g(1) \cdot w^k$.*

*Beweis.* Man entwickelt $g$ in eine LAURENT-Reihe um 0,

$$g(w) = \sum_{\nu=-\infty}^{\infty} a_\nu w^\nu,$$

und erhält $a_\nu q^\nu = c \cdot a_\nu$ für alle $\nu \in \mathbb{Z}$ mit dem Identitätssatz. Man wählt nun $k \in \mathbb{Z}$ mit $a_k \neq 0$ und bekommt $c = q^k$. Es folgt $a_\nu = 0$ für $\nu \neq k$. $\qquad\square$

Für $c = 1$ erhält man das

**Korollar.** *Jede holomorphe Funktion $g \in \mathcal{K}_q$ ist konstant.*

Das Doppelprodukt (vgl. Satz 4)

$$(2) \qquad \begin{aligned} p(w) := p_q(w) :&= \prod_{n=1}^{\infty} (1 - wq^n) \cdot \prod_{n=0}^{\infty} \left( 1 - \frac{1}{w} q^n \right) \\ &= \prod_{n=1}^{\infty} (1 - wq^n) \left( 1 - \frac{1}{w} q^{n-1} \right) , \quad w \in \mathbb{C}^\times , \end{aligned}$$

ist in jedem Kompaktum von $\mathbb{C}^\times$ absolut gleichmäßig konvergent, ist also in $\mathbb{C}^\times$ holomorph. Man hat offenbar

$$(3) \qquad p(qw) = -\frac{1}{qw} \cdot p(w) \quad \text{für } w \in \mathbb{C}^\times.$$

Weiter hat $p$ genau in den Punkten $w = q^n$, $n \in \mathbb{Z}$, Nullstellen und zwar der Ordnung 1.

Jede Funktion $g \in \mathcal{K}_q$ hat in $B$ nur endlich viele Null- und Polstellen. Diese Stellen können aber nicht beliebig gewählt werden:

**Existenz- und Darstellungs–Satz.** *Es seien $a_1, \ldots, a_m$ und $b_1, \ldots, b_n$ zwei endliche Folgen aus $B$, so dass die Mengen $\{a_1, \ldots, a_m\}$ und $\{b_1, \ldots, b_n\}$ disjunkt sind. Dann sind äquivalent:*
*(i) Es gibt $g \in \mathcal{K}_q$, das in $B$ genau in den Punkten $a_l$, $1 \leq l \leq m$, Nullstellen und in den Punkten $b_l$, $1 \leq l \leq n$, Pole hat, wobei die Ordnungen jeweils durch die Anzahl der Wiederholungen der Punkte gezählt werden.*

(ii) *Es gilt $m = n \geq 2$ und $b_1 \cdot \ldots \cdot b_m = a_1 \cdot \ldots \cdot a_m \cdot q^k$ mit einem $k \in \mathbb{Z}$.*
*In diesem Fall ist jede Funktion $g$, für die* (i) *zutrifft, eindeutig darstellbar in der Form*

$$(4) \qquad g(w) = c \cdot w^k \cdot \frac{p\,(w/a_1) \cdot \ldots \cdot p\,(w/a_m)}{p\,(w/b_1) \cdot \ldots \cdot p\,(w/b_m)} \quad mit \quad c \in \mathbb{C}^\times.$$

*Beweis.* Nach einem evtl. Übergang von $g$ zu $1/g$ darf man $m \leq n$ annehmen. Man setzt

$$h(w) := \frac{p\,(w/a_1) \cdot \ldots \cdot p\,(w/a_m)}{p\,(w/b_1) \cdot \ldots \cdot p\,(w/b_m)} \,, \quad \lambda := \frac{a_1 \cdot \ldots \cdot a_m}{b_1 \cdot \ldots \cdot b_m} \neq 0.$$

Dann ist $h$ meromorph auf $\mathbb{C}^\times$ und (3) ergibt $h(qw) = \lambda \cdot h(w)$.

(i) $\Longrightarrow$ (ii) : Da $p(w/a)$ genau in den Punkten $w = aq^l$, $l \in \mathbb{Z}$, einfache Nullstellen hat, besitzt $f := g/h$ keine Pole in $B$. Wegen $f(qw) = \frac{1}{\lambda}f(w)$ und $\mathbb{C}^\times = \bigcup_{\nu \in \mathbb{Z}} q^\nu B$ ist $f$ holomorph in $\mathbb{C}^\times$. Nach dem Lemma gibt es also ein $k \in \mathbb{Z}$ mit $\frac{1}{\lambda} = q^k$ sowie $f(w) = f(1) \cdot w^k$. Dann folgt (4) mit $c = f(1)$ und es gilt $n = m$. Im Fall $m = n = 1$ wäre $b_1 = a_1 q^k$, also $k = 0$ wegen $a_1 \in B$ und $b_1 \in B$.

(ii) $\Longrightarrow$ (i): Jede durch (4) gegebene Funktion erfüllt (i).         $\square$

**Bemerkungen.** a) Will man eine $p$-adische Theorie von elliptischen Funktionen entwickeln, dann darf man nicht versuchen, die $\wp$-Funktion zu verallgemeinern, sondern hat den hier skizzierten „multiplikativen Weg" zu beschreiten.

b) Ist $g \in \mathcal{K}_q$ nicht konstant, dann gibt es zu $h \in \mathcal{K}_q$ ein Polynom $0 \neq P \in \mathbb{C}[g][X]$ mit $P(g, h) = 0$. Ein Beweis kann durch Abzählung der in $P$ vorkommenden Koeffizienten und Vergleich mit der Anzahl der in den Hauptteilen von $P(g, h)$ auftretenden Koeffizienten geführt werden.

c) Man wählt $\tau \in \mathbb{H}$ und $q = e^{2\pi i \tau}$. Zu $g \in \mathcal{K}_q$ definiert man nun eine in $\mathbb{C}$ meromorphe Funktion $\hat{g}$ durch $\hat{g}(z) := g(e^{2\pi i z})$, $z \in \mathbb{C}$. Offenbar gilt $\hat{g}(z+1) = \hat{g}(z)$. Aus (1) folgt aber auch $\hat{g}(z + \tau) = \hat{g}(z)$. Damit definiert $g \mapsto \hat{g}$ einen injektiven Homomorphismus von $\mathcal{K}_q$ in den Körper $\mathcal{K}(\Omega)$ der elliptischen Funktionen zum Gitter $\Omega := \mathbb{Z}\tau + \mathbb{Z}$. Ein Vergleich von (2) mit Satz 4 ergibt

$$\sigma(z; \tau) = \frac{1}{2\pi i P}\, e^{\frac{1}{2}\eta z^2 + \pi i z} p(e^{2\pi i z}) \quad mit \quad P := \prod_{n=1}^{\infty}(1 - q^n)^2.$$

Der Existenz- und Darstellungs–Satz entspricht also den Ergebnissen aus **3**.

**Aufgaben.**

1)

$$\wp'(z) = 2 \cdot \frac{\sigma(z + \rho_1) \cdot \sigma(z + \rho_2) \cdot \sigma(z - \rho_3)}{\sigma^3(z) \cdot \sigma(\rho_1) \cdot \sigma(\rho_2) \cdot \sigma(\rho_3)}, \quad \rho_j = \omega_j/2, \;\; j = 1, 2, 3.$$

2)

$$-2\frac{\sigma(z + \rho_1) \cdot \sigma(z + \rho_2) \cdot \sigma(z - \rho_3)}{\sigma(\rho_1) \cdot \sigma(\rho_2) \cdot \sigma(\rho_3)} = \frac{\sigma(2z)}{\sigma(z)}, \quad \rho_j = \omega_j/2, \;\; j = 1, 2, 3.$$

3) Sind $u, v \in \mathbb{C}$ mit $u \not\equiv v \,(\mathrm{mod}\ \Omega)$, dann ist $\zeta(z - u) - \zeta(z - v)$ eine elliptische Funktion zum Gitter $\Omega$ mit zwei Polen erster Ordnung in jedem Periodenparallelogramm.

4) Wird $f(z; w)$ wie in 5.1(2) definiert, dann gilt $f(z; w) = \zeta(z + w) - \zeta(z) - \zeta(w)$.

5) $\zeta(z + w) + \zeta(z - w) - 2\zeta(z) = \dfrac{\wp'(z)}{\wp(z) - \wp(w)}$.

6) $2\zeta(2z) = \zeta(z) + \zeta(z + \omega_1/2) + \zeta(z + \omega_2/2) + \zeta(z - (\omega_1 + \omega_2)/2)$.

7) $\psi_3(z) = 3\wp(z)\wp'^2(z) - \frac{1}{4}\wp''(z)^2$.

8) $\wp''(z)/\wp'(z) = 2\zeta(2z) - 4\zeta(z)$.

9) Sei $f \in \mathfrak{M}$ mit $f(z + \omega) = c(\omega) \cdot f(z)$ für alle $\omega \in \Omega$. Die Funktion $f$ habe im Periodenparallelogramm $P$ Nullstellen in $a_1, \ldots, a_r$ und Pole in $b_1, \ldots, b_r$ (vgl. Aufgabe 2.5). Dann gibt es $\alpha, \beta \in \mathbb{C}$ mit

$$(*) \qquad f(z) = \alpha \cdot \frac{\sigma(z - a_1) \cdot \ldots \cdot \sigma(z - a_r)}{\sigma(z - b_1) \cdot \ldots \cdot \sigma(z - a_r)} \cdot e^{\beta z}.$$

Umgekehrt erfüllt jede solche Funktion $(*)$ auch $f(z + \omega) = c(\omega) \cdot f(z)$ mit

$$c(\omega) = e^{\beta\omega + \eta(\omega)(b_1 + \cdots + b_r - a_1 - \cdots - a_r)}.$$

10) Sei $\binom{\omega}{\omega'} = U\binom{\omega_1}{\omega_2}$, $U \in \mathrm{Mat}(2; \mathbb{Z})$, $\mathrm{Im}\,(\omega_1/\omega_2) > 0$. Dann gilt

$$\eta(\omega')\omega - \eta(\omega)\omega' = 2\pi i \cdot \det\,U.$$

11) Zu $a \in \mathbb{C}$, $a \neq 0, 1$ existiert eine elliptische Funktion $f$, die die Differentialgleichung $f'^2 = (1 - f^2)(1 - af^2)$ erfüllt.

12) Für Abbildungen $\lambda, \mu : \Omega \to \mathbb{C}$ bezeichne $\Theta[\lambda, \mu]$ die Menge der ganzen Funktionen $f$ mit der Eigenschaft

$$f(z + \omega) = e^{-\pi i(\lambda(\omega)z + \mu(\omega))} \cdot f(z) \quad \text{für alle } z \in \mathbb{C}, \omega \in \Omega.$$

a) $\Theta[\lambda, \mu]$ ist ein $\mathbb{C}$–Vektorraum.

b) $\Theta[\lambda, \mu] \cdot \Theta[\lambda^*, \mu^*] \subset \Theta[\lambda + \lambda^*, \mu + \mu^*]$.

c) Ist $\Theta[\lambda, \mu] \neq \{0\}$, so ist $\lambda : \Omega \to \mathbb{C}$ ein Gruppenhomomorphismus und für alle $\omega, \omega' \in \Omega$ gilt

$$\lambda(\omega)\omega' - \lambda(\omega')\omega \in 2\mathbb{Z}, \quad \mu(\omega + \omega') - \mu(\omega) - \mu(\omega') - \lambda(\omega')\omega \in 2\mathbb{Z}.$$

d) $\Theta[\lambda, \mu]$ enthält genau dann eine Funktion ohne Nullstellen, wenn es $a, b \in \mathbb{C}$ gibt mit

$$\lambda(\omega) = 2a\omega \quad \text{und} \quad \mu(\omega) = a\omega^2 + b\omega.$$

In diesem Fall gilt
$$\Theta[\lambda, \mu] = \mathbb{C} \cdot f_{a,b}, \quad f_{a,b}(z) := e^{-\pi i(az^2 + bz)}.$$

e) Ist $\Omega = \mathbb{Z}\tau + \mathbb{Z}$ mit $\tau \in \mathbb{H}$, so gilt für die JACOBIsche Theta–Reihe

$$\vartheta(\cdot; \tau) \in \Theta[\lambda, \mu] \quad \text{für} \quad \lambda(m\tau + n) = 2m, \ \mu(m\tau + n) = m^2\tau.$$

13) Sei $0 \neq f \in \mathfrak{K}(\Omega)$ und $a_1, \ldots, a_l$ ein irreduzibles Repräsentantensystem der Polstellen von $f$ modulo $\Omega$, d.h., jede Polstelle von $f$ ist modulo $\Omega$ zu einem der $a_\nu$ kongruent und die $a_\nu$ sind untereinander nicht kongruent. Die Hauptteile von $f$ in den $a_\nu$ seien etwa

$$\frac{c_{\nu,1}}{z - a_\nu} + \cdots + \frac{c_{\nu,l_\nu}}{(z - a_\nu)^{l_\nu}}$$

mit $l_\nu \geq 1$. Zeigen Sie die Existenz einer Konstanten $C$ mit der Eigenschaft

$$f(z) = \sum_{\nu=1}^{l} \left( c_{\nu,1}\,\zeta(z - a_\nu) + \sum_{k=2}^{l_\nu} \frac{(-1)^k}{(k - 1)!}\,c_{\nu,k}\,\wp^{(k-2)}(z - a_\nu) \right) + C.$$

Inwieweit ist diese Darstellung eindeutig?

14) Seien $a_1, \ldots, a_l \in \mathbb{C}$ paarweise inkongruent modulo $\Omega$. Ferner seien irgendwelche Hauptteile in den $a_\nu$ vorgegeben. Bestimmen Sie ein (notwendiges und hinreichendes) Kriterium für

die Existenz einer elliptischen Funktion zu $\Omega$ mit genau den Polstellen $a_1, \ldots, a_l \in \mathbb{C}$ modulo $\Omega$ und den vorgegebenen Hauptteilen in den $a_\nu$.

# § 7*.  $\wp$-Teilwerte, algebraische Abhängigkeit und komplexe Multiplikation

In Teilen dieses Paragrafen werden elementare Kenntnisse über imaginär–quadratische Zahlkörper vorausgesetzt. Es sei $\Omega$ stets ein beliebiges Gitter in $\mathbb{C}$.

**1. Untergitter.** Eine Untergruppe $\Omega^*$ eines Gitters $\Omega$ in $\mathbb{C}$ nennt man ein *Untergitter*, wenn $\Omega^*$ selbst ein Gitter (vgl. **1.3**) ist, wenn also $\Omega^*$ eine $\mathbb{R}$-Basis von $\mathbb{C}$ enthält. Ist $\Omega^*$ eine Untergruppe von $\Omega$, so nennt man eine Teilmenge $\mathcal{V}$ von $\Omega$ ein *Vertretersystem von $\Omega$ modulo $\Omega^*$* oder ein *Vertretersystem der Nebenklassen $\Omega/\Omega^*$*, wenn gilt:

(VS.1)    Zu jedem $\omega \in \Omega$ gibt es $v \in \mathcal{V}$ mit $\omega \in v + \Omega^*$.

(VS.2)    Sind $v_1, v_2 \in \mathcal{V}$ und $\omega^* \in \Omega^*$ mit $v_1 = v_2 + \omega^*$, so gilt $\omega^* = 0$.

Die Anzahl der Elemente eines jeden Vertretersystems $\mathcal{V}$ von $\Omega$ modulo $\Omega^*$ ist gleich dem Index $[\Omega : \Omega^*]$. Ferner lässt sich jedes $\omega \in \Omega$ eindeutig schreiben als

$$(1) \qquad\qquad \omega = v + \omega^* \quad \text{mit } v \in \mathcal{V} \text{ und } \omega^* \in \Omega^*.$$

(2)    Sind $\mathcal{V}$ und $\mathcal{V}'$ zwei Vertretersysteme von $\Omega$ modulo $\Omega^*$, dann gibt es zu jedem $v \in \mathcal{V}$ eindeutig bestimmte $v' \in \mathcal{V}'$ und $\omega^* \in \Omega^*$ mit $v = v' + \omega^*$.

Umgekehrt erhält man auf diese Weise aus einem Vertretersystem alle solchen Vertretersysteme. Direkt klar ist die folgende

**Proposition.** *Für eine positive ganze Zahl $n$ ist $n\Omega$ ein Untergitter von $\Omega$ und*

$$\mathcal{V}(n) := \{m_1\omega_1 + m_2\omega_2 \;;\; m_1, m_2 \in \mathbb{Z}, \, 0 \leq m_1 < n, \, 0 \leq m_2 < n\}$$

*ein Vertretersystem von $\Omega$ modulo $n\Omega$. Es gilt $[\Omega : n\Omega] = \sharp\mathcal{V}(n) = n^2$.*

Weiter hat man natürlich das

**Lemma.** *Ist $\Omega^*$ ein Untergitter von $\Omega$, so gilt $\mathcal{K}(\Omega) \subset \mathcal{K}(\Omega^*)$.*

Rein algebraisch ist zunächst der

**Äquivalenz-Satz für Untergitter.** *Für eine Untergruppe $\Omega^*$ des Gitters $\Omega = \mathbb{Z}\omega_1 + \mathbb{Z}\omega_2$ sind äquivalent:*

(i)    *$\Omega^*$ ist ein Untergitter von $\Omega$.*

(ii)   *Es gibt $a, b, c, d \in \mathbb{Z}$ mit $ad - bc \neq 0$ und $\Omega^* = \mathbb{Z}(a\omega_1 + b\omega_2) + \mathbb{Z}(c\omega_1 + d\omega_2)$.*

(iii)  *Es gibt $0 \neq n \in \mathbb{N}$ mit $n\Omega \subset \Omega^*$.*

(iv)   *Der Index $[\Omega : \Omega^*]$ ist endlich.*

*Beweis.* (i) $\Longrightarrow$ (ii): Nach Voraussetzung gibt es eine Basis $\omega_1^*, \omega_2^*$ des Gitters $\Omega^*$, also $\Omega^* = \mathbb{Z}\omega_1^* + \mathbb{Z}\omega_2^*$. Wegen $\Omega^* \subset \Omega$ gibt es $M \in \mathrm{Mat}(2; \mathbb{Z})$ mit

$$\begin{pmatrix} \omega_1^* \\ \omega_2^* \end{pmatrix} = M \begin{pmatrix} \omega_1 \\ \omega_2 \end{pmatrix}.$$

Da aber auch $\omega_1^*, \omega_2^*$ eine $\mathbb{R}$-Basis von $\mathbb{C}$ ist, gibt es $N \in \mathrm{GL}\,(2; \mathbb{R})$ mit

$$\begin{pmatrix} \omega_1 \\ \omega_2 \end{pmatrix} = N \begin{pmatrix} \omega_1^* \\ \omega_2^* \end{pmatrix} = NM \begin{pmatrix} \omega_1 \\ \omega_2 \end{pmatrix},$$

also mit $NM = E$. Es folgt $\det M \neq 0$.

(ii) $\Longrightarrow$ (iii): Man setze $n := |ad - bc|$. Dann hat man

$$G := n \begin{pmatrix} a & b \\ c & d \end{pmatrix}^{-1} = \pm \begin{pmatrix} d & -b \\ -c & a \end{pmatrix} \in \mathrm{Mat}(2; \mathbb{Z})$$

und es gilt

$$n \begin{pmatrix} \omega_1 \\ \omega_2 \end{pmatrix} = G \begin{pmatrix} a & b \\ c & d \end{pmatrix} \begin{pmatrix} \omega_1 \\ \omega_2 \end{pmatrix} = G \begin{pmatrix} a\omega_1 + b\omega_2 \\ c\omega_1 + d\omega_2 \end{pmatrix},$$

d. h., $n\omega_1$ und $n\omega_2$ gehören zu $\Omega^*$.

(iii) $\Longrightarrow$ (iv): Der Index $[\Omega : \Omega^*]$ teilt $[\Omega : n\Omega] = n^2$ nach der Proposition.

(iv) $\Longrightarrow$ (i): Sei $l := [\Omega : \Omega^*]$, $\omega \in \Omega$. Von den $l + 1$ Nebenklassen $m\omega + \Omega^*$, $0 \leq m \leq l$, stimmen also wenigstens zwei überein, d. h., es gibt $0 \neq k \in \mathbb{N}$ mit $k\omega \in \Omega^*$. Speziell gibt es $k \neq 0$ mit $k\omega_1 \in \Omega^*$ und $k\omega_2 \in \Omega^*$. Damit enthält $\Omega^*$ eine $\mathbb{R}$-Basis von $\mathbb{C}$.                    $\square$


**Bemerkung.** Ist $\Omega^*$ ein Untergitter von $\Omega$, so gilt in der Bezeichnung (ii)

$$(3) \qquad\qquad [\Omega : \Omega^*] = |ad - bc|.$$

Mit dem Elementarteiler-Satz kann man zeigen, dass es $\omega_1, \omega_2 \in \mathbb{C}$ und positive ganze Zahlen $a, d$ mit $a|d$ gibt, so dass $(\omega_1, \omega_2)$ eine Basis von $\Omega$ und $(a\omega_1, d\omega_2)$ eine Basis von $\Omega^*$ ist. Damit kann man (3) unmittelbar einsehen.

**2. Die Körpererweiterung $\mathcal{K}(\Omega^*)$ über $\mathcal{K}(\Omega)$.** Es sei wieder $\Omega^*$ ein Untergitter von $\Omega$ und $\mathcal{V}$ ein Vertretersystem von $\Omega$ modulo $\Omega^*$ im Sinne von **1**. Für $v \in \Omega$ und $f \in \mathcal{K}(\Omega^*)$ definiert man die elliptische Funktion $f_v \in \mathcal{K}(\Omega^*)$ durch

$$(1) \qquad\qquad f_v(z) = f(z + v).$$

Offenbar gilt $f_v = f$ für $f \in \mathcal{K}(\Omega)$. Speziell sei

$$(2) \qquad\qquad \wp_v^*(z) = \wp_v(z; \Omega^*) = \wp(z + v; \Omega^*),$$

und $\wp^* := \wp_0^*$ ist die $\wp$-Funktion zum Gitter $\Omega^*$. Offenbar ist $\mathbb{C}(\wp)$ als Körper der geraden elliptischen Funktionen bezüglich $\Omega$ ein Teilkörper von $\mathbb{C}(\wp^*)$.

Für eine Unbestimmte $X$ definiert man nun das Polynom

$$(3) \qquad P(X) := P_{\Omega,\Omega^*}(X) := \prod_{v \in \mathcal{V}} (X - \wp_v^*)$$

in $\mathcal{K}(\Omega^*)[X]$ vom Grad $[\Omega : \Omega^*]$. Nach 1(2) hängt $P$ nicht von der Auswahl des Vertretersystems $\mathcal{V}$ ab, denn es gilt $\wp_{v+\omega^*}^* = \wp_v^*$, $\omega^* \in \Omega^*$, nach (2). Die Substitutionen $z \mapsto z + u$, $u \in \Omega$, permutieren die Nullstellen $\wp_v^*$ des Polynoms $P$. Die Koeffizienten von $P$, also die elementarsymmetrischen Polynome in den Nullstellen $\wp_v^*$, sind also gerade elliptische Funktionen zum Gitter $\Omega$. Es folgt

$$(4) \qquad P_{\Omega,\Omega^*}(X) \in \mathbb{C}(\wp)[X].$$

**Proposition.** *Das Polynom* $P(X) = P_{\Omega,\Omega^*}(X) \in \mathcal{K}(\Omega)[X]$ *ist irreduzibel und hat* $\mathcal{K}(\Omega^*)$ *als Zerfällungskörper. Der Grad der Körpererweiterung von* $\mathcal{K}(\Omega^*)$ *über* $\mathcal{K}(\Omega)$ *ist* $[\Omega : \Omega^*]$.

*Beweis.* Je zwei Nullstellen von $P$ können durch eine Substitution $z \mapsto z + u$, $u \in \Omega$, ineinander überführt werden. Da diese Abbildungen Automorphismen des Körpers $\mathcal{K}(\Omega^*)$ sind, die $\mathcal{K}(\Omega)$ elementweise festlassen, ist $P$ irreduzibel, denn die $\wp_v^*$ sind paarweise verschieden. Der Zerfällungskörper $\mathcal{K} \subset \mathcal{K}(\Omega^*)$ von $P(X)$ umfasst $\mathbb{C}(\wp^*)$. Da aber $\wp' \in \mathcal{K}(\Omega)$ ungerade ist, folgt $\mathcal{K} = \mathcal{K}(\Omega^*)$.  $\square$

Damit erhält man als erstes Hauptergebnis den

**Satz.** *Ist* $\Omega^*$ *ein Untergitter des Gitters* $\Omega$, *dann ist* $\mathcal{K}(\Omega^*)$ *eine* GALOIS-*Erweiterung des Körpers* $\mathcal{K}(\Omega)$ *vom Grad* $[\Omega : \Omega^*]$ *und die* GALOIS-*Gruppe ist isomorph zur Faktorgruppe* $\Omega/\Omega^*$.

*Beweis.* Die in (1) definierten Abbildungen $f \mapsto f_v$, $v \in \mathcal{V}$, sind $[\Omega : \Omega^*]$ paarweise verschiedene Elemente der GALOIS-Gruppe. Die Behauptung folgt nun aus dem Hauptsatz der GALOIS-Theorie.  $\square$

Als spezielles Beispiel betrachten wir die $\wp$-Funktion.

**Lemma.** *Ist* $\Omega^*$ *ein Untergitter von* $\Omega$, *so gilt für alle* $z \in \mathbb{C} \setminus \Omega$

$$\wp(z; \Omega) = \sum_{v \in \mathcal{V}} \wp(z + v; \Omega^*) - \sum_{v \in \mathcal{V}, v \notin \Omega^*} \wp(v; \Omega^*).$$

*Beweis.* Nach 1(1) folgt die Behauptung aus

$$\wp(z;\Omega) = z^{-2} + \sum_{0\neq\omega\in\Omega}\left((z+\omega)^{-2} - \omega^{-2}\right)$$

$$= z^{-2} + \sum_{\substack{v\in\mathcal{V},v\notin\Omega^*\\ \omega'\in\Omega^*}}\left((z+v+\omega')^{-2} - (v+\omega')^{-2}\right) + \sum_{0\neq\omega'\in\Omega^*}\left((z+\omega')^{-2} - \omega'^{-2}\right)$$

$$= \wp(z;\Omega^*) + \sum_{v\in\mathcal{V},v\notin\Omega^*}\left((z+v)^{-2} - v^{-2}\right)$$

$$+ \sum_{\substack{v\in\mathcal{V},v\notin\Omega^*\\ 0\neq\omega'\in\Omega^*}}\left((z+v+\omega')^{-2} - \omega'^{-2} - \left((v+\omega')^{-2} - \omega'^{-2}\right)\right)$$

$$= \wp(z;\Omega^*) + \sum_{v\in\mathcal{V},v\notin\Omega^*}\left(\wp(z+v;\Omega^*) - \wp(v;\Omega^*)\right) . \qquad\qquad \square$$

**Bemerkungen.** a) Der Satz ordnet sich in die allgemeine Theorie der kompakten RIEMANN-schen Flächen wie folgt ein: Fasst man $\mathcal{R} := \mathbb{C}/\Omega$ und $\mathcal{R}^* := \mathbb{C}/\Omega^*$ als RIEMANNsche Flächen auf, so ist $\mathcal{R}^*$ vermöge der Abbildung $a+\Omega^* \mapsto a+\Omega$ eine $[\Omega : \Omega^*]$-blättrige unverzweigte Überlagerung von $\mathcal{R}$. Der Körper $\mathcal{K}^*$ aller meromorphen Funktionen auf $\mathcal{R}^*$ ist dann ein Erweiterungskörper des Körpers $\mathcal{K}$ aller meromorphen Funktionen auf $\mathcal{R}$ vom Grad $[\Omega : \Omega^*]$. Man vergleiche  O. FORSTER [1977],  Satz 8.3.
b) Jedes $f \in \mathcal{K}(\Omega^*)$ ist Nullstelle des Polynoms

$$(3') \qquad\qquad P(X) = \prod_{v\in\mathcal{V}}(X - f_v) \in \mathcal{K}(\Omega)[X].$$

Natürlich hat $\mathbb{C}(\wp^*)$ über $\mathbb{C}(\wp)$ ebenfalls den Grad $[\Omega : \Omega^*]$.

**3. $\wp$-Teilwerte.** $\wp$ bezeichne stets die $\wp$-Funktion für das feste Gitter $\Omega$. Für eine feste natürliche Zahl $n$ betrachte man zunächst den Fall $\Omega^* := n\Omega$. Wegen 4.1(1) hat man

$$(1) \qquad G_k(n\Omega) = n^{-k}\cdot G_k(\Omega)\,,\ k\geq 3,\quad \wp(z;n\Omega) = n^{-2}\cdot\wp(\tfrac{z}{n};\Omega)\,.$$

Wie in Proposition 1 erhält man in der Form

$$(2) \qquad\qquad v = m_1\omega_1 + m_2\omega_2\,,\ m_1,m_2\in\mathbb{Z}\,,\ 0\leq m_1\,,\ m_2 < n$$

ein Vertretersystem $\mathcal{V}(n)$ von $\Omega$ modulo $n\Omega$.

Nun sei $n \geq 2$. Nach 6.8(7) gibt es dann Polynome $A_n$ und $B_n$ aus $\mathbb{C}[X]$ mit

$$(3) \qquad\qquad \wp(nz) - \wp(z) = -A_n(\wp(z))/B_n(\wp(z))$$

und nach 6.8(6) sowie Proposition 6.8 gilt

$$(4)\ A_n(X) = (n^2 - 1)X^{n^2} + \mathcal{O}(X^{n^2-2})\ \text{ und }\ B_n(X) = n^2 X^{n^2-1} + \mathcal{O}(X^{n^2-3}),$$

wobei $\mathcal{O}(X^r)$ für ein Polynom von einem Grad $\leq r$ steht. Definiert man daher ein Polynom $P_n \in \mathbb{C}[X, Y]$ durch

$$(5) \qquad P_n(X, Y) := (X - Y) \cdot B_n(X) - A_n(X) \, , \ n \geq 2,$$

so ergibt (3) sofort

$$(6) \qquad P_n(\wp(z), \wp(nz)) = 0$$

und aus (4) folgert man

$$(7) \qquad P_n(X, Y) = X^{n^2} - n^2 \cdot Y \cdot X^{n^2-1} + \mathcal{O}(X^{n^2-2}) + Y\mathcal{O}(X^{n^2-3}).$$

Man beachte, dass $P_n$ in $Y$ vom Grad 1 ist.

**Satz.** *Für $n \geq 2$ gilt*

$$(8) \qquad P_n(X, \wp(nz)) = \prod_{v \in \mathcal{V}(n)} (X - \wp(z + v/n)) \, .$$

*Beweis.* Ist $\mathcal{V}$ zunächst ein beliebiges Vertretersystem von $\Omega$ modulo $n\Omega$, so betrachte man das Polynom

$$(*) \qquad \prod_{v \in \mathcal{V}} (X - \wp(z + v/n)) \, .$$

Wegen 1(2) hängt das Produkt $(*)$ nicht von der Auswahl des Vertretersystems $\mathcal{V}$ ab. Man kann also $\mathcal{V}$ durch das spezielle Vertretersystem $\mathcal{V}(n)$ ersetzen. Nach (6) gilt $P_n(\wp(z + v/n), \wp(nz)) = 0$. Damit haben die beiden normierten Polynome $(*)$ und $P_n(X, \wp(nz))$ vom Grad $n^2$ die $n^2$ verschiedenen Nullstellen $\wp(z + v/n)$, $v \in \mathcal{V}(n)$, sie stimmen also überein. $\qquad\square$

Ein Vergleich der Koeffizienten der zweithöchsten Potenz von $X$ in (7) und (8) ergibt das

**Korollar A.** *Für $n \geq 2$ gilt*

$$n^2 \wp(nz) = \sum_{v \in \mathcal{V}(n)} \wp(z + v/n) \, .$$

Dies ist offenbar eine weitere „explizite" Formel für die Multiplikation der $\wp$-Funktion. Vergleicht man in Korollar A die konstanten Terme in der LAURENT-Entwicklung um Null, so folgt das

**Korollar B.** *Für $n \geq 2$ gilt*

$$\sum_{0 \neq v \in \mathcal{V}(n)} \wp(v/n) = 0 \, .$$

Im Fall $n = 2$ erhält man die wohlbekannte Beziehung $e_1 + e_2 + e_3 = 0$ zurück (vgl. Korollar 3.4B). Schließlich ersetzt man $z$ durch $z/n$ in (8) und erhält das

**Korollar C.** *Für* $n \geq 2$ *gilt*

$$P_n(X, \wp(z)) = \prod_{v \in \mathcal{V}(n)} (X - \wp((z+v)/n)).$$

Danach sind die so genannten $\wp$-*Teilwerte*

$$\wp\left((z+v)/n\right) , \quad v \in \mathcal{V}(n),$$

algebraisch über dem Körper $\mathbb{C}(\wp(z))$, sie liegen sämtlich in einer Körpererweiterung des Körpers $\mathbb{C}(\wp(z))$ vom Grad $n^2$. Man nennt $P_n(X, \wp(z)) = 0$ die $n$-*Teilungsgleichung* und $P_n$ das $n$-*Teilungspolynom* der $\wp$-Funktion.

**4. Gitter mit komplexer Multiplikation.** Schon frühzeitig stellte sich die Frage, für welche $\lambda \in \mathbb{C}$ mit $f$ auch $f_\lambda, f_\lambda(z) := f(\lambda z)$, wieder eine elliptische Funktion zum gleichen Gitter wie $f$ sei. Als simples Beispiel betrachte man das Quadratgitter $\Omega = \mathbb{Z}i + \mathbb{Z}$ und die zugehörige $\wp$-Funktion: Wegen $i\Omega = \Omega$ entnimmt man der Definition 3.1(1) sofort

$$\wp_i = -\wp \quad \text{und} \quad (\wp')_i = i \cdot \wp'.$$

Für $f \in \mathcal{K}(\Omega)$ hat man $f = R(\wp) + Q(\wp) \cdot \wp'$ nach 2.4(1) mit rationalen Funktionen $P$ und $Q$. Damit folgt dann $f_i = R(-\wp) + Q(-\wp) \cdot i\wp'$ und man erhält eine vollständige Beschreibung der Funktionen $f_i$ für $f \in \mathcal{K}(\Omega)$.

In der allgemeinen Situation geht man nun wie folgt vor: Für $f \in \mathcal{K}(\Omega)$ ist zunächst $f_\lambda$ für $0 \neq \lambda \in \mathbb{C}$ sicher dann wieder in $\mathcal{K}(\Omega)$, wenn

$$\text{(1)} \qquad\qquad\qquad \lambda\Omega \subset \Omega$$

gilt, denn dann gilt

$$f_\lambda(z + \omega) = f(\lambda z + \lambda\omega) = f(\lambda z) = f_\lambda(z) \quad \text{für} \quad \omega \in \Omega.$$

Natürlich ist (1) für alle $\lambda \in \mathbb{Z}$ erfüllt. Man erinnere sich, dass hier das Additionstheorem 5.1 zunächst prinzipiell explizite Formeln für die Funktionen $\wp_m$ und $(\wp')_m$, $m \in \mathbb{Z}$, $m \neq 0$, gibt. Nach 2.4(1) hat man dann wieder eine Übersicht über alle $f_m$, $m \in \mathbb{Z}$, $m \neq 0$, für $f \in \mathcal{K}(\Omega)$.

$$\text{(2)} \quad \Omega = \mathbb{Z}\omega_1 + \mathbb{Z}\omega_2 \quad \text{mit} \quad \omega_1 = \omega_2 \cdot \tau \quad \text{und} \quad \tau \in \mathbb{H}, \quad \text{also} \quad \Omega = \omega_2 \cdot (\mathbb{Z}\tau + \mathbb{Z}),$$

sei nun ein beliebiges Gitter in $\mathbb{C}$. Die Bedingung (1) ist offenbar nur eine Forderung an $\tau$. Es bezeichne daher $\mathcal{R}(\tau)$ die Menge der $\lambda \in \mathbb{C}$, für welche (1) gilt. Ersichtlich ist $\mathcal{R}(\tau)$ ein Unterring von $\mathbb{C}$, der $\mathbb{Z}$ enthält. Man nennt ein Gitter (2) ein *Gitter mit komplexer Multiplikation*, wenn $\mathcal{R}(\tau) \neq \mathbb{Z}$ gilt und bezeichnet dann $\mathcal{R}(\tau)$ als den *Multiplikatorenring* von $\Omega$.

Nach dem obigen Beispiel ist $\mathbb{Z}i + \mathbb{Z}$ ein Gitter mit komplexer Multiplikation; das gleiche gilt für $\mathbb{Z}\rho + \mathbb{Z}$ mit $\rho := \frac{1}{2}\left(1 + i\sqrt{3}\right)$.

**Proposition.** *Sei* $\tau \in \mathbb{H}$. *Für* $\lambda \in \mathbb{C}$ *sind äquivalent:*
(i)   $\lambda \in \mathcal{R}(\tau)$.
(ii)  *Es gibt* $a, b, c, d \in \mathbb{Z}$ *mit* $\lambda\tau = a\tau + b$ *und* $\lambda = c\tau + d$.
(iii) *Für* $w := \begin{pmatrix} \tau \\ 1 \end{pmatrix}$ *gilt* $\lambda \cdot w = Mw$ *mit* $M = \begin{pmatrix} a & b \\ c & d \end{pmatrix} \in \mathrm{Mat}(2; \mathbb{Z})$.

*Beweis.* (i) $\Longleftrightarrow$ (ii): $\lambda \in \mathcal{R}(\tau)$ ist gleichwertig mit $\lambda \cdot 1 \in \mathbb{Z}\tau + \mathbb{Z}$ und $\lambda \cdot \tau \in \mathbb{Z}\tau + \mathbb{Z}$.
(ii) $\Longleftrightarrow$ (iii): Klar.                                    $\square$

Die Bezeichnung „komplexe Multiplikation" wird u. A. gerechtfertigt durch den

**Satz.** *Ist* (2) *ein Gitter mit komplexer Multiplikation, gilt also* $\mathcal{R}(\tau) \neq \mathbb{Z}$, *dann liegt* $\tau$ *in einem imaginär-quadratischen Zahlkörper* $\mathbb{Q}[\sqrt{-D}]$ *über* $\mathbb{Q}$, $D \in \mathbb{Z}$, $D > 0$ *quadratfrei, und* $\mathcal{R}(\tau)$ *ist ein Unterring des Ringes der ganzen Zahlen von* $\mathbb{Q}[\sqrt{-D}]$.

Als Untermodul des freien $\mathbb{Z}$-Moduls der ganzen Zahlen aus $\mathbb{Q}[\sqrt{-D}]$ ist $\mathcal{R}(\tau)$ wieder frei, wegen $\mathcal{R}(\tau) \neq \mathbb{Z}$ hat $\mathcal{R}(\tau)$ den Rang 2, d.h. $\mathcal{R}(\tau)$ ist ein Gitter in $\mathbb{C}$.

*Beweis.* Als Eigenwert einer Matrix $M$ aus $\mathrm{Mat}(2; \mathbb{Z})$ gemäß Teil (iii) der Proposition ist $\lambda$ Nullstelle einer normierten quadratischen Gleichung über $\mathbb{Z}$. Damit ist $\lambda$ ganz-algebraisch von einem Grad 1 oder 2. Im Falle $\lambda \notin \mathbb{Z}$ ist $\lambda$ quadratisch. In (ii) ist dann $c \neq 0$. Somit sind $\tau$ und $\lambda$ imaginär-quadratisch, also in einem Körper $\mathbb{Q}[\sqrt{-D}]$, $D \in \mathbb{Z}$, $D > 0$, enthalten.                                    $\square$

**5. Der zugehörige Unterring von** $\mathrm{Mat}(2; \mathbb{Z})$. Man definiere

$$(1) \qquad \mathcal{M}(\tau) := \{M \in \mathrm{Mat}(2; \mathbb{Z}) \; ; \; c\tau^2 + (d - a)\tau - b = 0\}.$$

In der Proposition 4 ist die Matrix $M = \begin{pmatrix} a & b \\ c & d \end{pmatrix}$ durch $\lambda w = Mw$ eindeutig bestimmt und es gilt $M \in \mathcal{M}(\tau)$. Für $M \in \mathcal{M}(\tau)$ ist aber $\lambda := c\tau + d$ nach Proposition 4(ii) umgekehrt ein Element von $\mathcal{R}(\tau)$. Es folgt die

**Proposition.** $\mathcal{M}(\tau)$ *ist ein Unterring von* $\mathrm{Mat}(2; \mathbb{Z})$, *der vermöge* $M \mapsto \lambda$, $\lambda w = Mw$, *zum Ring* $\mathcal{R}(\tau)$ *isomorph ist.*

Man geht nun umgekehrt von einem imaginär-quadratischen Zahlkörper

$$\mathbb{Q}\left[\sqrt{-D}\right], \; D \in \mathbb{Z}, \; D > 0 \quad \text{quadratfrei},$$

aus und wählt

$$(2) \qquad \tau = r + s\sqrt{-D} \in \mathbb{Q}[\sqrt{-D}] \quad \text{mit} \quad \mathrm{Im}\,\tau > 0.$$

Speziell sind also $r, s \in \mathbb{Q}$, $s \neq 0$. Sei $q = q(\tau)$ das kleinste gemeinsame Vielfache der Nenner von $2r$ und $r^2 + Ds^2$, also

$$(3) \qquad q := \mathrm{kgV}\,(\text{Nenner}\ \mathrm{Sp}\,\tau, \text{Nenner}\ \mathrm{Norm}\,\tau).$$

Hier ist natürlich $\operatorname{Sp}\tau := \tau + \bar{\tau} = 2r$ und $\operatorname{Norm}\tau := \tau \cdot \bar{\tau} = r^2 + Ds^2$ gesetzt. Man definiert nun $\mathfrak{M}(\tau)$ nach (1) und erkennt, dass $\mathfrak{M}(\tau)$ ein Unterring von $\operatorname{Mat}(2;\mathbb{Z})$ ist.

**Lemma.** *Ist $\tau$ durch (2) gegeben, dann sind für $M = \begin{pmatrix} a & b \\ c & d \end{pmatrix} \in \operatorname{Mat}(2;\mathbb{Z})$ äquivalent:*
(i)  $M \in \mathfrak{M}(\tau)$.
(ii)  $M = \begin{pmatrix} a & -c \cdot \operatorname{Norm}\tau \\ c & a - c \cdot \operatorname{Sp}\tau \end{pmatrix}$ *mit $a, c \in \mathbb{Z}$ und $c \equiv 0 \pmod{q}$.*

*Beweis.* Man trägt (2) in (1) ein, erhält $a - d = 2rc$ und damit auch $b = -c \cdot \operatorname{Norm}\tau$.     $\square$

Nach (ii) kann man hier

$$(4) \qquad \mathfrak{M}(\tau) = \mathbb{Z} \cdot E + \mathbb{Z}q \cdot T \quad \text{mit} \quad T := \begin{pmatrix} 0 & \operatorname{Norm}\tau \\ -1 & \operatorname{Sp}\tau \end{pmatrix}$$

schreiben.

Mit Proposition 4 und Satz 4 erhält man den

**Satz.** *Für ein Gitter 4(2) sind äquivalent:*
(i)  $\Omega$ *ist ein Gitter mit komplexer Multiplikation.*
(ii)  $\tau$ *gehört zu einem imaginär-quadratischen Zahlkörper.*

*In diesem Fall ist in den Bezeichnungen (3) der Multiplikatorenring durch*

$$(5) \qquad\qquad\qquad \mathfrak{R}(\tau) = \mathbb{Z}q\tau + \mathbb{Z}$$

*gegeben. Speziell gilt also $\mathfrak{R}(\tau) \subset \mathbb{Z}\tau + \mathbb{Z}$.*

*Beweis.* Es muss nur noch (5) gezeigt werden. Nach der Proposition und Teil (ii) des Lemmas ist aber

$$\mathfrak{R}(\tau) = \{c\tau + a - c(\tau + \bar{\tau}) \; ; \; a, c \in \mathbb{Z} , \; c \equiv 0 \pmod{q}\} = \mathbb{Z}q\bar{\tau} + \mathbb{Z}.$$

Wegen $\bar{\tau} = \operatorname{Sp}\tau - \tau$ und $q\operatorname{Sp}\tau \in \mathbb{Z}$ folgt die Behauptung.     $\square$

**Korollar.** *Genau dann gilt $\mathfrak{R}(\tau) = \mathbb{Z}\tau + \mathbb{Z}$, wenn $\tau$ ganz-algebraisch ist.*

**Bemerkung.** Eine Aussage über die Werte der $j$–Funktion für Gitter mit komplexer Multiplikation, die so genannten *singulären Werte*, wird in IV.1.7 hergeleitet.

**6. Ein Beispiel.** Man betrachte das Gitter

$$(1) \qquad\qquad\qquad \Omega := \mathbb{Z}\tau + \mathbb{Z} \quad \text{mit} \quad \tau := \sqrt{-2} = i\sqrt{2}.$$

Nach Satz 4 oder Korollar 5 gilt hier $\mathcal{R}(\tau) = \Omega = \mathbb{Z}\tau + \mathbb{Z}$. Zum Beispiel ist also $\wp(\sqrt{-2}z; \Omega)$ als gerade Funktion rational in $\wp(z; \Omega)$ ausdrückbar.

Zur expliziten Bestimmung von $\wp(\sqrt{-2}z; \Omega)$ betrachte man das Untergitter

$$\Omega^* := \sqrt{-2} \cdot \Omega = \mathbb{Z}2 + \mathbb{Z}\tau, \quad [\Omega : \Omega^*] = 2,$$

und setzt zur Abkürzung $\wp(z) := \wp(z; \Omega)$ sowie $\wp^*(z) := \wp(z; \Omega^*)$. Nach Lemma 2 ist dann

$$\wp(z) = \wp^*(z) + \wp^*(z+1) - \wp^*(1).$$

Man substituiert hier $z \mapsto \sqrt{-2}z$ und erhält mit 4.1(1')

$$\wp(\sqrt{-2}z) = -\tfrac{1}{2}\left(\wp(z) + \wp\left(z - \tfrac{1}{2}\sqrt{-2}\right)\right) - \wp^*(1).$$

Wie üblich setzt man $e_1 := \wp\left(\tfrac{1}{2}\sqrt{-2}\right)$, $e_2 := \wp\left(\tfrac{1}{2}\right)$ und $e_3 := \wp\left(\tfrac{1}{2}(1 + \sqrt{-2})\right)$. Da $\wp'$ wegen Lemma 2.3A an den entsprechenden Stellen verschwindet, ergibt das Additionstheorem 5.1(1)

$$\wp(\sqrt{-2}z) = \frac{1}{2}e_1 - \frac{1}{2} \cdot \frac{1}{4}\left(\frac{\wp'(z)}{\wp(z) - e_1}\right)^2 - \wp^*(1).$$

Nun hat man die Differentialgleichung gemäß Satz 2.3 zu verwenden und erhält

$$\wp(\sqrt{-2}z) = \frac{1}{2}e_1 - \frac{1}{2}\frac{(\wp(z) - e_2) \cdot (\wp(z) - e_3)}{\wp(z) - e_1} - \wp^*(1).$$

Für $z = \tfrac{1}{2}$ ergibt sich $e_1 = \tfrac{1}{2}e_1 - \wp^*(1)$, also der

**Satz.** *Für* $\Omega = \mathbb{Z}\sqrt{-2} + \mathbb{Z}$ *gilt*

$$\wp(\sqrt{-2}z) = e_1 - \frac{1}{2}\frac{(\wp(z) - e_2) \cdot (\wp(z) - e_3)}{\wp(z) - e_1}.$$

**Aufgaben.** 1) Man berechne das Polynom $P_2(X, Y)$.
2) In den Bezeichnungen von 2(2) gehört $\wp_v^*$ genau dann zu $\mathbb{C}(\wp^*)$, wenn $2v \in \Omega^*$ gilt.
3) Sei $\Omega = \mathbb{Z}\tfrac{1}{2}(1 + i\sqrt{7}) + \mathbb{Z}$. Man stelle $\wp\left(\tfrac{1}{2}(1 + i\sqrt{7})z; \Omega\right)$ rational durch $\wp(z; \Omega)$ dar.
4) Sei $\Omega = \mathbb{Z}i\sqrt{3} + \mathbb{Z}$. Man stelle $\wp(i\sqrt{3}z; \Omega)$ rational durch $\wp(z; \Omega)$ dar.
5) Sei $\Omega = \mathbb{Z}\tfrac{1}{2}(1 + i\sqrt{3}) + \mathbb{Z}$. Dann gilt $\wp\left(\tfrac{1}{2}(1 + i\sqrt{3})z; \Omega\right) = -\tfrac{1}{2}(1 + i\sqrt{3}) \cdot \wp(z; \Omega)$.
6) Sei $\Omega = \mathbb{Z}\tau + \mathbb{Z}$, Im $\tau > 0$, ein Gitter mit komplexer Multiplikation. $\wp(\tau z; \Omega)$ ist genau dann ein Polynom in $\wp(z; \Omega)$, wenn $\tau = i$ oder $\tau = \tfrac{1}{2}\left(\pm 1 + i\sqrt{3}\right)$.
7) Zeigen Sie für zwei Gitter $\Omega$ und $\Omega'$ in $\mathbb{C}$ die Äquivalenz der folgenden Aussagen:
  (i) $\Omega$ und $\Omega'$ sind kommensurabel, d.h., der Durchschnitt $\Omega \cap \Omega'$ hat endlichen Index in $\Omega$ und $\Omega'$.
  (ii) Der Durchschnitt $\Omega \cap \Omega'$ ist ein Gitter in $\mathbb{C}$.
  (iii) Die Summe $\Omega + \Omega'$ ist ein Gitter in $\mathbb{C}$.
  (iv) Es gilt $\mathcal{K}(\Omega) \cap \mathcal{K}(\Omega') \neq \mathbb{C}$.

# § 8*. Varia

**1. Die Nullstellen der $\wp$-Funktion.** Nach über hundert Jahren Theorie der elliptischen Funktionen haben M. EICHLER und D. ZAGIER (Math. Ann. **258**, 399–407) erst 1982 bemerkt, dass man die Nullstellen der $\wp$-Funktion explizit angeben kann. Wir zitieren das Ergebnis ohne Beweis:

*Für $\tau \in \mathbb{H}$ betrachte man das Gitter $\Omega = \mathbb{Z}\tau + \mathbb{Z}$ in $\mathbb{C}$ und die zugehörige $\wp$-Funktion $\wp(z;\tau) = \wp_\Omega(z)$. In der Bezeichnung von* **4.1** *sind die Punkte $z \in \mathbb{C}$ mit $\wp(z;\tau) = 0$ gegeben durch*

$$z = m\tau + n + \frac{1}{2} \pm \left( \frac{\log(5 + 2\sqrt{6})}{2\pi i} + \frac{24i}{\pi^2} \cdot \int\limits_0^\infty \frac{\xi \cdot \Delta(\tau + i\xi)}{[g_3(\tau + i\xi)]^{3/2}} d\xi \right), \quad m, n \in \mathbb{Z}.$$

Eine Verallgemeinerung dieser Nullstellenformel, nämlich die Auflösung einer Gleichung der Form $\wp(z;\tau) = \varphi(\tau)$, wird ebenfalls angegeben.

Kürzlich haben W. DUKE und Ö. IMAMOGLU (*Zeros of the Weierstrass $\wp$-Function and Hypergeometrie Series*, Preprint 2006) den Ansatz aufgegriffen und eine Potenzreihendarstellung in $g_2$ und $g_3$ für die Nullstellen der $\wp$-Funktion angegeben.

**2. Theta-Reihen.** C.G.J. JACOBI benutzte ab 1829 in seinen *Fundamenta nova (Ges. Werke I, 49–239)* systematisch Theta-Reihen zur Konstruktion von elliptischen Funktionen. Bereits 1822 treten diese Reihen in anderem Zusammenhang in *Théorie Analytique de la Chaleur* bei J. FOURIER (1768–1830; *Œuvres I*, § 241) auf. Man vergleiche III.E.3.

Seit JACOBI betrachtet man vier verschiedene *Theta-Reihen*, nämlich (in dieser oder ähnlicher Bezeichnungsweise):

$$\vartheta_0(z;\tau) := i \cdot \sum_{n\in\mathbb{Z}} e^{\pi i(n-1/2)^2\tau + 2\pi i(n-1/2)z + \pi i n},$$

$$\vartheta_1(z;\tau) := \sum_{n\in\mathbb{Z}} e^{\pi i n^2\tau + 2\pi i n z + \pi i n},$$

$$\vartheta_2(z;\tau) := \sum_{n\in\mathbb{Z}} e^{\pi i(n-1/2)^2\tau + 2\pi i(n-1/2)z},$$

$$\vartheta_3(z;\tau) := \sum_{n\in\mathbb{Z}} e^{\pi i n^2\tau + 2\pi i n z}$$

mit $z \in \mathbb{C}$ und $\tau \in \mathbb{H}$. Die Theta-Reihe $\vartheta_3$ wurde schon in **6.7** behandelt. Alle Reihen konvergieren absolut, kompakt gleichmäßig in $\mathbb{C} \times \mathbb{H}$. Die Nullstellen von $\vartheta_k(\cdot, \tau)$ liegen in

$$\tfrac{1}{2}\omega_k + \mathbb{Z}\tau + \mathbb{Z}, \quad \omega_0 = 0, \ \omega_1 = \tau, \ \omega_2 = 1, \ \omega_3 = \tau + 1, \ k = 0,1,2,3.$$

Die Bedeutung dieser Theta-Reihen liegt nun in ihrem Verhalten bei den Substitutionen $z \mapsto z + \omega$ für $\omega \in \Omega := \mathbb{Z}\tau + \mathbb{Z}$

| $\nu$ | $\vartheta_\nu\left(z+1/2;\tau\right)$ | $\vartheta_\nu\left(z+\tau/2;\tau\right)$ | $\vartheta_\nu(z+1;\tau)$ | $\vartheta_\nu(z+\tau;\tau)$ |
|---|---|---|---|---|
| 0 | $\vartheta_2$ | $i\xi\cdot\vartheta_1$ | $-\vartheta_0$ | $-\zeta\cdot\vartheta_0$ |
| 1 | $\vartheta_3$ | $i\xi\cdot\vartheta_0$ | $\vartheta_1$ | $-\zeta\cdot\vartheta_1$ |
| 2 | $-\vartheta_0$ | $\xi\cdot\vartheta_3$ | $-\vartheta_2$ | $\zeta\cdot\vartheta_2$ |
| 3 | $\vartheta_1$ | $\xi\cdot\vartheta_2$ | $\vartheta_3$ | $\zeta\cdot\vartheta_3$ |

mit den Abkürzungen $\xi := e^{-\frac{1}{4}\pi i\tau-\pi iz}$ und $\zeta := e^{-\pi i\tau-2\pi iz}$. Die angegebenen Nullstellen sind alle von 1. Ordnung. Einen *Beweis* dieser (und der weiter ohne Beweis zitierten) Ergebnisse findet man z. B. bei A. HURWITZ und R. COURANT ([1964], 188–212). Man vergleiche auch K. CHANDRASEKHARAN ([1985], Chap. V).

Der Tabelle entnimmt man, dass jede Funktion der Form

$$\frac{\vartheta(z+a;\tau)\cdot\vartheta(z+b;\tau)}{\vartheta(z+c;\tau)\cdot\vartheta(z+d;\tau)}, \quad \text{wobei}\quad \vartheta \quad \text{für}\quad \vartheta_0,\vartheta_1,\vartheta_2 \quad \text{oder}\quad \vartheta_3 \quad \text{steht,}$$

mit $a,b,c,d\in\mathbb{C}$ und $a+b-c-d\in\mathbb{Z}$ eine elliptische Funktion zum Gitter $\mathbb{Z}\tau+\mathbb{Z}$ ist.

Die genaue Kenntnis der Nullstellen führt zu den expliziten Formeln

$$\sigma(z;\tau) = e^{z^2\cdot\eta/2}\cdot\frac{\vartheta(z;\tau)}{\vartheta'(0;\tau)} \quad \text{mit}\quad \vartheta=\vartheta_1$$

und mit 6.3(4)

$$\sqrt{\wp(z;\tau)-e_k} = \frac{\vartheta_0'(0;\tau)}{\vartheta_0(z;\tau)}\cdot\frac{\vartheta_k(z;\tau)}{\vartheta_k(0;\tau)} \quad \text{für}\quad k=1,2,3.$$

Nach Ch. HERMITE kann man die vier Theta-Reihen als Spezialfall der allgemeinen Theta-Reihe

$$\Theta_{\mu,\nu}(z;\tau) := \sum_{n\in\mathbb{Z}} e^{\pi i\tau(n+\mu/2)^2+2\pi iz(n+\mu/2)+\pi in\nu} \quad \text{mit}\quad \nu,\mu\in\mathbb{Z}$$

auffassen.

**3. Das arithmetisch-geometrische Mittel.** Für reelle Zahlen $a\geq b\geq 0$ werden rekursiv Folgen $f_n = f_n(a,b)$ und $g_n = g_n(a,b)$, $n\in\mathbb{N}$, definiert durch

$$(1) \qquad f_{n+1} := \tfrac{1}{2}(f_n+g_n)\,,\ g_{n+1} := \sqrt{f_ng_n}\,,\ f_0 := a\,,\ g_0 := b.$$

Es handelt sich also um eine Mischung des arithmetischen und des geometrischen Mittels.

**Proposition.** *Für alle $n\in\mathbb{N}$ gilt*

$$(2) \qquad 0\leq f_{n+1}-g_{n+1}\leq \tfrac{1}{2}(f_n-g_n)$$

*und*

(3)
$$g_n \le g_{n+1} \le f_{n+1} \le f_n.$$

*Beweis.* Man verwende eine Induktion und

$$(f_{n+1} - g_{n+1})(f_{n+1} + g_{n+1}) = \tfrac{1}{4}(f_n - g_n)^2$$

sowie

$$2(f_{n+1} + g_{n+1}) \ge f_n + g_n. \qquad \square$$

Aus (2) bekommt man

(4)
$$0 \le f_n - g_n \le 2^{-n} \cdot (a - b).$$

Wegen (3) konvergieren daher die Folgen $(f_n)_n$ und $(g_n)_n$ gegen den gleichen Grenzwert:

(5)
$$M(a,b) := \lim_{n \to \infty} f_n(a,b) = \lim_{n \to \infty} g_n(a,b).$$

Aus (1) folgert man dann

(6)
$$M\left(\tfrac{a+b}{2}, \sqrt{ab}\right) = M(a,b),$$

(7)
$$M(\alpha a, \alpha b) = \alpha \cdot M(a,b) \quad \text{für } \alpha > 0,$$

(8)
$$M(a,b) = a \cdot M(1, b/a) = b \cdot M(a/b, 1), \text{ falls } a \ne 0, b \ne 0.$$

Dieser Sachverhalt war bereits J.L. LAGRANGE (1736–1813; *Œuvres I*, 272, 304 f.) bekannt. C.F. GAUSS (1777–1857; Ostwalds Klassiker der exakten Wissenschaften **225**, 1927) hat sich im Alter von 14 Jahren unabhängig damit beschäftigt. Nach seinem Vorbild soll nun gezeigt werden, dass man $M(a,b)$ durch ein elliptisches Integral ausdrücken kann: Für reelle $a, b$, $a \ge b > 0$ sei

(9)
$$\mu(a,b;x) := \int_0^x \frac{d\varphi}{\sqrt{a^2 \cos^2 \varphi + b^2 \sin^2 \varphi}}, \quad 0 \le x \le \frac{\pi}{2}.$$

Ersetzt man hier $\cos^2 \varphi$ durch $1 - \sin^2 \varphi$, so sieht man, dass $\mu(a,b;x)$ im Wesentlichen das LEGENDREsche Integral E.2(7) ist. Man benötigt dazu das

**Lemma.** *Es gibt eine stetig differenzierbare, bijektive und streng monotone Funktion*

$$\varphi : \left[0, \frac{\pi}{2}\right] \to \left[0, \frac{\pi}{2}\right], \quad t \mapsto \varphi(t),$$

*mit folgenden Eigenschaften:*

(10) $\sin \varphi = \dfrac{2a \sin t}{(a+b)\cos^2 t + 2a \sin^2 t}, \quad \cos \varphi = \dfrac{\sqrt{(a+b)^2 \cos^2 t + 4ab \sin^2 t}}{(a+b)\cos^2 t + 2a \sin^2 t} \cos t,$

(11)
$$\frac{d\varphi}{\sqrt{a^2 \cos^2 \varphi + b^2 \sin^2 \varphi}} = \frac{dt}{\sqrt{\left(\frac{a+b}{2}\right)^2 \cos^2 t + \left(\sqrt{ab}\right)^2 \sin^2 t}}.$$

*Beweis.* Man setzt

$$A := \frac{2a \sin t}{(a+b)\cos^2 t + 2a \sin^2 t} \, , \qquad B := \frac{\sqrt{(a+b)^2 \cos^2 t + 4ab \sin^2 t}}{(a+b)\cos^2 t + 2a \sin^2 t} \cos t$$

und verifiziert $A^2 + B^2 = 1$. Daraus erhält man die Existenz einer stetig differenzierbaren Abbildung $\varphi : [\![0, \frac{\pi}{2}]\!] \to [\![0, \frac{\pi}{2}]\!]$ mit (10) und es folgt

$$\sin \varphi \cdot \frac{d\varphi}{dt} = 2a \cdot \frac{(a+b)\cos^2 t + 2b \sin^2 t}{((a+b)\cos^2 t + 2a \sin^2 t)^2} \cos t.$$

Daher ist $\varphi$ streng monoton wachsend und man erhält (11).                    $\square$

Man trägt nun diese Transformation in das Integral (9) ein und bekommt den

**Satz.** *Für* $0 \le x, y \le \frac{\pi}{2}$ *mit*

$$\sin x = \frac{2a \sin y}{(a+b)\cos^2 y + 2a \sin^2 y}$$

*gilt*

$$\mu(a, b; x) = \mu\left(\tfrac{a+b}{2}, \sqrt{ab}; y\right).$$

Speziell gilt $\mu(a, b) = \mu\left(\frac{a+b}{2}, \sqrt{ab}\right)$ für $\mu(a, b) := \mu\left(a, b; \frac{\pi}{2}\right)$. Ein Vergleich mit (1) liefert daher induktiv $\mu(a, b) = \mu(f_n, g_n)$ und für $n \to \infty$ folgt $\mu(a, b) = \mu(M, M) = \frac{1}{M} \cdot \mu(1, 1)$ mit $M := M(a, b)$ aus (5). Wegen $\mu(1, 1) = \frac{\pi}{2}$ folgt die

**Formel von GAUSS.** *Es gilt*

$$\frac{1}{M(a, b)} = \frac{2}{\pi} \int\limits_{0}^{\pi/2} \frac{d\varphi}{\sqrt{a^2 \cos^2 \varphi + b^2 \sin^2 \varphi}}.$$

Erst in letzter Zeit wurde aus dieser Formel ein schnelles Iterationsverfahren zur Berechnung von $\pi$ entwickelt.

**Literatur:** F. KLEIN und M. BRENDEL [1911], K. KOMMERELL: *Das Grenzgebiet der elementaren und höheren Mathematik.* Koehler, Leipzig 1936. J.M. und P.B. BORWEIN: *Pi and the AGM.* J. Wiley, New York 1987. D.A. COX, L'Enseign. Math. **30**, 275–330 (1984).

**4. JACOBI-Formen.** Es bezeichne $\mathbb{H}$ die obere Halbebene in $\mathbb{C}$. Sind $k, m$ natürliche Zahlen, so nennt man eine holomorphe Funktion $\Phi : \mathbb{C} \times \mathbb{H} \to \mathbb{C}$ eine JACOBI-*Form vom Gewicht* $k$ *und Index* $m$, wenn gilt

$$(\text{JF.1}) \quad \Phi\left(\frac{z}{c\tau + d}, \frac{a\tau + b}{c\tau + d}\right) = (c\tau + d)^k \cdot e^{2\pi i m c z^2/(c\tau + d)} \cdot \Phi(z, \tau)$$

für alle $\begin{pmatrix} a & b \\ c & d \end{pmatrix} \in \mathrm{SL}\,(2;\mathbb{Z})$.

(JF.2) $\quad \Phi(z + \lambda\tau + \mu, \tau) = e^{-2\pi i m(\lambda^2 \tau + 2\lambda z)} \cdot \Phi(z, \tau)$ für alle $\lambda, \mu \in \mathbb{Z}$.

(JF.3) $\quad \Phi$ besitzt eine FOURIER-Entwicklung der Form

$$\Phi(z, \tau) = \sum_{n=0}^{\infty} \sum_{\substack{r \in \mathbb{Z} \\ r^2 \leq 4nm}} c(n, r) e^{2\pi i (n\tau + rz)}.$$

Eine ausführliche Darstellung dieser Theorie findet man bei M. EICHLER und D. ZAGIER, *The Theory of Jacobi Forms*, Birkhäuser, Boston–Basel 1985. Im Hinblick auf 4.1(9) ist die WEIERSTRASSsche $\wp$-Funktion eine *meromorphe* JACOBI-Form vom Gewicht 2 und Index 0. Man kann sie als Quotient zweier (holomorpher) JACOBI-Formen vom Gewicht 12 und 10 sowie Index 1 darstellen. JACOBI-Formen können als eine Mischung aus elliptischen Funktionen und ganzen Modulformen (vgl. Kapitel III) angesehen werden.

**5. Transzendenz-Aussagen.** C.L. SIEGEL (*Ges. Abhandlungen I*, 267–274) hat 1932 mit ersten Aussagen über die Transzendenz von Werten der $\wp$-Funktion eine neue Entwicklung in der Theorie der transzendenten Zahlen begonnen, die 1937 zunächst von seinem Schüler Th. SCHNEIDER fortgesetzt wurde. Es handelt sich dabei um Aussagen von der folgenden Form:

**Satz.** *Für $\tau \in \mathbb{H}$, $a, b \in \mathbb{C}$ nicht beide Null und $\alpha \in \mathbb{C}$, $\alpha \notin \Omega := \mathbb{Z}\tau + \mathbb{Z}$, sind die sechs Größen*

$$a,\ b,\ g_2(\tau)\,,\ g_3(\tau)\,,\ \wp(\alpha;\tau)\ und\ a\alpha + b\zeta(\alpha;\tau)$$

*nicht sämtlich algebraisch über $\mathbb{Q}$.*

Wählt man also speziell $a = 1$, $b = 0$ und nimmt an, dass $g_2(\tau)$, $g_3(\tau)$ und $\alpha \notin \Omega$ algebraisch über $\mathbb{Q}$ sind, dann ist $\wp(\alpha; \tau)$ transzendent.

**Literatur:** T. SCHNEIDER: *Einführung in die transzendenten Zahlen*. Grundlehren math. Wiss. **81**, Springer–Verlag, Berlin–Heidelberg–New York 1957. G.V. CHUDNOVSKY, Proc. Int. Congr. Helsinki I, 339–350 (1978). J. WOLFART, Invent. Math. **92**, 187–216 (1988).

**6. Beispiele von Anwendungen der elliptischen Funktionen.** Die hauptsächlich in der Literatur behandelten Beispiele sind etwa die folgenden:
a) Bogenlänge von Ellipse und Hyperbel.
b) Schließungsfiguren in der Ebene.
c) Das mathematische und das sphärische Pendel.
d) Oberfläche eines dreiachsigen Ellipsoids.
e) Geodätische auf Rotationsellipsoiden.
f) In der Längsrichtung beanspruchter Stab.
g) Konforme Abbildung in der Aerodynamik.
h) Theorie des Kreisels.

**Literatur:** F. Tricomi und M. Krafft [1948], G.H. Halphén [1886; II], K.T.W. Weierstrass (*Math. Werke VI*), C.G.J. Jacobi (*Ges. Werke I*), A.G. Greenhill [1892], E. Graeser [1950], R. Bulirsch, Mitteilungen der DMV, 21–36 (1996).

# Kapitel II.

# Geometrie in der oberen Halbebene und die Operation der Modulgruppe

## Einleitung

**1. Vorbemerkung.** Die im 1. Kapitel behandelten elliptischen Funktionen sind definitionsgemäß genau die auf $\mathbb{C}$ meromorphen Funktionen, die unter einer Klasse von ausgezeichneten Gruppen biholomorpher Selbstabbildungen von $\mathbb{C}$ invariant sind: Es handelt sich dabei um die Gruppen der Translationen $z \mapsto z + \omega$ , $\omega \in \Omega$, wobei $\Omega$ ein gegebenes Gitter in $\mathbb{C}$ ist. Im Verlauf der Überlegungen war es dabei häufig zweckmäßig, das Gitter $\Omega$ in der Form

$$\Omega = \mathbb{Z}\tau + \mathbb{Z} \quad \text{mit} \quad \operatorname{Im}\tau > 0$$

anzunehmen. Nach dem Basis–Lemma I.1.6 und den Überlegungen in I.4.1 ist hierbei $\tau$ nur bis auf eine Abbildung der Gestalt

$$(1) \qquad \tau \mapsto M\tau := \frac{a\tau + b}{c\tau + d} \quad \text{mit} \quad M = \begin{pmatrix} a & b \\ c & d \end{pmatrix} \in SL(2;\mathbb{Z})$$

bestimmt. Dies ist die historische Grundlage für das Interesse, das diejenigen Funktionen seit den Anfängen der Theorie elliptischer Funktionen gefunden haben, die unter den Substitutionen (1) invariant sind oder wenigstens ein übersichtliches Verhalten zeigen.

**2. Modulsubstitutionen.** Im Zentrum aller folgenden Überlegungen steht daher die so genannte *Modulgruppe*

$$\Gamma := SL(2;\mathbb{Z}) = \{M \in \operatorname{Mat}(2;\mathbb{Z}) \; ; \; \det M = 1\}.$$

Die Gruppe $\Gamma$ operiert als Gruppe von biholomorphen Automorphismen 1(1), den so genannten *Modulsubstitutionen*, auf der *oberen Halbebene*

$$\mathbb{H} := \{\tau \in \mathbb{C} \; ; \; \operatorname{Im}\tau > 0\}.$$

Bevor in Kapitel III auf Funktionen eingegangen wird, die unter Modulsubstitutionen invariant oder wenigstens „relativ invariant" sind, sollen in diesem Kapitel die geometrischen Grundlagen für solche Untersuchungen dargestellt werden.

Es handelt sich dabei einmal um eine Erinnerung an die grundlegenden Eigenschaften der Abbildungen 1(1), wenn man für $M$ *reelle* Matrizen der Determinante 1, also $M \in SL(2;\mathbb{R})$, zulässt. Zum anderen wird in §2 die Geometrie der Modulsubstitutionen untersucht und insbesondere ein kanonischer exakter Fundamentalbereich von $\Gamma$ in $\mathbb{H}$ konstruiert. Die folgenden Paragrafen dieses Kapitels können bei einer ersten Lektüre überschlagen werden.

**3. Die absolute Invariante und der Modulraum.** In I.3.4(8) hatten wir jedem Gitter $\Omega$ mit Hilfe der WEIERSTRASS–Invarianten $g_2$ und $g_3$ die so genannte absolute Invariante

$$j = j(\Omega) := (12g_2)^3/(g_2^3 - 27g_3^2)$$

zugeordnet und in Satz I.4.1 gesehen, dass

$$j(\Omega') = j(\Omega) \quad \text{gleichwertig ist mit} \quad \Omega' = \lambda\Omega \quad \text{für ein} \quad 0 \neq \lambda \in \mathbb{C}.$$

Das Bild von $j$ wird daher schon auf den Gittern der Form

$$\Omega = \mathbb{Z}\tau + \mathbb{Z} \quad \text{mit} \quad \tau \in \mathbb{H}$$

angenommen. Mit der Abkürzung $j(\tau) := j(\mathbb{Z}\tau + \mathbb{Z})$ zeigt 1(1), dass $j$ unter allen Modulsubstitutionen invariant ist. Dies war bereits in I.4.4 dargelegt worden. In Satz I.4.4B wurde gezeigt, dass auch die Umkehrung hiervon gültig ist:

$$\text{Gilt} \quad j(\tau') = j(\tau) \quad \text{für } \tau',\tau \in \mathbb{H}, \text{ dann gibt es ein } M \in \Gamma \text{ mit} \quad \tau' = M\tau.$$

Führt man daher den Raum

$$\Gamma\backslash\mathbb{H} := \{\Gamma\tau \; ; \; \tau \in \mathbb{H}\} \quad \text{mit} \quad \Gamma\tau := \{M\tau \; ; \; M \in \Gamma\}$$

aller *Bahnen* von $\Gamma$ ein, so induziert $j$ ein Bijektion

$$j^* : \Gamma\backslash\mathbb{H} \longrightarrow \mathbb{C} \; , \; j^*(\Gamma\tau) := j(\tau).$$

In diesem Sinne ist $\Gamma\backslash\mathbb{H}$ ein *Modulraum* für die Funktion $j$. Eine erste Hauptaufgabe besteht daher darin, in der oberen Halbebene eine einfache Realisierung dieses Modulraumes zu finden. Dies geschieht durch die Angabe eines exakten Fundamentalbereiches von $\Gamma$. Man vergleiche **2.4**.

**4. Verallgemeinerungen.** Die obere Halbebene mit ihrer besonderen Geometrie einerseits und die Gruppe der Modulsubstitutionen andererseits können auf viele Weisen verallgemeinert werden: Man kann bei $\mathbb{H}$ bleiben und Untergruppen von $\Gamma$ studieren (§3) oder allgemeiner so genannte diskontinuierliche Untergruppen von $SL(2;\mathbb{R})$ betrachten (§4). Andererseits kann man aber auch von der oberen Halbebene $\mathbb{H}$ zu höheren Dimensionen übergehen und dabei den

Schwerpunkt legen auf

    a) Holomorphie der Abbildungen oder

    b) Birationalität der Abbildungen oder

    c) Erhalt metrischer Eigenschaften

usw. Keine dieser Verallgemeinerungen wird hier besprochen. Auf einige der bei Verallgemeinerungen wichtigen Aspekte wird jedoch in Abschnitten eingegangen, die bei einer ersten Lektüre überschlagen werden können.

# §1. Die obere Halbebene

In diesem Paragrafen wird die obere Halbebene $\mathbb{H}$ in $\mathbb{C}$ genauer untersucht. Die Automorphismengruppe von $\mathbb{H}$ wird beschrieben. Dann wird die hyperbolische Geometrie entwickelt.

**1. Gebrochen lineare Transformationen.** Wir schreiben $2 \times 2$ Matrizen meist in der Form

$$M = \begin{pmatrix} a & b \\ c & d \end{pmatrix}$$

und benutzen wie üblich für *Determinante* und *Spur* die Abkürzungen

$$\det M := ad - bc \, , \ \operatorname{Sp} M := a + d \, ,$$

sowie

$$M^t = \begin{pmatrix} a & c \\ b & d \end{pmatrix} \quad \text{bzw.} \quad M^\sharp = \begin{pmatrix} d & -b \\ -c & d \end{pmatrix}$$

für die *transponierte* bzw. *adjungierte* Matrix. Es bezeichne $GL(2;\mathbb{C})$ die Gruppe der invertierbaren komplexen $2 \times 2$ Matrizen,

$$GL(2;\mathbb{C}) := \{M \in \operatorname{Mat}(2;\mathbb{C}) \, ; \ \det M \neq 0\} \, .$$

Mit $E$ wird die Einheitsmatrix abgekürzt. Bekanntlich wird die inverse Matrix zu $M \in GL(2;\mathbb{C})$ gegeben durch

$$M^{-1} = \frac{1}{\det M} \, M^\sharp = \frac{1}{ad - bc} \begin{pmatrix} d & -b \\ -c & a \end{pmatrix} \, .$$

Für $M \in GL(2;\mathbb{C})$ ist unter offensichtlichen Voraussetzungen an $\tau \in \mathbb{C}$ die komplexe Zahl

$$(1) \qquad\qquad M\tau := \frac{a\tau + b}{c\tau + d}$$

wohldefiniert. Damit wird durch

$$(2) \qquad\qquad \Phi_M : \tau \mapsto M\tau$$

eine meromorphe Funktion auf $\mathbb{C}$ gegeben, die auch als *gebrochen lineare Transformation* oder als Möbius-*Transformation* bezeichnet wird. Für $c = 0$ ist $\Phi_M$ eine ganze Funktion. Im Fall $c \neq 0$ hat $\Phi_M$ genau einen Pol und zwar von 1. Ordnung bei $\tau = -d/c$.

**Warnung:** Die Schreibweise $M\tau$ darf nicht mit der skalaren Multiplikation $\tau M$ von $\tau$ mit $M$ verwechselt werden! Wenn Missverständnisse zu befürchten sind, schreibt man auch $M\langle \tau \rangle$ anstelle von $M\tau$.

Aus (1) folgert man für $L, M \in GL(2; \mathbb{C})$ und $0 \neq \lambda \in \mathbb{C}$ wieder unter offensichtlichen Voraussetzungen an $\tau$ und $\tau'$:

$$(3) \qquad E\tau = \tau, \quad \text{d.h.} \quad \Phi_E = \mathrm{id},$$

$$(4) \qquad (\lambda M)\tau = M\tau, \quad \text{d.h.} \quad \Phi_{\lambda M} = \Phi_M,$$

$$(5) \qquad (LM)\tau = L\langle M\tau \rangle, \quad \text{d.h.} \quad \Phi_{LM} = \Phi_L \circ \Phi_M,$$

$$(6) \qquad M\tau' - M\tau = \frac{\det M}{(c\tau' + d)(c\tau + d)} \cdot (\tau' - \tau)$$

Schließlich dividiert man (6) durch $\tau' - \tau$ und erhält für $\tau' \to \tau$

$$(7) \qquad \Phi'_M(\tau) = \frac{dM\tau}{d\tau} = \frac{\det M}{(c\tau + d)^2}$$

Als Umkehrung von (4) hat man die

**Proposition.** *Für $L, M \in GL(2; \mathbb{C})$ sind äquivalent:*
(i) *$M\tau = L\tau$ gilt für wenigstens drei verschiedene $\tau \in \mathbb{C}$.*
(ii) *Es gibt $0 \neq \lambda \in \mathbb{C}$ mit $M = \lambda L$.*

*Beweis.* Wegen (5) und (3) ist $M\tau = L\tau$ mit $(L^{-1}M)\tau = \tau$ äquivalent. Man kann daher in beiden Fällen ohne Einschränkung $L = E$ annehmen. Da sich $M\tau = \tau$ jetzt als

$$c\tau^2 + (d - a)\tau - b = 0$$

schreibt, folgt die Behauptung.            $\square$

Jeder Kreis in $\mathbb{C}$ kann durch eine Gleichung der Form

$$(8) \qquad A\tau\bar{\tau} + B\tau + \overline{B\tau} + C = 0 \quad \text{mit} \quad A, C \in \mathbb{R}, \ A \neq 0 \text{ und } B \in \mathbb{C}$$

beschrieben werden. Genauer gilt dann $|B|^2 > AC$ und der Mittelpunkt $m$ bzw. der Radius $r > 0$ werden gegeben durch

$$(9) \qquad m = -\overline{B}/A \quad \text{bzw.} \quad r^2 = (|B|^2 - AC)/A^2.$$

Umgekehrt beschreibt (8) im Fall $A \neq 0$ und $|B|^2 > AC$ stets einen Kreis. Im Fall $A = 0$, $B \neq 0$ erhält man durch (8) genau alle Geraden in $\mathbb{C}$.

Zur Untersuchung der Bilder von Geraden und Kreisen unter den gebrochen linearen Transformationen (2) hat man $z = M\tau$, $M \in GL(2;\mathbb{C})$, zu betrachten. Man trägt $\tau = M^{-1}z$ in (8) ein, multipliziert die Nenner hoch und bekommt wieder eine Gleichung der Form

$$\alpha z\overline{z} + \beta z + \overline{\beta}\overline{z} + \gamma = 0 \quad \text{mit} \quad \alpha, \gamma \in \mathbb{R} \text{ und } \beta \in \mathbb{C}\,.$$

Bei richtiger Interpretation erhält man den

**Satz.** *Unter gebrochen linearen Transformationen geht die Menge der Kreise und Geraden in $\mathbb{C}$ in sich über.*

Schließlich seien noch die offensichtlichen Regeln für das Rechnen mit Unendlich erklärt. Ist $M$ in der Standardform gegeben, so definiert man

$$(10) \qquad\qquad M\infty := \begin{cases} \infty, & \text{falls } c = 0, \\ a/c, & \text{falls } c \neq 0. \end{cases}$$

**Bemerkungen.** a) Die Gleichungen (3), (5) und (10) besagen, dass durch (1) eine Gruppenoperation von $GL(2;\mathbb{C})$ auf $\mathbb{P} = \mathbb{C} \cup \{\infty\}$ gegeben wird. Nach der Proposition gilt $\Phi_M = \Phi_L$ für $M, L \in SL(2;\mathbb{C})$ nur für $M = \pm L$. Vermöge (2) erhält man eine natürliche Identifikation der Gruppe Aut $\mathbb{P}$ der biholomorphen Selbstabbildungen von $\mathbb{P}$ mit der Gruppe $PSL(2;\mathbb{C}) := SL(2;\mathbb{C})/\{\pm E\}$ (vgl. W. FISCHER, I. LIEB [1992], Satz IX.3.1).
b) Ist $f : \mathcal{U} \to \mathbb{C}$ eine nicht-konstante, holomorphe Funktion auf einem Gebiet $\mathcal{U} \subset \mathbb{C}$, so ist die SCHWARZ–*Derivierte* $\Sigma f$ von $f$ definiert durch

$$(\Sigma f)(z) := \frac{f'''}{f'} - \frac{3}{2}\left(\frac{f''}{f'}\right)^2\,, \quad z \in \mathcal{U}\,.$$

Mit Hilfe von (7) verifiziert man nun $\Sigma(\Phi_M \circ f) = \Sigma f$ für alle $M \in GL(2;\mathbb{C})$. *Ist also $f$ eine Lösung der Differentialgleichung $\Sigma f = \varphi$, so ist auch $\Phi_M \circ f$ für $M \in GL(2;\mathbb{C})$ eine Lösung.*

**2. Die obere Halbebene und der Einheitskreis.** Wie bereits in Kapitel I wird die *obere Halbebene* in $\mathbb{C}$ mit $\mathbb{H}$ bezeichnet, also

$$\mathbb{H} := \{\tau \in \mathbb{C}\,;\, \operatorname{Im}\tau > 0\}\,.$$

Darüber hinaus bezeichnen wir den *Einheitskreis* mit $\mathbb{E}$, also

$$\mathbb{E} := \{z \in \mathbb{C}\,;\, |z| < 1\}\,.$$

Ist $G$ ein beliebiges Gebiet in $\mathbb{C}$, so steht

$$\operatorname{Aut} G := \{\varphi : G \to G\,;\, \varphi \text{ biholomorph}\}$$

für die *Automorphismengruppe von $G$*.

**Satz.** *Die Abbildung*

$$(1) \qquad \Phi_C : \mathbb{H} \to \mathbb{E} \, , \ \tau \mapsto C\tau = \frac{\tau - i}{\tau + i}, \quad C = \begin{pmatrix} 1 & -i \\ 1 & i \end{pmatrix},$$

*ist biholomorph mit Umkehrabbildung*

$$\Phi_{C^{-1}} : \mathbb{E} \to \mathbb{H}, \quad z \mapsto C^{-1}z = i \cdot \frac{1 + z}{1 - z}.$$

*Es gilt*

$$(2) \qquad \qquad \text{Aut } \mathbb{H} = \Phi_{C^{-1}} \circ \text{Aut } \mathbb{E} \circ \Phi_C.$$

Man nennt (1) die Cayley-*Transformation.*

*Beweis.* Die Abbildung $\varphi : \mathbb{H} \to \mathbb{C}, \ \tau \mapsto C\tau$, ist holomorph mit

$$|C\tau|^2 = \left| \frac{\tau - i}{\tau + i} \right|^2 = \frac{x^2 + (y-1)^2}{x^2 + (y+1)^2} < 1 \quad \text{für} \ \tau \in \mathbb{H},$$

denn aus $y > 0$ ergibt sich $|y - 1| < y + 1$. Also gilt $\varphi(\mathbb{H}) \subset \mathbb{E}$. Die Abbildung

$$\psi : \mathbb{E} \to \mathbb{C}, \quad z \mapsto C^{-1}z = i \cdot \frac{z + 1}{-z + 1}, \quad C^{-1} = \frac{1}{2i} \begin{pmatrix} i & i \\ -1 & 1 \end{pmatrix},$$

ist holomorph und erfüllt

$$\text{Im } \psi(z) = \text{Re} \left( \frac{z + 1}{-z + 1} \right) = \frac{1 - |z|^2}{|1 - z|^2} > 0 \quad \text{für} \ z \in \mathbb{E},$$

also $\psi(\mathbb{E}) \subset \mathbb{H}$. Aus 1(5) und 1(3) erhält man

$$\psi(\varphi(\tau)) = C^{-1}C\tau = \tau, \quad \varphi(\psi(z)) = CC^{-1}z = z$$

für alle $\tau \in \mathbb{H}$, $z \in \mathbb{E}$. Demnach ist $\Phi_C$ biholomorph mit Umkehrabbildung $\Phi_{C^{-1}}$. Schließlich folgt (2) durch eine Verifikation. $\qquad \square$

Für die weiteren Untersuchungen benötigen wir das folgende Hilfsmittel.

**Schwarzsches Lemma.** *Sei $\varphi : \mathbb{E} \to \mathbb{E}$ holomorph mit $\varphi(0) = 0$. Dann gilt*

$$|\varphi(z)| \leq |z| \quad \text{für alle } z \in \mathbb{E} \quad \text{und} \quad |\varphi'(0)| \leq 1.$$

*Gibt es ein $a \in \mathbb{E}\backslash\{0\}$ mit $\varphi(a) = a$ oder gilt $|\varphi'(0)| = 1$, so existiert ein $\lambda \in \mathbb{R}$ mit*

$$\varphi(z) = e^{i\lambda} \cdot z \quad \text{für alle} \ z \in \mathbb{E}.$$

*Beweis.* Wir betrachten

$$F : \mathbb{E} \to \mathbb{C}, \quad z \mapsto \begin{cases} \varphi(z)/z, & \text{falls } z \neq 0, \\ \varphi'(0), & \text{falls } z = 0. \end{cases}$$

Dann ist $F$ nach dem RIEMANNschen Hebbbarkeitssatz holomorph (vgl. R. REMMERT, G. SCHUMACHER [2002], Satz 10.1.1). Für $0 < |z| \leq r < 1$ gilt wegen $\varphi(\mathbb{E}) \subset \mathbb{E}$ nach dem Maximumprinzip

$$|F(z)| \leq \max_{|\zeta|=r} \frac{|\varphi(\zeta)|}{|\zeta|} \leq \frac{1}{r}.$$

Für $r \uparrow 1$ erhält man $|F(z)| \leq 1$ für alle $z \in \mathbb{E}$, d. h.

$$|\varphi(z)| \leq |z| \quad \text{für alle } z \in \mathbb{E} \quad \text{und} \quad |\varphi'(0)| = |F(0)| \leq 1.$$

Gilt $|\varphi'(0)| = 1$ oder $|\varphi(a)| = |a|$ für ein $0 \neq a \in \mathbb{E}$, so hat man $|F(0)| = 1$ oder $|F(a)| = 1$. Nach dem Maximumprinzip ist $F$ eine Konstante vom Betrag 1, d. h. $F(z) = e^{i\lambda}$, $\lambda \in \mathbb{R}$, und somit

$$\varphi(z) = e^{i\lambda} z \quad \text{für alle } z \in \mathbb{E}. \qquad \square$$

Damit können wir alle Automorphismen von $\mathbb{E}$ mit Fixpunkt 0 beschreiben.

**Lemma.** *Für $\varphi \in \mathrm{Aut}\, \mathbb{E}$ gilt genau dann $\varphi(0) = 0$, wenn es ein $\lambda \in \mathbb{R}$ gibt mit*

$$(3) \qquad\qquad \varphi(z) = e^{i\lambda} \cdot z \quad \textit{für alle} \quad z \in \mathbb{E}.$$

*Beweis.* Für $\varphi$ von der Form (3) gilt $\varphi \in \mathrm{Aut}\, \mathbb{E}$ mit $\varphi(0) = 0$. Sei nun $\varphi \in \mathrm{Aut}\, \mathbb{E}$ beliebig mit $\varphi(0) = 0$. Dann gilt $|\varphi(z)| \leq |z|$ für alle $z \in \mathbb{E}$ nach dem SCHWARZschen Lemma. Der gleiche Schluss für $\varphi^{-1}$ liefert $|\varphi^{-1}(z)| \leq |z|$. Damit erhält man schließlich

$$|z| = |\varphi(\varphi^{-1}(z))| \leq |\varphi^{-1}(z)| \leq |z|,$$

also

$$|\varphi(z)| = |z| \quad \text{für alle} \quad z \in \mathbb{E}.$$

Nach dem SCHWARZschen Lemma hat $\varphi$ dann die Form (3). $\qquad \square$

**3. Aut $\mathbb{H}$.** Anstelle von $GL(2; \mathbb{C})$ betrachte man jetzt die Untergruppe $GL(2; \mathbb{R})$ der reellen invertierbaren Matrizen. Für $M \in GL(2; \mathbb{R})$ und $\mathrm{Im}\, \tau \neq 0$ gilt jetzt $M\tau \in \mathbb{C}$. In 1(6) setzt man $\tau' = \overline{\tau}$, beachtet $\overline{M\tau} = M\overline{\tau}$ und erhält

$$(1) \qquad\qquad \mathrm{Im}\, M\tau = \frac{\det M}{|c\tau + d|^2} \cdot \mathrm{Im}\, \tau.$$

Damit wird $\mathbb{H}$ durch

$$(2) \qquad \Phi_M : \tau \longmapsto M\tau \,,\; M \in GL(2;\mathbb{R}) \,,\; \det M > 0,$$

in sich abgebildet. Wegen 1(4) kann man hier ohne Einschränkung annehmen, dass $M$ aus der Untergruppe

$$SL(2;\mathbb{R}) := \{ M \in GL(2;\mathbb{R}) \,;\; \det M = 1 \} \,,$$

der so genannten *speziellen linearen Gruppe über* $\mathbb{R}$, stammt.

**Satz.** *Die biholomorphen Selbstabbildungen von* $\mathbb{H}$ *sind genau die Transformationen*

$$(3) \qquad \Phi_M : \mathbb{H} \to \mathbb{H} \,,\; \tau \mapsto M\tau, \quad M \in SL(2;\mathbb{R}),$$

*mit Umkehrabbildung* $\Phi_{M^{-1}}$. *Die Gruppe* Aut $\mathbb{H}$ *operiert transitiv auf* $\mathbb{H}$ *und ist isomorph zur Faktorgruppe* $PSL(2;\mathbb{R}) := SL(2;\mathbb{R})/\{\pm E\}$ .

*Beweis.* Aus (1) folgt sofort $\Phi_M(\mathbb{H}) \subset \mathbb{H}$ für $M \in SL(2;\mathbb{R})$. Wegen 1(5) und 1(3) hat man auch $\Phi_M \circ \Phi_{M^{-1}} = \Phi_{M^{-1}} \circ \Phi_M = \Phi_E = \mathrm{id}$. Demnach sind alle untersuchten Abbildungen $\Phi_M : \mathbb{H} \to \mathbb{H}$, $M \in SL(2;\mathbb{R})$, biholomorph.

$$\Phi : SL(2;\mathbb{R}) \to \mathrm{Aut}\ \mathbb{H}, \quad M \mapsto \Phi_M,$$

ist wegen 1(5) ein Homomorphismus der Gruppen mit

$$\mathrm{Kern}\ \Phi = \{ M \in SL(2;\mathbb{R}) \,;\; \Phi_M = \mathrm{id} \} = \{\pm E\}$$

nach Proposition 1. Aus dem Homomorphiesatz für Gruppen folgt dann sofort $SL(2;\mathbb{R})/\{\pm E\} \cong \Phi(SL(2;\mathbb{R}))$. Sei

$$M := \begin{pmatrix} 1/\sqrt{y} & 0 \\ 0 & \sqrt{y} \end{pmatrix} \begin{pmatrix} 1 & -x \\ 0 & 1 \end{pmatrix} \in SL(2;\mathbb{R})$$

für $\tau = x + iy \in \mathbb{H}$. Dann gilt $M\tau = i$, so dass $SL(2;\mathbb{R})$ transitiv auf $\mathbb{H}$ operiert.

Sei nun $\varphi \in \mathrm{Aut}\ \mathbb{H}$ beliebig. Dann existiert eine Matrix $M \in SL(2;\mathbb{R})$, so dass $\Psi := \Phi_M \circ \varphi$ bereits $\Psi(i) = i$ erfüllt. Demnach ist

$$\Psi^* := \Phi_C \circ \Psi \circ \Phi_{C^{-1}} \in \mathrm{Aut}\ \mathbb{E} \quad \text{mit} \quad \Psi^*(0) = 0.$$

Aus Lemma 2 folgt dann die Existenz eines $\lambda \in \mathbb{R}$ mit

$$\Psi^*(z) = e^{2i\lambda} \cdot z = \Phi_K(z), \quad K = \begin{pmatrix} e^{i\lambda} & 0 \\ 0 & e^{-i\lambda} \end{pmatrix} \in SL(2;\mathbb{C}).$$

Also gilt

$$\varphi = \Phi_{M^{-1}} \circ \Psi = \Phi_{M^{-1}} \circ \Phi_{C^{-1}} \circ \Psi^* \circ \Phi_C = \Phi_L \,,$$

$$L = M^{-1} \cdot C^{-1} \cdot K \cdot C = M^{-1} \cdot \begin{pmatrix} \cos\lambda & -\sin\lambda \\ \sin\lambda & \cos\lambda \end{pmatrix} \in SL(2;\mathbb{R}).$$

Demnach hat man $\Phi(SL(2;\mathbb{R})) = \mathrm{Aut}\ \mathbb{H}$. $\qquad\qquad\qquad\qquad\qquad\square$

Aus der Zerlegung

$$M\tau = \begin{cases} \dfrac{\tau}{d^2} + \dfrac{b}{d} & \text{für } c = 0, \\[2ex] \dfrac{a}{c} - \dfrac{1}{c^2} \cdot \dfrac{1}{\tau + d/c} & \text{für } c \neq 0, \end{cases}$$

für $M \in SL(2;\mathbb{R})$ folgert man das

**Lemma.** *Die Gruppe* Aut $\mathbb{H}$ *wird erzeugt von den Abbildungen*

$$\tau \longmapsto \tau + \alpha \; (\alpha \in \mathbb{R}) \, , \; \tau \longmapsto \lambda\tau \; (\lambda \in \mathbb{R}, \lambda > 0) \, , \; \tau \longmapsto -1/\tau \, .$$

Die Urbilder dieser Transformationen unter $\Phi$ erzeugen natürlich die Gruppe $SL(2;\mathbb{R})$. Der Satz und das Lemma ergeben damit das

**Korollar.** *Die Gruppe* $SL(2;\mathbb{R})$ *wird erzeugt von den Matrizen*

$$\begin{pmatrix} 1 & \alpha \\ 0 & 1 \end{pmatrix} (\alpha \in \mathbb{R}) \, , \quad \begin{pmatrix} \lambda & 0 \\ 0 & 1/\lambda \end{pmatrix} (\lambda \in \mathbb{R}, \lambda \neq 0) \, , \quad \begin{pmatrix} 0 & -1 \\ 1 & 0 \end{pmatrix} \, .$$

Unter einem *Orthogonalkreis* von $\mathbb{H}$ versteht man jeden in $\mathbb{H}$ gelegenen Teil eines Kreisbogens bzw. jede Halbgerade in $\mathbb{H}$, der bzw. die auf der reellen Achse senkrecht steht. Im Fall eines Kreisbogens ist es ein Halbkreis mit Mittelpunkt auf der reellen Achse.

**Proposition.** *Unter den Automorphismen von* $\mathbb{H}$ *gehen Orthogonalkreise in Orthogonalkreise über.*

*Beweis.* Nach dem Lemma genügt es, den Fall der Abbildung $\tau \mapsto -1/\tau$ zu betrachten. Nach 1(8) und 1(9) wird ein Orthogonalkreis durch eine Gleichung

$$A\tau\overline{\tau} + B(\tau + \overline{\tau}) + C = 0 \quad \text{mit} \quad A, B, C \in \mathbb{R} \text{ und } B^2 > AC$$

beschrieben. Unter der Abbildung $\tau \mapsto z = -1/\tau$ erhält man aber wieder eine solche Gleichung. $\qquad\qquad\square$

Unter Verwendung der Geometrie von $\mathbb{P} = \mathbb{C} \cup \{\infty\}$ kann man auch wie folgt schließen: Nach Satz 1 gehen bei den fraglichen Abbildungen auf $\mathbb{P}$ „Kreise" in „Kreise" über, und diese Abbildungen sind winkeltreu.

**Bemerkung.** Die Abbildung $\tau \mapsto \lambda\tau$ , $\lambda > 0$, kann man aus den Abbildungen $\tau \mapsto \tau + \alpha$ und $\tau \mapsto -1/\tau$ zusammensetzen. Man verifiziert dazu die so genannte HUA–*Identität*

$$\mu^2\tau = -\left(\lambda - \left[\mu - (\tau + \lambda)^{-1}\right]^{-1}\right)^{-1} \, , \quad \text{falls } \lambda\mu = 1 \, .$$

**4. $\mathbb{H}$ als homogener Raum.** Nach Satz 3 gibt es zu jedem $\tau \in \mathbb{H}$ eine Matrix $M \in SL(2;\mathbb{R})$ mit $\tau = Mi$. Sind zwei Matrizen $M, L \in SL(2;\mathbb{R})$ mit $\tau =$

$Mi = Li$ gegeben, so gilt $(L^{-1}M)i = i$ nach 1(5) und 1(3), d.h., es gibt ein $K \in SL(2;\mathbb{R})$ mit $M = LK$ und $Ki = i$.

**Proposition.** *Für $K \in SL(2;\mathbb{R})$ sind äquivalent:*

  (i)  $Ki = i$.

  (ii)  $K = \begin{pmatrix} \alpha & \beta \\ -\beta & \alpha \end{pmatrix}$ *mit* $\alpha^2 + \beta^2 = 1$.

  (iii)  $K \in SO(2) := \{M \in SL(2;\mathbb{R}) \; ; \; M \text{ orthogonal}\}$.

  (iv)  *Für* $C := \begin{pmatrix} 1 & -i \\ 1 & i \end{pmatrix}$ *gilt* $C \cdot K \cdot C^{-1} = \begin{pmatrix} e^{i\varphi} & 0 \\ 0 & e^{-i\varphi} \end{pmatrix}$ *mit einem* $\varphi \in \mathbb{R}$.

*Beweis.* Für $K = \begin{pmatrix} \alpha & \beta \\ \gamma & \delta \end{pmatrix}$ ist $Ki = i$ mit $\alpha i + \beta = i(\gamma i + \delta)$ gleichbedeutend, also zu $\delta = \alpha$ und $\gamma = -\beta$ äquivalent. Die Äquivalenz von (ii) mit (iii) und (iv) ist eine Verifikation.         $\square$

Mit der Untergruppe $SO(2)$ von $SL(2;\mathbb{R})$ kann man den Quotientenraum

$$(1) \qquad SL(2;\mathbb{R})/SO(2) := \{L \cdot SO(2) \; ; \; L \in SL(2;\mathbb{R})\}$$

bilden. Da $SO(2)$ kein Normalteiler in $SL(2;\mathbb{R})$ ist, liegt hier keine Faktorgruppe, sondern nur ein so genannter *homogener Raum* vor. Die Gruppe $SL(2;\mathbb{R})$ operiert in offensichtlicher Weise von links auf dem Quotientenraum (1):

$$(2) \qquad (M, L \cdot SO(2)) \longmapsto (ML) \cdot SO(2) \quad \text{für } M \in SL(2;\mathbb{R}).$$

Die Proposition zeigt, dass die Abbildung

$$SL(2;\mathbb{R})/SO(2) \longrightarrow \mathbb{H} \,, \; L \cdot SO(2) \longmapsto Li \,,$$

eine mit der Operation (2) verträgliche Bijektion ist. Man schreibt daher auch

$$\mathbb{H} \cong SL(2;\mathbb{R})/SO(2) \,.$$

Aus der Proposition folgt eine Verschärfung der Transitivitätsaussage.

**Satz.** *Seien $\tau, \tau' \in \mathbb{H}$ mit $\tau \neq \tau'$. Dann gibt es ein eindeutig bestimmtes $\lambda > 1$ und eine eindeutig bestimmte Transformation $\tau \mapsto M\tau$, $M \in SL(2;\mathbb{R})$, so dass*

$$M\tau = i \quad \text{und} \quad M\tau' = \lambda i.$$

*Beweis.* Zur *Existenz* hat man nach Satz 3 nur noch zu zeigen, dass es zu $\tau' = u + iv \in \mathbb{H}$ mit $\tau' \neq i$ ein $K \in SL(2;\mathbb{R})$ gibt, so dass

$$(*) \qquad\qquad Ki = i \quad \text{und} \quad K\tau' = \lambda i \,, \; \lambda > 1.$$

Wegen Satz 2 und Satz 3 genügt es schon, ein $\varphi \in \text{Aut } \mathbb{E}$ mit $\varphi(0) = 0$ und $\varphi(\Phi_C(\tau')) \in \,]0,1[$ zu finden. Das folgt aber unmittelbar aus Lemma 2.

Zur *Eindeutigkeit* betrachte man ein $M' \in SL(2;\mathbb{R})$ und $\lambda' > 1$ mit $M'\tau = i$ und $M'\tau' = \lambda'i$. Dann gilt

$$Ki = i \quad \text{und} \quad K\lambda i = \lambda'i \quad \text{für} \quad K = M'M^{-1} \in SL(2;\mathbb{R}).$$

Aus der Proposition folgt

$$K = \begin{pmatrix} \alpha & \beta \\ -\beta & \alpha \end{pmatrix}, \; \alpha^2 + \beta^2 = 1 \quad \text{und} \quad \alpha\lambda i + \beta = i\lambda'(-\beta\lambda i + \alpha),$$

also $\lambda' = \lambda$ und $K = \pm E$. Daher ist auch die Transformation $\tau \mapsto M\tau$ eindeutig bestimmt. $\qquad\Box$

**5. Fixpunkte.** Sei $M = \left( \begin{smallmatrix} a & b \\ c & d \end{smallmatrix} \right) \in GL(2;\mathbb{C})$. Man nennt $\tau \in \mathbb{P} = \mathbb{C} \cup \{\infty\}$ einen *Fixpunkt* von $M$, wenn $M\tau = \tau$ gilt, wobei man 1(10) für $\tau = \infty$ verwendet. Für $\tau \in \mathbb{C}$ ist $M\tau = \tau$ äquivalent zu

$$(1) \qquad\qquad c\tau^2 + (d - a)\tau - b = 0.$$

Ist $M$ reell, so erfüllt mit $\tau$ auch $\bar\tau$ diese Gleichung, so dass es in diesem Fall für $M \neq \pm E$ höchstens ein $\tau \in \mathbb{H}$ mit $M\tau = \tau$ gibt.

**Proposition A.** *Für $M \in SL(2;\mathbb{R})$ sind äquivalent:*
(i)   *$M$ hat genau einen Fixpunkt $\tau$ in $\mathbb{H}$.*
(ii)  *$M$ hat keinen reellen Eigenwert.*
(iii) *$|\operatorname{Sp} M| < 2$.*

*In diesem Fall gilt $c \neq 0$ sowie*

$$(2) \qquad \tau = \frac{a - d}{2c} + \frac{i}{2|c|}\sqrt{4 - (\operatorname{Sp} M)^2} \quad \text{für} \quad M = \begin{pmatrix} a & b \\ c & d \end{pmatrix}.$$

Matrizen $M$ mit dieser Eigenschaft nennt man auch *elliptisch*.

*Beweis.* Offenbar ist (i), also eine Lösung $\tau \in \mathbb{H}$ von (1), gleichwertig mit (2). Es gibt jedoch nur dann eine Lösung $\tau \in \mathbb{H}$, wenn (iii) gilt. Die Eigenwerte von $M$ haben aber die Form

$$(3) \qquad \lambda_{1,2} = \frac{\operatorname{Sp} M}{2} \pm \frac{i}{2}\sqrt{4 - (\operatorname{Sp} M)^2}.$$

Daher sind auch (ii) und (iii) äquivalent. $\qquad\Box$

Nun untersuchen wir die Matrizen $M$ mit Fixpunkten auf der reellen Achse. Die analogen Argumente ergeben dann die

**Proposition B.** *Für $M \in SL(2;\mathbb{R})$ sind äquivalent:*
(i)   *$M$ hat genau zwei verschiedene Fixpunkte in $\mathbb{R} \cup \{\infty\}$.*
(ii)  *$M$ hat zwei verschiedene reelle Eigenwerte.*
(iii) *$|\operatorname{Sp} M| > 2$.*

*Im Fall $c \neq 0$ werden die Fixpunkte gegeben durch*

$$\tau = \frac{a-d}{2c} \pm \frac{1}{2c}\sqrt{(\operatorname{Sp} M)^2 - 4} \quad \textit{für} \quad M = \begin{pmatrix} a & b \\ c & d \end{pmatrix}.$$

*Im Fall $c = 0$ gilt $a \neq d$ und die Fixpunkte sind $\infty$ sowie $\tau = \frac{b}{d-a}$.*

Matrizen $M$ mit dieser Eigenschaft heißen *hyperbolisch*. Schließlich nennt man Matrizen $M \in SL(2;\mathbb{R})$, $M \neq \pm E$ mit $|\operatorname{Sp} M| = 2$ *parabolisch*. Parabolische Matrizen besitzen 1 oder $-1$ als doppelten Eigenwert. Die zugehörigen gebrochen linearen Transformationen besitzen genau einen Fixpunkt. Dieser ist im Fall $c \neq 0$ reell, nämlich $\tau = (a-d)/2c$, und im Fall $c = 0$ ist es $\tau = \infty$. Also besitzt $SL(2;\mathbb{R})$ eine disjunkte Zerlegung in $\{\pm E\}$ sowie die Mengen der elliptischen, hyperbolischen und parabolischen Matrizen.

**Bemerkung.** Aus der Linearen Algebra (vgl. M. KOECHER [1997], 8.3.7) weiß man, dass hyperbolische Matrizen in der $SL(2;\mathbb{R})$ diagonalisierbar sind. Parabolische Matrizen sind in der $SL(2;\mathbb{R})$ konjugiert zu den Matrizen $\pm\begin{pmatrix} 1 & \pm 1 \\ 0 & 1 \end{pmatrix}$.

**6*. Eine invariante Metrik auf $\mathbb{H}$.** Eine Funktion $\gamma : [\![\alpha, \beta]\!] \to \mathbb{H}$ eines reellen Intervalls nach $\mathbb{H}$ heißt *Weg* von $\gamma(\alpha)$ nach $\gamma(\beta)$, wenn $\gamma$ stetig und stückweise stetig differenzierbar ist. Im Gegensatz zur euklidischen Länge von $\gamma$ nennen wir

$$(1) \qquad L(\gamma) := \int\limits_{\gamma} \frac{|d\tau|}{\operatorname{Im}\tau} = \int\limits_{\alpha}^{\beta} \frac{|\gamma'(\xi)|}{\operatorname{Im}\gamma(\xi)} d\xi$$

die $\mathbb{H}$-*Länge* oder *hyperbolische Länge* von $\gamma$. Bekanntlich hängt ein Integral der Form (1) nicht von der Parameterdarstellung ab. Zur Abkürzung setzt man $M\gamma := \Phi_M \circ \gamma$ für eine Matrix $M \in SL(2;\mathbb{R})$ und erhält wegen 1(7) und 3(1)

$$\frac{|(M\gamma)'|}{\operatorname{Im} M\gamma} = \frac{|\gamma'|}{\operatorname{Im}\gamma} \,.$$

Damit ergibt (1)

$$(2) \qquad\qquad L(M\gamma) = L(\gamma) \quad \text{für alle } M \in SL(2;\mathbb{R}).$$

Für $z, w \in \mathbb{H}$ nennt man

$$(3) \qquad\qquad |z, w| := \inf\{L(\gamma) \,;\, \gamma \text{ Weg in } \mathbb{H} \text{ von } z \text{ nach } w\}$$

den $\mathbb{H}$-*Abstand* oder *hyperbolischen Abstand* von $z$ und $w$. Man sieht unschwer, dass (3) eine Metrik auf $\mathbb{H}$ definiert, die $\mathbb{H}$-*Metrik* oder *hyperbolische Metrik*, und (2) ergibt die Invarianz-
eigenschaft

$$(4) \qquad\qquad |Mz, Mw| = |z, w| \quad \text{für } M \in SL(2;\mathbb{R}).$$

Daher nennt man (3) auch die *invariante Metrik*. Jetzt benötigen wir zunächst die

**Proposition.** *Zu zwei verschiedenen Punkten* $z, w$ *in* $\mathbb{H}$ *gibt es genau einen Orthogonalkreis durch* $z$ *und* $w$.

*Beweis.* Nach Proposition 3 und Satz 4 genügt es, wenn die Behauptung für die Punkte $z = i$ und $w = i\lambda$, $\lambda > 1$, bewiesen wird. In diesem Fall ist aber die Halbgerade $\{iy \; ; \; y > 0\}$ der einzige Orthogonalkreis durch die beiden Punkte.$\square$

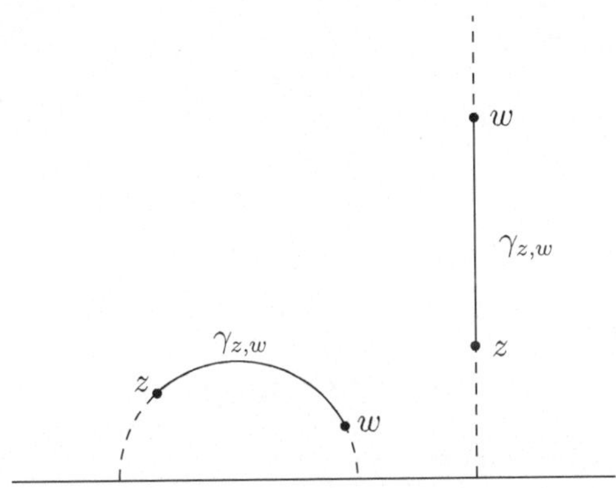

Abb. 15: Orthogonalkreise

Mit $\gamma_{z,w}$ bezeichnen wir den Bogen des Orthogonalkreises von $z$ nach $w$. Dieser ist die kürzeste Verbindung zwischen $z$ und $w$ in der $\mathbb{H}$–Metrik, wie der folgende Satz zeigt. Die Orthogonalkreisbögen entsprechen damit den Strecken in der euklidischen Geometrie.

**Satz.** a) *Für* $z, w \in \mathbb{H}$ *gilt* $|z, w| = L(\gamma_{z,w})$ *und* $\gamma_{z,w}$ *ist bis auf Umparametrisierung der einzige Weg in* $\mathbb{H}$ *mit dieser Eigenschaft.*
b) *Es gilt* $|i, \lambda i| = \log \lambda$ *für* $\lambda \geq 1$.

*Beweis.* Sei $z \neq w$. Man wählt $M$ nach Satz 4 mit $Mz = i$ und $Mw = \lambda i$, $\lambda > 1$. Dann folgt $M\gamma_{z,w} = \gamma_{i,\lambda i}$. Also braucht man nur noch

$$(*) \qquad |i, \lambda i| = L(\gamma_{i,\lambda i}) = \int_1^\lambda \frac{1}{\xi} d\xi = \log \lambda$$

zu beweisen. Sei also $\gamma$ ein Weg in $\mathbb{H}$, der $i$ und $\lambda i$ verbindet, mit Parameterdarstellung $\gamma = \gamma(\xi)$, $\alpha \leq \xi \leq \beta$, $\gamma(\alpha) = i$, $\gamma(\beta) = \lambda i$. Für $\gamma = x + iy$ folgt

$$L(\gamma) = \int_\alpha^\beta \frac{|\gamma'(\xi)|}{\operatorname{Im} \gamma(\xi)} d\xi \geq \int_\alpha^\beta \frac{|y'(\xi)|}{y(\xi)} d\xi \geq \left| \int_\alpha^\beta \frac{y'(\xi)}{y(\xi)} d\xi \right| = \left| [\log y(\xi)]_\alpha^\beta \right|$$

$$= \log \lambda = L(\gamma_{i,\lambda i}) \, .$$

Wegen (3) gilt daher $(*)$. Aus $L(\gamma) = \log\lambda$ folgt $x'(\xi) = 0$, also $x(\xi) = 0$ wegen $\gamma(\alpha) = i$, und $y'(\xi) \geq 0$ für fast alle $\xi$. Demnach ist $\gamma_{i,i\lambda}$ bis auf Umparametrisierung der einzige Weg $\gamma$ mit $L(\gamma) = \log\lambda$. $\qquad\square$

**7*. Explizite Formeln** für den $\mathbb{H}$–Abstand kann man wie folgt gewinnen: Man geht von $z, w \in \mathbb{H}$ aus und definiert das *Doppelverhältnis*

$$(1) \qquad\qquad D(z,w) := \left|\frac{z-w}{z-\overline{w}}\right|.$$

Wegen 1(6) erhält man

$$(2) \qquad\qquad D(Mz, Mw) = D(z,w) \quad \text{für alle } M \in SL(2;\mathbb{R}).$$

Aus

$$(3) \qquad\qquad D(i, \lambda i) = \frac{\lambda-1}{\lambda+1} \quad \text{für } \lambda \geq 1$$

und Satz 4 folgt daher

$$(4) \qquad\qquad 0 \leq D(z,w) < 1.$$

Die angekündigte explizite Formel lautet nun:

**Proposition.** *Für alle* $z, w \in \mathbb{H}$ *gilt*

$$|z,w| = \log\frac{1 + D(z,w)}{1 - D(z,w)} = \log\frac{|z-\overline{w}| + |z-w|}{|z-\overline{w}| - |z-w|}.$$

*Beweis.* Man darf wieder $z = i$ und $w = \lambda i$ mit $\lambda > 1$ annehmen. Nun folgt die Behauptung aus (3) und Satz 6b. $\qquad\square$

**Korollar A.** *Jedes Kompaktum* $\mathcal{K}$ *von* $\mathbb{H}$ *ist enthalten in einer* $\mathbb{H}$*–Kreisscheibe mit dem* $\mathbb{H}$*-Mittelpunkt* $i$

$$\mathcal{D}_{i,r} := \{z \in \mathbb{H} \,;\, |z,i| \leq r\}, \quad r > 0.$$

*Beweis.* Die nach der Proposition stetige Abbildung $z \mapsto |z,i|$ nimmt auf dem Kompaktum $\mathcal{K}$ ihr Maximum $r$ an. $\qquad\square$

Mit der Proposition kann man die Invarianz–Beziehung 6(4) verschärfen:

**Satz.** *Für zwei Punktepaare* $(z,w)$ *und* $(z',w')$ *in* $\mathbb{H} \times \mathbb{H}$ *sind äquivalent:*
(i) $|z,w| = |z',w'|$.
(ii) $D(z,w) = D(z',w')$.
(iii) *Es gibt ein* $M \in SL(2;\mathbb{R})$ *mit* $Mz = z'$ *und* $Mw = w'$.

*Beweis.* (i) $\Longleftrightarrow$ (ii): Man verwende die Proposition und (4).
(i) $\Longleftrightarrow$ (iii): Wegen Satz 4 und 6(4) darf man $z = z' = i$ und $w = i\lambda$, $w' = i\lambda'$ mit $\lambda, \lambda' \geq 1$ annehmen. Nun verwende man Satz 6b. $\qquad\square$

Man nennt

(5) $\qquad \mathcal{K}_{z,r} := \{w \in \mathbb{H} \ ; \ |z,w| = r\}$   mit $z \in \mathbb{H}$ und $r > 0$

einen $\mathbb{H}$*-Kreis* mit $\mathbb{H}$*-Mittelpunkt* $z$ und $\mathbb{H}$*-Radius* $r$. Aus dem Satz folgt

(6) $\qquad M\mathcal{K}_{z,r} := \{Mw \ ; \ w \in \mathcal{K}_{z,r}\} = \mathcal{K}_{Mz,r}.$

**Lemma.** *Jeder $\mathbb{H}$-Kreis ist ein euklidischer Kreis in $\mathbb{H}$ und umgekehrt. Für* $z = x + iy \in \mathbb{H}$ *ist* $w = u + iv \in \mathcal{K}_{z,r}$, $r > 0$ *gleichwertig mit*

(7) $\qquad (u - x)^2 + \left(v - \dfrac{1+s^2}{1-s^2}y\right)^2 = \left(\dfrac{2sy}{1-s^2}\right)^2 \ , \ s = \dfrac{e^r - 1}{e^r + 1}.$

*Beweis.* Zunächst ist $w \in \mathcal{K}_{z,r}$ nach der Proposition mit $D(z,w) = s$ gleichwertig. Damit verifiziert man (7). Also ist jeder $\mathbb{H}$-Kreis wegen

$$0 < \frac{2sy}{1-s^2} < \frac{1+s^2}{1-s^2}y$$

ein euklidischer Kreis in $\mathbb{H}$. Ist ein euklidischer Kreis mit Mittelpunkt $a+ib \in \mathbb{H}$ und Radius $\rho$, $0 < \rho < b$, gegeben, so wählt man

$$z = a + i\frac{1-s^2}{1+s^2}b$$

und bestimmt dann $r > 0$ mit

$$\frac{2s}{1+s^2} = \frac{\rho}{b} \ . \qquad\qquad \square$$

Aus dem Lemma folgt unmittelbar, dass die durch die $\mathbb{H}$–Metrik induzierte Topologie mit der natürlichen Topologie auf $\mathbb{H}$ übereinstimmt. Aus (7) folgert man aber, dass $\mathbb{H}$–Mittelpunkt und euklidischer Mittelpunkt für $r > 0$ *nicht* übereinstimmen, jedoch denselben Realteil haben.

**Korollar B.** *Sei $(w_k)_{k\geq 1}$ eine Folge in $\mathbb{H}$ und $z \in \mathbb{H}$, so dass die Folge $(|z,w_k|)_{k\geq 1}$ beschränkt ist. Dann besitzt die Folge $(w_k)_{k\geq 1}$ einen Häufungspunkt in $\mathbb{H}$.*

*Beweis.* Nach dem Lemma ist $\mathcal{D}_{z,r} = \{w \in \mathbb{H}; |z,w| \leq r\}$ eine abgeschlossene, euklidische Kreisscheibe in $\mathbb{H}$, so dass der Satz von BOLZANO–WEIERSTRASS die Behauptung liefert. $\qquad\qquad \square$

Dass den Mittelsenkrechten in der euklidischen Geometrie die Orthogonalkreise in der hyperbolischen Geometrie entsprechen, zeigt

**Korollar C.** *Seien $z, w \in \mathbb{H}$, $z \neq w$. Dann ist*

$$\{\tau \in \mathbb{H}; |z,\tau| = |w,\tau|\}$$

*ein Orthogonalkreis.*

*Beweis.* Nach Proposition 3 und Satz 4 darf man ohne Einschränkung $z = i$ und $w = \lambda i$ mit $\lambda > 1$ annehmen. Nach dem Satz und (1) besteht die Menge

$$\mathcal{M} := \{\tau \in \mathbb{H}\,;\, |i, \tau| = |\lambda i, \tau|\}$$

aus den Punkten $\tau = x + iy \in \mathbb{H}$ mit

$$0 = |i - \tau|^2 \cdot |\lambda i - \overline{\tau}|^2 - |i - \overline{\tau}|^2 \cdot |\lambda i - \tau|^2 = 4y(\lambda - 1) \cdot [x^2 + y^2 - \lambda].$$

Also beschreibt $\mathcal{M}$ den Orthogonalkreis mit Mittelpunkt 0 und Radius $\sqrt{\lambda}$. $\quad\square$

**8*. Die Operation von $GL(2;\mathbb{R})$ auf $\mathbb{H}$.** In Analogie zu 1(1) definiert man für $\tau \in \mathbb{H}$ und $M \in GL(2;\mathbb{R})$ eine komplexe Zahl

$$(1) \qquad M\langle \tau \rangle := \begin{cases} M\tau\,, & \text{falls } \det M > 0, \\ M\overline{\tau}\,, & \text{falls } \det M < 0\,. \end{cases}$$

Wegen 3(1) erhält man

$$\operatorname{Im} M\langle \tau \rangle = |\det M| \cdot \frac{\operatorname{Im}\tau}{|c\tau + d|^2}\,,$$

also

$$(2) \qquad M\langle \tau \rangle \in \mathbb{H} \quad \text{für} \quad \tau \in \mathbb{H} \quad \text{und} \quad M \in GL(2;\mathbb{R}).$$

Man verifiziert wieder

$$(3) \qquad (LM)\langle \tau \rangle = L\langle M\langle \tau \rangle\rangle \quad \text{für} \quad L, M \in GL(2;\mathbb{R}).$$

Damit operiert $GL(2;\mathbb{R})$ auf $\mathbb{H}$. Man beachte aber, dass diese Transformation i. A. nicht holomorph ist. Die Operation der Gruppe $GL(2;\mathbb{R})$ auf $\mathbb{H}$ wird erzeugt von den Transformationen $\tau \mapsto M\tau$, $M \in SL(2;\mathbb{R})$, sowie $\tau \mapsto -\overline{\tau}$.

**9*. Eine Parametrisierung der positiv definiten $2 \times 2$ Matrizen.** Eine reelle symmetrische $2 \times 2$ Matrix

$$S = \begin{pmatrix} \alpha & \beta \\ \beta & \gamma \end{pmatrix}$$

ist bekanntlich genau dann positiv definit, wenn $\alpha > 0$ und $\det S > 0$ gilt (vgl. M. KOECHER [1997], 5.1.4). Es bezeichne $\operatorname{Pos}(2;\mathbb{R})$ die Menge der reellen symmetrischen und positiv definiten $2 \times 2$ Matrizen. Man setze

$$(1) \qquad F: \mathbb{H} \longrightarrow \operatorname{Pos}(2;\mathbb{R})\,,\ \tau \longmapsto F_\tau := \frac{1}{y}\begin{pmatrix} 1 & -x \\ -x & x^2 + y^2 \end{pmatrix}\,,\ \tau = x + iy.$$

Offenbar gilt $\det F_\tau = 1$ für alle $\tau \in \mathbb{H}$. Weiter sei

$$(2) \qquad w: \operatorname{Pos}(2;\mathbb{R}) \longrightarrow \mathbb{H}\,,\ S \longmapsto w(S) := \tfrac{1}{\alpha}\left(-\beta + i\sqrt{\det S}\right).$$

Eine Verifikation ergibt die

**Proposition.** *Für $S \in \mathrm{Pos}\,(2;\mathbb{R})$ ist $w = w(S)$ die eindeutig bestimmte Lösung $w \in \mathbb{H}$ der Gleichung*

$$(3) \qquad\qquad \alpha w^2 + 2\beta w + \gamma = 0.$$

*Die andere Lösung von (3) wird durch $\overline{w} = \overline{w(S)}$ gegeben.*

Weiter zeigt man unschwer das

**Lemma.** a) *Es gilt $w(F_\tau) = \tau$ für alle $\tau \in \mathbb{H}$.*
b) *Man hat $S = \sqrt{\det S} \cdot F_{w(S)}$ für alle $S \in \mathrm{Pos}\,(2;\mathbb{R})$.*
c) *Die Abbildung*

$$]0, \infty[\, \times \mathbb{H} \longrightarrow \mathrm{Pos}\,(2;\mathbb{R})\,, \ (t,\tau) \longmapsto t \cdot F_\tau\,,$$

*ist eine Bijektion mit Umkehrabbildung $S \mapsto \left(\sqrt{\det S}, w(S)\right)$.*

Damit ist also $t \cdot F_\tau$ mit $t > 0$ und $\tau \in \mathbb{H}$ eine Parametrisierung von $\mathrm{Pos}\,(2;\mathbb{R})$ und man erhält ein Bijektion $F : \mathbb{H} \longrightarrow \{S \in \mathrm{Pos}\,(2;\mathbb{R})\,;\ \det S = 1\}$.

Die Gruppe $GL(2;\mathbb{R})$ operiert bekanntlich auf $\mathrm{Pos}\,(2;\mathbb{R})$ vermöge

$$(4) \qquad\qquad (M, S) \longmapsto M * S := (M^{-1})^t S M^{-1}.$$

Diese Operation ist mit der Operation von $GL(2;\mathbb{R})$ auf $\mathbb{H}$ gemäß **8** verträglich:

**Satz.** *Für $L, M \in GL(2;\mathbb{R})$, $S \in \mathrm{Pos}\,(2;\mathbb{R})$ und $\tau \in \mathbb{H}$ gelten:*
a) $(LM) * S = L * (M * S)$.
b) $w(M * S) = M\langle w(S)\rangle$.
c) $F_{M\langle \tau\rangle} = |\det M| \cdot (M * F_\tau)$.

*Beweis.* a) Eine Verifikation ergibt die Behauptung.

b) Sei $\tilde{w} = w(M * S)$ , $w = w(S)$ und $M * S = \left(\begin{smallmatrix} \tilde{\alpha} & \tilde{\beta} \\ \tilde{\beta} & \tilde{\gamma} \end{smallmatrix}\right)$. Nach der Proposition ist $\tilde{w}$ die eindeutig bestimmte Lösung in $\mathbb{H}$ von

$$0 = \tilde{\alpha}\tilde{w}^2 + 2\tilde{\beta}\tilde{w} + \tilde{\gamma} = (\tilde{w}\ \ 1)(M^{-1})^t S M^{-1}\binom{\tilde{w}}{1}$$

$$= \frac{(-c\tilde{w} + a)^2}{(\det M)^2} \cdot (z\ \ 1)S\binom{z}{1} = \frac{(-c\tilde{w} + a)^2}{(\det M)^2} \cdot (\alpha z^2 + 2\beta z + \gamma)$$

mit $z = M^{-1}\langle \tilde{w}\rangle$ und $M = \left(\begin{smallmatrix} a & b \\ c & d \end{smallmatrix}\right)$. Es folgt $z = w$, also $\tilde{w} = M\langle w\rangle$ mit 8(3).

c) Man schreibt $\tau = w(S)$ und verwendet b) sowie Teil b) des Lemmas.     $\square$

**Aufgaben.** 1) Die Gruppe $GL(2;\mathbb{C})$ wird erzeugt von den Matrizen

$$\begin{pmatrix} 1 & 1 \\ 0 & 1 \end{pmatrix}\,, \ \begin{pmatrix} 0 & -1 \\ 1 & 0 \end{pmatrix}\,, \ \begin{pmatrix} \lambda & 0 \\ 0 & 1 \end{pmatrix}\,, \ \ 0 \neq \lambda \in \mathbb{C}\,.$$

2) Für $M = \begin{pmatrix} a & b \\ c & d \end{pmatrix} \in SL(2;\mathbb{R})$ und $\tau \in \mathbb{H}$ gilt $\frac{1}{\operatorname{Im} M\tau} = g^t F_\tau g$   mit $g = \begin{pmatrix} -d \\ c \end{pmatrix}$.

3) Sei $M \in SL(2;\mathbb{R})$ und $n \in \mathbb{Z}$ mit $M^n \neq \pm E$. Die Matrix $M^n$ ist genau dann elliptisch bzw. hyperbolisch bzw. parabolisch, wenn dies für $M$ gilt.

4) $M \in SL(2;\mathbb{R})$, $M \neq \pm E$, hat genau dann endliche Ordnung, wenn es ein $q \in \mathbb{Q}$ mit $0 < q < 1$ gibt, so dass $\operatorname{Sp} M = 2\cos \pi q$ . In diesem Fall ist $M$ elliptisch.

5) Jedes $M \in SL(2;\mathbb{R})$ ist ein Produkt von 2 hyperbolischen Matrizen.

6) Sei $M \in SL(2;\mathbb{R})$ parabolisch mit $\varepsilon = \frac{1}{2}\operatorname{Sp} M$. Dann gilt $M^n = n\varepsilon^{n-1}M - (n-1)\varepsilon^n E$ für alle $n \in \mathbb{Z}$.

7) Jedes $M \in SL(2;\mathbb{R})$, $M \neq \pm E$, ist in der $SL(2;\mathbb{R})$ konjugiert zu $\begin{pmatrix} 0 & \mp 1 \\ \pm 1 & s \end{pmatrix}$, $s = \operatorname{Sp} M$. Für welche $M$ sind diese beiden Matrizen noch konjugiert?

8) Ist $w$ der $\mathbb{H}$–Mittelpunkt eines $\mathbb{H}$–Kreises, $m$ dessen euklidischer Mittelpunkt und bezeichnen $y^+$ bzw. $y^-$ die Imaginärteile der Schnittpunkte des Kreises mit der Geraden durch $w$ und $m$, dann gilt
$$\operatorname{Im} m = \tfrac{1}{2}(y^+ + y^-) \quad \text{und} \quad \operatorname{Im} w = \sqrt{y^+ y^-} \, .$$

9) Man beschreibe den Orthogonalkreis zwischen den Punkten $z = 4 + 5i$ und $w = 2 + 8i$.

10) Man bestimme den hyperbolischen Abstand zwischen $z = \frac{73+i}{130}$ und $w = \frac{157+2i}{277}$.

11) Für $z, w, \in \mathbb{H}$ sei $d(z,w) := \operatorname{Sp}(F_z F_w^{-1}) - 2$ (vgl 9(1)). Dann gilt für alle $M \in GL(2;\mathbb{R})$
$$d(M\langle z \rangle, M\langle w \rangle) = d(z,w) \quad \text{und} \quad d(z,w) > 0 \quad \text{für} \quad z \neq w.$$

12) Sei $\mathcal{K} = \{Z \in \operatorname{Mat}(2;\mathbb{R}) \; ; \; Z + Z^t \in \operatorname{Pos}(2;\mathbb{R})\}$ und $J = \begin{pmatrix} 0 & -1 \\ 1 & 0 \end{pmatrix}$. Die Abbildung
$$\varphi : \mathbb{H} \times \mathbb{H} \longrightarrow \mathcal{K} \, , \; (\tau, w) \longmapsto Z := uJ + vF_\tau \, , \; w = u + iv \, ,$$
ist eine Bijektion und es gilt für $M \in SL(2;\mathbb{R})$, $\lambda > 0$
$$\varphi((M\tau, w)) = (M^{-1})^t Z M^{-1} \, , \; \varphi((\tau, w+1)) = Z + J \, , \; \varphi((\tau, \lambda w)) = \lambda Z \, ,$$
$$\varphi((-\tfrac{1}{\tau}, -\tfrac{1}{w})) = Z^{-1} \, , \; \varphi((\tau, -\overline{w})) = Z^t \, , \; \varphi((-\overline{\tau}, w)) = D^t Z^t D \, , \; D = \begin{pmatrix} 1 & 0 \\ 0 & -1 \end{pmatrix}.$$


# §2.  Die Modulgruppe

In diesem Paragrafen wird die Modulgruppe untersucht. Es wird ein kanonischer exakter Fundamentalbereich der Modulgruppe in $\mathbb{H}$ bestimmt.

**1. Erzeugende.** Unter der *Modulgruppe* (oder der *elliptischen Modulgruppe*) wird wie in der Einleitung die Gruppe
$$\Gamma := SL(2;\mathbb{Z}) := \{M \in \operatorname{Mat}(2;\mathbb{Z}) \; ; \; \det M = 1\}$$
verstanden. Zwei Matrizen aus $\Gamma$ werden besonders bezeichnet:
$$(1) \qquad\qquad J := \begin{pmatrix} 0 & -1 \\ 1 & 0 \end{pmatrix} \quad \text{und} \quad T := \begin{pmatrix} 1 & 1 \\ 0 & 1 \end{pmatrix}.$$

Man überzeugt sich sofort von
$$(2) \qquad\qquad J^2 = -E \quad \text{und} \quad T^m = \begin{pmatrix} 1 & m \\ 0 & 1 \end{pmatrix} \quad \text{für} \quad m \in \mathbb{Z}.$$

Eine Verifikation ergibt

$$(3) \qquad\qquad (JT)^3 = (TJ)^3 = -E.$$

Den Matrizen (1) entsprechen die Transformationen der oberen Halbebene

$$(4) \qquad\qquad \tau \longmapsto -1/\tau \quad \text{und} \quad \tau \longmapsto \tau + 1.$$

Wir wiederholen aus I.1.5 das

**Ergänzungs–Lemma.** *Zu teilerfremden ganzen Zahlen $c, d$ gibt es eine Matrix $M \in \Gamma$ mit $M = \begin{pmatrix} * & * \\ c & d \end{pmatrix}$. Je zwei Matrizen mit dieser Eigenschaft unterscheiden sich nur um einen linksseitigen Faktor der Form $T^m$ mit $m \in \mathbb{Z}$.*

Eine algebraische Beschreibung der Gruppe $\Gamma$ gibt der

**Satz.** *Die Modulgruppe $\Gamma$ wird von den Matrizen $J$ und $T$ erzeugt.*

*Beweis.* Sei $\Delta$ die von $J$ und $T$ erzeugte Untergruppe von $\Gamma$. Wegen (2) gilt $-E \in \Delta$. Sei nun $M = \begin{pmatrix} a & b \\ c & d \end{pmatrix} \in \Gamma$. Wir zeigen durch Induktion nach $|c|$, dass $M \in \Delta$ gilt. Im Fall $c = 0$ hat man nach (2) bereits $M = \pm T^m \in \Delta$. Sei nun $c \neq 0$. Für geeignetes $m \in \mathbb{Z}$ gilt dann

$$M' = JT^m M = \begin{pmatrix} * & * \\ c' & * \end{pmatrix} \quad \text{mit} \quad 0 \le c' = a + mc < |c| \, .$$

Aus der Induktionsvoraussetzung erhält man $M' \in \Delta$ und damit dann auch

$$M = T^{-m} J^{-1} M' \in \Delta, \quad \text{also} \quad \Delta = \Gamma. \qquad\qquad \square$$

Danach kann man jedes Element von $\Gamma$ als endliches Produkt der Form

$$(5) \qquad\qquad J^\varepsilon T^{m_1} J T^{m_2} J \cdot \ldots \cdot J T^{m_k} J^\delta$$

mit $m_1, \ldots, m_k \in \mathbb{Z}$ und $\varepsilon, \delta$ gleich 0 oder 1 schreiben. Wegen (3) kann man sogar noch $\varepsilon = \delta = 0$ annehmen. Allerdings ist diese Darstellung keineswegs eindeutig.

**Korollar A.** *Die Gruppe der Modulsubstitutionen $\tau \mapsto M\tau$ , $M \in \Gamma$, wird von den Abbildungen $\tau \mapsto \tau + 1$ und $\tau \mapsto -1/\tau$ erzeugt.*

Setzt man (vgl. (3))

$$(6) \qquad\qquad U := -TJ = \begin{pmatrix} -1 & 1 \\ -1 & 0 \end{pmatrix}, \quad \text{also} \quad U^3 = E,$$

so erhält man ein Erzeugendensystem von $\Gamma$, das aus Matrizen endlicher Ordnung besteht.

**Korollar B.** *Die Modulgruppe $\Gamma$ wird von den Matrizen $J$ und $U$ der Ordnung 4 bzw. 3 erzeugt.*

**Bemerkungen.** a) Die für $2 \times 2$ Matrizen $M$ über einem beliebigen Körper gültige Identität $M^t J M = \det M \cdot J$ zeigt, dass man für die Modulgruppe auch

$$\Gamma = \{ M \in \mathrm{Mat}(2; \mathbb{Z}) \; ; \; M^t J M = J \}$$

schreiben kann.

b) Im Anschluss an Korollar B kann man zeigen, dass $\Gamma$ als die Gruppe mit zwei Erzeugenden $J$ und $U$ und den definierenden Relationen $J^4 = U^3 = E$ sowie $J^2 U = U J^2$ beschrieben werden kann. Man vergleiche H. MAASS [1983], 54–55.

c) Die Gruppe $PSL(2; \mathbb{Z}) := SL(2; \mathbb{Z})/\{\pm E\}$ ist wegen Proposition 1.1 und Satz 1.3 kanonisch isomorph zur Gruppe der Modulsubstitutionen. Sie wird erzeugt von den Modulsubstitutionen $\tau \mapsto J\tau = -1/\tau$ und $\tau \mapsto U\tau = 1 - 1/\tau$ der Ordnung 2 und 3. Also ist $PSL(2; \mathbb{Z})$ das freie Produkt zweier zyklischer Gruppen der Ordnung 2 und 3.

d) Die Bezeichnung der Matrizen (1) mit $J$ bzw. $T$ (wegen „Involution" und „Translation" ) ist in der Literatur keineswegs verbindlich geregelt. H. PETERSSON und seine Schüler verwenden die Bezeichnung $T$ bzw. $U$.

## 2. Der exakte Fundamentalbereich $\mathbb{F}$. Man definiere

$$(1) \quad \mathbb{F} := \left\{ \tau \in \mathbb{H} ; \; -\tfrac{1}{2} < \mathrm{Re}\,\tau \leq \tfrac{1}{2} \,, \; |\tau| \geq 1 \text{ und } |\tau| > 1 \text{ für } -\tfrac{1}{2} < \mathrm{Re}\,\tau < 0 \right\}$$

und veranschauliche sich $\mathbb{F}$ an der nebenstehenden Figur. Offenbar wird $\mathbb{F}$ von Teilen der Geraden $\mathrm{Re}\,\tau = \pm\tfrac{1}{2}$ und einem Bogen des Einheitskreises, also von Teilen von Orthogonalkreisen berandet.

$$\overline{\mathbb{F}} = \{ \tau \in \mathbb{H} ; \; |\mathrm{Re}\,\tau| \leq \tfrac{1}{2}, |\tau| \geq 1 \},$$

$$\overset{\circ}{\mathbb{F}} = \{ \tau \in \mathbb{H} ; \; |\mathrm{Re}\,\tau| < \tfrac{1}{2}, |\tau| > 1 \}$$

bezeichne die abgeschlossene Hülle bzw. den offenen Kern von $\mathbb{F}$. Die Randpunkte $i$ und

$$(2) \quad \rho := \tfrac{1}{2} + \tfrac{1}{2} i\sqrt{3} \quad \text{mit} \quad \rho^3 = -1$$

gehören zu $\mathbb{F}$, während

$$\rho^2 = \rho - 1 = -\overline{\rho} = -\tfrac{1}{2} + \tfrac{1}{2} i\sqrt{3}$$

zwar zu $\overline{\mathbb{F}}$, aber nicht zu $\mathbb{F}$ gehört. Offenbar gilt

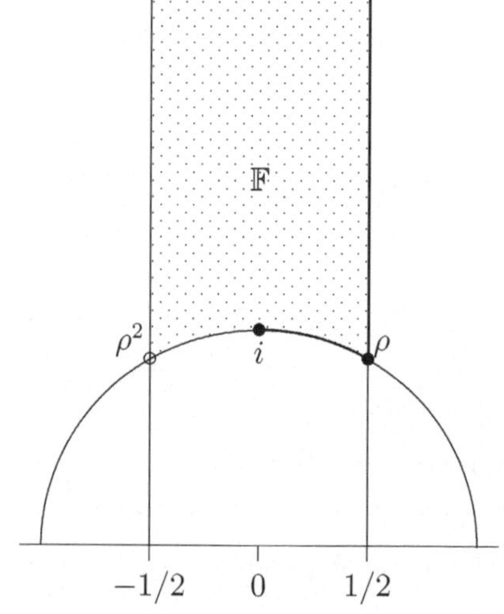


Abb. 16: Der exakte Fundamentalbereich

$$(3) \qquad\qquad \mathrm{Im}\,\tau \geq \tfrac{1}{2}\sqrt{3} \quad \text{für alle} \quad \tau \in \overline{\mathbb{F}}.$$

Mit den Bezeichnungen 1(1) und 1(6) erhält man den

**Satz.** a) *Zu jedem $\tau \in \mathbb{H}$ gibt es ein $M \in \Gamma$ mit $M\tau \in \mathbb{F}$.*
b) *Gehören $\tau$ und $M\tau$, $M \in \Gamma$, zu $\mathbb{F}$, so gilt $\tau = M\tau$. Ist $M \neq \pm E$, so folgt*

**entweder**

$$\text{(4)} \qquad \tau = M\tau = i \quad und \quad M = \pm J$$

**oder**

$$\text{(5)} \qquad \tau = M\tau = \rho \quad und \quad M = \pm U, \pm U^2.$$

Aufgrund dieser Eigenschaften nennt man $\mathbb{F}$ einen *exakten Fundamentalbereich* der Modulgruppe $\Gamma$.

*Beweis.* a) Nach Proposition I.1.3 ist das Gitter $\mathbb{Z}\tau + \mathbb{Z}$ diskret in $\mathbb{C}$. Es gibt also ein Paar $(c, d) \in \mathbb{Z} \times \mathbb{Z}$ mit $(c, d) \neq (0, 0)$ und

$$\text{(6)} \qquad |m\tau + n| \geq |c\tau + d| \quad \text{für alle} \quad (m, n) \in \mathbb{Z} \times \mathbb{Z}, (m, n) \neq (0, 0).$$

Natürlich sind $c$ und $d$ dann teilerfremd. Nach dem Ergänzungs–Lemma 1 gibt es nun ein $L = \begin{pmatrix} a & b \\ c & d \end{pmatrix} \in \Gamma$ und (6) impliziert $|T^m L\tau| \geq 1$ für alle $m \in \mathbb{Z}$. Wählt man $m$ geeignet und setzt $\tau' = T^m L\tau = m + L\tau$, dann erhält man

$$-\frac{1}{2} < \operatorname{Re}\tau' \leq \frac{1}{2} \quad und \quad |\tau'| \geq 1.$$

Im Fall $-\frac{1}{2} < \operatorname{Re}\tau' < 0$ und $|\tau'| = 1$ ersetzt man noch $\tau'$ durch $J\tau' = -1/\tau' = -\overline{\tau'}$.

b) Im Fall $c = 0$ gilt $M\tau = \tau + m$ für ein $m \in \mathbb{Z}$. Aus (1) folgt dann $m = 0$ und $M = \pm E$. Man darf also ohne Einschränkung $c > 0$ annehmen. Für $\tau = x + iy$ erhält man aus 1.3(1) und (3) sofort

$$(*) \qquad \frac{1}{2}\sqrt{3} \leq \operatorname{Im} M\tau = \frac{y}{|c\tau + d|^2} \quad und \quad \frac{1}{2}\sqrt{3} \leq y.$$

*Behauptung. Es gilt $c = 1$ und $d \in \{0, \pm 1\}$.*

*Beweis.* Man hat $|c\tau + d|^2 \geq c^2 y^2$ und $(*)$ ergibt $\frac{3}{4}c^2 \leq 1$, also $c = 1$. Nun gilt aber auch

$$|\tau + d|^2 \geq 2|x + d|y, \quad \text{also} \quad \sqrt{3}|x + d| \leq 1$$

nach $(*)$. Wegen $|x| \leq \frac{1}{2}$ erhält man $|d| \leq 1$. $\qquad\qquad \square$

Nun werden die Fälle $d = 0$ und $d = \pm 1$ einzeln behandelt:

*Der Fall $d = 0$:* Es folgt $M = \begin{pmatrix} m & -1 \\ 1 & 0 \end{pmatrix} = T^m J$, also $M\tau = m - 1/\tau$. Für $|\tau| > 1$ erhält man aus

$$|\operatorname{Re}(-1/\tau)| = |\operatorname{Re}(\tau)|/|\tau|^2 < 1/2$$

sofort $m = 0$ und $|M\tau| = |-1/\tau| < 1$ als Widerspruch. Also muss $|\tau| = 1$ gelten. Wegen $M\tau = m - \overline{\tau} = (m - x) + iy$ zeigt nun ein Blick auf die Modulfigur, dass nur die Fälle

$$m = 0 \,, \quad \text{also} \quad M = J \quad \text{und} \quad \tau = M\tau = i \,,$$

bzw.

$$m = 1 \,, \quad \text{also} \quad M = TJ = -U \quad \text{und} \quad \tau = M\tau = \rho$$

möglich sind.

*Der Fall $d = \pm 1$:* Hier ist $|\tau + d|^2 = (x \pm 1)^2 + y^2 \geq y^2 + \frac{1}{4}$, also

$$(**) \qquad \frac{1}{2}\sqrt{3} \leq \text{Im } M\tau \leq f(y) \quad \text{mit} \quad f(y) := \frac{y}{y^2 + 1/4}$$

nach $(*)$. Da $f(y)$ für $y \geq \frac{1}{2}$ streng monoton fallend ist und $f\left(\frac{1}{2}\sqrt{3}\right) = \frac{1}{2}\sqrt{3}$ gilt, folgt

$$(***) \qquad\qquad\qquad \text{Im } M\tau = y = \tfrac{1}{2}\sqrt{3}$$

aus $(**)$. Dann ist aber $x = \frac{1}{2}$ und $\tau = M\tau = \rho$. Wegen $(***)$ erhält man

$$\left| d + \frac{1}{2} \right| = \frac{1}{2}, \quad \text{also} \quad d = -1 \quad \text{und} \quad M = \begin{pmatrix} * & * \\ 1 & -1 \end{pmatrix}.$$

Das Ergänzungs-Lemma 1 ergibt jetzt

$$M = T^m (TJ)^2 \quad \text{mit einem} \quad m \in \mathbb{Z}.$$

Aus $TJ\rho = \rho$ und $M\rho = \rho$ folgt $m = 0$ und somit $M = U^2$.       □

Für $M \in \Gamma$ und $\tau \in \overline{\mathbb{F}}$ hat man

$$|c\tau + d|^2 = c^2 |\tau|^2 + 2cd \cdot \text{Re } \tau + d^2 \geq c^2 - |cd| + d^2 = (|c| - |d|)^2 + |cd| \geq 1.$$

Also folgt aus 1.3(1) das

**Lemma.** *Ist $\tau \in \overline{\mathbb{F}}$, so gilt für alle $M \in \Gamma$*

$$\text{Im } M\tau \leq \text{Im } \tau.$$

Nach dem Satz überdecken die Bilder

$$M\mathbb{F} := \{ M\tau \; ; \; \tau \in \mathbb{F} \} \,, \; M \in \Gamma \,,$$

die obere Halbebene $\mathbb{H}$ lückenlos und man erhält die berühmte *Modulfigur*. In diesem Zusammenhang nennt man $\overline{\mathbb{F}}$ auch das *Moduldreieck*.

Bei der sukzessiven Konstruktion der Bilder $M\overline{\mathbb{F}}$ von $\overline{\mathbb{F}}$ beachte man hier, dass der Rand von $\overline{\mathbb{F}}$ aus Teilen von Orthogonalkreisen im Sinne von **1.3** besteht. Die Bilder des Randes bestehen nach Proposition 1.3 also wieder aus Teilen von Orthogonalkreisen. Schließlich benutzt man die Tatsache, dass solche Orthogonalkreise durch zwei Punkte in $\mathbb{H}$ eindeutig bestimmt sind.

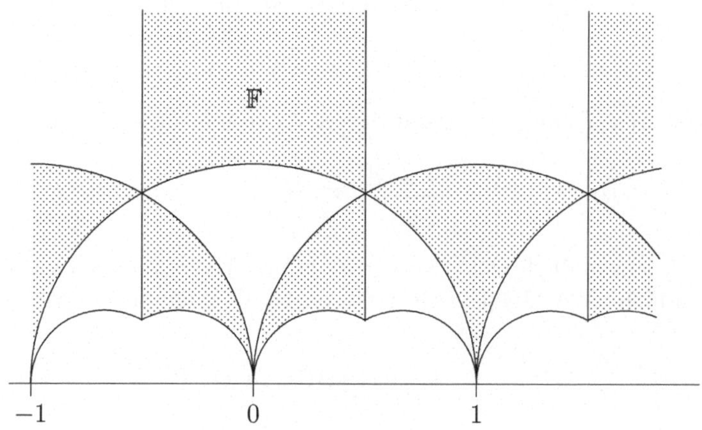

Abb. 17: Bilder von $\mathbb{F}$

**3. Fixpunkte und Nachbarn.** Für $\tau \in \mathbb{H}$ definiert man

$$(1) \qquad \Gamma_\tau := \{M \in \Gamma \ ; \ M\tau = \tau\}.$$

Offenbar ist $\Gamma_\tau$ eine Untergruppe von $\Gamma$, die so genannte *Fixgruppe von $\tau$*. Satz 2 besagt

$$(2) \quad \Gamma_i = \{\pm E, \pm J\} \, , \quad \Gamma_\rho = \{\pm E, \pm U, \pm U^2\} \, , \quad \Gamma_\tau = \{\pm E\}, \ \tau \in \mathbb{F}, \ \tau \neq i, \rho \, .$$

$\tau \in \mathbb{H}$ heißt *Fixpunkt von $\Gamma$*, wenn $\Gamma_\tau \neq \{\pm E\}$. Also sind $i$ und $\rho$ Fixpunkte. Ist $\tau$ ein beliebiger Fixpunkt, so gibt es ein $M \in \Gamma$ mit $M\tau \in \mathbb{F}$. Da die Fixgruppen

$$(3) \qquad \Gamma_{M\tau} = M\Gamma_\tau M^{-1}$$

und $\Gamma_\tau$ in $\Gamma$ konjugiert sind, ist auch $M\tau$ ein Fixpunkt. Aus Satz 2 bzw. (2) folgt das

**Korollar A.** *Die Fixpunkte von $\Gamma$ sind genau die Punkte $Mi$ und $M\rho$ mit $M \in \Gamma$.*

Für $\varepsilon > 0$ nennen wir

$$(4) \qquad \mathcal{V}_\varepsilon := \{\tau \in \mathbb{H} \, ; \, y \geq \varepsilon, \ |x| \leq \tfrac{1}{\varepsilon}\}$$

einen *Vertikalstreifen der Höhe $\varepsilon$* in $\mathbb{H}$. Nach 2(1) und 2(3) gilt

$$(5) \qquad \mathbb{F} \subset \overline{\mathbb{F}} \subset \mathcal{V}_\varepsilon \quad \text{für alle} \quad \varepsilon \leq \frac{1}{2}\sqrt{3}.$$

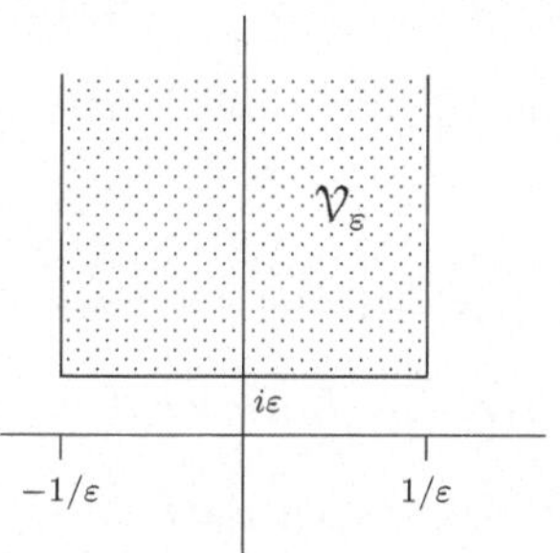


Abb. 18: Vertikalstreifen

**Satz.** *Ist $\varepsilon > 0$, so gibt es nur endlich viele $M \in \Gamma$ mit der Eigenschaft*

$$M\mathcal{V}_\varepsilon \cap \mathcal{V}_\varepsilon \neq \emptyset.$$

*Beweis.* Ist $M \in \Gamma$ und $\tau \in \mathcal{V}_\varepsilon$ mit $M\tau \in \mathcal{V}_\varepsilon$, so folgt aus 1.3(1)

$$(*) \qquad \frac{1}{\varepsilon} \geq (\operatorname{Im} M\tau)^{-1} = \frac{|c\tau + d|^2}{y} \geq c^2 y \geq \varepsilon c^2, \quad \text{also} \quad |c| \leq \frac{1}{\varepsilon}.$$

Also gibt es nur endlich viele $c$. Für $c = 0$ folgt $M\tau = \tau + m$, $m \in \mathbb{Z}$ und man hat nur endlich viele $M \in \Gamma$. Gilt $c \neq 0$, so erhält man aus $(*)$

$$\frac{1}{\varepsilon} \geq y \quad \text{und} \quad \frac{1}{\varepsilon} \geq \frac{(cx + d)^2}{y} \geq \varepsilon(cx + d)^2, \quad \text{also} \quad |d| \leq \frac{1}{\varepsilon} + |cx| \leq \frac{1}{\varepsilon} + \frac{1}{\varepsilon^2}.$$

Demnach gibt es nur endlich viele Möglichkeiten für die zweiten Zeilen von $M$, nach dem Ergänzungs-Lemma 1 aber auch nur endlich viele $M$. $\qquad\qquad\square$

Eine Menge $M\mathbb{F}$ mit $M \in \Gamma$ und $M\mathbb{F} \cap \mathbb{F} \neq \emptyset$ heißt ein *Nachbar von* $\mathbb{F}$. Damit folgt aus dem Satz das

**Korollar B.** $\mathbb{F}$ *hat nur endlich viele Nachbarn.*

Nach Satz 2 sind $\mathbb{F}$, $J\mathbb{F}$, $U\mathbb{F}$ und $U^2\mathbb{F}$ genau die Nachbarn von $\mathbb{F}$

**Korollar C.** *Ist $\mathcal{K} \subset \mathbb{H}$ kompakt, so gilt $M\overline{\mathbb{F}} \cap \mathcal{K} \neq \emptyset$ für nur endlich viele $M \in \Gamma$.*

*Beweis.* Man wählt $\varepsilon \leq \frac{1}{2}\sqrt{3}$ mit $\mathcal{K} \subset \mathcal{V}_\varepsilon$ und verwendet den Satz. $\qquad\square$

**4*. Der Quotientenraum** $\Gamma \backslash \mathbb{H}$ wird definiert durch

$$(1) \qquad\qquad\qquad \Gamma \backslash \mathbb{H} := \{\Gamma\tau \,;\, \tau \in \mathbb{H}\}$$

und besteht also aus allen *Bahnen*

$$(2) \qquad\qquad\qquad \Gamma\tau := \{M\tau \,;\, M \in \Gamma\} \quad \text{für } \tau \in \mathbb{H}$$

unter $\Gamma$. Wie üblich hat man eine kanonische Surjektion

$$(3) \qquad\qquad\qquad \pi : \mathbb{H} \longrightarrow \Gamma \backslash \mathbb{H} \,, \quad \tau \longmapsto \pi(\tau) := \Gamma\tau.$$

Die Bedeutung von Satz 2 liegt in dem

**Satz.** *Die Einschränkung von $\pi$ auf $\mathbb{F}$, $\pi : \mathbb{F} \to \Gamma \backslash \mathbb{H}$, ist bijektiv.*

*Beweis.* Nach Satz 2a gilt $\mathbb{F} \cap \Gamma\tau \neq \emptyset$ für jedes $\tau \in \mathbb{H}$, d.h., die fragliche Einschränkung ist noch surjektiv. Seien nun $\tau, \tau' \in \mathbb{F}$ mit $\pi(\tau) = \pi(\tau')$, also mit $\Gamma\tau = \Gamma\tau'$, gegeben. Nach (2) gibt es dann ein $M \in \Gamma$ mit $\tau' = M\tau$. Damit gehören $\tau$ und $M\tau$ zu $\mathbb{F}$ und Satz 2b liefert $\tau' = M\tau = \tau$. $\qquad\square$

Anschaulich erhält man $\Gamma\backslash\mathbb{H}$ aus $\mathbb{F}$ durch Identifizierung der durch $\Gamma$ aufeinander bezogenen Teile des Randes. Durch die Betrachtung der Figur wird sofort klar, dass man den Quotientenraum $\Gamma\backslash\mathbb{H}$ durch Hinzunahme eines Punktes, nämlich der Bahn $\Gamma\infty = \mathbb{Q} \cup \{\infty\}$, kompaktifizieren kann.

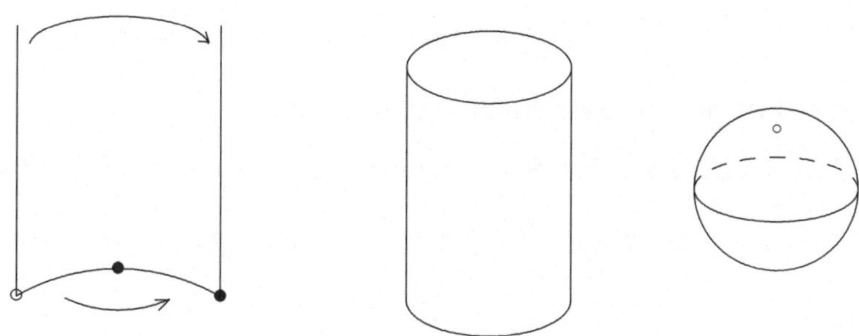

Abb. 19: Kompaktifizierung von $\Gamma\backslash\mathbb{H}$

**5*. Reduktionstheorie der positiv definiten $2 \times 2$ Matrizen.** Nach **1.8** operiert nicht nur $SL(2;\mathbb{R})$, sondern sogar $GL(2;\mathbb{R})$ vermöge

$$(1) \qquad \tau \mapsto M\langle\tau\rangle := \begin{cases} M\tau\,, & \text{falls } \det M > 0, \\ M\overline{\tau}\,, & \text{falls } \det M < 0, \end{cases}$$

auf $\mathbb{H}$. Ein Fundamentalbereich von $\mathbb{H}$ bezüglich der Operation von

$$(2) \qquad GL(2;\mathbb{Z}) = \Gamma \cup \Gamma \cdot \begin{pmatrix} 1 & 0 \\ 0 & -1 \end{pmatrix}$$

kann nun wie folgt bestimmt werden. Man definiert die „linke Hälfte" von $\overline{\mathbb{F}}$

$$(3) \qquad \mathbb{L} := \{\tau \in \mathbb{H}\,; \ -\tfrac{1}{2} \le \operatorname{Re}\tau \le 0 \text{ und } |\tau| \ge 1\},$$

und erhält aus Satz 2 unschwer den

**Satz.** a) *Zu $\tau \in \mathbb{H}$ gibt es ein $M \in GL(2;\mathbb{Z})$ mit $M\langle\tau\rangle \in \mathbb{L}$.*
b) *Gehören $\tau$ und $M\langle\tau\rangle$, $M \in GL(2;\mathbb{Z})$, zum offenen Kern von $\mathbb{L}$, so gilt $M = \pm E$.*
c) *Gehören $\tau$ und $M\langle\tau\rangle$, $M \in GL(2;\mathbb{Z})$, zu $\mathbb{L}$, so gilt $\tau = M\langle\tau\rangle$.*
d) *Der Rand von $\mathbb{L}$ besteht nur aus Fixpunkten von $GL(2;\mathbb{Z})$.*

Für die Randpunkte $\tau$ von $\mathbb{L}$ gilt z.B. $-\overline{\tau} = \tau$, falls $\tau = iy$, bzw. $1/\overline{\tau} = \tau$, falls $|\tau| = 1$, bzw. $-\overline{(\tau+1)} = \tau$, falls $\operatorname{Re}\tau = -\tfrac{1}{2}$.

Nach Lemma 1.9 wird durch die Abbildung

$$(4) \quad \,]0,\infty[\times\mathbb{H} \longrightarrow \operatorname{Pos}(2;\mathbb{R})\,, \ (t,\tau) \longmapsto t \cdot F_\tau\,, \quad F_\tau := \frac{1}{y}\begin{pmatrix} 1 & -x \\ -x & x^2+y^2 \end{pmatrix},$$

eine Bijektion gegeben, die nach Satz 1.9 mit der durch

$$(M, S) \longmapsto M * S := \left(M^{-1}\right)^{t} S M^{-1}$$

gegebenen Operation von $GL(2;\mathbb{R})$ auf $\mathrm{Pos}\,(2;\mathbb{R})$ verträglich ist. Bezeichnet man das Bild von $]0, \infty[\times\mathbb{L}$ unter der Abbildung (4) mit $\mathbb{P}$, so ergibt (3) sofort

$$(5) \qquad \mathbb{P} = \left\{ S = \left(\begin{smallmatrix} \alpha & \beta \\ \beta & \gamma \end{smallmatrix}\right) \in \mathrm{Pos}\,(2;\mathbb{R}) \;;\; 0 \leq 2\beta \leq \alpha \leq \gamma \right\}.$$

Aus Satz 1.9 und dem Satz erhält man daher das

**Korollar.** a) *Zu jedem $S \in \mathrm{Pos}\,(2;\mathbb{R})$ gibt es ein $M \in GL(2;\mathbb{Z})$ mit der Eigenschaft $M^{t}SM \in \mathbb{P}$.*
b) *Gehören $S$ und $M^{t}SM$, $M \in GL(2;\mathbb{Z})$, zum offenen Kern von $\mathbb{P}$, so gilt $M = \pm E$.*
c) *Gehören $S$ und $M^{t}SM$, $M \in GL(2;\mathbb{Z})$, zu $\mathbb{P}$, so gilt $S = M^{t}SM$.*

Diese so genannte *Reduktionstheorie* der positiv definiten *binären quadratischen Formen* geht auf A.M. LEGENDRE und C.F. GAUSS zurück. GAUSS war der Zusammenhang zwischen der Bestimmung eines Fundamentalbereiches von $\Gamma$ und der im Korollar formulierten Reduktionstheorie bekannt (*Werke VIII,* 100–105).

**Aufgaben.** 1) $\{M\infty \,;\, M \in \Gamma\} = \mathbb{Q} \cup \{\infty\}$.
2) Für $M \in \Gamma$ gilt:
(i)   $\mathrm{ord}\,M = 3 \iff \mathrm{Sp}\,M = -1$,
(ii)  $\mathrm{ord}\,M = 4 \iff \mathrm{Sp}\,M = 0$,
(iii) $\mathrm{ord}\,M = 6 \iff \mathrm{Sp}\,M = 1$.
3) $\Gamma$ enthält jeweils unendlich viele elliptische, hyperbolische und parabolische Matrizen.
4) Ist $n$ eine positive ganze Zahl, so bestimme man explizit ein $M \in \Gamma$ mit $M\tau \in \mathbb{F}$ für $\tau = \frac{1}{n} + \frac{1}{n}i$.
5) Ist $\tau \in \mathbb{H}$ ein Fixpunkt von $\Gamma$, so liegt $\tau$ in dem imaginär-quadratischen Zahlkörper $\mathbb{Q}[i]$ oder $\mathbb{Q}[i\sqrt{3}]$ und es gibt ein $n \in \mathbb{N}$ mit der Eigenschaft

$$y = \tfrac{1}{n},\ n \equiv 1,2(\mathrm{mod}\,4) \quad \text{oder} \quad y = \tfrac{\sqrt{3}}{n},\ n \equiv 2(\mathrm{mod}\,4).$$

6) Es gilt

$$\overline{\mathbb{F}} = \{\tau \in \mathbb{H} \;;\; |x| \leq \tfrac{1}{2} \text{ und } |m\tau + n| \geq 1 \text{ für alle } (m,n) \in \mathbb{Z} \times \mathbb{Z}, (m,n) \neq (0,0)\},$$

$$\overset{\circ}{\mathbb{F}} = \{\tau \in \mathbb{H} \;;\; |x| < \tfrac{1}{2} \text{ und } |m\tau + n| > 1 \text{ für alle } (m,n) \in \mathbb{Z} \times \mathbb{Z}, m \neq 0\}.$$

7) $\mathbb{F}$ ist ein „Stern mit Mittelpunkt $\lambda i$" , $\lambda \geq 2/\sqrt{3}$, d.h., für jedes $\tau \in \mathbb{F}$ gehrt die Verbindungsstrecke zwischen $\tau$ und $\lambda i$ ganz zu $\mathbb{F}$.

8) $\mathbb{F}$ ist $\mathbb{H}$–konvex, d.h., sind $\tau$ und $\tau'$ aus $\mathbb{F}$, so liegt der Orthogonalkreis zwischen $\tau$ und $\tau'$ ganz in $\mathbb{F}$.

9) Für welche $\tau \in \overline{\mathbb{F}}$ existiert ein $M \in \Gamma$ mit $M\tau = -\overline{\tau}$?

10) Man definiert $\mathcal{R} := \left\{ S = \left(\begin{smallmatrix} \alpha & \beta \\ \beta & \gamma \end{smallmatrix}\right) \in \mathrm{Pos}\,(2;\mathbb{R}) \;;\; -\alpha \leq 2\beta < \alpha \leq \gamma \right\}.$

a) Zu $S \in \mathrm{Pos}\,(2;\mathbb{R})$ existiert ein $M \in \Gamma$ mit $M^{t}SM \in \mathcal{R}$.
b) Gehören $S$ und $T = M^{t}SM$ mit $M \in \Gamma$, $M \neq \pm E$, zu $\mathcal{R}$, so gilt **entweder**
$$S = T = \lambda E\,,\ \lambda > 0\,,\ \text{und } M = \pm J \textbf{ oder}$$
$$S = T = \lambda\left(\begin{smallmatrix} 2 & -1 \\ -1 & 2 \end{smallmatrix}\right),\ \lambda > 0\,,\ \text{und } M = \pm U \text{ oder } M = \pm U^{2}.$$

11) Man beschreibe das Bild von $\mathbb{F}$ im Einheitskreis unter der CAYLEY–Abbildung 1.2(1).

12) Zu $w \in \mathbb{L}$ bestimme man die Fixgruppe $\{M \in GL(2;\mathbb{Z})\,;\, M\langle w\rangle = w\}$.

13) Sind $\mathcal{K}$ und $\mathcal{L}$ Kompakta in $\mathbb{H}$, so gibt es nur endlich viele $M \in \Gamma$ mit der Eigenschaft $M\mathcal{K} \cap \mathcal{L} \neq \emptyset$.

14) Sei $F_\tau \in \mathrm{Pos}\,(2;\mathbb{R})$ wie in 1.9(1) definiert. Für $\tau \in \mathbb{F}$ sind die Eigenwerte von $F_\tau$ größer oder gleich $\frac{1}{2y}$ und $\frac{1}{2y}$ tritt genau dann als Eigenwert auf, wenn $\tau = \rho$.

15) Man wiederhole die Definition von $\varphi$ und $\mathcal{K}$ aus Aufgabe 1.12. Dann gilt

$$\varphi(\overline{\mathbb{F}} \times \overline{\mathbb{F}}) = \left\{ Z = \begin{pmatrix} a & b \\ c & d \end{pmatrix} \in \mathcal{K}\,;\, |b+c| \leq a \leq d\,,\, |b-c| \leq 1\,,\, \det Z \geq 1 \right\}.$$

# §3. Untergruppen der Modulgruppe

In diesem Paragrafen wird ein Verfahren beschrieben, wie man Fundamentalbereiche zu Untergruppen der Modulgruppe konstruiert. Es bezeichne wieder $\Gamma = SL(2;\mathbb{Z})$ die Modulgruppe und $\Lambda$ eine Untergruppe von $\Gamma$.

**1. Fundamentalbereiche von Untergruppen.** Sei $\Delta$ zunächst eine beliebige Untergruppe von $SL(2;\mathbb{R})$. Eine Teilmenge $\mathcal{F}$ von $\mathbb{H}$ nennt man einen *Fundamentalbereich* von $\Delta$, wenn gilt:

(FB.0)  $\mathcal{F}$ ist (relativ) abgeschlossen in $\mathbb{H}$.

(FB.1)  Zu jedem $\tau \in \mathbb{H}$ gibt es $M \in \Delta$ mit $M\tau \in \mathcal{F}$.

(FB.2)  Gehören $\tau$ und $M\tau$, $M \in \Delta$, zum offenen Kern von $\mathcal{F}$, so gilt $M = \pm E$.

Bezeichnet $M\mathcal{F} := \{M\tau\,;\, \tau \in \mathcal{F}\}$ das Bild von $\mathcal{F}$ unter der Transformation $\tau \mapsto M\tau$, so ist ein (relativ) abgeschlossenes $\mathcal{F} \subset \mathbb{H}$ genau dann ein Fundamentalbereich von $\Delta$, wenn gilt

(FB.1*)  $\mathbb{H} = \bigcup_{M \in \Delta} M\mathcal{F}$.

(FB.2*)  $\overset{\circ}{\mathcal{F}} \cap M\overset{\circ}{\mathcal{F}} \neq \emptyset$, $M \in \Delta \;\Rightarrow\; M = \pm E$.

Ist $\Delta = \Lambda$ eine Untergruppe von $\Gamma$, so ist $\Lambda$ abzählbar. In diesem Fall folgt aus (FB.1*) und dem Satz von BAIRE (vgl. B. V. QUERENBURG [2001], § 13D), dass jeder Fundamentalbereich innere Punkte besitzt.

Es bezeichne $\mathbb{F}$ die in 2.2(1) definierte Teilmenge von $\mathbb{H}$. Nach Satz 2.2 ist $\overline{\mathbb{F}}$ ein Fundamentalbereich von $\Gamma$ im obigen Sinn. Sei nun $\Lambda'$ die von $\Lambda$ und $-E$ erzeugte Untergruppe von $\Gamma$ und

$$(1) \qquad\qquad \Gamma = \bigcup_{1 \leq \nu \leq [\Gamma:\Lambda']} \Lambda' M_\nu$$

eine disjunkte Zerlegung von $\Gamma$ in Rechtsnebenklassen nach $\Lambda'$, so wird $\Gamma$ in (1) als endliche oder abzählbar unendliche Vereinigung dargestellt, je nachdem ob der Index $[\Gamma : \Lambda']$ endlich ist oder nicht. In (1) sind die Repräsentanten $M_\nu$

natürlich nur bis auf jeweils einen linksseitigen Faktor aus $\Lambda'$ und bis auf eine Permutation eindeutig bestimmt. Man setzt trotzdem

$$(2) \qquad \mathbb{F}(\Lambda) := \bigcup_{1 \leq \nu \leq [\Gamma:\Lambda']} M_\nu \overline{\mathbb{F}}.$$

**Satz.** $\mathbb{F}(\Lambda)$ *ist ein Fundamentalbereich von* $\Lambda$.

*Beweis.* (FB.0): Sei $\tau \in \mathbb{H}$, $\tau \notin \mathbb{F}(\Lambda)$. Man wählt $\varepsilon > 0$, so dass $\overline{\mathbb{F}} \subset \mathcal{V}_\varepsilon$ und $\tau$ innerer Punkt von $\mathcal{V}_\varepsilon$ ist. Nach Satz 2.3 gibt es nur endlich viele $M \in \Gamma$ mit $M\mathcal{V}_\varepsilon \cap \mathcal{V}_\varepsilon \neq \emptyset$ und daher auch nur endlich viele $\nu$ mit $M_\nu \overline{\mathbb{F}} \cap \mathcal{V}_\varepsilon \neq \emptyset$ . Also ist $\tau$ kein Häufungspunkt von $\mathbb{F}(\Lambda)$ und $\mathbb{F}(\Lambda)$ somit relativ abgeschlossen in $\mathbb{H}$.

(FB.1): Zu $\tau \in \mathbb{H}$ wählt man nach Satz 2.2 ein $L \in \Gamma$ mit $L\tau \in \mathbb{F}$. Nach (1) gibt es dann ein $M \in \Lambda$ und ein $\nu$ mit $L^{-1} = \pm M^{-1} M_\nu$. Es folgt $\pm M = M_\nu L$ und daher

$$M\tau = M_\nu \langle L\tau \rangle \in M_\nu \mathbb{F} \subset \mathbb{F}(\Lambda).$$

(FB.2): Seien $\tau$ und $M\tau$, $M \in \Lambda$, innere Punkte von $\mathbb{F}(\Lambda)$ und $\mathcal{U}$ eine offene Umgebung von $\tau$ in $\mathbb{F}(\Lambda)$. Nach eventueller Verkleinerung von $\mathcal{U}$ darf man sofort ohne Einschränkung $M\mathcal{U} = \{Mz \,;\, z \in \mathcal{U}\} \subset \mathbb{F}(\Lambda)$ annehmen. Man hat

$$\mathcal{U} = \bigcup_\nu \mathcal{U}_\nu \quad \text{mit} \quad \mathcal{U}_\nu := \mathcal{U} \bigcap M_\nu \overline{\mathbb{F}}$$

und wenigstens eine Menge $\mathcal{U}_\nu$ besitzt nach dem Satz von BAIRE innere Punkte. Sei ohne Einschränkung $\overset{\circ}{\mathcal{U}}_1 \neq \emptyset$ und $z \in \overset{\circ}{\mathcal{U}}_1$. Wegen $\mathcal{U}_1 \subset M_1 \overline{\mathbb{F}}$ ist $w := M_1^{-1} z$ ein innerer Punkt von $\mathbb{F}$. Weiter gibt es ein $\nu$ mit $Mz \in M_\nu \overline{\mathbb{F}}$. Dann ist aber $w' := M_\nu^{-1} M M_1 w$ ein Punkt von $\overline{\mathbb{F}}$ und $w$ ein innerer Punkt von $\mathbb{F}$. Indem man $w'$ ggf. mit $J$ oder $T$ in $\mathbb{F}$ abbildet, schließt man aus Satz 2.2 sofort $w' = w$ sowie $M_\nu^{-1} M M_1 = \pm E$, also $M_\nu = \pm M M_1$. Wegen $\pm M \in \Lambda'$ folgt $\nu = 1$ und $M = \pm E$. $\qquad\qquad \square$

Unter den *Spitzen* von $\mathbb{F}(\Lambda)$ versteht man die Bilder $M_\nu \infty$ von $\infty$. Diese Definition hängt ab von der Wahl der $M_\nu$ in (1), dagegen sind die *Spitzenbahnen* $\Lambda M_\nu \infty$ durch $\Lambda$ eindeutig bestimmt. Mit dem Ergänzungs-Lemma 2.1 schließt man, dass $\mathbb{Q} \cup \{\infty\}$ die Spitzenbahn von $\Gamma$ ist. Analog zu 2.3 heißt ein $\tau \in \mathbb{H}$ ein *Fixpunkt von* $\Lambda$, wenn es ein $M \in \Lambda$ gibt mit $M\tau = \tau$ und $M \neq \pm E$. Jeder Fixpunkt von $\Lambda$ ist ein Fixpunkt von $\Gamma$, aber i. A. nicht umgekehrt.

**Bemerkung.** Anstelle von Fundamentalbereich verwendete man früher auch das Wort *Diskontinuitätsbereich*. R. DEDEKIND benutzte den Ausdruck *Hauptfeld* dafür (*Ges. Math. Werke I*, 174–201).

**2. Hauptkongruenzgruppen.** Es sei $n \geq 1$ eine feste natürliche Zahl. Für $L, M \in \mathrm{Mat}(2; \mathbb{Z})$ wird die *Kongruenz* $L \equiv M \pmod{n}$ komponentenweise erklärt, d. h., es gibt eine Matrix $X \in \mathrm{Mat}(2; \mathbb{Z})$ mit $L = M + nX$. Ein Blick auf die Komponenten eines Matrizenproduktes zeigt sofort

$$(1) \quad LM \equiv L'M' \pmod{n}, \quad \text{falls} \quad L \equiv L' \pmod{n} \quad \text{und} \quad M \equiv M' \pmod{n}.$$

Man definiert

(2) $$\Gamma[n] := \{M \in \Gamma \; ; \; M \equiv E \,(\mathrm{mod}\, n)\}.$$

Wir betrachten die kanonische Projektion

(3) $$\mathbb{Z} \to \mathbb{Z}/n\mathbb{Z}, \quad x \mapsto \overline{x} := x + n\mathbb{Z},$$

und setzen sie auf $2 \times 2$ Matrizen fort

(4) $$\mathrm{Mat}(2;\mathbb{Z}) \to \mathrm{Mat}(2;\mathbb{Z}/n\mathbb{Z}), \quad M = \begin{pmatrix} a & b \\ c & d \end{pmatrix} \mapsto \overline{M} = \begin{pmatrix} \overline{a} & \overline{b} \\ \overline{c} & \overline{d} \end{pmatrix}.$$

Zum Beweis des nächsten Satzes benötigen wir das folgende zahlentheoretische

**Lemma.** *Seien $a, b, c \in \mathbb{Z}$ mit $c \neq 0$ und $ggT(a, b, c) = 1$. Dann existiert ein $x \in \mathbb{Z}$ mit*

$$ggT(a + xb, c) = 1 \,.$$

*Beweis.* Sei $x$ das Produkt aller Primzahlen $p$, die $c$, aber nicht $a$ teilen, wobei das leere Produkt gleich 1 sei. Angenommen, es gibt eine Primzahl $q$ mit den Eigenschaften $q|(a + xb)$ und $q|c$.
*1. Fall:* $q|a$. Dann gilt $q \nmid x$. Aus $q|(a+xb)$, $q|a$, $q \nmid x$ folgt $q|b$ im Widerspruch zu $ggT(a, b, c) = 1$.
*2. Fall:* $q \nmid a$. Dann gilt $q|x$ und $q|(a + xb)$ impliziert $q|a$ als Widerspruch.

Also sind $a + xb$ und $c$ teilerfremd. $\qquad\qquad\square$


Damit kommen wir zu dem

**Satz.** *Die Abbildung*

$$\phi : \Gamma \to SL(2;\mathbb{Z}/n\mathbb{Z}), \quad M \mapsto \overline{M},$$

*ist ein surjektiver Gruppenhomomorphismus, dessen Kern $\Gamma[n]$ ist. $\Gamma[n]$ ist ein Normalteiler von endlichem Index in $\Gamma$ und die Faktorgruppe $\Gamma/\Gamma[n]$ ist isomorph zu $SL(2;\mathbb{Z}/n\mathbb{Z})$.*

Die Untergruppe $\Gamma[n]$ von $\Gamma$ heißt *Hauptkongruenzgruppe* $(\mathrm{mod}\, n)$, die Zahl $n$ nennt man auch die *Stufe* von $\Gamma[n]$.

*Beweis.* Wegen $\det \overline{M} = \overline{\det M}$ für $M \in \mathrm{Mat}(2;\mathbb{Z})$ ist das Bild von $\phi$ in $SL(2;\mathbb{Z}/n\mathbb{Z})$ enthalten. Nach (1) ist $\phi$ ein Gruppenhomomorphismus, dessen Kern aufgrund von (2) gerade $\Gamma[n]$ und somit ein Normalteiler in $\Gamma$ ist.

Sei $K = \begin{pmatrix} \alpha & \beta \\ \gamma & \delta \end{pmatrix} \in \mathrm{Mat}(2;\mathbb{Z})$ mit $\overline{K} \in SL(2;\mathbb{Z}/n\mathbb{Z})$ und ohne Einschränkung $\gamma \neq 0$, da man sonst $\gamma$ durch $\gamma + n$ ersetzen kann. Wegen $\alpha\delta - \beta\gamma \equiv 1 \,(\mathrm{mod}\, n)$ gilt $ggT(\gamma, \delta, n) = 1$. Nach dem Lemma existiert ein $r \in \mathbb{Z}$, so dass $ggT(\gamma, d) = 1$ für $d = \delta + rn$. Nun hat man

$$\alpha d - \beta\gamma = \alpha\delta - \beta\gamma + \alpha r n = 1 + sn \quad \text{für ein } s \in \mathbb{Z}.$$

Wegen ggT $(\gamma, d) = 1$ kann man $x, y \in \mathbb{Z}$ bestimmen, so dass

$$\gamma y - dx = s.$$

Dann gilt

$$M := \begin{pmatrix} \alpha + xn & \beta + yn \\ \gamma & \delta + rn \end{pmatrix} \in SL(2; \mathbb{Z}) \quad \text{mit} \quad \overline{M} = \overline{K},$$

da

$$\det M = (\alpha + xn) \cdot d - (\beta + yn)\gamma = 1 + sn + n(xd - y\gamma) = 1.$$

Also ist $\phi$ auch surjektiv und der Homomorphiesatz für Gruppen liefert die Isomorphie von $\Gamma/\Gamma[n]$ und $SL(2; \mathbb{Z}/n\mathbb{Z})$. Somit folgt

$$[\Gamma : \Gamma[n]] = \sharp SL(2; \mathbb{Z}/n\mathbb{Z}) < \infty. \qquad \square$$

Gilt $M \equiv L \,(\mathrm{mod}\, n)$ für $M, L \in \Gamma$, dann folgt $ML^{-1} \equiv E(\mathrm{mod}\, n)$ aus der expliziten Formel für $L^{-1}$. Also liegen $M$ und $L$ in derselben Nebenklasse modulo $\Gamma[n]$ und man erhält das

**Korollar.** *Zwei Matrizen $L$ und $M$ aus $\Gamma$ liegen genau dann in derselben (Links- oder Rechts-) Nebenklasse von $\Gamma[n]$, wenn $L \equiv M \,(\mathrm{mod}\, n)$ gilt.*

Der Index kann mit dem Satz berechnet werden:

$$[\Gamma : \Gamma[n]] = \#SL(2; \mathbb{Z}/n\mathbb{Z}) = n^3 \prod_{p|n} \left(1 - p^{-2}\right) \quad \text{für} \quad n \geq 2 \,.$$

Einen *Beweis* findet man bei H. MAASS [1983], 63–65, J. LEHNER [1964], 356, R.A. RANKIN [1977], 21–23.

**Proposition.** *Für $n \geq 2$ besitzt $\Gamma[n]$ keine Fixpunkte, d. h., aus $M\tau = \tau$ für ein $\tau \in \mathbb{H}$ und $M \in \Gamma[n]$ folgt $M = \pm E$ im Fall $n = 2$ und $M = E$ im Fall $n > 2$.*

*Beweis.* Gilt $M\tau = \tau$ für ein $M \neq \pm E$ aus $\Gamma[n]$, dann ist $\tau$ auch Fixpunkt von $\Gamma$. Aus Korollar 2.3A folgt $\tau = Li$ oder $\tau = L\rho$ mit geeignetem $L \in \Gamma$. Man erhält $L^{-1}MLi = i$ oder $L^{-1}ML\rho = \rho$. Jetzt kann man Satz 2.2 anwenden und bekommt

$$L^{-1}ML = \pm J \quad \text{oder} \quad L^{-1}ML = \pm U \,,\, \pm U^2 \,.$$

Da aber $\Gamma[n]$ ein Normalteiler von $\Gamma$ ist, würde $\pm J$ oder $\pm U$ oder $\pm U^2$ zu $\Gamma[n]$ gehören. Das ist aber nicht der Fall. $\qquad \square$

Als Beispiel soll der Fall $n = 2$ betrachtet werden: Nach dem Korollar ist

$$
\begin{pmatrix} 1 & 0 \\ 0 & 1 \end{pmatrix} = E, \qquad
\begin{pmatrix} 1 & 1 \\ 0 & 1 \end{pmatrix} = T, \qquad
\begin{pmatrix} 1 & 0 \\ 1 & 1 \end{pmatrix} = -UT,
$$

(6)

$$
\begin{pmatrix} 0 & -1 \\ 1 & 0 \end{pmatrix} = J, \qquad
\begin{pmatrix} -1 & 1 \\ -1 & 0 \end{pmatrix} = U, \qquad
\begin{pmatrix} 0 & -1 \\ 1 & -1 \end{pmatrix} = U^2
$$

ein Vertretersystem der Nebenklassen von $\Gamma[2]$ in $\Gamma$. Mit Satz 1 erhält man einen Fundamentalbereich von $\Gamma[2]$ in der unten stehenden Form.

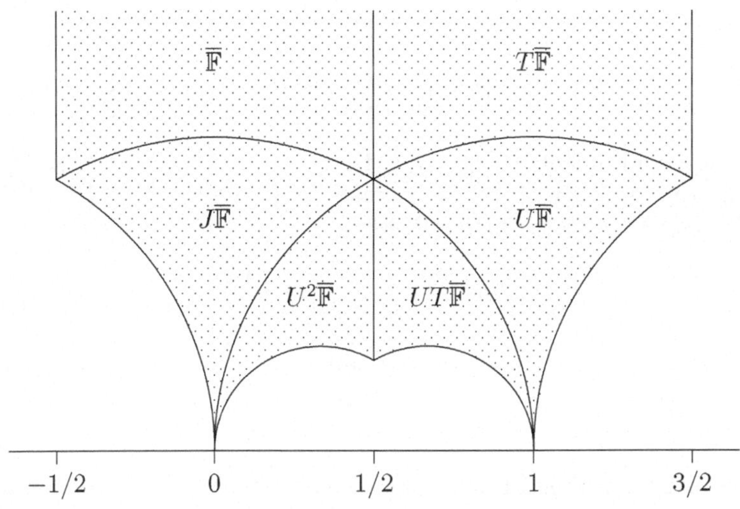

Abb. 20: Fundamentalbereich von $\Gamma[2]$

Für eine Gruppe, die zur Gruppe $\Gamma[2]$ äquivalent ist, hat C.F. GAUSS – wie aus seinem Nachlass bekannt wurde – bereits um 1808 einen analogen Fundamentalbereich konstruiert (*Werke VIII*, 100–105).

**3. Kongruenzgruppen.** Eine Untergruppe $\Lambda$ von $\Gamma$ heißt eine *Kongruenzgruppe*, wenn es ein $n \geq 1$ gibt mit $\Gamma[n] \subset \Lambda$. Das kleinste derartige $n$ heißt *Stufe* von $\Lambda$. Offenbar hat jede Kongruenzuntergruppe von $\Gamma$ endlichen Index in $\Gamma$.

Eine wichtige Klasse von Beispielen sind die Gruppen

$$(1) \quad \Gamma_0[n] := \left\{ \begin{pmatrix} a & b \\ c & d \end{pmatrix} \in \Gamma \,;\, c \equiv 0 \,(\mathrm{mod}\, n) \right\}.$$

Wir betrachten erneut den Fall $n = 2$: Ein Vertretersystem der Rechtsnebenklassen von $\Gamma$ modulo $\Gamma_0[2]$ ist hier: $E, J$ und $U^2$, d.h.

$$\Gamma = \Gamma_0[2] \cup (\Gamma_0[2] \cdot J) \cup (\Gamma_0[2] \cdot U^2) \,.$$

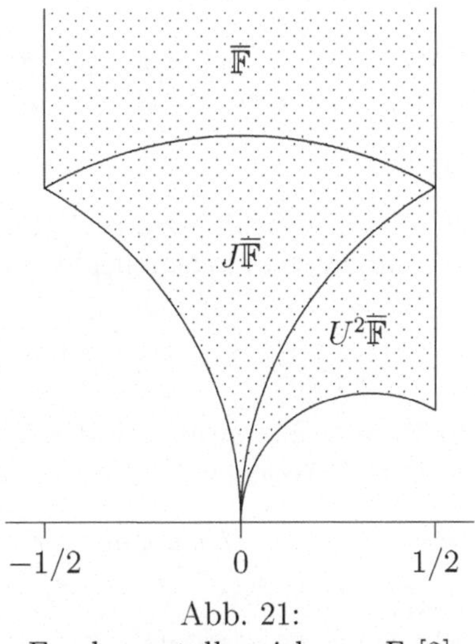

Abb. 21:
Fundamentalbereich von $\Gamma_0[2]$

Ein Fundamentalbereich hat nach Satz 1 die obige Form. Da $\Gamma_0[2]$ in $\Gamma$ den Index

3 hat, hat $\Gamma[2]$ nach **2** in $\Gamma_0[2]$ den Index 2 und es gilt

$$(2) \qquad \Gamma_0[2] = \Gamma[2] \cup (\Gamma[2] \cdot T) \ .$$

Analog zu $\Gamma_0[n]$ kann man natürlich die Untergruppen

$$(3) \qquad \Gamma^0[n] := \left\{ M = \begin{pmatrix} a & b \\ c & d \end{pmatrix} \in \Gamma;\ b \equiv 0 \,(\mathrm{mod}\,n) \right\}$$

definieren. Es gilt offenbar $\Gamma^0[n] = J \cdot \Gamma_0[n] \cdot J^{-1}$. Eine ausführliche Diskussion der Gruppen $\Gamma_0[n]$ bzw. $\Gamma^0[n]$ findet man bei H. PETERSSON [1982], 241–251. Mit Hilfe von Satz 2 zeigt man z.B. leicht

$$[\Gamma : \Gamma_0[n]] = [\Gamma : \Gamma^0[n]] = n \prod_{p|n} \left( 1 + \tfrac{1}{p} \right).$$

Diese und weitere Untergruppen der Modulgruppe werden diskutiert in F. KLEIN, R. FRICKE [1890], 2. Abschnitt, M. NEWMAN [1972], Chap. VIII, J. LEHNER [1964], Chap. XI.3, R.A. RANKIN [1977], Chap. 1.

**Bemerkungen.** a) Eine Untergruppe $\Lambda$ von $\Gamma$ von endlichem Index braucht keine Kongruenzgruppe zu sein. Erste Beispiele wurden gleichzeitig von R. FRICKE und G. PICK angegeben (Math. Ann. **28**, 99–118 und 119–124 (1887)). Weitere Beispiele findet man bei H. MAASS [1983], 77–79, und H. PETERSSON (J. Reine Angew. Math. **250**, 182–212 (1971); **268/9**, 94–109 (1974)).
b) $\Gamma_0[n]$ und $\Gamma^0[n]$ sind für $n > 1$ keine Normalteiler in $\Gamma$.

**4. Die Kongruenzgruppen der Stufe 2** sind genau die echten Untergruppen von $\Gamma$, die $\Gamma[2]$ enthalten.

**Satz.** a) $\Gamma/\Gamma[2]$ *ist isomorph zur Permutationsgruppe* $S_3$.
b) $\Gamma[2]$ *wird erzeugt von den Matrizen*

$$(1) \qquad -E, T^2 \ und \ JT^2J^{-1}.$$

*Beweis.* a) Nach Satz 2 ist $\Gamma/\Gamma[2]$ isomorph zu $SL(2;\mathbb{Z}/2\mathbb{Z})$ und diese Gruppe permutiert via Linksmultiplikation die Menge

$$\left\{ \begin{pmatrix} \overline{1} \\ \overline{0} \end{pmatrix}, \begin{pmatrix} \overline{0} \\ \overline{1} \end{pmatrix}, \begin{pmatrix} \overline{1} \\ \overline{1} \end{pmatrix} \right\} \subset (\mathbb{Z}/2\mathbb{Z})^2 \ .$$

b) Es bezeichne $\Lambda$ die von den Matrizen (1) erzeugte Untergruppe von $\Gamma[2]$. Sei $M \in \Gamma[2]$. Wegen

$$T^{2m}M = \begin{pmatrix} a + 2mc & * \\ c & * \end{pmatrix} \quad \text{bzw.} \quad (JT^2J^{-1})^m M = \begin{pmatrix} a & * \\ c - 2ma & * \end{pmatrix}$$

gibt es ein $L_1 \in \Lambda$ mit

$$L_1 M = \begin{pmatrix} a_1 & b_1 \\ c_1 & d_1 \end{pmatrix} \quad \text{und} \quad |a_1| \le |c_1|, \quad \text{falls} \quad c \neq 0.$$

Da $a_1$ ungerade und $c_1$ gerade ist, folgt sogar $|a_1| < |c_1|$. Analog bestimmt man ein $L_2 \in \Lambda$ mit

$$L_2 M = \begin{pmatrix} a_2 & b_2 \\ c_2 & d_2 \end{pmatrix} \quad \text{und} \quad |c_2| < |a_2|.$$

Nach endlich vielen Schritten findet man ein $L \in \Lambda$ mit

$$LM = \pm \begin{pmatrix} 1 & r \\ 0 & 1 \end{pmatrix}, \quad r \in \mathbb{Z}.$$

Wegen $LM \in \Gamma[2]$ ist $r$ gerade und $LM = \pm T^r \in \Lambda$, also $M \in \Lambda$. $\qquad\square$

Die Untergruppen von $\Gamma$, die $\Gamma[2]$ enthalten, stehen damit in Bijektion zu den Untergruppen von $\Gamma/\Gamma[2]$, also von $S_3$. Die trivialen Untergruppen von $S_3$ entsprechen damit $\Gamma[2]$ und $\Gamma$. Die Gruppe $S_3$ besitzt 3 Untergruppen der Ordnung 2. Diese entsprechen den Kongruenzgruppen

$$(2) \qquad \Gamma_0[2] \,, \; \Gamma^0[2] \quad \text{und} \quad \Gamma_\vartheta := \Gamma[2] \cup \Gamma[2] \cdot J.$$

$\Gamma_\vartheta$ heißt *Theta–Gruppe*. Für $M \in \Gamma$ gilt $M \in \Gamma_\vartheta$ genau dann, wenn

$$(3) \qquad M \equiv E(\bmod 2) \quad \text{oder} \quad M \equiv J(\bmod 2).$$

Äquivalent kann man hierfür auch

$$(4) \qquad a + b + c + d \equiv 0(\bmod 2)$$

schreiben. Aus der Definition, dem Satz, (2) und 2(6) folgt das

**Korollar.** *$\Gamma_\vartheta$ ist eine Untergruppe von $\Gamma$ vom Index 3 und es gilt*

$$\Gamma = \Gamma_\vartheta \cup (T \cdot \Gamma_\vartheta) \cup (U^2 \cdot \Gamma_\vartheta) = \Gamma_\vartheta \cup (\Gamma_\vartheta \cdot T) \cup (\Gamma_\vartheta \cdot U)$$

*Die Gruppe $\Gamma_\vartheta$ wird von den Matrizen $J$ und $T^2$ erzeugt.*

Nach Satz 1 ist dann

$$\mathbb{F}(\Gamma_\vartheta) := \overline{\mathbb{F}} \cup T\overline{\mathbb{F}} \cup U\overline{\mathbb{F}}$$

ein Fundamentalbereich von $\Gamma_\vartheta$. Man kann auch einen exakten Fundamentalbereich $\mathbb{F}_\vartheta$ angeben (vgl. Aufgabe 4).

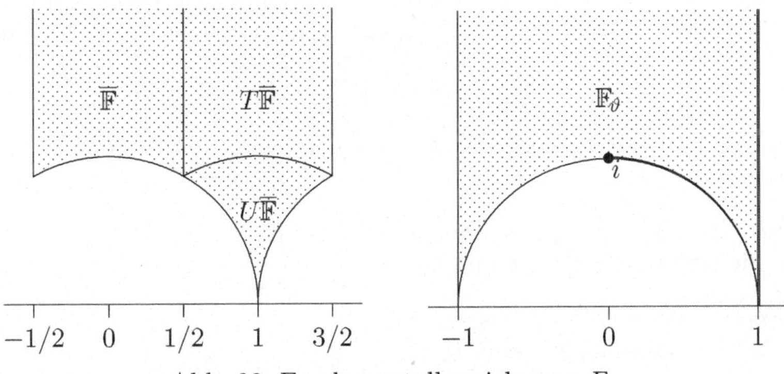


Abb. 22: Fundamentalbereiche von $\Gamma_\vartheta$

Darüber hinaus besitzt $S_3$ genau eine Untergruppe der Ordnung 3. Diese entspricht der Kongruenzgruppe

$$(5) \qquad \Gamma_N[2] := \Gamma[2] \cup (\Gamma[2] \cdot U) \cup (\Gamma[2] \cdot U^2).$$

**Proposition.** *$\Gamma_N[2]$ ist der einzige Normalteiler in $\Gamma$ vom Index 2. Die Gruppe $\Gamma_N[2]$ wird erzeugt von den Matrizen $T^2$ und $-U$ und es gilt*

$$(6) \qquad \Gamma = \Gamma_N[2] \cup \Gamma_N[2] \cdot T.$$

*Die Abbildung*

$$\chi : \Gamma \to \{\pm 1\}, \quad M \mapsto (-1)^{ac+bc+bd},$$

*ist ein abelscher Charakter von $\Gamma$ mit Kern $\chi = \Gamma_N[2]$.*

*Beweis.* (6) folgt aus (5) und 2(6). Also ist $\Gamma_N[2]$ als Untergruppe vom Index 2 ein Normalteiler. Nach dem Satz und (5) wird $\Gamma_N[2]$ erzeugt von $T^2$, $JT^2J^{-1} = U^{-1}T^2U$, $-E$ und $U$, also wegen $U^3 = E$ von $T^2$ und $-U$.

Ist $\Gamma^*$ eine beliebige Untergruppe von $\Gamma$ vom Index 2, so folgt $M^2 \in \Gamma^*$ für alle $M \in \Gamma$, da man andernfalls $[\Gamma : \Gamma^*] \geq 3$ erhält. Daher gehören $T^2$, $J^2 = -E$, $U^4 = U$ zu $\Gamma^*$. Also gilt $\Gamma_N[2] \subset \Gamma^*$ und somit die Gleichheit.

Für $M \in \Gamma$ verifiziert man

$$\begin{aligned}
\chi(MJ) &= (-1)^{bd-ad+ac} = -\chi(M) = \chi(M) \cdot \chi(J), \\
\chi(MT) &= (-1)^{ac+(a+b)c+(a+b)(c+d)} = -\chi(M) = \chi(M) \cdot \chi(T).
\end{aligned}$$

Da $\Gamma$ nach Satz 2.1 von $J$ und $T$ erzeugt wird, folgt

$$\chi(ML) = \chi(M) \cdot \chi(L) \quad \text{für alle} \quad M, L \in \Gamma.$$

Aus $\chi(T^2) = \chi(-U) = 1$ ergibt sich $\Gamma_N[2] \subset \mathrm{Kern}\,\chi$. Wegen $\chi(T) = -1$ erhält man die Gleichheit.       $\square$

**Bemerkungen.** a) Die Benennung der Gruppe $\Gamma_\vartheta$ rührt daher, dass der so genannte *Theta–Nullwert* $\vartheta(\tau) := \vartheta(0; \tau)$ (vgl. I.6.7(1)) sie als „Invarianzgruppe" besitzt (vgl. Einleitung zu Kapitel III).

b) Die Kongruenzgruppen $\Gamma_0[2]$, $\Gamma^0[2]$ und $\Gamma_\vartheta$ sind konjugiert in $\Gamma$. Es gilt nämlich

$$\Gamma^0[2] = J \cdot \Gamma_0[2] \cdot J^{-1}, \quad \Gamma_\vartheta = U \cdot \Gamma_0[2] \cdot U^{-1}.$$

c) Nach M. Koecher [1985], II.2.2, ist $\Gamma_N[2]$ genau die Kommutatorgruppe von $GL(2; \mathbb{Z})$.

**5*. Endliche Untergruppen.** Zunächst sollen diejenigen $M \in \Gamma$ beschrieben werden, die eine endliche Ordnung haben.

**Satz.** *Für $\pm E \neq M \in \Gamma$ sind äquivalent:*
(i) *$M$ hat die Ordnung $3, 4$ oder $6$.*
(ii) *$M$ hat eine endliche Ordnung.*

(iii) $|\operatorname{Sp} M| < 2$.

(iv) *Es gibt $\tau \in \mathbb{H}$ mit $M\tau = \tau$.*

(v) *Es gibt $L \in \Gamma$, so dass $L^{-1}ML \in \{\pm J,\ \pm U,\ \pm U^2\}$.*

*Beweis.* (i) $\Longrightarrow$ (ii): Trivial.

(ii) $\Longrightarrow$ (iii): Hat $M$ endliche Ordnung, so haben die Eigenwerte von $M$ den Betrag 1. Mit $s := \operatorname{Sp} M$ haben die Eigenwerte die Form

$$\lambda_{1,2} = \tfrac{1}{2}\left(s \pm \sqrt{s^2 - 4}\right).$$

Im Falle $s > 2$ wäre ein Eigenwert größer als 1, im Falle $s < -2$ wäre ein Eigenwert kleiner als $-1$. Nach evtl. Übergang zu $-M$ genügt es also, $s = 2$ zu betrachten. Aus dem Satz von CAYLEY–HAMILTON folgt dann $M^2 = 2M - E$ und durch Induktion

$$M^n = nM - (n-1)E, \quad n \in \mathbb{N}.$$

Wegen $M \neq \pm E$ hat $M$ in diesem Fall unendliche Ordnung. Es folgt $|s| < 2$.

(iii) $\Longrightarrow$ (iv): Man verwende Proposition 1.5A.

(iv) $\Longrightarrow$ (v) $\Longrightarrow$ (i): Man verwende Satz 2.2, 2.3(3) und Korollar 2.3A $\qquad\square$

**Korollar A.** *Ist $\Lambda$ eine endliche Untergruppe von $\Gamma$, dann ist $\Lambda$ in $\Gamma$ konjugiert zu einer der Gruppen*

$$\{E\},\ \{\pm E\},\ \{\pm E, \pm J\},\ \{E, U, U^2\}\ oder\ \{\pm E, \pm U, \pm U^2\}.$$

*Beweis.* Es gilt $S := \sum_{L \in \Lambda} L^t L \in \operatorname{Pos}(2;\mathbb{R})$. Da für festes $M \in \Lambda$ mit $L$ auch $LM$ ganz $\Lambda$ durchläuft, folgt $M^t SM = S$. Nach Lemma 1.9 existiert ein $\tau = w(S) \in \mathbb{H}$ mit $S = \sqrt{\det S} \cdot F_\tau$. Aus Satz 1.9 folgt dann, dass $\Lambda$ eine Untergruppe von $\Gamma_\tau$ ist. Nach geeigneter Konjugation in $\Gamma$ darf man wegen 2.3(3) ohne Einschränkung $\tau \in \mathbb{F}$ annehmen. Dann folgt die Behauptung aus 2.3(2). $\qquad\square$

**Korollar B.** *Jede endliche Untergruppe von $\Gamma$ ist von der Ordnung $1, 2, 3, 4$ oder $6$.*

**Aufgaben.** 1) a) Sei $M \in \Gamma$, $\Lambda$ eine Untergruppe von $\Gamma$ und $\Lambda^* = M\Lambda M^{-1}$. Ist $\mathcal{F}$ ein Fundamentalbereich von $\Lambda$, dann ist $M\mathcal{F} := \{M\tau\ ;\ \tau \in \mathcal{F}\}$ ein Fundamentalbereich von $\Lambda^*$.

b) Sei $\mathcal{F}$ ein Fundamentalbereich von $\Gamma[n]$, $n \geq 1$, und $M \in \Gamma$. Dann ist auch $M\mathcal{F}$ ein Fundamentalbereich von $\Gamma[n]$.

2) a) Der Durchschnitt von endlich vielen Kongruenzgruppen ist eine Kongruenzgruppe.

b) Der Durchschnitt von allen Kongruenzgruppen ist $\{E\}$.

c) Für $n > 2$ ist $\{E\}$ die einzige endliche Untergruppe von $\Gamma[n]$.

3) $\{\tau \in \mathbb{H}\,;\ |x| \leq 1,\ |\tau - 1/2| \geq 1/2,\ |\tau + 1/2| \geq 1/2\}$ ist ein Fundamentalbereich von $\Gamma[2]$.

4) Man definiere $\mathbb{F}_\vartheta := \{\tau \in \mathbb{H}\,;\ |\tau| \geq 1,\ -1 < x \leq 1,\ |\tau| > 1\ \text{für}\ -1 < x < 0\}$.

a) $\overline{\mathbb{F}}_\vartheta$ ist ein Fundamentalbereich von $\Gamma_\vartheta$.

b) Gehören $\tau$ und $M\tau$, $M \in \Gamma_\vartheta$ mit $M \neq \pm E$, zu $\mathbb{F}_\vartheta$, so folgt $\tau = M\tau = i$ und $M = \pm J$.

5) Sei $\Lambda$ eine endliche Untergruppe von $\Gamma_\vartheta$. Dann ist $\Lambda$ in $\Gamma_\vartheta$ konjugiert zu $\{E\}$, $\{\pm E\}$ oder $\{\pm E, \pm J\}$.

6) Sei $n \in \mathbb{Z}$, $n \geq 2$. Die Gruppe $\Gamma_0[n]$ enthält genau dann ein Element der Ordnung 4, wenn $-1$ quadratischer Rest $(\bmod\, n)$ ist. Ist $n$ gerade, so enthält $\Gamma_0[n]$ kein Element der Ordnung 3 oder 6.

7) $\Gamma_0[n]$ wird genau dann von den Matrizen $-E, T$ und $JT^nJ^{-1}$ erzeugt, wenn $n = 1, 2, 3$ oder 4.

8) Sei $p$ eine Primzahl. Dann ist $J, J^{-1}T^kJ$, $k = 0, 1, \ldots p-1$, ein Vertretersystem der Rechts- und Linksnebenklassen von $\Gamma$ nach $\Gamma_0[p]$. Man beschreibe die Spitzenbahnen von $\Gamma_0[p]$.

9) Sei $p$ eine Primzahl. Dann ist $\{\tau \in \mathbb{H};\, |x| \leq p/2,\, |\tau - n| \geq 1$ für alle $0 \neq n \in \mathbb{Z},\, |n| \leq p/2\}$ ein Fundamentalbereich von $\Gamma^0[p]$.

10) a) $\Gamma_N[2]$ wird erzeugt von den Matrizen $M^2$, $M \in \Gamma$.

b) $\Gamma_N[2]$ wird erzeugt von den Matrizen $LML^{-1}M^{-1}$, $L, M \in GL(2; \mathbb{Z})$.

11) $\Gamma_1[n] := \{ \begin{pmatrix} a & b \\ c & d \end{pmatrix} \in \Gamma;\, a \equiv d \equiv 1 (\bmod\, n), c \equiv 0 (\bmod\, n)\}$ ist eine Kongruenzgruppe, die für $n > 1$ kein Normalteiler in $\Gamma$ ist. Man bestimme $[\Gamma : \Gamma_1[n]]$. Die Hauptkongruenzgruppe $\Gamma[n]$ ist in $GL(2; \mathbb{Q})$ und $SL(2; \mathbb{R})$ konjugiert zu einer Untergruppe von $\Gamma$, die $\Gamma_1[n^2]$ umfasst.

12) Die Menge $\{\tau \in \mathbb{H};\, |\tau - 1| \geq 1, |\tau + 1| \geq 1\}$ ist ein Fundamentalbereich der Gruppe $\{ \begin{pmatrix} 1 & 0 \\ n & 1 \end{pmatrix} ;\, n \in \mathbb{Z}\}$.

13) Für eine Untergruppe $\Lambda$ von $\Gamma$ sei $\overline{\Lambda} := \Lambda \cup (-E)\Lambda$.

a) Man gebe eine *Transversale* von $\overline{\Gamma[3]}$ in $\Gamma$ an, also ein Repräsentantensystem der Neben- klassen.

b) Man zeige:
$$\Gamma / \overline{\Gamma[3]} \cong A_4.$$

c) Man gebe einen Fundamentalbereich für $\Gamma[3]$ an und skizziere ihn.

d) Man bestimme explizit alle Untergruppen von $\Gamma$, die zwischen $\overline{\Gamma[3]}$ und $\Gamma$ liegen. Welche Stufen haben diese Gruppen jeweils?

e) Man bestimme alle Kongruenzuntergruppen der Stufe 3.

f) Man bestimme ein Repräsentantensystem der inäquivalenten Spitzen von $\Gamma[3]$.


# § 4*. Diskontinuierliche Gruppen

In diesem Paragrafen betrachten wir etwas allgemeiner diskontinuierliche Un- tergruppen von $SL(2; \mathbb{R})$. Für diese Gruppen wird nach einem Verfahren von H. POINCARÉ ein Fundamentalbereich konstruiert.

**1. Diskret und diskontinuierlich.** Die Modulgruppe $\Gamma$ ist eine „diskrete" Untergruppe der „topologischen" Gruppe $SL(2; \mathbb{R})$. Um diese Begriffe ad hoc für beliebige Untergruppen von $SL(2; \mathbb{R})$ erklären zu können, definieren wir einen *Betrag* für die Elemente von $\mathrm{Mat}(2; \mathbb{R})$ durch

$$(1) \qquad |M| := \sqrt{\mathrm{Sp}(M^tM)} = \sqrt{a^2 + b^2 + c^2 + d^2}, \quad \text{falls} \quad M = \begin{pmatrix} a & b \\ c & d \end{pmatrix},$$

und können damit alle metrischen Begriffe des $\mathbb{R}^4$ auf $\mathrm{Mat}(2; \mathbb{R})$ übertragen. Darüber hinaus gilt

$$(2) \qquad\qquad |LM| \leq |L| \cdot |M| \quad \text{für alle} \quad L, M \in \mathrm{Mat}(2; \mathbb{R}).$$

Es sei $\Lambda$ eine Untergruppe von $SL(2; \mathbb{R})$. Ist $\Lambda$ eine diskrete Teilmenge von

Mat$(2;\mathbb{R})$, so nennen wir $\Lambda$ eine *diskrete* Untergruppe von $SL(2;\mathbb{R})$. Die Untergruppe $\Lambda$ von $SL(2;\mathbb{R})$ heißt *diskontinuierlich*, wenn für jedes $\tau \in \mathbb{H}$ und jede Folge $(M_k)_{k\geq 1}$ von paarweise verschiedenen Matrizen $M_k$ in $\Lambda$ die Folge $(M_k\tau)_{k\geq 1}$ keinen Häufungspunkt in $\mathbb{H}$ besitzt. Das bedeutet offenbar für jedes $\tau \in \mathbb{H}$ die Gültigkeit der folgenden Aussagen:

(D.1)  Die Menge $\{M\tau \; ; \; M \in \Lambda\}$ ist diskret in $\mathbb{H}$, d. h. hat als Menge keinen Häufungspunkt in $\mathbb{H}$.

(D.2)  Die Menge $\{M \in \Lambda \; ; \; M\tau = \tau\}$ ist endlich.

Es ist oft nicht einfach zu entscheiden, ob eine vorgelegte Gruppe diskontinuierlich ist. Hier hilft der

**Satz.** *Für eine Untergruppe $\Lambda$ von $SL(2;\mathbb{R})$ sind äquivalent:*

(i)  $\Lambda$ *ist diskret.*

(ii)  $\Lambda$ *ist diskontinuierlich.*

(iii)  *Zu je zwei Kompakta $\mathcal{K}$ und $\mathcal{L}$ von $\mathbb{H}$ gibt es nur endlich viele $M \in \Lambda$ mit der Eigenschaft $(M\mathcal{K}) \cap \mathcal{L} \neq \emptyset$.*

*Beweis.* Wir zeigen zunächst

(∗)  *Ist $\tau \in \mathbb{H}$ und $(L_k)_{k\geq 1}$ eine Folge in $SL(2;\mathbb{R})$ mit $L_k\tau \to \tau$ für $k \to \infty$, dann ist die Folge $(L_k)_{k\geq 1}$ beschränkt.*

*Beweis.* Nach Satz 1.3 wählt man $N \in SL(2;\mathbb{R})$ mit $\tau = Ni$. Für $P_k := N^{-1}L_kN$ und $Q_k := J^{-1}P_kJ$ gilt dann $P_ki \to i$ und $Q_ki \to i$, also Im $(P_ki) \to 1$ und Im $(Q_ki) \to 1$. Wegen

$$Q_k = \begin{pmatrix} * & * \\ -b_k & a_k \end{pmatrix} \quad \text{für} \quad P_k = \begin{pmatrix} a_k & b_k \\ c_k & d_k \end{pmatrix}$$

und 1.3(1) folgt demnach

$$c_k^2 + d_k^2 \to 1 \quad \text{und} \quad b_k^2 + a_k^2 \to 1 \,.$$

Also sind die Matrizen $P_k$ beschränkt und wegen (2) auch die Matrizen $L_k$.  $\square$

(i) $\Longrightarrow$ (ii): Wir nehmen an, dass $\Lambda$ nicht diskontinuierlich ist. Dann gibt es $\tau, \tau' \in \mathbb{H}$ und eine Folge $(M_k)_{k\geq 1}$ von paarweise verschiedenen Matrizen in $\Lambda$ mit $M_k\tau \to \tau'$ für $k \to \infty$. Für $N_k := M_k^{-1}M_{k+1} \in \Lambda$ gilt dann in der invarianten $\mathbb{H}$–Metrik gemäß 1.6(4)

$$|\tau, N_k\tau| = |M_k\tau, M_{k+1}\tau| \longrightarrow |w, w| = 0 \quad \text{für } k \longrightarrow \infty \,.$$

Weil die $\mathbb{H}$–Topologie mit der gewöhnlichen Topologie übereinstimmt, folgt

(∗∗)  $$N_k\tau \longrightarrow \tau \quad \text{für} \quad k \longrightarrow \infty.$$

Nach $(*)$ ist die Folge $(N_k)_{k\geq 1}$ beschränkt. Da $\Lambda$ diskret ist, kommen unter den $N_k$ nur endlich viele verschiedene Matrizen vor. Es gibt also wegen $(**)$ ein $k_0$ mit $N_k\tau = \tau$ für $k \geq k_0$. Damit wird $M_{k+1}\tau = M_k N_k \tau = M_k \tau = \cdots = M_{k_0}\tau$ für $k \geq k_0$, d.h. $M_k^{-1} M_{k_0}\tau = \tau$. Wegen $(*)$ und der Diskretheit von $\Lambda$ gibt es nur endlich viele verschiedene unter den Matrizen $M_k^{-1} M_{k_0}$, also auch nur endlich viele unter den $M_k$ im Widerspruch zur Annahme.

(ii) $\Longrightarrow$ (iii): Man nimmt an, dass es kompakte Teilmengen $\mathcal{K}$ und $\mathcal{L}$ von $\mathbb{H}$ gibt mit der Eigenschaft $(M\mathcal{K}) \cap \mathcal{L} \neq \emptyset$ für unendlich viele $M \in \Lambda$. Nach Korollar 1.7A darf man $\mathcal{K}$ und $\mathcal{L}$ durch eine $\mathbb{H}$–Kreisscheibe $\mathcal{D} := \{w \in \mathbb{H} \,;\, |w, i| \leq r\}$ ersetzen. Gilt also $w_k \in (M_k \mathcal{D}) \cap \mathcal{D}$ für unendlich viele $M_k \in \Lambda$, dann sind die $\tau_k = M_k^{-1} w_k$ Punkte von $\mathcal{D}$. Man bekommt bei Beachtung von 1.6(4)

$$|M_k i, i| \leq |M_k i, M_k \tau_k| + |M_k \tau_k, i| = |i, \tau_k| + |w_k, i| \leq 2r$$

und die Folge $(M_k i)_{k\geq 1}$ würde einen Häufungspunkt in $\mathbb{H}$ besitzen.

(iii) $\Longrightarrow$ (i): Wir nehmen an, dass $\Lambda$ nicht diskret ist. Dann gibt es eine Matrix $M \in \mathrm{Mat}(2;\mathbb{R})$ und eine Folge von paarweise verschiedenen $M_k \in \Lambda$ mit der Eigenschaft

$$\lim_{k\to\infty} M_k = M \text{ (komponentenweise!)} \,.$$

Da $SL(2;\mathbb{R})$ in $\mathrm{Mat}(2;\mathbb{R})$ abgeschlossen ist, folgt $M \in SL(2;\mathbb{R})$. Für $\tau \in \mathbb{H}$ gilt dann

$$\lim_{k\to\infty} (M_k \tau) = M\tau =: w \,.$$

Ist $\mathcal{K} := \{\tau\}$ und $\mathcal{L}$ eine kompakte Umgebung von $w$ in $\mathbb{H}$, so gilt $M_k \tau \in \mathcal{L}$ für alle hinreichend großen $k$, also $(M_k \mathcal{K}) \cap \mathcal{L} \neq \emptyset$ für unendlich viele $k$. $\quad\square\square$

**2. Fixpunkte.** Für $\varepsilon > 0$ und $z \in \mathbb{H}$ ist

$$(1) \qquad\qquad \mathcal{K}_{z,\varepsilon} := \{w \in \mathbb{H} \,;\, |z, w| < \varepsilon\}$$

nach Lemma 1.7 eine Umgebung von $z$. Wegen 1.6(4) gilt

$$(2) \qquad\qquad M\mathcal{K}_{z,\varepsilon} = \mathcal{K}_{Mz,\varepsilon} \quad \text{für } M \in SL(2;\mathbb{R}).$$

Nun sei $\Lambda$ eine diskontinuierliche Untergruppe von $SL(2;\mathbb{R})$.

**Lemma.** *Zu jedem $z \in \mathbb{H}$ gibt es ein $\varepsilon = \varepsilon_\Lambda(z) > 0$, so dass $Mz \in \mathcal{K}_{z,\varepsilon}$, $M \in \Lambda$, nur für $Mz = z$ gilt.*

*Beweis.* Andernfalls gäbe es eine Folge von paarweise verschiedenen $M_k \in \Lambda$ mit $M_k z \to z$. Da $\Lambda$ diskontinuierlich ist, hat man einen Widerspruch. $\quad\square$

**Korollar.** *Zu jedem $z \in \mathbb{H}$ gibt es ein $\delta = \delta_\Lambda(z) > 0$, so dass aus*

$$(3) \qquad\qquad \mathcal{K}_{z,\delta} \cap M\mathcal{K}_{z,\delta} \neq \emptyset \quad und \quad M \in \Lambda$$

*stets $Mz = z$ folgt.*

*Beweis.* Man setzt $\delta = \frac{1}{2}\varepsilon$. Liegt $w$ in dem fraglichen Durchschnitt, dann ist $|w, z| < \delta$ und $|Mz, w| = |z, M^{-1}w| < \delta$, also $|Mz, z| \leq |Mz, w| + |w, z| < \varepsilon$ und folglich $Mz = z$. $\qquad\square$

Die Umgebungen $\mathcal{K}_{z,\delta}$ enthalten dann außer evtl. $z$ selbst keinen weiteren Fixpunkt von $\Lambda$. Also folgt der

**Satz.** *Die Fixpunkte von $\Lambda$ bilden eine in $\mathbb{H}$ diskrete Menge.*

**3. Das Normalpolygon.** Es sei wieder $\Lambda$ eine diskontinuierliche Untergruppe von $SL(2; \mathbb{R})$. Für $z \in \mathbb{H}$ definiert man nach H. POINCARÉ (1854–1912) das so genannte *Normalpolygon*

$$\mathcal{P} = \mathcal{P}_\Lambda(z) := \{w \in \mathbb{H} \; ; \; |z, w| \leq |z, Mw| \text{ für alle } M \in \Lambda\} \,.$$

In Analogie zu Satz 2.2 erhält man den

**Satz.** *Ist $z$ kein Fixpunkt von $\Lambda$, dann ist $\mathcal{P}_\Lambda(z)$ ein Fundamentalbereich von $\Lambda$, d.h.*
a) $\mathcal{P}_\Lambda(z)$ *ist relativ abgeschlossen in $\mathbb{H}$.*
b) *Zu $\tau \in \mathbb{H}$ gibt es ein $M \in \Lambda$ mit $M\tau \in \mathcal{P}_\Lambda(z)$.*
c) *Gehören $\tau$ und $M\tau$, $M \in \Lambda$, zum offenen Kern von $\mathcal{P}_\Lambda(z)$, so folgt $M = \pm E$.*

*Beweis.* a) Für $M \in \Lambda$ ist $\{w \in \mathbb{H} \; ; \; |z, w| \leq |M^{-1}z, w|\}$ nach Proposition 1.7 relativ abgeschlossen in $\mathbb{H}$. Also ist $\mathcal{P}$ ebenfalls relativ abgeschlossen in $\mathbb{H}$.
b) Für $\tau \in \mathbb{H}$ betrachte man $\mu := \inf\{|z, M\tau| \; ; \; M \in \Lambda\}$ und wähle eine Folge $(M_k)_{k \geq 1}$ in $\Lambda$ mit der Eigenschaft

$$(*) \qquad\qquad |z, M_k\tau| \longrightarrow \mu.$$

Gilt $\mu = 0$, so konvergiert die Folge $M_k\tau$ gegen $z$. Da $\Lambda$ diskontinuierlich ist, gibt es ein $L \in \Lambda$ mit $M_k\tau = L\tau$ für alle hinreichend großen $k$. Dann gilt $L\tau = z \in \mathcal{P}$.
Sei also $\mu > 0$. Wegen Lemma 1.7 ist

$$\overline{\mathcal{K}_{z,2\mu}(z)} = \{w \in \mathbb{H}; |z, w| \leq 2\mu\}$$

eine kompakte Umgebung von $z$ in $\mathbb{H}$. Nach Korollar 1.7B darf man ohne Einschränkung annehmen, dass die Folge $(M_k\tau)_{k \geq 1}$ konvergiert. Da $\Lambda$ diskontinuierlich ist, gibt es ein $L \in \Lambda$ mit $M_k\tau = L\tau$ für alle hinreichend großen $k$. Aus $(*)$ erhält man $\mu = |z, L\tau|$ und folglich $L\tau \in \mathcal{P}$.
c) Nach Voraussetzung gibt es eine offene Umgebung $\mathcal{U}$ von $\tau$ in $\mathbb{H}$ mit $\mathcal{U} \subset \mathcal{P}$. Da auch $M\tau$ ein innerer Punkt von $\mathcal{P}$ ist, darf man nach eventueller Verkleinerung von $\mathcal{U}$ auch $M\mathcal{U} := \{Mw \; ; \; w \in \mathcal{U}\} \subset \mathcal{P}$ annehmen. Für alle $w \in \mathcal{U}$ gilt daher

$$|z, w| \leq |z, Lw| \quad \text{und} \quad |z, Mw| \leq |z, LMw| \quad \text{für} \quad L \in \Lambda \,.$$

Setzt man hier $L = M$ in der ersten und $L = M^{-1}$ in der zweiten Ungleichung, so hat man $|z, w| = |z, Mw| = |M^{-1}z, w|$ für alle $w \in \mathcal{U}$. Weil $\mathcal{U}$ eine nicht-leere offene Menge ist, folgt $z = M^{-1}z$ aus Korollar 1.7C. Da aber $z$ kein Fixpunkt von $\Lambda$ ist, bekommt man $M = \pm E$. $\qquad\qquad\qquad\qquad\qquad\qquad\qquad\square$

Der Fundamentalbereich $\mathcal{P}$ von $\Lambda$ ist Durchschnitt von abzählbar vielen $\mathbb{H}$–Halbebenen, also konvex in der $\mathbb{H}$–Geometrie. Der offene Kern von $\mathcal{P}$ ist nach dem Satz von BAIRE (B. v. QUERENBURG [2001], §13 D) nicht leer. Man kann zeigen, dass er gegeben wird durch

$$\overset{\circ}{\mathcal{P}} = \{w \in \mathbb{H} \; ; \; |z, w| < |z, Mw| \text{ für alle } \pm E \neq M \in \Lambda\}.$$

**Bemerkungen.** a) Die Überlegungen dieses Abschnitts übertragen sich cum grano salis auf diskontinuierliche Gruppen von Isometrien vollständiger metrischer Räume. Man vergleiche M. KOECHER und W. ROELCKE (Math. Z. **71**, 258–267 (1959)).

b) Eine ausführliche Darstellung von diskontinuierlichen Gruppen und damit zusammenhängenden Fragen findet man bei H. MAASS [1983], Chap. I, J. LEHNER [1964], Chap. III, IV, VII, und C.L. SIEGEL [1988].

c) Um ein weiteres Beispiel anzugeben, sei $G(\lambda)$ für $\lambda > 0$ die von

$$J = \begin{pmatrix} 0 & -1 \\ 1 & 0 \end{pmatrix} \quad \text{und} \quad \begin{pmatrix} 1 & \lambda \\ 0 & 1 \end{pmatrix}$$

erzeugte Untergruppe von $SL(2; \mathbb{R})$, die so genannte HECKE–*Gruppe* zum Parameter $\lambda$. Insbesondere gilt $G(1) = \Gamma$ nach Satz 2.1 und $G(2) = \Gamma_\vartheta$ nach Korollar 3.4. E. HECKE zeigte (*Math. Werke*, 599–616), dass die Gruppe $G(\lambda)$ genau dann diskret ist, wenn

$$\lambda \geq 2 \quad \text{oder} \quad \lambda = 2\cos\tfrac{\pi}{q} \;, \; q \in \mathbb{Z} \;, \; q \geq 3 \;.$$

R. EVANS (J. Number Th. **5**, 108–115) gab 1973 einen elementaren Beweis.

**Aufgaben.** 1) Für $p = 2, 3$ gilt

$$G(\sqrt{p}) = \Delta \cup J\Delta \quad \text{mit} \quad \Delta = \Big\{M = \begin{pmatrix} a & b\sqrt{p} \\ c\sqrt{p} & d \end{pmatrix} \; ; \; a, b, c, d \in \mathbb{Z} \;, \; \det M = 1 \Big\} \;.$$

$G(\sqrt{p})$ ist eine diskontinuierliche Untergruppe von $SL(2; \mathbb{R})$ und $\Delta$ ist in $SL(2; \mathbb{R})$ konjugiert zu $\Gamma_0[p]$.

2) $\mathcal{F} := \big\{\tau \in \mathbb{H} \; ; \; |x| \leq \tfrac{1}{2}\sqrt{p} \;, \; |\tau| \geq 1\big\}$ ist ein Fundamentalbereich von $G(\sqrt{p})$ für $p = 2, 3$.

3) Die Fixpunkte von $G(\sqrt{p})$ sind genau die Punkte $Mi$ und $M\tau$, $\tau = \tfrac{1}{2}\sqrt{p} + i\tfrac{1}{2}\sqrt{4-p}$, mit $M \in G(\sqrt{p})$ für $p = 2, 3$. Man bestimme die jeweilige Fixgruppe explizit.

4) Sei $\mathfrak{o}$ der Ring der ganzen Zahlen in einem reell–quadratischen Zahlkörper. Dann ist die Gruppe $SL(2; \mathfrak{o})$ nicht diskontinuierlich.

5) Sei $\mathfrak{M}$ die Menge der Fixpunkte einer diskontinuierlichen Gruppe $\Lambda$. Dann gilt $L\mathfrak{M} = \mathfrak{M}$ für alle $L \in \Lambda$.

6) Sei $\Lambda$ eine Untergruppe von $SL(2; \mathbb{R})$ und $M \in SL(2; \mathbb{R})$. Die Gruppe $\Lambda$ ist genau dann diskontinuierlich, wenn $\Lambda^* = M\Lambda M^{-1}$ diskontinuierlich ist. Für $z \in \mathbb{H}$ gilt dann $M\mathcal{P}_\Lambda(z) = \mathcal{P}_{\Lambda^*}(Mz)$.

7) Sei $M \in SL(2; \mathbb{R})$, $M \neq \pm E$, und es sei $\Lambda$ die von $M$ erzeugte Untergruppe von $SL(2; \mathbb{R})$. Die Gruppe $\Lambda$ ist genau dann diskontinuierlich, wenn $M$ parabolisch oder hyperbolisch oder elliptisch von endlicher Ordnung ist.

8) Sei $\lambda \in \mathbb{R}$ , $\lambda > 1$. Dann gilt $\mathcal{P}_\Gamma(\lambda i) = \overline{\mathbb{F}}$ .

9) Sei $\lambda \in \mathbb{R}$ , $\lambda > 1$. Dann gilt $\mathcal{P}_{\Gamma_\vartheta}(\lambda i) = \overline{\mathbb{F}_\vartheta}$ (vgl. Aufgabe 3.4).

10) Sei $\Gamma_\infty = \{\pm T^n \;;\; n \in \mathbb{Z}\}$. Dann gilt $\mathcal{P}_{\Gamma_\infty}(z) = \{\tau \in \mathbb{H} \;;\; |\mathrm{Re}\,(\tau - z)| \leq 1/2\}$ für jedes $z \in \mathbb{H}$.

11) Eine diskontinuierliche Untergruppe von $SL(2;\mathbb{R})$ ist abzählbar.

12) Sei $G_n$ , $n > 2$, die von $\begin{pmatrix} \cos(\pi/n) & \sin(\pi/n) \\ -\sin(\pi/n) & \cos(\pi/n) \end{pmatrix}$ erzeugte Untergruppe der Ordnung $2n$ von $SL(2;\mathbb{R})$. Dann ist

$$\mathcal{F}_n := \{\tau \in \mathbb{H} \;;\; x \leq 0 \;,\; \tau\overline{\tau} + 2x \cot(2\pi/n) \geq 1\}$$

ein Fundamentalbereich von $G_n$.

13) $\mathcal{P}_\Lambda(z)$ ist ein $\mathbb{H}$-Stern mit Mittelpunkt $z$.

# Kapitel III.

# Modulformen

## Einleitung

**1. Vorbemerkung.** Wie die elliptischen Funktionen unter gewissen Selbstabbildungen von $\mathbb{C}$, nämlich den Translationen eines Gitters, in sich übergehen, so sind die *Modulfunktionen* unter geeigneten Selbstabbildungen der oberen Halbebene $\mathbb{H}$, nämlich den *Modulsubstitutionen*

$$\tau \longmapsto M\tau := \frac{a\tau + b}{c\tau + d} \quad \text{mit} \quad M = \begin{pmatrix} a & b \\ c & d \end{pmatrix} \in \Gamma := SL(2;\mathbb{Z})$$

invariant. Das wichtigste Beispiel einer solchen Funktion, die überdies auf $\mathbb{H}$ holomorph ist, ist die *absolute Invariante* $j = j(\tau)$, die wir bereits in I.4.4 und in II.E.3 kennen gelernt haben. Es wird sich herausstellen, dass man mit $j$ alle Modulfunktionen beschreiben kann.

**2. Mögliches Transformationsverhalten.** Neben Funktionen, die unter den Modulsubstitutionen invariant bleiben, sind aber auch Funktionen $f : \mathbb{H} \to \mathbb{C}$ von Interesse, die unter den Modulsubstitutionen wenigstens noch ein übersichtliches Verhalten aufweisen:

$$(1) \qquad f(M\tau) = \gamma_M(\tau) \cdot f(\tau) \quad \text{für alle} \quad M \in \Gamma.$$

Dabei sei $\gamma_M(\tau)$ ein „elementarer" Faktor, der noch genauer festgelegt werden muss. Schreibt man (1) für $MN$ anstelle von $M$ und verwendet $(MN)\tau = M(N\tau)$, so erhält man (im Fall $f(\tau) \neq 0$) die Bedingung

$$(2) \qquad \gamma_{MN}(\tau) = \gamma_M(N\tau) \cdot \gamma_N(\tau) \quad \text{für} \quad M, N \in \Gamma \quad \text{und} \quad \tau \in \mathbb{H}$$

an $\gamma$. Diese „Cozykel–Bedingung" hat Ähnlichkeit mit der Kettenregel der Differentiation. In der Tat erfüllen

$$(3) \qquad \gamma_M(\tau) := \frac{dM\tau}{d\tau} = (c\tau + d)^{-2}$$

und jede Potenz davon (2). Die auf diese Weise für jede gerade Zahl $k$ entstehende Transformationsformel

$$(4) \qquad f(M\tau) = (c\tau + d)^k \cdot f(\tau) \quad \text{für} \quad M \in \Gamma$$

ist dann charakteristisch für die so genannten *Modulformen*. Da die Gruppe der Modulsubstitutionen gemäß Korollar II.2.1A durch die Abbildungen

$$(5) \qquad \tau \longmapsto \tau + 1 \quad \text{und} \quad \tau \longmapsto -1/\tau$$

erzeugt wird, kann man (4) durch die beiden Bedingungen

$$(6) \qquad f(\tau + 1) = f(\tau) \quad \text{und} \quad f(-1/\tau) = \tau^k \cdot f(\tau)$$

ersetzen.

In I.4.1 hatten wir gesehen, dass die EISENSTEIN–Reihen $G_k$ Beispiele von solchen Funktionen sind. Es soll noch ein weiteres Beispiel skizziert werden, das ein zu (6) analoges Transformationsverhalten besitzt:

**3. Die klassische Theta–Reihe.** In seinen Briefen an GOLDBACH vom 4. 5. 1748 und 17. 8. 1750 behandelt L. EULER im Reellen bereits die *Theta–Reihe*

$$(1) \qquad \vartheta(\tau) := \sum_{n \in \mathbb{Z}} e^{\pi i n^2 \tau} = 1 + 2 \cdot \sum_{n=1}^{\infty} q^{n^2} \quad \text{mit} \quad q := e^{\pi i \tau} \quad \text{und} \quad \tau \in \mathbb{H}.$$

Im Zusammenhang mit der Wärmeleitungsgleichung tritt die Theta–Reihe dann bei J. FOURIER in *Théorie Analytique de la Chaleur* (Paris 1822) auf (vgl. I.6.7). Im Nachlass von C.F. GAUSS (*Werke III*, 436–445) fand man eine Note etwa aus dem Jahre 1808, in der eine etwas allgemeinere Reihe (nämlich die in I.6.7(1) definierte JACOBIsche Theta–Reihe $\vartheta(z; \tau)$) betrachtet und für sie bereits eine Transformationsformel bewiesen wird. In den *Fundamenta nova* wird dann von C.G.J. JACOBI (*Ges. Werke I*, 198–239) die allgemeine Reihe

$$\sum_{n \in \mathbb{Z}} (-1)^n q^{n^2} \cos(2nx)$$

unter dem Buchstaben $\Theta$ eingeführt und zur Darstellung der elliptischen Funktionen verwendet. In der Bezeichnung von I.6.7 ist $\vartheta(\tau)$ gleich dem *Nullwert* $\vartheta(0; \tau)$.

Offenbar ist $\vartheta(\tau)$ absolut und kompakt–gleichmäßig konvergent auf $\mathbb{H}$, so dass $\vartheta : \mathbb{H} \to \mathbb{C}$ holomorph ist. Es gilt darüber hinaus

$$(2) \qquad \vartheta(\tau + 2) = \vartheta(\tau) \quad \text{für } \tau \in \mathbb{H}.$$

Die Bedeutung und das Interesse, das die Theta–Reihe immer wieder gefunden hat, liegen nun in der so genannten

**Theta–Transformationsformel:**

$$(3) \qquad \vartheta(-1/\tau) = \sqrt{\tau/i} \cdot \vartheta(\tau) \quad \textit{für alle} \quad \tau \in \mathbb{H}.$$

Dabei ist der Zweig der Wurzel zu wählen, der für positive Argumente selbst positiv ist.

*Beweis.* Man wendet die so genannte POISSONsche Summationsformel auf $\vartheta(iy)$, $y > 0$, an oder – was auf dasselbe hinausläuft – entwickelt die modulo 1 periodische, stetig differenzierbare Funktion

$$\varphi(t) := \sum_{n \in \mathbb{Z}} e^{-\pi(n+t)^2 y}, \quad t \in \mathbb{R},$$

in eine FOURIER–Reihe und erhält

$$\vartheta(iy) = \varphi(0) = \sum_{m \in \mathbb{Z}} \alpha_m,$$

$$\alpha_m := \int_0^1 \varphi(t) \cdot e^{-2\pi i m t}\, dt = \int_{-\infty}^\infty e^{-\pi t^2 y} \cdot e^{-2\pi i m t} dt.$$

Hier ist

$$\alpha_m = \beta_m(y) \cdot e^{-\pi m^2/y} \quad \text{mit} \quad \beta_m(y) := \int_{-\infty}^\infty e^{-\pi\left(t\sqrt{y}+im/\sqrt{y}\right)^2} dt = \frac{1}{\sqrt{y}} \cdot \beta_{m/\sqrt{y}}(1).$$

Nach dem CAUCHYschen Integralsatz hängt $\beta_m(1) = \beta$ nicht von $m$ ab (vgl. R. REMMERT, G. SCHUMACHER [2002], 12.4.3) und man erhält

$$\vartheta(iy) = \frac{\beta}{\sqrt{y}} \cdot \vartheta\left(\frac{i}{y}\right) \quad \text{für } y > 0.$$

Setzt man nun $y = 1$, so folgt $\beta = 1$ wegen $\vartheta(iy) > 0$. Die Transformationsformel ergibt sich nun durch analytische Fortsetzung. $\quad\square$

Einen elementaren Beweis der POISSONschen Summationsformel findet man z. B. bei M. KOECHER [1987], 179–181.

Betrachtet man jetzt $f(\tau) := \vartheta^8(\tau)$, so erhält man in Analogie zu 2(6)

$$(4) \qquad f(\tau + 2) = f(\tau) \quad \text{und} \quad f(-1/\tau) = \tau^4 \cdot f(\tau).$$

Damit kennt man das Transformationsverhalten von $f = \vartheta^8$ unter der von den Modulsubstitutionen $\tau \mapsto \tau + 2$ und $\tau \mapsto -1/\tau$ erzeugten Gruppe von Automorphismen von $\mathbb{H}$. Mit der *Theta–Gruppe* $\Gamma_\vartheta$ in II.3.4 folgt

$$f(M\tau) = (c\tau + d)^4 \cdot f(\tau) \quad \text{für alle} \quad M \in \Gamma_\vartheta.$$

Ein anderer – ebenfalls durch II.3.4 nahegelegter – Ansatz liefert eine Funktion, bei der man das Transformationsverhalten unter allen Modulsubstitutionen kennt: Man setzt

$$(5) \qquad g(\tau) := \tfrac{1}{\tau} \cdot \vartheta^2(\tau) \cdot \vartheta^2(\tau + 1) \cdot \vartheta^2\left(1 - 1/\tau\right)$$

und verifiziert mit (2) und (3)

$$g(\tau + 1) = i \cdot g(\tau) \quad \text{und} \quad g(-1/\tau) = i \cdot \tau^3 \cdot g(\tau).$$

Die vierte Potenz von $g$ ist daher eine Modulform im Sinne von 2(6) zu $k = 12$. Man vergleiche Satz 4.5 d).

# §1. Die elementare Theorie

Ziel dieses Paragrafen ist es, die elementare Theorie modularer Funktionen zu entwickeln und erste Strukturaussagen herzuleiten.

Es wird vereinbart, den Buchstaben $M$ für $2 \times 2$ Matrizen zu reservieren und stets $M = \left(\begin{smallmatrix} a & b \\ c & d \end{smallmatrix}\right)$ zu schreiben. $\tau$ aus der oberen Halbebene $\mathbb{H}$ wird immer in der Form $\tau = x + iy$ gegeben.

**1. Modulare Funktionen.** Zunächst wird eine Operation von $SL(2;\mathbb{R})$ auf dem Raum der meromorphen Funktionen auf $\mathbb{H}$ erklärt:

Sei dazu $k \in \mathbb{Z}$ und $f$ auf $\mathbb{H}$ meromorph. Dann existiert eine diskrete und relativ abgeschlossene Teilmenge $D_f$ von $\mathbb{H}$, so dass $f$ auf $\mathbb{H} \backslash D_f$ holomorph ist. Für $M \in SL(2;\mathbb{R})$ erklärt man eine auf $\mathbb{H}$ meromorphe Funktion $f|M = f|_k M$ durch

$$(1) \qquad (f|M)(\tau) := (c\tau + d)^{-k} \cdot f(M\tau) \quad \text{für} \quad \tau \in \mathbb{H} \setminus D_{f \circ M}.$$

Auf die Angabe des Buchstabens $k \in \mathbb{Z}$ wird hier meist verzichtet. Zusammen mit II.1.1(5) ergibt eine Verifikation

$$(2) \qquad (f|M)|N = f|(MN) \quad \text{für} \quad M, N \in SL(2;\mathbb{R}).$$

Damit definiert $(M, f) \mapsto f|M$ eine Operation auf dem Raum der meromorphen Funktionen auf $\mathbb{H}$, die *Strichoperator* genannt wird.

Man nennt nun $f$ *modular vom Gewicht $k$*, wenn gilt:

(M.1)     $f$ ist auf $\mathbb{H}$ meromorph.

(M.2)     $f|_k M = f$ für alle $M \in \Gamma$.

Offenbar bilden die modularen Funktionen vom Gewicht $k$ einen Vektorraum über $\mathbb{C}$. Trägt man $M = -E$ in (M.2) ein, so erhält man die

**Proposition.** *Jede modulare Funktion von ungeradem Gewicht ist* 0.

Es wird daher im Folgenden stets vorausgesetzt, dass $k$ gerade ist. Wegen (2) und Satz II.2.1 kann man (M.2) ersetzen durch

$$(M.2^*) \qquad f(\tau + 1) = f(\tau) \quad \text{und} \quad f(-1/\tau) = \tau^k \cdot f(\tau).$$

Schließlich zeigt II.1.1(7), dass man (1) auch in der Form

$$(3) \qquad (f|M)(\tau) = \left( \frac{dM\tau}{d\tau} \right)^{k/2} \cdot f(M\tau)$$

schreiben kann.

**2. Periodische Funktionen.** Es bezeichne wieder

$$\mathbb{E} := \{ z \in \mathbb{C} \ ; \ |z| < 1 \}$$

die offene Einheitskreisscheibe in $\mathbb{C}$. Bekanntlich definiert

$$\mathbb{H} \to \mathbb{E} \setminus \{0\}, \ \tau \mapsto z := e^{2\pi i \tau},$$

eine surjektive und modulo 1 periodische holomorphe Funktion. Ist $f$ auf $\mathbb{H}$ meromorph mit Polstellenmenge $D_f$ und periodisch mit der Periode 1 (vgl. I.1.2), dann gibt es bekanntlich (vgl. R. REMMERT, G. SCHUMACHER [2002], Satz 12.3.2) eine auf $\mathbb{E} \setminus \{0\}$ meromorphe Funktion $\hat{f}$ mit

$$(1) \qquad f(\tau) = \hat{f}\left(e^{2\pi i \tau}\right) \quad \text{für} \quad \tau \in \mathbb{H} \setminus D_f.$$

Ist nun umgekehrt $\hat{f}$ eine auf $\mathbb{E} \setminus \{0\}$ meromorphe Funktion, so ist die zugehörige Funktion $f$ der Form (1) auf $\mathbb{H}$ meromorph und periodisch mit der Periode 1. Man beachte hier, dass sich die Pole von $\hat{f}$ bei 0 häufen können! Um dies auszuschließen, sagt man, dass $f$ *bei $\infty$ höchstens einen Pol* hat, wenn $\hat{f}$ meromorph auf $\mathbb{E}$ fortsetzbar ist.

Hat nun $f$ in diesem Sinne bei $\infty$ höchstens einen Pol, dann ist 0 eine isolierte Singularität von $\hat{f}$ und es existiert eine LAURENT–Entwicklung von $\hat{f}$ um 0 mit endlichem Hauptteil (vgl. R. REMMERT, G. SCHUMACHER [2002], Satz 12.2.3)

$$(2) \qquad \hat{f}(z) = \sum_{m \geq m_0} \alpha_f(m) \cdot z^m,$$

die in einer punktierten Umgebung von 0 absolut und kompakt–gleichmäßig konvergiert. Wegen (1) ist dann $f$ in eine FOURIER–Reihe

$$(3) \qquad f(\tau) = \sum_{m \geq m_0} \alpha_f(m) \cdot e^{2\pi i m \tau}$$

entwickelbar, die bei geeignetem $\gamma > 0$ für $\operatorname{Im} \tau > \gamma$ absolut und kompakt–gleichmäßig konvergiert. Die Integralformel für die Koeffizienten der LAURENT–Reihe (vgl. R. REMMERT, G. SCHUMACHER [2002], 12.1.3) übersetzt sich dabei in

$$(4) \qquad \alpha_f(m) = \int_{w}^{w+1} f(\tau) \cdot e^{-2\pi i m \tau} d\tau,$$

wobei die Integration für $\operatorname{Im} w > \gamma$ z. B. längs der Strecke von $w$ bis $w + 1$ auszuführen ist.

**Lemma.** *Für eine auf $\mathbb{H}$ meromorphe und modulo 1 periodische Funktion $f \neq 0$ sind äquivalent:*

(i) *$f$ hat bei $\infty$ höchstens einen Pol.*
(ii) *Es gibt $\gamma > 0$ mit folgenden Eigenschaften:*
    (a) *$f$ ist auf dem Gebiet $\{\tau \in \mathbb{H} \, ; \, \operatorname{Im} \tau > \gamma\}$ holomorph.*
    (b) *Es gibt ein $m_0 \in \mathbb{Z}$, so dass es zu jedem $\varepsilon > 0$ ein $C$ gibt mit*

$$|f(\tau)| \leq C \cdot e^{-2\pi m_0 \cdot \operatorname{Im}\tau} \quad \textit{für alle } \tau \textit{ mit} \quad \operatorname{Im}\tau \geq \gamma + \varepsilon.$$

*Dabei ist $m_0$ das Minimum der $m \in \mathbb{Z}$ mit $\alpha_f(m) \neq 0$.*

*Ist dies der Fall und ist $f$ auf $\mathbb{H}$ holomorph, dann gilt* (b) *für alle $\gamma > 0$.*

*Beweis.* Alles wird auf das Verhalten von $\hat{f}$ in einer Umgebung von $0$ zurückgespielt: Man hat für $\hat{f}$ genau dann ein LAURENT–Reihe der Form (2), wenn eine Abschätzung der Gestalt $|\hat{f}(z)| \leq C \cdot |z|^{m_0}$ gilt. $\qquad\square$

Ist $m_0$ wie im Lemma gewählt, so sagt man in Übereinstimmung mit dem Verhalten von $\hat{f}$ bei $0$, *dass $f$ bei $\infty$*

> *einen Pol der Ordnung $-m_0$ hat, falls $m_0 < 0$ gilt,*
> *holomorph ist, falls $m_0 \geq 0$ gilt,*
> *eine Nullstelle der Ordnung $m_0$ hat, falls $m_0 > 0$ gilt.*

Man setzt nun natürlich

$$(5) \qquad\qquad\qquad \operatorname{ord}_\infty f := m_0.$$

**3. Der Begriff der Modulform.** Eine Funktion $f$ heißt *Modulform vom Gewicht $k$,* wenn $f$ modular vom Gewicht $k$ ist und bei $\infty$ höchstens einen Pol hat, wenn also gilt:

(M.1)     $f$ ist auf $\mathbb{H}$ meromorph.

(M.2)     $f|_k M = f$ für alle $M \in \Gamma$.

(M.3)     $f$ hat bei $\infty$ höchstens einen Pol.

Wegen Lemma 2 kann hier (M.3) ersetzt werden durch

(M.3*) $f$ besitzt eine FOURIER–Entwicklung der Form

$$f(\tau) = \sum_{m \geq m_0} \alpha_f(m) \cdot e^{2\pi i m \tau},$$

die bei geeignetem $\gamma > 0$ für $\operatorname{Im}\tau \geq \gamma$ absolut und kompakt–gleichmäßig konvergiert.

Da mit $f$ und $g$ auch $\alpha f + \beta g$ , $\alpha, \beta \in \mathbb{C}$, und $f \cdot g$ höchstens einen Pol bei $\infty$ haben, ergibt ein Blick auf 1(1), *dass die Modulformen vom Gewicht $k$ einen Vektorraum $\mathbb{V}_k$ über $\mathbb{C}$ bilden.* Es gilt außerdem

$$(1) \qquad\qquad \mathbb{V}_k \cdot \mathbb{V}_\ell \subset \mathbb{V}_{k+\ell} \quad\textit{für}\quad k, \ell \in \mathbb{Z}.$$

Wegen Proposition 1 hat man natürlich

$$(2) \qquad\qquad \mathbb{V}_k = \{0\} \quad \text{für ungerades}\quad k.$$

Schließlich ist

$$(3) \qquad\qquad \tfrac{1}{f} \in \mathbb{V}_{-k} \qquad \text{für} \qquad 0 \neq f \in \mathbb{V}_k \ .$$

Eine Modulform vom Gewicht 0 heißt eine *Modulfunktion*. Wegen (1) und (3) ist die Menge

$$(4) \qquad\qquad\qquad \mathbb{K} := \mathbb{V}_0$$

aller Modulfunktionen ein Körper, der die konstanten Funktionen und alle Quotienten von Modulformen desselben Gewichts enthält.

**Bemerkungen.** a) Der Name *Modulfunktion* stammt von R. DEDEKIND (*Ges. math. Werke I*, 159–172). Eine Modulfunktion tritt zunächst als *Modul* bei elliptischen Integralen in der LEGENDREschen Normalform auf. Es handelt sich dabei allerdings um eine Funktion, die nicht zur Modulgruppe $\Gamma$, sondern zur Hauptkongruenzgruppe $\Gamma[2]$ gehört (vgl. I.E.2, Korollar I.3.4E, Aufgabe I.4.7). Modulformen treten systematisch zuerst bei WEIERSTRASS in seinen Vorlesungen über elliptische Funktionen als die Invarianten $g_2$ und $g_3$ bzw. als $\Delta$ auf (vgl. I.4.1), nachdem diese vorher von G. EISENSTEIN betrachtet wurden (vgl. I.3.7).
Eigentliche Begründer der Theorie der Modulfunktionen sind F. KLEIN und H. POINCARÉ. Die Hauptwerke von POINCARÉ zu diesem Thema findet man in den ersten Bänden der Acta Mathematica (nämlich in Band 1, 3, 4, 5) und in seinen *Œuvres II*. Wichtige Arbeiten von KLEIN findet man in seinen *Ges. math. Abhandlungen III*. Die Theorie wurde dann zunächst von R. FRICKE fortgeführt, von dem der ausführliche Übersichtsartikel II.B4 *Automorphe Funktionen* in der *Enzyklopädie der Math. Wissenschaften* stammt.
b) Auf R. DEDEKIND geht die abkürzende Schreibweise $1^\tau := e^{2\pi i \tau}$ zurück (*Ges. math. Werke I*, 174–201), die auch später manchmal verwendet wird, sich aber allgemein nicht durchgesetzt hat.

**4. Ganze Modulformen.** Eine Modulform $f$ vom Gewicht $k$ heißt eine *ganze Modulform vom Gewicht $k$*, wenn $f$ auf $\mathbb{H}$ holomorph ist und wenn $f$ bei $\infty$ *keinen* Pol hat. Damit ist $f$ genau dann eine ganze Modulform vom Gewicht $k$, wenn gilt:

(M.1')     $f : \mathbb{H} \to \mathbb{C}$ ist holomorph.

(M.2')     $f|_k M = f$ für alle $M \in \Gamma$.

(M.3')     $f$ ist für alle $\tau \in \mathbb{H}$ mit $\operatorname{Im} \tau \geq \gamma$ , $\gamma > 0$, beschränkt.

Wegen Lemma 2 kann man hier (M.3') ersetzen durch

(M.3")     $f$ besitzt eine FOURIER–Entwicklung der Form

$$f(\tau) = \sum_{m \geq 0} \alpha_f(m) \cdot e^{2\pi i m \tau},$$

die für $\gamma > 0$ auf der Menge $\{\tau \in \mathbb{H} \; ; \; \mathrm{Im}\,\tau \geq \gamma\}$ absolut gleichmäßig konvergiert.

Die Menge $\mathbb{M}_k$ der *ganzen Modulformen von Gewicht k ist offenbar ein Unterraum des Vektorraums* $\mathbb{V}_k$.

Eine ganze Modulform $f$ heißt eine *Spitzenform* (englisch: *cusp form*), wenn $f$ bei $\infty$ eine Nullstelle hat, wenn also $\alpha_f(0) = 0$ gilt. Der Vektorraum der Spitzenformen vom Gewicht $k$ wird mit $\mathbb{S}_k$ bezeichnet. Man hat offenbar

$$\mathbb{S}_k \subset \mathbb{M}_k \subset \mathbb{V}_k \quad \text{für alle } k \in \mathbb{Z}.$$

Aus (M.3") folgt sofort

$$(1) \qquad \alpha_f(0) = \lim_{y \to \infty} f(iy) \quad \text{für } f \in \mathbb{M}_k.$$

Im Hinblick auf 3(1) erhält man dann

$$(2) \qquad \mathbb{M}_k \cdot \mathbb{M}_\ell \subset \mathbb{M}_{k+\ell}, \quad \mathbb{S}_k \cdot \mathbb{M}_\ell \subset \mathbb{S}_{k+\ell} \quad \text{für} \quad k, \ell \in \mathbb{Z}.$$

Wegen seiner Bedeutung wiederholen wir einen Spezialfall von Lemma 2 als

**Lemma.** *Ist $f \in \mathbb{M}_k$ und $\gamma > 0$, so gilt*

$$f(\tau) - \alpha_f(0) = \mathcal{O}\left(e^{-2\pi \mathrm{Im}\,\tau}\right)$$

*auf der Menge $\{\tau \in \mathbb{H} \; ; \; \mathrm{Im}\,\tau \geq \gamma\}$.*

Im weiteren Verlauf werden ausschließlich der Körper $\mathbb{K} = \mathbb{V}_0$ der Modulfunktionen und die Vektorräume $\mathbb{M}_k$ der ganzen Modulformen vom Gewicht k studiert.

**5. Negatives Gewicht.** Für $f \in \mathbb{M}_k$ wird $\tilde{f} : \mathbb{H} \to \mathbb{R}$ erklärt durch

$$(1) \qquad \tilde{f}(\tau) := (\mathrm{Im}\,\tau)^{k/2} \cdot |f(\tau)| \, , \; \tau \in \mathbb{H}.$$

Aus II.1.3(1) und 1(1) erhält man offenbar

$$(2) \qquad \tilde{f}(M\tau) = \tilde{f}(\tau) \quad \text{für alle} \quad M \in \Gamma,$$

so dass $\tilde{f}$ eine unter $\Gamma$ invariante Funktion ist. Die genaue Kenntnis des exakten Fundamentalbereiches $\mathbb{F}$ aus II.2.2 führt speziell zu der

**Proposition.** *Ist $\varphi : \mathbb{H} \to \mathbb{R}$ für $\mathrm{Im}\,\tau \geq \frac{1}{2}\sqrt{3}$ beschränkt und gilt*

$$\varphi(M\tau) = \varphi(\tau) \quad \textit{für alle } M \in \Gamma,$$

*dann ist $\varphi$ auf $\mathbb{H}$ beschränkt.*

*Beweis.* Nach II.2.2(3) ist $\varphi$ speziell im Fundamentalbereich $\mathbb{F}$ beschränkt. Nun kann man Satz II.2.2a anwenden und sieht, dass $\varphi$ auf $\mathbb{H}$ beschränkt ist. $\qquad \square$

Als erstes Strukturergebnis erhalten wir den

**Satz.** *Es gilt* $\mathbb{M}_k = \{0\}$ *für* $k < 0$.

*Beweis.* Nach (M.3") ist $f$ speziell für alle $\tau$ mit $\operatorname{Im} \tau \geq \frac{1}{2}\sqrt{3}$ beschränkt. Da $k$ negativ ist, gilt dies dann auch für $\tilde{f}$. Nun kann man die Proposition auf $\varphi = \tilde{f}$ anwenden und sieht, dass $\tilde{f}$ auf $\mathbb{H}$ beschränkt ist.

Man entwickelt $f$ in eine FOURIER–Reihe und erhält für die FOURIER–Koeffizienten gemäß 2(4)

$$\alpha_f(m) = e^{2\pi m y} \cdot \int\limits_0^1 f(x+iy) \cdot e^{-2\pi i m x} dx \ , \ m \geq 0.$$

Mit (1) folgt

$$|\alpha_f(m)| \leq y^{-k/2} \cdot e^{2\pi m y} \cdot \int\limits_0^1 \tilde{f}(x+iy)dx \leq C \cdot y^{-k/2} \cdot e^{2\pi m y}$$

mit einer von $y$ unabhängigen Konstanten $C$. Da die linke Seite ebenfalls nicht von $y$ abhängt, kann man den Limes $y \to 0$ bilden und erhält $\alpha_f(m) = 0$ für alle $m \geq 0$, also $f \equiv 0$. $\qquad\qquad\square$

**6. Das Wachstum der FOURIER–Koeffizienten.** Für $f \in \mathbb{M}_k$ wird $\tilde{f}$ wie in 5(1) erklärt.

**Satz.** *Für* $k > 0$ *und* $f \in \mathbb{M}_k$ *gilt:*
a) $\tilde{f}$ *ist genau dann auf* $\mathbb{H}$ *beschränkt, wenn* $f \in \mathbb{S}_k$ *gilt. In diesem Fall existiert ein* $w \in \mathbb{H}$ *mit der Eigenschaft*

$$\tilde{f}(\tau) \leq \tilde{f}(w) \quad \text{für alle } \tau \in \mathbb{H}.$$

b) *Ist* $f \in \mathbb{S}_k$, *so gilt*

$$\alpha_f(m) = \mathcal{O}\big(m^{k/2}\big) \quad \text{für alle } m \in \mathbb{N}.$$

*Beweis.* a) Ist $f$ eine Spitzenform, so ist $\tilde{f}$ wegen Lemma 4 für $\operatorname{Im} \tau \geq \frac{1}{2}\sqrt{3}$ beschränkt. Die Behauptung folgt nun aus Proposition 5. Ist umgekehrt $\tilde{f}$ beschränkt, so sind wegen Lemma 4 auch $\alpha_f(0) \cdot y^{k/2}$ in $\mathbb{F}$ beschränkt. Aus $k > 0$ folgt $\alpha_f(0) = 0$, also $f \in \mathbb{S}_k$. Die Existenz von $w$ ergibt sich aus $\lim_{y \to \infty} \tilde{f}(\tau) = 0$ nach Lemma 4.
b) Man entwickelt $f$ in eine FOURIER–Reihe und wie im Beweis von Satz 5 folgt

$$|\alpha_f(m)| \leq C \cdot y^{-k/2} \cdot e^{2\pi m y} \quad \text{für } y > 0.$$

Da die linke Seite nicht von $y$ abhängt, darf man rechts $y = 1/m \ , \ m > 0$, eintragen und erhält

$$|\alpha_f(m)| \leq C \cdot e^{2\pi} \cdot m^{k/2},$$

also die Behauptung. $\qquad\qquad\square$

**Aufgaben.** Es bezeichne $A(\mathbb{H})$ die Menge aller modulo 1 periodischen, auf $\mathbb{H} \cup \{\infty\}$ holomorphen Funktionen $f : \mathbb{H} \to \mathbb{C}$ mit zugehöriger FOURIER–Reihe der Form

$$f(\tau) = \sum_{m=0}^{\infty} \alpha_f(m) \cdot e^{2\pi i m \tau} \ , \ \tau \in \mathbb{H},$$

gemäß Lemma 2. $A(\mathbb{H})$ ist offenbar eine $\mathbb{C}$–Algebra, die alle ganzen Modulformen enthält. Es bezeichne $B(\mathbb{H})$ die Teilmenge derjenigen $f \in A(\mathbb{H})$, zu denen es ein $\ell \geq 0$ gibt mit der Eigenschaft

$$\alpha_f(m) = \mathcal{O}(m^{\ell}) \quad \text{für } m \geq 1.$$

Für $f \in B(\mathbb{H})$ setzt man

$$\kappa(f) := \inf \left\{ \ell \geq 0 \ ; \ \alpha_f(m) = \mathcal{O}\left(m^{\ell}\right) \quad \text{für } m \geq 1 \right\}.$$

1) $B(\mathbb{H})$ ist eine Unteralgebra von $A(\mathbb{H})$. Speziell gilt für $f, g \in B(\mathbb{H})$:
     a) $\kappa(f + g) \leq \max\{\kappa(f), \ \kappa(g)\}$,
     b) $\kappa(f \cdot g) \leq \kappa(f) + \kappa(g) + 1$.
2) Ist $f \in A(\mathbb{H})$ und $(\operatorname{Im} \tau)^{\kappa} \cdot f(\tau)$ für ein $\kappa \geq 0$ auf $\mathbb{H}$ beschränkt, dann gehört $f$ zu $B(\mathbb{H})$ mit $\kappa(f) \leq \kappa$.
3) Ist $f \in \mathbb{S}_k$, so gehört $f$ zu $B(\mathbb{H})$ mit $\kappa(f) \leq k/2$.
4) Ist $f \in B(\mathbb{H})$, so konvergiert die DIRICHLET–Reihe

$$D_f(s) := \sum_{m=1}^{\infty} \alpha_f(m) \cdot m^{-s}$$

für $s \in \mathbb{C}$ mit $\operatorname{Re}(s) > \kappa(f) + 1$ absolut.
5) Die Funktion $f(\tau) = \vartheta(2\tau)$ (vgl. E.3) gehört zu $B(\mathbb{H})$ mit $\kappa(f) = 0$ und $D_f(s) = 2\zeta(2s)$.
6) $B(\mathbb{H})$ ist eine echte Unteralgebra von $A(\mathbb{H})$.
7) Zu $f \in \mathbb{M}_k$ definiert man eine Funktion

$$f^* : \mathbb{H} \longrightarrow \mathbb{C} \ , \ \tau \longmapsto \overline{f(-\overline{\tau})}.$$

Dann gilt $f^* \in \mathbb{M}_k$ und $f^{**} = f$. Die FOURIER–Koeffizienten von $f$ sind genau dann reell, wenn $f^* = f$. Die FOURIER–Koeffizienten von $f$ sind genau dann rein imaginär, wenn $f^* = -f$.
8) $\mathbb{M}_k$ besitzt eine Basis aus ganzen Modulformen mit reellen FOURIER-Koeffizienten.
9) $f \in \mathbb{M}_k$ ist genau dann eine Spitzenform, wenn es zu jedem $\gamma > 0$ positive Konstanten $\alpha$ und $\beta$ gibt, so dass

$$|f(\tau)| \leq \alpha \cdot e^{-\beta y} \quad \text{für alle} \quad \tau \in \mathbb{H} \quad \text{mit} \quad y \geq \gamma.$$

10) Sei $f \in \mathbb{M}_k$ und $\rho = \frac{1}{2}(1 + i\sqrt{3})$. Es gilt $f(i) = 0$, falls $k \not\equiv 0 \pmod 4$, und $f(\rho) = 0$, falls $k \not\equiv 0 \pmod 6$.
11) Für $f \in \mathbb{S}_k$ und $r \in \mathbb{Q}$ gilt

$$\lim_{y \downarrow 0} f(r + iy) = 0.$$

Für $f \in \mathbb{M}_k$, $f \notin \mathbb{S}_k$, $k > 0$ und $r \in \mathbb{Q}$ gilt

$$\lim_{y \downarrow 0} |f(r + iy)| = \infty.$$

# §2. Beispiele

**1. Die EISENSTEIN–Reihen.** Die klassischen Beispiele für ganze Modulformen sind die EISENSTEIN–*Reihen*

$$(1) \qquad G_k(\tau) := {\sum_{m,n}}' (m\tau + n)^{-k} \quad \text{für } k \geq 3 \text{ ganz}$$

gemäß I.1.9(2) bzw. I.3.2(1). Dabei soll der Strich am Summenzeichen bedeuten, dass die Summe über alle Paare $(m, n) \in \mathbb{Z} \times \mathbb{Z}$ mit $(m, n) \neq (0, 0)$ zu erstrecken ist. Obwohl die wesentlichen Eigenschaften der $G_k$ bereits in I.§4 hergeleitet wurden, sollen hier einige davon mit anderen Beweisen neu begründet werden:

**Proposition.** *Zu jedem Kompaktum $\mathcal{K}$ in $\mathbb{H}$ gibt es positive Konstanten $\gamma$ und $\delta$ mit*

$$\gamma \cdot |mi + n| \leq |m\tau + n| \leq \delta \cdot |mi + n|$$

*für alle $m, n \in \mathbb{R}$ und alle $\tau \in \mathcal{K}$.*

*Beweis.* Aus Homogenitätsgründen darf man $m^2 + n^2 = 1$, also $|mi + n| = 1$ voraussetzen. Dann nimmt aber die stetige Funktion

$$(\tau,\, m,\, n) \mapsto |m\tau + n|$$

auf der kompakten Menge $\mathcal{K} \times \{(m, n) \in \mathbb{R} \times \mathbb{R} \,;\, m^2 + n^2 = 1\}$ ein Minimum $\gamma$ und ein Maximum $\delta$ an. Da Im $\tau$ für $\tau \in \mathcal{K}$ durch eine positive Konstante nach unten beschränkt ist, gilt $\gamma > 0$. $\qquad\square$

In Analogie zu I.1.9 erhält man nun das

**Konvergenz–Lemma.** *Für $k \in \mathbb{Z}$, $k \geq 3$ ist $G_k$ absolut und kompakt–gleichmäßig konvergent. Damit ist $G_k$ eine holomorphe Funktion auf $\mathbb{H}$.*

*Beweis.* Nach der Proposition braucht nur die Konvergenz von

$${\sum_{m,n}}' (m^2 + n^2)^{-\alpha} \quad \text{für } \alpha > 1$$

bewiesen zu werden. Den wohl einfachsten Beweis hierfür findet man bereits bei WEIERSTRASS (*Math. Werke V*, 117): Mit Hilfe der Ungleichung $m^2 + n^2 \geq |mn|$ erhält man

$$\sum_E (m^2 + n^2)^{-\alpha} \leq 4 \sum_{m \geq 1} m^{-2\alpha} + 4 \left( \sum_{m \geq 1} m^{-\alpha} \right)^2 \leq 4(\zeta(2\alpha) + \zeta^2(\alpha)) < \infty$$

für $\alpha > 1$ und jede endliche Teilmenge $E$ von $(\mathbb{Z} \times \mathbb{Z}) \setminus \{(0, 0)\}$. $\qquad\square$

Eine einfache Konsequenz (vgl. I.4.2(5)) ist das folgende Transformationsverhalten der EISENSTEIN-Reihen.

**Transformations–Lemma.** *Für $k \in \mathbb{Z}$, $k \geq 3$ und alle $M \in \Gamma$ gilt $G_k|_k M = G_k$, d. h.*

$$(2) \qquad\qquad G_k(M\tau) = (c\tau + d)^k \cdot G_k(\tau) \, , \quad \tau \in \mathbb{H}.$$

*Beweis.* Wegen

$$(m \cdot M\tau + n) \cdot (c\tau + d) = m'\tau + n' \quad \text{mit} \quad (m', n') = (m, n) \cdot M$$

durchläuft nach dem Äquivalenz–Satz I.1.5 mit $(m, n)$ auch $(m', n')$ alle Paare ganzer Zahlen genau einmal. $\qquad\qquad\square$

Mit $M = -E$ erhält man das

**Korollar A.** *Es gilt $G_k = 0$ für ungerades $k \geq 3$.*

Aus Kapitel I übernehmen wir den Satz 4.2, dessen Beweis keinen direkten Bezug zur Theorie der elliptischen Funktionen benötigte: Für gerades $k \geq 4$ gilt

$$(3) \qquad\qquad G_k(\tau) = 2\zeta(k) + 2 \cdot \frac{(2\pi i)^k}{(k-1)!} \cdot \sum_{m=1}^{\infty} \sigma_{k-1}(m) \cdot e^{2\pi i m\tau}.$$

Es ist zweckmäßig, neben der Reihe $G_k$ auch die *normierte* EISENSTEIN–Reihe

$$(4) \qquad\qquad G_k^* := \frac{1}{2\zeta(k)} \cdot G_k \, , \quad k \geq 4 \ \text{gerade,}$$

zu betrachten. Da jedes Paar ganzer Zahlen $(m, n) \in (\mathbb{Z} \times \mathbb{Z}) \setminus \{(0, 0)\}$ sich eindeutig in der Form $(m, n) = (t\mu, t\nu)$ mit $t \in \mathbb{N}$ und teilerfremden $\mu, \nu \in \mathbb{Z}$ schreiben lässt, hat man auch

$$(4') \qquad\qquad G_k^*(\tau) = \tfrac{1}{2} \cdot \sum_{ggT(m,n)=1} (m\tau + n)^{-k} \, , \quad k \geq 4 \ \text{gerade.}$$

Wir wollen eine weitere Darstellung von $G_k^*$ herleiten. Dazu sei

$$(5) \qquad\qquad \Gamma_\infty := \{\pm T^n \, ; \, n \in \mathbb{Z}\} = \{M \in \Gamma \, ; \, c = 0\}.$$

„$M : \Gamma_\infty \setminus \Gamma$" bedeutet, dass $M$ ein Vertretersystem $\mathcal{V}$ der Rechtsnebenklassen von $\Gamma$ nach $\Gamma_\infty$ durchläuft, also

$$\bigcup\nolimits_{M \in \mathcal{V}} \Gamma_\infty M = \Gamma \quad \text{und} \quad \Gamma_\infty M \neq \Gamma_\infty N \quad \text{für } M, N \in \mathcal{V} \text{ mit } M \neq N.$$

Im Hinblick auf das Ergänzungs–Lemma II.2.1 folgt

$$(6) \qquad G_k^*(\tau) = \sum_{M:\Gamma_\infty \setminus \Gamma} 1|_k M(\tau) = \sum_{M:\Gamma_\infty \setminus \Gamma} (c\tau + d)^{-k} \quad \text{für gerades } k \geq 4.$$

Man verwendet nun die EULER*sche Formel* (vgl. R. REMMERT, G. SCHUMA-
CHER [2002], Satz 11.3.1)

$$(7) \qquad 2\zeta(k) = -\frac{(2\pi i)^k}{k!} \cdot B_k \,, \quad k \geq 2 \text{ gerade},$$

wobei die ersten BERNOULLI-*Zahlen* $B_k$ gegeben sind durch

$(8)$

| k | 2 | 4 | 6 | 8 | 10 | 12 | 14 |
|---|---|---|---|---|---|---|---|
| $B_k$ | $\frac{1}{6}$ | $-\frac{1}{30}$ | $\frac{1}{42}$ | $-\frac{1}{30}$ | $\frac{5}{66}$ | $-\frac{691}{2730}$ | $\frac{7}{6}$ |
| $-\frac{2k}{B_k}$ | $-24$ | $240$ | $-504$ | $480$ | $-264$ | $\frac{65520}{691}$ | $-24$ |

Aus (3) erhält man dann

$$(9) \qquad G_k^*(\tau) = 1 - \frac{2k}{B_k} \cdot \sum_{m=1}^{\infty} \sigma_{k-1}(m) \cdot e^{2\pi i m \tau} \,, \quad k \geq 4 \text{ gerade}.$$

Das bedeutet insbesondere

$$(10) \qquad G_4^*(\tau) = 1 + 240 \cdot \sum_{m=1}^{\infty} \sigma_3(m) \cdot e^{2\pi i m \tau},$$

$$(11) \qquad G_6^*(\tau) = 1 - 504 \cdot \sum_{m=1}^{\infty} \sigma_5(m) \cdot e^{2\pi i m \tau}.$$

Nach diesen Vorbereitungen zeigt sich, dass die Vektorräume der ganzen Modulformen für gerades Gewicht $k \geq 4$ nicht nur aus der Null bestehen:

**Satz.** *Für gerades $k \geq 4$ gilt:*
a) $G_k \in \mathbb{M}_k$.
b) $\mathbb{M}_k = \mathbb{C} \cdot G_k \oplus \mathbb{S}_k = \mathbb{C} \cdot G_k^* \oplus \mathbb{S}_k$.

*Beweis.* a) Man verwendet das Konvergenz–Lemmma sowie (2) und (3).
b) Für $f \in \mathbb{M}_k$ ist $f - \alpha_f(0) \cdot G_k^*$ eine Spitzenform. $\qquad \square$

**Korollar B.** *Für gerades $k \geq 4$ und $f \in \mathbb{M}_k$ gilt*

$$(12) \qquad \alpha_f(m) = -\alpha_f(0) \cdot \frac{2k}{B_k} \cdot \sigma_{k-1}(m) + \mathcal{O}\left(m^{k/2}\right), \quad m \in \mathbb{N}.$$

*Beweis.* Man verwendet Teil b) des Satzes, (9) und Teil b) von Satz 1.6. $\qquad \square$

Wegen

$$m^r \leq \sigma_r(m) = \sum_{d|m} d^r = m^r \sum_{d|m} d^{-r} \leq \zeta(r) \cdot m^r$$

für $r > 1$ folgt speziell

$$(13) \qquad \alpha_f(m) = \mathcal{O}(m^{k-1}) \quad \text{für alle} \quad f \in \mathbb{M}_k \,, \; k \geq 4 \text{ gerade,}$$

und diese Abschätzung kann für $f \notin \mathbb{S}_k$ nicht verbessert werden.

Bei den EISENSTEIN–Reihen treten gewisse *Zwangsnullstellen* auf:

**Nullstellen–Lemma.** a) *Es gilt* $G_k(i) = 0$ *für* $k \not\equiv 0 \,(\bmod\, 4)$, *speziell hat man* $G_6(i) = 0$.
b) *Es gilt* $G_k(\rho) = 0$ *für* $k \not\equiv 0 (\bmod\, 6)$, *speziell* $G_4(\rho) = 0$ , $\rho := \frac{1}{2}(1 + i\sqrt{3})$.

*Beweis.* Es gilt $i(\mathbb{Z}i + \mathbb{Z}) = \mathbb{Z}i + \mathbb{Z}$ und $\rho(\mathbb{Z}\rho + \mathbb{Z}) = \mathbb{Z}\rho + \mathbb{Z}$ wegen $\rho^2 = \rho - 1$. Aufgrund der absoluten Konvergenz der Reihen (1) hat man daher $G_k(i) = i^{-k} \cdot G_k(i)$ und analog auch $G_k(\rho) = \rho^{-k} \cdot G_k(\rho)$. $\qquad\qquad\square$

**Bemerkung.** Man kann die Lage der Nullstellen etwas genauer beschreiben. Nach einem Resultat von F.K.C. RANKIN und H.P.F. SWINNERTON–DYER (Bull. Lond. Math. Soc. **2**, 169–170 (1970)) liegen für gerades $k > 2$ die Nullstellen von $G_k$ in $\mathbb{F}$ auf dem Einheitskreis. Man vergleiche dazu auch B. SCHOENEBERG [1974], III.1.6.

**2. Die Diskriminante** $\Delta$ wurde bereits in I.3.4(7) eingeführt und in I.4.3 ausführlicher behandelt. Nach I.4.3(1) ist sie durch

$$(1) \qquad\qquad \Delta := (60 G_4)^3 - 27(140 G_6)^2$$

definiert. Das Transformations–Lemma 1 ergibt sofort

$$(2) \qquad \Delta(M\tau) = (c\tau + d)^{12} \cdot \Delta(\tau) \quad \text{für alle} \quad \tau \in \mathbb{H} \quad \text{und} \quad M \in \Gamma$$

und der Satz I.4.3 zeigt, dass $\Delta$ eine FOURIER–Entwicklung der Form

$$(3) \qquad\qquad \Delta(\tau) = (2\pi)^{12} \cdot \sum_{m=1}^{\infty} \tau(m) \cdot e^{2\pi i m \tau} \,, \; \tau \in \mathbb{H},$$

besitzt, bei der alle Koeffizienten $\tau(m)$ ganze Zahlen sind und $\tau(1) = 1$ gilt. Eine kurze Tabelle der $\tau(m)$ hatten wir in I.4.3(6) notiert.

Aus (1), (2) und (3) erhält man den wichtigen

**Satz.** *Es gilt* $\Delta \in \mathbb{S}_{12}$.

Als wichtigste Anwendung der Theorie der elliptischen Funktionen vermerken wir die Nullstellenfreiheit von $\Delta$ nach Korollar I.3.4C sowie die Produktentwicklung nach I.6.5(1). Wir werden diese Tatsachen hier (noch) nicht verwenden, sondern in Satz 4.1 und Korollar 6.2 neue Beweise geben.

Auch hier ist es zweckmäßig, eine normierte Version gesondert zu bezeichnen. Im Hinblick auf (3) definiert man die *normierte Diskriminante* durch

$$(4) \qquad\qquad \Delta^*(\tau) := (2\pi)^{-12} \cdot \Delta(\tau) = \sum_{m=1}^{\infty} \tau(m) \cdot e^{2\pi i m \tau}, \; \tau \in \mathbb{H}.$$

Mit 1(4), 1(7) und 1(8) verifiziert man jetzt mühelos

$$(5) \qquad\qquad \Delta^* = \frac{1}{1728}(G_4^{*3} - G_6^{*2}).$$

Multipliziert man die FOURIER-Reihen in (5) formal aus, so erscheinen die Koeffizienten in evidenter Weise als ganze Zahlen. Man wird fragen, ob eine „vernünftige" einfache arithmetische Beschreibung der Koeffizienten $\tau(m)$ existiert. Bis heute ist eine solche jedoch nicht gefunden worden. Nach ausführlichen numerischen Berechnungen (über $m = 10^{15}$ hinaus) hat D.H. LEHMER (Duke Math. J. **14**, 429–433 (1947)) die Vermutung ausgesprochen, dass $\tau(m) \neq 0$ für alle $m$ gilt. Bisher ist kein Beweis dieser LEHMER*schen Vermutung* bekannt.

**3. Srinivasa RAMANUJAN** (1887–1920) wurde in einer südindischen Kleinstadt in der Nähe von Madras geboren. Nach G.H. HARDY war er nur „halb–gebildet" und blieb ohne bessere Ausbildung. Seine wissenschaftliche Entwicklung war aber so einzigartig, dass sie sich nicht mit der eines anderen Mathematikers vergleichen lässt: An Hand von einfachen Lehrbüchern lernte er die Grundlagen der Analysis. Um 1903 begann er, seine Entdeckungen (ohne Beweis) in seinen *Notebooks* aufzuschreiben, bis etwa 1910 lebte er völlig auf sich allein gestellt nur für seine Mathematik.

In einem Brief an G.H. HARDY teilte er diesem einige seiner Ergebnisse mit. Nach und nach übermittelte er HARDY etwa 120 Theoreme über meist formale Identitäten und (teilweise falsche oder unrichtig formulierte) Aussagen zur Primzahltheorie. Ein Teil der von ihm angegebenen Formeln war kompliziert und erschien tiefliegend. Auf Einladung von HARDY besuchte RAMANUJAN von 1914 bis 1917 Cambridge und eine überaus fruchtbare Zusammenarbeit zwischen beiden begann. RAMANUJAN starb im Alter von 32 Jahren in seiner Heimatstadt.

Aufgrund numerischer Rechnungen (er gibt die Werte von $\tau(m)$ für $m \leq 30$ an) vermutete RAMANUJAN, dass die zahlentheoretische Funktion $\tau(m)$ *multiplikativ* ist, d. h., dass

$$\tau(mn) = \tau(m) \cdot \tau(n) \quad \text{für alle teilerfremden } m, n \in \mathbb{N}$$

gilt. Dies wurde kurz darauf von L.J. MORDELL (Proc. Cambridge Phil. Soc. **19**, 117–124 (1920)) bewiesen. Wir geben einen auf E. HECKE zurückgehenden Beweis in Satz IV.1.4.

RAMANUJAN entdeckte bzw. vermutete eine ganze Reihe von Kongruenz–Eigenschaften der Koeffizienten $\tau(m)$. So gilt z. B.

$$\tau(m) \equiv \sigma_{11}(m) \ (\mathrm{mod}\, 691) \text{ für alle } m \in \mathbb{N}$$

(vgl. **4.2**). Er vermutete Kongruenzen der Form

$$\tau(7m + 3) \equiv 0 \ (\mathrm{mod}\, 7) \quad \text{und} \quad \tau(23m + k) \equiv 0 \ (\mathrm{mod}\, 23) \quad \text{für } m \in \mathbb{N},$$

wenn $k$ ein so genannter quadratischer Nichtrest modulo 23 ist.

Die spektakulärste von RAMANUJAN ausgesprochene Vermutung trägt noch heute seinen Namen, wenn sie inzwischen auch von P. DELIGNE (Publ. Math. IHES **43**, 273–307 (1974)) als ein Spezialfall einer wesentlich allgemeineren Aussage bewiesen wurde:

**RAMANUJAN–Vermutung:** *Für alle Primzahlen p gilt*

$$|\tau(p)| \leq 2p^{11/2}.$$

Die zahlentheoretische Funktion $\tau(m)$ wird oft RAMANUJAN*sche Tau-Funktion* genannt.

**Literatur:** G. ANDREWS et al: *Ramanujan revisited.* Academic Press, Boston 1988. B. C. BERNDT: *Ramanujan's notebooks I – IV.* Springer-Verlag, New York 1985–1994. B. C. BERNDT, Math. Intel. **10**, No. 3, 24–29 (1988). G.H. HARDY: *Ramanujan.* 3. Aufl., Chelsea, New York 1978. K. G. RAMANATHAN, J. Indian Math. Soc. **51**, 1–25 (1987). S. RAMANUJAN: *Collected Papers.* Chelsea, New York 1962. S. RAMANUJAN: *Notebook I und II*, Tata Institute of Fundamental Research, Bombay 1957.

**4. Die absolute Invariante** $j$ ist gemäß I.3.4(8) bzw. I.4.4(1) definiert als Quotient zweier ganzer Modulformen vom Gewicht 12:

$$(1) \qquad\qquad j := (720\, G_4)^3/\Delta = G_4^{*3}/\Delta^*.$$

$j$ ist sicherlich meromorph (und aus der Nullstellenfreiheit von $\Delta$ ergibt sich sogar die Holomorphie) auf $\mathbb{H}$. Das Transformations–Lemma 1 zusammen mit 2(2) führt zu

$$(2) \qquad\qquad j(M\tau) = j(\tau) \quad \text{für alle } M \in \Gamma \text{ und } \tau \in \mathbb{H}.$$

Wie in Satz I.4.4A ausgeführt wurde, erhält man aus (1) eine FOURIER–Entwicklung der Form

$$(3) \qquad\qquad j(\tau) = e^{-2\pi i\tau} + \sum_{m=0}^{\infty} j_m \cdot e^{2\pi i m\tau} \ , \ \tau \in \mathbb{H},$$

mit $j_m \in \mathbb{Z}$. Zusammengefasst bekommt man den

**Satz.** $j$ *ist eine Modulfunktion, d. h., es gilt*

$$j \in \mathbb{K} = \mathbb{V}_0.$$

Das Nullstellen–Lemma 1 ergibt noch

$$(4) \qquad\qquad j(i) = 12^3 = 1728 \ , \ j(\rho) = 0.$$

Nach Satz I.6.6 sind die $j_m$ sogar positive ganze Zahlen. Wir geben eine kurze Tabelle:

| m | $j_m$ | | | | | Primfaktorzerlegung |
|---|---|---|---|---|---|---|
| 0 | | | | | 744 | $2^3 \cdot 3 \cdot 31$ |
| 1 | | | | 196 | 884 | $2^2 \cdot 3^3 \cdot 1\,823$ |
| 2 | | | 21 | 493 | 760 | $2^{11} \cdot 5 \cdot 2\,099$ |
| 3 | | | 864 | 299 | 970 | $2 \cdot 3^5 \cdot 5 \cdot 355\,679$ |
| 4 | | 20 | 245 | 856 | 256 | $2^{14} \cdot 3^3 \cdot 45\,767$ |
| 5 | | 333 | 202 | 640 | 600 | $2^3 \cdot 5^2 \cdot 2\,143 \cdot 777\,421$ |
| 6 | 4 | 252 | 023 | 300 | 096 | $2^{13} \cdot 3^6 \cdot 11 \cdot 13^2 \cdot 383$ |
| 7 | 44 | 656 | 994 | 071 | 935 | $3^3 \cdot 5 \cdot 7 \cdot 271 \cdot 174\,376\,673$ |
| 8 | 401 | 490 | 886 | 656 | 000 | $2^{17} \cdot 3 \cdot 5^3 \cdot 199 \cdot 41\,047$ |
| 9 | 3 176 | 440 | 229 | 784 | 420 | $2^2 \cdot 3^7 \cdot 5 \cdot 4\,723 \cdot 15\,376\,021$ |
| 10 | 22 567 | 393 | 309 | 593 | 600 | $2^{12} \cdot 3^5 \cdot 5^2 \cdot 13^2 \cdot 5\,366\,467$ |

A. VAN WIJNGAARDEN hat $j_m$ bis $m = 100$ berechnet (Indag. Math. **15**, 389–400 (1953)). Das offensichtlich rasche Wachstum wird durch ein Ergebnis bestätigt, das unabhängig von H. PETERSSON (Acta Math. **58**, 169–215 (1932)) und H. RADEMACHER (Amer. J. Math. **61**, 237–248 (1939)) bewiesen wurde: Es gilt die asymptotische Formel

$$j_m \cong \frac{e^{4\pi\sqrt{m}}}{\sqrt{2} \cdot m^{3/4}} \quad \text{für} \quad m \to \infty.$$

Die Zahlen $j_m$ genügen einer Reihe von interessanten Kongruenzen: D.H. LEHMER entdeckte 1942 (Amer. J. Math. **64**, 488–502) die Kongruenz

$$(m + 1) \cdot j_m \equiv 0 \,(\text{mod } 24) \quad \text{für } m \geq 1.$$

Weiter gilt der

**Satz von LEHNER:** *Für* $m \equiv 0 \,(\text{mod } 2^a 3^b 5^c 7^d)$ *gilt*

$$j_m \equiv 0 \,(\text{mod } 2^{3a+8} 3^{2b+3} 5^{c+1} 7^d).$$

Einen *Beweis* findet man bei J. LEHNER [1964], Chap. XI.4, oder T.M. APOSTOL [1990], Chap. 4.

**Bemerkung.** Die Funktion $j$ wurde erstmals von R. DEDEKIND (*Ges. Math. Werke I*, 174–201) im Jahre 1877 unter dem Namen *Valenz* eingeführt. DEDEKIND benutzte dabei den RIEMANNschen Abbildungssatz zum Nachweis, dass es eine im Wesentlichen eindeutig bestimmte „analytische" Funktion $v$ $[= j]$ gibt, die den exakten Fundamentalbereich $\mathbb{F}$ der Modulgruppe bijektiv auf $\mathbb{C}$ abbildet (man vergleiche mit Korollar 5.2A). Der Name *absolute Invariante* und die jetzt übliche Definition (1) gehen auf F. KLEIN (Math. Ann. **14**, 111–172 (1879)) zurück.

**5*. Monstrous Moonshine.** Im Zusammenhang mit der Klassifikation der endlichen einfachen Gruppen vermuteten 1973 unabhängig B. FISCHER und R.L. GRIESS JR. die Existenz einer bis dahin größten sporadischen solchen Gruppe $\mathfrak{F}$ der Ordnung

$$2^{46} \cdot 3^{20} \cdot 5^9 \cdot 7^6 \cdot 11^2 \cdot 13^3 \cdot 17 \cdot 19 \cdot 23 \cdot 29 \cdot 31 \cdot 41 \cdot 47 \cdot 59 \cdot 71 \sim 808 \cdot 10^{51}.$$

Diese Gruppe wurde schnell als das *Monster* bekannt. Eine Berechnung der Dimensionen $\chi_\nu$ der irreduziblen Darstellungen ergab

| $\nu$ | | | $\chi_\nu$ | |
|---|---|---|---|---|
| 1 | | | | 1 |
| 2 | | | 196 | 883 |
| 3 | | 21 | 296 | 876 |
| 4 | | 842 | 609 | 326 |
| 5 | 18 | 538 | 750 | 076 |

J. MCKAY bemerkte den ersten der folgenden merkwürdigen Zusammenhänge mit den Koeffizienten $j_m$ der absoluten Invariante:

$$\begin{aligned}
j_1 &= \chi_2 + \chi_1 \,, \\
j_2 &= \chi_3 + \chi_2 + \chi_1 \,, \\
j_3 &= \chi_4 + \chi_3 + 2\chi_2 + 2\chi_1 \,.
\end{aligned}$$

J.G. THOMPSON (Bull. Lond. Math. Soc. **11**, 352–353) fragte 1979, ob es eine funktionentheoretische Beschreibung von $j_m$ als Dimension eines Vektorraums $V_m$ gibt, zu dem Homomorphismen $\mathcal{F} \to GL(V_m)$ existieren, die diesen Sachverhalt erklären. R.L. GRIESS JR. gab 1982 eine erste Konstruktion des *Friendly Giant* $\mathcal{F}$ als Untergruppe der orthogonalen Gruppe eines 196 883–dimensionalen euklidischen Raumes (Invent. Math. **69**, 1–102). I. FRENKEL, J. LEPOWSKY und A. MEURMAN konstruierten einen Darstellungsmodul des Monsters mit so genannten Vertex–Operatoren.

**Literatur:** J. CONWAY und S. NORTON, Bull. London Math. Soc. **11**, 303–339 (1979). I. FRENKEL, J. LEPOWSKY und A. MEURMAN: *Vertex Operator Algebras and the Monster*. Academic Press, Boston 1988. G. HISS, Jahresber. Deutsch. Math.-Ver. **105**, 169-194 (2003). G. MASON, Math. Ann. **283**, 381–409 (1989).

**Aufgaben.** Für $\varepsilon > 0$ bezeichne

$$\mathcal{V}_\varepsilon := \{\tau \in \mathbb{H} \,;\, |x| \leq 1/\varepsilon \,,\, y \geq \varepsilon\}$$

den *Vertikalstreifen der Höhe $\varepsilon$* in $\mathbb{H}$ (vgl. II.2.3(4)).

1) a) Für alle $\tau \in \mathbb{H}$ und $u \in \mathbb{R}$ gilt $\frac{1}{\gamma} \cdot |\tau| \leq |\tau + u| \leq \gamma \cdot |\tau|$ mit $\gamma = 1 + |u|/y$.
b) Zu $\varepsilon > 0$ gibt es ein $\gamma > 0$ mit den Eigenschaften

$$|m\tau + n| \geq \gamma \cdot |mi + n| \quad \text{für alle } m, n \in \mathbb{R} \text{ und } \tau \in \mathcal{V}_\varepsilon.$$

2) Die EISENSTEIN-Reihe $G_k$ in 1(1) konvergiert für gerades $k \geq 4$ in jedem Vertikalstreifen absolut gleichmäßig. Man folgere daraus $\lim_{y \to \infty} G_k(iy) = 2\zeta(k)$.
3) Seien $m \in \mathbb{Z}$, $m \geq 1$ und $k \geq 4$ gerade. Dann konvergiert die POINCARÉ-*Reihe zu $m$*

$$Q_{k,m}(\tau) := \sum_{M:\Gamma_\infty \backslash \Gamma} e^{2\pi i m \cdot M\tau} \cdot (c\tau + d)^{-k} = \sum_{M:\Gamma_\infty \backslash \Gamma} \varphi|_k M(\tau),$$

wobei $\varphi(\tau) := e^{2\pi i m \tau}$, in jedem Vertikalstreifen in $\mathbb{H}$ absolut gleichmäßig. Es gilt $Q_{k,m} \in \mathbb{S}_k$. Alle FOURIER–Koeffizienten von $Q_{k,m}$ sind reell.

4) a) Für $\tau \in \mathbb{H}$ und reelles $k > 1$ gilt

$$\int\limits_{-\infty}^{\infty} |\tau + u|^{-k} du = \sqrt{\pi} \cdot \frac{\Gamma((k-1)/2)}{\Gamma(k/2)} \cdot y^{1-k},$$

wobei $\Gamma(s)$ die Gamma–Funktion bezeichne.

b) Für $\tau \in \mathbb{H}$ und reelles $k > 1$ gilt

$$\sum_{m \in \mathbb{Z}} |\tau + m|^{-k} \leq \gamma^k \cdot \int\limits_{-\infty}^{\infty} |\tau + u|^{-k} du \quad \text{mit} \ \gamma = 1 + 1/y.$$

5) Für $M = \left(\begin{smallmatrix} a & b \\ c & d \end{smallmatrix}\right) \in SL(2; \mathbb{R})$ und $\tau, w \in \mathbb{H}$ definiert man

$$M\{\tau, w\} := (w + M\tau) \cdot (c\tau + d) \, , \ \widehat{M} := \left(\begin{smallmatrix} d & b \\ c & a \end{smallmatrix}\right) \in SL(2; \mathbb{R}).$$

a) $M\{\tau, w\} = \widehat{M}\{w, \tau\}$.

b) Für $\varepsilon > 0$ und gerades $k \geq 4$ konvergiert die POINCARÉ–*Reihe in $\tau$ und $w$*

$$P_k(\tau, w) := \sum_{M \in \Gamma} (M\{\tau, w\})^{-k}$$

absolut gleichmäßig für $(\tau, w) \in \mathcal{V}_\varepsilon \times \mathcal{V}_\varepsilon$. Für festes $w \in \mathbb{H}$ gilt $P_k(\cdot, w) \in \mathbb{S}_k$.

c) Für gerades $k \geq 4$ gilt

$$\overline{P_k(-\overline{\tau}, w)} = P_k(\tau, -\overline{w}) \quad \text{und} \quad P_k(\tau, w) = P_k(w, \tau).$$

Alle FOURIER–Koeffizienten von $P_k(\tau, iv)$ sind reell.

d) Sei $k > 2$ und $w \in \mathbb{H}$. Ist $k$ kein Vielfaches der Ordnung der Fixgruppe $\Gamma_w$ (vgl. II.2.3(3)), so verschwindet $P_k(\cdot, w)$ identisch.

6) Ist $k \geq 4$ gerade, so kann ein Zusammenhang zwischen den beiden Typen von POINCARÉ–Reihen beschrieben werden durch die FOURIER–Entwicklung von $P_k(\tau, w)$ nach $w$

$$P_k(\tau, w) = 2 \cdot \frac{(2\pi i)^k}{(k-1)!} \cdot \sum_{m=1}^{\infty} m^{k-1} \cdot Q_{k,m}(\tau) \cdot e^{2\pi i m w} \, , \ \tau, w \in \mathbb{H}.$$

7) Für $m \geq 1$ und $k > 1$ konvergiert die Reihe

$$R_{k,m}(\tau) := \sum_{S \in \mathrm{Sym}(2;\mathbb{Z}), \det S = -m} (\alpha\tau^2 + 2\beta\tau + \gamma)^{-k} \, , \ S = \left(\begin{array}{cc} \alpha & \beta \\ \beta & \gamma \end{array}\right) , \ \tau \in \mathbb{H},$$

absolut und kompakt–gleichmäßig. Es gilt $R_{k,m} \in \mathbb{S}_{2k}$. Die FOURIER-Koeffizienten von $R_{k,m}(\tau)$ sind alle reell.

8) Für indefinites $S \in \mathrm{Sym}(2; \mathbb{R})$ sei $\langle S \rangle := \{M^t S M \ ; \ M \in \Gamma\}$. Für $k > 1$ konvergiert die Reihe

$$R_k(\tau; \langle S \rangle) := \sum_{\left(\begin{smallmatrix} \alpha & \beta \\ \beta & \gamma \end{smallmatrix}\right) \in \langle S \rangle} (\alpha\tau^2 + 2\beta\tau + \gamma)^{-k} \quad , \ \tau \in \mathbb{H},$$

absolut und kompakt–gleichmäßig. Es gilt $R_k(\cdot, \langle S \rangle) \in \mathbb{S}_{2k}$.

9) Für gerades $k$ gilt $\mathbb{V}_k = \mathbb{K}(j')^{k/2}$.

Man kann aus den Ergebnissen von §1 und §2 einen direkten Beweis der Dimensionsformel für $\mathbb{M}_k$ ohne Verwendung der Gewichtsformel in §3 geben. Dieser benutzt lediglich die Nullstellenfreiheit von $\Delta$ und wird in den folgenden Aufgaben angedeutet:

10) Aus $\Delta(\tau) \neq 0$ für alle $\tau \in \mathbb{H}$ folgt $\mathbb{S}_k = \Delta \cdot \mathbb{M}_{k-12}$ für gerades $k \geq 0$.

11) $\mathbb{S}_k = \{0\}$ für $k < 12$, $\mathbb{M}_0 = \mathbb{C}$, $\mathbb{M}_2 = \{0\}$ und $\mathbb{M}_k = \mathbb{C} \cdot G_k = \mathbb{C} \cdot G_k^*$ für $k = 4, 6, 8, 10$.

12) Für gerades $k \geq 0$ gilt

$$\dim_{\mathbb{C}} \mathbb{M}_k = \begin{cases} [\frac{k}{12}], & \text{falls} \quad k \equiv 2 \pmod{12}, \\[2mm] [\frac{k}{12}] + 1, & \text{falls} \quad k \not\equiv 2 \pmod{12}. \end{cases}$$

# §3. Die Gewichtsformel

**1. Ordnungen.** Es sei $f \neq 0$ eine Modulform vom Gewicht $k$ im Sinne von **1.3**, also $f \in \mathbb{V}_k$. Für $w \in \mathbb{H}$ existiert dann eine LAURENT–Entwicklung

$$(1) \qquad f(\tau) = \sum_{m \geq r} \gamma(m) \cdot (\tau - w)^m , \quad \gamma(r) \neq 0,$$

die in einer punktierten Umgebung von $w$ absolut und kompakt–gleichmäßig konvergiert. Wie in I.2.1 definiert man die *Ordnung* von $f$ in $w$ durch

$$(2) \qquad \mathrm{ord}_w \, f := r.$$

Die Funktion $f$ hat also in $w$ eine Nullstelle bzw. einen Pol, je nachdem ob (2) positiv oder negativ ist.

**Proposition.** *Ist $f \not\equiv 0$ meromorph auf $\mathbb{H}$, so gilt*

$$\mathrm{ord}_z \, f|_k M = \mathrm{ord}_{Mz} \, f \quad \textit{für alle} \quad z \in \mathbb{H} \ \textit{und} \ M \in SL(2;\mathbb{R}).$$

*Insbesondere hat man für $0 \neq f \in \mathbb{V}_k$*

$$\mathrm{ord}_z \, f = \mathrm{ord}_{Mz} \, f \quad \textit{für alle} \quad z \in \mathbb{H} \ \textit{und} \ M \in \Gamma.$$

*Beweis.* Bekanntlich gilt (2), wenn es eine in $w$ holomorphe Funktion $g$ gibt mit

$$f(\tau) = (\tau - w)^r \cdot g(\tau) \quad \text{und} \quad g(w) \neq 0.$$

Für $M \in \Gamma$ und $z := M^{-1}w$ folgt dann nach 1.1(1) und II.1.1(6)

$$\begin{aligned} (f|_k M)(\tau) &= (c\tau + d)^{-k} \cdot (M\tau - Mz)^r \cdot g(M\tau) = (\tau - z)^r \cdot h(\tau), \\ h(\tau) &= (c\tau + d)^{-k-r} \cdot (cz + d)^{-r} \cdot g(M\tau) . \end{aligned}$$

Hier ist aber $h$ in $z$ holomorph mit $h(z) \neq 0$. $\qquad\qquad\qquad\qquad\qquad\qquad \square$

Wie in 1.2(5) wird die Ordnung von $f$ in $\infty$ erklärt: Nach (M.3*) besitzt $f$ eine FOURIER–Entwicklung der Form

$$(3) \qquad f(\tau) = \sum_{m \geq m_0} \alpha_f(m) \cdot e^{2\pi i m \tau} , \quad \alpha_f(m_0) \neq 0,$$

und man setzt

$$(4) \qquad\qquad \operatorname{ord}_\infty f := m_0.$$

Damit ist $\operatorname{ord}_w f$ speziell für alle $w$ aus

$$(5) \qquad\qquad \mathbb{F}^* := \mathbb{F} \cup \{\infty\}$$

erklärt. Man definiert noch für $w \in \mathbb{F}^*$

$$(6) \qquad\qquad \operatorname{ord} w := \begin{cases} 2 & \text{für } w = i, \\ 3 & \text{für } w = \rho, \\ 1 & \text{sonst.} \end{cases}$$

Nach II.2.3 ist die Zahl $2 \cdot \operatorname{ord} w$ für $w \in \mathbb{F}$ gleich der Ordnung der Fixgruppe von $w$

$$\Gamma_w = \{M \in \Gamma \,;\, Mw = w\}$$

(vgl. II.2.3(1)). Die meisten weiteren nicht–trivialen Ergebnisse beruhen nun direkt oder indirekt auf der

**Gewichtsformel.** *Für eine Modulform $f \neq 0$ vom Gewicht $k$ gilt:*

$$\sum_{w \in \mathbb{F}^*} \frac{1}{\operatorname{ord} w} \cdot \operatorname{ord}_w f = \frac{k}{12}.$$

Natürlich ist dies eine endliche Summe, denn die Null- und Polstellen von $f$ können sich wegen (3) in $\mathbb{F}^*$ nicht häufen. Der *Beweis* wird im weiteren Verlauf dieses Paragrafen ausgeführt.

**2. Das Umlaufintegral.** Sei $0 \neq f \in \mathbb{V}_k$. Wir wollen das die Pole und Nullstellen von $f$ zählende Integral

$$(1) \qquad\qquad \int_\gamma F(\tau)d\tau \quad \text{für } F := f'/f$$

längs eines Weges $\gamma$ berechnen, der einem modifizierten Rand des exakten Fundamentalbereiches $\mathbb{F}$ entspricht.

Für alle $w \in \mathbb{H}$ gilt bekanntlich

$$(2) \qquad\qquad \operatorname{res}_w F = \operatorname{ord}_w f.$$

Ist dagegen $f$ für hinreichend großen Imaginärteil von $\tau$ durch 1(3) gegeben, dann erhält man, wenn man die FOURIER–Reihe von $f'$ durch die von $f$ dividiert, eine FOURIER–Reihe für $F$ der Form

$$(3) \qquad\qquad F(\tau) = 2\pi i \cdot \operatorname{ord}_\infty f + \sum_{m \geq 1} \alpha_F(m) \cdot e^{2\pi i m \tau}.$$

Als Weg $\gamma$ wird nun der wie folgt abgeänderte Rand von $\mathbb{F}$ gewählt:

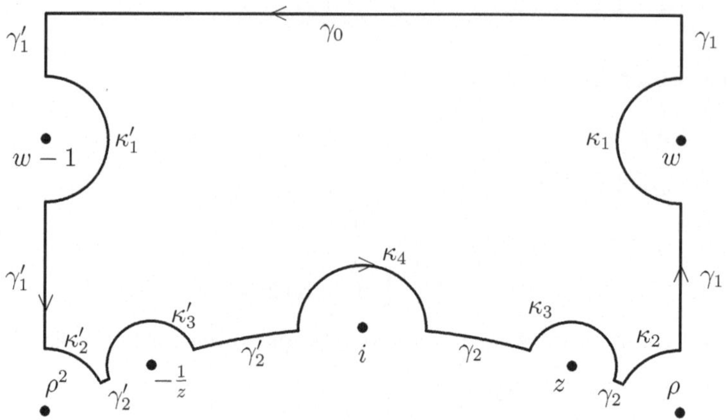

Abb. 23: Integrationsweg

In den Fixpunkten und in denjenigen Randpunkten von $\mathbb{F}$, in denen $f$ eine Null– oder Polstelle besitzt, wird der Rand durch einen Kreisbogen $\kappa$ bzw. $\kappa'$ vom Radius $\varepsilon > 0$ ins Innere von $\mathbb{F}$ ersetzt. Dabei ist $\varepsilon$ so klein zu wählen, dass außer evtl. im Mittelpunkt weder eine Null– noch eine Polstelle von $f$ im Vollkreis vom Radius $\varepsilon$ liegt. Der Weg $\gamma$ besteht nun aus den Geraden– bzw. Kreisbogenstücken $\gamma_\nu, \gamma'_\nu$ bzw. $\kappa_\mu, \kappa'_\mu$ in dem angegebenen Durchlaufungssinn. Dabei ist $\gamma_0$ so zu wählen, dass $f$ in $\{\tau \in \mathbb{H}; \text{Im } \tau \geq y_0\}$ weder Pole noch Nullstellen hat.

Nach Wahl von $\gamma$ ergibt der Residuensatz wegen (2) nun

$$(4) \qquad 2\pi i \cdot \sum_{w\in\overset{\circ}{\mathbb{F}}} \mathrm{ord}_w\, f = \int_\gamma F(\tau)d\tau.$$

Man beachte hier, dass die linke Seite von (4) nicht von der Wahl von $\varepsilon$ abhängt. Auf der rechten Seite kann daher der Limes $\varepsilon \to 0$ ausgeführt werden.

Da hier gewisse Teile von $\gamma$ durch Modulsubstitutionen aufeinander bezogen werden können, benötigt man das Verhalten von $F$ bei Modulsubstitutionen. Aus $f(M\tau) = (c\tau+d)^k \cdot f(\tau)$ erhält man durch logarithmische Differentiation

$$(5) \qquad F(M\tau) \cdot \frac{dM\tau}{d\tau} = \frac{kc}{c\tau+d} + F(\tau) \quad \text{für } M \in \Gamma.$$

**3. Die Wege $\gamma'_\nu$ und $\gamma_\nu$.** Nach 2(3) und der Koeffizientendarstellung 1.2(4) gilt zunächst

$$(1) \qquad \int_{\gamma_0} F(\tau)d\tau = -2\pi i \cdot \mathrm{ord}_\infty f.$$

Zum Nachweis von

$$(2) \qquad \int_{\gamma_1'} F(\tau)d\tau + \int_{\gamma_1} F(\tau)d\tau = 0 \quad \text{unabhängig von } \varepsilon$$

hat man zunächst $F(\tau+1) = F(\tau)$ gemäß 2(5). Nun folgt (2), da die Abbildung $\tau \mapsto \tau + 1$ den Weg $\gamma_1'$ auf den Weg $-\gamma_1$ abbildet, wobei das Minuszeichen die Umkehrung der Orientierung angibt.

Für $M = J = \begin{pmatrix} 0 & -1 \\ 1 & 0 \end{pmatrix}$ ergibt 2(5)

$$(3) \qquad F(J\tau) \cdot \frac{dJ\tau}{d\tau} = \frac{k}{\tau} + F(\tau),$$

also

$$(4) \qquad \int_{J\sigma} F(\tau)d\tau = \int_{\sigma} F(J\tau) \cdot \frac{dJ\tau}{d\tau} d\tau = k \cdot \int_{\sigma} \frac{d\tau}{\tau} + \int_{\sigma} F(\tau)d\tau$$

für jeden Weg $\sigma$ in $\mathbb{H}$, der keinen Pol von $F$ trifft.

Wegen $\gamma_2' = -(J\gamma_2)$ liefert (4)

$$\int_{\gamma_2'} F(\tau)d\tau + \int_{\gamma_2} F(\tau)d\tau = -k \cdot \int_{\gamma_2} \frac{d\tau}{\tau}.$$

Daraus folgt

$$(5) \qquad \lim_{\varepsilon \to 0} \left\{ \int_{\gamma_2'} F(\tau)d\tau + \int_{\gamma_2} F(\tau)d\tau \right\} = -k \cdot \int_{i}^{\rho} \frac{d\tau}{\tau} = 2\pi i \cdot \frac{k}{12}.$$

**4. Die Wege $\kappa_\mu'$ und $\kappa_\mu$.** Sind $\kappa_3'$ bzw. $\kappa_3$ die Kreisbogenstücke der Kreise mit Mittelpunkt $-1/z$ bzw. $z$, so wird

$$(1) \qquad \lim_{\varepsilon \to 0} \left\{ \int_{\kappa_3'} F(\tau)d\tau + \int_{\kappa_3} F(\tau)d\tau \right\} = -2\pi i \cdot \operatorname{ord}_z f.$$

Wegen 3(4) ist hier die linke Seite gleich

$$\lim_{\varepsilon \to 0} \left\{ \int_{J\kappa_3'} F(\tau)d\tau + \int_{\kappa_3} F(\tau)d\tau \right\}.$$

Nach dem CAUCHYschen Integralsatz können die beiden Integrale durch ein Integral über den negativ orientierten Kreis $|\tau - z| = \varepsilon$ ersetzt werden. Damit ist (1) gleich $-2\pi i \cdot \operatorname{res}_z F$. Wegen 2(2) folgt die Behauptung (1).

Zum Nachweis von

$$
(2) \qquad \lim_{\varepsilon \to 0} \int_{\kappa_2} F(\tau)d\tau = -\frac{2\pi i}{6} \cdot \operatorname{ord}_\rho f = \lim_{\varepsilon \to 0} \int_{\kappa_2'} F(\tau)d\tau
$$

hat man für die linke Seite

$$
(*) \qquad -\operatorname{res}_\rho F \cdot \lim_{\varepsilon \to 0} \int_{\kappa_2} \frac{d\tau}{\tau - \rho}.
$$

Hier wählt man $\alpha = \alpha(\varepsilon) \in \mathbb{R}$ mit

$$
|e^{i\alpha} - \rho| = \varepsilon , \quad \frac{\pi}{3} < \alpha < \frac{\pi}{2},
$$

und bezeichnet mit $\varphi = \varphi(\varepsilon)$ den Winkel zwischen $e^{i\alpha}$ und $\rho + i\varepsilon$ (siehe Abb. 24). In $(*)$ substituiert man $\tau = \rho + \varepsilon e^{it}$ , $\frac{\pi}{2} + \varphi \leq t \leq \frac{\pi}{2}$ und erhält für $(*)$

$$
i \cdot \operatorname{ord}_\rho f \cdot \lim_{\varepsilon \to 0} \varphi(\varepsilon) = -\frac{\pi i}{3} \cdot \operatorname{ord}_\rho f
$$

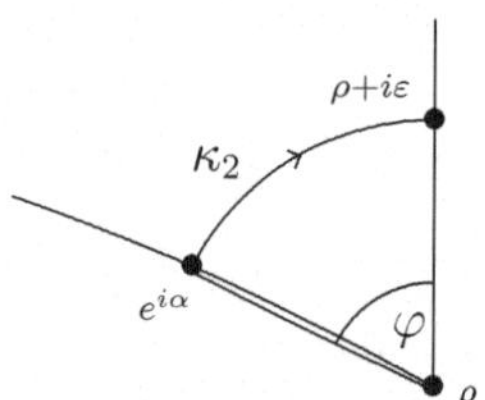


Abb. 24: Der Weg $\kappa_2$

wegen 2(2). Damit hat das erste Integral in (2) den behaupteten Wert. Für das zweite Integral geht man entsprechend vor.

Völlig analog erhält man schließlich

$$
(3) \qquad \lim_{\varepsilon \to 0} \int_{\kappa_4} F(\tau)d\tau = -\frac{2\pi i}{2} \cdot \operatorname{ord}_i f
$$

sowie

$$
(4) \qquad \int_{\kappa_1'} F(\tau)d\tau + \int_{\kappa_1} F(\tau)d\tau = -2\pi i \cdot \operatorname{ord}_w f.
$$

Zum *Beweis* der Gewichtsformel geht man nun von 2(4) aus und sammelt die Integrale auf der rechten Seite gemäß den Gleichungen (1), (2) und (5) in **3** sowie (1), (2), (3) und (4). $\quad\square$

**Aufgaben.** 1) Für $0 \neq f \in \mathbb{V}_k$ gilt

$$
6 \operatorname{ord}_i f + 4 \operatorname{ord}_\rho f \equiv k \,(\mathrm{mod}\ 12), \quad \operatorname{ord}_i f \equiv k/2 \,(\mathrm{mod}\ 2) \quad \text{und} \quad \operatorname{ord}_\rho f \equiv k/2 \,(\mathrm{mod}\ 3).
$$

2) Für $0 \neq f \in \mathbb{K}$ ist $\operatorname{ord}_i f$ gerade und $\operatorname{ord}_\rho f$ durch 3 teilbar.

3) Ein nicht-konstantes $f \in \mathbb{K}$, das auf $\mathbb{H}$ holomorph ist, hat bei $\infty$ einen Pol.

# §4. Ganze Modulformen

Als erste Anwendung der Gewichtsformel in **3.1** werden hier die zentralen Ergebnisse aus **1.5** (über ganze Modulformen negativen Gewichts), über die Diskriminante (insbesondere ihr Nichtverschwinden in $\mathbb{H}$ gemäß Satz I.3.4C) und darüber hinaus die Dimensionsformel ohne Bezugnahme auf die Theorie der elliptischen Funktionen bewiesen.

**1. Die Dimensionsformel.** Wie in **1.4** bezeichne $\mathbb{M}_k$ den $\mathbb{C}$–Vektorraum der ganzen Modulformen vom Gewicht $k$ und $\mathbb{S}_k$ den Unterraum der Spitzenformen aus $\mathbb{M}_k$. In Proposition 1.1 hat man bereits

$$(1) \qquad \mathbb{M}_k = \{0\} \quad \text{für ungerades } k$$

gezeigt. Ist $0 \neq f \in \mathbb{M}_k$, dann ist $f$ also in $\mathbb{H}$ und bei $\infty$ holomorph. In der ausführlich geschriebenen Gewichtsformel 3.1,

$$(2) \qquad \tfrac{1}{2}\operatorname{ord}_i f + \tfrac{1}{3}\operatorname{ord}_\rho f + \operatorname{ord}_\infty f + \sum_{w\in\mathbb{F}\setminus\{i,\rho\}} \operatorname{ord}_w f = \frac{k}{12}\,, \qquad 0 \neq f \in \mathbb{M}_k,$$

stehen links daher nur nicht–negative Terme.

Für $k = 4, 6, 8, 10$ ist (2) daher nur lösbar in den Fällen

(3)

| $k$ | $\frac{k}{12}$ | $\operatorname{ord}_\infty f$ | $\operatorname{ord}_i f$ | $\operatorname{ord}_\rho f$ | $f$ hat Nullstellen bei | der Ordnung |
|---|---|---|---|---|---|---|
| 4 | 1/3 | 0 | 0 | 1 | $\rho$ | 1 |
| 6 | 1/2 | 0 | 1 | 0 | $i$ | 1 |
| 8 | 2/3 | 0 | 0 | 2 | $\rho$ | 2 |
| 10 | 5/6 | 0 | 1 | 1 | $i$ und $\rho$ | 1 |

**Proposition.** *Es gilt:*

a) $\mathbb{M}_k = \{0\}$ *für* $k < 0$ .
b) $\mathbb{M}_0 = \mathbb{C}$ *und* $\mathbb{S}_0 = \{0\}$ .
c) $\mathbb{M}_2 = \{0\}$ .
d) $\mathbb{M}_k = \mathbb{C} \cdot G_k = \mathbb{C} \cdot G_k^*$ *und* $\mathbb{S}_k = \{0\}$ *für* $k = 4, 6, 8$ *und* 10.

*Beweis.* a) Für $0 \neq f \in \mathbb{M}_k$ wäre die linke Seite von (2) negativ.
b) Wäre $f$ nicht konstant, würde die Gewichtsformel für $g = f - f(i) \in \mathbb{M}_0$ einen Widerspruch ergeben.
c) $\alpha + \tfrac{1}{2}\beta + \tfrac{1}{3}\gamma = \tfrac{1}{6}$ ist in nicht–negativen ganzen Zahlen $\alpha, \beta, \gamma$ nicht lösbar.
d) Man wendet (3) auf $G_k$ an und sieht nach dem Nullstellen–Lemma 2.1, dass $G_k$ nur an den angegebenen Stellen Nullstellen der entsprechenden Ordnung hat. Dann ist $\frac{f}{G_k} \in \mathbb{M}_0$ für $0 \neq f \in \mathbb{M}_k$, also konstant nach b). $\qquad\square$


**Korollar A.** a) $G_4$ *hat in* $\mathbb{F}$ *eine einzige Nullstelle. Diese liegt bei* $\rho$ *und ist von* 1. *Ordnung.*
b) $G_6$ *hat in* $\mathbb{F}$ *eine einzige Nullstelle. Diese liegt bei* $i$ *und ist von* 1. *Ordnung.*

Ein Rückgriff auf die Theorie der $\wp$–Funktion zeigt, dass die Diskriminante $\Delta$ in $\mathbb{H}$ keine Nullstelle hat. Ohne diese Anleihe aus der Theorie der elliptischen Funktionen kann man die Nullstellenfreiheit mit der Gewichtsformel direkt einsehen. Zunächst ergibt 2.2(3)

$$(4) \qquad\qquad\qquad \operatorname{ord}_\infty \Delta = 1.$$

Aus (2) erhält man daher den

**Satz.** *Es gilt* $\Delta(\tau) \neq 0$ *für alle* $\tau \in \mathbb{H}$.

In 1.4(2) war

$$(5) \qquad \mathbb{M}_k \cdot \mathbb{M}_\ell \subset \mathbb{M}_{k+\ell} \quad \text{und} \quad \mathbb{S}_k \cdot \mathbb{M}_\ell \subset \mathbb{S}_{k+\ell} \quad \text{für} \quad k, l \in \mathbb{Z}$$

gezeigt worden. Das entscheidende Hilfsmittel ist nun das

**Lemma.** *Für gerades* $k \geq 0$ *gilt*

$$\mathbb{S}_k = \Delta \cdot \mathbb{M}_{k-12}.$$

*Beweis.* Mit (5) gilt zunächst $\Delta \cdot \mathbb{M}_{k-12} \subset \mathbb{S}_k$. Nach dem Satz ist $\Delta$ in $\mathbb{H}$ nullstellenfrei. Für $f \in \mathbb{S}_k$ ist dann $g := f/\Delta$ in $\mathbb{H}$ holomorph und modular vom Gewicht $k - 12$. Aus den Fourier–Entwicklungen

$$\Delta(\tau) = (2\pi)^{12} \cdot e^{2\pi i \tau} \cdot (1 + \ldots) \quad \text{und} \quad f(\tau) = e^{2\pi i \tau} \cdot (\alpha_f(1) + \ldots)$$

folgt

$$g(\tau) = f(\tau)/\Delta(\tau) = (2\pi)^{-12} \cdot (\alpha_f(1) + \ldots).$$

Damit hat $g$ bei $\infty$ keinen Pol und ist demnach eine ganze Modulform. Es folgt $g \in \mathbb{M}_{k-12}$, also $\mathbb{S}_k \subset \Delta \cdot \mathbb{M}_{k-12}$.                                    $\square$

Speziell erhält man mit der Proposition

**Korollar B.** *Es gilt* $\mathbb{S}_{12} = \mathbb{C} \cdot \Delta = \mathbb{C} \cdot \Delta^*$.

Damit ergibt sich schon die

**Dimensionsformel.** *Für gerades* $k \geq 0$ *ist* $\mathbb{M}_k$ *endlich–dimensional und es gilt*

$$\dim_{\mathbb{C}} \mathbb{M}_k = \begin{cases} \left[\frac{k}{12}\right], & \text{falls } k \equiv 2 \ (\mathrm{mod}\ 12), \\[2mm] \left[\frac{k}{12}\right] + 1, & \text{falls } k \not\equiv 2 \ (\mathrm{mod}\ 12). \end{cases}$$

*Beweis.* Nach der Proposition gilt diese Dimensionsformel für $0 \leq k < 12$. Lässt man zunächst die Dimension $\infty$ für $\mathbb{M}_k$ zu, dann ergibt Satz 2.1b

$$\dim \mathbb{M}_k = 1 + \dim \mathbb{S}_k \ , \ k \geq 4,$$

und das Lemma

$$\dim \mathbb{S}_k = \dim \mathbb{M}_{k-12} \ , \ k \geq 12.$$

Eine Induktion nach $k$ zeigt, dass alle $\mathbb{M}_k$ endlich–dimensional sind und dass

$$\dim \mathbb{M}_k = 1 + \dim \mathbb{M}_{k-12} \quad \text{für } k \geq 12$$

gilt. Da die rechte Seite der Dimensionsformel der gleichen Rekursionsformel genügt, gilt die Formel allgemein. $\qquad\Box$

Analog zu (3) verwendet man $6 \cdot \mathrm{ord}_i\, f + 4 \cdot \mathrm{ord}_\rho\, f \equiv k \pmod{12}$ für $0 \neq f \in \mathbb{M}_k$ aufgrund von (2) zum Beweis von

(6)

| $k \pmod{12}$ | 0 | 2 | 4 | 6 | 8 | 10 |
|---|---|---|---|---|---|---|
| $\mathrm{ord}_i\, f \pmod 2$ | 0 | 1 | 0 | 1 | 0 | 1 |
| $\mathrm{ord}_\rho\, f \pmod 3$ | 0 | 2 | 1 | 0 | 2 | 1 |

**Korollar C.** *Für $0 \neq f \in \mathbb{M}_k$ gilt $\mathrm{ord}_\infty\, f < \dim \mathbb{M}_k$.*

Anders ausgedrückt besagt dieser Satz, dass aus $\alpha_f(m) = 0$ für $0 \leq m < \dim \mathbb{M}_k$ immer $f = 0$ folgt.

*Beweis.* Aus der Gewichtsformel ergibt sich bei Beachtung von (6) im Falle $f \neq 0$

$$\frac{k}{12} \geq \begin{cases} \mathrm{ord}_\infty\, f + \frac{1}{2} + \frac{1}{3} + \frac{1}{3}, & \text{falls } k \equiv 2 \pmod{12}, \\ \mathrm{ord}_\infty\, f, & \text{sonst}. \end{cases}$$

also $\dim \mathbb{M}_k - 1 \geq \mathrm{ord}_\infty\, f$, wenn man die Dimensionsformel verwendet. $\qquad\Box$

**2. Einfache Folgerungen.** In Proposition 1 wurden die Vektorräume $\mathbb{M}_k$ für $k \leq 10$ beschrieben. Die Dimensionsformel 1 bzw. Lemma 1 ergeben nun sofort die nächsten Räume beginnend mit

(1)
$$\begin{cases} \mathbb{M}_{12} = \mathbb{C} \cdot G_{12}^* + \mathbb{C} \cdot \Delta, & \mathbb{S}_{12} = \mathbb{C} \cdot \Delta, \\ \mathbb{M}_{14} = \mathbb{C} \cdot G_{14}^*, & \mathbb{S}_{14} = \{0\}, \\ \mathbb{M}_k = \mathbb{C} \cdot G_k^* + \mathbb{C} \cdot \Delta \cdot G_{k-12}^*, & \mathbb{S}_k = \mathbb{C} \cdot \Delta \cdot G_{k-12}^* \\ & \quad \text{für } k = 16, 18, 20, 22, 26, \\ \mathbb{M}_{24} = \mathbb{C} \cdot G_{24}^* + \mathbb{C} \cdot G_{12}^* \cdot \Delta + \mathbb{C} \cdot \Delta^2, & \mathbb{S}_{24} = \mathbb{C} \cdot G_{12}^* \cdot \Delta + \mathbb{C} \cdot \Delta^2 \end{cases}$$

usw. Natürlich bleiben diese Beziehungen gültig, wenn man jeweils die normierte EISENSTEIN–Reihe $G_k^*$ durch die ursprüngliche Reihe $G_k$ ersetzt.

Hieraus ergeben sich nun sofort eine Fülle von Identitäten: Da als erstes $G_4^{*2}$ zu $\mathbb{M}_8 = \mathbb{C} \cdot G_8^*$ gehört, gibt es eine Konstante $\gamma$ mit $G_4^{*2} = \gamma \cdot G_8^*$. Da man aber mit den normierten Reihen arbeitet, folgt sofort $\gamma = 1$, also

$$(2) \qquad G_4^{*2} = G_8^*, \quad \text{d.\,h. aber auch} \quad 3 \cdot G_4^2 = 7 \cdot G_8.$$

Bei dieser und den folgenden Relationen für die Reihe $G_k$ beachte man die Tabelle 2.1(8). Analog erhält man

$$(3) \qquad G_4^* \cdot G_6^* = G_{10}^*, \quad \text{also} \quad 5 \cdot G_4 \cdot G_6 = 11 \cdot G_{10},$$

$$(4) \qquad G_4^{*2} \cdot G_6^* = G_{14}^*, \quad \text{also} \quad 2 \cdot 3 \cdot 5 \cdot G_4^2 \cdot G_6 = 11 \cdot 13 \cdot G_{14}.$$

Im Falle $k = 12$ verwendet man ebenfalls zweckmäßig die normierte Diskriminante $\Delta^*$ gemäß 2.2(4).

**Lemma.** *Es gilt*

$$\Delta^* = \frac{1}{1728}(G_4^{*3} - G_6^{*2}) = \frac{691}{762048}(G_{12}^* - G_6^{*2}) = \frac{691}{432000}(G_4^{*3} - G_{12}^*).$$

*Beweis.* Hier ist die erste Gleichung nur eine Wiederholung von 2.2(5). Mit den Abkürzungen

$$A := \sum_{m \geq 1} \sigma_{11}(m) \cdot e^{2\pi i m \tau} \quad \text{und} \quad B := \sum_{m \geq 1} \sigma_5(m) \cdot e^{2\pi i m \tau},$$

folgt aus 2.1(9) und 2.1(8)

$$(5) \qquad G_{12}^*(\tau) = 1 + \frac{1008 \cdot 65}{691} A \quad \text{und} \quad G_6^*(\tau) = 1 - 504B.$$

Damit wird

$$G_{12}^* - G_6^{*2} = \frac{1008 \cdot (65 + 691)}{691} \cdot e^{2\pi i \tau} + \cdots = \frac{1008 \cdot 756}{691} \cdot e^{2\pi i \tau} + \cdots .$$

Da die linke Seite eine Spitzenform aus $\mathbb{M}_{12}$, also ein Vielfaches von $\Delta^*$ ist, folgt die zweite Gleichung. Die dritte Gleichung erhält man analog. $\qquad\square$


Eine direkte Konsequenz ist die

**RAMANUJAN–Kongruenz:** *Es gilt*

$$\tau(m) \equiv \sigma_{11}(m) \pmod{691} \quad \text{für alle} \quad m \in \mathbb{N}.$$

*Beweis.* Nach der zweiten Gleichung im Lemma zusammen mit (5) ist

$$756 \cdot \Delta^* = 65 \cdot A + 691 \cdot F,$$

wobei $F$ eine FOURIER-Reihe mit Koeffizienten aus $\mathbb{Z}$ bezeichnet. Ein Koeffizientenvergleich ergibt die Behauptung. $\qquad\square$


**Bemerkung.** Die Relationen (2), (3) und (4) sind uns bereits aus der Theorie der elliptischen Funktionen bekannt, sie sind Spezialfälle der allgemeinen Rekursionsformel in Korollar I.3.3D.

**3. Basen von $\mathbb{M}_k$.** Die folgenden Überlegungen werden wieder für die normierten Reihen $G_k^*$ und die normierte Diskriminante $\Delta^*$ durchgeführt. Völlig analoge Aussagen gelten für die $G_k$ und $\Delta$. Zur Vereinfachung der Formeln setze man

$$(1) \qquad\qquad G_0 := G_0^* := 1 \,, \; G_2 := G_2^* := 0.$$

Ferner sei stets $k \geq 0$ gerade. Eine Iteration von Lemma 1 ergibt sofort das

**Lemma.** *Es gilt*

$$\mathbb{M}_k = \bigoplus_{0 \le r \le \left[\frac{k}{12}\right]} \mathbb{C} \cdot G^*_{k-12r} \cdot \Delta^{*r}.$$

In Analogie zu $\mathbb{M}_k = \mathbb{C} \cdot G^*_k + \mathbb{S}_k$ hat man die

**Proposition.** *Für jede Lösung $r, s$ von*

(2) $$4r + 6s = k \ , \ k \ge 4,$$

*in natürlichen Zahlen $r, s$ gilt*

(3) $$\mathbb{M}_k = \mathbb{C} \cdot G^{*r}_4 \cdot G^{*s}_6 \oplus \mathbb{S}_k$$

*und es gibt solche Lösungen $r, s$.*

*Beweis.* Die Lösbarkeit von (2) ist für $k \equiv 0 \pmod 4$ klar, im Fall $k \equiv 2$ (mod 4), also $k = 4\ell + 2 \ge 6$, wählt man z. B. $r = \ell - 1$ und $s = 1$. Natürlich ist die rechte Seite von (3) in $\mathbb{M}_k$ enthalten. Für $f \in \mathbb{M}_k$ ist aber $f - \alpha_f(0) \cdot G^{*r}_4 \cdot G^{*s}_6$ eine Spitzenform. $\qquad\qquad\Box$

**Satz.** *Für $k \ge 4$ gerade gilt*

(4) $$\mathbb{M}_k = \bigoplus_{r,s} \mathbb{C} \cdot G^{*r}_4 G^{*s}_6,$$

*wobei über alle natürlichen Zahlen $r, s$ mit $4r + 6s = k$ zu summieren ist.*

*Beweis.* Nach Proposition 1 ist (4) für $4 \le k < 12$ richtig. Mit Lemma 1 und (3) hat man für $k \ge 12$

$$\mathbb{M}_k = \mathbb{C} \cdot G^{*r}_4 \cdot G^{*s}_6 \oplus \mathbb{M}_{k-12} \cdot \Delta^* \quad \text{mit} \quad \Delta^* = \frac{1}{1728}(G^{*3}_4 - G^{*2}_6).$$

Eine Induktion nach $k$ zeigt, dass die Formen $G^{*r}_4 \cdot G^{*s}_6$ mit $4r + 6s = k$ den Vektorraum $\mathbb{M}_k$ aufspannen. Mit einer Induktion nach $k$ zeigt man auch leicht, dass die Anzahl der Paare $(r, s) \in \mathbb{N}_0 \times \mathbb{N}_0$ mit $4r + 6s = k$ aber gerade $\left[\frac{k}{12}\right]$, falls $k \equiv 2 \pmod{12}$, bzw. $\left[\frac{k}{12}\right] + 1$ ist, falls $k \not\equiv 2 \pmod{12}$. Also bilden die angegebenen Formen eine Basis. $\qquad\qquad\Box$

Man betrachte den $\mathbb{C}$–Vektorraum

(5) $$\mathbb{M} := \bigoplus_{k \, \text{gerade}} \mathbb{M}_k = \mathbb{C} \oplus \mathbb{M}_4 \oplus \mathbb{M}_6 \oplus \cdots.$$

Wegen $\mathbb{M}_k \cdot \mathbb{M}_\ell \subset \mathbb{M}_{k+\ell}$ ist $\mathbb{M}$ eine kommutative $\mathbb{C}$–Algebra mit Einselement, die nach (5) *graduiert* ist. Die Darstellung als direkte Summe im Satz ergibt das

**Korollar.** *Es gilt $\mathbb{M} = \mathbb{C}[G^*_4, G^*_6]$ und $G^*_4, G^*_6$ sind algebraisch unabhängig.*

Speziell gilt also $G_k \in \mathbb{C}[G_4^*, G_6^*]$ für $k \geq 4$. Mit Hilfe der Theorie der $\wp$–Funktion hatte man eine Verschärfung hiervon, nämlich $G_k \in \mathbb{Q}[G_4, G_6]$, bereits in Korollar I.3.3E gesehen.

**4*. Ganze Modulformen mit ganzen FOURIER–Koeffizienten.** Es bezeichne $\mathbb{M}_k^{\mathbb{Z}}$ die Menge aller $f \in \mathbb{M}_k$, deren FOURIER–Koeffizienten sämtlich ganze Zahlen sind,

$$(1) \qquad f(\tau) = \sum_{m=0}^{\infty} \alpha_f(m) \cdot e^{2\pi i m \tau} \ , \ \tau \in \mathbb{H}, \ \alpha_f(m) \in \mathbb{Z} \ \text{ für alle } \ m \geq 0.$$

Offenbar ist $\mathbb{M}_k^{\mathbb{Z}}$ ein $\mathbb{Z}$–Modul und es gilt

$$(2) \qquad \mathbb{M}_k^{\mathbb{Z}} \cdot \mathbb{M}_\ell^{\mathbb{Z}} \subset \mathbb{M}_{k+\ell}^{\mathbb{Z}} \quad \text{für} \quad k, \ell \geq 0.$$

Eine ganze Modulform $f \in \mathbb{M}_k^{\mathbb{Z}}$ heißt *normiert*, wenn $\alpha_f(0) = 1$ gilt. Aus 2.1(10) und 2.1(11) folgt $G_4^* \in \mathbb{M}_4^{\mathbb{Z}}$, $G_6^* \in \mathbb{M}_6^{\mathbb{Z}}$ und beide Reihen sind normiert. Damit gilt auch

$$G_4^{*r} \cdot G_6^{*s} \in \mathbb{M}_k^{\mathbb{Z}} \quad \text{für} \quad 4r + 6s = k$$

und alle diese Produkte sind normiert. Man definiert normierte $g_k \in \mathbb{M}_k^{\mathbb{Z}}$ für $k = 4, 6, 8, 10, 12$ durch

| k | 4 | 6 | 8 | 10 | 12 |
|---|---|---|---|----|----|
| $g_k$ | $G_4^*$ | $G_6^*$ | $G_4^{*2}$ | $G_4^* G_6^*$ | $G_4^{*3}$ |

Damit hat man

$$\mathbb{M}_k^{\mathbb{Z}} = \mathbb{Z} \cdot g_k \quad \text{für} \quad k = 4, 6, 8, 10.$$

Mit Hilfe der normierten Diskriminante $\Delta^*$ bekommt man jetzt

**Proposition A.** *Für $k \geq 12$ gilt*

$$(3) \qquad \mathbb{M}_k^{\mathbb{Z}} = \mathbb{Z} \cdot g \oplus \mathbb{M}_{k-12}^{\mathbb{Z}} \cdot \Delta^* \quad mit \quad \mathbb{M}_0^{\mathbb{Z}} = \mathbb{Z} \quad und \quad \mathbb{M}_2^{\mathbb{Z}} = \{0\}$$

*für jedes normierte $g \in \mathbb{M}_k^{\mathbb{Z}}$.*

Speziell ist also $\mathbb{M}_{12}^{\mathbb{Z}} = \mathbb{Z} \cdot g_{12} \oplus \mathbb{Z} \cdot \Delta^*$.

*Beweis.* Zunächst ist die rechte Seite von (3) eine direkte Summe von $\mathbb{Z}$–Moduln und in der linken Seite enthalten. Für $f \in \mathbb{M}_k^{\mathbb{Z}}$ ist $f - \alpha_f(0) \cdot g$ eine Spitzenform in $\mathbb{M}_k^{\mathbb{Z}}$. Da aber $1/\Delta^*$ auf Grund von 2.2(4) FOURIER–Koeffizienten in $\mathbb{Z}$ hat, folgt $f - \alpha_f(0) \cdot g = \Delta^* \cdot h$ mit einem $h \in \mathbb{M}_{k-12}^{\mathbb{Z}}$ aus Proposition I.4.4. $\qquad \square$

Eine Induktion nach $k$ ergibt das

**Korollar.** $\mathbb{M}_k^{\mathbb{Z}}$ *ist ein freier $\mathbb{Z}$–Modul, dessen Rang gleich der Dimension von $\mathbb{M}_k$ ist. Basen von $\mathbb{M}_k^{\mathbb{Z}}$ über $\mathbb{Z}$ erhält man in der Form*

$$(4) \qquad g_\nu \cdot \Delta^{*\nu} \ , \ 0 \leq \nu \leq \left[\tfrac{k}{12}\right], \ bzw. \ 0 \leq \nu < \left[\tfrac{k}{12}\right], \quad falls \ k \equiv 2 \ (\text{mod } 12),$$

*wobei die* $g_\nu \in M^{\mathbb{Z}}_{k-12\nu}$ *normiert sind. In der Form* (4) *erhält man gleichzeitig eine Basis des* $\mathbb{C}$*-Vektorraums* $M_k$.

Eine $\mathbb{Z}$–Basis von $M^{\mathbb{Z}}_k$, die zugleich eine $\mathbb{C}$–Basis von $M_k$ ist, nennt man eine *Ganzheitsbasis von* $M_k$. Speziell ist also (4) eine Ganzheitsbasis von $M_k$.

Analog bezeichne $S^{\mathbb{Z}}_k := M^{\mathbb{Z}}_k \cap S_k$ den $\mathbb{Z}$–Modul der Spitzenformen mit ganzzahligen FOURIER–Koeffizienten.

**Proposition B.** $S^{\mathbb{Z}}_k$ *ist ein freier* $\mathbb{Z}$*–Modul.*
a) $M^{\mathbb{Z}}_k = \mathbb{Z} \cdot G^{*r}_4 \cdot G^{*s}_6 \oplus S^{\mathbb{Z}}_k$ *für jede Wahl von* $r, s \in \mathbb{N}_0$ *mit* $4r + 6s = k$.
b) $S^{\mathbb{Z}}_k = \Delta^* \cdot M^{\mathbb{Z}}_{k-12}$.

Aus einer Ganzheitsbasis von $M^{\mathbb{Z}}_{k-12}$ erhält man so eine Ganzheitsbasis von $S^{\mathbb{Z}}_k$.

*Beweis.* a) Die Funktionen $G^{*r}_4 \cdot G^{*s}_6$ sind normiert.
b) Zu $f \in S^{\mathbb{Z}}_k$ gibt es $g \in M_{k-12}$ mit $f = g \cdot \Delta^*$. Da aber $(\Delta^*)^{-1}$ nach 2.2(4) und Proposition I.4.4 eine FOURIER–Entwicklung mit ganzzahligen FOURIER–Koeffizienten besitzt, folgt auch $g \in M^{\mathbb{Z}}_{k-12}$. $\qquad\square$

**5*. Darstellung durch Theta–Reihen.** Die klassische Theta–Reihe

$$\vartheta(\tau) := \sum_{n\in\mathbb{Z}} e^{\pi i n^2 \tau}, \quad \tau \in \mathbb{H},$$

war in E.3 betrachtet worden. In E.3(2) und E.3(3) war

$$(1) \qquad \vartheta(\tau + 2) = \vartheta(\tau) \quad \text{und} \quad \vartheta(-1/\tau) = \sqrt{\tau/i} \cdot \vartheta(\tau)$$

gezeigt worden. Direkt aus der Definition ergibt sich noch

$$\vartheta(\tau) + \vartheta(\tau + 1) = \sum_{n\in\mathbb{Z}} e^{\pi i n^2 \tau} \left(1 + (-1)^n\right) = 2 \cdot \vartheta(4\tau).$$

Mit (1) erhält man daraus

$$(2) \qquad \vartheta(1 - 1/\tau) = \sqrt{\tau/i} \cdot \left(\vartheta(\tau/4) - \vartheta(\tau)\right) = \sqrt{\tau/i} \cdot \sum_{n\in\mathbb{Z}} e^{\pi i (n+1/2)^2 \tau}.$$

**Satz.** *Für alle* $\tau \in \mathbb{H}$ *gilt*
a) $\quad \vartheta^4(\tau) - \vartheta^4(\tau + 1) + \tau^{-2} \cdot \vartheta^4(1 - 1/\tau) = 0.$
b) $\quad \vartheta^8(\tau) + \vartheta^8(\tau + 1) + \tau^{-4} \cdot \vartheta^8(1 - 1/\tau)$
$\quad\quad = 2 \cdot \vartheta^8(\tau) + 2 \cdot \vartheta^8(\tau + 1) - 2 \cdot \vartheta^4(\tau)\vartheta^4(\tau + 1) = 2 \cdot G^*_4(\tau).$
c) $\quad [\vartheta^4(\tau) + \vartheta^4(\tau + 1)] \cdot [\tfrac{5}{2} \cdot \vartheta^4(\tau)\vartheta^4(\tau + 1) - \vartheta^8(\tau) - \vartheta^8(\tau + 1)] = G^*_6(\tau).$
d) $\quad \tau^{-4} \cdot \vartheta^8(\tau) \cdot \vartheta^8(\tau + 1) \cdot \vartheta^8(1 - 1/\tau) = 2^8 \cdot \Delta^*(\tau).$

*Beweis.* a) Die linke Seite wird mit $f(\tau)$ bezeichnet. Dann verifiziert man mit (1) sofort $f(\tau + 1) = -f(\tau)$ und $f(-1/\tau) = -\tau^2 \cdot f(\tau)$. Mit (2) folgt dann, dass

$f^2 \in \mathbb{M}_4$ den konstanten FOURIER-Koeffizienten 0 hat. Also gilt $f^2 = 0$ und damit $f = 0$ nach Proposition 1.

b), c) Man geht analog vor und verwendet a).

d) Analog zeigt man, dass die linke Seite zu $\mathbb{M}_{12}$ gehört. Wegen (2) ist der konstante FOURIER-Koeffizient 0 und derjenige von $e^{2\pi i\tau}$ gerade $2^8$. Dann erhält man die Behauptung aus Korollar 1B. $\qquad\qquad\square$

Teil d) und Satz 1 implizieren sofort das

**Korollar.** *Es gilt* $\vartheta(\tau) \neq 0$ *für alle* $\tau \in \mathbb{H}$.

**Bemerkungen.** a) Nach dem Satz kann man jedes $f \in \mathbb{M}_k$ als homogenes, symmetrisches Polynom in $\vartheta^4(\tau)$ und $\vartheta^4(\tau + 1)$ darstellen.

b) Aus (1) und Korollar II.3.4 folgt $\vartheta^8|_4 M = \vartheta^8$ für alle $M \in \Gamma_\vartheta$. Dann erhält man die Teile b) und d) des Satzes auch in der Form

$$\sum_{M:\Gamma_\vartheta\backslash\Gamma} \vartheta^8|_4 M = 2 \cdot G_4^*, \qquad \prod_{M:\Gamma_\vartheta\backslash\Gamma} \vartheta^8|_4 M = 2^8 \cdot \triangle^*.$$

c) Mit (2) ergibt sich für $r = a/c \in \mathbb{Q}$, $a \in \mathbb{Z}$, $c \in \mathbb{N}$, $\mathrm{ggT}\,(a,c) = 1$

$$\lim_{y\downarrow 0} |\vartheta(r + iy)| = \begin{cases} \infty, & \text{falls } ac \text{ gerade,} \\ 0, & \text{falls } ac \text{ ungerade.} \end{cases}$$

P. ULLRICH (Res. Math. **31**, 245-265 (1997)) hat gezeigt, wie man aus dieser Abschätzung leicht folgern kann, dass die stetige RIEMANNsche Funktion

$$\sum_{n=1}^{\infty} \frac{\sin n^2\pi x}{n^2}$$

in den Punkten der in $\mathbb{R}$ dichten Teilmenge $\{a/c \; ; \; a, c \in \mathbb{Z} \text{ ungerade}\}$ nicht differenzierbar ist.

**6*. Der Differential–Kalkül.** Ist $f : \mathbb{H} \to \mathbb{C}$ meromorph und $f \not\equiv 0$, so ist auch die logarithmische Ableitung $f'/f : \mathbb{H} \to \mathbb{C}$ wieder meromorph. Aus $f(M\tau) = (c\tau+d)^k \cdot f(\tau)$ für $M \in \Gamma$ folgt durch logarithmische Differentiation

$$(1) \qquad \frac{f'}{f}(M\tau) \cdot \frac{dM\tau}{d\tau} = \frac{kc}{c\tau + d} + \frac{f'}{f}(\tau) \quad \text{für} \quad M = \begin{pmatrix} a & b \\ c & d \end{pmatrix} \in \Gamma.$$

Speziell ergibt sich:

$$(2) \qquad \text{Für} \quad f \in \mathbb{K} \quad \text{gehören} \quad f' \quad \text{und} \quad f'/f \quad \text{zu } \mathbb{V}_2.$$

Wenn $f$ für $\mathrm{Im}\,\tau > \gamma$ mit $\gamma > 0$ in eine FOURIER–Reihe der Form

$$(3) \qquad f(\tau) = \sum_{m\geq m_0} \alpha_f(m) \cdot e^{2\pi i m\tau} \, , \quad \alpha_f(m_0) \neq 0,$$

entwickelbar ist, dann erhält man für $f'/f$ eine FOURIER–Reihe der Gestalt

$$(4) \qquad \frac{f'}{f}(\tau) = 2\pi i \cdot m_0 + \sum_{m \geq 1} \beta(m) \cdot e^{2\pi i m \tau} \,, \qquad \mathrm{Im}\ \tau > \gamma'.$$

Speziell ist $f'/f$ bei $\infty$ holomorph.

Für $f \in \mathbb{V}_k$ und $g \in \mathbb{V}_\ell$ wird nun eine meromorphe Funktion $[f,g]$ erklärt durch

$$(5) \qquad [f,g] := \ell \cdot f'g - k \cdot fg' = fg \cdot \left( \ell \frac{f'}{f} - k \frac{g'}{g} \right).$$

**Proposition.** a) *Für $f \in \mathbb{V}_k$ und $g \in \mathbb{V}_\ell$ gilt $[f,g] \in \mathbb{V}_{k+\ell+2}$* .

b) *Für $f \in \mathbb{M}_k$ und $g \in \mathbb{M}_\ell$ gilt $[f,g] \in \mathbb{S}_{k+\ell+2}$.*

*Beweis.* Nach (1) ist $[f,g]$ modular vom Gewicht $k+\ell+2$. Wegen (4) hat $[f,g]$ bei $\infty$ höchstens einen Pol. Für holomorphe $f, g$ wird auch $[f,g]$ holomorph in $\mathbb{H}$ und bei $\infty$ und die FOURIER–Reihe von $[f,g]$ hat kein konstantes Glied.  □

**Korollar A.** *Es gilt*

$$\Delta^* = \frac{1}{1728 \cdot 4\pi i} \cdot [G_4^*, G_6^*].$$

*Beweis.* Die rechte Seite ist aus $\mathbb{S}_{12} = \mathbb{C}\Delta^*$.                                 □

**Korollar B.** *Es gilt*

$$[G_4^*, \Delta^*] = -8\pi i \cdot G_6^* \cdot \Delta^*.$$

*Beweis.* Die linke Seite ist aus $\mathbb{S}_{18} = \mathbb{C} \cdot G_6^* \cdot \Delta^*$.                          □

Trägt man die entsprechenden FOURIER–Reihen in Korollar A ein, so folgt

**Korollar C.** *Für alle $m \in \mathbb{N}$ gilt*

$$\tau(m) = \frac{m}{12}(5 \cdot \sigma_3(m) + 7 \cdot \sigma_5(m)) - 70 \cdot \sum_{\substack{r \geq 1, s \geq 1 \\ r+s=m}} (3r - 2s) \cdot \sigma_3(r) \cdot \sigma_5(s).$$

**Korollar D.** *Für $f \in \mathbb{M}_k$ gilt*

$$\frac{1}{\Delta} \cdot [f, \Delta] = 12 \cdot f' - k \cdot f \cdot \frac{\Delta'}{\Delta} \in \mathbb{M}_{k+2}.$$

Wie in 3(5) betrachte man die kommutative $\mathbb{C}$–Algebra

$$(6) \qquad \mathbb{M} := \bigoplus_k \mathbb{M}_k = \mathbb{C} \oplus \mathbb{M}_4 \oplus \mathbb{M}_6 \oplus \cdots = \mathbb{C}[G_4, G_6].$$

**Lemma.** *Für $f, g, h \in \mathbb{M}$ gelten die folgenden Rechenregeln:*

$$(7) \qquad\qquad\qquad [f, g] + [g, f] \equiv 0,$$

$$(8) \qquad\qquad [f, [g, h]] + [g, [h, f]] + [h, [f, g]] \equiv 0,$$

$$(9) \qquad\qquad\qquad [f, g \cdot h] = [f, g] \cdot h + g \cdot [f, h].$$

*Beweis.* Aus Linearitätsgründen darf man $f \in \mathbb{M}_k$ , $g \in \mathbb{M}_\ell$ und $h \in \mathbb{M}_m$ annehmen. Nun ergibt eine elementare Verifikation die Behauptung. $\qquad\square$

Die Identitäten (7) und (8) besagen, *dass $\mathbb{M}$ mit dem Produkt $(f, g) \mapsto [f, g]$ eine* LIE*-Algebra ist.* Wir bezeichnen diese LIE–Algebra mit LIE–$\mathbb{M}$. Die Identität (9) besagt, dass die Abbildung $g \mapsto [f, g]$ bei festem $f \in \mathbb{M}$ eine *Derivation* der $\mathbb{C}$–Algebra $\mathbb{M}$ darstellt. Neben der Algebra $\mathbb{M}$ betrachte man das Ideal

$$(10) \qquad\qquad\qquad \mathbb{S} := \bigoplus_k \mathbb{S}_k = \mathbb{C} \cdot \Delta \oplus \cdots$$

von $\mathbb{M}$. Wegen $[\mathbb{M}, \mathbb{S}] \subset \mathbb{S}$ ist $\mathbb{S}$ auch ein Ideal der LIE–Algebra LIE–$\mathbb{M}$.

**Bemerkungen.** a) Anfänge dieses Differential–Kalküls findet man bereits bei R. FRICKE [1916], 313–318.
b) Auf ähnliche Weise kann man $g := k \cdot f \cdot f'' - (k+1) \cdot f'^2 \in \mathbb{S}_{2k+4}$ für $f \in \mathbb{M}_k$ nachweisen (vgl. R.A. RANKIN [1977], Theorem 4.3.1).
c) Weitere Ergebnisse findet man bei B. VAN DER POL (Indagationes Math. **13**, 261–271 und 272–284 (1951)) sowie bei R.A. RANKIN (J. Indian Math. Soc. **20**, 103–116 (1956) und Mich. Math. J. **4**, 181–186 (1957)). Eine systematische Betrachtung des Differential–Kalküls stammt von D. ZAGIER (Proc. Indian Acad. Sci. **104**, 57-75 (1994)).

**Aufgaben.** 1) Seien $\tau \in \mathbb{H}$ und $k > 2$. Es gibt genau dann ein $f \in \mathbb{M}_k$ mit $f(\tau) \neq 0$, wenn $k$ ein Vielfaches der Ordnung der Fixgruppe $\Gamma_\tau$ (vgl. II.2.3(1)) ist.
2) Seien $\tau \in \mathbb{H}$ und $k = 12$ oder $k > 14$, so dass $k$ ein Vielfaches der Ordnung der Fixgruppe $\Gamma_\tau$ ist. Dann gibt es ein $f \in \mathbb{S}_k$ mit $f(\tau) \neq 0$.
3) Für $f \in \mathbb{M}_k$ definiert man

$$g(\tau) := f(2\tau) \cdot f(\tau/2) \cdot f(\tau+1)/2).$$

Dann gilt $g \in \mathbb{M}_{3k}$. Aus $f \in \mathbb{M}_k^{\mathbb{Z}}$ folgt $g \in \mathbb{M}_{3k}^{\mathbb{Z}}$. Mit $f$ ist auch $g$ eine Spitzenform.
4) a) $\Delta^*(2\tau) \cdot \Delta^*(\tau/2) \cdot \Delta^*((\tau+1)/2) = -\Delta^{*3}(\tau)$ .
b) $G_4^*(2\tau) \cdot G_4^*(\tau/2) \cdot G_4^*((\tau+1)/2) = G_4^{*3}(\tau) - 240 \cdot 225 \cdot \Delta^*(\tau)$.
5) Sei $\wp(z; \tau, 1)$ die $\wp$–Funktion zum Gitter $\mathbb{Z}\tau + \mathbb{Z}$ gemäß I.4.1(3). Dann gilt

$$\begin{aligned}
\wp\left(\tfrac{1}{2}; \tau, 1\right) + \wp\left(\tfrac{\tau}{2}; \tau, 1\right) + \wp\left(\tfrac{\tau+1}{2}; \tau, 1\right) &= 0, \\
\wp\left(\tfrac{1}{2}; \tau, 1\right)^2 + \wp\left(\tfrac{\tau}{2}; \tau, 1\right)^2 + \wp\left(\tfrac{\tau+1}{2}; \tau, 1\right)^2 &= 30 \cdot G_4(\tau), \\
\wp\left(\tfrac{1}{2}; \tau, 1\right)^3 + \wp\left(\tfrac{\tau}{2}; \tau, 1\right)^3 + \wp\left(\tfrac{\tau+1}{2}; \tau, 1\right)^3 &= 105 \cdot G_6(\tau).
\end{aligned}$$

Zu $f \in \mathbb{M}_k$ gibt es ein homogenes, symmetrisches Polynom $P(X, Y, Z)$ vom Gewicht $k/2$ mit

$$P\left(\wp\left(\frac{1}{2}; \tau, 1\right), \wp\left(\frac{\tau}{2}; \tau, 1\right), \wp\left(\frac{\tau+1}{2}; \tau, 1\right)\right) = f(\tau).$$

Die Algebra $\mathbb{M}$ ist isomorph zur Quotientenalgebra der symmetrischen Polynome über $\mathbb{C}$ in $X, Y, Z$ nach dem von $X + Y + Z$ erzeugten Ideal.

6) Sei $\Omega = \mathbb{Z}\tau + \mathbb{Z}$ mit $\tau \in \mathbb{H}$ und $n \in \mathbb{N}$. Sei $\{v_0, \ldots, v_m\}$, $m = n^2 - 1$, das Vertretersystem aus Proposition I.7.1 mit $v_0 = 0$. Zu $f \in \mathbb{M}_k$ gibt es ein symmetrisches Polynom $P(X_1, \ldots, X_m)$ vom Gewicht $k/2$ mit $P(\wp(v_1; \tau, 1), \ldots, \wp(v_m; \tau, 1)) = f(\tau)$ für alle $\tau \in \mathbb{H}$.

7) Sei $k \geq 12$ gerade, $k \not\equiv 2 \pmod{12}$. Dann gibt es genau ein $f \in \mathbb{M}_k$, für dessen FOURIER-Koeffizienten gilt $\alpha_f(0) = 1$, $\alpha_f(m) = 0$ für $1 \leq m \leq \left[\frac{k}{12}\right]$.

8) Ist $f \in \mathbb{M}_k$ mit $\alpha_f(m) \in \mathbb{Q}$ für alle $m \geq 0$, so existiert ein $\lambda \in \mathbb{N}$ mit der Eigenschaft $\lambda \cdot \alpha_f(m) \in \mathbb{Z}$ für alle $m \geq 0$.

9) $G_{12}(i) \neq 0$ und $G_{12}(\rho) \neq 0$.

10) Es gilt $\sum_{k=0}^{\infty} \dim \mathbb{M}_k \cdot x^k = \frac{1}{(1-x^4)(1-x^6)}$, $\sum_{k=0}^{\infty} \dim \mathbb{S}_k \cdot x^k = \frac{x^{12}}{(1-x^4)(1-x^6)}$ für $|x| < 1$.

11) Es gibt genau dann ein $f \in \mathbb{M}_k$ mit $f(\tau) \neq 0$ für alle $\tau \in \mathbb{H}$, wenn $k = 12l$ für ein $l \in \mathbb{N}_0$. In diesem Fall gilt $f(\tau) = c \cdot \Delta(\tau)^l$ für ein $0 \neq c \in \mathbb{C}$.

# §5. Modulfunktionen

**1. Die Gewichtsformel für Modulfunktionen.** Als zweite Anwendung betrachten wir die Gewichtsformel 3.1 für den Fall $k = 0$. Jede Modulfunktion $f \neq 0$, also $0 \neq f \in \mathbb{K}$, erfüllt die **Gewichtsformel**

$$(1) \qquad \sum_{w \in \mathbb{F}^*} \frac{1}{\mathrm{ord}\ w} \cdot \mathrm{ord}_w f = 0.$$

**Lemma.** *Ist $f \in \mathbb{K}$ auf $\mathbb{F}^*$ holomorph, dann ist $f$ konstant.*

*Beweis.* Nach Voraussetzung ist im Falle $f \neq 0$ stets $\mathrm{ord}_w f \geq 0$, also $\mathrm{ord}_w f = 0$ nach (1). Dies bedeutet $f(w) \neq 0$ für alle $w \in \mathbb{F}^*$. Da mit $f$ auch $f - f(i)$ zu $\mathbb{K}$ gehört, ist $f$ konstant. $\qquad\qquad\square$

Wendet man nun (1) auf $f - z$ anstelle von $f$ an, so folgt der

**Satz.** *Ist $f \in \mathbb{K}$ nicht konstant, dann hat $f$ Pole in $\mathbb{F}^*$. Ist $f$ in $i$ und $\rho$ holomorph, so ist für $z \in \mathbb{C}$ mit $z \neq f(i)$ und $z \neq f(\rho)$ die Anzahl der $z$–Stellen in $\mathbb{F}^*$ gleich der Anzahl der Pole in $\mathbb{F}^*$ (jeweils mit Vielfachheiten gezählt).*

**2. Anwendung auf die absolute Invariante.** Gemäß 2.4(1), 2.4(3) sowie Satz 4.1 gilt

$$(1) \qquad j = G_4^{*3}/\Delta^*, \quad \mathrm{ord}_\infty j = -1 \quad \text{sowie} \quad \mathrm{ord}_w j \geq 0 \quad \text{für alle} \quad w \in \mathbb{H}.$$

Für $z \in \mathbb{C}$ wendet man die Gewichtsformel 1(1) an auf $f := j - z$ und bekommt

$$(2) \qquad \sum_{w \in \mathbb{F}} \frac{1}{\mathrm{ord}\ w} \cdot \mathrm{ord}_w(j - z) = 1.$$

**Satz A.** *Die Funktion* $j : \mathbb{H} \to \mathbb{C}$ *ist holomorph und nimmt in* $\mathbb{F}$ *jeden Wert aus* $\mathbb{C}$ *an. Genauer gilt:*
a) *Jede von* 0 *und* $12^3 = 1728$ *verschiedene komplexe Zahl wird in* $\mathbb{F} \setminus \{i, \rho\}$ *genau einmal und von erster Ordnung angenommen.*
b) $j - 1728$ *hat an der Stelle* $\tau = i$ *eine Nullstelle der Ordnung 2 und es gilt* $j(\tau) \neq 1728$ *für alle* $\tau \in \mathbb{F} \setminus \{i\}$.
c) $j$ *hat an der Stelle* $\tau = \rho$ *eine Nullstelle der Ordnung 3 und es gilt* $j(\tau) \neq 0$ *für alle* $\tau \in \mathbb{F} \setminus \{\rho\}$.

*Beweis.* c) Man wählt $z = 0$ in (2). Wegen 2.4(4) ist $j(\rho) = 0$, also $\mathrm{ord}_\rho\, j \geq 1$. Damit ist die linke Seite von (2) größer oder gleich $1/3$ und es folgt $j(\tau) \neq 0$ für $\tau \in \mathbb{F} \setminus \{\rho\}$, denn sonst wäre die linke Seite von (2) wegen $j(i) \neq 0$ größer oder gleich $1 + 1/3$.
b) Man geht analog vor.
a) Wegen $z \neq 0$ und $z \neq 1728$ bringen $w = i$ und $w = \rho$ keinen Anteil in (2). $\square$

**Korollar A.** *Die Abbildung* $j : \mathbb{F} \to \mathbb{C}$ *ist eine Bijektion.*

Jede rationale Funktion in $j$ ist eine Modulfunktion. Hiervon gilt auch die Umkehrung:

**Satz B.** *Es gilt* $\mathbb{K} = \mathbb{C}(j)$.

*Beweis.* Sei $f \in \mathbb{K}$ nicht konstant. Für komplexe Zahlen $u \neq v$ betrachte man die Funktion

$$g(\tau) := \frac{f(\tau) - u}{f(\tau) - v}.$$

Da sich hier die Pole von $f$ herausheben, hat $g$ in $\mathbb{F}$ (gezählt mit Vielfachheiten) Nullstellen bei den Nullstellen $p_\nu$ von $f - u$ und Pole bei den Nullstellen $q_\mu$ von $f - v$. Man kann daher $u \neq v$ so wählen, dass $g$ an den Stellen $i$ und $\rho$ holomorph und ungleich Null ist. Nach Satz 1 stimmen die Anzahlen der Null– bzw. Polstellen überein. Im Hinblick auf Satz A haben $g$ und $h$,

$$h(\tau) = \prod_\nu \frac{j(\tau) - j(p_\nu)}{j(\tau) - j(q_\nu)},$$

gleiche Nullstellen und Pole in $\mathbb{F}^*$, so dass sich $g$ und $h$ nach Lemma 1 nur um einen konstanten Faktor unterscheiden. Es folgt $g \in \mathbb{C}(j)$ und damit auch

$$f = \frac{vg - u}{g - 1} \in \mathbb{C}(j). \qquad \square$$

**Korollar B.** *Ein* $f \in \mathbb{K}$ *ist genau dann auf* $\mathbb{H}$ *holomorph, wenn* $f$ *ein Polynom in* $j$ *ist.*

Ist $k \geq 4$ gerade und sind $g, h \in \mathbb{M}_k$ mit $h \neq 0$ gegeben, dann gilt $\frac{g}{h} \in \mathbb{K}$. Umgekehrt hat man den

**Satz C.** *Jede Modulfunktion ist Quotient zweier ganzer Modulformen gleichen Gewichts.*

*Beweis.* Ist $f \in \mathbb{K}$ nicht konstant, so schreibe man $f = \frac{P(j)}{Q(j)}$ mit Polynomen $P$ und $Q$ gemäß Satz B. Bezeichnet $r$ das Maximum der Grade von $P$ und $Q$, dann sind $P(j) \cdot \Delta^r$ und $Q(j) \cdot \Delta^r$ ganze Modulformen vom Gewicht $12r$.  $\square$

**Bemerkung.** Um die ungewöhnliche Zahl $12^3 = 1728$ zu vermeiden, betrachtet man manchmal auch die Funktion $J(\tau) := \frac{1}{1728} j(\tau)$, die dann in $\mathbb{F} \setminus \{i, \rho\}$ die Werte 0 und 1 nicht annimmt.

**3. Die durch $j$ vermittelte konforme Abbildung.** Man studiert zunächst die Abbildung $j$ auf dem Rand von $\mathbb{F}$:

**Proposition.** *Die Modulfunktion $j$ ist auf dem Rand von $\mathbb{F}$ und auf der imaginären Achse, aber in keinem weiteren Punkt von $\mathbb{F}$ reell. Genauer wird abgebildet*
a) *das Geradenstück von $\infty$ nach $\rho$ auf das Intervall $]-\infty, 0]$,*
b) *der Kreisbogen von $\rho$ nach $i$ auf das Intervall $[0, 1728]$,*
c) *das Geradenstück von $i$ nach $\infty$ auf das Intervall $[1728, \infty[$.*

*Beweis.* Da die FOURIER–Koeffizienten von $j$ reell sind, folgt zunächst

$$j(-\overline{\tau}) = \overline{j(\tau)} \quad \text{für} \ \tau \in \mathbb{H}.$$

Also ist $j$ auf der imaginären Achse reell. Für $\tau := -\frac{1}{2} + iy$ , $y > 0$, gilt weiter

$$\overline{j(\tau)} = j(-\overline{\tau}) = j\left(\tfrac{1}{2} + iy\right) = j\left(-\tfrac{1}{2} + iy\right) = j(\tau).$$

Damit ist $j$ auch auf den beiden Geradenstücken des Randes von $\mathbb{F}$ reell. Für $|\tau| = 1$ gilt $-1/\tau = -\overline{\tau}$, also auch $\overline{j(\tau)} = j(\tau)$. Die fehlenden Aussagen ergeben sich mit Stetigkeitsargumenten bzw. folgen aus der Bijektivität der Abbildung $j : \mathbb{F} \to \mathbb{C}$.  $\square$

Erklärt man wie in II.2.5(3) die „linke Hälfte" von $\overline{\mathbb{F}}$ durch

$$\mathbb{L} := \left\{ \tau \in \mathbb{H} \ ; \ -\tfrac{1}{2} \leq \operatorname{Re} \tau \leq 0 \ , \ |\tau| \geq 1 \right\},$$

so wird also $\mathbb{L}$ durch $j$ bijektiv auf $\overline{\mathbb{H}} := \mathbb{H} \cup \mathbb{R}$ abgebildet.

**4*. Darstellungssatz.** *Zu $0 \neq f \in \mathbb{M}_k$ , $k \geq 12$ gerade, gibt es $\alpha \in \mathbb{C}$ mit*

$$(1) \qquad f = \alpha \cdot G_4^{\operatorname{ord}_\rho f} \cdot G_6^{\operatorname{ord}_i f} \cdot \Delta^{\operatorname{ord}_\infty f + \gamma(f)} \cdot \prod_{w \in \mathbb{F} \setminus \{i, \rho\}} (j - j(w))^{\operatorname{ord}_w f}.$$

*Dabei ist*

$$(2) \qquad \gamma(f) := \sum_{w \in \mathbb{F} \setminus \{i, \rho\}} \operatorname{ord}_w f.$$

*Beweis.* Weil $\Delta \cdot (j - j(w))$ zu $\mathbb{M}_{12}$ gehört, ist die rechte Seite $g$ von (1) eine ganze Modulform vom Gewicht

$$k' := 4 \cdot \operatorname{ord}_\rho f + 6 \cdot \operatorname{ord}_i f + 12 \cdot (\gamma(f) + \operatorname{ord}_\infty f).$$

Nach der Gewichtsformel ist aber $k' = k$. Wegen Korollar 4.1A und Satz 2A haben $f$ und $g$ überall die gleichen Ordnungen. Der Quotient $f/g$ gehört daher zu $\mathbb{M}_0$, ist also konstant. $\qquad\square$

**Korollar.** *Es gilt*

$$G_4^* \cdot \frac{j'}{j} = -2\pi i \cdot G_6^*, \quad j' = -2\pi i \cdot \frac{G_{14}^*}{\Delta^*}.$$

*Beweis.* Wegen 4.6(2) und 4.6(4) gehört $G_4^* \cdot j'/j$ zu $\mathbb{M}_6$, denn die Nullstelle von $G_4^*$ und $j$ bei $\tau = \rho$ kürzt sich heraus. Dies ergibt die erste Gleichung. Dann setzt man 2.4(1) für $j$ ein und benutzt 4.2(4). $\qquad\square$

**5*. Der Kleine Satz von PICARD** kann direkt aus den Abbildungseigenschaften von $j$ gefolgert werden.

**Satz.** *Ist $f$ eine nicht-konstante ganze Funktion, so nimmt $f$ jeden Wert in $\mathbb{C}$ mit höchstens einer Ausnahme an.*

*Beweis.* Wir nehmen an, dass $f$ ganz ist und die Werte $a$ und $b$, $a \neq b$ nicht annimmt. Dann betrachten wir die ganze Funktion

$$g(z) := 1728 \cdot \frac{f(z) - a}{b - a},$$

die die Werte 0 und 1728 auslässt. Zunächst bestimmt man nach Satz 2A ein $\tau_0 \in \mathbb{F} \backslash \{i, \rho\}$ mit $j(\tau_0) = g(0)$. Es gilt $j'(\tau_0) \neq 0$ wegen Satz 2A. Also gibt es eine in einer Umgebung von 0 holomorphe Funktion $\varphi$ mit Werten in $\mathbb{H}$, so dass

$$j(\varphi(z)) = g(z) \quad \text{und} \quad \varphi(0) = \tau_0\,.$$

Nun gilt $j'(\tau) \neq 0$ für alle $\tau \in \mathbb{H}$ mit $j(\tau) \in g(\mathbb{C}) \subset \mathbb{C} \backslash \{0, 1728\}$. Also ist $\varphi$ längs jeder Kurve in $\mathbb{C}$ analytisch fortsetzbar. Da $\mathbb{C}$ einfach zusammenhängend ist, existiert nach dem Monodromiesatz (vgl. HURWITZ–COURANT [1964], 372) eine ganze Funktion

$$\varphi : \mathbb{C} \to \mathbb{H} \quad \text{mit} \quad \varphi(0) = \tau_0 \quad \text{und} \quad j(\varphi(z)) = g(z) \quad \text{für alle} \quad z \in \mathbb{C}.$$

Nach dem Satz von LIOUVILLE ist $e^{i\varphi(z)}$ und somit auch $\varphi(z)$ konstant. Dann ist aber auch $g$ und somit $f$ konstant. $\qquad\square$

**Bemerkung.** Der Satz wurde 1879 von E. PICARD (*Selecta*, 1–21) bewiesen. Unser Beweis folgt HURWITZ–COURANT [1964], 438–439. Alternativ vergleiche man R. REMMERT [1995], 10.2.2, wo die Aussage aus dem Satz von BLOCH gefolgert wird.

**Aufgaben.** 1) Zu jedem $f \in \mathbb{V}_k$ gibt es ein $\varphi \in \mathbb{C}[j]$, so dass $\varphi \cdot f$ holomorph auf $\mathbb{H}$ ist.

2) Man gebe eine biholomorphe Abbildung zwischen $\overset{\circ}{\mathbb{F}}$ und $\mathbb{C} \setminus \{x \in \mathbb{R}\,;\, x \le 0\}$ an.

3) $(2\pi i)^2 \cdot G_4^* = \frac{j'^2}{j(j-1728)}$.

4) $(-2\pi i)^3 \cdot G_6^* = \frac{j'^3}{j^2(j-1728)}$.

5) Sei $w \in \mathbb{H}$ mit $G_{12}^*(w) = 0$. Dann gilt $(2\pi i)^6 \cdot G_{12}^* = \frac{j-j(w)}{j^4(j-1728)^3} j'^6$.

6) $(2\pi i)^6 \cdot \Delta^* = \frac{j'^6}{j^4(j-1728)^3}$.

7) Es gibt genau ein $\tau \in \mathbb{F}$ mit $G_4^{*3}(\tau) = \Delta^*(\tau)$ und dieses $\tau$ ist vom Betrag 1.

8) Es gibt genau ein $\tau \in \mathbb{F}$ mit $G_6^{*2}(\tau) = \Delta^*(\tau)$ und dieses $\tau$ liegt auf der imaginären Achse.

9) Sind $\tau_1, \ldots, \tau_n \in \mathbb{F}$ paarweise verschieden und $\alpha_1, \ldots, \alpha_n \in \mathbb{C}$, so existiert ein auf $\mathbb{H}$ holomorphes $f \in \mathbb{K}$ mit $f(\tau_j) = \alpha_j$, $j = 1, \ldots, n$.

10) Eine nicht-konstante meromorphe Funktion auf $\mathbb{C}$ nimmt jeden Wert mit höchstens 2 Ausnahmen an.

11) Sind $f$ und $g$ ganze Funktionen mit $e^{f(z)} + e^{g(z)} = 1$, so sind $f$ und $g$ konstant.

# §6. Die DEDEKINDsche $\eta$–Funktion

Die Produktformel der Diskriminante ist die einzige verbleibende Anleihe aus der Theorie der elliptischen Funktionen. Im Folgenden wird auch hierfür ein direkter Beweis gegeben. Wegen der prinzipiellen Bedeutung dieser Produktformel gehen wir auch auf andere Beweismöglichkeiten ein.

**1. Die bedingt konvergente EISENSTEIN–Reihe.** Nach dem Vorbild von G. EISENSTEIN (vgl. I.3.7) definiert man die bedingt konvergente EISENSTEIN–Reihe

$$(1) \qquad G_2(\tau) := \sum_{n \ne 0} n^{-2} + \sum_{m \ne 0}\left( \sum_{n \in \mathbb{Z}} (m\tau + n)^{-2} \right), \quad \tau \in \mathbb{H}.$$

In Analogie zu Satz I.4.2 (aber im Gegensatz zu 4.3(1)) hat man zunächst die

**Proposition.** *Die Funktion* $G_2 : \mathbb{H} \to \mathbb{C}$ *ist holomorph und für* $\tau \in \mathbb{H}$ *gilt*

$$G_2(\tau) = \frac{\pi^2}{3}\left( 1 - 24 \cdot \sum_{n=1}^{\infty} \sigma_1(n) \cdot e^{2\pi i n \tau} \right).$$

*Beweis.* Mit der Proposition I.4.2 bekommt man

$$
\begin{aligned}
G_2(\tau) &= 2\zeta(2) + 2 \cdot \sum_{m \ge 1}\left( \sum_{n \in \mathbb{Z}} (m\tau + n)^{-2} \right) \\
&= 2\zeta(2) - 8\pi^2 \cdot \sum_{m \ge 1} \sum_{r \ge 1} r \cdot e^{2\pi i r m \tau}.
\end{aligned}
$$

Wegen der absoluten Konvergenz der letzten Reihe darf man hier alle Terme $m$ und $r$ mit $rm = n$ zusammenfassen. Man verwendet noch $\zeta(2) = \pi^2/6$. Offenbar stellt die FOURIER–Reihe eine holomorphe Funktion auf $\mathbb{H}$ dar. $\qquad\square$

Manchmal ist es zweckmäßig, die normierte Version zu betrachten

$$(2) \qquad G_2^*(\tau) = \frac{1}{2\zeta(2)} \cdot G_2(\tau) = 1 - 24 \cdot \sum_{n=1}^{\infty} \sigma_1(n) \cdot e^{2\pi i n\tau}.$$

Die Funktion $G_2$ ist zwar keine Modulform, wir können aber ihr Transformationsverhalten unter Modulsubstitutionen übersehen. Man hat $G_2(\tau+1) = G_2(\tau)$ und den

**Satz.** *Für $\tau \in \mathbb{H}$ gilt*

$$G_2\left(-1/\tau\right) = \tau^2 \cdot G_2(\tau) - 2\pi i\tau.$$

*Beweis.* Die Gleichung (1) schreibt man als

$$G_2(\tau) = \frac{\pi^2}{3} \cdot \left(1 + \frac{1}{\tau^2}\right) + 2 \cdot \sum_{m\geq 1}\sum_{n\geq 1}\left((m\tau + n)^{-2} + (m\tau - n)^{-2}\right)$$

und bekommt

$$G_2\left(-1/\tau\right) = \frac{\pi^2}{3} \cdot (1 + \tau^2) + 2\tau^2 \cdot \sum_{m\geq 1}\sum_{n\geq 1}\left((n\tau - m)^{-2} + (n\tau + m)^{-2}\right).$$

Daraus ergibt sich

$$(*)\quad F(\tau) := \frac{1}{2\tau^2} \cdot \left(\tau^2 G_2(\tau) - G_2\left(-1/\tau\right)\right) = \sum_{m\geq 1}\sum_{n\geq 1} A_{mn} - \sum_{n\geq 1}\sum_{m\geq 1} A_{mn}$$

mit

$$A_{mn} := (m\tau + n)^{-2} + (m\tau - n)^{-2}.$$

Die Reihen auf der rechten Seite von $(*)$ sind nicht absolut konvergent, die Summation darf also nicht vertauscht werden. Man geht wie folgt vor: Für

$$B_{mn} := \frac{1}{m\tau + n - 1} - \frac{1}{m\tau + n} + \frac{1}{m\tau - n} - \frac{1}{m\tau - n + 1}, \quad m \geq 1 \text{ und } n \geq 1,$$
$$= \frac{1}{(m\tau + n)(m\tau + n - 1)} + \frac{1}{(m\tau - n)(m\tau - n + 1)}$$

gilt nach Proposition 2.1

$$A_{mn} - B_{mn} = \mathcal{O}\left((m^2 + n^2)^{-3/2}\right) = \mathcal{O}\left(m^{-3/2} \cdot n^{-3/2}\right),$$

wenn man $m^2 + n^2 > mn$ beachtet. Wegen der absoluten Konvergenz folgt

$$\sum_{m\geq 1}\sum_{n\geq 1}(A_{mn}-B_{mn})=\sum_{n\geq 1}\sum_{m\geq 1}(A_{mn}-B_{mn}),$$

und $(*)$ ergibt

$(**)$
$$F(\tau)=\sum_{m\geq 1}\sum_{n\geq 1}B_{mn}-\sum_{n\geq 1}\sum_{m\geq 1}B_{mn}.$$

Da sich die Terme abwechselnd wegheben, hat man sofort

$$\sum_{n\geq 1}B_{mn}=0.$$

Andererseits erhält man

$$\tau\cdot\sum_{m\geq 1}B_{mn}=\sum_{m\geq 1}\left(\frac{1}{m+(n-1)/\tau}-\frac{1}{m+n/\tau}+\frac{1}{m-n/\tau}-\frac{1}{m-(n-1)/\tau}\right)$$

$$=\sum_{m\geq 1}\left(\frac{2(n-1)/\tau}{[(n-1)/\tau]^2-m^2}-\frac{2n/\tau}{[n/\tau]^2-m^2}\right)=\varphi(n-1)-\varphi(n)\,,$$

wobei aufgrund der Partialbruchentwicklung des Cotangens (vgl. R. REMMERT, G. SCHUMACHER [2002], Satz 11.2.1)

$$\varphi(\xi):=\begin{cases}\pi\cot(\pi\xi/\tau)-\dfrac{1}{\xi/\tau} & \text{für }\ \xi\neq 0,\\[2mm] 0 & \text{für }\ \xi=0\end{cases}$$

gilt. Nach $(**)$ folgt daher

$$\tau\cdot F(\tau)=-\tau\cdot\sum_{n\geq 1}\sum_{m\geq 1}B_{mn}=-\sum_{n\geq 1}(\varphi(n-1)-\varphi(n))=-\varphi(0)+\lim_{n\to\infty}\varphi(n).$$

Für $z=x+iy$ gilt

$$\cot z=i\cdot\frac{e^{ix-y}+e^{-ix+y}}{e^{ix-y}-e^{-ix+y}},\quad\text{also}\quad\lim_{y\to-\infty}\cot z=i.$$

Wegen $\mathrm{Im}\,(1/\tau)<0$ folgt $\tau\cdot F(\tau)=\pi i$, also die Behauptung. $\qquad\square$

**Bemerkung.** Die Idee dieses Beweises findet man bereits bei G. EISENSTEIN (*Math. Werke I*, 357–478); eine präzise Durchführung der Beweisidee gibt wohl erstmals A. HURWITZ in seiner Dissertation (*Math. Werke I*, 23–26). Man vergleiche R. FUETER [1924], 21–23, J.–P. SERRE [1973], 95–96, und N. KOBLITZ [1993], Proposition III.2.7.

**2. Das Transformationsverhalten von $\eta$.** Nach R. DEDEKIND (*Ges. math. Werke I*, 159–173) definiert man eine holomorphe Funktion $\eta:\mathbb{H}\to\mathbb{C}$ durch

(1)
$$\eta(\tau):=e^{\pi i\tau/12}\cdot\prod_{m=1}^{\infty}(1-e^{2\pi im\tau}).$$

Diese DEDEKIND*sche* $\eta$–*Funktion* darf nicht mit der in I.6.1(4) eingeführten $\eta$–Funktion verwechselt werden! Offenbar gilt

(2) $$\eta(\tau + 1) = e^{\pi i/12} \cdot \eta(\tau).$$

Da das Produkt absolut konvergiert, hat man außerdem

(3) $$\eta(\tau) \neq 0 \quad \text{für alle } \tau \in \mathbb{H}.$$

**Satz A.** *Es gilt*

$$\eta(-1/\tau) = \sqrt{\tau/i} \cdot \eta(\tau) \quad \textit{für alle } \tau \in \mathbb{H}.$$

Dabei ist der Zweig der Wurzel zu wählen, der für positive Argumente selbst positiv wird.

*Beweis.* Für $\tau \in \mathbb{H}$ betrachte man die Funktion $f(\tau) := \eta'(\tau)/\eta(\tau)$. Aus (1) folgert man direkt

$$f(\tau) = \frac{\pi i}{12} \cdot \left(1 - 24 \cdot \sum_{m \geq 1} m \cdot \frac{e^{2\pi i m\tau}}{1 - e^{2\pi i m\tau}}\right) = \frac{\pi i}{12} \cdot \left(1 - 24 \cdot \sum_{m \geq 1} \sum_{r \geq 1} m \cdot e^{2\pi i r m\tau}\right)$$

$$= \frac{\pi i}{12} \cdot \left(1 - 24 \cdot \sum_{n \geq 1} \sigma_1(n) \cdot e^{2\pi i n\tau}\right) = \frac{i}{4\pi} \cdot G_2(\tau),$$

wenn man Proposition 1 verwendet. Satz 1 übersetzt sich damit in

(*) $$f\left(-\frac{1}{\tau}\right) \cdot \frac{1}{\tau^2} - f(\tau) - \frac{1}{2\tau} = 0.$$

Für

$$g(y) := \frac{\eta\left(i/y\right)}{\eta(iy)\sqrt{y}}, \quad y > 0,$$

erhält man dann

$$\frac{g'(y)}{g(y)} = f\left(\frac{i}{y}\right) \cdot \frac{-i}{y^2} - i \cdot f(iy) - \frac{1}{2y} = 0$$

nach (*). Es gibt also eine Konstante $\gamma$ mit $\eta(i/y) = \gamma \cdot \sqrt{y} \cdot \eta(iy)$. Für $y = 1$ folgt $\gamma = 1$, also die Behauptung mit dem Identitätssatz. $\qquad\square$

**Satz B.** *Es gilt* $\eta^{24} = \Delta^*$.

*Beweis.* Mit $\eta$ ist auch $f := \eta^{24}$ auf $\mathbb{H}$ holomorph. Wegen (1) gilt

(*) $$f(\tau) = e^{2\pi i\tau} \cdot \prod_{m=1}^{\infty} (1 - e^{2\pi i m\tau})^{24} = e^{2\pi i\tau} + \cdots,$$

so dass $f$ in eine FOURIER–Reihe entwickelbar ist mit $\alpha_f(0) = 0$ und $\alpha_f(1) = 1$. Gleichung (2) und Satz A zeigen, dass

$$(**) \qquad\qquad\qquad f|_{12}M = f$$

für $M = T$ und $M = J$ erfüllt ist. Da $T$ und $J$ nach Satz II.2.1 die Modulgruppe $\Gamma$ erzeugen, gilt $(**)$ für alle $M \in \Gamma$. Damit folgt $f \in \mathbb{S}_{12}$, also $f = \Delta^*$ mit Korollar 4.1B. $\qquad\qquad\qquad\qquad\qquad\qquad\qquad\qquad\qquad\qquad\qquad\qquad\qquad\square$

Nun ergibt $(*)$ einen neuen Beweis für die Produktentwicklung von $\Delta$.

**Korollar.** *Es gilt*

$$\Delta^*(\tau) = e^{2\pi i\tau} \cdot \prod_{m=1}^{\infty} \left(1 - e^{2\pi i m\tau}\right)^{24} \quad \textit{für alle} \ \ \tau \in \mathbb{H}.$$

**Bemerkungen.** a) Ein Vergleich von Satz A mit der Theta–Transformations-Formel in E.3 zeigt, dass für

$$\psi(\tau) := \vartheta(\tau)/\eta(\tau) \ , \quad \tau \in \mathbb{H},$$

die Transformationsformel $\psi(-1/\tau) = \psi(\tau)$ gilt. Nach (3) ist $\psi$ auf $\mathbb{H}$ holomorph. Da wegen (2) und E.3(2) aber auch $\psi(\tau + 2) = e^{\pi i/6} \cdot \psi(\tau)$ gilt, folgt

$$\psi(M\tau) = v(M) \cdot \psi(\tau) \quad \text{für alle} \quad M \in \Gamma_\vartheta$$

mit einer 12. Einheitswurzel $v(M)$. Zur Definition der Theta–Gruppe $\Gamma_\vartheta$ vergleiche man II.3.4.

b) L. EULER betrachtete das $\eta$–Produkt bereits 1747 (*Opera posthuma I*, 76–84) im Zusammenhang mit der *Partitionsfunktion*

$$\prod_{m=1}^{\infty} \left(1 - x^m\right) = \sum_{n=0}^{\infty} p(n) \cdot x^n.$$

c) Die Produktdarstellung von $\Delta^*$ im Korollar geht auf C.G.J. JACOBI (*Ges. Werke I*, 154) zurück.

**3. Das allgemeine Transformationsverhalten von $\eta$.** R. DEDEKIND hat in seinen *Erläuterungen zu zwei Fragmenten von* RIEMANN bereits das Transformationsverhalten von $\log \eta(\tau)$ unter beliebigen Modulsubstitutionen bestimmt. Man findet eine moderne Darstellung z. B. bei J. LEHNER [1964], 338–344. Eine zentrale Rolle spielt dabei die so genannte DEDEKIND*sche Summe* $s(h, k)$, die für teilerfremde ganze Zahlen $h, k$ mit $k > 0$ definiert ist durch

$$(1) \qquad\qquad s(h, k) := \sum_{r=1}^{k-1} \left(\frac{r}{k} - \frac{1}{2}\right) \cdot \left(\frac{rh}{k} - \left[\frac{rh}{k}\right] - \frac{1}{2}\right).$$

Wir formulieren das allgemeine Transformationsverhalten von $\eta$ als den

**Satz von DEDEKIND.** *Für* $M = \begin{pmatrix} a & b \\ c & d \end{pmatrix} \in \Gamma$ *mit* $c > 0$ *gilt*

$$\eta(M\tau) = v(M) \cdot \sqrt{\tfrac{c\tau+d}{i}} \cdot \eta(\tau) \quad \textit{mit} \quad v(M) := e^{\pi i\left(\frac{a+d}{12c} + s(-d,c) - \frac{1}{4}\right)}.$$

Einen *Beweis* findet man z. B. bei J. LEHNER [1964], 338–344, oder T.M. APO-STOL [1990], Theorem 3.4.

### 4. Verschiedene Beweise für $\eta\left(-1/\tau\right) = \sqrt{\tau/i} \cdot \eta(\tau)$.

a) C.L. SIEGEL (*Ges. Abhandlungen III*, 188) gab 1954 einen Ein–Seiten–Beweis, der von ihm selbst wesentlich ausführlicher in seinen Vorlesungen *Lectures on advanced analytic number theory* (Tata Institute of Fundamental Research, Bombay 1961) und *Analytische Zahlentheorie II* (Göttingen 1963/64, 11–17) dargestellt wurde. Man vergleiche K. CHANDRASEKHARAN [1985], 126–131.
Ein kurzer Beweis, der die WEIERSTRSSsche $\zeta$-Funktion verwendet, stammt von H. PETERSSON und wurde 2006 von J. ELSTRODT (Manuscripta Math. **121**, 457-459) verfeinert.
b) Für $\tau \in \mathbb{H}$ und $s \in \mathbb{C}$ mit $\operatorname{Re} s > 0$ ist die Reihe

$$G(\tau; s) := \sideset{}{'}\sum_{m,n}(m\tau + n)^{-2} \cdot |m\tau + n|^{-s}$$

nach dem Konvergenz–Lemma 2.1 absolut konvergent. Die Reihe $G(\tau; s)$ ist sicher nicht holomorph in $\tau$, bei festem $\tau \in \mathbb{H}$ jedoch für $\operatorname{Re} s > 0$ holomorph in $s$. Wegen der absoluten Konvergenz hat $G(\tau; s)$ dagegen ein übersichtliches Verhalten bei allen Modulsubstitutionen $\tau \mapsto M\tau$, $M \in \Gamma$. Man versucht nun, $G(\tau; s)$ bis $s = 0$ holomorph fortzusetzen:

**Satz.** a) *Bei festem* $\tau \in \mathbb{H}$ *ist* $G(\tau; s)$ *als ganze Funktion in die* $s$–*Ebene fortsetzbar.*
b) *Es gilt*

$$G(\tau; 0) = \frac{\pi^2}{3} - \frac{\pi}{\operatorname{Im} \tau} - 8\pi^2 \cdot \sum_{m \geq 1}\sigma_1(m) \cdot e^{2\pi i m\tau}.$$

c) *Für jedes* $M \in \Gamma$ *gilt* $G(\tau; 0)|_2 M = G(\tau; 0)$.

Für einen *Beweis* vergleiche man B. SCHOENEBERG [1974], 63–68, oder T. MIYAKE [1989], §7.2. Dieses Summationsverfahren wird oft nach E. HECKE benannt, er hat es bereits 1925 benutzt (*Math. Werke*, 412).
Ein Vergleich mit Proposition 1 zeigt, dass $G(\tau; 0) + \pi/\operatorname{Im} \tau = G_2(\tau)$ gilt. Teil c) des Satzes entnimmt man jetzt die Aussage von Satz 1, so dass man wie in **2** schließen kann.
c) B. SCHOENEBERG (Mitt. Math. Ges. Hamburg **9**, Heft 4, 4–11) fand 1968 einen Beweis, der auf der Funktionalgleichung einer einfachen $L$–Reihe beruht. Man findet dort auch weitere Literatur.
d) Ein weiterer Beweis wird in IV.4.9 gegeben.

### 5*. Extremale Modulformen.

In diesem Abschnitt beschreiben wir diejenige ganze Modulform $f \in \mathbb{M}_k$, die bei $\infty$ den Wert 1 von möglichst hoher Ordnung annimmt. Diese Modulform wird in Kapitel V verwendet, um extremale Gitter zu charakterisieren. Die Ergebnisse stammen von C.L. SIEGEL, *Ges. Abhandlungen IV*, 82–97.

In diesem Abschnitt sei stets $k \geq 4$ gerade und $t := \dim \mathbb{M}_k$. Setzt man

$$(1) \qquad\qquad G_0^* := 1,$$

so erhält man aus der Dimensionsformel 4.1 und 4.2(2) – (4) die 6 Identitäten

$$(2) \qquad\qquad \frac{G_{14}^*}{G_{12t-k+2}^*} = G_{k-12t+12}^*.$$

Nun betrachten wir die Modulform

$$(3) \qquad\qquad g_k := G_{12t-k+2}^* \cdot \Delta^{*-t} \in \mathbb{V}_{2-k}.$$

Wegen $j' = -2\pi i \cdot G_{14}^* \cdot \Delta^{*-1}$ nach Korollar 5.4 ergibt (2) sofort

$$(4) \qquad\qquad g_k = -\frac{1}{2\pi i} \cdot \frac{1}{G_{k-12t+12}^* \cdot \Delta^{*t-1}} \cdot j'.$$

Aus Korollar 2 schließen wir

$$(5) \qquad\qquad \Delta^{*-t}(\tau) = e^{-2\pi i t \tau} \cdot \prod_{m=1}^{\infty} \left( \sum_{n=0}^{\infty} e^{2\pi i m n \tau} \right)^{24t}.$$

Folglich besitzt $g_k$ eine FOURIER–Entwicklung der Form

$$(6) \qquad\qquad g_k(\tau) = \sum_{m \geq -t} \beta_k(m) \cdot e^{2\pi i m \tau}, \quad \beta_k(-t) = 1.$$

**Lemma.** *Ist $f \in \mathbb{M}_k$ mit* FOURIER*–Koeffizienten $\alpha_f(m)$, so gilt*

$$(7) \qquad\qquad \sum_{m=0}^{t} \alpha_f(m) \cdot \beta_k(-m) = 0.$$

*Beweis.* Man betrachtet die Modulform $h := G_{k-12t+12}^* \cdot \Delta^{*t-1} \in \mathbb{M}_k$. Die Nullstellen von $h$ in $\mathbb{H}$ berechnet man aus Korollar 4.1A sowie 4.2(2) – (4). Aus 4.1(6) ergibt sich dann sofort, dass $f/h \in \mathbb{K}$ in $\mathbb{H}$ holomorph und damit nach Korollar 5.2B ein Polynom in $j$ ist. (4) impliziert also

$$(8) \qquad\qquad f \cdot g_k \in \mathbb{C}[j] \cdot j'.$$

Die linke Seite von (7) ist wegen (6) der konstante FOURIER–Koeffizient von $f \cdot g_k$. Für $\ell \geq 0$ gilt aber

$$j^\ell \cdot \frac{dj}{d\tau} = \frac{1}{\ell+1} \frac{dj^{\ell+1}}{d\tau}.$$

Also ist der konstante FOURIER–Koeffizient einer Modulform in $\mathbb{C}[j] \cdot j' \subset \mathbb{V}_2$ jeweils 0. $\qquad\qquad\square$

Es ist nun wesentlich zu zeigen, dass $\beta_k(0) \neq 0$ gilt.

**Satz.** *Für gerades $k \geq 4$ gilt*

$$(-1)^{k/2}\beta_k(0) < 0.$$

*Beweis.* (i) Sei $k \equiv 2 \pmod 4$. Dann gilt

$$G^*_{12t-k+2} = G^{*\nu}_4 \ , \ \nu \in \{0,1,2\},$$

wenn man 4.2(2) und 2.1(10) beachtet. Aus (3) und (5) folgt dann

$$\beta_k(m) > 0 \quad \text{für alle} \quad m \geq -t.$$

(ii) Sei $k \equiv 0 \pmod 4$, $k \equiv 4\nu \pmod{12}$ mit $\nu \in \{0,1,2\}$. Dann gilt

$$G^*_{k-12t+12} = G^{*\nu}_4.$$

Verwendet man (4) und 2.4(1), so liefert eine einfache Rechnung

$$2\pi i \cdot g_k = -G^{*-\nu}_4 \cdot \Delta^{*1-t} \cdot \frac{dj}{d\tau} = \frac{3}{\nu - 3}\Delta^{*1-t-\nu/3} \cdot \frac{dj^{1-\nu/3}}{d\tau}$$

$$= \frac{3}{\nu - 3}\frac{d(G^{*3-\nu}_4 \cdot \Delta^{*-t})}{d\tau} + \frac{3t + \nu - 3}{(3 - \nu)t}G^{*3-\nu}_4 \cdot \frac{d\Delta^{*-t}}{d\tau} \ .$$

Der letzten Darstellung entnimmt man, dass $\beta_k(0)$ auch der konstante Koeffizient in der FOURIER–Entwicklung von

$$\frac{1}{2\pi i} \cdot \frac{3t + \nu - 3}{(3 - \nu)t} \cdot G^{*3-\nu}_4 \cdot \frac{d}{d\tau}\Delta^{*-t}$$

ist. Alle FOURIER–Koeffizienten $\alpha(m)$, $m \geq 0$, von $G^{*3-\nu}_4$ sind positiv. Aus (5) schließt man, dass für die FOURIER–Koeffizienten $\gamma(m)$ von $\frac{1}{2\pi i} \cdot \frac{d\Delta^{*-t}}{d\tau}$ gilt

$$\gamma(m) < 0 \quad \text{für} \quad -t \leq m < 0 \quad \text{und} \quad \gamma(0) = 0.$$

Daraus folgt

$$\beta_k(0) < 0. \hspace{10em} \square$$

Wir beschreiben nun die „extremale" Modulform.

**Korollar.** *Sei $k \geq 4$ gerade. Es gibt genau eine ganze Modulform $f \in \mathbb{M}_k$ mit der Eigenschaft*

$$(9) \hspace{4em} \alpha_f(0) = 1 \quad und \quad \alpha_f(m) = 0 \quad für \ 0 < m < t.$$

*Dann gilt*

$$(-1)^{k/2}\alpha_f(t) > 0.$$

*Beweis.* Der Fall $t = 1$ ist klar. Im Fall $t > 1$ folgt aus der Betrachtung der FOURIER–Reihen, dass man $\gamma_\nu \in \mathbb{Q}$ finden kann, so dass

$$f = G_k^* + \sum_{\nu=1}^{t-1} \gamma_\nu \cdot G_{k-12\nu}^* \cdot \Delta^{*\nu}$$

gerade (9) erfüllt. Aus dem Lemma und (6) ergibt sich $\beta_k(0) + \alpha_f(t) = 0$. Der Satz liefert die Behauptung, denn die Eindeutigkeit folgt aus Korollar 4.1C. $\square$

**Bemerkungen.** a) Es gilt $\beta_{12}(0) = -196\,560$ und $\beta_{12}(-1) = 24$. Also haben die Zahlen $\beta_k(m)$ für $-t < m \leq 0$ im Fall $k \equiv 0 \,(\mathrm{mod}\ 4)$ i. A. nicht das gleiche Vorzeichen. Weitere Aussagen über den arithmetischen Charakter der $\beta_k(m)$ findet man bei C.L. SIEGEL, *Ges. Abhandlungen IV*, 87.

b) $f(\tau) = G_{12}^*(\tau) - \frac{65\,520}{691} \cdot \Delta^*(\tau)$ ist die extremale Modulform vom Gewicht 12. In Korollar V.2.7A wird sich herausstellen, dass $f(\tau)$ gerade die Theta–Reihe zum LEECH–Gitter ist.

**Aufgaben.** 1) Ist $f \in \mathbb{M}_k$, so gehört $g(\tau) := k \cdot f(\tau) \cdot G_2(\tau) + 2\pi i \cdot f'(\tau)$ zu $\mathbb{M}_{k+2}$. Dabei ist $g$ genau dann eine Spitzenform, wenn $f$ eine Spitzenform ist.
2) $\frac{k\pi^2}{3} \cdot G_{k+2}^* = k \cdot G_k^* \cdot G_2 + 2\pi i \cdot G_k^{*'}$ für $k = 4, 6, 8, 12$.
3) $G_2(i) = \pi$ und $G_2(\rho) = 2\pi/\sqrt{3}$ für $\rho = \frac{1}{2}\left(1 + i\sqrt{3}\right)$.
4) $G_2|_2 M(\tau) = G_2(\tau) - 2\pi i c/(c\tau + d)$ für alle $M \in \Gamma$.
5) Ist $n \in \mathbb{N}$ und $g(\tau) := G_2(\tau) - n \cdot G_2(n\tau)$, so gilt $g|_2 M = g$ für alle $M \in \Gamma_0[n]$.
6) $\chi(M) := \eta^2|_1 M(\tau)/\eta^2(\tau)$, $M \in \Gamma$, ist unabhängig von $\tau \in \mathbb{H}$. Es gilt $\chi^{12}(M) = 1$ und $\chi$ ist ein abelscher Charakter von $\Gamma$.
7) Die abelschen Charaktere von $\Gamma$ sind genau die Abbildungen $\chi^j, 0 \leq j < 12$.
8) Es gilt $\beta_k(m) \in \mathbb{Z}$ für alle $m \geq -t$ in **5**.
9) Man gebe die extremale Modulform für $k = 12, 16, 18, 20, 22, 26$ konkret an und berechne den FOURIER-Koeffizienten von 2 explizit.
10) Ist $f \in \mathbb{M}_k$, so gehört $g := f/G_{k-12t+12}^*$ zu $\mathbb{M}_{12(t-1)}$. Ist $f$ eine Spitzenform bzw. aus $\mathbb{M}_k^{\mathbb{Z}}$, so ist auch $g$ eine Spitzenform bzw. aus $\mathbb{M}_{12(t-1)}^{\mathbb{Z}}$.
11) Sei $f \in \mathbb{M}_k$ mit rationalen FOURIER-Koeffizienten und $\tau_0 \in \mathbb{H}$ mit $f(\tau_0) = 0$. Dann ist $j(\tau_0)$ algebraisch über $\mathbb{Q}$ von einem Grad $\leq \dim \mathbb{M}_k$. Insbesondere ist $j(\tau_0)$ algebraisch, wenn $G_k^*(\tau_0) = G_k(\tau_0) = 0$.
12) Sei $f$ holomorph auf $\mathbb{H}$ und in $\infty$. Es gilt genau dann $f|_k M = \pm f$ für alle $M \in \Gamma$, wenn $f \in \mathbb{M}_k$ oder $f \in \eta^{12} \cdot \mathbb{M}_{k-6}$.
13) Für $g(\tau)$ aus E.3(5) gilt $g = -4i \cdot \eta(\tau)^6$.

# §7. Modulformen zu Kongruenzgruppen

In diesem Abschnitt sollen die zentralen Endlichkeitsaussagen für ganze Modulformen zu Kongruenzgruppen aus den Resultaten für die volle Modulgruppe $\Gamma$ hergeleitet werden.

**1. Der Begriff der Modulform zu einer Kongruenzgruppe.** Ist ein positives $n \in \mathbb{Z}$ gegeben, so wiederholen wir die Definition der *Hauptkongruenzgruppe* $(\mathrm{mod}\ n)$ aus II.3.2(2)

$$\Gamma[n] := \{M \in \Gamma \ ; \ M \equiv E \ (\mathrm{mod}\ n)\}.$$

Eine Untergruppe $\Lambda$ von $\Gamma$ heißt *Kongruenzgruppe*, wenn es ein positives $n \in \mathbb{Z}$

gibt mit $\Gamma[n] \subset \Lambda$. Jede Kongruenzgruppe hat endlichen Index, in $\Gamma$. Jeder Gruppenhomomorphismus

$$\chi : \Lambda \longrightarrow \{z \in \mathbb{C} \; ; \; |z| = 1\}$$

heißt ein *abelscher Charakter von* $\Lambda$. Der Charakter, der jedes $M \in \Lambda$ auf 1 abbildet, heißt *trivialer Charakter* und wird unmissverständlich mit 1 bezeichnet. Der abelsche Charakter $\chi$ heißt *endlich*, falls es ein positives $m \in \mathbb{Z}$ gibt mit $\chi^m \equiv 1$. Man sagt, dass $\chi$ ein *Charakter* mod $n$ *von* $\Lambda$ ist, wenn $\Gamma[n] \subset \Lambda$ und $\chi(M) = 1$ für alle $M \in \Gamma[n]$ gilt.

Als Beispiele, die in diesem Zusammenhang wichtig sind, notieren wir

$$(1) \qquad \Lambda = \Gamma_0[p] \, , \quad p > 2 \ \text{Primzahl}, \quad \chi(M) = \left(\frac{d}{p}\right) \ \ \text{LEGENDRE–Symbol}$$

(vgl. II.3.3 und V.2.7) und mit II.3.4

$$(2) \qquad\qquad \Lambda = \Gamma_\vartheta \, , \ \chi_\vartheta(M) = \begin{cases} 1, & \text{falls } M \in \Gamma[2] \, , \\ -1, & \text{falls } M \notin \Gamma[2] \, . \end{cases}$$

**Lemma.** *Sei $\Lambda$ eine Kongruenzgruppe. Dann ist jeder abelsche Charakter* mod $n$ *von $\Lambda$ ein endlicher Charakter.*

*Beweis.* $\Lambda/\Gamma[n]$ ist eine endliche Gruppe, deren Ordnung $m$ sei. Nach dem Kleinen FERMATschen Satz für die Faktorgruppe gilt $L^m \in \Gamma[n]$ für alle $L \in \Lambda$, also $\chi^m(L) = \chi(L^m) = 1$.                                                                 $\square$

Seien nun $k \in \mathbb{Z}$ , $\Lambda$ eine Kongruenzgruppe und $\chi$ ein abelscher Charakter von $\Lambda$. Eine Funktion $f : \mathbb{H} \to \mathbb{C}$ heißt *ganze Modulform vom Gewicht $k$ zur Kongruenzgruppe $\Lambda$ und zum Charakter $\chi$*, wenn gilt

(MK.1)        $f$ ist holomorph auf $\mathbb{H}$.

(MK.2)        $f|_k L = \chi(L) \cdot f$ für alle $L \in \Lambda$.

(MK.3)        $f|_k M$ ist für jedes $M \in \Gamma$ bei $\infty$ holomorph.

Die Menge $\mathbb{M}_k(\Lambda, \chi)$ aller ganzen Modulformen vom Gewicht $k$ zu $\Lambda$ und $\chi$ ist offenbar ein Vektorraum über $\mathbb{C}$. Für den trivialen Charakter wählen wir die Abkürzung $\mathbb{M}_k(\Lambda) := \mathbb{M}_k(\Lambda, 1)$. Offenbar gilt

$$\mathbb{M}_k = \mathbb{M}_k(\Gamma).$$

Als erstes neues Beispiel erhalten wir aus (2), Korollar II.3.4, der Theta–Transformationsformel E.3(3) und 4.5(2)

$$(3) \qquad\qquad\qquad \vartheta^4 \in \mathbb{M}_2(\Gamma_\vartheta, \chi_\vartheta).$$

Natürlich kann man Modulformen zu einer Kongruenzgruppe $\Lambda$ und abelschen Charakteren $\chi, \chi'$ multiplizieren:

$$(4) \qquad\qquad \mathbb{M}_k(\Lambda, \chi) \cdot \mathbb{M}_\ell(\Lambda, \chi') \ \subset \ \mathbb{M}_{k+\ell}(\Lambda, \chi \cdot \chi').$$

Verwendet man (MK.2) für $L = -E$, so erhält man eine erste triviale Existenz-bedingung.

**Proposition A.** *Seien $k \in \mathbb{Z}$, $\Lambda$ eine Kongruenzgruppe mit $-E \in \Lambda$ und $\chi$ ein abelscher Charakter von $\Lambda$. Gilt $\chi(-E) \neq (-1)^k$, so folgt $\mathbb{M}_k(\Lambda, \chi) = \{0\}$.*

Als direkte Folgerung aus der Definition notieren wir

**Proposition B.** *Seien $k \in \mathbb{Z}$, $\Lambda$ eine Kongruenzgruppe, $\chi$ ein abelscher Charakter von $\Lambda$ und $M \in \Gamma$. Dann ist*

$$\chi_M(K) := \chi(MKM^{-1}) \quad \textit{für alle} \quad K \in M^{-1}\Lambda M$$

*ein abelscher Charakter von $M^{-1}\Lambda M$ und die Abbildung*

$$\mathbb{M}_k(\Lambda, \chi) \longrightarrow \mathbb{M}_k(M^{-1}\Lambda M \, , \, \chi_M) \, , \, f \longmapsto f|_k M,$$

*ist ein Vektorraumisomorphismus.*

**2. Die FOURIER–Entwicklungen.** Im Hinblick auf (MK.3) in **1** interessiert man sich für die FOURIER–Entwicklungen in beliebigen Spitzen von $\Lambda$.

**Satz.** *Seien $k \in \mathbb{Z}$, $\Lambda \supset \Gamma[n]$ eine Kongruenzgruppe und $\chi$ ein abelscher Charakter $\mathrm{mod}\ n$ von $\Lambda$. Ist $f \in \mathbb{M}_k(\Lambda, \chi)$ und $M \in \Gamma$, so besitzt $f|_k M$ eine* FOURIER*–Entwicklung der Form*

$$(1) \qquad f|_k M(\tau) = \sum_{m=0}^{\infty} \alpha_f(m; M) \cdot e^{2\pi i m \tau / n} \, , \, \tau \in \mathbb{H},$$

*die für jedes $\varepsilon > 0$ auf der Menge $\{\tau \in \mathbb{H} \, ; \, \mathrm{Im}\ \tau \geq \varepsilon\}$ absolut gleichmäßig konvergiert. Die* FOURIER*–Koeffizienten $\alpha_f(m; M)$ sind eindeutig bestimmt und erfüllen*

$$(2) \quad \alpha_f(m; LM) = \chi(L) \cdot \alpha_f(m; M) \quad \textit{für alle} \quad m \in \mathbb{N}_0 \, , \, L \in \Lambda \quad \textit{und} \quad M \in \Gamma.$$

*Beweis.* Da $\Gamma[n]$ ein Normalteiler in $\Gamma$ ist, gilt $M\Gamma[n]M^{-1} = \Gamma[n]$. Also folgt $f|_k M \in \mathbb{M}_k(\Gamma[n])$ aus Proposition 1B. Betrachtet man nun

$$g(\tau) := f|_k M(n\tau) \, , \, \tau \in \mathbb{H},$$

so ist $g$ holomorph in $\mathbb{H}$ und bei $\infty$ sowie periodisch mit der Periode 1. Wendet man Lemma 1.2 auf $g$ an, so ergibt sich die Existenz und Eindeutigkeit der FOURIER–Entwicklung (1) für $f|_k M$. Ist $L \in \Lambda$, so schreibt man die FOURIER–Entwicklung für $f|_k LM$ hin. Verwendet man (MK.2) in **1**, so folgt (2) aus der Eindeutigkeit der FOURIER–Koeffizienten. $\qquad \square$

**3. Der Übergang zur vollen Modulgruppe.** In diesem Abschnitt beschreiben wir zwei Möglichkeiten, aus ganzen Modulformen zu Kongruenzgruppen ganze Modulformen zur vollen Modulgruppe zu konstruieren. Dieses Prinzip wird uns auch wieder bei den HECKE–Operatoren in Kapitel IV begegnen. Grundlage ist die folgende rein algebraische Überlegung.

**Lemma.** *Sei $U$ Untergruppe einer Gruppe $G$ mit endlichem Index $m$. Ist $g \in G$ und $g_1, \ldots, g_m$ ein Vertretersystem der Rechtsnebenklassen von $G$ nach $U$, d. h.*

$$(1) \qquad G = \bigcup_{j=1}^{m} U g_j,$$

*so ist auch $g_1 g, \ldots, g_m g$ ein Vertretersystem der Rechtsnebenklassen.*

*Beweis.* Nach Voraussetzung besitzt $G$ genau $m$ Rechtsnebenklassen nach der Untergruppe $U$. Mit den Rechtsnebenklassen $U g_1, \ldots, U g_m$ sind aber auch die Rechtsnebenklassen $U g_1 g, \ldots, U g_m g$ paarweise disjunkt und in $G$ enthalten. $\square$

Wir wenden diese Überlegungen nun auf Modulformen an.

**Korollar.** *Sei $k \in \mathbb{Z}$ und $\Lambda$ eine Kongruenzgruppe vom Index $m$ in $\Gamma$. Bilden $M_1, \ldots, M_m$ ein Vertretersystem der Rechtsnebenklassen von $\Gamma$ nach $\Lambda$ und ist $f \in \mathbb{M}_k(\Lambda)$, so gilt*

a) $Sp(f) := \sum_{j=1}^{m} f|_k M_j \in \mathbb{M}_k,$

b) $\pi(f) := \prod_{j=1}^{m} f|_k M_j \in \mathbb{M}_{km}.$

*Beweis.* Wegen $f|_k L = f$ hängen die Definitionen von $Sp(f)$ und $\pi(f)$ nicht von der Wahl der Vertreter der Rechtsnebenklassen ab. Mit dem Lemma und 1(4) erhält man dann

$$Sp(f)|_k M = \sum_{j=1}^{m} f|_k M_j M = Sp(f)$$

und

$$\pi(f)|_{km} M = \prod_{j=1}^{m} f|_k M_j M = \pi(f) \quad \text{für alle } M \in \Gamma.$$

$\square$

Man nennt $Sp(f)$ die *Spur von $f$*.

**4. Negatives Gewicht und ganze Modulfunktionen.** Ist das Gewicht $k$ nicht–positiv, so ähneln die Ergebnisse den Resultaten für $\mathbb{M}_k$.

**Satz.** *Seien $k \in \mathbb{Z}$, $\Lambda$ eine Kongruenzgruppe und $\chi$ ein endlicher abelscher Charakter von $\Lambda$. Dann gilt*
a) $\mathbb{M}_k(\Lambda, \chi) = \{0\}$, *falls $k < 0$.*
b) $\mathbb{M}_0(\Lambda) = \mathbb{C}$ *und* $\mathbb{M}_0(\Lambda, \chi) = \{0\}$, *falls $\chi \neq 1$.*

*Beweis.* Sei $m \in \mathbb{N}$ mit $\chi^m = 1$ und $k \leq 0$. Ist $f \in \mathbb{M}_k(\Lambda, \chi)$, so gehört $g := f^m$ nach 1(4) zu $\mathbb{M}_{km}(\Lambda)$. Mit $\ell := [\Gamma : \Lambda]$ betrachten wir $\pi(g) \in \mathbb{M}_{\ell k m}$ gemäß Korollar 3.

a) Aus $\ell k m < 0$ folgt $\pi(g) = 0$ nach Satz 1.5. Der Identitätssatz impliziert $g = 0$ und damit $f = 0$.

b) Wir zeigen zunächst, dass $g$ konstant ist. Weil die Konstanten zu $\mathbb{M}_0(\Lambda)$ gehören, darf man dazu $\alpha_g(0; E) = 0$ in der FOURIER–Entwicklung von $g$ nach Satz 2 annehmen. Daraus folgt aber

$$\lim_{y \to \infty} \pi(g)(iy) = 0 \ , \ \text{also } \pi(g) = 0$$

mit der Proposition 4.1. Dann erhält man $g = 0$ und $f = 0$. Folglich ist jede beliebige ganze Modulfunktion $f \in \mathbb{M}_0(\Lambda, \chi)$ konstant. Für $\chi \neq 1$ ergibt (MK.2) in **1** aber $f = 0$. $\qquad\qquad\square$

**5. Positives Gewicht.** Für positive Gewichte geben wir eine Dimensionsabschätzung.

**Satz.** *Seien $k \in \mathbb{N}$ , $\Lambda$ eine Kongruenzgruppe, $\chi$ ein abelscher Charakter* mod $n$ *von $\Lambda$. Sei $\Lambda^* := \{L \in \Lambda \,;\, \chi(L) = 1\}$ und $\ell := [\Gamma : \Lambda^*]$. Ist $f \in \mathbb{M}_k(\Lambda, \chi)$ und $M \in \Gamma$ mit*

$$(1) \qquad\qquad \alpha_f(m; M) = 0 \quad \text{für} \quad 0 \leq m \leq \frac{\ell k n}{12},$$

*so folgt $f = 0$.*

*Beweis.* Wir fassen $f$ als Element von $\mathbb{M}_k(\Lambda^*)$ auf und betrachten $g = \pi(f)$ in $\mathbb{M}_{\ell k}$ gemäß Korollar 3. Multipliziert man die FOURIER–Reihen nach Satz 2 aus, so erhält man aus (1)

$$\alpha_g(m) = 0 \quad \text{für } 0 \leq m \leq \frac{\ell k}{12}.$$

Dann folgt $g = 0$ aus Korollar 4.1C, also $f = 0$ mit dem Identitätssatz. $\qquad\square$

**Korollar.** *Es gilt*

$$\dim \mathbb{M}_k(\Lambda, \chi) \leq \left[\frac{\ell k n}{12}\right] + 1.$$

**Bemerkung.** Eine exakte Dimensionsbestimmung scheint mit den bisher angewandten Methoden nicht möglich zu sein. Unter Verwendung des Satzes von RIEMANN–ROCH findet man jedoch explizite Formeln z. B. bei B. SCHOENE-BERG [1974], G. SHIMURA [1971] oder T. MIYAKE [1989].

**6. Spitzenformen.** Seien $k \in \mathbb{Z}$ , $\Lambda$ eine Kongruenzgruppe und $\chi$ ein abelscher Charakter von $\Lambda$. Ein $f \in \mathbb{M}_k(\Lambda, \chi)$ heißt *Spitzenform*, falls $f|_k M$ für jedes $M \in \Gamma$ bei $\infty$ eine Nullstelle hat. Den Unterraum der Spitzenformen bezeichnen wir mit $\mathbb{S}_k(\Lambda, \chi)$. Aus Proposition 1B folgern wir unmittelbar

$$(1) \qquad f \in \mathbb{S}_k(\Lambda, \chi) \,, \; M \in \Gamma \quad \Longrightarrow \quad f|_k M \in \mathbb{S}_k(M^{-1}\Lambda M, \chi_M).$$

Ist $f : \mathbb{H} \to \mathbb{C}$, so definieren wir wie in 1.5(1)

$$(2) \qquad \tilde{f} : \mathbb{H} \longrightarrow \mathbb{R} \,, \; \tau \longmapsto y^{k/2} \cdot |f(\tau)|.$$

**Satz.** *Gegeben seien* $k \in \mathbb{N}$, $\Lambda$ *eine Kongruenzgruppe,* $\chi$ *ein abelscher Charakter* mod $n$ *von* $\Lambda$ *und* $f \in \mathbb{M}_k(\Lambda, \chi)$. *Dann gilt:*
a) $\tilde{f}$ *ist* $\Lambda$*–invariant, d.h.* $\tilde{f}(L\tau) = \tilde{f}(\tau)$ *für alle* $L \in \Lambda$.
b) $\tilde{f}$ *ist genau dann auf* $\mathbb{H}$ *beschränkt, wenn* $f$ *eine Spitzenform ist.*
c) *Ist* $f \in \mathbb{S}_k(\Lambda, \chi)$, *so gilt* $\alpha_f(m; M) = \mathcal{O}\left(m^{k/2}\right)$ *für alle* $m \in \mathbb{N}$ *und* $M \in \Gamma$.

*Beweis.* a) Man verwende II.1.3(1) und (MK.2) in **1**.
b) Wie im Beweis von Satz 1.6 schließt man, dass $\tilde{f}$ genau dann in $\mathbb{F}$ beschränkt ist, wenn $\alpha_f(0; E) = 0$. Nun sei $\ell := [\Gamma : \Lambda']$, $\Lambda' = \{\pm L; L \in \Lambda\}$ und $M_1, \ldots, M_\ell$ ein Vertretersystem der Rechtsnebenklassen. Nach Satz II.3.1 ist

$$\mathbb{F}(\Lambda) := \bigcup_{1 \le \nu \le \ell} M_\nu \overline{\mathbb{F}}$$

ein Fundamentalbereich von $\Lambda$. Wegen (1) ist $\tilde{f}$ also genau dann in $\mathbb{F}(\Lambda)$ beschränkt, wenn $\alpha_f(0; M_\nu) = 0$ für $1 \le \nu \le \ell$, also $\alpha_f(0; M) = 0$ für alle $M \in \Gamma$ wegen (MK.2) und 2(2). Mit Teil a) folgt dann die Behauptung.
c) Nach (1) und Teil b) existiert eine Konstante C mit der Eigenschaft

$$(3) \qquad \widetilde{f|M}(\tau) \le C \quad \text{für alle} \quad \tau \in \mathbb{H} \quad \text{und} \quad M \in \Gamma.$$

In der expliziten Formel

$$\alpha_f(m; M) = \frac{1}{n} \cdot e^{2\pi m y/n} \cdot \int_0^n f|M(x + iy) \cdot e^{-2\pi i m x/n} dx$$

benutzt man (3) und setzt dann $y = 1/m$ ein. Damit bekommt man

$$|\alpha_f(m; M)| \le \frac{1}{n} \cdot y^{-k/2} \cdot e^{2\pi m y/n} \cdot \int_0^n \widetilde{f|M}(x + iy)\, dx \le C \cdot e^{2\pi/n} \cdot m^{k/2}. \qquad \square$$

**Korollar.** *Es gilt*

$$\mathbb{S}_2(\Gamma_0[2]) = \{0\}.$$

*Beweis.* Für $f \in \mathbb{S}_2(\Gamma_0[2])$ hat man in der Notation von Korollar 3

$$\pi(f) \in \mathbb{S}_6 = \{0\}. \qquad \square$$

**Bemerkung.** A. WILES (Ann. Math. **141**, 443-551 (1995)) konnte zeigen, dass jede semistabile elliptische Kurve modular ist, d.h. von einer nicht-trivialen

Spitzenform vom Gewicht 2 zu $\Gamma_0[r]$ kommt. Von G. FREY stammt eine Konstruktion, die jeder nicht-trivialen Lösung $x^n + y^n = z^n$, $n \geq 3$, der FERMAT-Gleichung eine elliptische Kurve zuordnet, die von einer nicht-trivialen Spitzenform vom Gewicht 2 zu $\Gamma_0[2]$ kommt. Eine solche Spitzenform kann nach dem Korollar nicht existieren.

**7*. Darstellungsanzahlen.** Als zahlentheoretische Anwendung der bisherigen Resultate beschreiben wir die Darstellungsanzahlen einer natürlichen Zahl als Summe von 4 bzw. 8 Quadraten. Für $k \in \mathbb{N}$ und $m \in \mathbb{N}_0$ sei

$$(1) \qquad \delta_k(m) := \#\{(g_1, \ldots, g_k)^t \in \mathbb{Z}^k;\ g_1^2 + \ldots + g_k^2 = m\},$$

also speziell $\delta_k(0) = 1$. Dann folgt mit der Theta–Reihe $\vartheta(\tau)$ aus E.3(1)

$$(2) \qquad \vartheta^k(\tau) = \sum_{g_1,\ldots,g_k \in \mathbb{Z}} e^{\pi i \tau(g_1^2 + \ldots + g_k^2)} = \sum_{m=0}^{\infty} \delta_k(m) \cdot e^{\pi i m \tau}.$$

Wir übernehmen die Definition der normierten EISENSTEIN–Reihe $G_k^*(\tau)$ aus 2.1(4) bzw. 6.1(2).

**Satz.** a) *Für alle $\tau \in \mathbb{H}$ gilt*

$$(3) \qquad \vartheta^4(\tau) = \frac{1}{3}\left(4 \cdot G_2^*(2\tau) - G_2^*\left(\frac{\tau}{2}\right)\right),$$

$$(4) \qquad \vartheta^8(\tau) = \frac{1}{15}\left(16 \cdot G_4^*(\tau) - G_4^*\left(\frac{\tau+1}{2}\right)\right).$$

b) *Für alle $m \in \mathbb{N}$ gilt*

$$(5) \qquad \delta_4(m) = 8 \cdot \sum_{d\mid m,\, 4\nmid d} d\,,$$

$$(6) \qquad \delta_8(m) = 16 \cdot \sum_{d\mid m} (-1)^{m-d} d^3.$$

*Beweis.* Aus Korollar II.3.4 und **4.5** folgt $\vartheta^8 \in \mathbb{M}_4(\Gamma_\vartheta)$. Sei andererseits

$$f(\tau) = \frac{1}{15}\left(16 \cdot G_4^*(\tau) - G_4^*\left(\frac{\tau+1}{2}\right)\right) = \sum_{m=0}^{\infty} \alpha_f(m) \cdot e^{\pi i m \tau}.$$

Nach 2.1(10) gilt dann $\alpha_f(0) = 1$ und für $m \in \mathbb{N}$ ist $\alpha_f(m)$ gleich

$$(*) \quad \left\{ \begin{array}{l} 16^2\, \sigma_3(m/2) - 16\, \sigma_3(m) \\[2ex] 16\, \sigma_3(m) \end{array} \right. = \left\{ \begin{array}{ll} 16\left( 2\displaystyle\sum_{d\mid m,\, 2\mid d} d^3 - \sum_{d\mid m} d^3 \right), & \text{falls } 2 \mid m, \\[2ex] 16\, \sigma_3(m), & \text{falls } 2 \nmid m, \end{array} \right.$$

$$= 16 \cdot \sum_{d\mid m} (-1)^{m-d} d^3.$$

Wegen $G_4^* \in \mathbb{M}_4$ verifiziert man $f|_4 J = f|_4 T^2 = f$. Aus

$$f(\tau+1) = \frac{1}{15}(16\,G_4^*(\tau) - G_4^*(\tau/2)), \quad \tau^{-4} \cdot f(1-1/\tau) = \frac{16}{15}(G_4^*(\tau) - G_4^*(2\tau))$$

erhält man auch $f \in \mathbb{M}_4(\Gamma_\vartheta)$. Jetzt verifiziert man direkt

$$\alpha_f(0) = \delta_8(0) = 1, \quad \alpha_f(1) = \delta_8(1) = 16, \quad \alpha_f(2) = \delta_8(2) = 112.$$

Wendet man nun Satz 5 auf $\vartheta^8 - f$ mit $\Lambda = \Lambda^* = \Gamma_\vartheta$, $k = 4$, $l = 3$, $n = 2$ an, so folgt (4). Ein Koeffizientenvergleich in der FOURIER-Entwicklung mit (2) und $(*)$ liefert (6).

Aus Korollar II.3.4, 1(2) und **4.5** folgt $\vartheta^4 \in \mathbb{M}_2(\Gamma_\vartheta, \chi_\vartheta)$. Sei andererseits

$$g(\tau) = \frac{1}{3}(4 \cdot G_2^*(2\tau) - G_2^*(\tau/2)) = \sum_{m=0}^{\infty} \alpha_g(m) \cdot e^{\pi i m \tau}.$$

Nach 6.1(2) gilt dann $\alpha_g(0) = 1$ und für $m \in \mathbb{N}$

$$(**) \qquad \alpha_g(m) = \left\{ \begin{array}{ll} 8\,\sigma_1(m) - 32\sigma_1(m/4), & \text{falls } 4 \mid m \\ 8\,\sigma_1(m), & \text{falls } 4 \nmid m \end{array} \right\} = \sum_{d \mid m,\, 4 \nmid d} d.$$

Es gilt $g(\tau+2) = g(\tau)$ und nach Satz 6.1 auch $g|_2 J = -g$. Aus

$$g(\tau+1) = \frac{1}{3}\left(4 \cdot G_2^*(2\tau) - G_2^* \cdot \left(\frac{\tau+1}{2}\right)\right),$$

$$\tau^{-2} \cdot g\left(1 - \frac{1}{\tau}\right) = \frac{1}{3}\left(G_2^*\left(\frac{\tau}{2}\right) - G_2^*\left(\frac{\tau+1}{2}\right)\right)$$

und II.3.4 erhält man auch $g \in \mathbb{M}_2(\Gamma_\vartheta, \chi_\vartheta)$. Jetzt verifiziert man direkt

$$\alpha_g(0) = \delta_4(0) = 1, \quad \alpha_g(1) = \delta_4(1) = 8, \quad \alpha_g(2) = \delta_4(2) = 24.$$

Wendet man Satz 5 auf $\vartheta^4 - g$ mit $\Lambda = \Gamma_\vartheta$, $\Lambda^* = \Gamma[2]$, $k = 2$, $l = 6$, $n = 2$ an, so folgt (3). Ein Koeffizientenvergleich in der FOURIER-Entwicklung mit (2) und $(**)$ liefert (5). $\qquad \square$

Aus (5) erhält man $\delta_4(m) \geq 8$ für alle $m \in \mathbb{N}$. Also folgt das

**Korollar.** *Jede natürliche Zahl ist die Summe von 4 Quadraten ganzer Zahlen.*

**Bemerkungen.** a) Der im Korollar angegebene *Vier-Quadrate-Satz* wurde bereits 1659 von P. DE FERMAT vermutet. L. EULER konnte 1748 die Behauptung auf Primzahlen reduzieren. Der erste vollständige Beweis stammt von J. LAGRANGE aus dem Jahr 1770 (*Œuvres III*, 189-201). Man nennt das Korollar daher auch den *Satz von* LAGRANGE.

b) Explizite Formeln für $\delta_k(m)$ sind für gerades $2 \leq k \leq 18$ bekannt. Man vergleiche J. GLAISHER (Proc. London Math. Soc., Ser. 2, **5**, 479–490 (1907)).

**Aufgaben.** 1) $\kappa(M) := (-1)^{ac+bc+bd}$ definiert einen abelschen Charakter von $\Gamma$. Es gilt $\chi_\vartheta = \kappa|_{\Gamma_\vartheta}$.

2) $\eta^{12} \in \mathbb{S}_6(\Gamma, \kappa)$.

3) Ist $n \in \mathbb{Z}$, $n > 1$ und $f \in \mathbb{M}_k$, so gehören $g(\tau) := f(n\tau)$ und $h(\tau) := \sum_{j=0}^{n-1} f((\tau + j)/n)$ zu $\mathbb{M}_k(\Gamma_0[n])$.

4) Sei $n \in \mathbb{Z}$, $n > 1$. Die Funktion $f(\tau) := \Delta(n\tau)/\Delta(\tau)$ ist holomorph auf $\mathbb{H}$ und erfüllt $f(M\tau) = f(\tau)$ für alle $M \in \Gamma_0[n]$. Warum widerspricht das nicht Satz 4?

5) Sei $\Lambda$ eine Kongruenzuntergruppe von $\Gamma$ und $k \in \mathbb{Z}$ gerade. Dann ist $\mathrm{Sp} : \mathbb{M}_k(\Lambda) \longrightarrow \mathbb{M}_k$ (vgl. Korollar 3) ein surjektiver Vektorraumhomomorphismus.

6) Sei $n \in \mathbb{Z}$, $n > 1$. Die Abbildung

$$\Phi_n : \mathbb{M}_k(\Gamma_0[n]) \longrightarrow \mathbb{M}_k(\Gamma_0[n]) \, , \, f(\tau) \longmapsto (\sqrt{n}\tau)^{-k} \cdot f(-1/n\tau),$$

ist ein Vektorraumisomorphismus mit $\Phi_n \circ \Phi_n = \mathrm{id}$. Für $\varepsilon = \pm 1$ definiert man

$$\mathbb{M}_k^\varepsilon(\Gamma_0[n]) := \{f \in \mathbb{M}_k(\Gamma_0[n]) \, ; \, \Phi_n(f) = \varepsilon f\}.$$

Dann gilt

$$\mathbb{M}_k(\Gamma_0[n]) = \mathbb{M}_k^+(\Gamma_0[n]) \oplus \mathbb{M}_k^-(\Gamma_0[n]).$$

Für $f \in \mathbb{M}_k$ hat man $f(\tau) + \varepsilon \cdot n^{k/2} \cdot f(n\tau) \in \mathbb{M}_k^\varepsilon(\Gamma_0[n])$.

7) Es bezeichne $\mathbb{F}_\vartheta$ den Fundamentalbereich von $\Gamma_\vartheta$ aus Aufgabe 3.4. Sei $0 \neq f \in \mathbb{M}_k(\Gamma_\vartheta)$. Für $q \in \mathbb{Q}$ sei

$$\mathrm{ord}_q f := \mathrm{ord}_\infty f|M, \quad \text{falls } M \in \Gamma \text{ mit } M\infty = q.$$

Dann gilt die Gewichtsformel

$$2\,\mathrm{ord}_\infty f + \mathrm{ord}_1 f + \tfrac{1}{2}\,\mathrm{ord}_i f + \sum_{w \in \mathbb{F}_\vartheta, w \neq i} \mathrm{ord}_w f = \tfrac{k}{4}.$$

8) Sei $p$ eine Primzahl und $f \in \mathbb{M}_k$. Dann gehört

$$f(\tau) - \tfrac{1}{p}\sum_{j=0}^{p-1} f(\tau + j/p) = \sum_{m \geq, \, p \nmid m} \alpha_f(m)e^{2\pi i m\tau}$$

zu $\mathbb{M}_k(\Gamma_0[p^2])$.

9) Sei $G(\sqrt{p})$, $p = 2, 3$, die HECKE–Gruppe aus II.4.3. Man definiert die zugehörigen ganzen Modulformen $\mathbb{M}_k(G(\sqrt{p}))$, indem man $\Gamma$ in 1.4 durch $G(\sqrt{p})$ ersetzt. Dann ist $\mathbb{M}_k(G(\sqrt{p}))$ isomorph zu $\mathbb{M}_k^+(\Gamma_0[p])$ (in Aufgabe 6).

10) Sei $f \in \mathbb{M}_k, N \in SL(2; \mathbb{Q})$ und $n \in \mathbb{N}$, so dass $nN$ ganzzahlig ist. Dann gehört $f|_k N$ zu $\mathbb{M}_k(\Gamma[n^2])$.

11) Sei $f \in \mathbb{M}_k$ und $N \in \mathrm{Mat}(2; \mathbb{Z})$ mit $\det N = n > 0$. Dann gilt $f|_k N \in \mathbb{M}_k(\Gamma[n])$.

12) Sei $n \in \mathbb{N}$ mit $k = \frac{24}{n+1} \in \mathbb{N}$. Dann gehört $(\eta(\tau)\eta(n\tau))^k$ zu $\mathbb{S}_k(\Gamma_0[n])$.

13) Sei $n \in \mathbb{N}$ ein Teiler von 12 und $k = 12/n$. Dann gehört $\eta^{2k}$ zu $\mathbb{S}_k(\Gamma[n])$.

14)* Sei $n > 1, f \in \mathbb{M}_k(\Gamma_0[n]), \chi$ ein DIRICHLETscher Charakter $\mathrm{mod}\, n$ und $\chi(M) := \chi(d)$. Sei

$$f_\chi(\tau) := \sum_{m=0}^\infty \chi(m)\alpha_f(m)e^{2\pi i m\tau}.$$

a) $f - \chi(\tau) = \tfrac{1}{n} \sum_{l,r \bmod n} \chi(l)e^{-2\pi i l r/n} f(\tau + r/n)$.

b) $f_\chi \in \mathbb{M}_k(\Gamma_0[n^2], \chi^2)$.

c) Ist $\chi$ primitiv, so gilt $f_\chi(\tau) = c \cdot \sum_{r \bmod n} \overline{\chi}(r)f(\tau + r/n)$ und $\Phi_{n^2} f_\chi = \tilde{c} \cdot f_{\overline{\chi}}$.

15) Sei $\chi$ ein Dirichletscher Charakter $\mathrm{mod}\, N$. Für gerades $k > 2$ gehört

$$E_k(\tau; \chi) := \sum_{m,n \in \mathbb{Z}} \chi(m)(m\tau + n)^{-k}$$

zu $\mathbb{M}_k(\Gamma_0[N], \chi)$.

16) Für eine Kongruenzgruppe $\Lambda$ gilt $\dim \mathbb{M}_k(\Lambda) - \dim \mathbb{S}_k(\Lambda) \leq [\Gamma : \Lambda]$.

# Kapitel IV.

# Die HECKE–PETERSSON–Theorie

## Einleitung

E. HECKE (1887–1947) begann 1937 (*Math. Werke*, 644–707) mit einer systematischen Theorie von gewissen arithmetisch definierten Endomorphismen

$$T_n : \mathbb{M}_k \longrightarrow \mathbb{M}_k \ , \ n \in \mathbb{N},$$

des Vektorraums der ganzen Modulformen vom Gewicht $k$ (vgl. III.1.4). Für eine Primzahl $p$ kann man die Wirkung von $T_p$ auf $f \in \mathbb{M}_k$ leicht angeben (vgl. 1.1(7)):

$$(T_p f)(\tau) := p^{k-1} \cdot f(p\tau) + \frac{1}{p} \cdot \sum_{b=1}^{p} f\left(\frac{a\tau + b}{p}\right).$$

Diese „HECKE–Operatoren" vertauschen paarweise und erzeugen daher eine kommutative Algebra $\mathcal{H}_k$ von Endomorphismen von $\mathbb{M}_k$. Überdies bilden sie den Teilraum $\mathbb{S}_k$ der Spitzenformen in sich ab. Ihre Bedeutung (und die Bedeutung ihrer Verallgemeinerung auf Modulformen zu Untergruppen der Modulgruppe) kann nicht hoch genug eingeschätzt werden: Zum Beispiel ist die Diskriminante $\Delta$ eine Eigenfunktion aller $T_n$, genauer gilt (vgl. Satz 1.4)

$$T_n \Delta = \tau(n) \cdot \Delta \quad \text{für alle} \quad n \in \mathbb{N}.$$

Nachdem H. PETERSSON (1902–1984), ein Schüler von E. HECKE, im Jahre 1939 (Jahresber. Deutsch. Math.-Verein. **49**, 49–75) auf $\mathbb{S}_k$ ein kanonisches Skalarprodukt eingeführt hatte, konnte er direkt beweisen, dass die HECKE–Operatoren $T_n$ bezüglich dieses Skalarproduktes selbstadjungiert sind. Einfache Sätze der Linearen Algebra zeigen dann, dass die Algebra $\mathcal{H}_k$ simultan auf Diagonalform transformiert werden kann. In jedem Vektorraum $\mathbb{M}_k$ gibt es daher eine Basis, die aus simultanen Eigenfunktionen aller $T_n$, $n \in \mathbb{N}$, besteht.

Die Modulgruppe $SL(2; \mathbb{Z})$ wird wie bisher mit $\Gamma$ bezeichnet und $2 \times 2$ Matrizen werden stets in der Form $M = \left(\begin{smallmatrix} a & b \\ c & d \end{smallmatrix}\right)$ geschrieben.

# §1. HECKE–Operatoren

**1. HECKE–Operatoren auf dem Vektorraum** $V(\mathbb{H})$. Es bezeichnen $V(\mathbb{H})$ den $\mathbb{C}$–Vektorraum der Funktionen $f$ mit folgenden Eigenschaften:

(MP.1)    $f$ ist auf $\mathbb{H}$ meromorph.

(MP.2)    $f$ ist periodisch mit der Periode 1.

(MP.3)    $f$ hat bei $\infty$ höchstens einen Pol.

Nach Lemma III.1.2 gibt es dann ein $\gamma > 0$, so dass $f$ durch eine für $\operatorname{Im} \tau > \gamma$ absolut und kompakt–gleichmäßig konvergente FOURIER–Reihe der Form

$$(1) \qquad f(\tau) = \sum_{m \geq m_0} \alpha_f(m) \cdot e^{2\pi i m \tau}, \quad m_0 \in \mathbb{Z},$$

dargestellt werden kann.

Für positive ganze Zahlen $a, d$ und für $f \in V(\mathbb{H})$ wird nun eine meromorphe Funktion $T_{a,d}f$ erklärt durch

$$(2) \qquad (T_{a,d}f)(\tau) := \sum_{b \,(\mathrm{mod}\ d)} f((a\tau + b)/d) .$$

Hierbei soll $b$ ein volles Restsystem (mod $d$) durchlaufen. Da sich die Vertreter zweier vollständiger Restsysteme (mod $d$) bis auf die Reihenfolge nur um jeweils ganzzahlige Vielfache von $d$ unterscheiden, hängt (2) wegen (MP.2) nicht von der Wahl des Restsystems (mod $d$) ab. Man kann also die Summe z. B. von 1 bis $d$ laufen lassen. Offenbar ist $T_{a,d}$ linear in $f$, d. h., es gilt

$$(3) \quad T_{a,d}(\alpha f + \beta g) = \alpha \cdot T_{a,d}f + \beta \cdot T_{a,d}g \ \text{ für alle } \ f, g \in V(\mathbb{H}) \ \text{ und } \ \alpha, \beta \in \mathbb{C} .$$

**Proposition.** *Für* $f \in V(\mathbb{H})$ *gilt* $T_{a,d}f \in V(\mathbb{H})$ *und die* FOURIER*–Reihe von* $T_{a,d}f$ *wird gegeben durch*

$$(4) \qquad (T_{a,d}f)(\tau) = d \cdot \sum_{m \geq m_0/d} \alpha_f(md) \cdot e^{2\pi i m a \tau} .$$

*Beweis.* Natürlich ist $T_{a,d}f$ meromorph auf $\mathbb{H}$. Man hat nun mit (1)

$$(T_{a,d}f)(\tau) = \sum_{m \geq m_0} \alpha_f(m) \cdot e^{2\pi i m a \tau/d} \cdot \sum_{b \,(\mathrm{mod}\ d)} e^{2\pi i m b/d} .$$

Auf die letzte Summe wendet man die Summenformel für die endliche geometrische Reihe an und bekommt

$$\sum_{b \,(\mathrm{mod}\ d)} \left(e^{2\pi i m/d}\right)^b = \begin{cases} d, & \text{falls } d|m, \\ 0, & \text{sonst.} \end{cases}$$

Man trägt dies ein, ersetzt $m$ durch $md$ und bekommt (4). Damit gelten (MP.2) und (MP.3) auch für $T_{a,d}f$.    $\square$

Für $n \in \mathbb{N}$ und $k \in \mathbb{Z}$ wird der HECKE–*Operator* $T_n^{(k)}$ auf $V(\mathbb{H})$ definiert durch

$$(5) \qquad T_n^{(k)} f := n^{k-1} \cdot \sum_{ad=n, d>0} d^{-k} \cdot T_{a,d} f \; .$$

Explizit bedeutet dies

$$(6) \qquad \left(T_n^{(k)} f\right)(\tau) = n^{k-1} \cdot \sum_{ad=n, d>0} d^{-k} \cdot \sum_{b \,(\mathrm{mod}\, d)} f((a\tau + b)/d) \; .$$

Für eine Primzahl $p$ gilt daher speziell

$$(7) \qquad \left(T_p^{(k)} f\right)(\tau) = p^{k-1} \cdot f(p\tau) + \frac{1}{p} \cdot \sum_{b \,(\mathrm{mod}\, p)} f((\tau + b)/p) \; .$$

Zum Nachweis der Ableitungsgleichung

$$(8) \qquad n \left(T_n^{(k)} f\right)' = T_n^{(k+2)} f' \quad \text{für} \quad f \in V(\mathbb{H})$$

hat man auf der rechten Seite von (6) lediglich $a = n/d$ zu beachten.

*Wegen (3) und (4) sind alle $T_n^{(k)}$ Endomorphismen des Vektorraums $V(\mathbb{H})$.*

Aus der Proposition erhält man das

**Lemma.** *Die* FOURIER–*Koeffizienten von* $g = T_n^{(k)} f$ *werden gegeben durch*

$$(9) \qquad \alpha_g(m) = \sum_{d|(m,n)} d^{k-1} \cdot \alpha_f\left(mn/d^2\right) \quad mit \quad m \geq \begin{cases} 0, & falls \; m_0 = 0, \\ 1, & falls \; m_0 > 0, \\ nm_0, & falls \; m_0 < 0. \end{cases}$$

*Insbesondere gilt*

$$\alpha_g(0) = \sigma_{k-1}(n) \cdot \alpha_f(0) \quad und \quad \alpha_g(1) = \alpha_f(n).$$

Hier und im Folgenden wird immer nur über die positiven Teiler $d$ summiert und $(m, n)$ bezeichne stets den größten gemeinsamen Teiler von $m$ und $n$.

*Beweis.* Wegen (5) und (4) hat man

$$\left(T_n^{(k)} f\right)(\tau) \;=\; n^{k-1} \cdot \sum_{ad=n} d^{-k} \cdot (T_{a,d} f)(\tau)$$

$$=\; n^{k-1} \cdot \sum_{ad=n} d^{1-k} \cdot \sum_{m \geq m_0/d} \alpha_f(md) \cdot e^{2\pi i m a \tau} \; ,$$

$$=\; \sum_{ad=n} a^{k-1} \cdot \sum_{m \geq a m_0/n} \alpha_f\left(mn/a\right) \cdot e^{2\pi i m a \tau} \; .$$

Nun sammelt man die Terme mit $ma = r$ und erhält

$$\left(T_n^{(k)}f\right)(\tau) = \sum_{r,a} a^{k-1} \cdot \alpha_f\left(nr/a^2\right) \cdot e^{2\pi i r \tau} \, ,$$

wobei die Summe über alle ganzen $r$ und $a$ mit

$$a > 0, \ a|n, \ a|r \quad \text{und} \quad r \geq a^2 m_0/n$$

zu erstrecken ist. Da $a$ genau die positiven Teiler von $(n, r)$ durchläuft, erhält man (9) unter Beachtung von

$$a^2 m_0/n \geq \begin{cases} 0, & \text{falls} \quad m_0 = 0, \\ m_0/n > 0, & \text{falls} \quad m_0 > 0, \\ nm_0, & \text{falls} \quad m_0 < 0. \end{cases} \qquad \square$$

Den Spezialfall einer Primzahl formulieren wir als

**Korollar.** *Für eine Primzahl $p$ gilt*

$$\alpha_{T_p^{(k)}f}(m) = \begin{cases} \alpha_f(mp) \, , & \textit{falls } p \nmid m, \\ \alpha_f(mp) + p^{k-1} \cdot \alpha_f\left(m/p\right) \, , & \textit{falls } p \mid m. \end{cases}$$

**Bemerkung.** Anstelle von $T_n^{(k)}f$ wird manchmal auch $f|T_n^{(k)}$ oder $f|_k T_n$ geschrieben.

**2. Transformationen $n$–ter Ordnung.** Die ursprüngliche Definition der HECKE–Operatoren $T_n$ basiert auf den ganzzahligen $2 \times 2$ Matrizen der Determinante $n$, den – wie man früher sagte – *Transformationen $n$–ter Ordnung*:

$$(1) \qquad\qquad \Gamma_n := \{M \in \mathrm{Mat}(2; \mathbb{Z}) \, ; \, \det M = n\} \, , \quad n \in \mathbb{N}.$$

Offenbar stimmt $\Gamma_1 = \Gamma$ mit der Modulgruppe überein. Weiter operiert $\Gamma$ durch Multiplikation von links und von rechts auf $\Gamma_n$,

$$\Gamma \cdot \Gamma_n = \Gamma_n = \Gamma_n \cdot \Gamma \, .$$

Eine Teilmenge $\mathcal{V} \subset \Gamma_n$ heißt *Rechtsvertretersystem von $\Gamma_n$ modulo* $\Gamma$, wenn gilt:

(RV.1)      Zu jedem $M \in \Gamma_n$ gibt es ein $L \in \Gamma$ mit $LM \in \mathcal{V}$.
(RV.2)      Sind $M_1, M_2 \in \mathcal{V}$ mit $M_1 = LM_2$ für ein $L \in \Gamma$, dann gilt $L = E$.

Diese Bedingungen sind äquivalent zu

$$(RV) \qquad\qquad \Gamma_n = \bigcup_{M \in \mathcal{V}} \Gamma M \quad \text{disjunkt.}$$

Analog können Linksvertretersysteme von $\Gamma_n$ modulo $\Gamma$ definiert werden.

Nennt man $M_1$ und $M_2$ aus $\Gamma_n$ *äquivalent*, in Zeichen $M_1 \sim M_2$, wenn es $L \in \Gamma$ mit $M_1 = LM_2$ gibt, dann besteht ein jedes Rechtsvertretersystem von $\Gamma_n$ modulo $\Gamma$ also nur aus inäquivalenten Matrizen. Wegen (RV.1) spricht man daher auch von einem *vollständigen System von inäquivalenten Matrizen*.

Rechtsvertretersysteme sind natürlich nicht eindeutig bestimmt. Wenn es auf die Auswahl eines solchen Rechtsvertretersystems nicht ankommt, soll es mit

$$\mathcal{V} = \Gamma : \Gamma_n$$

bezeichnet werden. Im vorliegenden Fall gibt es jedoch ein *Standard–Rechtsvertretersystem*:

**Satz.** *Die Menge*

$$(2) \quad \Gamma : \Gamma_n = \left\{ M = \begin{pmatrix} a & b \\ 0 & d \end{pmatrix} \in \mathrm{Mat}(2;\mathbb{Z}) \; ; \; ad = n \, , \, d > 0 \, , \, b \ (\mathrm{mod}\ d) \right\}$$

*ist ein Rechtsvertretersystem von $\Gamma_n$ modulo $\Gamma$.*

*Beweis.* (RV.1): Sei $M = \begin{pmatrix} a & b \\ c & d \end{pmatrix} \in \Gamma_n$. Man wählt teilerfremde $\gamma, \delta \in \mathbb{Z}$ mit $\gamma a + \delta c = 0$. Dann gibt es $\alpha, \beta \in \mathbb{Z}$ mit $\alpha\delta - \beta\gamma = 1$. Damit folgt

$$LM = \begin{pmatrix} \alpha & \beta \\ \gamma & \delta \end{pmatrix} \begin{pmatrix} a & b \\ c & d \end{pmatrix} = \begin{pmatrix} a' & b' \\ 0 & d' \end{pmatrix} \quad \text{mit} \quad L := \begin{pmatrix} \alpha & \beta \\ \gamma & \delta \end{pmatrix} \in \Gamma \, .$$

Wegen $\det(LM) = \det M = n$ bekommt man $a'd' = n$. Man darf also $d' > 0$ annehmen, wenn man ggfs. $L$ durch $-L$ ersetzt. Wegen

$$T^m LM = \begin{pmatrix} 1 & m \\ 0 & 1 \end{pmatrix} \begin{pmatrix} a' & b' \\ 0 & d' \end{pmatrix} = \begin{pmatrix} a' & b' + md' \\ 0 & d' \end{pmatrix}$$

kann man $b'$ modulo $d'$ reduzieren. Damit ist $T^m LM$ in (2) enthalten.
(RV.2): Sind $M$ und $M'$ aus (2) und $L \in \Gamma$ mit $M = LM'$ gegeben, also unmissverständlich

$$\begin{pmatrix} a & b \\ 0 & d \end{pmatrix} = \begin{pmatrix} \alpha & \beta \\ \gamma & \delta \end{pmatrix} \begin{pmatrix} a' & b' \\ 0 & d' \end{pmatrix} \, , \quad \alpha\delta - \beta\gamma = 1 \, ,$$

dann folgt $\gamma a' = 0$, also $\gamma = 0$ und – da $d$ und $d'$ positiv sind – noch $\alpha = \delta = 1$. Jetzt gilt $a' = a$, $d' = d$ und $b = b' + \beta d$. Da aber $b$ und $b'$ aus einem Vertretersystem $(\mathrm{mod}\ d)$ stammen, folgt $b' = b$ und $\beta = 0$, also $L = E$. $\qquad \square$

**Korollar.** *Die Anzahl der Elemente eines jeden Rechtsvertretersystems von $\Gamma_n$ modulo $\Gamma$ ist*

$$\sigma_1(n) = \sum_{d \mid n} d \, .$$

*Beweis.* Da sich die Elemente zweier solcher Vertretersysteme bis auf eine Permutation nur um jeweils linksseitige Faktoren aus $\Gamma$ unterscheiden, haben alle Rechtsvertretersysteme gleich viele Elemente. Die Anzahl von (2) ist aber

$$\sum_{d\mid n}\left(\sum_{b\,(\mathrm{mod}\,d)} 1\right) = \sum_{d\mid n} d = \sigma_1(n).$$

$\qquad\qquad\qquad\qquad\qquad\qquad\qquad\qquad\qquad\qquad\qquad\qquad\qquad\qquad\qquad\square$

**Bemerkungen.** a) Da $\Gamma$ von links auf der Menge $\Gamma_n$ durch Multiplikation operiert, ist der Quotientenraum

$$\Gamma \setminus \Gamma_n := \{\Gamma \cdot M \,;\, M \in \Gamma_n\}\,, \quad \Gamma \cdot M := \{LM \,;\, L \in \Gamma\},$$

mit der kanonischen Abbildung

$$\pi : \Gamma_n \longrightarrow \Gamma \setminus \Gamma_n\,, \quad \pi(M) = \Gamma \cdot M,$$

definiert. Nach der Definition eines Rechtsvertretersystems $\mathcal{V}$ von $\Gamma_n$ modulo $\Gamma$ ist die Einschränkung $\pi|_\mathcal{V} : \mathcal{V} \to \Gamma \setminus \Gamma_n$ eine Bijektion.
b) Ist $\mathcal{V}$ ein Rechtsvertretersystem von $\Gamma_n$ modulo $\Gamma$, so sind

$$\mathcal{V}^t := \{M^t \,;\, M \in \mathcal{V}\}\,, \quad \mathcal{V}^\# = \{M^\# \,;\, M \in \mathcal{V}\},$$

wobei $M^t$ die Transponierte und $M^\# = (\det M) \cdot M^{-1}$ die Adjungierte von $M$ bezeichnet, offenbar Linksvertretersysteme von $\Gamma_n$ modulo $\Gamma$. Links– und Rechtsvertretersysteme haben also gleich viele Elemente.

**3. HECKE–Operatoren für Modulformen.** Analog zur Definition von $f|M$ für $M \in SL(2;\mathbb{R})$ in III.1.1 wird nun $f|_k M = f|M$ auch für $M \in GL(2;\mathbb{R})$ mit $\det M > 0$ und eine auf $\mathbb{H}$ meromorphe Funktion $f$ definiert durch

$$(1) \qquad\qquad (f|M)(\tau) := (f|_k M)(\tau) := (c\tau + d)^{-k} \cdot f(M\tau)\,.$$

Man verifiziert wieder

$$(2) \qquad (\alpha f + \beta g)|M = \alpha \cdot f|M + \beta \cdot g|M \quad \text{und} \quad (f|M)|N = f|(MN)$$

für $M, N \in GL(2;\mathbb{R})$ mit $\det M > 0$ und $\det N > 0$.

Nach III.1.3 gehören die Modulformen vom Gewicht $k$ zu $V(\mathbb{H})$. In der dortigen Bezeichnung gilt also $\mathbb{V}_k \subset V(\mathbb{H})$.

**Satz.** *Ist* $\Gamma : \Gamma_n$ *ein Rechtsvertretersystem von* $\Gamma_n$ *modulo* $\Gamma$ *und* $f \in \mathbb{V}_k$, *so gilt*

$$(3) \qquad\qquad T_n f := T_n^{(k)} f = n^{k-1} \cdot \sum_{M \in \Gamma : \Gamma_n} f|_k M$$

*und* $T_n f$ *gehört wieder zu* $\mathbb{V}_k$.

Man beachte, dass es sich nach Korollar 2 um eine endliche Summe handelt. Auf die Angabe des Gewichts $k$ wird hier meist verzichtet.

*Beweis.* Man bezeichne die rechte Seite von (3) mit $f^*$. Da sich die Elemente zweier Rechtsvertretersysteme von $\Gamma_n$ modulo $\Gamma$ bis auf die Reihenfolge nur um je einen linksseitigen Faktor $L$ aus $\Gamma$ unterscheiden, zeigt (M.2) in III.1.1, also $f|L = f$, *dass $f^*$ nicht von der Wahl des Vertretersystems $\Gamma : \Gamma_n$ abhängt.* Die Verwendung des Symbols $\Gamma : \Gamma_n$ ist also gerechtfertigt. Man darf auf der rechten Seite von (3) daher das Standard–Rechtsvertretersystem aus Satz 2 nehmen. Dann ergibt sich mit Hilfe von 1(6)

$$f^*(\tau) = n^{k-1} \cdot \sum_{ad=n} d^{-k} \cdot \sum_{b \, (\mathrm{mod}\, n)} f((a\tau + b)/d) = \left(T_n^{(k)}f\right)(\tau) \in V(\mathbb{H}).$$

Für festes $N \in \Gamma$ ist mit $\Gamma : \Gamma_n$ auch $\{MN \; ; \; M \in \Gamma : \Gamma_n\}$ ein Rechtsvertretersystem von $\Gamma_n$ modulo $\Gamma$. Wegen (2) folgt daher

$$T_n f = n^{k-1} \cdot \sum_{M \in \Gamma : \Gamma_n} f|_k(MN) = n^{k-1} \cdot \sum_{M \in \Gamma : \Gamma_n} (f|M)|N = (T_n f)|N,$$

so dass $T_n f$ auch modular vom Gewicht $k$ ist. $\qquad\qquad\square$

Zusammen mit Lemma 1 erhält man das

**Korollar.** *Alle* HECKE-*Operatoren* $T_n^{(k)} : \mathbb{M}_k \to \mathbb{M}_k$, $n \geq 1$, *sind Endomorphismen, die Spitzenformen in Spitzenformen abbilden.*

Schließlich notiert man noch die Spezialfälle $m = 0, 1$ von Lemma 1 als

$$(4) \qquad \alpha_{T_n f}(0) = \sigma_{k-1}(n) \cdot \alpha_f(0) \, , \quad \alpha_{T_n f}(1) = \alpha_f(n) \, .$$

**Bemerkung.** Offenbar wird der Satz in völlig analoger Weise bewiesen wie das Lemma III.7.3. In der Tat kann man HECKE–Operatoren mit der Spur für eine geeignete Modulform zur Kongruenzgruppe $\Gamma_0[p]$ definieren (vgl. Aufgabe 2).

**4. Simultane Eigenformen.** Ein $0 \neq f \in V(\mathbb{H})$ heißt eine *Eigenform bezüglich des* HECKE–*Operators* $T_n^{(k)}$, $n \geq 1$, *zum Eigenwert* $\lambda_f(n) \in \mathbb{C}$, *wenn*

$$(1) \qquad\qquad\qquad T_n^{(k)} f = \lambda_f(n) \cdot f \, .$$

Ist $f$ eine Eigenform bezüglich aller HECKE–Operatoren $T_n^{(k)}$, $n \geq 1$, so heißt $f$ eine *simultane Eigenform.* Nach Lemma 1 ist $f \neq 0$ genau dann eine simultane Eigenform, wenn seine FOURIER–Koeffizienten die Bedingungen

$$(2) \qquad\qquad \lambda_f(n) \cdot \alpha_f(m) = \sum_{d|(m,n)} d^{k-1} \cdot \alpha_f \left(mn/d^2\right)$$

für alle $m, n \in \mathbb{N}$ erfüllen. Setzt man hier speziell $m = 1$, so erhält man

$$(3) \qquad\qquad\qquad \lambda_f(n) \cdot \alpha_f(1) = \alpha_f(n)$$

und es folgt das überraschende

**Lemma.** *Für ein nicht–konstantes $f \in \mathbb{M}_k$ sind äquivalent:*
(i) *$f$ ist eine simultane Eigenform.*
(ii) *Es gilt $\alpha_f(1) \neq 0$ und für alle $m \in \mathbb{N}_0$, $n \in \mathbb{N}$*

$$\alpha_f(m) \cdot \alpha_f(n) = \alpha_f(1) \cdot \sum_{d|(m,n)} d^{k-1} \cdot \alpha_f(mn/d^2).$$

*In diesem Fall sind die Eigenwerte $\lambda_f(n) = \alpha_f(n)/\alpha_f(1)$, $n \in \mathbb{N}$, und es gilt*

$$(4) \qquad \alpha_f(m) \cdot \alpha_f(n) = \alpha_f(1) \cdot \alpha_f(mn)$$

*für alle teilerfremden $m$ und $n$.*

Als erste (und vielleicht wichtigste) Anwendung betrachten wir für $k = 12$ die Diskriminante $\Delta$ bzw. die normierte Diskriminante $\Delta^*$. Nach III.2.2(4) gilt hier

$$\Delta^*(\tau) = (2\pi)^{-12} \cdot \Delta(\tau) = \sum_{m=1}^{\infty} \tau(m) \cdot e^{2\pi i m \tau} \quad \text{mit} \quad \tau(1) = 1$$

und alle $\tau(m)$ sind ganze Zahlen. Nach Korollar III.4.1B ist $\Delta$ bis auf einen konstanten Faktor die einzige Spitzenform vom Gewicht 12. Da die HECKE–Operatoren $T_n = T_n^{(k)}$ nach Korollar 3 Spitzenformen auf Spitzenformen abbilden, erhält man – wenn man noch das Lemma beachtet – den fundamentalen

**Satz.** *Die Diskriminante $\Delta$ ist eine simultane Eigenform:*

$$T_n \Delta = \tau(n) \cdot \Delta \quad \textit{für alle} \quad n \in \mathbb{N}$$

*und es gilt für alle $m, n \in \mathbb{N}$*

$$(5) \qquad \tau(m) \cdot \tau(n) = \sum_{d|(m,n)} d^{11} \cdot \tau(mn/d^2) \, .$$

*Speziell hat man*

$$\tau(mn) = \tau(m) \cdot \tau(n) \, , \quad \textit{falls} \ (m,n) = 1 \, ,$$

*und für Primzahlen $p$*

$$(7) \qquad \tau(p^{r+1}) = \tau(p^r) \cdot \tau(p) - p^{11} \cdot \tau(p^{r-1}) \, , \quad r \geq 1 .$$

Die Vektorräume $\mathbb{S}_k$ sind für $k = 16, 18, 20, 22, 26$ ebenfalls eindimensional. Die Spitzenformen $G_{k-12} \cdot \Delta$ sind daher für diese $k$ auch simultane Eigenformen.

Die Eigenwerte können bei Spitzenformen nicht beliebig groß werden. Als einfache Abschätzung erhält man die

**Proposition.** *Seien $n > 1$ und $0 \neq f \in \mathbb{S}_k$. Gilt $T_n f = \lambda_f(n) \cdot f$ mit einem $\lambda_f(n) \in \mathbb{C}$, so folgt*
$$|\lambda_f(n)| \leq n^{k/2} \cdot \sigma_{-1}(n) \, .$$

*Beweis.* Nach Satz III.1.6 existiert ein $w = u + iv \in \mathbb{H}$ mit der Eigenschaft

$$(8) \qquad \tilde{f}(\tau) := y^{k/2} \cdot |f(\tau)| \leq \tilde{f}(w) \quad \text{für alle} \quad \tau \in \mathbb{H} \, .$$

Dann folgt mit 1(6)

$$|\lambda_f(n) \cdot \tilde{f}(w)| = |\widetilde{T_n f}(w)| = \left| n^{k-1} v^{k/2} \cdot \sum_{a,b,d} d^{-k} \cdot f((aw+b)/d) \right|$$

$$\leq n^{-1+k/2} \cdot \sum_{a,b,d} \tilde{f}((aw+b)/d) \leq n^{-1+k/2} \cdot \sigma_1(n) \cdot \tilde{f}(w) \, ,$$

wenn man (8) berücksichtigt. Mit $\tilde{f}(w) \neq 0$ und $\sigma_1(n) = n \cdot \sigma_{-1}(n)$ folgt die Behauptung. $\qquad \Box$

**Bemerkung.** Der Satz wurde 1920 von L.J. MORDELL (Proc. Cambridge. Phil. Soc. **19**, 117–124) bewiesen. Sein Beweis benutzt im Wesentlichen die heute HECKE–Operatoren genannten Endomorphismen $T_n^{(12)}$. Aber erst E. HECKE erkannte 20 Jahre später (*Math. Werke*, 644–707) die universelle Bedeutung dieser Konstruktion.

**5*. Anwendung auf die absolute Invariante.** Nach III.2.4 ist

$$(1) \qquad\qquad j := (720 G_4)^3 / \Delta$$

eine auf $\mathbb{H}$ holomorphe Modulfunktion, die bei $\infty$ einen Pol 1. Ordnung hat und

$$(2) \qquad j(\tau) = e^{-2\pi i \tau} + \sum_{m=0}^{\infty} j_m \cdot e^{2\pi i m \tau} \, , \quad \tau \in \mathbb{H} \, ,$$

mit positiven ganzen Zahlen $j_m$ erfüllt. Für $T_n := T_n^{(0)}$ ist dann $T_n j$ nach Satz 3 wieder eine Modulfunktion, die nach 1(6) ebenfalls auf $\mathbb{H}$ holomorph ist. Aus Korollar III.5.2B erhält man den

**Satz.** *Für jedes $n \geq 1$ ist $T_n j$ ein Polynom vom Grad $n$ in $j$.*

Der „Hauptteil" der FOURIER–Reihe von $T_n j$ ist denkbar einfach:

**Proposition.** *Für $n \geq 1$ gilt*

$$n \cdot (T_n j)(\tau) = e^{-2\pi i n \tau} + 744 \cdot \sigma_1(n) + n j_n \cdot e^{2\pi i \tau} + \cdots \, .$$

*Beweis.* Nach 1(9) hat man mit $j_{-1} = 1$

$$\alpha_{T_n j}(m) = \sum_{d|(m,n)} d^{-1} \cdot j_{mn/d^2} \quad \text{für} \quad m \geq -n$$

wegen $m_0 = -1$. Einen von Null verschiedenen Koeffizienten für negatives $m$ bekommt man also nur, wenn in der Summe $mn = -d^2$ gilt, wenn also $d = n$ und $m = -n$ gilt. Die fehlenden Koeffizienten bestimmt man nun nach 1(9) und beachtet $n \cdot \sigma_{-1}(n) = \sigma_1(n)$ sowie $j_0 = 744$. $\qquad \Box$

**Korollar A.** *Zu jedem $m \in \mathbb{N}$ gibt es $\gamma_m$ und $\gamma_{mn}$ aus $\mathbb{Z}$ mit*

$$j^m = \gamma_m + \sum_{n=1}^{m} n\gamma_{mn} \cdot T_n j.$$

*Beweis.* Durch Potenzieren von (2) erhält man eine FOURIER–Reihe für $j^m$ mit Koeffizienten aus $\mathbb{Z}$. Für geeignete $\gamma_{mn} \in \mathbb{Z}$ ist daher

$$j^m - \sum_{n=1}^{m} n\gamma_{mn} \cdot T_n j$$

eine in $\mathbb{H}$ und bei $\infty$ holomorphe Modulfunktion, also eine Konstante $\gamma_m$. Da $j^m$ und alle $n \cdot T_n j$ ganzzahlige konstante FOURIER–Koeffizienten haben, ist auch $\gamma_m$ ganz.         □

Wie im Beweis der Proposition erhält man für Potenzen von $j$ das

**Korollar B.** *Für $n \geq 1$ gilt*

$$T_n \mathbb{Q}[j] \subset \mathbb{Q}[j].$$

**6*. Die Modulargleichung** ist als Analogon der $n$–Teilungsgleichung der $\wp$–Funktion in I.7.3 für die $j$–Funktion anzusehen. Dabei wird die HECKE–Theorie verwendet.

**Proposition.** *Zu jedem $n \in \mathbb{N}$ existiert ein eindeutig bestimmtes Polynom $F_n(X,Y) \in \mathbb{Q}[X,Y]$ mit der Eigenschaft*

$$(1) \qquad F_n(X, j(\tau)) = \prod_{M \in \Gamma:\Gamma_n} (X - j(M\tau)) \quad \text{für alle } \tau \in \mathbb{H} \,.$$

*$F_n(X,Y)$ hat als Polynom in $X$ bzw. $Y$ jeweils den Grad $\sigma_1(n)$.*

*Beweis.* Sei

$$(2) \qquad F_n(X) := \prod_{M \in \Gamma:\Gamma_n} (X - j(M\tau)).$$

Weil $j$ bereits $\Gamma$–invariant ist, hängt (2) nicht von der Wahl des Vertretersystems ab. Sei $r = \sigma_1(n)$ und $M_1, \ldots, M_r$ das Standard–Rechtsvertretersystem 2(2). Dann folgt

$$F_n(X) = \sum_{k=0}^{r} (-1)^k P_k(j(M_1\tau), \ldots, j(M_r\tau)) \cdot X^{r-k},$$

wobei $P_k$ das $k$–te elementarsymmetrische Polynom in $r$ Unbestimmten ist. Für die Potenzsummen gilt

$$\sum_{\nu=1}^{r} j(M_\nu \tau)^k = (nT_n(j^k))(\tau) \in \mathbb{Q}[j(\tau)]$$

nach Korollar 5B. Bekanntlich (vgl. M. KOECHER [1997], 8.3.9) kann man die elementarsymmetrischen Polynome rational durch die Potenzsummen ausdrücken, d. h.

$$(3) \qquad P_k(j(M_1\tau), \dots, j(M_r\tau)) \in \mathbb{Q}[j(\tau)].$$

Weil $j(\tau)$ transzendent ist, gibt es ein eindeutig bestimmtes Polynom $F_n(X, Y) \in \mathbb{Q}[X, Y]$ mit der Eigenschaft (1). Offenbar hat $F_n(X, Y)$ in $X$ den Grad $r$.

Der höchste auftretende Pol in $\infty$ bei den Funktionen (3) hat die Ordnung $r = \sigma_1(n)$ und dieser tritt nur bei $P_r$ auf, denn in diesem Fall beginnt die FOURIER–Entwicklung mit dem Term

$$\prod_{d \mid n} \prod_{b \,(\mathrm{mod}\, d)} e^{-2\pi i(a\tau + b)/d} = \pm\, e^{-2\pi i r\tau}.$$

Folglich sind alle $P_k(j(M_1\tau), \dots, j(M_r\tau))$ für $0 \leq k < r$ Polynome in $j(\tau)$ von einem Grad $< r$ und für $k = r$ ein Polynom in $j(\tau)$ vom Grad $r$. Demnach hat $F_n(X, Y)$ in $Y$ ebenfalls den Grad $r$. $\qquad\Box$

In Anlehnung an I.7.3 nennt man $F_n(X, Y) = 0$ die *Modulargleichung vom Grad n*. Trivialerweise gilt $F_1(X, Y) = X - Y$. Eine längere Rechnung mit der FOURIER–Entwicklung von $j(\tau)$ liefert

$$F_2(X, Y) = X^3 + Y^3 - X^2Y^2 + 1.488(X^2Y + XY^2) - 162.000(X^2 + Y^2)$$
$$+ \, 40.773.375\, XY + 8.748.000.000(X + Y) - 157.464.000.000.000.$$

Für das weitere Vorgehen benötigen wir als Hilfsmittel das

**Lemma.** *Ist $n \in \mathbb{N}$ quadratfrei, so gibt es zu $M \in \Gamma_n$ Matrizen $K, L \in \Gamma$ mit*

$$KML = \begin{pmatrix} 1 & 0 \\ 0 & n \end{pmatrix}.$$

*Beweis.* Wegen 2(2) können wir von der Form $M = \left(\begin{smallmatrix} a & b \\ 0 & d \end{smallmatrix}\right)$ mit $ad = n$ ausgehen. Weil $n$ quadratfrei ist, sind $a$ und $d$ teilerfremd. Nach Lemma II.3.2 existiert ein $x \in \mathbb{Z}$, so dass $xa + b$ und $d$ bereits teilerfremd sind. Man wählt nun $\alpha, \beta \in \mathbb{Z}$ mit $\alpha(xa + b) + \beta d = 1$. Dann folgt die Behauptung mit

$$K = \begin{pmatrix} \alpha & \beta \\ -d & xa + b \end{pmatrix}, \quad L = \begin{pmatrix} x & -1 \\ 1 & 0 \end{pmatrix} \cdot \begin{pmatrix} 1 & \alpha a \\ 0 & 1 \end{pmatrix}. \qquad\Box$$

Sei $\mathbb{K} = \mathbb{V}_0$ wieder der Körper der Modulfunktionen. Dann kommen wir zu dem zentralen

**Satz.** *Sei $n \in \mathbb{N}$, $n > 1$ quadratfrei. Dann ist*

$$F_n(X, j) \in \mathbb{K}[X]$$

*irreduzibel. Es gilt*

$$F_n(X, Y) = F_n(Y, X) \quad und \quad F_n(X, X) \in \mathbb{Q}[X]\backslash\{0\}.$$

*Beweis.* Für festes $L \in \Gamma$ durchläuft mit $M$ auch $ML$ ein Rechtsvertretersystem von $\Gamma_n$ nach $\Gamma$. Also ist $f(\tau) \mapsto f(L\tau)$ ein Automorphismus des Zerfällungskörpers $\mathbb{K}' = \mathbb{K}[j(M\tau), M \in \Gamma_n]$ von $F_n(X, j)$ über $\mathbb{K}$. Zu $M \in \Gamma_n$ wählt man $K, L \in \Gamma$ nach dem Lemma und erhält

$$j(M\tau) = j((L^{-1}\tau)/n).$$

Folglich entstehen alle Nullstellen $X = j(M\tau)$, $M \in \Gamma_n$, des Polynoms $F_n(X, j)$ aus der speziellen Nullstelle $X = j(\tau/n)$ durch Anwendung von Automorphismen von $\mathbb{K}'$ über $\mathbb{K}$. Deshalb ist $F_n(X, j)$ irreduzibel über $\mathbb{K}$.

Aus $\binom{n\ 0}{0\ 1} \in \Gamma_n$ folgt $F_n(j(n\tau), j(\tau)) = 0$ für alle $\tau \in \mathbb{H}$. Ersetzt man $\tau$ durch $\tau/n$, so folgt $F_n(j(\tau), j(\tau/n)) = 0$ für alle $\tau \in \mathbb{H}$. Also ist $F_n(j(\tau), Y) \in \mathbb{K}[Y]$ durch $Y - j(\tau/n)$ teilbar und wegen der Irreduzibilität auch durch $F_n(Y, j(\tau))$. Weil beide Polynome nach der Proposition den Grad $\sigma_1(n)$ haben, gibt es ein $c \in \mathbb{Q}$ mit

$$F_n(X, Y) = c\, F_n(Y, X).$$

Aus Symmetriegründen ergibt sich $c = \pm 1$. Für $c = -1$ folgt $F_n(X, X) = 0$. Dann ist $F_n(X, j)$ durch $X - j$ teilbar, was wegen $\sigma_1(n) > 1$ der Irreduzibilität widerspricht. Daraus erhält man $c = 1$ und $F_n(X, X) \neq 0$.      $\square$

**7*. Die singulären Werte.** Als Anwendung von Satz 6 zeigen wir den

**Satz.** *Gehört $\tau \in \mathbb{H}$ zu einem imaginär–quadratischen Zahlkörper, so ist $j(\tau)$ eine algebraische Zahl.*

*Beweis.* Gehört $\tau \in \mathbb{H}$ zu einem imaginär–quadratischen Zahlkörper, so besitzt $\tau$ eine Darstellung

$$\tau = \frac{1}{d}(b + ia\sqrt{D}), \quad b \in \mathbb{Z}, \quad a, d, D \in \mathbb{N}, \quad D \text{ quadratfrei}.$$

Zunächst gilt $\binom{1\ 0}{0\ D} \langle i\sqrt{D} \rangle = i/\sqrt{D} = J\langle i\sqrt{D} \rangle$, also

$$j(i\sqrt{D}) = j(i\sqrt{D}/D).$$

Man hat $j(i) = 1728 \in \mathbb{Q}$ und für $D > 1$ ist $j(i\sqrt{D})$ nach Proposition 6 und Satz 6 Nullstelle des Polynoms $F_D(X, X) \in \mathbb{Q}[X]\backslash\{0\}$. Folglich ist $j(i\sqrt{D})$ algebraisch. Sei $ad = n$, also $M = \binom{a\ b}{0\ d} \in \Gamma_n$ mit $M\langle i\sqrt{D} \rangle = \tau$. Nach Proposition 6 ist $j(\tau)$ Nullstelle des normierten Polynoms

$$F_n(X, j(i\sqrt{D})) \in \mathbb{Q}(j(i\sqrt{D}))[X],$$

also algebraisch über $\mathbb{Q}(j(i\sqrt{D}))$ und damit ebenfalls algebraisch über $\mathbb{Q}$.      $\square$

Ist $\Omega$ ein Gitter mit komplexer Multiplikation, so nennt man $j(\Omega)$ nach L. Kronecker einen *singulären Wert* von $j$. Nach Satz I.7.5 hat $\Omega$ dann die Form $\Omega = \lambda(\mathbb{Z}\tau + \mathbb{Z})$ mit einem $0 \neq \lambda \in \mathbb{C}$ und einem $\tau \in \mathbb{H}$, das zu einem imaginär–quadratischen Zahlkörper gehört. Wegen $j(\Omega) = j(\tau)$ folgt aus dem Satz das

**Korollar A.** *Die singulären Werte von $j$ sind algebraische Zahlen.*

**Korollar B.** *Sei $n \in \mathbb{N}$, $n > 1$ quadratfrei und $c \in \mathbb{C}$ mit $F_n(c,c) = 0$. Dann existiert ein $\tau \in \mathbb{H}$ mit $j(\tau) = c$ und jedes derartige $\tau$ gehört zu einem imaginär–quadratischen Zahlkörper.*

*Beweis.* Die Existenz von $\tau$ folgt aus Satz III.5.2A oder I.4.4C. Nach Proposition 6 ist $c = j(\tau)$ eine Nullstelle des Polynoms $F_n(X, j(\tau))$, also $j(\tau) = j(M\tau)$ für ein $M \in \Gamma_n$. Nach Satz III.5.2A oder I.4.4B existiert ein $K \in \Gamma$ mit $\tau = KM\tau$. Weil $n$ quadratfrei ist, gilt $KM \notin \mathbb{Z}E$. Aufgrund von I.7.5 gehört $\tau$ dann zu einem imaginär–quadratischen Zahlkörper. $\qquad\square$

**Bemerkung (Kroneckers Jugendtraum).** Nach einem klassischen Ergebnis von L. Kronecker ist jede abelsche Erweiterung von $\mathbb{Q}$, also jede Galois–Erweiterung von $\mathbb{Q}$ mit abelscher Galois–Gruppe, in einem Körper von Einheitswurzeln enthalten. Damit erzeugen die Einheitswurzeln, also die Werte der Exponentialfunktion $e^{2\pi i\alpha}$, $\alpha \in \mathbb{Q}$, die maximalen abelschen Erweiterungen von $\mathbb{Q}$. Dieser Sachverhalt ist unter dem Namen *Satz von* Kronecker–Weber bekannt: Ein erster (unvollständiger) Beweis stammt von L. Kronecker (*Werke IV*, 3–11), ein zweiter (etwas lückenhafter) von H. Weber (1842–1913), Acta Math. **8**, 193–263 (1886), und schließlich ein vollständiger Beweis von D. Hilbert (*Ges. Abh. I*, 53–62). Eine moderne Darstellung auf klassischer Grundlage findet man bei L.C. Washington ([1982], chap. 14).

Eine analoge Konstruktion ist auch für imaginär–quadratische Zahlkörper $K$ möglich, wenn man die Exponentialfunktion durch die $j$–Funktion ersetzt. Für $\tau \in K \cap \mathbb{H}$ besagt der Satz, dass $K(j(\tau))$ eine endliche Erweiterung von $K$ ist. Mit mehr Aufwand (vgl. H. Weber [1908], § 121) kann man zeigen, dass diese Körpererweiterung auch abelsch ist. Eine Antwort auf die Frage, welche abelschen Erweiterungen von $K$ auf diese Weise entstehen, findet man bei S. Lang [1987], Chap. 10.

Das 12. Hilbertsche Problem (*Ges. Abh. III*, 290–329) stellt die Frage nach der Beschreibung aller abelschen Erweiterungen eines beliebigen algebraischen Zahlkörpers.

**Aufgaben.** 1) Ist $p$ eine Primzahl, so gilt $[\Gamma : \Gamma_0[p]] = p+1$ (vgl. II.3.3). Sei $M_0, M_1, \ldots, M_p$ ein Vertretersystem der Rechtsnebenklassen von $\Gamma$ nach $\Gamma_0[p]$, d. h.

$$\Gamma = \bigcup_{j=0}^{p} \Gamma_0[p] M_j.$$

Dann sind

$$\begin{pmatrix} p & 0 \\ 0 & 1 \end{pmatrix} M_j \text{ sowie } \begin{pmatrix} 0 & -1 \\ p & 0 \end{pmatrix} M_j, \quad j = 0, 1, \ldots, p,$$

zwei Rechtsvertretersysteme von $\Gamma_p$ modulo $\Gamma$.

2) Sei $f \in \mathbb{M}_k$ und $p$ eine Primzahl. Sei $g(\tau) = f(p\tau) \in \mathbb{M}_k(\Gamma_0[p])$ (vgl. Aufgabe III.7.3). Mit der Definition der Spur in III.7.3 gilt dann $T_p f = p^{k-1}\mathrm{Sp}(g)$ .

3) Es gilt $|\tau(n)| \leq n^5 \cdot \sigma_1(n)$ für alle $n \in \mathbb{N}$.

4) Für jedes $n \geq 1$ ist $T_n^{(2)} j' = p(j) \cdot j'$, wobei $p(j)$ ein Polynom in $j$ vom Grad $n-1$ ist.

5) Seien $n > 1$ und $\mathcal{V} = \{M_1, \ldots, M_r\}$, $r = \sigma_1(n)$, ein Rechtsvertretersystem von $\Gamma_n$ modulo $\Gamma$. Sei $P(X_1, \ldots, X_r)$ ein homogenes symmetrisches Polynom vom Grad $m$. Dann ist

$$P_n^{(k)} : \mathbb{M}_k \longrightarrow \mathbb{M}_{mk} , \quad f \longmapsto P(f|M_1, \ldots, f|M_r) ,$$

ein Vektorraumhomomorphismus. Mit dem Standard–Rechtsvertretersystem 2(2) gilt

$$\alpha_{P_n^{(k)}(f)}(0) = n^{k-1} \cdot P(d_1, \ldots, d_r) \cdot \alpha_f(0).$$

Sind $Q$ und $R$ homogene symmetrische Polynome mit $P = Q \cdot R$, so gilt

$$P_n^{(k)}(f) = Q_n^{(k)}(f) \cdot R_n^{(k)}(f) \text{ für alle } f \in \mathbb{M}_k.$$

6) $\{P_2^{(4)}(G_4) ; \ P \in \mathbb{C}[X_1, X_2, X_3] \text{ symmetrisch}\} = \bigoplus_{k \geq 0} \mathbb{M}_{4k}.$

7) Seien $f \in \mathbb{M}_k$ , $p$ eine Primzahl, $g(\tau) = f(p\tau) \in \mathbb{M}_k(\Gamma_0[p])$ , $r = p+1$ und $P(X_1, \ldots, X_r) = X_1 \cdot \ldots \cdot X_r$. Mit der Bezeichnung aus Korollar III.7.3 gilt dann $\pi(g) = P_p^{(k)}(f)$ .

8) Seien $p$ eine Primzahl und $f \in \mathbb{M}_k$ mit $T_p f = \lambda f$ , $\lambda \in \mathbb{C}$. Dann gilt

$$f(\tau) - (T_p f)(p\tau) + p^{k-1} \cdot f(p^2\tau) = \sum_{m \geq 1, p \nmid m} \alpha_f(m) \cdot e^{2\pi i m \tau} =: f_p(\tau).$$

Folgern Sie $f_p \in \mathbb{M}_k(\Gamma_0[p^2])$.

9) Sei $f \in \mathbb{M}_k$ und $p$ eine Primzahl, so dass $\alpha_f(pm) = 0$ für alle $m \geq 0$. Dann gilt $f = 0$.

10) Ist $f \in \mathbb{M}_k$ und $p$ eine Primzahl mit $\alpha_f(m) = 0$ für alle $m \in \mathbb{N}_0$ mit $p \nmid m$, so gilt $f = 0$.

11) Welche $f \in \mathbb{K} = \mathbb{V}_0$ sind simultane Eigenformen aller HECKE–Operatoren?

12) Die HECKE–Operatoren $T_n^{(k)}$ bilden die Unterräume $A(\mathbb{H})$ und $B(\mathbb{H})$ (vgl. Aufgabe III.1.1) von $V(\mathbb{H})$ in sich ab.

13) Man bezeichne eine explizite Darstellung von $2T_2 j$ und $3T_3 j$ als Polynom in $j$.

14) Für eine Primzahl $p$ ist $-F_p(X, X)$ ein normiertes Polynom in $\mathbb{Q}[X]$ vom Grad $2p$.

15) Es gilt $-F_2(X, X) = (X - 12^3) \cdot (X - 20^3) \cdot (X + 15^3)^2$. Man folgere daraus $j(i\sqrt{2}) = 20^3$ sowie weiterhin $j(\frac{1}{2}(1 + i\sqrt{7})) = -15^3$.

## §2. Die Algebra der HECKE–Operatoren

**1. Die Multiplikativität von** $T_n$. *Für teilerfremde Zahlen* $m, n \in \mathbb{N}$ *und* $f \in V(\mathbb{H})$ *gilt*

$$(1) \qquad\qquad T_{mn}^{(k)} f = T_m^{(k)} T_n^{(k)} f = T_n^{(k)} T_m^{(k)} f .$$

Dabei wird die Hintereinanderanwendung der Abbildungen $T_m$ und $T_n$ mit $T_n T_m$ bezeichnet. Die behauptete Vertauschbarkeit von $T_m$ und $T_n$ für teilerfremde $m, n$ folgt dabei einfach aus der Tatsache, dass die linke Seite von (1) in $m$ und $n$ symmetrisch ist.

Der Beweis der Multiplikativität wird auf eine entsprechende Aussage über Restsysteme zurückgeführt.

**Lemma.** *Sind* $m, n \in \mathbb{N}$ *teilerfremd, gilt* $a_1 d_1 = m, a_2 d_2 = n$ *mit ganzen Zahlen* $a_1, a_2, d_1, d_2$ *und durchlaufen* $b_1 \,(\mathrm{mod}\ d_1)$ *sowie* $b_2 \,(\mathrm{mod}\ d_2)$ *je ein volles Restsystem, dann durchläuft*

$$(2) \qquad b_{12} := a_2 b_1 + b_2 d_1$$

*ein volles Restsystem* $(\mathrm{mod}\ d_1 d_2)$.

*Beweis. Die Zahlen der Form* (2) *sind* $(\mathrm{mod}\ d_1 d_2)$ *inkongruent:* In offensichtlicher Schreibweise ergibt sich aus

$$a_2 \tilde{b}_1 + \tilde{b}_2 d_1 \equiv a_2 b_1 + b_2 d_1 \quad (\mathrm{mod}\ d_1 d_2)$$

sofort $a_2 \tilde{b}_1 \equiv a_2 b_1 \ (\mathrm{mod}\ d_1)$, also – da $a_2$ und $d_1$ teilerfremd sind – schon $\tilde{b}_1 \equiv b_1$ $(\mathrm{mod}\ d_1)$. Da $\tilde{b}_1$ und $b_1$ aus einem Restsystem $(\mathrm{mod}\ d_1)$ stammen, folgt $\tilde{b}_1 = b_1$ und $\tilde{b}_2 d_1 \equiv b_2 d_1 \,(\mathrm{mod}\ d_1 d_2)$. Das ergibt $\tilde{b}_2 \equiv b_2 \,(\mathrm{mod}\ d_2)$ und somit $\tilde{b}_2 = b_2$.

*Die Anzahl der Zahlen* (2) *ist* $d_1 d_2$: Denn $b_1$ bzw. $b_2$ durchläuft genau $d_1$ bzw. $d_2$ Zahlen. $\qquad \Box$

Zum *Beweis* von (1) hat man nun nach 1.1(6)

$$\left[ \left( T_m^{(k)} T_n^{(k)} \right) f \right] (\tau)$$

$$= (mn)^{k-1} \cdot \sum_{a_1 d_1 = m} \sum_{a_2 d_2 = n} (d_1 d_2)^{-k} \cdot \sum_{b_1 (\mathrm{mod}\ d_1)} \sum_{b_2 (\mathrm{mod}\ d_2)} f((a_2 a_1 \tau + b_{12})/d_1 d_2) \,,$$

wobei $b_{12}$ durch (2) beschrieben wird. Da man die Teiler von $mn$ in der Form $d_1 d_2$ mit $d_1 | m$ und $d_2 | n$ genau einmal bekommt, kann man erneut 1.1(6) anwenden und erhält (1). $\qquad \Box$

**2. Eine Rekursionsformel für** $T_{p^r}$**.** *Für jede Primzahl* $p$, *alle* $r \in \mathbb{N}$ *und alle* $f \in V(\mathbb{H})$ *gilt*

$$(1) \qquad T_{p^r} T_p f = T_{p^{r+1}} f + p^{k-1} \cdot T_{p^{r-1}} f \,.$$

Hier ist $T_{p^0} = T_1$ natürlich die identische Abbildung. Der Beweis von (1) wird wieder auf eine geeignete Aussage über Restsysteme zurückgeführt:

**Lemma A.** *Durchläuft* $b_\nu$ *ein Restsystem* $(\mathrm{mod}\ p^\nu)$ *und* $a$ *ein Restsystem* $(\mathrm{mod}\ p)$, *so durchläuft*

$$(2) \qquad c_\nu := b_\nu + a p^\nu$$

*ein Restsystem* $(\mathrm{mod}\ p^{\nu+1})$ *genau einmal.*

*Beweis.* In offensichtlicher Bezeichnung ergibt eine Kongruenz

$$\tilde{b}_\nu + \tilde{a} p^\nu \equiv b_\nu + a p^\nu \,(\mathrm{mod}\ p^{\nu+1})$$

sofort $\tilde{b}_\nu \equiv b_\nu \,(\mathrm{mod}\ p^\nu)$, also $\tilde{b}_\nu = b_\nu$ und folglich $\tilde{a} \equiv a \,(\mathrm{mod}\ p)$. $\qquad\qquad$ □

**Lemma B.** *Reduziert man für $\nu \geq 1$ eine Restsystem $b_\nu \,(\mathrm{mod}\ p^\nu)$ modulo $p^{\nu-1}$, so erhält man ein Restsystem $c_\nu \,(\mathrm{mod}\ p^{\nu-1})$ genau $p$–mal.*

*Beweis.* Analog. $\qquad\qquad$ □

Zum *Beweis* von (1) verwendet man 1.1(6), trägt 1.1(7) ein und behandelt den Fall $\nu = 0$ gesondert:

$$
(T_{p^r} T_p f)\,(\tau) = p^{r(k-1)} \cdot \sum_{\nu=0}^{r} p^{-\nu k} \cdot \sum_{b_\nu \,(\mathrm{mod}\ p^\nu)} T_p f\left( (p^{r-\nu}\tau + b_\nu)/p^\nu \right)
$$

$$
= p^{(r+1)(k-1)} \cdot f(p^{r+1}\tau) + p^{r(k-1)-1} \cdot \sum_{a \,(\mathrm{mod}\ p)} f((p^r \tau + a)/p)
$$

$$
+ p^{r(k-1)} \sum_{\nu=1}^{r} p^{-\nu k} \sum_{b_\nu \,(\mathrm{mod}\ p^\nu)} \left\{ p^{k-1} f\left( \frac{p^{r-\nu}\tau + b_\nu}{p^{\nu-1}} \right) + \frac{1}{p} \sum_{a \,(\mathrm{mod}\ p)} f\left( \frac{p^{r-\nu}\tau + c_\nu}{p^{\nu+1}} \right) \right\},
$$

wobei die $c_\nu$ wie in (2) definiert sind. Mit Lemma B bzw. Lemma A ergibt sich

$$
(T_{p^r} T_p f)\,(\tau) = p^{(r+1)(k-1)} \cdot f(p^{r+1}\tau)
$$

$$
+ p^{r(k-1)} \cdot \sum_{\nu=1}^{r} p^{-(\nu-1)k} \cdot \sum_{b_\nu \,(\mathrm{mod}\ p^{\nu-1})} f\left( (p^{(r-1)-(\nu-1)}\tau + b_\nu)/p^{\nu-1} \right)
$$

$$
+ p^{r(k-1)} \cdot \sum_{\nu=0}^{r} p^{-\nu k - 1} \cdot \sum_{c_\nu \,(\mathrm{mod}\ p^{\nu+1})} f\left( (p^{(r+1)-(\nu+1)}\tau + c_\nu)/p^{\nu+1} \right)
$$

$$
= p^{(r+1)(k-1)} \cdot f(p^{r+1}\tau) + p^{r(k-1)-(r-1)(k-1)} \cdot T_{p^{r-1}} f
$$

$$
+ p^{(r+1)(k-1)} \cdot \sum_{\nu=0}^{r} p^{-(\nu+1)k} \cdot \sum_{c_\nu \,(\mathrm{mod}\ p^{\nu+1})} f\left( (p^{(r+1)-(\nu+1)}\tau + c_\nu)/p^{\nu+1} \right)
$$

$$
= p^{k-1} \cdot T_{p^{r-1}} f + T_{p^{r+1}} f \ . \qquad\qquad □
$$

**Korollar.** *Für eine Primzahl $p$ und $r, s \in \mathbb{N}_0$ gilt:*

$$
T_{p^r} T_{p^s} = \sum_{\nu=0}^{\min(r,s)} p^{\nu(k-1)} \cdot T_{p^{r+s-2\nu}} .
$$

*Insbesondere kommutieren $T_{p^r}$ und $T_{p^s}$.*

*Beweis* durch Induktion nach $s$: Für $s = 1$ war die Behauptung in (1) bewiesen, für $s = 0$ ist sie trivial. Man erhält aus (1) und der Induktionsvoraussetzung

$$T_{p^r} T_{p^{s+1}} = \sum_{\nu=0}^{\min(r,s)} p^{\nu(k-1)} \cdot T_{p^{r+s-2\nu}} T_p - p^{k-1} \cdot \sum_{\nu=0}^{\min(r,s-1)} p^{\nu(k-1)} \cdot T_{p^{r+s-1-2\nu}} \,,$$

also mit (1)

$$\begin{aligned}
T_{p^r} T_{p^{s+1}} \;=\;& \sum_{\nu=0}^{\min(r,s)} p^{\nu(k-1)} \cdot T_{p^{r+s-2\nu+1}} + \sum_{\substack{\nu=0 \\ 2\nu+1\leq r+s}}^{\min(r,s)} p^{(\nu+1)(k-1)} \cdot T_{p^{r+s-2\nu-1}} \\
& - \sum_{\nu=0}^{\min(r,s-1)} p^{(\nu+1)(k-1)} \cdot T_{p^{r+s-2\nu-1}} \\
=\;& \sum_{\nu=0}^{\min(r,s)} p^{\nu(k-1)} \cdot T_{p^{r+s+1-2\nu}} + \sum_{\nu} p^{(\nu+1)(k-1)} \cdot T_{p^{r+s-2\nu-1}} \,,
\end{aligned}$$

wobei die letzte Summe über die $\nu$ mit

$$\min(r, s-1) < \nu \leq \min(r,s) \quad \text{und} \quad 2\nu + 1 \leq r + s$$

zu erstrecken ist. Diese zweite Summe ist aber nur dann nicht die leere Summe, wenn $r > s$, wenn also $\min(r, s+1) = s+1$ gilt. In diesem Fall besteht sie aus dem einzigen Term mit $\nu = s$. Damit ist die Induktion vollendet. $\qquad \square$

**3. Die Algebra der HECKE–Operatoren.** Nach Satz 1.3 bzw. Korollar 1.3 sind die HECKE-Operatoren $T_n = T_n^{(k)}$, $n \geq 1$, Endomorphismen des Vektorraums $\mathbb{V}_k$, welche den Unterraum $\mathbb{M}_k$ der ganzen Modulformen in sich abbilden. Es bezeichne $\mathcal{H}_k$ den von den $T_n = T_n^{(k)}$, $n \geq 1$, aufgespannten Vektorraum von Endomorphismen von $\mathbb{M}_k$. Definitionsgemäß besteht $\mathcal{H}_k$ aus allen endlichen Linearkombinationen der Form

$$(1) \qquad \sum_{n \geq 1} \alpha_n T_n \quad \text{mit} \quad \alpha_n \in \mathbb{C}.$$

Wie üblich bezeichne End $\mathbb{M}_k$ die $\mathbb{C}$–Algebra aller Endomorphismen von $\mathbb{M}_k$.

**Satz.** *$\mathcal{H}_k$ ist eine kommutative Unteralgebra von* End $\mathbb{M}_k$, *die als $\mathbb{C}$–Algebra mit Einselement von allen $T_p$ für Primzahlen $p$ erzeugt wird. Für $m, n \geq 1$ gelten die Kompositionsregeln*

$$(2) \qquad T_m T_n = \sum_{d|(m,n)} d^{k-1} \cdot T_{mn/d^2}.$$

*Insbesondere ist jeder HECKE–Operator $T_n$, $n \in \mathbb{N}$, ein rationales Polynom in den $T_p$, $p$ Primzahl.*

Die Summe ist in (2) wieder über alle positiven gemeinsamen Teiler von $m$ und $n$ zu erstrecken.

Man nennt $\mathcal{H}_k$ die HECKE–*Algebra (vom Gewicht k).*

*Beweis.* (i) Sind $m$ und $n$ teilerfremd, so bedeutet (2) gerade die in **1** bewiesene Multiplikativität der $T_n$. Jedes $T_n$ lässt sich daher als Produkt von Abbildungen der Form $T_{p^r}$ mit Primzahlen $p$ und $r \in \mathbb{N}$ schreiben.
(ii) Für eine Primzahl $p$ ist $T_{p^r}$, $r \in \mathbb{N}$, ein Polynom in $T_p$. Zum Beweis verwendet man 2(1) und eine Induktion nach $r$.
(iii) $\mathcal{H}_k$ ist kommutativ, denn nach (i) und (ii) ist jedes $T_n$ ein Polynom in $T_p$'s für Primzahlen $p$. HECKE–Operatoren $T_p$ und $T_q$ sind für verschiedene Primzahlen $p$ und $q$ nach **1** vertauschbar.
(iv) Der Beweis von (2) erfolgt nun durch eine Induktion nach der Anzahl der verschiedenen Primteiler von $mn$: Enthält $mn$ nur einen Primteiler $p$, gilt also $m = p^r$ und $n = p^s$ mit $r + s \geq 0$, so ergibt Korollar 2

$$(*) \qquad T_{p^r} T_{p^s} = \sum_{\nu=0}^{\min(r,s)} p^{\nu(k-1)} \cdot T_{p^{r+s-2\nu}} = \sum_{d|(p^r,p^s)} d^{k-1} \cdot T_{p^r p^s / d^2},$$

also die Behauptung (2).

Sind nun $m$ und $n$ nicht teilerfremd (denn andernfalls ist (2) bereits bewiesen), dann wählt man eine Primzahl $p$ mit

$$m = m'p^r \, , \, n = n'p^s \quad \text{und} \quad (m',p) = (n',p) = 1 \, , \, r \geq 1, s \geq 1 \, .$$

Nach Induktionsvoraussetzung gilt also (2) für $m'$ und $n'$ an Stelle von $m$ und $n$. Es folgt nun mit (i), (iii) und $(*)$

$$\begin{aligned}
T_m T_n &= T_{m'} T_{n'} T_{p^r} T_{p^s} \\[2mm]
&= \sum_{t|(m',n')} t^{k-1} \cdot T_{m'n'/t^2} \cdot \sum_{d|(p^r,p^s)} d^{k-1} \cdot T_{p^r p^s/d^2} \, , \\[2mm]
&= \sum_{t|(m',n')} \sum_{d|(p^r,p^s)} (td)^{k-1} \cdot T_{mn/(td)^2} \, .
\end{aligned}$$

Da hier aber $td$ genau die positiven gemeinsamen Teiler von $m$ und $n$ durchläuft, folgt (2). $\qquad\qquad \square$

**Korollar.** *Ist $f \in \mathbb{M}_k$ nicht konstant, so sind äquivalent:*
(i)  *$f$ ist simultane Eigenform bezüglich aller* HECKE–*Operatoren.*
(ii) *Zu jeder Primzahl $p$ gibt es ein $\lambda_f(p) \in \mathbb{C}$ mit $T_p f = \lambda_f(p) \cdot f$.*
(iii) *Für jede Primzahl $p$ und alle $m \in \mathbb{N}_0$ gilt*

$$(3) \qquad \alpha_f(p) \cdot \alpha_f(m) = \alpha_f(1) \cdot (\alpha_f(mp) + p^{k-1} \cdot \alpha_f(m/p)) \, ,$$

*wobei im Fall $p \nmid m$ noch $\alpha_f(m/p) = 0$ gesetzt ist.*

*In diesem Fall ist* $\alpha_f(1) \neq 0$ *und es gilt*

$$T_n f = \frac{\alpha_f(n)}{\alpha_f(1)} \cdot f \quad \text{für alle} \quad n \in \mathbb{N}.$$

*Beweis.* (i) $\Longleftrightarrow$ (ii): Jedes $T_n$ ist ein Polynom in gewissen $T_p$'s.
(ii) $\Longleftrightarrow$ (iii): Man wendet Korollar 1.1 sowie 1.4(3) an. $\qquad\qquad\square$

**Bemerkungen.** a) Die Potenz $n^{k-1}$ in der Definition 1.1(5) des Operators $T_n$ ist weitgehend willkürlich. Ändert man sie ab, ändert sich die Kompositionsregel (2). So erhält man z. B. für

$$T_n^* := n^{(1-k)/2} \cdot T_n$$

die einfachere Regel

$$T_m^* T_n^* = \sum_{d|(m,n)} T_{mn/d^2}^*.$$

b) Nach dem Satz ist jeder HECKE–Operator ein Polynom in $T_p$, $p$ Primzahl. Schreibt man Korollar 2 auf die unter a) eingeführte Abbildung $T_n^*$ um, so folgt

$$T_{p^{r+1}}^* + T_{p^{r-1}}^* = T_p^* \cdot T_{p^r}^* \quad \text{für} \quad r \geq 1.$$

Damit kann man $T_{p^r}^*$ durch die CHEBYSHEV–*Polynome* $P_r$ und $Q_r$,

$$\left( X + \sqrt{X^2 - 1} \right)^r = P_r(X) + Q_r(X) \cdot \sqrt{X^2 - 1},$$

(vgl. K. MEYBERG, P. VACHENAUER [1993], 160) ausdrücken: Man erhält

$$T_{p^r}^* = Q_{r+1}(X) \quad \text{mit} \quad X := \tfrac{1}{2} T_p^*.$$

Denn es gilt $Q_0(X) = 0$, $Q_1(X) = 1$ und man verifiziert leicht die Rekursionsformel

$$Q_{r+1}(X) = 2X Q_r(X) - Q_{r-1}(X) \quad \text{für} \quad r \geq 1.$$

c) Für die FOURIER–Koeffizienten $\tau(m)$ von $\Delta$ gilt nach Satz 1.4 für jede Primzahl $p$ und $r \geq 1$

$$\tau(p^{r+1}) + p^{11} \cdot \tau(p^{r-1}) = \tau(p^r) \cdot \tau(p).$$

Definiert man also $\tau^*(m) := m^{-11/2} \cdot \tau(m)$, so erhält man völlig analog zu b)

$$\tau^*(p^r) = Q_{r+1}(x) \quad \text{mit} \quad x := \tfrac{1}{2} \tau^*(p).$$

Offenbar ist die RAMANUJAN–Vermutung III.2.3 äquivalent zu $|x| \leq 1$, also zur Existenz eines *reellen* $t$ mit $x = \cos t$.
d) Definiert man $T_{-1}$ auf $\mathbb{M}_k$ durch $(T_{-1}f)(\tau) := \overline{f(-\overline{\tau})}$, so entsteht aus $\mathcal{H}_k$ durch Adjunktion von $T_{-1}$ eine kommutative $\mathbb{C}$–Algebra $\mathcal{H}_k'$. Ist $f \neq 0$ eine simultane Eigenform bezüglich $\mathcal{H}_k'$, dann gibt es ein $0 \neq \alpha \in \mathbb{C}$, so dass $\alpha f$ reelle FOURIER–Koeffizienten hat (vgl. Lemma 3.2).

e) Eine Verallgemeinerung der Theorie der HECKE–Operatoren auf Kongruenz-untergruppen der Modulgruppe findet man bei G. SHIMURA [1994], Chap. 3, und T. MIYAKE [1989], Chap. 2, 4.

**4. Die EISENSTEIN–Reihen als simultane Eigenformen.** Mit Korollar 3 soll gezeigt werden, dass die EISENSTEIN–Reihen simultane Eigenformen sind.

**Proposition.** *Ist* $k > 1$ *und* $\alpha(m) := \sigma_{k-1}(m)$, *so gilt für jede Primzahl* $p$ *und alle* $m \geq 1$

$$\alpha(p) \cdot \alpha(m) = \alpha(mp) + p^{k-1} \cdot \alpha(m/p).$$

*Beweis.* Man zeigt zunächst die Behauptung für $m = p^r$, $r \geq 1$:

$$(*) \qquad\qquad \alpha(p) \cdot \alpha(p^r) = \alpha(p^{r+1}) + p^{k-1} \cdot \alpha(p^{r-1}).$$

Wegen

$$\alpha(p^r) = \sigma_{k-1}(p^r) = (q^{r+1} - 1)/(q - 1) \quad \text{für} \quad q := p^{k-1}$$

ist dies aber richtig. Ist $p$ kein Teiler von $m$, dann ist die Behauptung wegen der Multiplikativität von $\alpha$ sicher richtig. Ist $p$ ein Teiler von $m$, so schreibt man $m = m'p^r$ mit $(m', p) = 1$ und bekommt

$$\begin{aligned}
\alpha(p) \cdot \alpha(m) &= \alpha(m') \cdot (\alpha(p) \cdot \alpha(p^r)) \\
&= \alpha(m') \cdot (\alpha(p^{r+1}) + p^{k-1} \cdot \alpha(p^{r-1})) \\
&= \alpha(pm) + p^{k-1} \cdot \alpha(m/p) \, . \qquad\qquad\qquad \square
\end{aligned}$$

**Korollar.** *Die* EISENSTEIN–*Reihe* $G_k$ *ist für gerades* $k \geq 4$ *eine simultane Eigenform, genauer gilt*

$$T_n G_k = \sigma_{k-1}(n) \cdot G_k \quad \text{für alle } n \geq 1.$$

*Beweis.* Wegen III.2.1(3) und 1.3(4) braucht man 3(3) nur für $\alpha(m) := \sigma_{k-1}(m)$, $m \in \mathbb{N}$, nachzuweisen. Das ist aber gerade die Behauptung der Proposition. $\square$

Die EISENSTEIN–Reihen sind die einzigen simultanen Eigenformen, deren konstanter FOURIER–Koeffizient nicht verschwindet. Allgemeiner gilt sogar der

**Satz.** *Sei* $k \geq 4$ *gerade und* $f \in \mathbb{M}_k$ *mit* $\alpha_f(0) = 1$. *Ist* $f$ *eine Eigenform bezüglich* $T_n$ *für ein* $n > 1$, *so gilt*

$$f = G_k^*.$$

*Beweis.* Aus 1.3(4) erhält man den Eigenwert $\lambda_f(n) = \sigma_{k-1}(n)$. Wäre $f \neq G_k^*$, so ist

$$g := f - G_k^* \in \mathbb{S}_k \, , \quad g \neq 0$$

und das Korollar impliziert

$$T_n g = \sigma_{k-1}(n) \cdot g.$$

Aus Proposition 1.4 ergibt sich dann

$$(*) \qquad \sigma_{k-1}(n) - n^{k/2} \cdot \sigma_{-1}(n) \leq 0.$$

Es gilt aber

$$2\sigma_{k-1}(n) - 2n^{k/2} \cdot \sigma_{-1}(n) = \sum_{d|n} \left( d^{k-1} + \left(\frac{n}{d}\right)^{k-1} - n^{k/2}\left(\frac{1}{d} + \frac{d}{n}\right) \right)$$

$$= \sum_{d|n} \frac{n^{k/2}}{d} \left( 1 - \left(\frac{\sqrt{n}}{d}\right)^{k-2} \right) \left( \left(\frac{d}{\sqrt{n}}\right)^k - 1 \right) > 0,$$

da in der letzten Summe jeder Summand außer eventuell $d = \sqrt{n}$ positiv ist. Damit hat man einen Widerspruch zu $(*)$ und $f = G_k^*$ ist bewiesen. $\qquad\square$

**Bemerkung.** Man betrachte die bedingt konvergente EISENSTEIN–Reihe $G_2$ in III.6.1(1). Nach Proposition III.6.1 gehört $G_2$ zu $V(\mathbb{H})$. Die Proposition und ein Analogon von Lemma 1.4 zeigen nun, dass $G_2$ eine simultane Eigenform ist:

$$T_n G_2 = \sigma_1(n) \cdot G_2 \quad \text{für alle} \quad n \in \mathbb{N}.$$

**5*. Eine ganzzahlige Darstellung der HECKE–Operatoren.** In III.4.4 hatte man gesehen, dass die $\mathbb{Z}$–Moduln $\mathbb{M}_k^{\mathbb{Z}}$ bzw. $\mathbb{S}_k^{\mathbb{Z}}$ für $k \geq 4$ frei sind und dass

$$(1) \qquad \mathbb{M}_k^{\mathbb{Z}} = \mathbb{Z} \cdot g \oplus \mathbb{S}_k^{\mathbb{Z}} \quad \text{für jedes} \quad g = G_4^{*r} \cdot G_6^{*s} \quad \text{mit} \quad 4r + 6s = k$$

gilt. Für $k > 0$ erhält man aus Lemma 1.1 jetzt sofort

$$(2) \qquad T_n f \in \mathbb{M}_k^{\mathbb{Z}} \quad \text{für alle} \quad f \in \mathbb{M}_k^{\mathbb{Z}},$$

und Korollar 1.3 ergibt dann

$$(3) \qquad T_n f \in \mathbb{S}_k^{\mathbb{Z}} \quad \text{für alle} \quad f \in \mathbb{S}_k^{\mathbb{Z}}.$$

Man wähle eine Ganzheitsbasis $g_1, g_2, \ldots, g_t, t := t_k := \dim_{\mathbb{C}} \mathbb{S}_k$ und bezeichne mit $g$ den Spaltenvektor mit den Komponenten $g_1, g_2, \ldots, g_t$. Sei $T_n g$ der Spaltenvektor, der durch komponentenweise Anwendung von $T_n$ entsteht. Dann erhält man den

**Satz.** *Für $k > 0$ gilt :*
a) *Zu jedem $n \in \mathbb{N}$ gibt es eine eindeutig bestimmte Matrix $A(n) \in \mathrm{Mat}(t; \mathbb{Z})$ mit der Eigenschaft*

$$(4) \qquad T_n g = A(n)g.$$

b) *Die Matrizen $A(n), n \in \mathbb{N}$, sind paarweise vertauschbar und es gilt*

$$(5) \qquad A(m) \cdot A(n) = \sum_{d|(m,n)} d^{k-1} \cdot A(mn/d^2) \quad \text{für alle } m, n \in \mathbb{N}.$$

c) *Der von den Matrizen $A(n)$, $n \in \mathbb{N}$, über $\mathbb{Z}$ erzeugte kommutative Unterring $\mathcal{H}_k^{\mathbb{Z}}$ von* $\mathrm{Mat}(t; \mathbb{Z})$ *wird von den Matrizen $A(p)$, $p$ Primzahl, und der Einheitsmatrix erzeugt.*

*Beweis.* Nach (3) gibt es eindeutig bestimmte $a_{\nu\mu}(n) \in \mathbb{Z}$ mit

$$T_n g_\nu = \sum_{\mu=1}^{t} a_{\mu\nu}(n) \cdot g_\mu \quad \text{für} \quad \nu = 1, 2, \ldots, t.$$

Nun setzt man $A(n) := (a_{\mu\nu}(n))$ und bekommt Teil a). Die fehlenden Behauptungen ergeben sich nun aus Satz 3. $\hspace{2em} \square$

**Korollar A.** *Die Eigenwerte der Matrizen $A(n)$, $n \in \mathbb{N}$, sind ganze algebraische Zahlen von einem Grad $\leq t$.*

*Beweis.* Die Eigenwerte sind die Nullstellen des charakteristischen Polynoms

$$\det(XE - A(n)) \in \mathbb{Z}[X]. \hspace{2em} \square$$

Die Eigenwerte von $A(n)$ sind die Eigenwerte von $T_n$ auf $\mathbb{S}_k$. Mit Korollar 4 folgt

**Korollar B.** *Die Eigenwerte von $T_n$, $n \in \mathbb{N}$, auf $\mathbb{M}_k$, $k > 0$, sind ganze algebraische Zahlen von einem Grad $\leq t$.*

Aus Lemma 1.4 ergibt sich damit

**Korollar C.** *Sei $f \in \mathbb{M}_k$ eine simultane Eigenform mit $\alpha_f(1) = 1$. Dann sind alle* Fourier*-Koeffizienten $\alpha_f(n)$, $n \in \mathbb{N}$, ganze algebraische Zahlen von einem Grad $\leq t$.*

**6*. Der erste neue Fall.** Im Falle $k = 24, 28, 30, 32, 34$ und $38$ hat $\mathbb{S}_k$ nach der Dimensionsformel III.4.1 die Dimension $t = 2$. Wir behandeln kurz den ersten Fall $k = 24$:

Es wird $q := e^{2\pi i\tau}$ abgekürzt. Nach Korollar III.4.4B bilden

$$g_1 := G_6^{*2} \cdot \Delta^* = \sum_{m \geq 1} \alpha_1(m) q^m, \quad g_2 := \Delta^{*2} = \sum_{m \geq 2} \alpha_2(m) q^m, \quad q = e^{2\pi i\tau}.$$

eine Ganzheitsbasis von $\mathbb{S}_{24}^{\mathbb{Z}}$. Mit III.2.1(11) und I.4.3(6) berechnet man

$$\begin{aligned}
g_1 &= q - 2^3 \cdot 3 \cdot 43 \cdot q^2 + 2^2 \cdot 3^2 \cdot 7^2 \cdot 139 \cdot q^3 + 2^6 \cdot 31 \cdot 5527 \cdot q^4 + \cdots, \\
g_2 &= q^2 - 2^4 \cdot 3 \cdot q^3 + 2^3 \cdot 3^3 \cdot 5 \cdot q^4 + \cdots.
\end{aligned}$$

Nach Lemma 1.1 gilt für die Fourier-Koeffizienten $\alpha_f(m)$ einer Modulform $f$ und für Primzahlen $p$

$$\alpha_{T_p f}(m) = \begin{cases} \alpha_f(pm) + p^{23} \cdot \alpha_f(m/p), & \text{falls } p \mid m, \\ \alpha_f(pm), & \text{falls } p \nmid m. \end{cases}$$

Damit berechnet man zunächst

$$T_2 g_1 = -2^3 \cdot 3 \cdot 43 \cdot g_1 + 2^9 \cdot 3^6 \cdot 7^2 \cdot g_2 \quad \text{und} \quad T_2 g_2 = g_1 + 2^6 \cdot 3 \cdot 11 \cdot g_2,$$

bekommt also

$$(6) \qquad A(2) = -2^3 \cdot 3 \cdot 43 \cdot E + A \quad \text{mit} \quad A = \begin{pmatrix} 0 & 2^9 \cdot 3^6 \cdot 7^2 \\ 1 & 2^3 \cdot 3 \cdot 131 \end{pmatrix}.$$

Entsprechend erhält man mit den Abkürzungen

$$(7) \quad \xi(p) := \alpha_1(2p) + 2^3 \cdot 3 \cdot 43 \cdot \alpha_1(p) , \quad \eta(p) := \alpha_2(2p) + 2^3 \cdot 3 \cdot 43 \cdot \alpha_2(p)$$

jetzt für jede Primzahl $p > 2$

$$(8) \qquad A(p) = \begin{pmatrix} \alpha_1(p) & \xi(p) \\ \alpha_2(p) & \eta(p) \end{pmatrix} = \alpha_1(p) \cdot E + \begin{pmatrix} 0 & \xi(p) \\ \alpha_2(p) & \eta(p) - \alpha_1(p) \end{pmatrix}.$$

Dieses ist natürlich nur eine Formel. Das nicht–triviale Ergebnis entsteht nun aus der Vertauschbarkeit von $A(2)$ und $A(p)$:

**Proposition.** *Für jede Primzahl $p \geq 2$ gilt*

$$A(p) = \alpha_1(p) \cdot E + \alpha_2(p) \cdot A.$$

*Beweis.* Man benutzt (6) und (8). Dann erhält man aus der Vertauschbarkeit von $A(2)$ und $A(p)$ sofort

$$\xi(p) = 2^9 \cdot 3^6 \cdot 7^2 \cdot \alpha_2(p) \quad \text{und} \quad \eta(p) - \alpha_1(p) = 2^3 \cdot 3 \cdot 131 \cdot \alpha_2(p),$$

also die Behauptung. $\qquad \square$

**Korollar.** *Die Eigenwerte aller Matrizen $A(p)$, $p$ Primzahl, liegen im Körper* $\mathbb{Q}\left[\sqrt{144\,169}\right]$.

*Beweis.* Die Eigenwerte einer ganzzahligen $2 \times 2$ Matrix $B$ liegen im Körper

$$\mathbb{Q}\left[\sqrt{(\mathrm{Sp}\,B)^2 - 4 \det B}\right]. \qquad \square$$

**Aufgaben.** 1) Sei $n \in \mathbb{N}$ und $\mathcal{V}$ das Standard–Rechtsvertretersystem aus 1.2(2). Zwei Matrizen $M_1$ und $M_2$ aus $\Gamma_n$ heißen $\Gamma_\infty$–*äquivalent*, wenn es ein $K \in \Gamma_\infty$ gibt mit $KM_1 = M_2$ (vgl. III.2.1(5)). Durchläuft $M$ die Menge $\mathcal{V}$ und $L$ ein Vertretersystem der Rechtsnebenklassen von $\Gamma$ nach $\Gamma_\infty$, so durchlaufen sowohl $LM$ als auch $ML$ jeweils genau ein vollsändiges System von $\Gamma_\infty$–inäquivalenten Matrizen in $\Gamma_n$. Man folgere daraus, dass die EISENSTEIN-Reihen simultane Eigenformen sind.

2) Für gerades $k \geq 4$ und $m \in \mathbb{N}_0$ wiederhole man die Definition der POINCARÉ–Reihe $Q_{k,m}$ aus Aufgabe III.2.3. Für $n \in \mathbb{N}$ gilt dann

$$T_n Q_{k,m} = \sum_{d | (m,n)} \left(\frac{n}{d}\right)^{k-1} \cdot Q_{k,mn/d^2},$$

insbesondere

$$T_n Q_{k,1} = n^{k-1} \cdot Q_{k,n} \quad \text{und} \quad T_n G_k^* = \sigma_{k-1}(n) \cdot G_k^*.$$

3) Für gerades $k \geq 4$ und $w \in \mathbb{H}$ wiederhole man die Definition der Poincaré–Reihe $P_k(\cdot, w)$ aus Aufgabe II.2.6. Für $n \in \mathbb{N}$ bezeichne $\mathcal{V}$ wieder das Standard–Rechtsvertretersystem von $\Gamma_n$ modulo $\Gamma$ aus 1.2(2). Dann gilt

$$T_n P_k(\tau, w) = n^{k-1} \cdot \sum_{M \in \mathcal{V}} d^{-k} \cdot P_k(\tau, Mw) = n^{k-1} \cdot \sum_{M \in \Gamma_n} (M\{\tau, w\})^{-k}.$$

4) Man leite das Analogon von Abschnitt 6 für $k = 28, 30, 32, 34$ und $38$ her.
5) Sei $\mathcal{H}_0$ die von den $T_n, n \geq 1$, erzeugte $\mathbb{C}$–Unteralgebra von End $\mathbb{K}$. Dann gilt

$$\{Tj \,;\, T \in \mathcal{H}_0\} = \mathbb{C}[j].$$

6) Sei $T = \sum_{n=0}^m \alpha_n T_n$, $\alpha_n \in \mathbb{C}$, $\alpha_m \neq 0$. Dann gibt es ein $k \in \mathbb{N}$ und ein $f \in \mathbb{M}_k$ mit $Tf \neq 0$.
7) Unter welchen Voraussetzungen an $a, a', d, d' \in \mathbb{N}$ gilt

$$T_{a,d} T_{a',d'} = T_{aa',dd'} \quad \text{auf} \quad V(\mathbb{H})?$$


# §3.  Das Petersson–Skalarprodukt


**1. Das invariante Volumenelement.** Für $\tau = x + iy \in \mathbb{H}$ bezeichne $dxdy$ das zweidimensionale Lebesgue–Maß auf $\mathbb{C} \cong \mathbb{R}^2$ (vgl. W. Walter [1992; II], §9). Man betrachte das Volumenelement

$$(1) \qquad\qquad dv := dv(\tau) := y^{-2} dxdy.$$

Integrale über Lebesgue–meßbare Teilmengen $\Omega$ von $\mathbb{H}$ und stetige Funktionen $\varphi : \mathbb{H} \to \mathbb{C}$ schreibt man in der Form

$$\int_\Omega \varphi \, dv = \int_\Omega \varphi(\tau) dv(\tau).$$

**Proposition.** *Das Volumenelement* (1) *ist invariant unter allen Abbildungen*

$$\mathbb{H} \to \mathbb{H}, \quad \tau \mapsto M\tau, \quad M \in GL(2;\mathbb{R}), \quad \det M > 0.$$

Man nennt (1) auch $\mathbb{H}$–*Volumenelement* oder *hyperbolisches Volumenelement*.

*Beweis.* Ist $f$ in einem Gebiet holomorph, so ist der Betrag der Funktionaldeterminante der durch $f$ definierten Abbildung gleich $|f'|^2$ (vgl. R. Remmert, G. Schumacher [2002], I.2.3,4). Man erhält also

$$dv(M\tau) = (\operatorname{Im} M\tau)^{-2} \left| \frac{dM\tau}{d\tau} \right|^2 dxdy = dv(\tau),$$

wenn man II.1.3(1) und II.1.1(7) beachtet.                                    □

Für eine Lebesgue–meßbare Teilmenge $\Omega$ von $\mathbb{H}$ nennt man $v(\Omega) := \int_\Omega dv$ die $\mathbb{H}$–*Fläche* oder *hyperbolische Fläche* von $\Omega$. Der Fundamentalbereich $\mathbb{F}$ der Modulgruppe $\Gamma$ hat dann endliche $\mathbb{H}$–Fläche, genauer gilt das

**Lemma.** $v(\mathbb{F}) = v(\overline{\mathbb{F}}) = v(\overset{\circ}{\mathbb{F}}) = \pi/3$.

*Beweis.* Nach II.2.2 gilt

$$v(\mathbb{F}) = \int\limits_{-\frac{1}{2}}^{\frac{1}{2}} \int\limits_{\sqrt{1-x^2}}^{\infty} y^{-2} dy dx = \int\limits_{-\frac{1}{2}}^{\frac{1}{2}} \frac{1}{\sqrt{1-x^2}} dx = 2\arcsin\tfrac{1}{2} = \frac{\pi}{3} \ .$$

$\square$

**Korollar.** *Ist $\varphi : \mathbb{H} \to \mathbb{C}$ stetig und beschränkt, dann ist $\int_{\mathbb{F}} \varphi dv$ absolut konvergent.*

**Bemerkungen.** a) Das Volumenelement (1) ist das zu der in II.1.6 eingeführten invarianten Metrik in $\mathbb{H}$ gehörige Volumenelement.

b) Ist $D$ ein aus Orthogonalkreisen (vgl. II.1.3) gebildetes hyperbolisches Dreieck in $\mathbb{H}$, dann gilt $v(D) = \pi - (\alpha + \beta + \gamma)$, wenn $\alpha, \beta, \gamma$ die Innenwinkel des Dreiecks $D$ bezeichnen. Zum Beweis drückt man $D$ durch Dreiecke aus, bei denen jeweils eine Ecke in $\infty$ liegt.

**2. Das Petersson–Skalarprodukt.** In Analogie zu der in III.1.5(1) definierten Funktion $\tilde{f}$ betrachten wir nun eine entsprechende Bildung für $f, g \in \mathbb{M}_k$. Allgemeiner definiert man für $k \in \mathbb{Z}$ und beliebige Funktionen $f, g : \mathbb{H} \to \mathbb{C}$

$$(1) \qquad \varphi_{f,g}(\tau) := f(\tau) \cdot \overline{g(\tau)} \cdot (\operatorname{Im} \tau)^k.$$

Aus II.1.3(1) und 1.3(1) folgert man

$$(2) \quad (\det M)^k \cdot \varphi_{f|M, g|M}(\tau) = \varphi_{f,g}(M\tau) \quad \text{für alle} \quad M \in GL(2; \mathbb{R}) \, , \, \det M > 0.$$

**Proposition.** *Seien $f, g \in \mathbb{M}_k$, $k > 0$.*
a) *Es gilt $\varphi_{f,g}(M\tau) = \varphi_{f,g}(\tau)$ für alle $M \in \Gamma$, $\tau \in \mathbb{H}$.*
b) *$\varphi_{f,g}$ ist genau dann auf $\mathbb{H}$ beschränkt, wenn $f$ oder $g$ eine Spitzenform ist.*

*Beweis.* a) Man verwendet (2) und (M.2') in III.1.4.
b) Wegen $|\varphi| = \widetilde{(fg)}$ in der Bezeichnung III.1.5(1) und $fg \in \mathbb{M}_{2k}$ folgt die Behauptung aus Satz III.1.6. $\square$

Damit kann man eine Abbildung $\mathbb{M}_k \times \mathbb{S}_k \to \mathbb{C}$ definieren.

**Satz.** *Sind $f, g \in \mathbb{M}_k$ und ist $f$ oder $g$ eine Spitzenform, dann ist das Integral*

$$(3) \qquad \langle f, g \rangle := \int\limits_{\mathbb{F}} f(\tau) \cdot \overline{g(\tau)} \cdot (\operatorname{Im} \tau)^k \, dv(\tau)$$

*absolut konvergent und es gilt*

(4) $$\langle g, f \rangle = \overline{\langle f, g \rangle}.$$

(5) $$\langle f, g \rangle \quad \text{ist } \mathbb{C}\text{-linear in} \quad f.$$

(6) $$\langle f, f \rangle \geq 0 \quad \text{für} \quad f \in \mathbb{S}_k \quad \text{und} \quad \langle f, f \rangle = 0 \quad \text{nur für} \quad f = 0.$$

Man nennt $\langle f, g \rangle$ das PETERSSON–*Skalarprodukt von $f$ und $g$.*

*Beweis.* Die absolute Konvergenz von (3) folgt aus dem Korollar 1 und Teil b) der Proposition. Die Behauptungen (4) bis (6) sind einfache Konsequenzen. $\square$

Wie in Bemerkung 2.3 d) definiert man für jede Abbildung $f : \mathbb{H} \to \mathbb{C}$ noch eine Abbildung $\overline{f} = T_{-1}f : \mathbb{H} \to \mathbb{C}$ durch

(7) $$\overline{f}(\tau) := \overline{f(-\overline{\tau})}.$$

Mit $f$ ist offenbar auch $\overline{f}$ in $\mathbb{H}$ holomorph.

**Lemma.** *Sei $f \in \mathbb{M}_k$. Dann gehört auch $\overline{f}$ zu $\mathbb{M}_k$. Die* FOURIER–*Koeffizienten von $f$ sind genau dann reell, wenn $\overline{f} = f$, bzw. genau dann alle rein imaginär, wenn $\overline{f} = -f$.*

*Beweis.* Mit $f$ ist sicher auch $\overline{f}$ in $\mathbb{F}$ beschränkt. Zum Nachweis von $\overline{f}|M = \overline{f}$ für $M \in \Gamma$ kann man sich nach Satz II.2.1 auf $M = T$ und $M = J$ beschränken. In beiden Fällen verifiziert man die Behauptung leicht. Die explizite Beschreibung der FOURIER–Entwicklung von $\overline{f}$ vollendet den Beweis. $\square$

Da mit $\tau$ auch $-\overline{\tau}$ den Abschluss $\overline{\mathbb{F}}$ durchläuft und der Rand von $\mathbb{F}$ eine Nullmenge ist, erhält man das

**Korollar.** *Sind $f, g \in \mathbb{M}_k$ und ist $f$ oder $g$ eine Spitzenform, so gilt*

$$\langle \overline{f}, g \rangle = \langle \overline{g}, f \rangle.$$

Man beachte, dass die Abbildung $f \mapsto \overline{f}$ von $\mathbb{M}_k$ auf sich $\mathbb{C}$–antilinear ist.

**3. Integration über invariante Funktionen.** Es sei $\varphi : \mathbb{H} \to \mathbb{C}$ stetig. Man betrachte die *Invarianzgruppe* $\Gamma(\varphi)$ von $\varphi$,

(1) $$\Gamma(\varphi) := \{M \in \Gamma \, ; \, \varphi(M\tau) = \varphi(\tau) \text{ für alle } \tau \in \mathbb{H}\}.$$

Im Allgemeinen wird natürlich $\Gamma(\varphi) = \{\pm E\}$ gelten. Von den im Folgenden betrachteten Untergruppen $\Lambda$ von $\Gamma$ wird stets vorausgesetzt, dass sie auch $-E$ enthalten.

**Proposition.** *Ist $\Omega$ eine messbare Teilmenge von $\mathbb{H}$, so ist*

$$\int_{\Omega} \varphi \, dv = \int_{M\Omega} \varphi \, dv$$

*für jedes $M \in \Gamma(\varphi)$, sofern eins der beiden Integrale existiert.*

*Beweis.* Wegen $\varphi(M\tau)dv(M\tau) = \varphi(\tau)dv(\tau)$ nach Proposition 1 folgt die Behauptung aus der so genannten Transformationsformel für Gebietsintegrale (vgl. W. WALTER [1992; II], 9.19). $\qquad\square$

**Lemma.** *Es sei* $\Lambda$ *eine Untergruppe von* $\Gamma(\varphi)$. *Sind dann* $\mathcal{F}_1$ *und* $\mathcal{F}_2$ *zwei Fundamentalbereiche von* $\Lambda$, *dann gilt*

$$\int_{\mathcal{F}_1} \varphi\, dv = \int_{\mathcal{F}_2} \varphi\, dv,$$

*sofern eins der beiden Integrale existiert.*

*Beweis.* $\mathcal{F}_1$ und $\mathcal{F}_2$ sind als abgeschlossene Mengen LEBESGUE–messbar. Mit der Proposition folgt

$$\int_{\mathcal{F}_1} \varphi\, dv = \frac{1}{2}\sum_{M\in\Lambda} \int_{M\mathcal{F}_2\cap\mathcal{F}_1} \varphi\, dv = \frac{1}{2}\sum_{M\in\Lambda} \int_{\mathcal{F}_2\cap M^{-1}\mathcal{F}_1} \varphi\, dv$$

$$= \frac{1}{2}\sum_{M\in\Lambda} \int_{M\mathcal{F}_1\cap\mathcal{F}_2} \varphi\, dv = \int_{\mathcal{F}_2} \varphi\, dv,$$

denn mit $M$ durchläuft $M^{-1}$ die gesamte Gruppe $\Lambda$. $\qquad\square$

Damit kann man jetzt

$$(2)\qquad\qquad \int_{\Lambda\backslash\mathbb{H}} \varphi\, dv := \int_{\mathcal{F}} \varphi\, dv$$

definieren, sofern das Integral existiert, wobei $\mathcal{F}$ einen beliebigen Fundamentalbereich von $\Lambda \subset \Gamma(\varphi)$ bezeichnet.

**Satz.** *Ist* $\Lambda$ *eine Untergruppe von* $\Gamma(\varphi)$ *von endlichem Index, dann gilt*

$$\frac{1}{[\Gamma(\varphi):\Lambda]} \cdot \int_{\Lambda\backslash\mathbb{H}} \varphi\, dv = \int_{\Gamma(\varphi)\backslash\mathbb{H}} \varphi\, dv,$$

*sofern eins der beiden Integrale existiert.*

*Beweis.* Sei $\mathcal{F}$ ein Fundamentalbereich von $\Gamma(\varphi)$ und

$$\Gamma(\varphi) = \bigcup_{\nu} \Lambda M_\nu$$

eine direkte Zerlegung in Nebenklassen. Analog zu Satz II.3.1 ist dann

$$\mathcal{G} := \bigcup_{\nu} M_\nu \mathcal{F}$$

ein Fundamentalbereich von $\Lambda$. Aus der Proposition und dem Lemma folgt

$$\int\limits_{\Lambda\backslash\mathbb{H}} \varphi \, dv = \int\limits_{\mathcal{G}} \varphi \, dv = \sum_\nu \int\limits_{M_\nu\mathcal{F}} \varphi \, dv = \sum_\nu \int\limits_{\mathcal{F}} \varphi \, dv = [\Gamma(\varphi):\Lambda] \cdot \int\limits_{\Gamma(\varphi)\backslash\mathbb{H}} \varphi \, dv \, .$$

$\square$

**4. Die Spitzenformen als orthogonales Komplement der** EISENSTEIN–**Reihen.** In Satz III.2.1 war

$$(1) \qquad\qquad \mathbb{M}_k = \mathbb{C}G_k^* \oplus \mathbb{S}_k$$

für gerades $k \geq 4$ gezeigt worden. In diesem Abschnitt zeigen wir, dass die Summe in (1) orthogonal bezüglich des PETERSSON–Skalarproduktes ist.

**Satz.** *Sei $k \geq 4$ gerade und $f \in \mathbb{S}_k$. Dann gilt*

$$(2) \qquad\qquad \langle G_k, f\rangle = \langle G_k^*, f\rangle = 0.$$

*Beweis.* Wir verwenden die Darstellung III.2.1(6) für $G_k^*$. Dazu fixieren wir ein Vertretersystem $\mathcal{V}$ der Rechtsnebenklassen von $\Gamma$ nach $\Gamma_\infty$. Wegen $f|M = f$ für alle $M \in \Gamma$ folgt

$$\langle G_k^*, f\rangle = \int\limits_{\mathbb{F}} \sum_{M\in\mathcal{V}} 1|M(\tau) \cdot \overline{f(\tau)} \cdot (\mathrm{Im}\,\tau)^k \, dv(\tau)$$

$$= \int\limits_{\mathbb{F}} \sum_{M\in\mathcal{V}} \varphi_{1|M,f|M} \, dv = \sum_{M\in\mathcal{V}} \int\limits_{M\mathbb{F}} \varphi_{1,f} \, dv \, ,$$

wenn man im letzten Schritt 2(2) und Proposition 1 verwendet. $\bigcup_{M\in\mathcal{V}} M\overline{\mathbb{F}}$ ist nach Satz II.3.1 ein Fundamentalbereich von $\Gamma_\infty$. Wegen $\Gamma_\infty \subset \Gamma(\varphi_{1,f})$ darf man nach Lemma 3 das Integral über einen beliebigen Fundamentalbereich von $\Gamma_\infty$ erstrecken, also z. B. über

$$\mathbb{F}_\infty := \{\tau \in \mathbb{H} \, ; \, 0 \leq x \leq 1\}.$$

Demnach hat man

$$\langle G_k^*, f\rangle = \int\limits_{\mathbb{F}_\infty} \overline{f(x+iy)} \cdot y^{k-2} \, dxdy.$$

Da $f$ eine Spitzenform ist, gilt für jedes $y > 0$

$$\int\limits_0^1 \overline{f(x+iy)} dx = \overline{\alpha_f(0)} = 0$$

nach III.1.2(4), also (2). $\square$

**5. Selbstadjungiertheit der HECKE–Operatoren.** Als Hilfsmittel benötigen wir das

**Lemma.** *Ist $p$ eine Primzahl, so existiert ein gemeinsames Links- und Rechtsvertretersystem von $\Gamma_p$ modulo $\Gamma$.*

*Beweis.* Man verwende

$$\begin{pmatrix} p & 0 \\ 0 & 1 \end{pmatrix}, \quad \begin{pmatrix} 1 & 0 \\ k & 1 \end{pmatrix}\begin{pmatrix} 1 & k \\ 0 & p \end{pmatrix} = \begin{pmatrix} 1 & k \\ k & p+k^2 \end{pmatrix}, \quad k = 0,\dots,p-1.$$

Nach Satz 1.2 erhält man ein Rechtsvertretersystem von $\Gamma_p$ modulo $\Gamma$, das aus symmetrischen Matrizen besteht. Durch Transponieren erhält man aber stets ein Linksvertretersystem. $\qquad\square$

Damit kommen wir zum

**Hauptsatz.** *Sind $f,g \in \mathbb{M}_k$ und ist $f$ oder $g$ eine Spitzenform, so gilt für alle $n \in \mathbb{N}$*

$$(1) \qquad\qquad \langle T_n f, g \rangle = \langle f, T_n g \rangle \,.$$

Der *Beweis* wird in mehrere Schritte aufgeteilt: Da $T_n$ nach Satz 2.3 ein rationales Polynom in den $T_p$ ist, genügt es, die Behauptung für jede Primzahl $n = p$ zu beweisen. Zunächst sei

$$(2) \qquad\qquad M^\sharp := \begin{pmatrix} d & -b \\ -c & a \end{pmatrix} \quad \text{für} \quad M = \begin{pmatrix} a & b \\ c & d \end{pmatrix}.$$

Es folgt offenbar

$$(3) \qquad\qquad M^\sharp M = M M^\sharp = (\det M) \cdot E.$$

Analog zu II.3.2(2) bezeichne $\Gamma(p)$ die erweiterte Hauptkongruenzgruppe

$$(4) \qquad\qquad \Gamma(p) := \{M \in \Gamma \ ; \ M \equiv \pm E \ (\mathrm{mod}\ p)\}$$

der Stufe $p$. Wegen $f|(\lambda E) = \lambda^{-k} \cdot f$ erhält man aus 2(1), 2(2) und (3) die

**Behauptung A.** $\varphi_{f|M,g}(M^{-1}\tau) = \varphi_{f,g|M^\sharp}(\tau)$ *gilt für alle $M \in GL(2;\mathbb{R})$ mit* $\det M > 0$.

**Behauptung B.** *Seien $f,g \in \mathbb{M}_k$ und $M \in \Gamma_p$.*
a) *$\Gamma(p)$ und $M^{-1}\Gamma(p)M$ sind in der Invarianzgruppe $\Gamma(\varphi_{f|M,g})$ mit endlichem Index enthalten.*
b) *$\Gamma(p)$ und $M\Gamma(p)M^{-1}$ sind in der Invarianzgruppe $\Gamma(\varphi_{f,g|M^\sharp})$ mit endlichem Index enthalten.*

*Beweis.* a) Für $L \in \Gamma(p)$, $L = \pm E + pA$ , $A \in \mathrm{Mat}(2;\mathbb{Z})$ folgt

$$L_0 := MLM^{-1} = \pm E + MAM^\sharp \in \mathrm{Mat}(2;\mathbb{Z})$$

wegen (3). Man erhält $L_0 \in \Gamma$ und $ML = L_0 M$, also

$$f|M|L = f|(ML) = (f|L_0)|M = f|M \quad \text{und} \quad g|L = g.$$

Daraus folgt mit 2(2)

$$\varphi_{f|M,g}(L\tau) = \varphi_{f|M|L,g|L}(\tau) = \varphi_{f|M,g}(\tau),$$

also $\Gamma(p) \subset \Gamma(\varphi_{f|M,g})$. Der Index ist wegen $[\Gamma : \Gamma(p)] < \infty$ endlich. Für $M^{-1}\Gamma(p)M \supset \Gamma(p^2)$ ist die Behauptung unmittelbar klar.

b) Man vertausche $f$ und $g$ und wende a) auf $M^\sharp$ statt $M$ an. $\qquad\square$

**Behauptung C.** *Für $M \in \Gamma_p$ gilt*

$$[\Gamma : \Gamma(p)] = [\Gamma : M^{-1}\Gamma(p)M].$$

*Beweis.* Sei $\mathcal{F}$ ein Fundamentalbereich von $\Gamma(p)$. Dann ist $M^{-1}\mathcal{F}$ ein Fundamentalbereich von $M^{-1}\Gamma(p)M$. Aus Lemma 1, Satz 3 und Proposition 1 folgt

$$[\Gamma : M^{-1}\Gamma(p)M] \cdot \frac{\pi}{3} = \int\limits_{M^{-1}\mathcal{F}} dv = \int\limits_{\mathcal{F}} dv = [\Gamma : \Gamma(p)] \cdot \frac{\pi}{3}. \qquad\square$$

**Behauptung D.** *Ist $M \in \Gamma_p$ und $\mathcal{F}$ ein Fundamentalbereich von $\Gamma(p)$, so gilt*

$$\int\limits_{\mathcal{F}} \varphi_{f|M,g}\, dv = \int\limits_{M^{-1}\mathcal{F}} \varphi_{f|M,g}\, dv.$$

*Beweis.* $M^{-1}\Gamma(p)M$ und $\Gamma(p)$ haben nach Behauptung C den gleichen Index in $\Gamma$, also nach Behauptung B auch in $\Gamma(\varphi_{f|M,g})$. Dann folgt die Aussage unmittelbar aus Satz 3. $\qquad\square$

*Beweis des Hauptsatzes.* Wegen Behauptung B hat man nach Satz 3 für ein beliebiges Vertretersystem $\mathcal{V}$ von $\Gamma_p$ modulo $\Gamma$

$$\langle T_p f, g \rangle = \frac{p^{k-1}}{[\Gamma : \Gamma(p)]} \cdot \int\limits_{\Gamma(p)\backslash\mathbb{H}} \sum_{M \in \mathcal{V}} \varphi_{f|M,g}\, dv.$$

Verwendet man Behauptung D und A, so folgt

$$\langle T_p f, g \rangle = \frac{p^{k-1}}{[\Gamma : \Gamma(p)]} \cdot \sum_{M \in \mathcal{V}} \int\limits_{\Gamma(p)\backslash\mathbb{H}} \varphi_{f,g|M^\sharp}\, dv.$$

Man wählt nun für $\mathcal{V}$ ein zweiseitiges Vertretersystem gemäß dem Lemma. Dann durchläuft mit $M$ auch $M^\sharp = pM^{-1}$ ein Rechtsvertretersystem und man erhält die Behauptung (1). $\qquad\square$

**Bemerkung.** Mit dem Elementarteilersatz kann man leicht zeigen, dass für jedes $n \in \mathbb{N}$ ein gemeinsames Links- und Rechtsvertretersystem von $\Gamma_n$ modulo $\Gamma$ existiert, das aus symmetrischen Matrizen besteht.

**6. Eine ausgezeichnete Basis** von $\mathbb{S}_k$ wird beschrieben in dem

**Satz.** *Es gibt eine Basis* $f_1, \ldots, f_t$, $t = \dim \mathbb{S}_k$, *des Vektorraums* $\mathbb{S}_k$ *der Spitzenformen vom Gewicht* $k$ *mit den folgenden Eigenschaften:*
a) $\langle f_\nu, f_\mu \rangle = \delta_{\nu\mu}$ *für* $\nu, \mu = 1, \ldots, t$.
b) *Jedes* $f_\nu$ *ist simultane Eigenform bezüglich aller* HECKE*–Operatoren.*
c) *Die* FOURIER*–Koeffizienten aller* $f_\nu$, $\nu = 1, \ldots, t$, *sind reell.*

*Beweis.* Wegen 2(4) bis 2(6) ist das PETERSSON–Skalarprodukt $\langle , \rangle$ eine positiv definite Hermitesche Form auf $\mathbb{S}_k$. Damit ist $(\mathbb{S}_k; \langle , \rangle)$ ein unitärer Vektorraum. Nach dem Hauptsatz 5 gilt

$$(1) \qquad \langle T_n f, g \rangle = \langle f, T_n g \rangle \quad \text{für alle} \quad f, g \in \mathbb{S}_k , \ n \in \mathbb{N}.$$

Darüber hinaus kommutieren die HECKE–Operatoren:

$$(2) \qquad T_n T_m = T_m T_n \quad \text{für alle} \quad n, m \in \mathbb{N}.$$

Zu einer beliebigen, aber festen Orthonormalbasis $g_1, \ldots, g_t$, $t = \dim \mathbb{S}_k$, von $(\mathbb{S}_k; \langle , \rangle)$ und $n \in \mathbb{N}$ gibt es nun eine Matrix

$$H_n := (h_{\nu\mu}^{(n)}) \in \mathrm{Mat}(t; \mathbb{C})$$

mit der Eigenschaft

$$(3) \qquad T_n g_\mu = \sum_{\nu=1}^{t} h_{\nu\mu}^{(n)} g_\nu , \quad \mu = 1, \ldots, t.$$

Wegen (1) und (2) gilt

$$(4) \qquad \overline{H}_n^t = H_n \quad \text{und} \quad H_n H_m = H_m H_n \quad \text{für} \quad m, n \in \mathbb{N}.$$

Wir benötigen ein Ergebnis aus der Linearen Algebra.

**Lemma.** *Sei* $\mathfrak{M} \subset \mathrm{Mat}(q; \mathbb{C})$ *eine Menge von Hermiteschen und paarweise vertauschbaren Matrizen. Dann gibt es eine unitäre* $q \times q$ *Matrix* $W$, *so dass alle Matrizen* $\overline{W}^t H W$, $H \in \mathfrak{M}$, *Diagonalgestalt haben.*

*Beweis.* Man verwendet eine Induktion nach $q$, wobei $q = 1$ trivial ist. Im Fall $q > 1$ nimmt man an, dass es in $\mathfrak{M}$ eine Matrix $S$ gibt, die keine Diagonalgestalt hat. Nach dem Satz über die Hauptachsentransformation (M. KOECHER [1997], 8.6.3) gibt es eine unitäre Matrix $W$ mit

$$\overline{W}^t S W = \begin{pmatrix} \lambda E & 0 \\ 0 & T \end{pmatrix}, \quad E = E^{(r)}, \ 1 \leq r < q,$$

wobei $\lambda \in \mathbb{R}$ kein Eigenwert von $T$ ist. Für eine beliebige Matrix $M \in \mathcal{M}$ schreibt man nun

$$\overline{W}^t M W = \begin{pmatrix} A & B \\ C & D \end{pmatrix} \quad \text{mit} \quad A \in \text{Mat}(r, \mathbb{C}), \quad B = \overline{C}^t.$$

Die Vertauschbarkeit von $S$ und $M$ ergibt

$$(*) \qquad \begin{pmatrix} \lambda E & 0 \\ 0 & T \end{pmatrix} \begin{pmatrix} A & B \\ C & D \end{pmatrix} = \begin{pmatrix} A & B \\ C & D \end{pmatrix} \begin{pmatrix} \lambda E & 0 \\ 0 & T \end{pmatrix},$$

also speziell $TC = \lambda C$. Für jeden Spaltenvektor $v$ von $C$ gilt also $Tv = \lambda v$. Da aber $\lambda$ kein Eigenwert von $T$ ist, folgt $v = 0$, also $C = 0$ und $B = 0$. Aus $(*)$ ergibt sich nun

$$\overline{W}^t M W = \begin{pmatrix} A_M & 0 \\ 0 & D_M \end{pmatrix} \quad \text{für alle} \quad M \in \mathcal{M}.$$

Damit bilden

$$\mathcal{M}_1 := \{ A_M \, ; M \in \mathcal{M} \} \quad \text{und} \quad \mathcal{M}_2 := \{ D_M \, ; M \in \mathcal{M} \}$$

je eine Menge von Hermiteschen und paarweise vertauschbaren Matrizen kleinerer Zeilenzahl als $q$. Nach der Induktionsvoraussetzung können $\mathcal{M}_1$ und $\mathcal{M}_2$ simultan auf Diagonalgestalt transformiert werden. $\qquad\qquad\square$

Nun wird das Lemma auf die Menge $\mathcal{M} := \{ H_n \, ; \, n \in \mathbb{N} \}$ gemäß (3) angewendet. Nach (4) besteht $\mathcal{M}$ aus Hermiteschen und paarweise vertauschbaren Matrizen. Es gibt also eine unitäre $t \times t$ Matrix $W = (w_{\nu\mu})$, so dass

$$(5) \qquad H_n = \overline{W}^t L_n W, \quad L_n = \begin{pmatrix} \lambda_1(n) & & 0 \\ & \ddots & \\ 0 & & \lambda_t(n) \end{pmatrix} \quad \text{für alle} \quad n \in \mathbb{N}$$

gilt. Man setzt nun

$$(6) \qquad f_\mu := \sum_{\nu=1}^{t} \overline{w}_{\mu\nu} g_\nu \, , \quad \mu = 1, \ldots, t,$$

und erhält zunächst

$$(7) \qquad \langle \, f_\nu, f_\mu \rangle = \delta_{\nu\mu} \quad \text{für} \quad \nu, \mu = 1, \ldots, t.$$

Aus (6), (3) und (5) folgt dann für $n \in \mathbb{N}$

$$T_n f_\mu = \sum_{\nu} \overline{w}_{\mu\nu} \cdot T_n g_\nu = \sum_{\nu,\sigma} \overline{w}_{\mu\nu} \cdot h_{\sigma\nu}^{(n)} \cdot g_\sigma = \sum_{\sigma} (H_n \overline{W}^t)_{\sigma\mu} \cdot g_\sigma$$

$$= \sum_{\sigma} (\overline{W}^t L_n)_{\sigma\mu} \cdot g_\sigma = \sum_{\sigma} \overline{w}_{\mu\sigma} \cdot \lambda_\mu(n) \cdot g_\sigma = \lambda_\mu(n) \cdot f_\mu \, ,$$

also

$$(8) \qquad T_n f_\mu = \lambda_\mu(n) \cdot f_\mu \quad \text{für alle } n \in \mathbb{N} \quad \text{und} \quad \mu = 1, \dots, t.$$

Nach Korollar 2.3 gilt $\alpha_{f_\mu}(1) \neq 0$. Multipliziert man $f_\mu$ mit einer komplexen Zahl vom Betrag 1, so darf man $\alpha_{f_\mu}(1) \in \mathbb{R}$ annehmen. Die $\lambda_\mu(n)$ sind als Eigenwerte Hermitescher Matrizen reell. Nach Korollar 2.3 sind dann auch alle FOURIER-Koeffizienten $\alpha_{f_\mu}(n) = \lambda_\mu(n) \cdot \alpha_{f_\mu}(1)$, $n \in \mathbb{N}$, reell, wenn man $f_\mu$ ggf. mit einer komplexen Zahl vom Betrag 1 multipliziert, so dass $\alpha_{f_\mu}(1)$ reell wird. Damit ist die Behauptung bewiesen. $\qquad\square$

$f_1, \dots, f_t$ ist also eine Orthonormalbasis von $\mathbb{S}_k$, die aus simultanen Eigenformen bezüglich aller HECKE–Operatoren besteht.

**7*. Die algebraischen Eigenschaften der Eigenwerte** beschreibt das

**Korollar A.** *Die Eigenwerte der* HECKE*–Operatoren* $T_n$, $n \in \mathbb{N}$, *auf* $\mathbb{M}_k$, $k > 0$, *sind reell, genauer gesagt ganz–algebraisch und total–reell über* $\mathbb{Q}$ *von einem Grad* $\leq \dim \mathbb{S}_k$.

*Beweis.* Sei $0 \neq f \in \mathbb{M}_k$ mit $T_n f = \lambda_f(n) \cdot f$. Gilt $f \notin \mathbb{S}_k$, also $\alpha_f(0) \neq 0$, so folgt $\lambda_f(n) = \sigma_{k-1}(n) \in \mathbb{Z}$ aus 1.3(4). Für $f \in \mathbb{S}_k$ hat man die Behauptung nach Korollar 2.5B. $\qquad\square$

Mit Lemma 1.4 erhält man daraus das

**Korollar B.** *Ist* $0 \neq f \in \mathbb{M}_k$, $k > 0$, *eine simultane Eigenform bezüglich aller* HECKE*–Operatoren, so gilt* $\alpha_f(1) \neq 0$ *und die Quotienten* $\alpha_f(n)/\alpha_f(1)$, $n \in \mathbb{N}$, *sind alle ganz–algebraisch und total–reell über* $\mathbb{Q}$ *von einem Grad* $\leq \dim \mathbb{S}_k$.

Insbesondere gilt Korollar B natürlich für die Basis $f_1, \dots, f_t$ aus Satz 6 und stellt somit eine Verschärfung von Satz 6c) dar.

$\mathbb{M}_0$ besteht nur aus den konstanten Funktionen, die Eigenformen vom HECKE–Operator $T_n$, $n \in \mathbb{N}$, mit dem Eigenwert $\sigma_{-1}(n) \in \mathbb{Q}$ sind.

**Aufgaben.** In allen Aufgaben sei $k \geq 4$ gerade. Man wiederhole die Definition der POINCARÉ–Reihen aus den Aufgaben III.2.3 und III.2.5.
1) Die $\mathbb{H}$–Fläche eines Vertikalstreifens (vgl. Aufgabe III.2) der Höhe $\varepsilon$ in $\mathbb{H}$ ist endlich: $v(\mathcal{V}_\varepsilon) = 2/\varepsilon^2$ für $\varepsilon > 0$.
2) Für $m \in \mathbb{N}$ und $f \in \mathbb{S}_k$ gilt $\langle f, Q_{k,m} \rangle = \frac{(k-2)!}{(4\pi m)^{k-1}} \cdot \alpha_f(m)$.
3) Ist $m \geq 1$ und der $m$–te FOURIER–Koeffizient von $Q_{k,m}$ gleich 0, so gilt $Q_{k,m} = 0$.
4) Für $m, n \geq 1$ gilt
$$n^{k-1} \cdot \alpha_{Q_{k,n}}(m) = m^{k-1} \cdot \alpha_{Q_{k,m}}(n).$$

5) Die POINCARÉ–Reihen $Q_{k,m}$, $m \geq 1$, spannen den Raum $\mathbb{S}_k$ der Spitzenformen auf. Für $k = 12$ oder gerades $k \geq 16$ ist $Q_{k,1}, \dots, Q_{k,t}$, $t = \dim \mathbb{S}_k$, eine Basis von $\mathbb{S}_k$.
6) Für $w \in \mathbb{H}$ und $f \in \mathbb{S}_k$ gilt $\langle f, P_k(\cdot, w) \rangle = i^k \frac{\pi}{2^{k-3}(k-1)} \cdot f(-\overline{w})$.
7) Sei $k = 12$ oder $k \geq 16$. Für $w \in \mathbb{H}$ sind äquivalent
(i) $\quad P_k(\cdot, w) \neq 0$.
(ii) $\quad P_k(-\overline{w}, w) \neq 0$.

(iii) $k$ ist ein Vielfaches der Ordnung der Fixgruppe $\Gamma_w$.

8) Für alle $\tau, w \in \mathbb{H}$ gilt $P_{12}(-\overline{w}, w) \neq 0$ und $P_{12}(\tau, w) = P_{12}(-\overline{w}, w) \cdot \Delta(\tau)/\Delta(w)$.

9) Die POINCARÉ–Reihen $P_k(\cdot, w)$, $w \in \mathbb{H}$, spannen den Raum $\mathbb{S}_k$ auf. Für $k = 12$ oder gerades $k \geq 16$ und beliebige paarweise verschiedene $w_1, \ldots, w_t \in \mathbb{F} \setminus \{i, \rho\}$, $t = \dim \mathbb{S}_k$, ist $P_k(\cdot, w_1), \ldots, P_k(\cdot, w_t)$ eine Basis von $\mathbb{S}_k$.

10) Man leite aus 9) bzw. 5) und Aufgabe 2.2 jeweils einen neuen Beweis für die Selbstadjungiertheit der HECKE–Operatoren $T_n$ her.

11) Es gibt ein $f \in \mathbb{S}_k$ mit der Eigenschaft $\{T f \; ; \; T \in \mathcal{H}_k\} = \mathbb{S}_k$.

12) Seien $k, \ell$ gerade mit $k, \ell, k - \ell \geq 4$. Für $f \in \mathbb{S}_k$ und $g \in \mathbb{S}_\ell$ gilt

$$\langle f, G^*_{k-\ell} \cdot g \rangle = (k-1)! \cdot \sum_{n=1}^{\infty} \alpha_f(n) \overline{\alpha_g(n)} (4\pi n)^{1-k}.$$


# §4. DIRICHLET-Reihen mit Funktionalgleichung

In diesem Paragrafen wird die auf E. HECKE zurückgehende Korrespondenz zwischen ganzen Modulformen und DIRICHLET-Reihen mit Funktionalgleichung hergeleitet.

**1. DIRICHLET–Reihen.** Sei $(\alpha_m)_{m \geq 1}$ eine komplexe Folge. Dann nennt man

$$(1) \qquad\qquad D(s) := \sum_{m=1}^{\infty} \alpha_m \cdot m^{-s}, \quad s \in \mathbb{C},$$

die *zugehörige* DIRICHLET*–Reihe*. Das Standardbeispiel ist sicherlich die RIE-MANN*sche Zetafunktion*

$$(2) \qquad\qquad \zeta(s) := \sum_{m=1}^{\infty} m^{-s},$$

die zur Folge $\alpha_m = 1$, $m \in \mathbb{N}$, gehört. Man schreibt $\alpha_m = \mathcal{O}(m^\chi)$ für ein $\chi \in \mathbb{R}$, wenn ein $C > 0$ existiert, so dass

$$|\alpha_m| \leq C \cdot m^\chi \quad \text{für alle } m \geq 1.$$

Das Konvergenzverhalten von DIRICHLET-Reihen beschreibt der

**Satz.** *Ist* $(\alpha_m)_{m \geq 1}$ *eine komplexe Folge mit zugehöriger* DIRICHLET*–Reihe* $D(s)$, *so existiert ein* $\sigma_0 \in \mathbb{R} \cup \{\pm\infty\}$ *mit folgenden Eigenschaften:*

(i) $D(s)$ *konvergiert absolut für* $\sigma = \operatorname{Re} s > \sigma_0$.

(ii) $D(s)$ *konvergiert nicht absolut für* $\sigma = \operatorname{Re} s < \sigma_0$.

$D(s)$ *ist eine holomorphe Funktion auf der Halbebene* $\{s \in \mathbb{C}; \operatorname{Re} s > \sigma_0\}$. *Für* $\rho \in \mathbb{R}$ *mit* $\rho > \sigma_0$ *ist* $D(s)$ *auf der Halbebene* $\{s \in \mathbb{C}; \operatorname{Re} s \geq \rho\}$ *absolut gleichmäßig konvergent und beschränkt.*

Man nennt $\sigma_0$ die *absolute Konvergenzabszisse der* DIRICHLET*–Reihe* $D(s)$.

*Beweis.* Für $s = \sigma + it$ gilt $|\alpha_m \cdot m^{-s}| = |\alpha_m| \cdot m^{-\sigma}$. Die Behauptung folgt mit

$$\sigma_0 := \inf \left\{ \sigma \in \mathbb{R} \,;\; \sum_{m=1}^{\infty} |\alpha_m| \cdot m^{-\sigma} \text{ konvergiert} \right\}.$$

Für $\rho \in \mathbb{R}$ mit $\rho > \sigma_0$ gilt

$$\sum_{m=1}^{\infty} |\alpha_m \cdot m^{-s}| \leq \sum_{m=1}^{\infty} |\alpha_m| \cdot m^{\rho} < \infty \quad \text{für} \quad \operatorname{Re} s \geq \rho.$$

Mit jedem Summanden ist dann auch die Reihe $D(s)$ nach dem Satz von WEI-ERSTRASS (vgl. R. REMMERT, G. SCHUMACHER [2002], Satz 8.4.2) holomorph für $\operatorname{Re} s > \sigma_0$. $\qquad\square$

Offenbar ist $\sigma_0 = 1$ die absolute Konvergenzabszisse der RIEMANNschen Zetafunktion $\zeta(s)$.

**Lemma.** *Ist* $(\alpha_m)_{m \geq 1}$ *eine Folge mit* $\alpha_m = \mathcal{O}(m^{\chi})$ *für ein* $\chi \in \mathbb{R}$, *so gilt für die absolute Konvergenzabszisse* $\sigma_0$ *der zugehörigen* DIRICHLET–*Reihe* $D(s)$

$$\sigma_0 \leq \chi + 1.$$

*Beweis.* Es gibt ein $C > 0$ mit $|\alpha_m| \leq C \cdot m^{\chi}$ für alle $m \geq 1$. Also folgt

$$\sum_{m=1}^{\infty} |\alpha_m| \cdot m^{-\sigma} \leq C \cdot \zeta(\sigma - \chi) < \infty \quad \text{für} \quad \sigma > \chi + 1.$$

$\qquad\square$

**Bemerkung.** Weitere Aussagen über das Konvergenzverhalten von DIRICHLET–Reihen findet man z. B. bei D.B. ZAGIER [1981], §§1, 2, oder T.M. APOSTOL [1976], chap. 11.

**2. MELLIN–Transformation.** Für reelles $\chi \geq 0$ bezeichne $\mathcal{A}_\chi$ die Menge der stetigen Funktionen $g : ]0, \infty[ \to \mathbb{C}$ mit der Eigenschaft $g(y) = \mathcal{O}(y^{-\sigma})$ für alle $\sigma > \chi$, d. h., zu $\sigma > \chi$ existiert ein $C_\sigma > 0$, so dass

$$(1) \qquad |g(y)| \leq C_\sigma \cdot y^{-\sigma} \quad \text{für alle} \quad y > 0.$$

Offenbar ist $\mathcal{A}_\chi$ ein $\mathbb{C}$-Vektorraum. Die Funktion $y \mapsto e^{-y}$ gehört zu $\mathcal{A}_0$.

**Proposition.** *Für* $g \in \mathcal{A}_\chi$ *wird durch*

$$(2) \qquad \{s \in \mathbb{C} \,;\, \sigma = \operatorname{Re} s > \chi\} \to \mathbb{C}, \; s \mapsto M_g(s) := \int_0^{\infty} g(y) y^{s-1} \, dy,$$

*eine holomorphe Funktion erklärt.*

Man nennt $M_g(s)$ die MELLIN–*Transformierte von* $g$.

*Beweis.* Für $\chi < \alpha < \sigma < \beta$ gilt nach (1)

$$\int_0^1 |g(y) \cdot y^{s-1}| \, dy \;\leq\; C_\alpha \cdot \int_0^1 y^{\sigma - \alpha - 1} \, dy = C_\alpha \cdot \frac{1}{\sigma - \alpha},$$

$$\int_1^\infty |g(y) \cdot y^{s-1}| \, dy \;\leq\; C_\beta \cdot \int_1^\infty y^{\sigma - \beta - 1} \, dy = C_\beta \cdot \frac{1}{\beta - \sigma}.$$

In jedem Vertikalstreifen $\{s \in \mathbb{C}\,;\, \alpha + \varepsilon \leq \sigma = \operatorname{Re} s \leq \beta - \varepsilon\}$, $\varepsilon > 0$, in $\mathbb{C}$ konvergiert das Integral also absolut gleichmäßig. Jetzt verwendet man das Majorantenkriterium (vgl. R. REMMERT [1995], 2.3.1) für die Integrale

$$\int_1^\infty g(y) \cdot y^{s-1} \, dy \quad \text{und} \quad \int_0^1 g(y) \cdot y^{s-1} \, dy = \int_1^\infty g(1/y) \cdot y^{-s-1} \, dy$$

und folgert, dass $M_g(s)$ auf der Halbebene $\{s \in \mathbb{C}\,;\, \sigma > \chi\}$ holomorph ist. $\qquad\square$

Nun soll gezeigt werden, dass man die Transformation (2) umkehren kann. Dazu bezeichne $\mathcal{B}_\chi$ die Menge der holomorphen Funktionen $f$ auf der Halbebene $\{s \in \mathbb{C}\,;\, \sigma = \operatorname{Re} s > \chi\}$, so dass es zu allen $\alpha, \beta$ mit $\chi < \alpha < \beta$ ein $\gamma > 1$ und $C > 0$ gibt mit der Eigenschaft

$$(3) \qquad\qquad |f(s)| \leq C \cdot (1 + |t|)^{-\gamma} \quad \text{für} \quad s = \sigma + it, \ \alpha \leq \sigma \leq \beta.$$

Offenbar ist $\mathcal{B}_\chi$ ein $\mathbb{C}$–Vektorraum, sogar eine $\mathbb{C}$–Algebra. Wir formulieren die MELLIN*sche Umkehrformel* als

**Satz.** *Für $f \in \mathcal{B}_\chi$, $\chi \geq 0$, $y > 0$ und $\sigma > \chi$ konvergiert das längs der Geraden $(\sigma) := \sigma + i\mathbb{R}$ erstreckte Integral*

$$(4) \qquad f^*(y) := \frac{1}{2\pi i} \cdot \int_{(\sigma)} f(s) \cdot y^{-s} \, ds := \frac{1}{2\pi} \cdot \int_{-\infty}^\infty f(\sigma + it) \cdot y^{-\sigma - it} \, dt$$

*absolut und es gilt*

a) $f^*$ *ist unabhängig von* $\sigma$, $\sigma > \chi$.

b) $f^* \in \mathcal{A}_\chi$.

c) *Für $s \in \mathbb{C}$ mit $\sigma = \operatorname{Re}(s) > \chi$ gilt*

$$(5) \qquad\qquad f(s) = M_{f^*}(s) = \int_0^\infty f^*(y) \cdot y^{s-1} dy.$$

*Beweis.* Wegen (3) gilt für $\sigma > \chi$ und ein $\gamma > 1$

$$(*) \qquad \int\limits_{(\sigma)} |f(s) \cdot y^{-s}| \cdot |ds| \leq 2C \cdot y^{-\sigma} \cdot \int\limits_0^\infty (1+t)^{-\gamma}\, dt = \frac{2C}{\gamma - 1} \cdot y^{-\sigma}.$$

Also ist das Integral absolut konvergent und stellt eine stetige Funktion auf dem Intervall $]0, \infty[$ dar.

a) Nach dem Cauchyschen Integralsatz gilt

$$\int\limits_{\partial R} f(s) \cdot y^{-s}\, ds = 0$$

für jedes achsenparallele Rechteck $R$ in der Halbebene $\{s \in \mathbb{C}\,;\ \sigma > \chi\}$.

Aufgrund von (3) verschwinden die Integrale über die Parallelen zur reellen Achse für $a \to \infty, b \to \infty$. Es folgt

$$\int\limits_{(\alpha)} f(s) \cdot y^{-s}\, ds = \int\limits_{(\beta)} f(s) \cdot y^{-s}\, ds.$$

b) Man verwende $(*)$.
c) Aufgrund von b) und der Proposition existiert $M_{f^*(s)}$. Nach a) hat man für $\chi < \alpha < \sigma_0 = \operatorname{Re} s_0 < \beta$

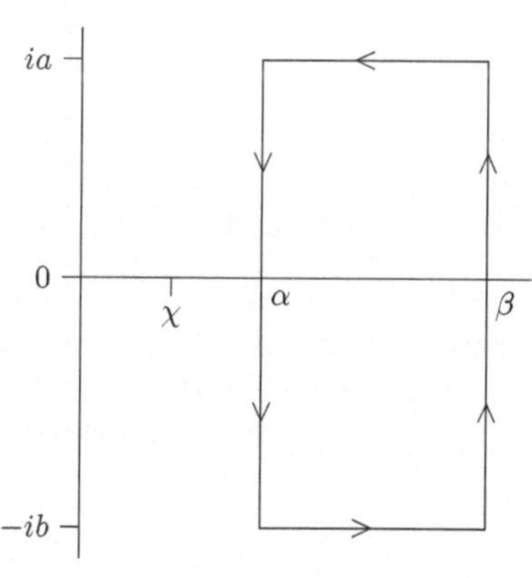

Abb. 25: Integrationsweg

$$\int\limits_0^\infty f^*(y) y^{s_0-1}\, dy$$

$$= \frac{1}{2\pi i} \int\limits_0^1 \left( \int\limits_{(\alpha)} f(s) y^{-s}\, ds \right) y^{s_0-1}\, dy + \frac{1}{2\pi i} \int\limits_1^\infty \left( \int\limits_{(\beta)} f(s) y^{-s}\, ds \right) y^{s_0-1}\, dy\ .$$

Wegen $(*)$ kann man in beiden Fällen die Integrale vertauschen und erhält

$$\frac{1}{2\pi} \int\limits_{-\infty}^\infty \left( \int\limits_0^1 y^{s_0-\alpha-it-1}\, dy \right) f(\alpha + it)\, dt + \frac{1}{2\pi} \int\limits_{-\infty}^\infty \left( \int\limits_1^\infty y^{s_0-\beta-it-1}\, dy \right) f(\beta + it)\, dt$$

$$= \frac{1}{2\pi} \left( \int\limits_{-\infty}^\infty \frac{f(\alpha + it)}{s_0 - (\alpha + it)}\, dt + \int\limits_{-\infty}^\infty \frac{f(\beta + it)}{\beta + it - s_0}\, dt \right).$$

Nach dem CAUCHYschen Integralsatz und (3) ist dies gleich

$$\frac{1}{2\pi i} \int\limits_{\partial R} \frac{f(z)}{z - s_0}\, dz$$

für jedes achsenparallele, positiv orientierte Rechteck $R$, das den Punkt $s_0$ enthält und im Streifen $\alpha \le \operatorname{Re} s \le \beta$ liegt. Mit der CAUCHYschen Integralformel erhält man $f(s_0)$ als Wert. Also gilt (5).      $\square$

**Bemerkung.** Die von H. MELLIN eingeführte Transformation (2) steht in engem Zusammenhang mit der FOURIER–Transformation. Substituiert man $y = e^x$ in (2) und schreibt $G(x) := g(e^x)$, so hat man

$$M_g(s) = \int\limits_{-\infty}^{\infty} G(x)e^{sx}dx.$$

Die im Satz beschriebene Umkehrformel stammt von H. MELLIN (Math. Ann. **68**, 305–337 (1910)). Hinsichtlich einer systematischen Untersuchung der MELLIN–Transformation vergleiche man P.L. BUTZER und S. JANSCHE, J. Fourier Anal. Appl. **3**, 325-376 (1997).

**3. Anwendung auf die Gamma–Funktion.** Die Funktion $g(y) := e^{-y}$ gehört zu $\mathcal{A}_0$. Also kann man die *Gamma–Funktion* zunächst nach Proposition 2 für $\operatorname{Re} s > 0$ als MELLIN–Transformierte von $g$ definieren, d. h.

$$(1) \qquad \Gamma(s) := \int\limits_{0}^{\infty} e^{-y}y^{s-1}\, dy, \quad s \in \mathbb{C}, \quad \operatorname{Re} s > 0.$$

Die $\Gamma$–Funktion ist als meromorphe Funktion in die gesamte $s$–Ebene fortsetzbar. Sie ist holomorph bis auf Pole 1. Ordnung an den Stellen $-n, n \in \mathbb{N}_0$, mit den Residuen

$$(2) \qquad \operatorname{res}_{s=-n}\Gamma(s) = (-1)^n/n!\,.$$

Sie genügt der Funktionalgleichung

$$(3) \qquad \Gamma(s + 1) = s \cdot \Gamma(s)$$

und hat keine Nullstellen, so dass

$$(4) \qquad 1/\Gamma(s) \quad \text{eine ganze Funktion}$$

ist. Von Bedeutung sind weiter die *Verdopplungsformel*

$$(5) \qquad \Gamma(s) = \frac{1}{\sqrt{\pi}} \cdot 2^{s-1} \cdot \Gamma\!\left(\frac{s}{2}\right) \cdot \Gamma\!\left(\frac{s+1}{2}\right), \quad \text{speziell} \quad \Gamma\!\left(\frac{1}{2}\right) = \sqrt{\pi},$$

und die *komplexe* STIRLING*–Formel*, wonach

(6) $$\log \Gamma(s) - \left(s - \tfrac{1}{2}\right)\log s + s \quad \text{für} \quad \operatorname{Re} s \geq 0,\ |s| \geq \varepsilon > 0$$

beschränkt ist. Man vergleiche R. REMMERT [1995], Kapitel 2.

**Lemma.** $\Gamma \in \mathcal{B}_0$.

*Beweis.* Sei $0 < \alpha < \beta$. Nach (6) gibt es ein $C > 0$, so dass

$$|\Gamma(s)| \leq C \cdot \left|e^{(s-1/2)\log s - s}\right| \quad \text{für} \quad \operatorname{Re} s \geq \alpha.$$

Für $s = \sigma + it$, $\alpha \leq \sigma \leq \beta$ erhält man

$$\operatorname{Re}\left\{\left(s - \tfrac{1}{2}\right)\log s - s\right\} = \left(\sigma - \tfrac{1}{2}\right)\log\sqrt{\sigma^2 + t^2} - \sigma - t\arg s \leq \delta - \tfrac{\pi}{4}|t|.$$

mit einem $\delta > 0$, das nur von $\alpha$ und $\beta$ abhängt, denn es gilt

$$\tfrac{\pi}{2}|t| - t\arg s \leq \tfrac{\delta}{2} \quad \text{und} \quad \left(\sigma - \tfrac{1}{2}\right)\log|s| - \sigma \leq \tfrac{\delta}{2} + \tfrac{\pi}{4}|t|.$$

Wegen

$$|\Gamma(s)| \leq C \cdot e^{\delta - \pi|t|/4} = \mathcal{O}\left((1 + |t|)^{-2}\right)$$

gehört $\Gamma$ nach 2(3) zu $\mathcal{B}_0$. $\qquad\square$

Nun soll Satz 2 auf $\Gamma$ angewendet werden. Dazu sei vermerkt, dass im Folgenden für Zahlen $z, s \in \mathbb{C}$, $z \neq 0$

$$z^s := e^{s(\log|z| + i\arg(z))}$$

stets den *Hauptwert* bezeichne.

**Satz.** *Für $\sigma > 0$ und $z \in \mathbb{C}$ mit $\operatorname{Re} z > 0$ gilt*

(7) $$\frac{1}{2\pi i}\int\limits_{(\sigma)} \Gamma(s) \cdot z^{-s}\, ds = e^{-z}.$$

*Beweis.* Nach dem Lemma und Satz 2 ist $\Gamma^*(y)$ für $y > 0$ definiert. Durch Differentiation unter dem Integral bekommt man

$$\frac{d\Gamma^*(y)}{dy} = \frac{d}{dy}\frac{1}{2\pi i}\int\limits_{(\sigma)} \Gamma(s) \cdot y^{-s}\, ds = \frac{1}{2\pi i}\int\limits_{(\sigma)} \Gamma(s)(-s) \cdot y^{-s-1}\, ds$$

$$= \frac{-1}{2\pi i}\int\limits_{(\sigma)} \Gamma(s+1) \cdot y^{-s-1}\, ds = \frac{-1}{2\pi i}\int\limits_{(\sigma+1)} \Gamma(s) \cdot y^{-s}\, ds = -\Gamma^*(y),$$

wenn man (3) und Satz 2a) beachtet. Es folgt $\Gamma^*(y) = c \cdot e^{-y}$ mit einer Konstanten $c$. Aus 2(5) erhält man dann

$$\Gamma(s) = c \cdot \int\limits_0^\infty e^{-y} y^{s-1}\, dy,$$

also $c = 1$. Demnach gilt (7) für alle $z = y > 0$. Das Integral ist wiederum nach dem Majorantenkriterium (vgl. R. REMMERT [1995], 2.3.1) holomorph in $s$. Also folgt die Behauptung durch analytische Fortsetzung. $\qquad\square$

**4.** DIRICHLET**–Reihen zu ganzen Modulformen.** Für gerades $k \geq 4$ betrachte man den Vektorraum $\mathbb{M}_k$ der ganzen Modulformen vom Gewicht $k$ gemäß III.1.4. Jedes $f \in \mathbb{M}_k$ besitzt eine FOURIER–Entwicklung der Form

$$(1) \qquad f(\tau) = \sum_{m=0}^{\infty} \alpha_f(m) \cdot e^{2\pi i m \tau} \quad , \quad \tau \in \mathbb{H}.$$

Aus III.2.1(13) folgt

$$\alpha_f(m) = \mathcal{O}(m^{k-1}).$$

Nach Lemma 1 konvergiert die $f$ *zugeordnete* DIRICHLET*–Reihe*

$$(2) \qquad D_f(s) := \sum_{m=1}^{\infty} \alpha_f(m) \cdot m^{-s}$$

für $\operatorname{Re} s > k$ absolut und stellt in der Halbebene $\{s \in \mathbb{C}; \operatorname{Re} s > k\}$ eine holomorphe Funktion dar. Nun setzt man

$$(3) \qquad \mathbb{D}_f(s) := (2\pi)^{-s} \cdot \Gamma(s) \cdot D_f(s), \quad \operatorname{Re} s > k.$$

**Satz.** *Für jedes* $f \in \mathbb{M}_k$, $k \geq 4$ *gerade, gilt:*
a) *Die* $f$ *zugeordnete* DIRICHLET*–Reihe* $D_f(s)$ *ist als meromorphe Funktion in die gesamte* $s$*–Ebene fortsetzbar und ist holomorph bis auf einen möglichen einfachen Pol bei* $s = k$ *mit dem Residuum*

$$(4) \qquad \operatorname{res}_{s=k} D_f(s) = \frac{(2\pi i)^k}{(k-1)!} \cdot \alpha_f(0).$$

*Darüber hinaus gilt*

$$(5) \qquad D_f(0) = -\alpha_f(0) \quad und \quad D_f(-n) = 0 \quad für \quad n = 1, 2, 3, \dots .$$

b) *Die Funktion*

$$(6) \qquad \mathbb{D}_f(s) - \alpha_f(0) \cdot \left( \frac{i^k}{s-k} - \frac{1}{s} \right) = \int_1^{\infty} [f(iy) - \alpha_f(0)] \cdot \left[ y^s + i^k y^{k-s} \right] \frac{dy}{y}$$

*ist ganz und in jedem Vertikalstreifen* $\{s \in \mathbb{C}; \alpha \leq \sigma \leq \beta\}$, $\alpha, \beta \in \mathbb{R}$, *in* $\mathbb{C}$ *beschränkt. Es gilt die Funktionalgleichung*

$$(7) \qquad \mathbb{D}_f(k-s) = i^k \cdot \mathbb{D}_f(s).$$

*Beweis.* In der Integraldarstellung 3(1)

$$\Gamma(s) = \int_0^{\infty} e^{-r} r^{s-1} \, dr, \quad \operatorname{Re} s > 0$$

substituiert man $r = 2\pi m y$ und erhält

$$\Gamma(s) \cdot (2\pi m)^{-s} = \int_0^\infty e^{-2\pi m y} y^{s-1}\, dy,$$

also

$$(8) \qquad \mathbb{D}_f(s) = \sum_{m=1}^\infty \alpha_f(m)\Gamma(s)(2\pi m)^{-s} = \int_0^\infty \sum_{m=1}^\infty \alpha_f(m)e^{-2\pi m y} y^{s-1}\, dy$$

$$= \int_0^\infty [f(iy) - \alpha_f(0)] \cdot y^{s-1}\, dy.$$

Die Vertauschung von Summation und Integration ist hier nach dem Satz von der majorisierten Konvergenz (vgl. W. WALTER [1992; II], 9.14) erlaubt, da für $\sigma > k$

$$\sum_{m=1}^\infty |\alpha_f(m)| \cdot \int_0^\infty e^{-2\pi m y} y^{\sigma-1}\, dy < \infty.$$

Nun zerlegt man das Integral in (8) und erhält mit der Substitution $y \mapsto 1/y$ sowie $f(i/y) = (iy)^k \cdot f(iy)$ für $\sigma > k$

$$\mathbb{D}_f(s) = \int_1^\infty [f(iy) - \alpha_f(0)] \cdot y^{s-1}\, dy + \int_0^1 [f(iy) - \alpha_f(0)] \cdot y^{s-1}\, dy$$

$$= \int_1^\infty [f(iy) - \alpha_f(0)] \cdot y^{s-1}\, dy + \int_1^\infty [f(i/y) - \alpha_f(0)] \cdot y^{-s-1}\, dy$$

$$= \int_1^\infty [f(iy) - \alpha_f(0)] \cdot y^{s-1}\, dy + \int_1^\infty [f(iy) - \alpha_f(0)] \cdot i^k y^{k-s-1}\, dy$$

$$+ \alpha_f(0) \cdot \int_1^\infty \left[ i^k y^{k-s-1} - y^{-s-1} \right]\, dy$$

$$= \int_1^\infty [f(iy) - \alpha_f(0)] \cdot [y^s + i^k y^{k-s}] \frac{dy}{y} + \alpha_f(0) \cdot \left( \frac{i^k}{s-k} - \frac{1}{s} \right),$$

also (6). Es gilt $f(iy) - \alpha_f(0) = \mathcal{O}\left(e^{-2\pi y}\right)$ auf $[1, \infty[$ nach Lemma III.1.4. Also ist die rechte Seite von (6) nach dem Majorantenkriterium (vgl. R. REMMERT [1995], 2.1.3) eine ganze Funktion und in jedem Vertikalstreifen in $\mathbb{C}$ beschränkt.

Aus (6) und $i^{2k} = 1$ folgt auch sofort die Funktionalgleichung (7). $\mathbb{D}_f(s)$ ist holomorph bis auf eventuelle einfache Pole bei $s = k$ und $s = 0$. Wegen 3(4) gilt das auch für

$$D_f(s) = (2\pi)^s \cdot \frac{1}{\Gamma(s)} \cdot \mathbb{D}_f(s).$$

Weil $\Gamma(s)$ an der Stelle $s = 0$ einen einfachen Pol mit Residuum 1 hat, besitzt $D_f(s)$ wegen (6) an der Stelle $s = 0$ eine hebbare Singularität mit $D_f(0) = -\alpha_f(0)$. Die Pole von $\Gamma(s)$ in $s = -n$, $n \in \mathbb{N}$, nach 3(2) liefern die Nullstellen von $D_f(s)$ in (5). Schließlich gilt

$$\operatorname{res}_{s=k} D_f(s) = (2\pi)^k \cdot \frac{1}{\Gamma(k)} \cdot \operatorname{res}_{s=k}\mathbb{D}_f(s) = \frac{(2\pi i)^k}{(k-1)!} \cdot \alpha_f(0),$$

also (4). $\qquad\qquad\qquad\qquad\qquad\qquad\qquad\qquad\qquad\qquad\qquad\qquad\qquad\qquad$ $\square$

Mit Satz III.1.6 und $\alpha_f(0) = 0$ für $f \in \mathbb{S}_k$ erhält man sofort das

**Korollar.** *Ist* $f \in \mathbb{S}_k$ *eine Spitzenform, so konvergiert* $D_f(s)$ *für* $\operatorname{Re} s > \frac{k}{2} + 1$ *absolut und stellt eine ganze Funktion dar.*

**5. Die** RIEMANN**sche Zetafunktion.** Mit der gleichen Methode wie in **4** soll nun die RIEMANNsche Zetafunktion

$$\zeta(s) := \sum_{m=1}^{\infty} m^{-s}, \quad s \in \mathbb{C}, \ \operatorname{Re} s > 1,$$

behandelt werden. Dazu wählt man die Standard–Bezeichnung

$$(1) \qquad\qquad \xi(s) := \pi^{-s/2} \cdot \Gamma\left(\frac{s}{2}\right) \cdot \zeta(s), \quad \operatorname{Re} s > 1,$$

und betrachtet die Theta–Reihe aus III.E.3

$$(2) \qquad\qquad \vartheta(\tau) = \sum_{n \in \mathbb{Z}} e^{\pi i n^2 \tau} = 1 + 2 \cdot \sum_{n=1}^{\infty} e^{\pi i n^2 \tau}, \quad \tau \in \mathbb{H}.$$

**Satz.** a) *Die* RIEMANN*sche Zetafunktion* $\zeta(s)$ *ist als meromorphe Funktion in die gesamte* $s$*–Ebene fortsetzbar. Sie ist holomorph bis auf einen einfachen Pol bei* $s = 1$ *mit dem Residuum 1. Darüber hinaus gilt*

$$\zeta(0) = -\tfrac{1}{2} \ \textit{und} \ \zeta(-2n) = 0 \quad \textit{für} \quad n = 1, 2, 3, \dots .$$

b) *Die Funktion*

$$\xi(s) - \left(\frac{1}{s-1} - \frac{1}{s}\right)$$

*ist eine ganze Funktion, die in jedem Vertikalstreifen in* $\mathbb{C}$ *beschränkt ist. Es gilt die Funktionalgleichung*

$$\xi(1 - s) = \xi(s) \quad \textit{für} \quad s \in \mathbb{C}..$$

*Beweis.* Wegen $\vartheta(i/y) = \sqrt{y} \cdot \vartheta(iy)$ nach der Theta–Transformationsformel III.E.3 kann man natürlich wie im Beweis von Satz 4 vorgehen:

$$\xi(2s) \;=\; \sum_{n=1}^{\infty} \Gamma(s) \cdot (\pi n^2)^{-s} = \int_{0}^{\infty} \sum_{n=1}^{\infty} e^{-\pi n^2 y} y^{s-1} \, dy$$

$$=\; \frac{1}{2} \int_{0}^{\infty} [\vartheta(iy) - 1] \cdot y^{s-1} \, dy$$

$$=\; \frac{1}{2} \int_{1}^{\infty} [\vartheta(iy) - 1] \cdot y^{s-1} \, dy + \frac{1}{2} \int_{1}^{\infty} [\vartheta(i/y) - 1] \cdot y^{-s-1} \, dy$$

$$=\; \frac{1}{2} \int_{1}^{\infty} [\vartheta(iy) - 1] \cdot y^{s-1} \, dy + \frac{1}{2} \int_{1}^{\infty} [\vartheta(iy) - 1] \cdot y^{-s-1/2} \, dy$$

$$+\; \frac{1}{2} \int_{1}^{\infty} \left[ y^{-s-1/2} - y^{-s-1} \right] \, dy$$

$$=\; \frac{1}{2} \int_{1}^{\infty} [\vartheta(iy) - 1] \cdot \left[ y^{s} + y^{-s+1/2} \right] \frac{dy}{y} + \left( \frac{1}{2s-1} - \frac{1}{2s} \right).$$

Aus dieser Darstellung gewinnt man die Aussagen wieder wie im Beweis von Satz 4. $\qquad\square$

**Bemerkungen.** a) Der hier angegebene Beweis der analytischen Fortsetzung und Funktionalgleichung geht auf B. RIEMANN ([1990], 177–187) zurück.
b) Natürlich kann man die Sätze 4 und 5 simultan beweisen. Man vergleiche E. HECKE, *Math. Werke*, 591–626.

**6. Der HECKEsche Umkehrsatz.** In diesem Abschnitt soll zu einer DIRICHLET–Reihe mit Funktionalgleichung eine ganze Modulform konstruiert werden.

**Satz.** *Gegeben seien eine gerade Zahl $k \geq 4$ und eine* DIRICHLET–*Reihe*

$$(1) \qquad\qquad D(s) := \sum_{m=1}^{\infty} \alpha_m \cdot m^{-s}$$

*mit absoluter Konvergenzabszisse $\sigma_0 < \infty$. Die Funktion*

$$(2) \qquad\qquad \mathbb{D}(s) := (2\pi)^{-s} \cdot \Gamma(s) \cdot D(s)$$

*sei meromorph in die gesamte $s$–Ebene fortsetzbar und erfülle die Funktional-gleichung*

$$(3) \qquad\qquad \mathbb{D}(k - s) = i^k \cdot \mathbb{D}(s).$$

*Wenn es ein $\alpha_0 \in \mathbb{C}$ gibt, so dass die Funktion*

$$(4) \qquad \mathbb{D}(s) - \alpha_0 \cdot \left( \frac{i^k}{s-k} - \frac{1}{s} \right)$$

*ganz und in jedem Vertikalstreifen in $\mathbb{C}$ $\{s \in \mathbb{C}; \alpha \le \operatorname{Re} s \le \beta\}$, $\alpha, \beta \in \mathbb{R}$, beschränkt ist, dann ist*

$$(5) \qquad f(\tau) := \sum_{m=0}^{\infty} \alpha_m \cdot e^{2\pi i m \tau}$$

*eine ganze Modulform vom Gewicht $k$ mit* DIRICHLET*–Reihe $D_f(s) = D(s)$.*

*Beweis.* Sei $\chi = \max\{k, \sigma_0\}$. Aus der Konvergenz von $D(\chi + \varepsilon)$, $\varepsilon > 0$, folgt die Beschränktheit der Summanden, also $\alpha_m = \mathcal{O}(m^{\chi + \varepsilon})$. Folglich ist $f : \mathbb{H} \to \mathbb{C}$ in (5) holomorph. Weil die Betragsreihe in (1) für $\sigma \ge \chi + \varepsilon$, $\varepsilon > 0$, beschränkt ist, folgt $\mathbb{D} \in \mathcal{B}_\chi$ mit Lemma 3 und (2). Satz 3 liefert schließlich für $\sigma > \chi$

$$(*) \qquad \frac{1}{2\pi i} \int_{(\sigma)} \mathbb{D}(s) y^{-s}\, ds = \frac{1}{2\pi i} \cdot \sum_{m=1}^{\infty} \alpha_m \int_{(\sigma)} \Gamma(s)(2\pi m y)^{-s}\, ds = f(iy) - \alpha_0,$$

wobei die Vertauschung von Summation und Integration nach dem Satz von der majorisierten Konvergenz (vgl. W. WALTER [1992, II], 9.14) erlaubt ist.

Nun betrachte man das Integral

$$I := \frac{1}{2\pi i} \int_{\partial R} \mathbb{D}(s) y^{-s}\, ds$$

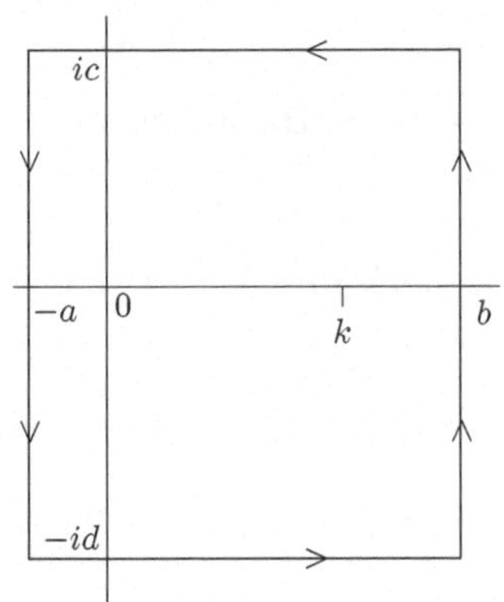

über ein positiv orientiertes achsenparalleles Rechteck $R$, das die Punkte $0$ und $\chi$ enthält. Aus dem Residuensatz und (4) folgt

$$I = \alpha_0 \cdot \left( (iy)^{-k} - 1 \right).$$

Weil $\mathbb{D}(s) - \alpha_0 \cdot \left( \frac{i^k}{s-k} - \frac{1}{s} \right)$ in jedem Vertikalstreifen beschränkt ist, verschwinden die Integrale über die Parallelen zur reellen Achse für $c \to \infty$, $d \to \infty$.

Abb. 26: Integrationsweg

Also gilt

$$(6) \qquad \alpha_0 + \frac{1}{2\pi i} \int_{(b)} \mathbb{D}(s) y^{-s}\, ds = \alpha_0 (iy)^{-k} + \frac{1}{2\pi i} \int_{(-a)} \mathbb{D}(s) y^{-s}\, ds.$$

Nach $(*)$ ist die linke Seite von (6) gerade $f(iy)$. Auf der rechten Seite von (6) verwendet man (3) und erneut $(*)$:

$$\alpha_0 (iy)^{-k} + \frac{1}{2\pi i} \int_{(-a)} i^{-k} \mathbb{D}(k-s) y^{-s}\, ds = \alpha_0 (iy)^{-k} + \frac{1}{2\pi i} \int_{(k+a)} i^{k} \mathbb{D}(s) y^{s-k}\, ds$$

$$= (iy)^{-k} \cdot f(i/y).$$

Mit dem Identitätssatz folgert man $f(\tau) = \tau^{-k} \cdot f(-1/\tau)$ für alle $\tau \in \mathbb{H}$. Wegen der Definition durch die Fourier–Reihe (5) hat man noch $f(\tau + 1) = f(\tau)$, also $f \in \mathbb{M}_k$ mit $D_f = D$. $\qquad\square$

**Bemerkung.** Der Korrespondenzsatz geht auf E. Heckes klassische Arbeit *Über die Bestimmung* Dirichlet*scher Reihen durch ihre Funktionalgleichung* aus dem Jahre 1936 zurück (vgl. *Math. Werke*, 591–626). Führt man wie Hecke einen zusätzlichen Parameter ein, so kann man die Ergebnisse über die Riemannsche Zetafunktion simultan mitbeweisen. Das Analogon von Satz 6 für die Riemannsche Zetafunktion ist als Satz von Hamburger (*Math. Z.* **10**, 240–254 (1921), **11**, 224–245 (1921), **13**, 240–254 (1922)) bekannt. Man vergleiche auch E. Freitag, R. Busam [2000], VII, §3.

**7. Produkte von Dirichlet–Reihen.** Ein Produkt zweier Potenzreihen mit gleichem Entwicklungspunkt ist bekanntlich wieder eine solche Potenzreihe. Eine analoge Aussage gilt für Dirichlet–Reihen:

**Satz.** *Sind*

$$A(s) := \sum_{m=1}^{\infty} \alpha_m \cdot m^{-s} \quad und \quad B(s) := \sum_{m=1}^{\infty} \beta_m \cdot m^{-s}$$

*zwei für* $\operatorname{Re} s > \kappa$ *absolut konvergente* Dirichlet*–Reihen, dann gilt*

$$(1) \qquad A(s) \cdot B(s) = \sum_{m=1}^{\infty} \gamma_m \cdot m^{-s} \quad mit \quad \gamma_m := \sum_{d|m} \alpha_d \beta_{m/d}$$

*für* $\operatorname{Re} s > \kappa$.

Hier wird natürlich wieder nur über die positiven Teiler $d$ von $m$ summiert.

*Beweis.* Als Produkt von zwei absolut konvergenten Reihen kann man in der Reihe

$$A(s) \cdot B(s) = \sum_{\nu,\mu=1}^{\infty} \alpha_\nu \beta_\mu \cdot (\nu\mu)^{-s}, \quad \operatorname{Re} s > \kappa,$$

beliebig umordnen. Man fasst die Terme mit festen $\nu\mu = m$ zusammen und erhält die Darstellung (1) mit

$$\gamma_m = \sum_{\nu\mu=m} \alpha_\nu \beta_\mu.$$

Das ist aber die Behauptung. $\qquad\square$

**Korollar A.** *Für* $r \in \mathbb{R}$ *und* $\operatorname{Re} s > \max\{1, r+1\}$ *gilt*

$$\zeta(s) \cdot \zeta(s - r) = \sum_{m=1}^{\infty} \sigma_r(m) \cdot m^{-s}.$$

*Beweis.* Man wählt $\beta_m = 1$ und $\alpha_m = m^r$ im Satz, also $\gamma_m = \sigma_r(m)$.      □

**Korollar B.** *Für gerades $k \geq 4$ ist die der* EISENSTEIN*-Reihe $G_k$ zugeordnete* DIRICHLET*-Reihe gleich*

$$2\frac{(2\pi i)^k}{(k-1)!} \cdot \zeta(s) \cdot \zeta(s+1-k) \quad \textit{für} \quad \mathrm{Re}\,s > k.$$

*Beweis.* Man verwende III.2.1(3) und Korollar A.     □

Wie üblich nennt man eine Funktion $\alpha : \mathbb{N} \to \mathbb{C}$ *multiplikativ*, wenn $\alpha(mn) = \alpha(m) \cdot \alpha(n)$ für alle teilerfremden $m, n \in \mathbb{N}$ gilt.

**Lemma.** *Ist $\alpha : \mathbb{N} \to \mathbb{C}$ multiplikativ und ist $\sum_{n=1}^{\infty} \alpha(n) \neq 0$ absolut konvergent, dann gilt*

$$\sum_{n=1}^{\infty} \alpha(n) = \prod_{p} \left( \sum_{r=0}^{\infty} \alpha(p^r) \right),$$

*wobei das Produkt über alle Primzahlen $p$ zu erstrecken ist.*

*Beweis.* Aus der Multiplikativität folgt $\alpha(1) = 1$. Für $N > 0$ gilt dann

$$\prod_{N} := \prod_{p \leq N} \left( \sum_{r=0}^{\infty} \alpha(p^r) \right) = \sum_{r_1 \geq 0} \sum_{r_2 \geq 0} \cdots \sum_{r_q \geq 0} \alpha\left(p_1^{r_1}\right) \alpha\left(p_2^{r_2}\right) \cdot \ldots \cdot \alpha\left(p_q^{r_q}\right) ,$$

wobei die Primzahlen $\leq N$ mit $p_1, \ldots, p_q$ bezeichnet werden. Wegen der Multiplikativität von $\alpha$ bekommt man

$$\prod_{N} = \sum_{r_1 \geq 0} \sum_{r_2 \geq 0} \cdots \sum_{r_q \geq 0} \alpha\left(p_1^{r_1} p_2^{r_2} \cdot \ldots \cdot p_q^{r_q}\right) = \sum_{n=1}^{N} \alpha(n) + \sum_{n \in E_N} \alpha(n),$$

mit

$$E_N := \{n \in \mathbb{N}\,;\, n > N\,,\, n \text{ hat höchstens } p_1, \ldots, p_q \text{ als Primteiler}\}.$$

Damit folgt

$$\left| \prod_{N} - \sum_{n=1}^{N} \alpha(n) \right| \leq \sum_{n > N} |\alpha(n)|,$$

und das Lemma ist bewiesen.     □

**Korollar C.** *Es gilt*

$$\zeta(s) = \prod_{p} (1 - p^{-s})^{-1} \quad \textit{für} \quad \mathrm{Re}\,s > 1.$$

*Beweis.* Nach dem Lemma hat man für $\alpha(n) = n^{-s}$ sogleich

$$\zeta(s) = \prod_p \left( \sum_{r=0}^{\infty} p^{-rs} \right).$$

Nun verwende man die Summenformel für die geometrische Reihe. $\qquad\square$

**8. Simultane Eigenformen aller HECKE–Operatoren.** Sei $0 \neq f \in \mathbb{S}_k$ eine simultane Eigenform bezüglich aller HECKE–Operatoren $T_n$ gemäß 1.4(1) mit der FOURIER–Entwicklung

$$f(\tau) = \sum_{m=1}^{\infty} \alpha_f(m) \cdot e^{2\pi i m\tau} , \quad \tau \in \mathbb{H}.$$

Nach Lemma 1.4 darf man ohne Einschränkung $\alpha_f(1) = 1$ annehmen und hat dann

$$\alpha_f(m) \cdot \alpha_f(n) = \sum_{d|(m,n)} d^{k-1} \cdot \alpha_f\left(mn/d^2\right) \quad \text{für alle } m, n \geq 1.$$

Die $f$ zugeordnete DIRICHLET–Reihe wird mit $D_f$ bezeichnet, also

$$D_f(s) = \sum_{m=1}^{\infty} \alpha_f(m) \cdot m^{-s} \quad \text{für} \quad \operatorname{Re} s > 1 + k/2.$$

Nach Korollar 4 ist $D_f(s)$ als ganze Funktion in die komplexe Ebene fortsetzbar und es gilt die Funktionalgleichung $\mathbb{D}_f(k - s) = i^k \cdot \mathbb{D}_f(s)$ für $s \in \mathbb{C}$. Als entscheidender Punkt kommt nun hinzu, dass $D_f(s)$ eine Darstellung als so genanntes EULER–*Produkt* besitzt:

**Satz.** *Sei* $f \in \mathbb{S}_k$, $k \geq 12$ *gerade*, $k \neq 14$, *mit* $\alpha_f(1) = 1$. *Dann sind äquivalent:*
(i)  $f$ *ist eine simultane Eigenform bezüglich aller* HECKE-*Operatoren.*
(ii) $D_f(s) = \prod_p \left(1 - \alpha_f(p) \cdot p^{-s} + p^{k-1-2s}\right)^{-1}$ *für* $\operatorname{Re} s > 1 + k/2$.

*Beweis.* (i) $\Longrightarrow$ (ii): Da $\alpha_f$ nach Lemma 1.4 multiplikativ ist, ergibt Lemma 7

$$D_f(s) = \prod_p F_p \quad \text{mit} \quad F_p := \sum_{r=0}^{\infty} \alpha_f(p^r) p^{-rs}.$$

Wegen

(1) $\qquad \alpha_f(p^{r-1}) \cdot \alpha_f(p) = \alpha_f(p^r) + p^{k-1} \cdot \alpha_f(p^{r-2}) \quad \text{für } r \geq 2$

folgt nun

$$F_p \cdot (1 - \alpha_f(p)p^{-s} + p^{k-1-2s})$$

$$= \sum_{r=0}^{\infty} \alpha_f(p^r) \cdot p^{-rs} - \sum_{r=1}^{\infty} \alpha_f(p^{r-1}) \cdot \alpha_f(p) p^{-rs} + \sum_{r=2}^{\infty} \alpha_f(p^{r-2}) \cdot p^{k-1-rs}$$

$$= 1 + \sum_{r=2}^{\infty} \left[\alpha_f(p^r) - \alpha_f(p^{r-1}) \cdot \alpha_f(p) + p^{k-1} \cdot \alpha_f(p^{r-2})\right] \cdot p^{-rs} = 1 .$$

Das ist aber die Behauptung (ii).

(ii) $\implies$ (i): Da $D_f$ nicht identisch verschwindet, folgt aus der Existenz des EULER–Produktes und dem Identitätssatz die Multiplikativität von $\alpha$. Außerdem zeigen die gleichen Rechnungen wie im ersten Teil, dass auch (1) richtig ist. Damit ergibt sich leicht

$$\alpha_f(p) \cdot \alpha_f(m) = \alpha_f(mp) + p^{k-1} \cdot \alpha_f(m/p) \quad \text{für alle } m \geq 1.$$

Korollar 2.3 und $\alpha_f(0) = 0$ implizieren (i). $\qquad\qquad\square$

**Bemerkung.** Ist $f \in \mathbb{M}_k$, $f \notin \mathbb{S}_k$, $k > 0$, eine simultane Eigenform bezüglich aller HECKE–Operatoren mit $\alpha_f(1) = 1$, so folgt $f = c \cdot G_k$ aus Satz 2.4 sowie $c = \frac{1}{2}(2\pi i)^{-k}(k-1)!$ aus III.2.1(3). Mit den Korollaren 7A, 7B und 7C folgert man nun für Re $s > k$

$$D_f(s) = c \cdot D_{G_k}(s) \;=\; \zeta(s) \cdot \zeta(s+1-k) = \prod_p \left(1 - p^{-s}\right) \cdot \left(1 - p^{k-1-s}\right)$$

$$= \prod_p (1 - \sigma_{k-1}(p) \cdot p^{-s} + p^{k-1-2s})^{-1}$$

als Analogon des Satzes.

**9*. Die $\eta$–Transformationsformel.** In diesem Abschnitt geben wir einen neuen Beweis der $\eta$–Transformationsformel aus Satz III.6.2A, der die HECKE–Theorie verwendet. Es sei daran erinnert, dass $\eta : \mathbb{H} \to \mathbb{C}$ eine holomorphe Funktion ist, die gegeben wird durch

$$(1) \qquad\qquad \eta(\tau) = e^{\pi i \tau/12} \cdot \prod_{m=1}^{\infty} (1 - e^{2\pi i m \tau}).$$

**Satz.** *Für alle* $\tau \in \mathbb{H}$ *gilt*

$$(2) \qquad\qquad \eta\left(-1/\tau\right) = \sqrt{\tau/i} \cdot \eta(\tau).$$

*Beweis.* Wegen der Holomorphie genügt es, (2) für $\tau = iy$, $y > 0$, zu beweisen. Für $\tau = iy$ sind alle Faktoren in (1) positive reelle Zahlen. Also ist die Behauptung (2) äquivalent zu

$$(3) \qquad\qquad \log \eta(i/y) = \log \eta(iy) + \tfrac{1}{2}\log y.$$

Aus (1) erhält man

$$(4) \qquad
\begin{aligned}
\varphi(y) :&= -\frac{\pi y}{12} - \log \eta(iy) = -\sum_{m=1}^{\infty} \log(1 - e^{-2\pi m y}) \\[2mm]
&= \sum_{m=1}^{\infty} \sum_{n=1}^{\infty} \frac{1}{n} \cdot e^{-2\pi m n y} = \sum_{m=1}^{\infty} \sigma_{-1}(m) \cdot e^{-2\pi m y}\,.
\end{aligned}$$

Mit Korollar 7A folgert man nun

$$D(s) = \sum_{m=1}^{\infty} \sigma_{-1}(m) \cdot m^{-s} = \zeta(s) \cdot \zeta(s+1) \quad \text{für} \quad \operatorname{Re} s > 1.$$

Aus 3(5) und Satz 5 erhält man

$$\mathbb{D}(s) := (2\pi)^{-s} \cdot \Gamma(s) \cdot D(s) = \tfrac{1}{2}\xi(s) \cdot \xi(s+1) \,, \quad \mathbb{D}(-s) = \mathbb{D}(s) \,, \quad s \in \mathbb{C}.$$

Aufgrund von Satz 5, $\xi(-1) = \xi(2) = \pi/6$ und der Tatsache, dass $\mathbb{D}(s)$ eine gerade Funktion ist, ist

$$\mathbb{D}(s) - \left( \frac{\pi}{12(s-1)} - \frac{\pi}{12(s+1)} - \frac{1}{2s^2} \right)$$

als ganze Funktion in die $s$–Ebene fortsetzbar und beschränkt in jedem Vertikalstreifen in $\mathbb{C}$. Nun geht man wie im Beweis von Satz 6 vor und integriert über ein analog gebildetes Rechteck. Die Funktion $y^{-s} \cdot \mathbb{D}(s)$ hat nur Pole bei $1, 0 - 1$ mit den Residuen $\frac{\pi}{12y}$ , $\frac{1}{2}\log y$ , $-\frac{\pi y}{12}$. Mit Satz 3 folgt

$$
\begin{aligned}
\varphi(y) &= \sum_{m=1}^{\infty} \sigma_{-1}(m) \cdot e^{-2\pi m y} = \frac{1}{2\pi i} \cdot \sum_{m=1}^{\infty} \sigma_{-1}(m) \int_{(2)} \Gamma(s)(2\pi m y)^{-s}\, ds \\[2mm]
&= \frac{1}{2\pi i} \int_{(2)} \mathbb{D}(s) y^{-s}\, ds = \frac{1}{2\pi i} \int_{(-2)} \mathbb{D}(s) y^{-s}\, ds + \frac{\pi}{12y} - \frac{\pi y}{12} + \frac{1}{2}\log y \\[2mm]
&= \frac{1}{2\pi i} \int_{(2)} \mathbb{D}(s) y^{s}\, ds + \frac{\pi}{12y} - \frac{\pi y}{12} + \frac{1}{2}\log y \\[2mm]
&= \varphi\left(1/y\right) + \frac{\pi}{12y} - \frac{\pi y}{12} + \frac{1}{2}\log y \,,
\end{aligned}
$$

wenn man $\mathbb{D}(s) = \mathbb{D}(-s)$ berücksichtigt. Wegen (4) erhält man (3). $\qquad\square$

**Aufgaben.** Sei $f \in \mathbb{M}_k$ eine simultane Eigenform aller Hecke–Operatoren mit $\alpha_f(1) = 1$.

1) Für $\operatorname{Re} s > k+1$ gilt

$$\zeta(2s+2-2k) \cdot \sum_{m=1}^{\infty} \alpha_f(m^2) \cdot m^{-s} = \prod_p \left(1 - \alpha_f(p^2)p^{-s} + \alpha_f(p^2)p^{k-1-2s} - p^{3k-3-3s}\right)^{-1} \,.$$

2) Für $\operatorname{Re} s > k+1$ gilt

$$\zeta(s+1-k) \cdot \sum_{m=1}^{\infty} \alpha_f(m^2) \cdot m^{-s} = \sum_{m=1}^{\infty} \alpha_f(m)^2 \cdot m^{-s}.$$

3) Bezeichnet $\mu$ die Möbius–Funktion, so gilt für alle $m, n \geq 1$

$$\alpha_f(mn) = \sum_{d \mid (m,n)} \mu(d) \cdot \alpha_f(m/d) \cdot \alpha_f(n/d) \,.$$

4) Für jedes $m \geq 1$ gilt

$$D_f^{(m)}(s) := \sum_{n=1}^{\infty} \alpha_f(mn) \cdot n^{-s} = \left( \sum_{d \mid m} \mu(d) \alpha_f(m/d)\, d^{k-1-s} \right) \cdot D_f(s).$$

5) Für jedes $m \geq 1$ besitzt $D_f^{(m)}(s)$ eine meromorphe Fortsetzung in die gesamte komplexe $s$–Ebene mit höchstens einem Pol 1. Ordnung bei $s = k$ und Residuum

$$i^k \frac{(2\pi)^k}{(k-1)!} \alpha_f(0) \cdot \sum_{d \mid m} \frac{\mu(d)}{d} \cdot \alpha_f\left(\frac{m}{d}\right).$$

6) Sei $\delta_k(n) := \#\{(g_1, \ldots, g_k) \in \mathbb{Z}^k;\ g_1^2 + \ldots + g_k^2 = n\}$ und $\zeta_k(s) := \sum_{n=1}^{\infty} \delta_k(n) \cdot n^{-s}$. Dann gilt $\zeta_1(s) = 2\zeta(2s)$. Die DIRICHLET–Reihe $\zeta_k(s)$ ist für $\operatorname{Re} s > k/2$ absolut konvergent. $\zeta_k(s)$ besitzt eine meromorphe in die $s$–Ebene und ist holomorph bis auf einen einfachen Pol bei $s = k/2$ mit dem Residuum 1. Es gilt $\zeta_k(0) = -1$ und $\zeta_k(-n) = 0$ für $n = 1, 2, \ldots$. $\xi_k(s) := \pi^{-s} \Gamma(s) \zeta_k(s)$ ist meromorph fortsetzbar, $\xi_k(s) - \left( \frac{1}{s-k/2} - \frac{1}{s} \right)$ ist ganz und es gilt die Funktionalgleichung $\xi_k(\frac{k}{2} - s) = \xi_k(s)$.

7) In 6) gilt $\zeta_2(s) = 4\zeta(s) \cdot \sum_{n=1}^{\infty} \chi(n) \cdot n^{-s}$, wobei $\chi$ der nicht–triviale DIRICHLETsche Charakter mod 4 ist.

8) Man betrachte die bedingt konvergente EISENSTEIN–Reihe $G_2$ aus III.6.1 und zeige, dass die zugeordnete DIRICHLET–Reihe gleich $8\pi^2 \zeta(s)\zeta(s-1)$ ist. Man leite daraus die Transformationsformel

$$G_2(-1/\tau) = \tau^2 G_2(\tau) - 2\pi i \tau$$

in Satz III.6.1 her.

9) Gegeben seien Folgen $(\alpha_m)_{m \geq 0}$ und $(\beta_m)_{m \geq 0}$, die höchstens polynomial wachsen, sowie Funktionen

$$g(\tau) := \sum_{m=0}^{\infty} \alpha_m \cdot e^{2\pi i m \tau} \quad \text{und} \quad h(\tau) := \sum_{m=0}^{\infty} \beta_m \cdot e^{2\pi i m \tau}.$$

Es gelte

$$g(\tau) = (-i\sqrt{n}\tau)^{-k} \cdot h(-1/n\tau), \quad n \in \mathbb{N}.$$

Dann besitzt die Funktion

$$\mathbb{D}_g(s) := \left( \frac{2\pi}{\sqrt{n}} \right)^{-s} \cdot \Gamma(s) \cdot \sum_{m=1}^{\infty} \alpha_m \cdot m^{-s}$$

eine meromorphe Fortsetzung in die $s$–Ebene,

$$\mathbb{D}_g(s) - \left( \frac{\alpha_0}{s-k} - \frac{\beta_0}{s} \right)$$

ist ganz und es gilt die Funktionalgleichung

$$\mathbb{D}_g(k-s) = \mathbb{D}_h(s).$$

10)$^*$ Sei $\chi$ ein primitiver DIRICHLETscher Charakter $\mod n$, $f \in \mathbb{M}_k(\Gamma_0[n])$ und

$$D_f(s, \chi) := \sum_{m=1}^{\infty} \chi(m) \cdot \alpha_f(m) \cdot m^{-s} \quad \text{sowie} \quad \mathbb{D}_f(s, \chi) := \left( \frac{2\pi}{n} \right)^{-s} \cdot \Gamma(s) \cdot D_f(s).$$

Dann ist $\mathbb{D}_f(s, \chi)$ meromorph fortsetzbar. Es existiert ein $\varepsilon \in \mathbb{C}$ mit $|\varepsilon| = 1$ und

$$\mathbb{D}_f(k-s, \chi) = \varepsilon \cdot D_f(s, \overline{\chi}).$$

# Kapitel V.

# Theta–Reihen

## Einleitung

Die klassische Theta–Reihe

$$\vartheta(\tau) = \sum_{m\in\mathbb{Z}} e^{\pi i m^2 \tau} \ , \quad \tau \in \mathbb{H}, \tag{1}$$

tritt – wie bereits in III.E.3 erwähnt – erstmals im Jahre 1748 bei L. EULER auf. Im 19. Jahrhundert werden auch schon mehrfache Theta–Reihen untersucht. Die allgemeine Form dieser mehrfachen Theta–Reihen mit Charakteristik ist

$$\vartheta(Z,p,q) := \sum_{g\in\mathbb{Z}^n} e^{\pi i (g+p)^t Z(g+p) + 2\pi i (g+p)^t q}, \tag{2}$$

wobei $p, q \in \mathbb{C}^n$ und $Z$ eine komplexe, symmetrische $n \times n$ Matrix ist, deren Imaginärteil positiv definit ist. Dabei wurde viel Mühe auf das Konvergenzverhalten verwendet. Eine gute Übersicht über die im 19. Jahrhundert über Theta–Reihen bekannten Ergebnisse findet man in dem *Lehrbuch der Thetafunktionen* von A. KRAZER [1970]. Allerdings ist das KRAZERsche Werk nicht leicht lesbar, da er nicht den Matrizenkalkül verwendet.

Der Gedanke, die Theta–Reihe als Funktion von zwei Variablen $\tau \in \mathbb{H}$ und einer positiv definiten quadratischen Form $S$ aufzufassen, findet sich wohl erstmals bei L. KRONECKER. Er verallgemeinert den RIEMANNschen Beweis der analytischen Fortsetzung und Funktionalgleichung der RIEMANNschen Zetafunktion (vgl. IV.4.5) auf EPSTEINsche Zetafunktionen zu positiv definiten, binären, quadratischen Formen. Anstelle von (1) betrachtet KRONECKER in der Bezeichnung (2) sowohl den Nullwert $\vartheta(\tau S, 0, 0)$ (*Werke IV*, 363) als auch allgemeiner $\vartheta(\tau S, p, q)$ (*Werke IV*, 483) und leitet dafür den Spezialfall der allgemeinen Theta–Transformationsformel

$$\vartheta(-Z^{-1}, -q, p) = \left(\det \tfrac{1}{i}Z\right)^{1/2} \cdot e^{-2\pi i p^t q} \cdot \vartheta(Z,p,q) \tag{3}$$

her, die z. B. von A. KRAZER [1970], III, §5, bewiesen wird.

Die Theta–Reihen $\vartheta(\tau S, 0, 0)$ haben eine natürliche Bedeutung in der Theorie der quadratischen Formen, denn man kann sie als erzeugende Funktion der Darstellungsanzahlen dieser quadratischen Formen auffassen. Arithmetische Aussagen können so manchmal mit analytischen Methoden bewiesen werden (vgl. z. B. Korollar 2.6B, Satz 2.8, Korollar 3.5).

Um ganze Modulformen zu erhalten, benötigt man gerade, unimodulare, positiv definite quadratische Formen. Die zugehörigen Gitter kann man z. B. mit Hilfe bestimmter Codes konstruieren (vgl. J.H. CONWAY und N.J.A. SLOANE [1999]). Damit schaffen die Theta–Reihen also auch eine Verbindung zwischen der Theorie der Modulformen und der Codierungstheorie.

## §1. Ganze und positiv definite Matrizen

In diesem Paragrafen werden die erforderlichen Hilfsmittel bereitgestellt, um Theta–Reihen zu studieren.

**1. Die unimodulare Gruppe.** In diesem Abschnitt beschreiben wir das Analogon von I.1.5 für $n \times n$ Matrizen. Die Menge $\mathrm{Mat}(n; \mathbb{Z})$ der $n \times n$ Matrizen mit Koeffizienten aus $\mathbb{Z}$ bildet bekanntlich bei Matrizen–Addition und – Multiplikation einen Ring mit dem Einselement

$$E := E^{(n)} := [1, \ldots, 1] \,,$$

wobei wir allgemeiner für quadratische Matrizen $D_1, \ldots, D_r$ die Abkürzung

$$[D_1, \ldots, D_r] := \begin{pmatrix} D_1 & & 0 \\ & \ddots & \\ 0 & & D_r \end{pmatrix}$$

verwenden. Die Gruppe der Einheiten dieses Ringes bezeichnen wir mit

$$GL(n; \mathbb{Z}) := \{U \in \mathrm{Mat}(n; \mathbb{Z}) \; ; \; \text{es gibt } V \in \mathrm{Mat}(n; \mathbb{Z}) \text{ mit } UV = VU = E\}.$$

$GL(n; \mathbb{Z})$ heißt *unimodulare Gruppe vom Grad $n$*, ihre Elemente nennt man *unimodulare Matrizen.*

**Äquivalenz–Satz für unimodulare Matrizen.** *Für $U \in \mathrm{Mat}(n; \mathbb{Z})$ sind äquivalent:*

   (i)  $U \in GL(n; \mathbb{Z})$.

  (ii)  $U^t \in GL(n; \mathbb{Z})$.

 (iii)  $\det U = \pm 1$.

 (iv)  *$U$ ist invertierbar (über $\mathbb{Q}$) und $U^{-1} \in \mathrm{Mat}(n; \mathbb{Z})$.*

  (v)  *Die Abbildung $U : \mathbb{Z}^n \to \mathbb{Z}^n$, $g \mapsto Ug$, ist bijektiv.*

 (vi)  *Die Abbildung $U : \mathbb{Z}^n \to \mathbb{Z}^n$, $g \mapsto Ug$, ist surjektiv.*

*Beweis.* Von den Implikationen

$$(\text{i}) \iff (\text{ii}) \iff (\text{iv})$$

$$\Downarrow \qquad\qquad\qquad \Uparrow$$

$$(\text{v}) \implies (\text{vi}) \implies (\text{iii})$$

bedürfen nur die beiden folgenden einer Begründung.

(vi) $\implies$ (iii): Ist $e_1, \ldots, e_n$ die kanonische Basis von $\mathbb{Z}^n$, so existieren Vektoren $v_1, \ldots, v_n \in \mathbb{Z}^n$ mit $Uv_j = e_j$, $j = 1, \ldots, n$, also $V = (v_1, \ldots, v_n) \in \mathrm{Mat}(n; \mathbb{Z})$ mit $UV = E$. Durch Determinantenbildung folgt $\det U = \pm 1$.

(iii) $\implies$ (iv): Man verwendet die Darstellung

$$U^{-1} = \frac{1}{\det U}\, U^\sharp,$$

wobei die adjungierte bzw. komplementäre Matrix $U^\sharp$ wieder ganzzahlige Koeffizienten hat (vgl. M. KOECHER [1997], III, §2). $\qquad\square$

Die *spezielle unimodulare Gruppe vom Grad $n$*

$$SL(n; \mathbb{Z}) := \{U \in \mathrm{Mat}(n; \mathbb{Z}) \ ; \ \det U = 1\}$$

ist ein Normalteiler in $GL(n; \mathbb{Z})$ vom Index 2. Es gilt

$$GL(n; \mathbb{Z}) = SL(n; \mathbb{Z}) \cup F \cdot SL(n; \mathbb{Z}) \quad \text{mit} \quad F = [-1, 1, \ldots, 1].$$

Beispiele von unimodularen Matrizen sind die so genannten *Permutationsmatrizen*, die in jeder Zeile und Spalte genau eine 1 und sonst Nullen besitzen. Die Permutationsmatrizen bilden eine zur Gruppe $S_n$ der Permutationen der Menge $\{1, \ldots, n\}$ isomorphe Gruppe. Die Multiplikation mit einer Permutationsmatrix von links (bzw. rechts) bewirkt gerade die entsprechende Permutation der Zeilen (bzw. Spalten).

Allgemeiner nennen wir im Fall $n \geq m$ eine Matrix $P \in \mathrm{Mat}(n, m; \mathbb{Z})$ *primitiv*, wenn es eine unimodulare Matrix $U = (P, *) \in GL(n; \mathbb{Z})$ gibt. Im Fall $n = m$ sind die primitiven Matrizen also genau die unimodularen Matrizen. Eine Charakterisierung gibt das

**Lemma.** *Für eine Matrix $P \in \mathrm{Mat}(n, m; \mathbb{Z})$, $n \geq m$, sind äquivalent:*

(i) *$P$ ist primitiv.*

(ii) *$UPV$ ist primitiv für alle $U \in GL(n; \mathbb{Z})$ und $V \in GL(m; \mathbb{Z})$.*

(iii) *Es gibt ein $W \in GL(n; \mathbb{Z})$ mit $WP = \binom{E}{0}$, $E = E^{(m)}$.*

*Beweis.* Man beachte, dass $WP = \binom{E}{0}$ mit $W^{-1} = (P, *)$ gleichwertig ist. Damit verifiziert man die Äquivalenzen leicht. $\qquad\square$

**2. Vertretersysteme von Linksnebenklassen.** In diesem Abschnitt übertragen wir die Ergebnisse aus IV.1.2 auf $n \times n$ Matrizen.

**Lemma.** *Zu* $0 \neq g = (g_1, \ldots, g_n)^t \in \mathbb{Z}^n$ *gibt es ein* $U \in GL(n; \mathbb{Z})$ *mit*

$$Ug = (\delta, 0, \ldots, 0)^t, \ \delta = \mathrm{ggT}(g_1, \ldots, g_n).$$

*Beweis.* Man verwendet eine Induktion nach $n$, wobei $n = 1$ trivial ist. Im Fall $n = 2$ gibt es $\alpha, \beta \in \mathbb{Z}$ mit $\alpha g_1 + \beta g_2 = ggT(g_1, g_2) = \delta$. Die Behauptung gilt dann mit

$$U := \begin{pmatrix} \alpha & \beta \\ -g_2/\delta & g_1/\delta \end{pmatrix} \in SL(2; \mathbb{Z}).$$

Im Fall $n > 2$ multipliziert man zunächst mit einer Matrix $\left( \begin{smallmatrix} E & 0 \\ 0 & V \end{smallmatrix} \right)$, $V \in GL(2; \mathbb{Z})$, um auf $g_n = 0$ zu kommen. Dann findet man nach Induktionsvoraussetzung ein $W \in GL(n - 1; \mathbb{Z})$, so dass die Multiplikation mit $\left( \begin{smallmatrix} W & 0 \\ 0 & 1 \end{smallmatrix} \right)$ die gewünschte Form liefert.

Da die Koeffizienten von $Ug$ ganzzahlige Linearkombinationen der Koeffizienten von $g$ sind, ist $\mathrm{ggT}(g)$ ein Teiler von $\mathrm{ggT}(Ug)$. Der gleiche Schluss für $U^{-1}$ anstelle von $U$ und $Ug$ anstelle von $g$ ergibt $\mathrm{ggT}(g) = \mathrm{ggT}(Ug)$. $\qquad\square$

**Korollar A.** *Ein Vektor* $0 \neq g \in \mathbb{Z}^n$ *ist genau dann primitiv, d. h. Spalte einer unimodularen Matrix, wenn* $\mathrm{ggT}(g) = 1$.

*Beweis.* Gilt $\mathrm{ggT}(g) = 1$, so ist $g$ nach dem Lemma und nach Lemma 1 primitiv. Ist umgekehrt $U = (g, *) \in GL(n; \mathbb{Z})$, so folgt aus dem Entwicklungssatz für Determinanten (vgl. M. KOECHER [1997], 3.2.2), dass $\mathrm{ggT}(g)$ ein Teiler von $\det U = \pm 1$ ist, also $ggT(g) = 1$. $\qquad\square$

Aus dem Lemma folgt gleich das

**Korollar B.** a) *Zu* $G \in \mathrm{Mat}(n, m; \mathbb{Z})$ *existieren* $U, V \in GL(n; \mathbb{Z})$, *so dass* $UG$ *obere und* $VG$ *untere Dreiecksgestalt hat.*
b) *Zu* $G \in \mathrm{Mat}(n, m; \mathbb{Z})$ *existieren* $U, V \in GL(m; \mathbb{Z})$, *so dass* $GU$ *obere und* $GV$ *untere Dreiecksgestalt hat.*

Dabei bedeutet *obere* (bzw. *untere*) *Dreiecksgestalt* für eine rechteckige Matrix $H = (h_{\nu\mu}) \in \mathrm{Mat}(n, m; \mathbb{Z})$ natürlich $h_{\nu\mu} = 0$ für $\nu > \mu$ (bzw. für $n - \nu > m - \mu$).

*Beweis.* a) Beim ersten Teil verwendet man eine Induktion, die nach dem Lemma mit der ersten Spalte von $G$ beginnt. Aufgrund des Lemmas gibt es aber zu $g \in \mathbb{Z}^n$ auch ein $V \in GL(n; \mathbb{Z})$ mit $Vg = (0, \ldots, 0, \delta)^t$. Für den zweiten Teil verwendet man daher ebenfalls eine Induktion, die mit der letzten Spalte von $G$ beginnt.
b) Man wendet a) auf $G^t$ an und transponiert. $\qquad\square$

Matrizen $A, B \in \mathrm{Mat}(n; \mathbb{Z})$ heißen *äquivalent*, in Zeichen $A \sim B$, wenn es ein $U \in GL(n; \mathbb{Z})$ gibt mit $AU = B$. Die Äquivalenzklassen bezüglich $\sim$ sind also genau die *Linksnebenklassen modulo* $GL(n; \mathbb{Z})$

$$A\,GL(n; \mathbb{Z}) = \{AU \; ; \; U \in GL(n; \mathbb{Z})\}.$$

Im Fall $\det A \neq 0$ besitzt jede Äquivalenzklasse einen kanonischen Vertreter.

**Satz.** *Sei* $A \in \mathrm{Mat}(n; \mathbb{Z})$ *mit* $\det A \neq 0$. *Dann besitzt die Linksnebenklasse* $A\,GL(n; \mathbb{Z})$ *einen eindeutig bestimmten Vertreter der Form:*

$$(1) \qquad B = \begin{pmatrix} b_1 & & b_{\nu\mu} \\ & \ddots & \\ 0 & & b_n \end{pmatrix}, \qquad \begin{array}{l} b_1, \ldots, b_n \text{ sind positive ganze Zahlen,} \\ 0 \leq b_{\nu\mu} < b_\nu \text{ für } 1 \leq \nu < \mu \leq n. \end{array}$$

*Beweis.* Wir verwenden eine Induktion nach $n$, wobei $n = 1$ trivial ist. Im Fall $n > 1$ kann man nach Korollar B davon ausgehen, dass $A$ obere Dreiecksgestalt hat, also

$$(2) \quad A = \begin{pmatrix} \alpha & a^t \\ 0 & A' \end{pmatrix}, \quad A' \in \mathrm{Mat}(n-1; \mathbb{Z}), \quad a \in \mathbb{Z}^{n-1}, \quad \alpha \in \mathbb{Z}, \quad \alpha \det A' \neq 0.$$

Nun wählt man $U$ in der Form

$$(3) \qquad U = \begin{pmatrix} \varepsilon & u^t \\ 0 & V \end{pmatrix}, \quad V \in GL(n-1; \mathbb{Z}), \quad u \in \mathbb{Z}^{n-1}, \quad \varepsilon = \pm 1.$$

Aufgrund von

$$(4) \qquad\qquad AU = \begin{pmatrix} \alpha\varepsilon & \alpha u^t + a^t V \\ 0 & A'V \end{pmatrix}$$

wählt man $V$ und $\varepsilon$ nach Induktionsvoraussetzung und dann $u$, so dass die Koeffizienten von $\alpha u^t + a^t V$ zwischen 0 und $|\alpha| - 1$ liegen.
Sind nun $A$ und $B$ in der Form (1) und $U \in GL(n; \mathbb{Z})$ mit $AU = B$ gegeben, so folgt aus $U = A^{-1}B$, dass auch $U$ obere Dreiecksgestalt hat. Man nimmt daher an, dass $U$ durch (3), $A$ durch (2) und $B$ in analoger Form gegeben ist. Dann impliziert (4)

$$A'V = B' \quad \text{und} \quad \varepsilon\alpha = \beta,$$

also $V = E$ und $\varepsilon = 1$ mit der Induktionsvoraussetzung. Nun ergibt $b = a + \alpha u$ aber auch $u = 0$, also $A = B$ und $U = E$. $\qquad\qquad\square$

Man sagt manchmal, dass die Matrizen in (1) HERMITE*sche Normalform* haben (vgl. M. NEWMAN [1972], 15).

Eine Endlichkeitsaussage beinhaltet das

**Korollar C.** *Ist* $q$ *eine positive ganze Zahl, so zerfällt die Menge*

$$\{A \in \mathrm{Mat}(n; \mathbb{Z}) \; ; \; |\det A| = q\}$$

*in endlich viele Linksnebenklassen modulo* $GL(n; \mathbb{Z})$.

*Beweis.* Die Aussage ist äquivalent dazu, dass es nur endlich viele ganzzahlige Matrizen $B$ der Form (1) mit $\det B = q$ gibt. Weil die Diagonalelemente Teiler von $q$ sind, gibt es für die Diagonale nur endlich viele Möglichkeiten. Da es aber für $b_{\nu\mu}$ nur $b_\nu$ Möglichkeiten gibt, existieren nur endlich viele $B$.     $\square$

Weil die Abbildung $\mathbb{Z}^n \to \mathbb{Z}^n$, $x \mapsto Ux$, für $U \in GL(n;\mathbb{Z})$ nach Satz 1 eine Bijektion ist, erhält man aus dem Satz direkt das

**Korollar D.** *Für $A \in Mat(n;\mathbb{Z})$ mit $\det A \neq 0$ gilt*

$$\sharp(\mathbb{Z}^n/A\mathbb{Z}^n) = |\det A|.$$

**3. Positiv definite Matrizen.** Mit

$$(1) \qquad \operatorname{Sym}(n;\mathbb{R}) := \{S \in \operatorname{Mat}(n;\mathbb{R}) \; ; \; S^t = S\}$$

bezeichnen wir den reellen Vektorraum der symmetrischen $n \times n$ Matrizen. Für $S \in \operatorname{Sym}(n;\mathbb{R})$ und eine reelle $n \times m$ Matrix $A$ definiert man

$$(2) \qquad S[A] := A^t S A \in \operatorname{Sym}(m;\mathbb{R}).$$

Ist $B$ eine reelle $m \times p$ Matrix, so erhält man

$$(3) \qquad (S[A])[B] = S[(AB)].$$

Eine Verifikation ergibt den

**Satz über die quadratische Ergänzung.** *Gegeben sei eine Matrix $S = \begin{pmatrix} S_1 & S_2 \\ S_2^t & S_3 \end{pmatrix} \in \operatorname{Sym}(n;\mathbb{R})$ mit $S_1 \in \operatorname{Sym}(m;\mathbb{R})$, $\det S_1 \neq 0$, $1 \leq m < n$. Dann gilt*

$$(4) \qquad \begin{pmatrix} S_1 & S_2 \\ S_2^t & S_3 \end{pmatrix} \left[ \begin{pmatrix} E & -S_1^{-1}S_2 \\ 0 & E \end{pmatrix} \right] = \begin{pmatrix} S_1 & 0 \\ 0 & S_3 - S_1^{-1}[S_2] \end{pmatrix}.$$

Ist $S \in \operatorname{Sym}(n;\mathbb{R})$, so heißt die Abbildung

$$\mathbb{R}^n \longrightarrow \mathbb{R}, \; g \longmapsto g^t S g,$$

*die zu $S$ gehörige quadratische Form.* Die Matrix $S$ bzw. die zugehörige quadratische Form heißt *positiv definit*, wenn

$$(5) \qquad S[g] = g^t S g > 0 \quad \text{für alle} \quad 0 \neq g \in \mathbb{R}^n.$$

$\operatorname{Pos}(n;\mathbb{R})$ steht für die Menge der positiv definiten Matrizen in $\operatorname{Sym}(n;\mathbb{R})$. Für $1 \leq m \leq n$ bezeichne

$$(6) \qquad S_{(m)} := S\left[ \begin{pmatrix} E \\ 0 \end{pmatrix} \right] \in \operatorname{Sym}(m;\mathbb{R}), \quad E = E^{(m)},$$

den linken oberen $m \times m$ Block von $S$. Dann heißt $\det S_{(m)}$ der *$m$–te Hauptminor von $S$*. Aus der Definition erhält man direkt

(7) $\qquad S \in \operatorname{Pos}(n;\mathbb{R}) \implies S_{(m)} \in \operatorname{Pos}(m;\mathbb{R}) \quad$ für $\ 1 \le m \le n.$

Von M. KOECHER [1997], 6.3.2, übernehmen wir die folgende Charakterisierung.

**Äquivalenz–Satz für positiv definite Matrizen.** *Für $S \in \operatorname{Sym}(n;\mathbb{R})$ sind äquivalent:*

(i) $\ S \in \operatorname{Pos}(n;\mathbb{R}).$

(ii) *Es gibt ein $W \in GL(n;\mathbb{R})$ mit $S = W^t W$.*

(iii) *Die inverse Matrix $S^{-1}$ existiert und ist positiv definit.*

(iv) *Für $A \in GL(n;\mathbb{R})$ gilt $S[A] \in \operatorname{Pos}(n;\mathbb{R}).$*

(v) *Alle Hauptminoren $\det S_{(m)}$, $1 \le m \le n$, sind positiv.*

(vi) *Es gibt eine Matrix $V \in GL(n;\mathbb{R})$ mit $V^t V = E$ und eine Diagonalmatrix $D$ mit positiven Diagonalelementen, so dass $S[V] = D$.*

(vii) *Alle Eigenwerte von $S$ sind positiv.*

Mit Teil (vi) oder (vii) ergibt sich sofort für die Determinante und die Spur

(8) $\qquad \det S > 0 \quad$ und $\quad \operatorname{Sp} S > 0 \quad$ für alle $\quad S \in \operatorname{Pos}(n;\mathbb{R}).$

Aus der Charakterisierung (v) folgt leicht, dass $\operatorname{Pos}(n;\mathbb{R})$ eine offene Teilmenge von $\operatorname{Sym}(n;\mathbb{R})$ ist, wenn man die natürliche Topologie aus der Identifikation von $\operatorname{Sym}(n;\mathbb{R})$ mit dem $\mathbb{R}^{n(n+1)/2}$ betrachtet.

Benötigt wird auch noch (vgl. M. KOECHER [1997], 6.3.4) der

**Quadratwurzel–Satz.** *Zu jedem $S \in \operatorname{Pos}(n;\mathbb{R})$ gibt es ein eindeutig bestimmtes $P \in \operatorname{Pos}(n;\mathbb{R})$ mit $S = P^2$.*

Wir nennen $P$ die *Quadratwurzel von $S$* und verwenden die Bezeichnung

(9) $$S^{1/2} := P.$$

**4. Eine Halbordnung auf** $\operatorname{Sym}(n;\mathbb{R})$**.** Für $S, T \in \operatorname{Sym}(n;\mathbb{R})$ definiert man

$$S > T \iff S - T \in \operatorname{Pos}(n;\mathbb{R}).$$

Damit hat man insbesondere

$$\operatorname{Pos}(n;\mathbb{R}) = \{S \in \operatorname{Sym}(n;\mathbb{R}) \ ; \ S > 0\}.$$

Als einfache Folgerung erhält man für $S, T, R \in \operatorname{Sym}(n;\mathbb{R})$, $\lambda \in \mathbb{R}$, $\lambda > 0$ sowie $A \in GL(n;\mathbb{R})$

(1) $\qquad S > T \iff \lambda S + R > \lambda T + R \iff S[A] > T[A].$

**Lemma.** *Für $S, T \in \operatorname{Sym}(n;\mathbb{R})$ mit $S > T$ und $0 \ne G \in \operatorname{Mat}(n, m;\mathbb{R})$ gilt*

$$\operatorname{Sp} S[G] > \operatorname{Sp} T[G].$$

*Insbesondere gilt $S[g] > T[g]$ für alle $0 \ne g \in \mathbb{R}^n$.*

*Beweis.* Sei $G = (g_1, \ldots, g_m)$ und $g_r \neq 0$. Dann gilt wegen 3(5)

$$\operatorname{Sp} S[G] - \operatorname{Sp} T[G] = \operatorname{Sp}(S-T)[G] = \sum_{j=1}^{m}(S-T)[g_j] \geq (S-T)[g_r] > 0. \qquad \square$$

Man kann jede positiv definite Matrix in dieser Halbordnung mit positiven Vielfachen der Einheitsmatrix vergleichen.

**Proposition.** *Zu $S \in \operatorname{Pos}(n;\mathbb{R})$ gibt es positive $\alpha, \beta \in \mathbb{R}$ mit der Eigenschaft*

$$\alpha E > S > \beta E.$$

*Beweis.* Man wendet Teil (vi) des Äquivalenz–Satzes 3 an und erhält eine orthogonale Matrix $V$ sowie eine positiv definite Diagonalmatrix $D$ mit den Eigenwerten $\lambda_j$ von $S$ als Diagonalelementen, so dass $S[V] = D$. Nun wählt man positive $\alpha, \beta \in \mathbb{R}$ mit $\alpha > \lambda_j > \beta$ für $j = 1, \ldots, n$. Dann folgt

$$\alpha E > D > \beta E,$$

also mit $VV^t = E$ und (1) auch die Behauptung. $\qquad \square$

Eine wichtige Endlichkeitsaussage enthält der folgende

**Satz.** *Seien $S \in \operatorname{Pos}(n;\mathbb{R})$, $t \in \mathbb{R}$ und $m \geq 1$. Dann ist die Menge*

$$\{G \in \operatorname{Mat}(n,m;\mathbb{Z}) \; ; \; \operatorname{Sp}(S[G]) \leq t\}$$

*endlich.*

*Beweis.* Zu $S$ wählt man ein $\beta > 0$ mit $S > \beta E$ nach der Proposition. Aufgrund des Lemmas ist die gesuchte Menge enthalten in

$$\{G \in \operatorname{Mat}(n,m;\mathbb{Z}) \; ; \; \operatorname{Sp}(G^t G) \leq t/\beta\}.$$

Schreibt man $G = (g_{\nu\mu})$, so folgt die Behauptung aus

$$\operatorname{Sp}(G^t G) = \sum_{\nu=1}^{n} \sum_{\mu=1}^{m} g_{\nu\mu}^2. \qquad \square$$

Als Folgerung erhält man die Endlichkeit bestimmter Darstellungsmengen.

**Korollar.** *Seien $S \in \operatorname{Pos}(n;\mathbb{R})$ und $T \in \operatorname{Sym}(m;\mathbb{R})$. Dann ist die Menge*

$$(2) \qquad\qquad \mathcal{D}(S,T) := \{G \in \operatorname{Mat}(n,m;\mathbb{Z}) \; ; \; S[G] = T\}$$

*endlich.*

$$\operatorname{Aut} S := \mathcal{D}(S,S) = \{U \in \operatorname{Mat}(n;\mathbb{Z}) \; ; \; S[U] = S\}$$

*ist eine endliche Untergruppe von $GL(n;\mathbb{Z})$.*

*Beweis.* Die Endlichkeit folgt aus dem Satz. Aus 3(8) erhält man $\det S > 0$. Durch Determinantenvergleich ergibt sich $\mathrm{Aut}\, S \subset GL(n; \mathbb{Z})$ mit dem Äquivalenz–Satz 1. Die Untergruppeneigenschaft verifiziert man leicht mit 3(3). $\qquad\square$

Die Mächtigkeit von $\sharp\, \mathcal{D}(S, T) =: \sharp\, (S, T)$ wird *Darstellungsanzahl von $T$ durch $S$* genannt und mit $\sharp\, (S, T)$ bezeichnet. $\mathrm{Aut}\, S$ heißt *Automorphismengruppe von $S$*.

Auf $\mathrm{Pos}\,(n; \mathbb{R})$ definiert man eine Äquivalenzrelation, die so genannte *ganzzahlige Äquivalenz*, durch

$$(3) \qquad S \sim T \iff \text{es gibt ein } U \in GL(n; \mathbb{Z}) \text{ mit } S[U] = T.$$

Die *Klasse* von $S$

$$(4) \qquad \langle S \rangle := \{T \in \mathrm{Pos}\,(n; \mathbb{R}) \;;\; T \sim S\} = \{S[U] \;;\; U \in GL(n; \mathbb{Z})\}$$

ist die Äquivalenzklasse bezüglich $\sim$. Daher sind zwei Klassen entweder disjunkt oder gleich. Eine Abbildung $\varphi : \mathrm{Pos}\,(n; \mathbb{R}) \to \mathbb{C}$ heißt *Klasseninvariante*, wenn die Werte von $\varphi$ nur von der Klasse abhängen, d.h.

$$(5) \qquad \varphi(S[U]) = \varphi(S) \quad \text{für alle } S \in \mathrm{Pos}\,(n; \mathbb{R}) \quad \text{und alle } U \in GL(n; \mathbb{Z}).$$

Nach dem Äquivalenz–Satz 1 ist die Determinante offenbar eine Klasseninvariante. Für Matrizen $U \in GL(n; \mathbb{Z})$ und $V \in GL(m; \mathbb{Z})$ gilt in der Bezeichnung des Korollars

$$\mathcal{D}(S[U], T[V]) = U^{-1}\mathcal{D}(S, T)V.$$

Also sind auch die Darstellungsanzahlen $\sharp(S, T)$ Klasseninvarianten.

**Bemerkungen.** In der *Reduktionstheorie quadratischer Formen* beschreibt man ein Vertretersystem der Klassen. Die so genannte MINKOWSKIsche Reduktionstheorie wird z.B. von H. MAASS, *Siegel's modular forms and Dirichlet series*, Lect. Notes Math. **216**, Springer–Verlag, Berlin–Heidelberg–New York 1971, in §9 beschrieben. Eine weitere Methode findet man bei A. TERRAS [1988].

**5. Die Endlichkeit der Klassenzahl.** Ist $S \in \mathrm{Pos}\,(n; \mathbb{R})$, so definiert man

$$(1) \qquad \mu(S) := \inf\{S[g] \;;\; 0 \neq g \in \mathbb{Z}^n\}$$

und für $1 \leq m \leq n$

$$(2) \qquad \mu_m(S) := \inf \left\{ t \in \mathbb{R}; \; \begin{array}{l} \text{es gibt } G = (g_1, \ldots, g_m) \in \mathrm{Mat}(n, m; \mathbb{Z}) \,, \\ G \text{ primitiv} \,, \; S[g_j] \leq t \text{ für } j = 1, \ldots, m \end{array} \right\}.$$

Nach Satz 4 ist die Menge $\{g \in \mathbb{Z}^n \;;\; S[g] \leq t\}$ endlich. Also wird das Infimum in (1) und (2) angenommen. $\mu(S)$ heißt *Minimum von $S$* und $\mu_m(S)$ nennt man das *$m$–te (primitive) Minimum von $S$*. Ist $g \in \mathbb{Z}^n$ mit $\mu(S) = S[g]$, so sind die Koeffizienten von $g$ teilerfremd, d.h., $g$ ist nach Korollar 2A primitiv. Es folgt

$$(3) \qquad \mu(S) = \mu_1(S) \leq \mu_2(S) \leq \ldots \leq \mu_n(S)$$

und

$$(4) \qquad \mu_m(S) > \mu_m(T) \quad \text{für } S > T \quad \text{und} \quad 1 \le m \le n.$$

Wegen Lemma 1 sind die $\mu_m(S)$ Klasseninvarianten, d. h.

$$(5) \qquad \mu_m(S[U]) = \mu_m(S) \quad \text{für } U \in GL(n;\mathbb{Z}) \quad \text{und} \quad 1 \le m \le n.$$

Da das Infimum in (2) angenommen wird und die primitive Matrix $G$ zu einer unimodularen Matrix ergänzt werden kann, gibt zu $1 \le m \le n$ eine Matrix $U = U_m \in GL(n;\mathbb{Z})$ mit

$$(6) \qquad S[U] = T = (t_{ij}) , \quad t_{11} \le t_{22} \le \ldots \le t_{mm} = \mu_m(S).$$

Eine Abschätzung zwischen Klasseninvarianten liefert nun der

**Satz.** *Für $S \in \mathrm{Pos}\,(n;\mathbb{R})$ gilt*

$$\mu_1(S) \cdot \ldots \cdot \mu_n(S) \le \left(\tfrac{4}{3}\right)^{n(n-1)/2} \cdot \det S.$$

*Beweis.* Der Beweis erfolgt durch Induktion nach $n$, wobei $n = 1$ trivial ist. Nun sei $S = (s_{ij}) \in \mathrm{Pos}\,(n+1;\mathbb{R})$, $n \ge 1$. Weil $\mu$ eine Klasseninvariante ist, können wir wegen (6) ohne Einschränkung

$$s_{11} = \mu_1(S) =: \sigma > 0$$

annehmen. Wir bestimmen eine Darstellung von $S$ nach dem Satz 3 über die quadratische Ergänzung

$$S = \begin{pmatrix} \sigma & 0 \\ 0 & T \end{pmatrix} \left[ \begin{pmatrix} 1 & s^t \\ 0 & E \end{pmatrix} \right] = \begin{pmatrix} \sigma & \sigma s^t \\ \sigma s & T + \sigma s s^t \end{pmatrix} , \quad T \in \mathrm{Pos}\,(n,\mathbb{R}), \quad s \in \mathbb{R}^n.$$

Für $1 \le m \le n$ gibt es nach (2) ein primitives $G = (g_1, \ldots, g_m) \in \mathrm{Mat}(n,m;\mathbb{Z})$ mit der Eigenschaft

$$T[g_j] \le \mu_m(T) , \; 1 \le j \le m.$$

Zu $G$ wählt man nun einen Vektor $h = (\eta_1, \ldots, \eta_m)^t \in \mathbb{Z}^m$, so dass die Koeffizienten von $h + G^t s$ zwischen $-\tfrac{1}{2}$ und $+\tfrac{1}{2}$ liegen. Mit $G$ ist dann auch die Matrix

$$H := \begin{pmatrix} 1 & h^t \\ 0 & G \end{pmatrix} \in \mathrm{Mat}(n+1, m+1;\mathbb{Z})$$

primitiv. Man erhält für $1 \le j \le m$ nach Wahl der $\eta_j$

$$S\left[ \begin{pmatrix} \eta_j \\ g_j \end{pmatrix} \right] = \begin{pmatrix} \sigma & 0 \\ 0 & T \end{pmatrix} \left[ \begin{pmatrix} \eta_j + s^t g_j \\ g_j \end{pmatrix} \right] = \sigma(\eta_j + s^t g_j)^2 + T[g_j] \le \tfrac{1}{4}\mu_1(S) + \mu_m(T)$$

sowie

$$s_{11} = \mu(S) \le S\left[ \begin{pmatrix} \eta_j + s^t g_j \\ g_j \end{pmatrix} \right] \le \tfrac{1}{4}\mu_1(S) + \mu_m(T).$$

Da $H$ primitiv ist, folgt mit (3)

$$\mu_{m+1}(S) \le \tfrac{1}{4}\mu_1(S) + \mu_m(T), \quad \text{also} \quad \mu_{m+1}(S) \le \tfrac{4}{3}\mu_m(T).$$

Mit $\mu_1(S)\det T = \det S$ erhält man aus der Induktionsvoraussetzung für $T$

$$\mu_1(S) \cdot \ldots \cdot \mu_{n+1}(S) \le \left(\tfrac{4}{3}\right)^n \cdot \mu_1(S) \cdot \mu_1(T) \cdot \ldots \cdot \mu_n(T)$$

$$\le \left(\tfrac{4}{3}\right)^{n(n+1)/2} \cdot \mu_1(S) \cdot \det T = \left(\tfrac{4}{3}\right)^{n(n+1)/2} \cdot \det S \ . \qquad \square$$

Verwendet man (3), so folgt unmittelbar das

**Korollar A. (Ungleichung von HERMITE)** *Für die Konstante*

$$\gamma_n := \inf\left\{ \frac{\det S}{\mu(S)^n} \ ; \ S \in \mathrm{Pos}\,(n;\mathbb{R}) \right\}$$

*gilt*

(7)
$$\gamma_n \ge \left(\tfrac{3}{4}\right)^{n(n-1)/2}.$$

Die Ungleichung (7) ist nur für $n = 1$ und 2 scharf. Bekannt sind die Werte $\gamma_n$ für $n \le 10$ (vgl. B.L. VAN DER WAERDEN und H. GROSS, *Studien zur Theorie der quadratischen Formen*, Birkhäuser, Basel–Stuttgart 1968, 28).

Für positives $q \in \mathbb{Z}$ bezeichne $k_n(q)$ die Anzahl der Klassen $\langle S \rangle$ von Matrizen $S \in \mathrm{Pos}\,(n;\mathbb{Z}) := \mathrm{Pos}\,(n;\mathbb{R}) \cap \mathrm{Mat}(n;\mathbb{Z})$ mit $\det S = q$. Die Anzahlen $k_n(q)$, $q \ge 1$, heißen *Klassenzahlen*.

**Korollar B.** *Die Klassenzahlen* $k_n(q)\,,\, q \ge 1$, *sind endlich und es gilt*

$$k_n(q) = \mathcal{O}\left(q^{n(n+1)/2}\right) \quad \text{für } q \to \infty.$$

*Beweis.* Wegen (6) genügt es, die Anzahl der Matrizen $S = (s_{ij}) \in \mathrm{Pos}\,(n;\mathbb{Z})$ mit $s_{jj} \le \mu_n(S)$ für $1 \le j \le n$ und $\det S = q$ abzuschätzen. Weil $S$ ganzzahlig ist, sind alle Minima positive ganze Zahlen und mit dem Satz folgt

$$1 \le s_{jj} \le \mu_n(S) \le \mu_1(S) \cdot \ldots \cdot \mu_n(S) \le \left(\tfrac{4}{3}\right)^{n(n-1)/2} \cdot q \, , \ 1 \le j \le n.$$

Da $S$ positiv definit ist, ist auch die Matrix $\left(\begin{smallmatrix} s_{ii} & s_{ij} \\ s_{ij} & s_{jj} \end{smallmatrix}\right)$ für $1 \le i < j \le n$ positiv definit. Aus 3(8) folgt

$$s_{ii}s_{jj} - s_{ij}^2 > 0, \quad \text{also} \quad |s_{ij}| < \left(\tfrac{4}{3}\right)^{n(n-1)/2} \cdot q. \qquad \square$$

**Aufgaben.** 1) Sei $n \ge m$. Eine Matrix $G \in \mathrm{Mat}(n,m;\mathbb{Z})$ ist genau dann primitiv, wenn es eine Matrix $H \in \mathrm{Mat}(m,n;\mathbb{Z})$ gibt mit $HG = E^{(m)}$. In diesem Fall ist $H^t$ ebenfalls primitiv. Ist $H$ durch $G$ eindeutig bestimmt?
2) Für $q \ge 1$ zerfällt die Menge $\{G \in \mathrm{Mat}(n;\mathbb{Z}) \ ; \ \det G \ne 0\,,\, qG^{-1} \in \mathrm{Mat}(n;\mathbb{Z})\}$ in endlich viele Linksnebenklassen modulo $GL(n;\mathbb{Z})$.

3) Wie sehen die zu 2(1) analogen Vertreter der Rechtsnebenklassen $GL(n;\mathbb{Z})A$ für $A \in$ Mat$(n;\mathbb{Z})$ mit det $A \neq 0$ aus?

4) (Ungleichung von HADARMARD) Für $S = (s_{ij}) \in \mathrm{Pos}\,(n;\mathbb{R})$ gilt det $S \leq s_{11} \cdot s_{22} \cdot \ldots \cdot s_{nn}$ und das Gleichheitszeichen steht genau dann, wenn $S$ eine Diagonalmatrix ist.

5) Für $S, T \in \mathrm{Pos}\,(n;\mathbb{R})$ gilt $\mathrm{Sp}(ST) \geq n \cdot (\det S)^{1/n} \cdot (\det T)^{1/n}$.

6) (JACOBI–Zerlegung) Jede Matrix $S \in \mathrm{Pos}\,(n;\mathbb{R})$ besitzt eine eindeutige Darstellung der Form $S = D[B]$, wobei $D$ eine positiv definite Diagonalmatrix und $B \in GL(n;\mathbb{R})$ eine obere Dreiecksmatrix mit Einsen auf der Diagonale ist.

7) Für $S \in \mathrm{Pos}\,(n;\mathbb{R})$ und $1 \leq m \leq n$ definiert man die *sukzessiven Minima* durch

$$\nu_m(S) := \inf \left\{ t \in \mathbb{R} \; ; \quad \begin{array}{l} \text{es gibt } G = (g_1, \ldots, g_m) \in \mathrm{Mat}(n, m; \mathbb{Z}) \text{ mit} \\ \mathrm{Rang}\, G = m \text{ und } S[g_j] \leq t \text{ für } j = 1, \ldots, m \end{array} \right\}.$$

Es gibt eine Matrix $G \in \mathrm{Mat}(n;\mathbb{Z})$ mit det $G \neq 0$ und

$$S[G] = T = (t_{ij}) \,, \; t_{mm} = \nu_m(S) \,, \; 1 \leq m \leq n.$$

Die $\nu_m(S)$ sind Klasseninvarianten und erfüllen $\nu_m(S) \leq \mu_m(S)$ sowie

$$\det S \leq \nu_1(S) \cdot \ldots \cdot \nu_n(S) \leq \mu_1(S) \cdot \ldots \cdot \mu_n(S).$$

8) Die Matrix $S = \begin{pmatrix} 2E & e \\ e^t & 5/2 \end{pmatrix}$, $E = E^{(4)}$, $e = (1,1,1,1)^t$, in $\mathrm{Pos}\,(5;\mathbb{R})$ erfüllt

$$\mu_m(S) = \nu_m(S) = \nu_5(S) = 2 \quad \text{für } 1 \leq m \leq 4 \text{ sowie} \quad \mu_5(S) = 5/2.$$

9) Sei $S = (s_{ij}) \in \mathrm{Pos}\,(2;\mathbb{R})$ mit $s_{11} < s_{22} = \mu_2(S)$. Dann gilt $2|s_{12}| \leq s_{11}$. Gilt die Aussage auch für $s_{11} = s_{22}$?

10) Zu $S \in \mathrm{Pos}\,(n;\mathbb{Z})$ gibt es ein $U \in GL(n;\mathbb{Z})$, so dass $S[U] = (t_{ij})$ tridiagonal ist, d.h. $t_{ij} = 0$ für $|i - j| \geq 2$.

# §2. Theta–Reihen als ganze Modulformen

In diesem Paragrafen wird zunächst eine Klasse von Theta–Reihen eingeführt, die die klassische Theta–Reihe aus III.E.3(1) bzw. E(1) verallgemeinern. Für die Theta–Reihen wird die Theta–Transformationsformel bewiesen. Damit zeigen wir, dass Theta–Reihen zu geraden, unimodularen, positiv definiten, quadratischen Formen ganze Modulformen sind. Insbesondere werden wir sehen, dass eine ganze Modulform genau dann eine Linearkombination von Theta–Reihen ist, wenn das Gewicht ein Vielfaches von 4 ist.

**1. Theta–Reihen mit Charakteristik.** Für $\tau \in \mathbb{H}$, $S \in \mathrm{Pos}\,(n;\mathbb{R})$ und $p, q \in \mathbb{C}^n$ definiert man zunächst formal die *Theta–Reihe in $S$ zur Charakteristik* $(p, q)$ durch

$$(1) \qquad\qquad \Theta_{p,q}(\tau; S) := \sum_{g \in \mathbb{Z}^n} e^{\pi i \tau S[g+p] + 2\pi i (g+p)^t q}.$$

Im Spezialfall $p = q = 0$ spricht man vom *Theta–Nullwert* und verwendet die Abkürzung

$$(2) \qquad \Theta(\tau; S) := \Theta_{0,0}(\tau; S) = \sum_{g \in \mathbb{Z}^n} e^{\pi i \tau S[g]}.$$

Man erhält die klassische Theta–Reihe $\vartheta(\tau)$ aus III.E.3(1) bzw. E(1) offenbar mit $n = 1$, $S = (1)$ in (2). Die Konvergenzeigenschaften folgen aus dem

**Lemma.** *Die Theta–Reihe $\Theta_{p,q}(\tau; S)$ konvergiert absolut und lokal gleichmäßig im Bereich*

$$(p, q, \tau, S) \in \mathbb{C}^n \times \mathbb{C}^n \times \mathbb{H} \times \mathrm{Pos}\,(n; \mathbb{R}).$$

*Für festes $S \in \mathrm{Pos}\,(n; \mathbb{R})$ ist $\Theta_{p,q}(\tau; S)$ holomorph in $(p, q, \tau) \in \mathbb{C}^n \times \mathbb{C}^n \times \mathbb{H}$.*

Dabei heißt eine Funktion $\varphi : \mathcal{G} \to \mathbb{C}$, $\mathcal{G} \subset \mathbb{C}^m$ offen, holomorph, wenn $\varphi$ in jeder Variablen holomorph ist.

*Beweis.* Sei $\mathcal{C} \subset \mathbb{C}^n \times \mathbb{C}^n \times \mathbb{H} \times \mathrm{Pos}\,(n; \mathbb{R})$ ein Kompaktum. Dann gilt für alle $(p, q, \tau, S) \in \mathcal{C}$, $p = p_1 + ip_2$, $q = q_1 + iq_2$, $\tau = x + iy$

$$|\Theta_{p,q}(\tau; S)| \leq \sum_{g \in \mathbb{Z}^n} |e^{\pi i \tau S[g+p] + 2\pi i (g+p)^t q}|$$

$$= \sum_{g \in \mathbb{Z}^n} e^{-\pi y S[g] - 2\pi g^t (y S p_1 + x S p_2 + q_2) - \pi y S[p_1] + \pi y S[p_2] - 2\pi x p_1^t S p_2 - 2\pi p_2^t q_1 - 2\pi p_1^t q_2}.$$

Mit der Cauchy–Schwarzschen Ungleichung (vgl. M. Koecher [1997], 5.1.5) folgert man, dass es positive Konstanten $\alpha, \beta, \gamma, \delta$ gibt, die nur von $\mathcal{C}$ abhängen, so dass gilt

$$|\Theta_{p,q}(\tau; S)| \;\leq\; \gamma \sum_{g \in \mathbb{Z}^n} e^{-2\pi \alpha g^t g + \beta \sqrt{g^t g}}$$

$$\leq\; \delta + \gamma \sum_{g \in \mathbb{Z}^n} e^{-\pi \alpha g^t g} = \delta + \gamma \cdot \vartheta(i\alpha)^n.$$

Die Holomorphie der Summanden impliziert die Holomorphie von $\Theta_{p,q}(\tau; S)$. $\square$

Das elementare Verhalten in den Parametern wird beschrieben in der

**Proposition.** *Seien $\tau \in \mathbb{H}$, $S \in \mathrm{Pos}\,(n; \mathbb{R})$, $p, q \in \mathbb{C}^n$. Dann gilt für alle $h \in \mathbb{Z}^n$ und alle $U \in GL(n; \mathbb{Z})$:*

a) $\Theta_{p+h,q}(\tau; S) = \Theta_{p,q}(\tau; S)$,

b) $\Theta_{p,q+h}(\tau; S) = e^{2\pi i p^t h} \cdot \Theta_{p,q}(\tau; S)$,

c) $\Theta_{p,q}(\tau; S[U]) = \Theta_{Up, U^{t-1}q}(\tau; S)$,

*insbesondere also*

$$\Theta(\tau; S[U]) = \Theta(\tau; S).$$

*Beweis.* Wegen des Lemmas darf man umordnen. In c) verwende man zusätzlich Teil (v) des Äquivalenz–Satzes 1.1.          □

Damit sind die Theta–Nullwerte $\Theta(\tau; S)$ Klasseninvarianten im Sinne von 1.4(5).

Für $S \in \mathrm{Pos}\,(n; \mathbb{R})$ und $T \in \mathrm{Pos}\,(m; \mathbb{R})$ definiert man die *direkte Summe* durch

$$(3) \qquad S \oplus T := \begin{pmatrix} S & 0 \\ 0 & T \end{pmatrix} \in \mathrm{Pos}\,(n + m; \mathbb{R}).$$

Man schreibt $g = \binom{a}{b} \in \mathbb{Z}^{n+m}$ mit $a \in \mathbb{Z}^n$, $b \in \mathbb{Z}^m$ und erhält sofort

$$(4) \qquad \Theta(\tau; S \oplus T) = \Theta(\tau; S) \cdot \Theta(\tau; T).$$

Ist $S \in \mathrm{Pos}\,(n; \mathbb{Z}) := \mathrm{Pos}\,(n; \mathbb{R}) \cap \mathrm{Mat}(n; \mathbb{Z})$, so gilt offenbar $S[g] \in \mathbb{Z}$ für alle $g \in \mathbb{Z}^n$. Die Definition impliziert damit

$$(5) \qquad \Theta(\tau + 2; S) = \Theta(\tau; S) \,, \quad \tau \in \mathbb{H}.$$

Mit einer Umordnung erhält man die FOURIER–Entwicklung (vgl. **1.4**)

$$(6) \qquad \Theta(\tau; S) = \sum_{m=0}^{\infty} \sharp(S, m) \cdot e^{\pi i m \tau} \,, \quad \tau \in \mathbb{H},$$

wobei natürlich $\sharp(S, 0) = 1$.

**2. Beziehungen zu Gittern.** In diesem Abschnitt erläutern wir die zu **1** äquivalente Möglichkeit, Theta–Reihen mit Hilfe von Gittern einzuführen. Sei $V$ ein reeller Vektorraum der Dimension $n < \infty$. Eine Teilmenge $G$ von $V$ heißt ein *Gitter in $V$*, wenn es linear unabhängige $g_1, \ldots, g_n \in V$ gibt mit

$$(1) \qquad G = \mathbb{Z}g_1 + \ldots \mathbb{Z}g_n.$$

$g_1, \ldots, g_n$ nennt man eine *Basis des Gitters $G$*. Man vergleiche auch mit der Charakterisierung in Bemerkung I.1.3. Ist nun $\sigma$ eine positiv definite Bilinearform auf $V$, d. h. $(V, \sigma)$ ein euklidischer Vektorraum, so definiert man die *Theta–Reihe zum Gitter $G$* durch

$$(2) \qquad \Theta_G(\tau) := \sum_{g \in G} e^{\pi i \tau \cdot \sigma(g,g)} \,, \quad \tau \in \mathbb{H}.$$

**Lemma.** *Sei $(V, \sigma)$ ein euklidischer Vektorraum und $G = \mathbb{Z}g_1 + \ldots, +\mathbb{Z}g_n$ ein Gitter in $V$. Bezeichnet $S = (\sigma(g_\nu, g_\mu))$ die* GRAM*–Matrix zur Basis $g_1, \ldots, g_n$, so gilt*

$$\Theta_G(\tau) = \Theta(\tau; S) \quad \textit{für alle} \quad \tau \in \mathbb{H}.$$

*Beweis.* Für $g = \gamma_1 g_1 + \cdots + \gamma_n g_n \in G$ definiert man $h = (\gamma_1, \ldots, \gamma_n)^t \in \mathbb{Z}^n$ und erhält aus der Bilinearität von $\sigma$

$$\sigma(g, g) = S[h]. \qquad\qquad\qquad □$$

Ist umgekehrt ein $S \in \mathrm{Pos}\,(n;\mathbb{R})$ gegeben, so betrachte man den $\mathbb{R}^n$ mit der durch $S$ gegebenen, positiv definiten Bilinearform als euklidischen Vektorraum. Dann gilt

$$\Theta(\tau; S) = \Theta_{\mathbb{Z}^n}(\tau) \quad \text{für alle} \quad \tau \in \mathbb{H}.$$

**Bemerkungen.** Sei $G$ ein Gitter mit der Basis (1). In Analogie zum Basis–Lemma I.1.6 kann man zeigen, dass $h_1, \ldots, h_n$ aus $V$ genau dann eine Basis von $G$ bilden, wenn es ein $U = (u_{\nu\mu}) \in GL(n; \mathbb{Z})$ gibt mit

$$h_\nu = \sum_{\mu=1}^{n} u_{\mu\nu} g_\mu \, , \, \nu = 1, \ldots, n.$$

Proposition 1c) besagt nun gerade die Unabhängigkeit von der Wahl der Basis im Lemma.

**3. Die Theta–Transformationsformel.** Als wesentliches Hilfsmittel zum Beweis der Transformationsformel benötigt man den

**Satz von der FOURIER–Entwicklung.** *Sei $\varphi : \mathbb{C}^n \to \mathbb{C}$ holomorph und in jeder Komponente periodisch mit der Periode 1, d. h.*

$$\varphi(w + g) = \varphi(w) \quad \text{für alle} \quad g \in \mathbb{Z}^n.$$

*Dann besitzt $\varphi$ eine abolut und lokal gleichmäßig konvergente FOURIER–Entwicklung der Form*

$$(1) \qquad \varphi(w) = \sum_{h \in \mathbb{Z}^n} c_h \cdot e^{2\pi i h^t w},$$

*wobei die FOURIER–Koeffizienten*

$$(2) \qquad c_h := \int\limits_{[0,1]^n} \varphi(z + \xi) \cdot e^{-2\pi i h^t (z+\xi)} d\xi$$

*unabhängig von $z \in \mathbb{C}^n$ sind.*

*Beweis.* Wir verwenden eine Induktion nach $n$, wobei der Fall $n = 1$ aufgrund der klassischen Theorie bekannt ist (vgl. R. REMMERT, G. SCHUMACHER [2002], 12.3.4). Sei also $n > 1$ und

$$w = \begin{pmatrix} w' \\ w_n \end{pmatrix}, \quad z = \begin{pmatrix} z' \\ z_n \end{pmatrix}, \quad \xi = \begin{pmatrix} \xi' \\ \xi_n \end{pmatrix}, \quad h = \begin{pmatrix} h' \\ h_n \end{pmatrix}.$$

Für festes $w_n \in \mathbb{C}$ ist $w' \mapsto \varphi(w)$ holomorph. Nach der Induktionsvoraussetzung existiert eine absolut konvergente FOURIER–Entwicklung

$$\varphi(w) = \sum_{h' \in \mathbb{Z}^{n-1}} c_{h'}(w_n) \cdot e^{2\pi i h'^t w'},$$

$$c_{h'}(w_n) = \int\limits_{[0,1]^{n-1}} \varphi \begin{pmatrix} z' + \xi' \\ w_n \end{pmatrix} \cdot e^{-2\pi i h'^t (z'+\xi')} d\xi'.$$

Mit $\varphi$ ist dann auch $c_{h'}$ holomorph (vgl. R. REMMERT [1995], 8.2.2) und periodisch mit der Periode 1. Aus der klassischen Theorie erhält man eine FOURIER–Entwicklung

$$c_{h'}(w_n) = \sum_{h_n \in \mathbb{Z}} c_h \cdot e^{2\pi i h_n w_n},$$

$$c_h = \int_{[\![0,1]\!]} c_{h'}(z_n + \xi_n) \cdot e^{-2\pi i h_n (z_n + \xi_n)} d\xi_n$$

$$= \int_{[\![0,1]\!]} \left( \int_{[\![0,1]\!]^{n-1}} \varphi(z + \xi) \cdot e^{-2\pi i h^t (z+\xi)} d\xi' \right) d\xi_n.$$

Da der Integrand stetig ist, erhält man (2) mit dem Satz von FUBINI (vgl. W. WALTER [1992; II], 9.18) und

$$\varphi(w) = \sum_{h' \in \mathbb{Z}^{n-1}} \left( \sum_{h_n \in \mathbb{Z}} c_h \cdot e^{2\pi i h^t w} \right).$$

Sei nun $R > 0$ und

$$M := \max\{|\varphi(w)| \ ; \ |w_j| \le 2R + 1, j = 1, \ldots, n\}.$$

Für $h \in \mathbb{Z}^n$ sei $z = -i2R(\operatorname{sgn} h_1, \ldots, \operatorname{sgn} h_n)^t$, also

$$h^t z = -i2R(|h_1| + \ldots + |h_n|).$$

Mit diesem $z$ folgt aus (2) für $|w_j| \le R$, $j = 1, \ldots, n$

$$|c_h \cdot e^{2\pi i h^t w}| \le |c_h| \cdot e^{2\pi(|h_1 w_1| + \ldots + |h_n w_n|)}$$

$$\le \int_{[\![0,1]\!]^n} M \cdot e^{-4\pi R(|h_1| + \ldots + |h_n|)} d\xi \cdot e^{2\pi R(|h_1| + \ldots + |h_n|)}$$

$$= M \cdot e^{-2\pi R(|h_1| + \ldots + |h_n|)}.$$

Daraus ergibt sich sofort die absolute und lokal gleichmäßige Konvergenz der Reihe (1), denn man hat

$$\sum_{h \in \mathbb{Z}^n} e^{-2\pi R(|h_1| + \ldots + |h_n|)} = \left( \frac{1 + e^{-2\pi R}}{1 - e^{-2\pi R}} \right)^n. \qquad \square$$

Damit kommen wir zu der angekündigten

**Theta–Transformationsformel.** *Für $S \in \operatorname{Pos}(n; \mathbb{R})$, $p, q \in \mathbb{C}^n$ und $\tau \in \mathbb{H}$ gilt*

$$(3) \qquad \Theta_{-q,p}(-1/\tau; S^{-1}) = (\tau/i)^{n/2} \cdot \sqrt{\det S} \cdot e^{-2\pi i p^t q} \cdot \Theta_{p,q}(\tau; S).$$

Dabei ist für ungerades $n$ der Zweig der Wurzel zu wählen, der für positive Argumente positiv ist.

*Beweis.* Aufgrund von Proposition 1 und Lemma 1 können wir den Satz anwenden auf

$$\varphi(p) := \Theta_{p,q}(iy; S).$$

Wegen der absoluten Konvergenz des Integrals erhält man für $h \in \mathbb{Z}^n$

$$
\begin{aligned}
c_h &= \int\limits_{[0,1]^n} \sum_{g \in \mathbb{Z}^n} e^{-\pi y S[g+p] + 2\pi i (g+p)^t q} \cdot e^{-2\pi i h^t p} dp \\
&= \sum_{g \in \mathbb{Z}^n} \int\limits_{[0,1]^n} e^{-\pi y S[g+p] + 2\pi i (g+p)^t (q-h)} dp \\
&= \int\limits_{\mathbb{R}^n} e^{-\pi y S[p] + 2\pi i p^t (q-h)} dp \\
&= e^{-\pi (yS)^{-1}[h-q]} \int\limits_{\mathbb{R}^n} e^{-\pi y S[p + i(yS)^{-1}(h-q)]} dp.
\end{aligned}
$$

Man wählt nach dem Äquivalenz–Satz 1.3 ein $W \in GL(n; \mathbb{R})$ mit $yS[W] = E$ und substitutiert $p = Wu$, also $dp = |\det W| du = y^{-n/2} (\det S)^{-1/2} du$. Mit $W^t(h - q) = v$ ergibt sich

$$
\int\limits_{\mathbb{R}^n} e^{-\pi y S[p + i(yS)^{-1}(h-q)]} dp = |\det W| \cdot \int\limits_{\mathbb{R}^n} e^{-\pi (u+iv)^t (u+iv)} du
$$

$$
= y^{-n/2} \cdot (\det S)^{-1/2} \cdot \prod_{j=1}^{n} \int\limits_{-\infty}^{\infty} e^{-\pi (u_j + i v_j)^2} du_j.
$$

Mit Hilfe des Residuensatzes erkennt man, dass hier jedes einzelne Integral gleich 1 ist (vgl. R. REMMERT, G. SCHUMACHER [2002], 12.4.3). Damit erhält man

$$
y^{n/2} \cdot \sqrt{\det S} \cdot \Theta_{p,q}(iy; S) = \sum_{h \in \mathbb{Z}^n} e^{-\pi (yS)^{-1}[h-q]} \cdot e^{2\pi i h^t p} = e^{2\pi i q^t p} \cdot \Theta_{-q,p}(i/y; S^{-1}).
$$

Also gilt (3) für alle $\tau = iy$, $y > 0$. Weil beide Seiten von (3) holomorph in $\tau \in \mathbb{H}$ sind, folgt die Behauptung mit dem Identitätssatz. $\qquad \square$

Den Spezialfall der Theta–Nullwerte, also $p = q = 0$, notieren wir als

**Korollar A.** *Für $S \in \mathrm{Pos}\,(n; \mathbb{R})$ und $\tau \in \mathbb{H}$ gilt*

$$
\Theta(-1/\tau; S^{-1}) = (\tau/i)^{n/2} \cdot \sqrt{\det S} \cdot \Theta(\tau; S).
$$

Einen weiteren wichtigen Spezialfall formulieren wir in

**Korollar B.** *Ist* $S \in \mathrm{Pos}\,(n; \mathbb{Z})$ *mit* $\det S = 1$*, so gilt*

$$\Theta\,(-1/\tau; S) = (\tau/i)^{n/2} \cdot \Theta(\tau; S) \quad \textit{für alle} \ \ \tau \in \mathbb{H}.$$

*Beweis.* Es gilt $S^{-1}[S] = S$ mit $S \in GL(n; \mathbb{Z})$. Nun verwendet man Korollar A
und Proposition 1c). $\qquad\qquad\qquad\qquad\qquad\qquad\qquad\qquad\qquad\qquad\qquad\qquad$ $\square$


**Bemerkungen.** a) Sei $G$ von der Form 2(1) ein Gitter in dem euklidischen
Vektorraum $(V, \sigma)$. Bis auf Normierung des Maßes ist das Volumen einer Fun-
damentalmasche

$$\{\gamma_1 g_1 + \ldots + \gamma_n g_n \ ; \ 0 \leq \gamma_\nu \leq 1 \, , \ 1 \leq \nu \leq n\}$$

von $G$ gleich $\sqrt{\det S}$, wobei $S$ die zugehörige GRAM–Matrix ist. Wir verwenden
dafür die Abkürzung $\mathrm{vol}(G)$. Die Menge

$$G^\sigma := \{v \in V \ ; \ \sigma(v, g) \in \mathbb{Z} \ \text{für alle} \ g \in G\}$$

ist wiederum ein Gitter, das zu $G$ *duale Gitter* (bezüglich $\sigma$). Wählt man
$h_1, \ldots h_n \in V$ mit $\sigma(h_i, g_j) = \delta_{ij}$, so ist $h_1, \ldots, h_n$ eine Basis von $G^\sigma$ und
$S^{-1}$ die zugehörige GRAM–Matrix. Damit kann man Korollar A auch äquiva-
lent formulieren als

$$\Theta_{G^\sigma}\,(-1/\tau) = (\tau/i)^{n/2} \cdot \mathrm{vol}(G) \cdot \Theta_G(\tau).$$

Im Fall $G = G^\sigma$ nennen wir $G$ *selbstdual* und haben dann auch $\mathrm{vol}(G) = 1$.
b) In der Bezeichnung E(2) gilt $\Theta_{p,q}(\tau; S) = \vartheta(\tau S, p, q)$. Damit wird (3) zu einem
Spezialfall von E(3). Andererseits hat man E(3) für alle $Z = iS$, $S \in \mathrm{Pos}\,(n; \mathbb{R})$,
in (3) bewiesen, so dass die Aussage mit dem Identitätssatz für $Z$ folgt.

**4. Gerade Matrizen.** Eine Matrix $S \in \mathrm{Sym}\,(n; \mathbb{R})$ heißt *gerade*, wenn

$$(1) \qquad\qquad\qquad S[g] = g^t S g \in 2\mathbb{Z} \quad \text{für alle} \quad g \in \mathbb{Z}^n.$$

Eine Charakterisierung gibt das

**Lemma.** *Für eine Matrix* $S = (s_{\nu\mu}) \in \mathrm{Sym}\,(n; \mathbb{R})$ *sind äquivalent:*

  (i) $S$ *ist gerade.*

  (ii) $s_{\nu\nu} \in 2\mathbb{Z}$ *für* $\nu = 1, \ldots, n$ *und* $s_{\nu\mu} \in \mathbb{Z}$ *für alle* $\nu \neq \mu$.

  (iii) $\mathrm{Sp}(ST) \in 2\mathbb{Z}$ *für alle* $T \in \mathrm{Sym}\,(n; \mathbb{Z})$.

*Beweis.* (i) $\Longrightarrow$ (ii): Wählt man für $g$ den $\nu$–ten Einheitsvektor $e_\nu$ in (1), so
ergibt sich $s_{\nu\nu} \in 2\mathbb{Z}$. Für $\nu \neq \mu$ folgt dann aus

$$S[e_\nu + e_\mu] = s_{\nu\nu} + s_{\mu\mu} + 2s_{\nu\mu} \in 2\mathbb{Z}$$

sofort $s_{\nu\mu} \in \mathbb{Z}$.
(ii) $\Longrightarrow$ (iii): Schreibt man $T = (t_{\nu\mu})$, so berechnet man

$$\mathrm{Sp}(ST) = \sum_{1\leq\nu\leq n} s_{\nu\nu}t_{\nu\nu} + 2 \sum_{1\leq\nu<\mu\leq n} s_{\nu\mu}t_{\nu\mu} \in 2\mathbb{Z}.$$

(iii) $\Longrightarrow$ (i): Ist $g \in \mathbb{Z}^n$, so folgt $T = gg^t \in \mathrm{Sym}\,(n;\mathbb{Z})$ und es gilt

$$\mathrm{Sp}(ST) = S[g]. \qquad\qquad \square$$

Insbesondere folgert man sofort

(2) $\qquad\qquad S$ gerade, $G \in \mathrm{Mat}(n,m;\mathbb{Z}) \quad\Longrightarrow\quad S[G]$ gerade.

Nun betrachten wir Theta–Reihen zu geraden, positiv definiten Matrizen. Als unmittelbare Folgerung aus (1) und 1(6) notieren wir die

**Proposition.** *Sei $S \in \mathrm{Pos}\,(n;\mathbb{Z})$ gerade. Dann gilt:*

$$\Theta(\tau + 1; S) = \Theta(\tau; S) \quad \textit{für alle} \quad \tau \in \mathbb{H}.$$

$\Theta(\cdot\,; S)$ *besitzt die* Fourier*–Entwicklung*

$$\Theta(\tau; S) = \sum_{m=0}^{\infty} \sharp(S, 2m) \cdot e^{2\pi i m\tau} \,, \quad \tau \in \mathbb{H}.$$

**5. Gerade, unimodulare, positiv definite Matrizen.** In diesem Abschnitt beschreiben wir notwendige und hinreichende Bedingungen an das Format für die Existenz solcher Matrizen. Diese erhält man mit Hilfe der zugehörigen Theta–Reihen.

**Satz.** *Ist $S \in \mathrm{Pos}\,(n;\mathbb{Z})$ gerade und unimodular, dann ist $n$ durch 8 teilbar.*

*Beweis.* Für $\tau \in \mathbb{H}$ definiert man

$$\tau_1 = -\frac{1}{\tau}\,, \quad \tau_2 = \tau_1 + 1 = \frac{\tau-1}{\tau}\,, \quad \tau_3 = -\frac{1}{\tau_2} = \frac{\tau}{1-\tau}\,,$$

$$\tau_4 = \tau_3 + 1 = \frac{1}{1-\tau}\,, \quad \tau_5 = -\frac{1}{\tau_4} = \tau - 1\,, \quad \tau_6 = \tau_5 + 1 = \tau.$$

Nun wendet man Proposition 4 und Korollar 3B an und erhält

$$\Theta(\tau; S) = \Theta(\tau_6; S) = (\tau/i)^{n/2} \cdot (\tau_2/i)^{n/2} \cdot (\tau_4/i)^{n/2} \cdot \Theta(\tau; S).$$

Wählt man nun $\tau = i$ und benutzt die Tatsache, dass $\Theta(i; S)$ eine positive reelle Zahl ist, so folgt

$$1 = (1+i)^{n/2} \left(\frac{1+i}{2}\right)^{n/2} = e^{\pi i n/4},$$

wenn man berücksichtigt, dass man den Zweig der Wurzel zu wählen hat, der für positive Argumente positiv ist. Folglich ist $n$ durch 8 teilbar. $\qquad\square$

Für $n = 8$ geben wir nun ein Beispiel an.

**Lemma.** *Die Matrix*

$$(1) \qquad S_8 := \begin{pmatrix} 2E & A \\ -A & 2E \end{pmatrix}, \quad E = E^{(4)}, \quad A = \begin{pmatrix} 0 & 1 & 1 & 1 \\ -1 & 0 & -1 & 1 \\ -1 & 1 & 0 & -1 \\ -1 & -1 & 1 & 0 \end{pmatrix},$$

*ist gerade, unimodular und positiv definit.*

*Beweis.* Da $A$ schiefsymmetrisch ist, ist $S_8$ symmetrisch und nach Lemma 4 gerade. Man rechnet nun leicht

$$-A^2 = A^t A = A A^t = 3E$$

nach. Damit bekommt man aus 1.3(4)

$$\begin{pmatrix} 2E & A \\ -A & 2E \end{pmatrix} \left[ \begin{pmatrix} E & -\tfrac{1}{2}A \\ 0 & E \end{pmatrix} \right] = \begin{pmatrix} 2E & 0 \\ 0 & \tfrac{1}{2}E \end{pmatrix}.$$

Offenbar gilt somit $\det S_8 = 1$ und die Matrix ist nach dem Äquivalenz–Satz 1.3 auch positiv definit. $\qquad\qquad\qquad\qquad\qquad\qquad\qquad\qquad\qquad\qquad\qquad$ $\square$

Wenn man direkte Summen im Sinne von 1(3) mit der Matrix $S_8$ bildet, sieht man, dass es zu jedem $n$, das durch 8 teilbar ist, eine gerade, unimodulare, positiv definite Matrix gibt. Für $n \equiv 0 \,(\mathrm{mod}\ 8)$ bezeichne $h_n$ die Anzahl der Äquivalenz–Klassen der geraden, unimodularen, positiv definiten $n \times n$ Matrizen. Diese Anzahl ist nach Korollar 1.5B endlich. Bekannt sind

$$h_8 = 1, \quad h_{16} = 2, \quad h_{24} = 24.$$

Nach J.P. SERRE [1973], chap. 5.2, gilt allerdings

$$h_{32} > 80.000.000.$$

**Bemerkungen.** a) Eine zu $S_8$ äquivalente Matrix wurde im Jahre 1873 von A. KORKINE und G. ZOLOTAREFF konstruiert (Math. Ann. **6**, 366–389). Dass es für $n = 8$ nur eine Klasse gibt, wurde 1938 von L.J. MORDELL (vgl. J. Math. Pures Appl. **17**, 41–46) bewiesen.
b) Das Ergebnis $h_{16} = 2$ stammt von E. WITT (Abh. Math. Semin. Hans. Univ. **14**, 323–337 (1941)). Eine Klassifikation aller geraden, unimodularen Matrizen in $\mathrm{Pos}\,(24; \mathbb{Z})$ wurde 1973 von H. NIEMEIER (J. Number Theory **5**, 142–178) vorgenommen.

**6. Theta–Reihen als ganze Modulformen.** Ist $k$ ein Vielfaches von 4, so gilt $(\tau/i)^k = \tau^k$ für alle $\tau \in \mathbb{H}$. Wegen Satz 5 formulieren wir Proposition 4 und Korollar 3B als

**Satz.** *Ist $S \in \mathrm{Pos}\,(n; \mathbb{Z})$ gerade und unimodular, so ist die Theta–Reihe $\Theta(\tau; S)$ eine ganze Modulform vom Gewicht $\frac{n}{2}$ mit der FOURIER–Entwicklung*

$$\Theta(\tau; S) = \sum_{m=0}^{\infty} \sharp(S, 2m) \cdot e^{2\pi i m \tau}, \quad \tau \in \mathbb{H}.$$

Wir betrachten das Beispiel $\Theta(\tau; S_8) \in \mathbb{M}_4 = \mathbb{C}G_4^*$. Wegen $\sharp(S,0) = 1$ folgern wir mit III.2.1(10) das

**Korollar A.** *Es gilt*

$$\Theta(\tau; S_8) = G_4^*(\tau) \quad \textit{für alle} \quad \tau \in \mathbb{H}$$

*und*

$$\sharp(S_8, 2m) = 240 \cdot \sigma_3(m) \quad \textit{für alle} \quad m \geq 1.$$

Wir können Korollar III.2.1B auch als Ergebnis über das Wachstumsverhalten von Darstellungsanzahlen formulieren.

**Korollar B.** *Sei $S \in \mathrm{Pos}\,(n; \mathbb{Z})$ gerade und unimodular. Dann gilt*

$$\sharp(S, 2m) = -\frac{n}{B_{n/2}} \cdot \sigma_{\frac{n}{2}-1}(m) + \mathcal{O}\left(m^{n/4}\right) \quad \textit{für} \quad m \to \infty.$$

**Bemerkungen.** a) Wir formulieren das Ergebnis noch einmal mit Hilfe von Gittern. Sei $G$ ein Gitter in einem euklidischen Vektorraum $(V, \sigma)$. Wir nennen $G$ *gerade*, wenn $\sigma(g, g) \in 2\mathbb{Z}$ für alle $g \in G$. Das bedeutet, dass die zugehörige GRAM–Matrix $S$ (vgl. Lemma 2) gerade ist. Wegen Bemerkung 3a) und Satz 5 existieren gerade, selbstduale Gitter genau dann, wenn die Dimension $n$ ein Vielfaches von 8 ist. Ist $G$ ein gerades, selbstduales Gitter, so ist die Theta–Reihe $\Theta_G(\tau)$ eine ganze Modulform vom Gewicht $n/2$.
b) Die beiden Korollare und Satz 5 wurden zuerst von B. SCHOENEBERG (Math. Ann. **116**, 511–523 (1939); Berichtigung 780) und E. HECKE (*Math. Werke*, 867–868) bewiesen.

**7. Eine Konstruktion des LEECH–Gitters.** In diesem Abschnitt geben wir eine gerade, unimodulare Matrix in $\mathrm{Pos}\,(24; \mathbb{Z})$ an, die die 2 nicht darstellt. Diese Matrix gehört zum so genannten LEECH–*Gitter*. Wir geben eine Konstruktion an, die auf J. MCKAY zurückgeht (vgl. J.H. CONWAY und N.J.A. SLOANE [1999], Chap. 8.5). Für eine Primzahl $p > 2$ nennt man $a \in \mathbb{Z}$ einen *quadratischen Rest* $(\mathrm{mod}\, p)$, wenn $p \nmid a$ und die Kongruenz $\alpha^2 \equiv a\,(\mathrm{mod}\, p)$ eine Lösung $\alpha \in \mathbb{Z}$ besitzt. Wenn $\alpha^2 \equiv a\,(\mathrm{mod}\, p)$ keine Lösung $\alpha \in \mathbb{Z}$ besitzt, nennt man $a$ einen *quadratischen Nichtrest* $(\mathrm{mod}\, p)$. Damit definiert man das LEGENDRE–*Symbol* für $a \in \mathbb{Z}$ durch

$$\left(\frac{a}{p}\right) = \begin{cases} 0, & \text{falls } p|a\,, \\ 1, & \text{falls } a \text{ quadratischer Rest } (\mathrm{mod}\, p)\,, \\ -1, & \text{falls } a \text{ quadratischer Nichtrest } (\mathrm{mod}\, p)\,. \end{cases}$$

Ein Analogon der Matrix $A$ aus 5(1) mit $p = 11$ statt $p = 3$ ist nun

$$A := \begin{pmatrix} 0 & e^t \\ -e & B \end{pmatrix} \in \mathrm{Mat}(12; \mathbb{Z}),\ e = (1, \ldots, 1)^t \in \mathbb{Z}^{11}, \quad B = \left(\left(\frac{i-j}{11}\right)\right)_{1 \leq i,j \leq 11}.$$

Wegen $\left(\frac{-a}{11}\right) = -\left(\frac{a}{11}\right)$ ist $A$ schiefsymmetrisch. Darüber hinaus verifiziert man mittels direkter Rechnung oder mit einfachen Eigenschaften des LEGENDRE–Symbols (vgl. T.M. APOSTOL [1976], chap. 9)

$$(1) \qquad\qquad A^t A = 11E.$$

**Satz.** *Die Matrix*

$$(2) \qquad L_{24} := \begin{pmatrix} 4E & A - 2E \\ A^t - 2E & 4E \end{pmatrix}, \quad E = E^{(12)},$$

*ist gerade, unimodular, positiv definit und erfüllt*

$$(3) \qquad\qquad \mu(L_{24}) = 4.$$

*Beweis.* Weil $A$ schiefsymmetrisch ist, folgt $(A^t - 2E)(A - 2E) = 15E$ aus (1). Daher bekommt man mit der quadratischen Ergänzung 1.3

$$(4) \qquad \begin{pmatrix} 4E & A - 2E \\ A^t - 2E & 4E \end{pmatrix} \left[ \begin{pmatrix} E & \frac{1}{4}(2E - A) \\ 0 & E \end{pmatrix} \right] = \begin{pmatrix} 4E & 0 \\ 0 & \frac{1}{4}E \end{pmatrix}.$$

Also ist $L_{24}$ gerade, unimodular und positiv definit. Die zu (4) analoge Rechnung ergibt

$$L_{24} > \tfrac{1}{8}E.$$

Für $g \in \mathbb{Z}^{24}$ mit $g^t g \geq 16$ gilt daher

$$L_{24}[g] > \tfrac{1}{8}E[g] \geq 2$$

aufgrund von Lemma 1.4. Zum Nachweis von (3) bleibt also

$$L_{24}[g] \geq 4 \quad \text{für alle} \quad g \in \mathbb{Z}^{24} \quad \text{mit} \quad 0 < g^t g \leq 15$$

zu beweisen. Das ist eine längere, mühevolle Abschätzung, die hier nicht vorgerechnet werden soll, aber z. B. leicht von einem PC erledigt werden kann.   $\square$

Nach III.4.2 gibt es genau ein $f \in \mathbb{M}_{12}$ mit $\alpha_f(0) = 1$ und $\alpha_f(1) = 0$. Der Satz und Korollar 6A implizieren daher das

**Korollar A.** *Die Theta–Reihen* $\Theta(\tau; S_8)^3 = \Theta(\tau; S_8 \oplus S_8 \oplus S_8)$ *und* $\Theta(\tau; L_{24})$ *sind linear unabhängig. Es gilt*

$$\Theta(\tau; L_{24}) = G_4^*(\tau)^3 - 720\Delta^*(\tau) = G_{12}^*(\tau) - \frac{65\,520}{691}\Delta^*(\tau)$$

$$= \frac{7}{12}G_4^*(\tau)^3 + \frac{5}{12}G_6^*(\tau)^2$$

$$\Delta^*(\tau) = \frac{1}{720}(\Theta(\tau; S_8 \oplus S_8 \oplus S_8) - \Theta(\tau, L_{24}))$$

*und*

$$\sharp(L_{24}, 2m) = \frac{65\,520}{691}(\sigma_{11}(m) - \tau(m)) \quad \text{für alle} \quad m \geq 1.$$

Aus Korollar A, Korollar 6A, Satz III.4.3 und 1(4) folgert man direkt das

**Korollar B.** *Für positives $k \equiv 0 \,(\mathrm{mod}\ 4)$ ist jedes $f \in \mathbb{M}_k$ eine Linearkombination von Theta–Reihen zu geraden, unimodularen, positiv definiten $2k \times 2k$ Matrizen.*

**Bemerkung.** Das zur Matrix $L_{24}$ gehörige Gitter wurde von J. LEECH im Jahre 1967 (Canadian J. Math. **19**, 251–265) im Zusammenhang mit der dichtesten Kugelpackung im $\mathbb{R}^{24}$ konstruiert. Aus der in Bemerkung 5b) erwähnten Klassifikation von H. NIEMEIER ergibt sich, dass es nur eine Klasse $\langle S \rangle$ von geraden, unimodularen Matrizen in $\mathrm{Pos}\,(24; \mathbb{Z})$ mit $\mu(S) > 2$ gibt. Also ist die Klasse $\langle L_{24} \rangle$ durch die Bedingung (3) eindeutig bestimmt. Zur Konstruktion und Klassifikation von Gittern vergleiche man J.H. CONWAY und N.J.A. SLOANE [1999]. Insbesondere findet man dort eine Konstruktion des LEECH–Gitteriss.-Vs mit Hilfe von Codes und mit der KNESERschen Nachbarschaftsmethode

**8*. Extremale Gitter.** Das Minimum $\mu(S)$ (vgl. 1.5(1)) einer unimodularen Matrix $S \in \mathrm{Pos}\,(n; \mathbb{Z})$ kann nicht beliebig groß werden. Aus der Ungleichung von HERMITE in Korollar 1.5A folgt

$$\mu(S) \leq \left(\tfrac{4}{3}\right)^{(n-1)/2}.$$

Ist $S$ gerade, so kann man diese Abschätzung wesentlich verbessern.

**Satz.** *Sei $S \in \mathrm{Pos}\,(n; \mathbb{Z})$ gerade und unimodular. Dann gilt*

$$\mu(S) \leq 2\left[\tfrac{n}{24}\right] + 2.$$

*Beweis.* Wir führen den Beweis indirekt und nehmen an, dass $\mu(S) > 2\left[\tfrac{n}{24}\right] + 2$ gilt. Man betrachte die Theta–Reihe

$$\Theta(\cdot; S) \in \mathbb{M}_k \,, \ k = n/2,$$

nach Satz 6. Die FOURIER–Koeffizienten erfüllen dann

$$\sharp(S, 0) = 1 \,, \ \sharp(S, 2m) = 0 \,, \ 1 \leq m \leq \left[\tfrac{k}{12}\right] + 1.$$

Wegen $\dim \mathbb{M}_k = \left[\tfrac{k}{12}\right] + 1$ nach III.4.1 für $k \equiv 0 \,(\mathrm{mod}\ 4)$ erhalten wir einen Widerspruch zu Korollar III.6.5. $\qquad\qquad\square$

Eine gerade, unimodulare Matrix $S \in \mathrm{Pos}\,(n; \mathbb{Z})$ mit $\mu(S) = 2\left[\tfrac{n}{24}\right] + 2$ nennen wir *extremal*. Ist $G$ ein gerades, selbstduales Gitter in einem euklidischen Vektorraum $(V, \sigma)$, so heißt $G$ *extremal*, wenn die zugehörige GRAM-Matrix extremal ist, d.h.

$$\sigma(g, g) \geq 2\left[\tfrac{n}{24}\right] + 2 \text{ für alle } g \in G \,, \ g \neq 0.$$

Beispiele extremaler Matrizen sind $S_8, S_8 \oplus S_8$. Nach Satz 7 ist das LEECH–Gitter $L_{24}$ ebenfalls extremal.

**Aufgaben.** 1) Sei $k \equiv 0 \,(\mathrm{mod}\ 4)$ , $k \geq 12$. Dann ist der von den Theta–Reihen $\Theta(\tau; S)$ zu geraden, unimodularen $S \in \mathrm{Pos}\,(2k; \mathbb{Z})$ aufgespannte $\mathbb{Z}$–Modul echt in $\mathbb{M}_k^{\mathbb{Z}}$ enthalten.
2) Sei $R \in \mathrm{Pos}\,(24; \mathbb{Z})$ gerade und unimodular. Dann gilt für die Wirkung des HECKE–Operators $T_n$ , $n \geq 1$, auf die zugehörige Theta–Reihe:

$$T_n\Theta(\tau; R) = \left(\sigma_{11}(n) - \tfrac{\sharp(R,2n)}{720}\right) \Theta(\tau; L_{24}) + \tfrac{\sharp(R,2n)}{720}\Theta(\tau; S_8)^3.$$

Für $n > 1$ ist insbesondere $\Theta(\tau; R)$ keine Eigenform bezüglich $T_n$ und es gilt $\sharp(R, 2n) > 0$.
3) Man stelle $G_k^*(\tau)$ für $k = 12, 16, 20$ als Linearkombination von Theta–Reihen dar.
4) Sei $S \in \mathrm{Pos}\,(2k; \mathbb{Q})$ und $q \in \mathbb{Z}$, so dass $qS$ und $qS^{-1}$ gerade sind. Dann gilt

$$\Theta(\cdot, S)|_k \begin{pmatrix} 1 & q \\ 0 & 1 \end{pmatrix} = \Theta(\cdot, S) , \ \Theta(\cdot; S)|_k \begin{pmatrix} 1 & 0 \\ q & 1 \end{pmatrix} = \Theta(\cdot; S).$$

5) Sei $\chi_\vartheta$ der in III.7.1(2) definierte Charakter von $\Gamma_\vartheta$. Dann gilt

$$\vartheta^{4k} = \Theta(\cdot; E^{(4k)}) \in \mathbb{M}_{2k}(\Gamma_\vartheta, \chi_\vartheta^k).$$

6) Die Abbildung $\chi : \Gamma_0[4] \to \mathbb{C}$ , $\chi\left(\left(\begin{smallmatrix} a & b \\ c & d \end{smallmatrix}\right)\right) := i^{d-1}$, ist ein abelscher Charakter. Für $k \in \mathbb{N}$ gilt

$$\vartheta(2\tau)^{2k} = \Theta(\tau; 2E^{(2k)}) \in \mathbb{M}_k(\Gamma_0[4], \chi^k).$$

7) Für alle $m \in \mathbb{N}$ gilt

$$\sum_{r+s=m} \sharp(S_8, 2r) \cdot \sharp(S_8, 2s) = 480 \cdot \sigma_7(m) .$$

8) Die Matrix $S_{16} := \left(\begin{smallmatrix} 2E & A \\ A^t & 4E \end{smallmatrix}\right) \in \mathrm{Sym}(16, \mathbb{Z})$, mit $E = E^{(8)}$, $A = \left(\begin{smallmatrix} 0 & e \\ -e & B \end{smallmatrix}\right) \in \mathrm{Mat}(8; \mathbb{Z})$, $e = (1, \dots, 1)^t \in \mathbb{Z}^7$, $B = \left(\left(\frac{i-j}{7}\right)\right)_{1 \leq i,j \in 7}$, ist gerade unimodular und positiv definit mit der Eigenschaft $\sharp(S_{16}, 2m) = 480 \cdot \sigma_7(m)$ für alle $m \in \mathbb{N}$.


# §3. Ein Spezialfall des SIEGELschen Hauptsatzes

In diesem Paragrafen soll ein Spezialfall des so genannten SIEGEL*schen Hauptsatzes* bewiesen werden. Für $k \equiv 0 \ (\mathrm{mod}\ 4)$ ist die EISENSTEIN–Reihe das gewichtete Mittel der Theta–Reihen zu den Klassen der geraden, unimodularen, positiv definiten quadratischen Formen. Der Beweis wird mit Hilfe der Theorie der HECKE–Operatoren geführt.

**1. Reduktion auf Diagonalgestalt.** Für $q \in \mathbb{N}$ und $A, B \in \mathrm{Mat}(n, m; \mathbb{Z})$ definiert man die *Kongruenz* $(\mathrm{mod}\ q)$ durch

$$(1) \qquad A \equiv B \,(\mathrm{mod}\ q) \Longleftrightarrow \frac{1}{q}(A - B) \in \mathrm{Mat}(n, m; \mathbb{Z}),$$

wenn also die Kongruenz in jeder Komponente gilt. Unter offensichtlichen Voraussetzungen an das Format folgert man

$$(2) \qquad A \equiv A' \,(\mathrm{mod}\ q) , \ B \equiv B' \,(\mathrm{mod}\ q) \Longrightarrow AB \equiv A'B' \,(\mathrm{mod}\ q).$$

Ziel dieses Abschnitts ist es, in jeder Klasse von ganzen, symmetrischen Matrizen einen einfachen Vertreter bezüglich der Kongruenz $(\mathrm{mod}\ q)$ anzugeben.

**Proposition.** *Sei* $q \in \mathbb{N}$ *und* $S = (s_{ij}) \in \mathrm{Sym}\,(n; \mathbb{Z})$, $n \geq 2$, *so dass* $q$ *und* $s_{11}$ *teilerfremd sind. Dann gibt es eine Matrix* $U \in GL(n; \mathbb{Z})$ *und eine Matrix* $R \in Sym(n-1; \mathbb{Z})$ *mit*

$$S[U] \equiv \begin{pmatrix} s_{11} & 0 \\ 0 & R \end{pmatrix} \ (\mathrm{mod}\ q).$$

*Beweis.* Wegen $\mathrm{ggT}(s_{11}, q) = 1$ gibt es $u_j \in \mathbb{Z}$ mit $s_{11}u_j + s_{1j} \equiv 0\,(\mathrm{mod}\ q)$ für $2 \leq j \leq n$. Die Behauptung folgt dann mit

$$U = \begin{pmatrix} 1 & u^t \\ 0 & E \end{pmatrix}, \quad u^t = (u_2, \dots, u_n). \qquad \square$$

Ist $q$ nun Potenz einer ungeraden Primzahl, so erhalten wir in jeder Klasse einen Vertreter in Diagonalgestalt.

**Satz.** *Seien* $p$ *eine ungerade Primzahl,* $\ell \in \mathbb{N}$ *und* $S \in \mathrm{Sym}\,(n; \mathbb{Z})$. *Dann gibt es ein* $U \in GL(n; \mathbb{Z})$ *und eine Diagonalmatrix* $D$, *so dass*

$$S[U] \equiv D \ (\mathrm{mod}\ p^\ell).$$

*Beweis.* Sei $n > 1$ und $S \neq 0$. Da man $S$ durch $\frac{1}{\delta(S)}S$, $\delta(S) = \mathrm{ggT}(s_{ij})$, ersetzen kann, darf man ohne Einschränkung $\delta(S) = 1$ annehmen.

Ist ein beliebiges Diagonalelement von $S$ nicht durch $p$ teilbar, so wählt man eine Permutationsmatrix $V$, um dann die Proposition auf $S[V]$ anzuwenden. Andernfalls ist $p$ ein Teiler von $s_{jj}$ für $j = 1, \dots, n$. Wegen $\delta(S) = 1$ existieren $i, j$, $i \neq j$, mit $p \nmid s_{ij}$. Man wählt nun $V \in GL(n; \mathbb{Z})$ mit $e_i + e_j$ als erste Spalte. Das erste Diagonalelement von $S[V]$ ist dann $S[e_i + e_j] = s_i + s_j + 2s_{ij}$ und somit wegen $p \neq 2$ nicht durch $p$ teilbar. Jetzt kann man wieder die Proposition auf $S[V]$ anwenden und erhält per Induktion die Behauptung. $\qquad \square$

**Bemerkungen.** a) Dieser Satz wurde von H. MINKOWSKI (*Werke I*, 22) im Rahmen seiner Dissertation bewiesen. Für Potenzen von 2 ist es i. A. nicht mehr möglich, einen Vertreter mit Diagonalgestalt zu finden. Hier kann man nur eine verallgemeinerte Diagonalgestalt erreichen, d. h., auf der Diagonale stehen Zahlen oder $2 \times 2$ Blöcke (vgl. Aufgabe 1).

b) Wir benötigen später die Aussage des Satzes nur für $\ell = 1$. In diesem Fall verwendet ein einfacher Beweis die Normalform von quadratischen Formen über Körpern der Charakteristik $\neq 2$ und die Tatsache, dass die Abbildung

$$SL(n; \mathbb{Z}) \longrightarrow SL(n; \mathbb{Z}/p\mathbb{Z}),$$

die in jeder Komponente $\mathrm{mod}\,p$ reduziert, ein surjektiver Gruppenhomomorphismus ist. Man vergleiche W. SCHARLAU [1985], 7–8.

**2. Kongruenz** $\bmod p$ **von Klassen.** In diesem Abschnitt zeigen wir, dass man in allen Klassen von unimodularen, symmetrischen Matrizen einen Vertreter finden kann, der $\bmod p$ eine andere kanonische Form besitzt.

Zuerst beantworten wir die Frage, unter welchen Voraussetzungen eine Matrix ein Inverses $\bmod q$ besitzt.

**Lemma A.** *Ist $q \in \mathbb{N}$, so sind für $A \in \mathrm{Mat}(n; \mathbb{Z})$ äquivalent:*
(i)   *Es gibt ein $B \in \mathrm{Mat}(n; \mathbb{Z})$ mit $AB \equiv BA \equiv E \,(\mathrm{mod}\ q)$.*
(ii)   $\det A$ *und $q$ sind teilerfremd.*

*Beweis.* (i) $\Longrightarrow$ (ii): Es folgt $(\det A) \cdot (\det B) \equiv 1 \,(\mathrm{mod}\ q)$.
(ii) $\Longrightarrow$ (i): Man wählt $\alpha \in \mathbb{Z}$ mit $\alpha \cdot \det A \equiv 1 \,(\mathrm{mod}\ q)$. Dann erhält man die Behauptung mit $B = \alpha A^{\sharp}$, wobei $A^{\sharp}$ die zu $A$ adjungierte Matrix ist (vgl. M. KOECHER [1997], 3.2.2 und 3.2.4).       $\square$

Nun zeigen wir, dass bestimmte quadratische Kongruenzen $\bmod p$ immer eine Lösung haben.

**Lemma B.** *Seien $p$ eine Primzahl, $a, b, c \in \mathbb{Z}$ mit $p \nmid a$ und $p \nmid b$. Dann besitzt die Kongruenz*

$$ax^2 + by^2 \equiv c \ (\mathrm{mod}\ p)$$

*eine Lösung $(x, y) \in \mathbb{Z} \times \mathbb{Z}$.*

*Beweis.* Der Durchschnitt der Mengen

$$\{ax^2 + p\mathbb{Z} \ ; \ x \in \mathbb{Z}\} \cap \{c - by^2 + p\mathbb{Z} \ ; \ y \in \mathbb{Z}\}$$

ist nicht leer, da beide Mengen wegen $p \nmid a$ und $p \nmid b$ aus $\frac{p+1}{2}$ bzw. 2 Restklassen $(\mathrm{mod}\ p)$ für $p > 2$ bzw. $p = 2$ bestehen.       $\square$

Den ersten Reduktionsschritt formulieren wir in der

**Proposition.** *Sei $q \in \mathbb{N}$ ungerade und $S = (s_{ij}) \in \mathrm{Sym}\,(n; \mathbb{Z})$, $n \geq 2$. Es gelte $s_{11} \equiv 0 \ (\mathrm{mod}\ q)$ und $\alpha = \mathrm{ggT}(s_{12}, \dots, s_{1n})$ sei zu $q$ teilerfremd. Dann gibt es ein $U \in GL(n; \mathbb{Z})$ mit $(1, 0, \dots, 0)^t$ als erster Spalte und ein $R \in Sym(n-2; \mathbb{Z})$ mit der Eigenschaft*

$$S[U] \equiv \begin{pmatrix} Q & 0 \\ 0 & R \end{pmatrix} \ (\mathrm{mod}\ q)\,, \quad Q = \begin{pmatrix} 0 & \alpha \\ \alpha & 0 \end{pmatrix}.$$

*Beweis.* Sei $s = (s_{12}, \dots, s_{1n})^t$. Nach Lemma 1.2 existiert eine Matrix $V \in GL(n-1; \mathbb{Z})$ mit $V^t s = (\alpha, 0, \dots, 0)^t$. Nun erhält man

$$T = S\left[\begin{pmatrix} 1 & 0 \\ 0 & V \end{pmatrix}\right] = \begin{pmatrix} T_1 & T_2 \\ T_2^t & T_3 \end{pmatrix}\,, \quad T_1 \equiv \begin{pmatrix} 0 & \alpha \\ \alpha & \beta \end{pmatrix} \ (\mathrm{mod}\ q).$$

Nach Lemma A existiert ein $B \in \mathrm{Mat}(2; \mathbb{Z})$ mit $T_1 B \equiv E \,(\mathrm{mod}\ q)$. Man wählt $\gamma \in \mathbb{Z}$ mit $2\alpha\gamma + \beta \equiv 0 \,(\mathrm{mod}\ q)$. Dann ergibt sich

$$T[U] \equiv \begin{pmatrix} Q & 0 \\ 0 & R \end{pmatrix} \ (\mathrm{mod}\ q) \quad \mathrm{mit} \quad U = \begin{pmatrix} A & -BT_2 \\ 0 & E \end{pmatrix}\,, \quad A = \begin{pmatrix} 1 & \gamma \\ 0 & 1 \end{pmatrix}. \quad \square$$

Eine wörtliche Übertragung des Beweises zusammen mit einer Induktion nach $n$ liefert das analoge Ergebnis für die Primzahl $q = 2$ (vgl. Bemerkung 1a)). Wir formulieren das Ergebnis als

**Lemma C.** *Sei $S \in \mathrm{Sym}(n; \mathbb{Z})$ gerade. Dann existiert ein $U \in GL(n; \mathbb{Z})$ mit*

$$S[U] = [Q_1, \ldots, Q_r, 0] \pmod 2, \quad Q_j = \begin{pmatrix} 0 & 1 \\ 1 & 0 \end{pmatrix}), \quad j = 1, \ldots, r,$$

*wobei $2r$ der Rang von $S$ über $\mathbb{Z}/2\mathbb{Z}$ ist.*

Als Verallgemeinerung der Proposition erhält man nun den

**Satz.** *Seien $p > 2$ eine Primzahl und $S \in \mathrm{Sym}(n; \mathbb{Z})$ mit geradem $n = 2k$. Ist $(-1)^k \det S$ ein quadratischer Rest $\pmod p$, so gibt es $\alpha_1, \ldots, \alpha_k \in \mathbb{Z}$ und ein $U \in GL(n; \mathbb{Z})$ mit der Eigenschaft*

$$(1) \qquad S[U] \equiv \begin{pmatrix} 0 & D \\ D & 0 \end{pmatrix} \pmod p, \quad D = [\alpha_1, \ldots, \alpha_k].$$

*Beweis.* Wir verwenden eine Induktion nach $k$ und dürfen nach Satz 1 annehmen, dass $S$ eine Diagonalmatrix $\pmod p$ mit $d_1, \ldots, d_n$ als Diagonalelementen ist. Wir zeigen zunächst, dass ein

$$(2) \qquad \text{primitives } g \in \mathbb{Z}^n \text{ mit } S[g] \equiv 0 \pmod p$$

existiert. Dazu unterscheiden wir zwei Fälle:
(i) Es gibt ein $j > 1$, so dass $-d_1 d_j$ quadratischer Rest $\pmod p$ ist. Dann besitzt die Kongruenz $\alpha^2 + d_1 d_j \equiv 0 \pmod p$ eine Lösung. Indem man ggf. $\alpha$ durch $\alpha + \beta p$ mit einem geeigneten $\beta \in \mathbb{Z}$ ersetzt, darf man nach Lemma II.3.2 $\mathrm{ggT}(\alpha, d_1) = 1$ annehmen. Der Vektor $g = \alpha e_1 + d_1 e_j$ erfüllt dann (2).
(ii) $-d_1 d_j$ ist für alle $j = 2, \ldots, n$ ein quadratischer Nichtrest $\pmod p$. Dann gilt $n \geq 4$. Nach Lemma B gibt es nun $\alpha, \beta \in \mathbb{Z}$ mit

$$d_1 \alpha^2 + d_2 \beta^2 + d_3 \equiv 0 \pmod p.$$

Der Vektor $g = (\alpha, \beta, 1, 0, \ldots, 0)^t$ erfüllt dann (2).

Nun wählt man $g$ aus (2) als erste Spalte einer unimodularen Matrix $U$ und kann dann aufgrund der Proposition sofort

$$S[U] \equiv \begin{pmatrix} Q & 0 \\ 0 & R \end{pmatrix} \pmod p, \quad Q = \begin{pmatrix} 0 & \alpha_1 \\ \alpha_1 & 0 \end{pmatrix}, \quad R \in \mathrm{Sym}(n - 2; \mathbb{Z}),$$

annehmen. Damit ist der Fall $k = 1$ erledigt. Da im Fall $k > 1$ auch $(-1)^{k-1} \det R$ quadratischer Rest $\pmod p$ ist, kann man per Induktion $U$ schon so abändern, dass $R \pmod p$ die gewünschte Gestalt hat. Multipliziert man $U$ nun noch von rechts mit einer geeigneten Permutationsmatrix $P$, so kann man erreichen, dass $S[UP]$ die Form (1) hat. $\qquad \square$

**Bemerkung.** In der Sprache der quadratischen Formen lautet der Satz wie folgt (W. SCHARLAU [1985], II, §3):

*Sei $\mathbb{F}$ ein endlicher Körper mit* char $\mathbb{F} \neq 2$ *und* $S \in \mathrm{Sym}\,(4k;\mathbb{F})$, *so dass* $0 \neq \det S$ *ein Quadrat in* $\mathbb{F}$ *ist. Dann ist der quadratische Raum* $(\mathbb{F}^{4k}, S)$ *hyperbolisch.*

**3. Darstellungen mod $p$.** In diesem Abschnitt beschäftigen wir uns mit Darstellungen und Darstellungsanzahlen (mod $p$), wobei $p$ stets eine ungerade Primzahl sein soll. Man wiederhole die Definition von $\mathcal{D}(S,T)$ und $\mathrm{Aut}\,S$, $S \in \mathrm{Pos}\,(n;\mathbb{Z})$, aus 1.4(2). In diesem Abschnitt verwenden wir für die Abkürzungen

$$
(1) \quad
\begin{aligned}
&\mathcal{U}_n := GL(n;\mathbb{Z}),\\
&A_p(S) := \{H\mathcal{U}_n \;;\, H \in \mathrm{Mat}(n;\mathbb{Z}),\ |\det H| = p^{n/2},\ S[H] \equiv 0 \ (\mathrm{mod}\ p)\}.
\end{aligned}
$$

**Lemma.** *Seien* $S_1, \dots, S_h$ *Vertreter der Klassen der geraden, unimodularen, positiv definiten* $n \times n$ *Matrizen mit* $n = 2k$. *Sei weiterhin* $S$ *eine beliebige Matrix in einer der Klassen und* $p > 2$ *eine Primzahl.*
a) *Ist* $H \in \mathrm{Mat}(n;\mathbb{Z})$ *mit* $|\det H| = p^k$ *und* $S[H] \equiv 0\,(\mathrm{mod}\ p)$, *so gilt*

$$
pH^{-1} \in \mathrm{Mat}(n;\mathbb{Z}).
$$

b) *Die Abbildung*

$$
\bigcup_{j=1}^{h}\{G\mathrm{Aut}\,S_j \;;\, G \in \mathcal{D}(S,pS_j)\} \;\longrightarrow\; A_p(S)\,, \quad G\mathrm{Aut}\,S_j \;\longmapsto\; G\mathcal{U}_n\,,
$$

*ist eine Bijektion.*
c) *Die Abbildung*

$$
\bigcup_{j=1}^{h}\{(\mathrm{Aut}\,S_j)G \;;\, G \in \mathcal{D}(S_j,pS)\} \;\longrightarrow\; A_p(S)\,, \quad (\mathrm{Aut}\,S_j)G \;\longmapsto\; pG^{-1}\mathcal{U}_n\,,
$$

*ist eine Bijektion.*

*Beweis.* a) Sei $S[H] = pT$. Aus der Berechnung der Determinante folgt $T \in \mathcal{U}_n$. Damit erhält man

$$
pH^{-1} = T^{-1}H^t S \in \mathrm{Mat}(n;\mathbb{Z}).
$$

b) Aus $S[G] = pS_j$ und $\det S = \det S_j = 1$ folgt $|\det G| = p^k$. Aufgrund von $\mathrm{Aut}\,S_j \subset \mathcal{U}_n$ ist die Abbildung, die wir $\Psi$ nennen, wohldefiniert.

Seien nun $G \in \mathcal{D}(S,pS_i)$ und $H \in \mathcal{D}(S,pS_j)$ mit $G\mathcal{U}_n = H\mathcal{U}_n$ gegeben. Also existiert ein $U \in \mathcal{U}_n$ mit $G = HU$. Damit folgt

$$
S_i = \frac{1}{p}S[G] = \frac{1}{p}S[HU] = S_j[U].
$$

Weil $S_1, \ldots, S_h$ Vertreter der Klassen sind, erhält man zunächst $i = j$ und dann auch noch $U \in \operatorname{Aut} S_i$. Also ist $\Psi$ injektiv.

Sei nun ein $H\mathcal{U}_n \in A_p(S)$ gegeben. Dann ist $T := \frac{1}{p} S[H]$ gerade, unimodular und positiv definit. Also existiert ein $U \in \mathcal{U}_n$ und ein $1 \leq j \leq h$ mit $S_j = T[U]$. Nun folgt $HU \in \mathcal{D}(S, pS_j)$ und

$$\Psi(HU \operatorname{Aut} S_j) = H\mathcal{U}_n.$$

Also ist $\psi$ auch surjektiv.

c) Der Beweis wird analog mit Hilfe von a) geführt. $\qquad\square$

Berechnet man die Mächtigkeit der Menge $A_p(S)$, so erhält man mit obigen Bezeichnungen das

**Korollar.** *Es gilt*

$$\sharp A_p(S) = \sum_{j=1}^{h} \frac{\sharp(S, pS_j)}{\sharp(S_j, S_j)} = \sum_{j=1}^{h} \frac{\sharp(S_j, pS)}{\sharp(S_j, S_j)}.$$

Ziel dieses Abschnitts ist es, die Mächtigkeit von $A_p(S)$ explizit zu bestimmen. Dazu benötigen wir die

**Proposition A.** *Seien $p$ eine Primzahl und $H \in \operatorname{Mat}(n; \mathbb{Z})$ mit den Eigenschaften*

$$|\det H| = p^r, \quad r \leq n, \quad pH^{-1} \in \operatorname{Mat}(n; \mathbb{Z}).$$

*Dann gibt es genau $p^{n-r}$ Vektoren $g \in \mathbb{Z}^n \pmod{p}$, so dass $H^{-1}g \in \mathbb{Z}^n$.*

*Beweis.* Wir verwenden eine Induktion nach $n$, wobei $n = 1$ trivial ist. Wegen des Äquivalenz–Satzes 1.1 können wir ohne Einschränkung annehmen, dass $H = (h_{ij})$ die Form 1.2(1) hat. Dann gilt $h_{11} = 1$ oder $h_{11} = p$.

(i) $H = \begin{pmatrix} 1 & 0 \\ 0 & H' \end{pmatrix}$, $H' \in \operatorname{Mat}(n-1; \mathbb{Z})$, $\det H' = p^r$, $pH'^{-1} \in \operatorname{Mat}(n-1; \mathbb{Z})$.

Dann hat man für $g$ genau die Möglichkeiten

$$g = \begin{pmatrix} \gamma \\ g' \end{pmatrix}, \ \gamma \in \mathbb{Z}, \ g' \in \mathbb{Z}^{n-1}, \ H'^{-1}g' \in \mathbb{Z}^{n-1}.$$

Nach Induktionsvoraussetzung gibt es aber $p^{n-1-r}$ Möglichkeiten für $g' \pmod{p}$.

(ii) $H = \begin{pmatrix} p & h^t \\ 0 & H' \end{pmatrix}$, $h \in \mathbb{Z}^{n-1}$, $\det H' = p^{r-1}$, $pH'^{-1} \in \operatorname{Mat}(n-1; \mathbb{Z})$.

Da $pH^{-1}$ ganz ist, folgt $H'^{t-1}h \in \mathbb{Z}^{n-1}$. Also gibt es für $g$ die Möglichkeiten

$$\begin{pmatrix} p\gamma + h^t H'^{-1}g' \\ g' \end{pmatrix}, \ g' \in \mathbb{Z}^{n-1}, \ H'^{-1}g' \in \mathbb{Z}^{n-1}, \ \gamma \in \mathbb{Z}.$$

Nach Induktionsvoraussetzung gibt es aber für $g'\,(\mathrm{mod}\ p)$ genau $p^{n-r}$ Möglichkeiten. $\qquad\qquad\qquad\qquad\qquad\qquad\qquad\qquad\qquad\qquad\qquad\qquad\quad\ \square$

Weiterhin müssen wir die Darstellungsanzahlen der 0 durch $S\,(\mathrm{mod}\ p)$ kennen.

**Proposition B.** *Seien $p > 2$ eine Primzahl und $S \in \mathrm{Sym}\,(n;\mathbb{Z})$, $n = 2k$ gerade, so dass $(-1)^k \det S$ quadratischer Rest $(\mathrm{mod}\ p)$ ist. Dann ist die Anzahl der Vektoren $g \in \mathbb{Z}^n\,(\mathrm{mod}\ p)$ mit $S[g] \equiv 0\,(\mathrm{mod}\ p)$ gleich $p^{2k-1} + p^k - p^{k-1}$.*

*Beweis.* Nach Satz 2 darf man ohne Einschränkung $S \equiv \left(\begin{smallmatrix} 0 & D \\ D & 0 \end{smallmatrix}\right)\,(\mathrm{mod}\ p)$ mit einer Diagonalmatrix $D$ und $p \nmid \det D$ annehmen. Man schreibt $g = \left(\begin{smallmatrix} a \\ b \end{smallmatrix}\right)$, $a, b \in \mathbb{Z}^k$, und erhält

$$S[g] \equiv 2a^t D b \ (\mathrm{mod}\ p).$$

Gilt $a \equiv 0\,(\mathrm{mod}\ p)$, so hat man für $b\,(\mathrm{mod}\ p)$ natürlich $p^k$ Möglichkeiten. Gilt aber $a \not\equiv 0\,(\mathrm{mod}\ p)$, so hat man für $b\,(\mathrm{mod}\ p)$ wegen $p \nmid \det D$ genau $p^{k-1}$ Möglichkeiten. In diesem Fall gibt es $p^k - 1$ mögliche $a\,(\mathrm{mod}\ p)$. $\qquad\ \square$

Jetzt können wir die gesuchte Anzahl $\sharp A_p(S)$ explizit angeben.

**Satz.** *Seien $p > 2$ eine Primzahl, $n = 2k$ gerade und $S \in \mathrm{Sym}\,(n;\mathbb{Z})$, so dass $(-1)^k \det S$ quadratischer Rest $(\mathrm{mod}\ p)$ ist.*
a) *Es gilt*

$$\sharp A_p(S) = a(p,k) := \prod_{j=0}^{k-1}(p^j + 1).$$

b) *Ist $k > 1$ und $g \in \mathbb{Z}^n$, $g \not\equiv 0\,(\mathrm{mod}\ p)$, mit $S[g] \equiv 0\,(\mathrm{mod}\ p)$, so gibt es genau $a(p, k-1)$ Linksnebenklassen $H\mathcal{U}_n \in A_p(S)$ mit der Eigenschaft $H^{-1}g \in \mathbb{Z}^n$.*

*Beweis (f).* Wir verwenden eine Induktion nach $k$. Im Fall $k = 1$ darf man nach Satz 2 ohne Einschränkung $S \equiv \left(\begin{smallmatrix} 0 & s \\ s & 0 \end{smallmatrix}\right)\,(\mathrm{mod}\ p)$ mit $p \nmid s$ annehmen. Jetzt rechnet man mit der Normalform 1.2(1) leicht nach, dass nur die beiden Linksnebenklassen

$$\begin{pmatrix} 1 & 0 \\ 0 & p \end{pmatrix}\mathcal{U}_2 \quad \text{und} \quad \begin{pmatrix} p & 0 \\ 0 & 1 \end{pmatrix}\mathcal{U}_2$$

zu $A_p(S)$ gehören.

Sei also $k > 1$. Wir berechnen die Mächtigkeit $m$ der Menge $\mathcal{M}$, die definiert ist durch

$$\{(H\mathcal{U}_n,\, g\,(\mathrm{mod}\ p))\,;\ H\mathcal{U}_n \in A_p(S),\ g \in \mathbb{Z}^n,\ g \not\equiv 0\,(\mathrm{mod}\ p),\ H^{-1}g \in \mathbb{Z}^n\},$$

auf zwei verschiedene Arten. Man beachte, dass für die in der Menge $\mathcal{M}$ auftretenden Vektoren $g$ wegen $S[H] \equiv 0\ (\mathrm{mod}\ p)$ bereits $S[g] \equiv 0\,(\mathrm{mod}\ p)$ gilt.
(i) Für $H\mathcal{U}_n \in A_p(S)$ folgt $pH^{-1} \in \mathrm{Mat}(n;\mathbb{Z})$ aus dem Lemma. Nach Proposition A gibt es genau $p^k$ ganze Vektoren $g\,(\mathrm{mod}\ p)$ mit $H^{-1}g \in \mathbb{Z}^n$. Also folgt

$$m = (p^k - 1)\cdot \sharp A_p(S).$$

(ii) Sei $g \in \mathbb{Z}^n$, $g \not\equiv 0 \,(\mathrm{mod}\ p)$, mit $S[g] \equiv 0 \,(\mathrm{mod}\ p)$. Wir wählen nach Lemma 1.2 eine Matrix $U \in \mathcal{U}_n$ mit $U^{-1}g = (\delta, 0, \dots, 0)^t$, also $p \nmid \delta$. Dann ist der $(1,1)$–Koeffizient von $S[U]$ gleich $\delta^{-2}S[g]$ und somit durch $p$ teilbar. Nach eventueller Abänderung von $U$ gemäß Proposition 2 darf man sofort ohne Einschränkung

$$g = \delta e_1 \quad \text{und} \quad S \equiv \begin{pmatrix} Q & 0 \\ 0 & R \end{pmatrix} \ (\mathrm{mod}\ p)\,, \quad Q = \begin{pmatrix} 0 & \alpha \\ \alpha & 0 \end{pmatrix}\,, \quad p \nmid \alpha,$$

annehmen. Dabei gilt $R \in \mathrm{Sym}\,(n-2; \mathbb{Z})$, und $(-1)^{k-1} \det R$ ist wieder ein quadratischer Rest $(\mathrm{mod}\ p)$. Wir betrachten nun alle Matrizen $H$ in der Normalform 1.2(1) mit

$$\det H = p^k\,, \quad S[H] \equiv 0 \ (\mathrm{mod}\ p) \quad \text{und} \quad H^{-1}g \in \mathbb{Z}^n.$$

Die letzte Bedingung und 1.2(1) besagen gerade, dass $H$ von der Form $\left(\begin{smallmatrix} 1 & 0 \\ 0 & * \end{smallmatrix}\right)$ ist. Nutzt man nun $S[H] \equiv 0 \,(\mathrm{mod}\ p)$ und die spezielle Gestalt von $S\,(\mathrm{mod}\ p)$ aus, so rechnet man leicht nach, dass es für $H$ nur die folgenden Möglichkeiten gibt

$$H = \begin{pmatrix} A & 0 \\ 0 & G \end{pmatrix}\,, \quad A = \begin{pmatrix} 1 & 0 \\ 0 & p \end{pmatrix}\,; \quad \begin{array}{l} G \in \mathrm{Mat}(n-2; \mathbb{Z}) \text{ von der Form } 1.2(1)\,, \\ \det G = p^{k-1}\,, \ R[G] \equiv 0 \ (\mathrm{mod}\ p)\,. \end{array}$$

Nach Induktionsvoraussetzung gibt es bei festem $g$ also $a(p, k-1)$ Möglichkeiten für die Linksnebenklassen $H\mathcal{U}_n$. Damit ist insbesondere b) schon bewiesen. Mit Proposition B folgern wir

$$m = (p^{2k-1} + p^k - p^{k-1} - 1) \cdot a(p, k-1).$$

Aus den beiden Gleichungen für $m$ erhalten wir

$$\sharp A_p(S) = (p^{k-1} + 1) \cdot a(p, k-1) = a(p, k). \qquad \square$$

**4. Die Wirkung der HECKE–Operatoren $T_p$ auf Theta–Reihen.** Nach Korollar 2.7B wissen wir bereits, dass das Bild einer Theta–Reihe unter einem HECKE–Operator wieder als Linearkombination von Theta–Reihen dargestellt werden kann. Ganz explizit zeigen wir den

**Satz.** *Seien $S_1, \dots, S_h$ Vertreter der Klassen der geraden, unimodularen, positiv definiten $n \times n$ Matrizen mit $n = 2k$. Sei weiterhin $S$ eine beliebige Matrix in einer der Klassen und $p > 2$ eine Primzahl. Dann gilt*

$$(1) \qquad T_p\Theta(\cdot; S) = \left( \prod_{j=0}^{k-2} (p^j + 1) \right)^{-1} \cdot \sum_{j=1}^{h} \frac{\sharp(S, pS_j)}{\sharp(S_j, S_j)} \cdot \Theta(\cdot; S_j).$$

*Beweis.* Wir definieren zunächst

$$f(\tau) := \sum_{j=1}^{h} \frac{\sharp(S, pS_j)}{\sharp(S_j, S_j)} \cdot \Theta(\tau; S_j) \in \mathbb{M}_k.$$

Durchläuft $G_j$ jeweils ein Vertretersystem der Linksnebenklassen $G \operatorname{Aut} S_j$ mit $G \in \mathcal{D}(S, pS_j)$, so folgern wir

$$f(\tau) = \sum_{j=1}^{h} \sum_{G_j} \sum_{g \in \mathbb{Z}^n} e^{\pi i \tau S[G_j][g]/p} = \sum_{H\mathcal{U}_n \in A_p(S)} \sum_{g \in \mathbb{Z}^n} e^{\pi i \tau S[Hg]/p} \,,$$

wobei wir im letzten Schritt Lemma 3b) verwenden. Man beachte hier

$$S[Hg] \equiv 0 \pmod{2p} \quad \text{für alle} \quad H\mathcal{U}_n \in A_p(S) \quad \text{und} \quad g \in \mathbb{Z}^n.$$

Bezeichnen wir die FOURIER–Koeffizienten von $f$ mit $\alpha_f(m)$, so gilt

$$\alpha_f(m) = \sharp\{(H\mathcal{U}_n, g) \; ; \; g \in \mathcal{D}(S, 2mp)\,, \, H\mathcal{U}_n \in A_p(S)\,, \, H^{-1}g \in \mathbb{Z}^n\}.$$

Es gibt genau $\sharp(S, 2m/p)$ Vektoren $g \in \mathcal{D}(S, 2mp)$ mit $g \equiv 0 \pmod{p}$. Ein solches $g$ erfüllt $H^{-1}g \in \mathbb{Z}^n$ für alle $H\mathcal{U}_n \in A_p(S)$ aufgrund von Lemma 3a), so dass es dann nach Satz 3 genau $a(p,k)$ Möglichkeiten für $H\mathcal{U}_n$ gibt.

Man hat genau $\sharp(S, 2mp) - \sharp(S, 2m/p)$ Vektoren $g \in \mathcal{D}(S, 2mp)$ mit der Eigenschaft $g \not\equiv 0 \pmod{p}$. Ist ein solches $g$ gegeben, so gibt es nach Satz 3b) genau $a(p, k-1)$ Linksnebenklassen $H\mathcal{U}_n \in A_p(S)$ mit $H^{-1}g \in \mathbb{Z}^n$.

Mit dem Wert für $a(p,k)$ aus Satz 3 folgern wir

$$\begin{aligned} \alpha_f(m) &= \sharp(S, 2m/p) \cdot a(p,k) + (\sharp(S, 2mp) - \sharp(S, 2m/p)) \cdot a(p, k-1) \\ &= a(p, k-1) \cdot \big(\sharp(S, 2mp) + p^{k-1}\sharp(S, 2m/p)\big) \,. \end{aligned}$$

Mit Proposition 2.4 schließen wir aus Korollar IV.1.1, dass die FOURIER–Koeffizienten von $\frac{1}{a(p,k-1)} \cdot f$ und $T_p\Theta(\cdot\,; S)$ übereinstimmen. Aus der Eindeutigkeit der FOURIER–Entwicklung ergibt sich (1).       $\square$

**Bemerkungen.** a) Die Formel (1) gilt auch für $p = 2$. Der beweistechnische Aufwand ist allerdings höher. In den Aufgaben wird der Beweis angedeutet.
b) Die Formel (1) ist im Prinzip explizit. Für praktische Rechnungen ist sie jedoch kaum brauchbar, wenn man die Größe der Klassenzahl etwa in **2.5** beachtet. Die Linearkombination in (1) ist i. A. nicht eindeutig, da die Theta–Reihen i. A. linear abhängig sind.

## 5. Die EISENSTEIN–Reihe als Linearkombination der Theta–Reihen.
In diesem Abschnitt beweisen wir einen Spezialfall der analytischen Version des SIEGEL*schen Hauptsatzes.* Die EISENSTEIN–Reihe ist das gewichtete Mittel der Theta–Reihen.

**Satz.** *Seien* $S_1, \ldots, S_h$ *Vertreter der Klassen der geraden, unimodularen, positiv definiten* $n \times n$ *Matrizen mit* $n = 2k$. *Dann gilt*

$$(1) \qquad \sum_{j=1}^{h} \frac{\frac{1}{\sharp(S_j, S_j)}}{\frac{1}{\sharp(S_1, S_1)} + \cdots + \frac{1}{\sharp(S_h, S_h)}} \cdot \Theta(\tau; S_j) = G_k^*(\tau)\,, \quad \tau \in \mathbb{H}.$$

*Beweis.* Wir schreiben $f(\tau) \in \mathbb{M}_k$ für die linke Seite von (1) und verwenden zur Abkürzung $N$ für den im Nenner stehenden Ausdruck. Ist $p > 2$ eine Primzahl, so folgern wir aus Satz 4

$$
\begin{aligned}
T_p f &= \frac{1}{N} \cdot \sum_{j=1}^{h} \frac{1}{\sharp(S_j, S_j)} \cdot T_p \Theta(\cdot\,; S_j) \\
&= \frac{1}{N \cdot a(p, k-1)} \cdot \sum_{i=1}^{h} \frac{1}{\sharp(S_i, S_i)} \cdot \left( \sum_{j=1}^{h} \frac{\sharp(S_j, pS_i)}{\sharp(S_j, S_j)} \right) \cdot \Theta(\cdot\,; S_i) \,.
\end{aligned}
$$

Aus Korollar 3 und Satz 3 ergibt sich

$$
T_p f = \frac{a(p, k)}{N \cdot a(p, k-1)} \cdot \sum_{i=1}^{h} \frac{1}{\sharp(S_i, S_i)} \cdot \Theta(\cdot\,; S_i) = (p^{k-1} + 1) \cdot f.
$$

Wegen $\alpha_f(0) = 1$ folgt die Behauptung aus Satz IV.2.4.     $\square$

Vergleicht man die $m$–ten FOURIER–Koeffizienten auf beiden Seiten von (1), so bekommt man mit III.2.1(9) das

**Korollar.** *Für alle* $m \geq 1$ *gilt*

$$
\sum_{j=1}^{h} \frac{\sharp(S_j, 2m)}{\sharp(S_j, S_j)} = -\frac{2k}{B_k} \left( \frac{1}{\sharp(S_1, S_1)} + \cdots + \frac{1}{\sharp(S_h, S_h)} \right) \cdot \sigma_{k-1}(m).
$$

**Bemerkungen.** a) Eine wesentlich allgemeinere Version des Satzes wurde 1935 von C.L. SIEGEL (*Ges. Abh. I*, 326–405) bewiesen. Der im Satz betrachtete Spezialfall der geraden, unimodularen, positiv definiten Matrizen wurde 1941 für so genannte SIEGELsche Modulformen von E. WITT (Abh. Math. Semin. Hans. Univ. **14**, 323–337) aus dem allgemeinen Resultat herauspräpariert.
b) Die im Nenner von (1) auftretende Größe

$$
M(n) := \frac{1}{\sharp(S_1, S_1)} + \cdots + \frac{1}{\sharp(S_h, S_h)}
$$

heißt *Maß* des Geschlechtes der geraden, unimodularen, positiv definiten $n \times n$ Matrizen. Die MINKOWSKI–SIEGEL*sche Maßformel* gibt die Größe an:

$$
M(n) = \frac{|B_k|}{2k} \cdot \prod_{j=1}^{k-1} \frac{|B_{2j}|}{4j} \,, \quad n = 2k.
$$

Numerisch erhält man für das Maß die folgenden Werte (vgl. J.H. CONWAY und

N.J.A. SLOANE [1999], Chap. 16.2):

$$
\begin{array}{ccl}
n & \text{Maß} & \\
8 & \dfrac{1}{696729600} & \approx 1,4 \cdot 10^{-9} \\[2ex]
16 & \dfrac{691}{277667181515243520000} & \approx 2,5 \cdot 10^{-18} \\[2ex]
24 & \dfrac{1027637932586061520960267}{1294779333400268515606361486131200000000} & \approx 7,9 \cdot 10^{-15} \\[2ex]
32 & \dfrac{4890529010450384254108570593011950899382291953107314413193123}{121325280941552041649762780685623131486814208000000000} & \approx 4,0 \cdot 10^{7}
\end{array}
$$

Wegen $h(8) = 1$ folgt aus dem Wert für $M(8)$

$$\sharp(S_8, S_8) = \sharp\mathrm{Aut}\,(S_8) = 696.729.600\,.$$

c) Im Fall $n > 8$ sind die im Satz auftretenden Theta–Reihen zwar linear abhängig, man kann jedoch (1) als eine „kanonische" Darstellung der EISENSTEIN–Reihe ansehen.

d) Die FOURIER–Koeffizienten von $G_{12}^*$ sind nicht ganzzahlig. Also folgt im Fall $n = 24$ die Existenz von 2 linear unabhängigen Theta–Reihen (und damit auch $h_{12} > 1$) aus dem Satz. Somit erhält man einen neuen Beweis von Korollar 2.7B ohne Rückgriff auf das LEECH–Gitter.

e) Der hier angegebene Beweis des Satzes folgt im wesentlichen einer Vorlesungsausarbeitung von H.–G. QUEBBEMANN (*Geometrie der Zahlen*, Münster 1987). In einer allgemeineren Situation geht R. SCHULZE–PILLOT (Invent. Math. **75**, 282–299 (1984)) analog vor. Für Gitter über Ordnungen in Quaternionenschiefkörpern stammt ein entsprechendes Resultat von H.–G. QUEBBEMANN (Mathematika **31**, 12–16 (1984)). Ein wesentlich allgemeineres Ergebnis wurde 1965 von A. WEIL (Acta Math. **113**, 1–87) hergeleitet.

**Aufgaben.** 1) Seien $S \in \mathrm{Sym}\,(n; \mathbb{Z})$ und $\ell \geq 1$. Dann gibt es ein $U \in GL(n; \mathbb{Z})$ sowie $\alpha_1, \ldots, \alpha_r \in \mathbb{Z}$ und Matrizen $A_1, \ldots, A_s \in \mathrm{Mat}(2; \mathbb{Z})$ mit der Eigenschaft

$$S[U] \equiv [\alpha_1, \ldots, \alpha_r, A_1, \ldots, A_s] \pmod{2^\ell}\,, \quad r + 2s = n.$$

2) Es gibt genau dann eine gerade Matrix $S \in \mathrm{Sym}\,(n; \mathbb{Z})$ mit $\det S = 1$, wenn $n \equiv 0 \pmod 4$.

3) Sei $S \in \mathrm{Sym}\,(n; \mathbb{Z})$ gerade mit ungerader Determinante. Dann ist $n = 2k$ gerade und es gibt ein $U \in GL(n; \mathbb{Z})$ mit der Eigenschaft

$$S[U] \equiv [D_1, \ldots, D_k] \pmod 4\,, \quad D_j = \begin{pmatrix} 0 & 1 \\ 1 & 0 \end{pmatrix}, \ \begin{pmatrix} 2 & 1 \\ 1 & 2 \end{pmatrix}, \quad j = 1, \ldots, k.$$

4) Sei $S \in \mathrm{Sym}\,(n; \mathbb{Z})$, $n = 2k$, gerade mit ungerader Determinante. Dann gibt es $2^{2k-1} + 2^{k-1}$ Vektoren $g \in \mathbb{Z}^n \pmod 2$ mit $S[g] \equiv 0 \pmod 4$ und $2^{2k-1} - 2^{k-1}$ Vektoren $g \in \mathbb{Z}^n \pmod 2$ mit $S[g] \equiv 2 \pmod 4$.

5) Sei $S \in \mathrm{Sym}\,(n; \mathbb{Z})$, $n = 2k$, gerade mit ungerader Determinante. $a_2(S)$ bezeichne die Anzahl der Linksnebenklassen $H\mathcal{U}_n$ mit $|\det H| = 2^k$, so dass $\frac{1}{2} S[H]$ gerade ist.

a) Es gilt

$$a_2(S) = a(2, k) = \prod_{j=0}^{k-1} (2^j + 1).$$

b) Ist $k > 1$ und $g \in \mathbb{Z}^n$, $g \not\equiv 0 \,(\mathrm{mod}\ 2)$, mit $S[g] \equiv 0 \,(\mathrm{mod}\ 4)$, so gibt es genau $a(2, k-1)$ Linksnebenklassen $H\mathcal{U}_n$ mit den Eigenschaften

$$|\det H| = 2^k\,,\ H^{-1}g \in \mathbb{Z}^n\,,\ \text{so dass}\ \tfrac{1}{2}S[H]\ \text{gerade ist.}$$

6) Man leite das Analogon von Lemma 3 und Korollar 3 für $p = 2$ her.

7) 4(1) gilt auch für $p = 2$.

8) Für jede Primzahl $p$ gilt $\sharp(S_8, pS_8) = 2(p+1)(p^2+1)(p^3+1) \cdot \sharp(S_8, S_8)$.

# § 4*. Harmonische Polynome und quadratische Formen höherer Stufe

In diesem Paragrafen werden zunächst die harmonischen Polynome beschrieben. Sie dienen als Hilfsmittel, um aus Theta–Reihen Spitzenformen zu gewinnen. Darüber hinaus wird gezeigt, dass Theta–Reihen zu beliebigen rationalen positiv definiten quadratischen Formen stets Modulformen zu Kongruenzuntergruppen liefern.

**1. Harmonische Polynome.** Sind $X_1, \ldots, X_n$ Unbestimmte über $\mathbb{C}$, so verwenden wir für $\alpha \in \mathbb{N}_0^n$ die Abkürzungen

$$(1) \quad X = \begin{pmatrix} X_1 \\ \vdots \\ X_n \end{pmatrix}, \quad \alpha = \begin{pmatrix} \alpha_1 \\ \vdots \\ \alpha_n \end{pmatrix}, \quad X^\alpha := X_1^{\alpha_1} \cdot \ldots \cdot X_n^{\alpha_n}, \quad \alpha! := \alpha_1! \cdot \ldots \cdot \alpha_n!\,.$$

Für $r \in \mathbb{N}_0$ bezeichne $\mathcal{P}_r^{(n)}$ den $\mathbb{C}$–Vektorraum der *homogenen Polynome vom Grad $r$* in $\mathbb{C}[X_1, \ldots, X_n]$, also mit (1)

$$(2) \qquad \mathcal{P}_r^{(n)} = \left\{ P(X) = \sum_{\alpha \in \mathbb{N}_0^n} p(\alpha) X^\alpha \ ;\ p(\alpha) \in \mathbb{C},\ \alpha_1 + \ldots + \alpha_n = r \right\}.$$

Bekanntlich gilt dann

$$(3) \qquad \dim \mathcal{P}_r^{(n)} = \sharp\{\alpha \in \mathbb{N}_0^n\ ;\ \alpha_1 + \ldots + \alpha_n = r\} = \binom{n + r - 1}{r}.$$

**Lemma.** $\{(h^t X)^r\ ;\ h \in \mathbb{R}^n\}$ *ist ein Erzeugendensystem von* $\mathcal{P}_r^{(n)}$.

*Beweis.* In den Standardbezeichnungen (1) und (2) definieren wir ein Skalarprodukt auf $\mathcal{P}_r^{(n)}$ durch

$$\left\langle P(X), Q(X) \right\rangle = \sum_{\alpha \in \mathbb{N}_0^n} \alpha! \cdot p(\alpha) \cdot \overline{q(\alpha)} = P\left( \left( \tfrac{\partial}{\partial X_1}, \ldots, \tfrac{\partial}{\partial X_n} \right)^t \right) \overline{Q(X)}.$$

Insbesondere gilt dann für alle $P(X) \in \mathcal{P}_r^{(n)}$, $h \in \mathbb{R}^n$

$$\left\langle P(X), (h^t X)^r \right\rangle = r! \cdot P(h).$$

Sei $\mathcal{U}$ der von $(h^t X)^r$, $h \in \mathbb{R}^n$, aufgespannte $\mathbb{C}$-Unterraum von $\mathcal{P}_r^{(n)}$. Dann gilt für jedes $P(X) \in \mathcal{U}^\perp$

$$P(h) = 0 \quad \text{für alle} \quad h \in \mathbb{R}^n.$$

Eine Induktion nach $n$ zeigt zusammen mit dem Identitätsatz sofort $P \equiv 0$, also $\mathcal{U} = \mathcal{P}_r^{(n)}$. $\qquad\square$

Wir nennen $P(X) \in \mathcal{P}_r^{(n)}$ *harmonisch*, wenn

$$\Delta P(X) \equiv 0, \quad \Delta = \frac{\partial^2}{\partial X_1^2} + \ldots + \frac{\partial^2}{\partial X_n^2}.$$

$\Delta$ ist also der übliche LAPLACE–*Operator* und

$$\mathcal{H}_r^{(n)} := \{P(X) \in \mathcal{P}_r^{(n)};\ \Delta P(X) \equiv 0\}$$

ein Unterraum von $\mathcal{P}_r^{(n)}$. Offenbar gilt

$$\mathcal{H}_0^{(n)} = \mathbb{C}, \ \mathcal{H}_1^{(n)} = \mathbb{C}X_1 + \ldots + \mathbb{C}X_n\,,\ \mathcal{H}_r^{(1)} = \{0\} \quad \text{für} \ r \geq 2.$$

Eine Beschreibung von $\mathcal{H}_r^{(n)}$ liefert nun die

**Proposition.** *Sei $n \geq 2$, $r \geq 1$. Dann ist*

$$\phi : \mathcal{H}_r \to \mathcal{P}_r^{(n-1)} \times \mathcal{P}_{r-1}^{(n-1)}, \ \ P(X) \mapsto \left( (P(X)\big|_{X_n=0},\ \frac{\partial(P(X))}{\partial X_n}\bigg|_{X_n=0} \right),$$

*ein Isomorphismus der Vektorräume.*

*Beweis.* Sei $\widetilde{X} = (X_1, \ldots, X_{n-1})^t$. Wir schreiben $P(X) \in \mathcal{P}_r^{(n)}$ in der Form

$$P(X) = \sum_{j=0}^r P_j(\widetilde{X}) X_n^j\,, \quad P_j(\widetilde{X}) \in \mathcal{P}_{r-j}^{(n-1)}.$$

Wegen $\Delta P_r = \Delta P_{r-1} = 0$ folgt sofort

$$\Delta P(X) = \sum_{j=0}^{r-2} \left( \Delta P_j(\widetilde{X}) \right) X_n^j + \sum_{j=2}^r j(j-1) P_j(\widetilde{X}) X_n^{j-2}$$

$$= \sum_{j=0}^{r-2} \left[ \Delta P_j(\widetilde{X}) + (j+2)(j+1) P_{j+2}(\widetilde{X}) \right] X_n^j\,.$$

Also ist $P$ genau dann harmonisch, wenn

$$P_{j+2}(\widetilde{X}) = \frac{-1}{(j+2)(j+1)}\, \Delta P_j(\widetilde{X}), \ \ j = 0, \ldots, r-2,$$

und $P_0 \in \mathcal{P}_r^{(n-1)}$, $P_1 \in \mathcal{P}_{r-1}^{(n-1)}$ beliebig sind. Die Behauptung folgt nun mit

$$P_0(\widetilde{X}) = P(X)\big|_{X_n=0}, \ \ P_1(\widetilde{X}) = \frac{\partial P(X)}{\partial X_n}\bigg|_{X_n=0}. \qquad\square$$

Wegen (3) erhält man direkt das

**Korollar.** *Für $n \geq 2$, $r \geq 1$ gilt*

$$\dim \mathcal{H}_r^{(n)} = \binom{n+r-2}{r} + \binom{n+r-3}{r-1}.$$

Wir kommen nun zu einer nützlichen Beschreibung der harmonischen Polynome.

**Satz.** *Für $n \geq 2$ und $r \in \mathbb{N}_0$ sind äquivalent:*

  (i) $P(X) \in \mathcal{H}_r^{(n)}$.

  (ii) *$P(X)$ ist eine endliche Linearkombination über $\mathbb{C}$ von Polynomen der Form $(u^t X)^r$, wobei $u \in \mathbb{C}^n$ mit $u^t u = 0$.*

*Beweis.* (ii) $\Longrightarrow$ (i): Man berechnet direkt

$$\Delta(u^t X)^r = r(r-1) \cdot u^t u \cdot (u^t X)^{r-2} = 0, \quad \text{also } (u^t X)^r \in \mathcal{H}_r^{(n)}.$$

(i) $\Longrightarrow$ (ii): Sei $\mathcal{U}$ der von $(u^t X)^r$, $u \in \mathbb{C}^n$, $u^t u = 0$, aufgespannte Unterraum von $\mathcal{H}_r^{(n)}$. Für $h \in \mathbb{R}^{n-1}$ sei $\gamma = \pm i\sqrt{h^t h}$. Dann gilt

$$u = \binom{h}{\gamma} \in \mathbb{C}^n, \quad u^t u = 0, \quad \phi((u^t X)^r) = \left( (h^t \, \widetilde{X})^r, \gamma r (h^t \, \widetilde{X})^{r-1} \right)$$

in der Bezeichnung der Proposition. Also enthält $\phi(\mathcal{U})$ die Elemente

$$((h^t \, \widetilde{X})^r, 0), \quad (0, (g^t \, \widetilde{X})^{r-1}), \quad h, g \in \mathbb{R}^{n-1},$$

und nach dem Lemma ein Erzeugendensystem von $\mathcal{P}_r^{(n-1)} \times \mathcal{P}_{r-1}^{(n-1)}$. Aus

$$\phi(\mathcal{U}) = \mathcal{P}_r^{(n-1)} \times \mathcal{P}_{r-1}^{(n-1)}$$

folgt $\mathcal{U} = \mathcal{H}_r^{(n)}$ mit der Proposition. $\qquad\qquad\square$

**2. Theta Reihen zu harmonischen Polynomen.** Für $S \in \mathrm{Pos}\,(n; \mathbb{R})$ sei $S^{1/2}$ die eindeutig bestimmte Quadratwurzel nach 1.3(9). Ist $P(X) \in \mathcal{H}_r^{(n)}$, so definieren wir die *Theta–Reihe in $S$ zum harmonischen Polynom* $P(X)$ durch

$$(1) \qquad\qquad \Theta(\tau; S, P) := \sum_{g \in \mathbb{Z}^n} P(S^{1/2} g)\, e^{\pi i \tau S[g]}.$$

Die Reihe der Absolutbeträge in (1) wird kompakt gleichmäßig in $(\tau, S)$ beschränkt durch

$$C \cdot \sum_{g \in \mathbb{Z}^n} (g^t g)^{r/2} \cdot e^{-\varepsilon g^t g} < \infty, \quad C > 0,\ \varepsilon > 0.$$

Also ist $\Theta(\cdot; S, P)$ holomorph in $\tau \in \mathbb{H}$. Wegen

$$\Theta_{0,q}(\tau; S) = \sum_{g \in \mathbb{Z}^n} e^{\pi i \tau S[g] + 2\pi i g^t q}$$

erhalten wir auch noch

$$(2) \quad \Theta(\tau; S, P) = (2\pi i)^{-r} \cdot P\left(S^{1/2} \frac{\partial}{\partial q}\right) \Theta_{0,q}(\tau; S)\Big|_{q=0}, \quad \frac{\partial}{\partial q} = \left(\frac{\partial}{\partial q_1}, \ldots, \frac{\partial}{\partial q_n}\right)^t.$$

**Satz.** $S \in \operatorname{Pos}(n; \mathbb{Z})$ *gerade und unimodular sowie* $P(X) \in \mathcal{H}_r^{(n)}$ *mit geradem* $r > 0$. *Dann gilt*

$$\Theta(\cdot; S, P) \in \mathbb{S}_{r+n/2}$$

*mit der* FOURIER*-Entwicklung*

$$(3) \qquad \Theta(\tau; S, P) = \sum_{m=1}^{\infty} \left( \sum_{g \in \mathcal{D}(S, 2m)} P(S^{1/2} g) \right) \cdot e^{2\pi i m \tau}.$$

*Beweis.* Man erhält (3) durch eine Umordnung in (1) mit $P(0) = 0$. Darüber hinaus gilt offenbar $\Theta(\tau + 1; S, P) = \Theta(\tau; S, P)$. Mit Satz 2.5 ergibt sich aus (2) und der Theta–Transformati-onsformel 2.3(3) ergibt sich

$$\begin{aligned}
\Theta(-1/\tau; S, P) &= (2\pi i)^{-r} \cdot P\left(S^{1/2} \frac{\partial}{\partial q}\right) \cdot \Theta_{0,q}(-1/\tau; S)\Big|_{q=0} \\
&= (2\pi i)^{-r} \cdot P\left(S^{1/2} \frac{\partial}{\partial q}\right) \cdot \tau^{n/2} \cdot \Theta_{q,0}(\tau; S^{-1})\Big|_{q=0}.
\end{aligned}$$

Für $u \in \mathbb{C}^n$ mit $u^t u = 0$ gilt

$$\begin{aligned}
&\left(u^t S^{1/2} \frac{\partial}{\partial q}\right)^2 e^{\pi i \tau S^{-1}[g+q]} \\
&= (2\pi i \tau) \cdot \left(u^t S^{1/2} \frac{\partial}{\partial q}\right) \left(u^t S^{1/2} \cdot S^{-1}(g + q)\right) e^{\pi i \tau S^{-1}[g+q]} \\
&= \left(2\pi i \tau \cdot u^t S^{1/2} \cdot S^{-1} S^{1/2} u + (2\pi i \tau \cdot u^t S^{1/2} S^{-1}(g + q))^2\right) \cdot e^{\pi i \tau S^{-1}[g+q]} \\
&= (2\pi i \tau)^2 \cdot (u^t S^{1/2} S^{-1}(g + q))^2 \cdot e^{\pi i \tau S^{-1}[g+q]}.
\end{aligned}$$

Für $r \in \mathbb{N}$ ergibt eine Induktion

$$\left(u^t S^{1/2} \frac{\partial}{\partial q}\right)^r e^{\pi i \tau S^{-1}[g+q]} = (2\pi i)^r \cdot \left(u^t S^{1/2} S^{-1}(g + q)\right)^r \cdot e^{\pi i \tau S^{-1}[g+q]}.$$

Mit Satz 1 folgt daraus

$$\begin{aligned}
&P(S^{1/2} \tfrac{\partial}{\partial q}) e^{\pi i \tau S^{-1}[g+q]}\big|_{q=0} \\
&= (2\pi i \tau)^r \cdot P(S^{1/2} S^{-1}(g + q)) \cdot e^{\pi i \tau S^{-1}[g+q]}\big|_{q=0} \\
&= (2\pi i \tau)^r \cdot P(S^{1/2} \cdot S^{-1} g) \cdot e^{\pi i \tau S[S^{-1} g]}.
\end{aligned}$$

Daraus erhält man mit der Substitution $h = S^{-1}g$

$$\Theta(-1/\tau; S, P) = \tau^{r+n/2} \cdot \sum_{g \in \mathbb{Z}^n} P(S^{1/2} \cdot S^{-1}g) \cdot e^{\pi i \tau S[S^{-1}g]}$$

$$= \tau^{r+n/2} \cdot \Theta(\tau; S, P). \qquad \square$$

Nun betrachte man speziell für $u \in \mathbb{C}^n$

$$P(X) = (u^t X)^2 - \tfrac{1}{n}\, u^t u \cdot X^t X \in \mathcal{H}_2^{(n)} \ .$$

Setzt man jetzt $u = S^{1/2}v$, $v \in \mathbb{C}^n$, so folgt mit diesem $P$ das

**Korollar A.** *Für jedes gerade, unimodulare* $S \in \mathrm{Pos}\,(n; \mathbb{Z})$ *und* $v \in \mathbb{C}^n$ *gilt*

$$\Theta(\tau; S, P) = \sum_{g \in \mathbb{Z}^n} ((v^t S g)^2 - \tfrac{1}{n}\, S[v] \cdot S[g]) \cdot e^{\pi i \tau S[g]} \in \mathbb{S}_{2+n/2} \ .$$

*Für* $n = 8, 16, 24$ *gilt* $\Theta(\cdot; S, P) \equiv 0$ *und für alle* $m \in \mathbb{N}$

$$\sum_{g \in \mathcal{D}(S, 2m)} (v^t S g)^2 = \tfrac{1}{n}\, S[v] \cdot \sharp(S, 2m) \ .$$

*Beweis.* Der Zusatz folgt aus dem Satz sowie $\mathbb{S}_6 = \mathbb{S}_{10} = \mathbb{S}_{14} = \{0\}$ gemäß III.4.2. $\qquad \square$

Nun betrachten wir speziell $S = S_8$ aus 2.5(1).

**Korollar B.** *Für jedes* $v \in \mathbb{C}^8$ *gilt*

$$\sum_{g \in \mathbb{Z}^8} ((v^t S_8 g)^8 - \tfrac{1}{128}\, (v^t S_8 v)^4 (g^t S_8 g)^4) \cdot e^{\pi i \tau S_8[g]} = c_v \cdot \Delta^*(\tau)$$

*mit*

$$c_v = \left( \sum_{g \in \mathcal{D}(S_8, 2)} (v^t S_8 g)^8 \right) - 30(v^t S_8 v)^4 \ .$$

*Beweis.* Für $u \in \mathbb{C}^8$ verifiziert man leicht $P(X) \in \mathcal{H}_8^{(8)}$ für

$$P(X) = (u^t X)^8 - \tfrac{7}{5}(u^t u) \cdot (u^t X)^6 \cdot (X^t X) + \tfrac{7}{12}(u^t u)^2 \cdot (u^t X)^4 \cdot (X^t X)^2$$
$$- \tfrac{7}{96}(u^t u)^3 \cdot (u^t X)^2 \cdot (X^t X)^3 + \tfrac{1}{768}(u^t u)^4 \cdot (X^t X)^4 \ .$$

Wegen $\mathbb{S}_{12} = \mathbb{C}\Delta^*$ folgt mit dem Satz

$$\Theta(\tau; S_8, P) = c_u\, \Delta^*(\tau), \quad c_u = \sum_{g \in \mathcal{D}(S_8, 2)} P(S_8^{1/2}g).$$

Nun betrachte man

$$Q(X) = (u^t X)^6 - \tfrac{15}{16}(u^t u) \cdot (u^t X)^4 \cdot (X^t X) + \tfrac{45}{224}(u^t u)^2 \cdot (u^t X)^2 \cdot (X^t X)^2$$
$$\qquad - \tfrac{5}{896}(u^t u)^3 \cdot (X^t X)^3 \in \mathcal{H}_6^{(8)},$$
$$Q(X) = (u^t X)^4 - \tfrac{1}{2}(u^t u) \cdot (u^t X)^2 \cdot (X^t X) + \tfrac{1}{40}(u^t u)^2 \cdot (X^t X)^2 \in \mathcal{H}_4^{(8)}$$
$$Q(X) = (u^t X)^2 - \tfrac{1}{8}(u^t u) \cdot (X^t X) \in \mathcal{H}_2^{(8)}.$$

Wegen $\mathbb{S}_6 = \mathbb{S}_8 = \mathbb{S}_{10} = \{0\}$ folgt $\Theta(\cdot\,; S_8, Q) \equiv 0$ für diese $Q$. Aus der FOURIER–
Entwicklung in Korollar A ergibt sich dann auch

$$\sum_{g \in \mathbb{Z}^8} (S_8[g])^r Q(S^{1/2}g) \cdot e^{\pi i \tau S[g]} \equiv 0 \quad \text{für } r \in \mathbb{N}_0.$$

Durch Bildung geeigneter Linearkombinationen folgt schließich

$$\Theta(\tau; S_8, P) = \sum_{g \in \mathbb{Z}^8} \left( (u^t S_8^{1/2} g)^8 - \tfrac{1}{128}(u^t u)^4 (g^t S_8 g)^4 \right) \cdot e^{\pi i \tau S_8[g]}.$$

Nun setzt man $u = S^{1/2}v$ und benutzt $\sharp(S_8, 2) = 240$ gemäß Korollar 2.6A.  $\square$

Wählt man speziell $v \in \mathcal{D}(S_8, 2)$, so kann man zeigen, dass

$$\sum_{g \in \mathcal{D}(S_8, 2)} (v^t S_8 g)^8 = 624$$

gilt, also $c_v = 144$ in Korollar B. Dann ergibt ein Vergleich der FOURIER–
Koeffizienten in Korollar B zusammen mit Korollar 2.6A das

**Korollar C.** *Ist $v \in \mathcal{D}(S_8, 2)$, so gilt für alle $m \in \mathbb{N}$*

$$\left( \sum_{g \in \mathcal{D}(S_8, 2m)} (v^t S_8 g)^8 \right) - 480 \cdot m^4 \cdot \sigma_3(m) = 144 \cdot \tau(m) .$$

**Bemerkungen** a) Die Ergebnisse dieses Paragrafen gehen auf E. HECKE (*Math.
Werke*, 789–918) zurück.
b) Korollar A ist ein wesentliches Hilfsmittel bei der Klassifikation der 24–
dimensionalen, geraden, unimodularen Gitter durch B.B. VENKOV (vgl. J.H.
CONWAY, N.J.A. SLOANE [1999], chap. 18).

**3. Die Stufe einer geraden Matrix.** Sei $S \in \mathrm{Sym}(n; \mathbb{Z})$ gerade mit $\det S \neq 0$.
Dann heißt

$$(1) \qquad\qquad N := \min\{q \in \mathbb{N} \ ; \ qS^{-1} \text{ gerade}\}$$

die *Stufe von S*. Wegen $S^{-1} \in \mathrm{Sym}(n; \mathbb{Q})$ existiert dieses $N$ und $NS^{-1}$ ist
gerade. Die wesentlichen Eigenschaften formulieren wir in dem

**Satz.** *Sei $S \in \mathrm{Sym}(n;\mathbb{Z})$ gerade, $\det S \neq 0$ von der Stufe $N$. Dann gilt:*
a) *Jede Matrix $S[U]$, $U \in GL(n;\mathbb{Z})$, hat ebenfalls die Stufe $N$.*
b) *Ist $q \in \mathbb{N}$ und $qS^{-1}$ gerade, so gilt $N|q$.*
c) *$N|2\det S$.*
d) *Für eine Primzahl $p$ gilt $p|N$ genau dann, wenn $p|\det S$.*
e) *$N = 1$ gilt genau dann, wenn $S$ unimodular ist.*

Die Stufe ist also eine Klasseninvariante im Sinne von 1.4(5), die dieselben Primteiler wie $\det S$ (jedoch eventuell mit unterschiedlichen Vielfachheiten) hat.

*Beweis.* a) Wegen $(S[V])^{-1} = S^{-1}[V^{t-1}]$ und 2.4(2) ist $qS^{-1}$ genau dann gerade, wenn auch $q(S[V])^{-1}$ gerade ist.
b) Sei $qS^{-1}$ gerade und $g = ggT(N,q) \in \mathbb{N}$. Dann existieren $\alpha, \beta \in \mathbb{Z}$ mit $g = \alpha q + \beta N$. Also ist auch

$$gS^{-1} = \alpha(q \cdot S^{-1}) + \beta(N \cdot S^{-1})$$

gerade. Es folgt $g = N$, also $N|q$ aus (1).
c) Die adjungierte Matrix $S^{\sharp} = \det S \cdot S^{-1}$ ist ganz (vgl. M. KOECHER [1997], 3.2.2 und 3.2.4), also $2\det S \cdot S^{-1}$ gerade. Nun verwende man b).
d) „ $\Rightarrow$ " Sei $p$ eine Primzahl mit $p|N$. Wegen c) folgt $p|\det S$ außer im Fall $p = 2$, $\det S$ ungerade, den wir nun betrachten wollen. Wegen a) und Lemma 3.2C dürfen wir ohne Einschränkung

$$S \equiv [Q,\ldots,Q] \pmod 2, \quad Q = \begin{pmatrix} 0 & 1 \\ 1 & 0 \end{pmatrix},$$

annehmen. Aus M. KOECHER [1997], 3.2.2, folgt $s_{ii}^{\sharp} \equiv 0 \pmod 2$. Daher ist $\det S \cdot S^{-1}$ schon gerade, so dass dieser Fall wegen b) nicht eintreten kann.
„ $\Leftarrow$ " Sei $p$ eine Primzahl mit $p \nmid N$. Dann existiert ein $\alpha \in \mathbb{Z}$ mit $\alpha N \equiv 1 \pmod p$. Also ist $T := \alpha N S^{-1} \in \mathrm{Sym}(n;\mathbb{Z})$ mit

$$S \cdot T = \alpha N \cdot E \equiv E \pmod p.$$

Somit ist $S \pmod p$ invertierbar über $\mathbb{Z}/p\mathbb{Z}$, d.h. also $p \nmid \det S$.
e) Man verwende d). $\qquad\square$

Zur weiteren Untersuchung von Theta–Reihen zu geraden $S \in \mathrm{Pos}\,(n;\mathbb{Z})$ darf man sich also wegen der Ergebnisse aus §2 auf $N > 1$ beschränken.

**4. Eine allgemeine Transformationsformel.** Wir verwenden wieder die allgemeine Theta–Reihe mit Charakteristik

$$(1) \qquad \Theta_{p,q}(\tau;S) := \sum_{g \in \mathbb{Z}^n} e^{\pi i \tau S[g+p] + 2\pi i q^t(g+p)}$$

und $\Theta(\tau;S) = \Theta_{0,0}(\tau;S)$ für den Theta–Nullwert.

**Lemma.** *Sei $S \in \mathrm{Pos}\,(n; \mathbb{Z})$ gerade und $N \in \mathbb{N}$, so dass $N \cdot S^{-1}$ gerade ist. Dann gilt für alle $M = \left(\begin{smallmatrix} a & b \\ c & d \end{smallmatrix}\right) \in \Gamma$ mit $c \neq 0$:*

$$\Theta(M\tau; S) = \sqrt{\frac{\tau + d/c}{i}}^{\,n} \cdot \frac{1}{\sqrt{\det S}} \cdot \sum_{q:\mathbb{Z}^n/S\mathbb{Z}^n} \varphi_S(M, q) \cdot \Theta_{S^{-1}q,0}(\tau, S),$$

*wobei*

$$(2) \qquad\qquad \varphi_S(M, q) := \sum_{p:\mathbb{Z}^n/c\mathbb{Z}^n} e^{\pi i (aS[p] - 2p^t q + dS^{-1}[q])/c} \ .$$

*Beweis.* Wir verwenden die Zerlegung

$$M\tau = \frac{a}{c} - \frac{1}{c^2} \cdot \frac{1}{\tau + d/c} \ .$$

Darüber hinaus stellt man $g \in \mathbb{Z}^n$ in der Form $g = ch + p$, $h \in \mathbb{Z}^n$, $p : \mathbb{Z}^n/c\mathbb{Z}^n$ dar und benutzt

$$S[g] = c^2 S[h] + 2ch^t Sp + S[p] \equiv S[p] \pmod{2c}.$$

Dann ergibt sich

$$
\begin{aligned}
\Theta(M\tau; S) &= \sum_{g \in \mathbb{Z}^n} e^{\pi i S[g] \cdot M\tau} \\
&= \sum_{p:\mathbb{Z}^n/c\mathbb{Z}^n} \sum_{h \in \mathbb{Z}^n} e^{\pi i S[ch+p]((a/c)-(1/c)^2 \cdot 1/(\tau+d/c))} \\
&= \sum_{p:\mathbb{Z}^n/c\mathbb{Z}^n} e^{\pi i aS[p]/c} \cdot \sum_{h \in \mathbb{Z}^n} e^{\pi i S[h+p/c] \cdot (-1/(\tau+d/c))} \\
&= \sum_{p:\mathbb{Z}^n/c\mathbb{Z}^n} e^{\pi i aS[p]/c} \cdot \Theta_{p/c,0}\left(\frac{-1}{\tau+d/c}; S\right) \\
&= \sqrt{\frac{\tau+d/c}{i}}^{\,n} \cdot \frac{1}{\sqrt{\det S}} \cdot \sum_{p:\mathbb{Z}^n/c\mathbb{Z}^n} e^{\pi i aS[p]/c} \cdot \Theta_{0,-p/c}(\tau + d/c; S^{-1}),
\end{aligned}
$$

wenn man im letzten Schritt die Theta–Transformationsformel 2.3 anwendet. Nun stellt man $g \in \mathbb{Z}^n$ in der Form $g = Sh + q$, $h \in \mathbb{Z}^n$, $q : \mathbb{Z}^n/S\mathbb{Z}^n$ dar und benutzt

$$S^{-1}[g] = S[h] + 2h^t q + S^{-1}[q].$$

Damit ergibt sich

$$
\begin{aligned}
&\sum_{p:\mathbb{Z}^n/c\mathbb{Z}^n} e^{\pi i aS[p]/c} \cdot \Theta_{0,-p/c}(\tau + d/c; S^{-1}) \\
&= \sum_{p:\mathbb{Z}^n/c\mathbb{Z}^n} \sum_{q:\mathbb{Z}^n/S\mathbb{Z}^n} \sum_{h \in \mathbb{Z}^n} e^{\pi i aS[p]/c + \pi i S^{-1}[Sh+q](\tau+d/c) - 2\pi i p^t(Sh+q)/c} \\
&= \sum_{q:\mathbb{Z}^n/S\mathbb{Z}^n} \sum_{h \in \mathbb{Z}^n} e^{\pi i \tau S[h+S^{-1}q]} \cdot \sum_{p:\mathbb{Z}^n/c\mathbb{Z}^n} e^{\pi i (aS[p] + dS[h] + 2dh^t q + dS^{-1}[q] - 2p^t Sh - 2p^t q)/c} \ .
\end{aligned}
$$

Aus $ad - bc = 1$ erhält man

$$aS[p - dh] \equiv aS[p] - 2p^t Sh + dS[h] \pmod{2c}.$$

Damit berechnet sich die letzte Summe über $p$ zu

$$\sum_{p:\mathbb{Z}^n/c\mathbb{Z}^n} e^{\pi i(aS[p-dh]-2(p-dh)^t q + dS^{-1}[q])/c}$$

$$= \sum_{r:\mathbb{Z}^n/c\mathbb{Z}^n} e^{\pi i(aS[r]-2r^t q + dS^{-1}[r])/c} = \varphi_S(M, q) \ .$$

Weil die Summe unabhängig von $h$ ist, erhält man durch Summation über $h$ die Theta–Reihe und damit die Behauptung. $\qquad\square$

Einen wichtigen Spezialfall formulieren wir als

**Korollar.** *Wird im Lemma zusätzlich $d \equiv 0 \,(\mathrm{mod}\ N)$ vorausgesetzt, so gilt*

$$\Theta(M\tau; S) = \sqrt{\frac{\tau + d/c}{i}}^{\,n} \cdot \frac{1}{\sqrt{\det S}} \cdot \varphi_S(M, 0) \cdot \sum_{q:\mathbb{Z}^n/S\mathbb{Z}^n} \Theta_{S^{-1}q,0}(\tau; S).$$

*Beweis.* Wegen $ad - bc = 1$ und $dS^{-1}[q] \in 2\mathbb{Z}$ folgt

$$aS[p - dS^{-1}q] \equiv aS[p] - 2p^t q + dS^{-1}[q] \pmod{2c}.$$

Daraus ergibt sich mit $dS^{-1}q \in \mathbb{Z}^n$

$$\varphi_S(M, q) \ = \sum_{p:\mathbb{Z}^n/c\mathbb{Z}^n} e^{\pi i a S[p - dS^{-1}q]/c}$$

$$= \sum_{r:\mathbb{Z}^n/c\mathbb{Z}^n} e^{\pi i a S[r]/c} = \varphi_S(M, 0). \qquad\square$$

**5. Theta–Reihen zu geraden Matrizen der Stufe** $N$. Wir wiederholen die Definition

$$\Gamma_0[N] = \left\{ M = \begin{pmatrix} a & b \\ c & d \end{pmatrix} \in \Gamma \ ; \ c \equiv 0 \ (\mathrm{mod}\ N) \right\}$$

aus II.3.3(1). Man beachte, dass aus $M \in \Gamma_0(N)$ und $N > 1$ stets $d \neq 0$ folgt.

**Satz A.** *Sei $S \in \mathrm{Pos}\,(n; \mathbb{Z})$ gerade von der Stufe $N > 1$. Dann gilt für alle $M \in \Gamma_0[N]$*

$$\Theta(M\tau; S) = \chi_S(M) \cdot \sqrt{c\tau + d}^{\,n} \cdot \Theta(\tau; S)$$

*mit*

$$\chi_S(M) = \left( \frac{\sqrt{\frac{-1/\tau - c/d}{i}} \cdot \sqrt{\frac{\tau}{i}}}{\sqrt{c\tau + d}} \right)^n \cdot \sum_{p:\mathbb{Z}^n/d\mathbb{Z}^n} e^{\pi i b S[p]/d} \ .$$

Natürlich kommt es hier nicht auf die Wahl von $\sqrt{c\tau + d}$ an.

*Beweis.* Im Fall $c = 0$ gilt $M = \pm T^m$, $\chi_S(M) = \sqrt{d}^{-n}$ und

$$\Theta(M\tau; S) = \Theta(\tau + m; S) = \Theta(\tau; S),$$

also die Behauptung. Sei daher $c \neq 0$. Dann gilt

$$M\tau = (MJ)\langle -1/\tau \rangle, \quad MJ = \begin{pmatrix} b & -a \\ d & -c \end{pmatrix}.$$

Nun kann man Korollar 4 auf $MJ$ statt $M$ und $-1/\tau$ statt $\tau$ anwenden. Es folgt

$$\Theta(M\tau; S) = \Theta(MJ\langle -1/\tau \rangle; S)$$

$$= \sqrt{\frac{-1/\tau - c/d}{i}}^{\,n} \cdot \frac{1}{\sqrt{\det S}} \cdot \varphi_S(MJ, 0) \cdot \sum_{q:\mathbb{Z}^n/S\mathbb{Z}^n} \Theta_{S^{-1}q, 0}(-1/\tau; S)$$

$$= \sqrt{\frac{-1/\tau - c/d}{i}}^{\,n} \cdot \sqrt{\frac{\tau}{i}}^{\,n} \cdot \varphi_S(MJ, 0) \cdot \frac{1}{\det S} \cdot \sum_{q:\mathbb{Z}^n/S\mathbb{Z}^n} \Theta_{0, -S^{-1}q}(\tau; S^{-1}),$$

wenn man im letzten Schritt die Theta–Transformationsformel 2.3 verwendet. Wieder stellt man $g \in \mathbb{Z}^n$ in der Form $g = Sh + p$, $h \in \mathbb{Z}^n$, $p : \mathbb{Z}^n/S\mathbb{Z}^n$ dar und benutzt

$$g^t S^{-1} q \equiv p^t S^{-1} q \mod \mathbb{Z}, \quad S^{-1}[g] = S[h + S^{-1}p].$$

Daraus ergibt sich

$$\sum_{q:\mathbb{Z}^n/S\mathbb{Z}^n} \Theta_{0, -S^{-1}q}(\tau; S^{-1}) = \sum_{q:\mathbb{Z}^n/S\mathbb{Z}^n} \sum_{g \in \mathbb{Z}^n} e^{\pi i \tau S^{-1}[g] - 2\pi i g^t S^{-1} q}$$

$$= \sum_{p:\mathbb{Z}^n/S\mathbb{Z}^n} \sum_{h \in \mathbb{Z}^n} e^{\pi i \tau S[h + S^{-1}p]} \sum_{q:\mathbb{Z}^n/S\mathbb{Z}^n} e^{-2\pi i p^t S^{-1} q}.$$

Die letzte Summe ist unabhängig von der Wahl der Verteter $q$. Ersetzt man $q$ durch $q + r$, $r \in \mathbb{Z}^n$, so folgt

$$0 = \left( \sum_{q:\mathbb{Z}^n/S\mathbb{Z}^n} e^{-2\pi i p^t S^{-1} q} \right) \cdot \left( 1 - e^{-2\pi i p^t S^{-1} r} \right).$$

Also ist die Summe 0 außer im Fall $p^t S^{-1} r \in \mathbb{Z}$ für alle $r \in \mathbb{Z}^n$, d. h. für $S^{-1}p \in \mathbb{Z}^n$. In diesem Fall ist jeder Summand 1, die Summe also gleich

$$\sharp(\mathbb{Z}^n/S\mathbb{Z}^n) = \det S$$

nach Korollar 1.2 D. Weil man z. B. $p = 0$ wählen kann, liefert die Summe über $h$ genau $\Theta(\tau; S)$. Jetzt folgt die Behauptung mit 4(2).     $\square$

Unser nächstes Ziel ist es, $\chi_S(M)$ explizit zu bestimmen.

**Satz B.** *Sei $S \in \mathrm{Pos}\,(n; \mathbb{Z})$ gerade von der Stufe $N > 1$. Dann gilt*
a)   $\chi_S(M)^4 = 1$    *für alle*  $M \in \Gamma_0[N]$.
b)    *Gilt $n \equiv 0\,(\mathrm{mod}\ 2)$, so ist*

$$\chi_S : \Gamma_0[N] \to \{\pm 1\}$$

*ein abelscher Charakter und es gilt*

$$\chi_S(M) = \begin{cases} \left(\dfrac{d}{|d|}\right)^{n/2} & \textit{für}\ \ c = 0, \\[3ex] \left(\dfrac{d}{|d|}\right)^{n/2} \cdot \left(\dfrac{(-1)^{n/2}\det S}{p}\right) & \textit{für}\ \ c \neq 0, \end{cases}$$

*falls $p$ eine ungerade Primzahl der Form $p \equiv d\,(\mathrm{mod}\ c)$ ist.*

Dabei bezeichne der letzte Ausdruck $\left(\frac{\cdot}{p}\right)$ das LEGENDRE-Symbol.

*Beweis.* a) Sei

$$\phi_S(M) := |d|^{-n/2} \cdot \sum_{q:\mathbb{Z}^n/d\mathbb{Z}^n} e^{\pi i b S[q]/d}.$$

Dann gilt $\phi_S(M)^4 = \chi_S(M)^4$ nach Satz 4 sowie

$$\Theta^4(\cdot\,; S)\Big|_{2n} M = \phi_S(M)^4 \cdot \Theta^4(\cdot\,; S)$$

für alle $M \in \Gamma_0[N]$. Weil $\Theta(\cdot\,; S)$ nicht identisch verschwindet, folgt daraus mit
III.1.1(2)

$$\phi_S(MM')^4 = \phi_S(M)^4 \cdot \phi_S(M')^4$$

für alle $M, M' \in \Gamma_0(N)$. Es gilt $\phi_S(T^m) = 1$ für alle $m \in \mathbb{Z}$. Sei also $c \neq 0$.
Nach dem DIRICHLETschen Primzahlsatz (vgl. T.M. APOSTOL [1976], chap.
7) existiert eine ungerade Primzahl $p$ der Form $p = d + mc$, $m \in \mathbb{Z}$. Es folgt
$\phi_S(M)^4 = \phi_S(MT^m)^4$,

$$\phi_S(MT^m) = p^{-n/2} \cdot \sum_{q:\mathbb{Z}^n/p\mathbb{Z}^n} e^{\pi i(b+ma)S[q]/p}.$$

Nach Satz 3.1 können wir ohne Einschränkung von der Form

$$S \equiv [2s_1, \ldots, 2s_n] \ (\mathrm{mod}\ p)$$

ausgehen. Aus der Berechnung der klassischen GAUSSschen Summen (vgl. R.
REMMERT, G. SCHUMACHER [2002], 14.3.2, T.M. APOSTOL [1976], chap. 9)
folgert man

$$\phi_S(MT^m) = p^{-n/2} \cdot \prod_{j=1}^{n} \left( \sum_{q_j=1}^{p} e^{2\pi i(b+ma)s_j q_j^2/p} \right)$$

$$= \varepsilon_p^n \cdot \prod_{j=1}^{n} \left( \frac{s_j(b+ma)}{p} \right), \quad \varepsilon_p = \begin{cases} 1, & \textit{falls}\ \ p \equiv 1\ (\mathrm{mod}\ 4) \\ i, & \textit{falls}\ \ p \equiv 3\ (\mathrm{mod}\ 4). \end{cases}$$

Es folgt $\phi_S(M) \in \{\pm 1, \pm i\}$, also auch $\chi_S(M)^4 = 1$ für alle $M \in \Gamma_0[N]$.

b) Ist $n$ gerade, so folgt aus den Eigenschaften des LEGENDRE–Symbols

$$\varepsilon_p^2 = \left(\frac{-1}{p}\right), \quad \phi_S(MT^m) = \left(\frac{-1}{p}\right)^{n/2} \cdot \prod_{j=1}^{n} \left(\frac{s_j}{p}\right) = \left(\frac{(-1)^{n/2} \det S}{p}\right).$$

In diesem Fall gilt für alle $M \in \Gamma_0[N]$

$$\Theta(\cdot\,; S)\Big|_{n/2} M = \left(\frac{d}{|d|}\right)^{n/2} \phi_S(M) \cdot \Theta(\cdot\,; S).$$

Also sind $\phi_S : \Gamma_0[N] \to \{\pm 1\}$ und $\chi_S : \Gamma_0[N] \to \{\pm 1\}$ abelsche Charaktere mit den gewünschten Eigenschaften. $\qquad\square$

Als direkte Konsequenz erhält mit III.7.1 das

**Korollar A.** *Sei $S \in \mathrm{Pos}\,(n; \mathbb{Z})$ gerade von der Stufe $N > 1$ und $n \equiv 0 \,(\mathrm{mod}\ 2)$. Dann gilt*

$$\Theta(\cdot\,; S) \in \mathbb{M}_{n/2}(\Gamma_0[N], \chi_S).$$

*Beweis.* Das Transformationsverhalten folgt aus Satz A und $\chi_S$ ist nach Satz B ein abelscher Charakter. Die Beschränktheitsforderung (MK.3) ergibt sich aus Lemma 4. $\qquad\square$

Sei zum Beispiel $S = \left(\begin{smallmatrix} 2 & 1 \\ 1 & 2 \end{smallmatrix}\right)$. Dann gilt $N = 3$

$$\Theta(\cdot\,; S) \in \mathbb{M}_1(\Gamma_0[3], \chi_S), \quad \chi_S(M) = \left(\frac{d}{3}\right).$$

**Korollar B.** *Sei $S \in \mathrm{Pos}\,(n; \mathbb{Q})$ und $N \in \mathbb{N}$, so dass $NS$ und $NS^{-1}$ gerade sind. Für $n \equiv 0 \,(\mathrm{mod}\ 2)$ gilt*

$$\Theta(\cdot\,; S) \in \mathbb{M}_{n/2}(\Gamma[N], \widetilde{\chi}_S).$$

*Beweis.* Die Stufe von $NS$ teilt $N^2$. Also folgt mit Korollar A für alle $M \in \Gamma[N]$

$$\Theta(M\tau; S) = \Theta(\widetilde{M}\,\langle \tau/N\rangle; NS) = \widetilde{\chi}_S\,(M) \cdot (c\tau + d)^{n/2} \cdot \Theta(\tau; S)$$

mit

$$\widetilde{M} = \begin{pmatrix} a & b/N \\ cN & d \end{pmatrix} \in \Gamma_0[N^2], \quad \widetilde{\chi}_S\,(M) = \chi_{NS}(\widetilde{M}). \qquad\square$$

**Bemerkung.** Die Ergebnisse dieses Paragrafen stammen von B. SCHOENE-BERG ([1974], chap. IX) und W. PFETZER (Arch. Math **6**, 448–454 (1953)). Dort werden darüber hinaus noch Theta–Reihen zu harmonischen Polynomen betrachtet.

**Aufgaben.** 1) Für $P(X) \in \mathcal{P}_r^{(n)}$ sind äquivalent:

(i) $P(X) \in \mathcal{H}_r^{(n)}$.

(ii) $\int_K P(x)\overline{Q(x)}dx = 0$ für $K = \{x \in \mathbb{R}^n; x^t x \leq 1\}$ und jedes $Q(X) \in \mathcal{P}_\nu^{(n)}$ mit $\nu < r$.

2) Jedes $P(X) \in \mathcal{P}_r^{(n)}$ besitzt eine eindeutige Darstellung

$$P(X) = \sum_{0 \leq j \leq r/2} (X^t X)^j \cdot P_j(X) \quad \text{mit } P_j(X) \in \mathcal{H}_{r-2j}^{(n)}.$$

3) Auf $K = \{x \in \mathbb{R}^n; x^t x = 1\}$ ist jedes Polynom in $\mathbb{C}[X_1, \ldots, X_n]$ eine Summe von homogenen Polynomen.

4) Für $r \geq 2$ ist $\Delta : \mathcal{P}_r^{(n)} \to \mathcal{P}_{r-2}^{(n)}$ ein Epimorphismus und es gilt

$$\dim \mathcal{H}_r^{(n)} = \dim \mathcal{P}_r^{(n)} - \dim \mathcal{P}_{r-2}^{(n)}.$$

5) $\chi_S \equiv 1$ gilt genau dann, wenn $n \equiv 0 \,(\mathrm{mod}\, 4)$ und $\det S$ ein Quadrat in $\mathbb{N}$ ist.

6) Für ein gerades $S \in \mathrm{Sym}(n; \mathbb{Z})$, $n \equiv 0 \,(\mathrm{mod}\, 2)$ gilt $(-1)^{n/2} \det S \equiv 0, 1 \,(\mathrm{mod}\, 4)$.

In den folgenden Aufgaben wird die analytische Fortsetzung und Funktionalgleichung für HECKEsche $L$–Reihen hergeleitet. Sei $\chi$ stets ein primitiver DIRICHLETscher Charakter mod $N$, $N > 1$, und

$$L(\chi, s) := \sum_{m=1}^{\infty} \chi(m) \cdot m^{-s} , \quad \mathrm{Re}\, s > 1.$$

7) Die absolute Konvergenzabszisse von $L(\chi, s)$ ist $\sigma_0 = 1$.

8) Sei $\chi$ gerade, d. h. $\chi(-1) = 1$, und $\mathbb{L}(\chi, s) := \left(\frac{\pi}{N}\right)^{-s/2} \Gamma\left(\frac{s}{2}\right) L(\chi, s)$. Dann gilt eine Integraldarstellung

$$2\mathbb{L}(\chi, s) = N^{-s/2} \sum_{m=1}^{N} \chi(m) \cdot \int_1^{\infty} \left[ y^{s/2} \Theta_{m/N,0}(iy; 1) + y^{(1-s)/2} \Theta_{0,-m/N}(iy; 1) \right] \frac{dy}{y}.$$

$\mathbb{L}(\chi, s)$ besitzt eine analytische Fortsetzung als ganze Funktion von $s$ und genügt einer Funktionalgleichung

$$\mathbb{L}(\chi, 1 - s) = \varepsilon_\chi \cdot \mathbb{L}(\overline{\chi}, s) \quad \text{mit } \varepsilon_\chi \in \mathbb{C}, \quad |\varepsilon_\chi| = 1.$$

$L(\chi, s)$ ist dann eine ganze Funktion mit $L(\chi, -2n) = 0$, $n \in \mathbb{N}_0$.

9) Für $u, v \in \mathbb{C}$, $\tau \in \mathbb{H}$ sei

$$\Theta_{u,v}^*(\tau) := \sum_{n \in \mathbb{Z}} (n + u) e^{\pi i(n+u)^2 \tau + 2\pi i(n+u)v} .$$

Dann gilt $\Theta_{-v,u}^*(-1/\tau) = \tau \cdot \sqrt{\tau/i} \cdot e^{-2\pi i u v} \cdot \Theta_{u,v}^*(\tau)$.

10) Sei $\chi$ ungerade, d. h. $\chi(-1) = -1$, und $\mathbb{L}(\chi, s) = \left(\frac{\pi}{N}\right)^{-s/2} \Gamma\left(\frac{s+1}{2}\right) \cdot \mathbb{L}(\chi, s)$. Dann gilt eine Integraldarstellung

$$2\mathbb{L}(\chi, s) = N^{-s/2} \sqrt{\pi} \cdot \sum_{m=1}^{N} \chi(m) \cdot \int_1^{\infty} \left[ y^{(s+1)/2} \Theta_{m/N,0}^*(iy) + iy^{1-s/2} \Theta_{0,-m,N}^*(iy) \right] \frac{dy}{y} .$$

$\mathbb{L}(\chi, s)$ besitzt eine analytische Fortsetzung als ganze Funktion von $s$ und genügt der Funktionalgleichung

$$\mathbb{L}(\chi, 1 - s) = \varepsilon_\chi \cdot \mathbb{L}(\overline{\chi}, s) \quad \text{mit } \varepsilon_\chi \in \mathbb{C}, \quad |\varepsilon_\chi| = 1.$$

$L(\chi, s)$ ist dann eine ganze Funktion mit $L(\chi, 1 - 2n) = 0$, $n \in \mathbb{N}$.

# § 5*. Die Epsteinsche Zetafunktion und Anwendungen

Als Verallgemeinerung der RIEMANNschen Zetafunktion führen wir Zetafunktionen zu positiv definiten, quadratischen Formen ein, die so genannten EPSTEINschen Zetafunktionen. Als weitere Anwendung der Theta–Transformationsformel 2.3 leiten wir die meromorphe Fortsetzung der EPSTEINschen Zetafunktion her. Daraus erhalten wir als Spezialfall die reell–analytischen EISENSTEIN–Reihen. Diese wiederum führen zur analytischen Fortsetzung der so genannten RANKIN–Konvolution der DIRICHLET–Reihen zweier ganzer Modulformen.

**1. Die Epsteinsche Zetafunktion.** In diesem Abschnitt studieren wir einen anderen Typ von Klasseninvarianten. Wir betrachten eine Reihe der Form

$$(1) \qquad \zeta(T;s) := {\sum_{g \in \mathbb{Z}^n}}' (T[g])^{-s} , \quad T \in \mathrm{Pos}\,(n;\mathbb{R})\,, \quad s \in \mathbb{C}\,, \quad \mathrm{Re}\,s > n/2,$$

die man EPSTEIN*sche Zetafunktion* nennt. Hier und später bedeutet der Strich am Summenzeichen, dass $g = 0$ bei der Summation auszulassen ist. Als Spezialfall erhält man natürlich für $n = 1$ die RIEMANNsche Zetafunktion

$$\zeta(1;s) = 2\zeta(2s).$$

Zur Untersuchung der Konvergenz benötigt man das

**Lemma.** *Die Reihe*

$$(2) \qquad\qquad {\sum_{g \in \mathbb{Z}^n}}' (g^t g)^{-k}$$

*konvergiert für reelles $k > n/2$.*

*Beweis.* Wir verwenden eine Induktion nach $n$ und kürzen (2) mit $\varphi(n;k)$ ab. Im Fall $n = 1$ folgt die Behauptung aus

$$\varphi(1;k) = 2\zeta(2k).$$

Ist $n > 1$, so unterscheidet man, ob 0 als Koeffizient von $g$ auftritt oder nicht. Es folgt

$$\varphi(n;k) \le n \cdot \varphi(n-1;k) + 2^n \cdot \sum_{g \in \mathbb{N}^n} (g^t g)^{-k}.$$

Aus der Ungleichung zwischen dem geometrischen und arithmetischen Mittel folgert man

$$g^t g = \gamma_1^2 + \ldots + \gamma_n^2 \ge n(\gamma_1^2 \cdot \ldots \cdot \gamma_n^2)^{1/n}.$$

Daraus ergibt sich

$$\varphi(n;k) \le n \cdot \varphi(n-1;k) + 2^n n^{-k} \cdot \zeta\,(2k/n)^n .$$

Also erhält man die Konvergenz für $k > n/2$. $\qquad\qquad\square$

Das Konvergenzverhalten der EPSTEINschen Zetafunktion beschreibt der

**Satz.** *Die Reihe* (1) *ist für* $T \in \mathrm{Pos}\,(n;\mathbb{R})$ *und* $s \in \mathbb{C}$ *mit* $\mathrm{Re}\,s > n/2$ *absolut konvergent und es gilt*

$$(3) \qquad \zeta(T[U]; s) = \zeta(T; s)$$

*für alle* $U \in GL(n; \mathbb{Z})$.

*Beweis.* Nach Proposition 1.4 gibt es zu $T$ ein $\beta > 0$ mit $T > \beta E$. Damit folgt die absolute Konvergenz aus dem Lemma. Der Äquivalenz–Satz 1.1 und eine Umordnung ergeben (3). $\qquad\qquad\square$

Die EPSTEINsche Zetafunktion ist also eine Klasseninvariante im Sinne von 1.4(5).

**2. Analytische Fortsetzung der EPSTEINschen Zetafunktion.** Mit Hilfe der Theta–Transformationsformel 2.3 können wir für die in 1(1) eingeführten EPSTEINschen Zetafunktionen eine ähnliche Aussage herleiten wie für die RIEMANNsche Zetafunktion in IV.4.5. Wir benötigen die folgende

**Proposition.** *Sei* $T \in \mathrm{Pos}\,(n;\mathbb{R})$ *mit* $T > \alpha E$, $\alpha > 0$. *Dann gibt es eine positive Konstante* $C$, *so dass*

$$|\Theta(iy; T) - 1| \leq C \cdot y^{-n/2} \cdot e^{-\alpha y} \quad \textit{für alle } y > 0.$$

*Beweis.* Man hat für alle $y > 0$

$$(1) \qquad |\Theta(iy; T) - 1| \leq \vartheta(i\alpha y)^n - 1.$$

Aus (1) folgt sofort

$$|\Theta(iy; T) - 1| = \mathcal{O}(e^{-2\alpha y}) \quad \text{für } y \geq 1.$$

Nun liefert die Theta–Transformationsformel 2.3 bzw. III.E.3(3)

$$\vartheta(i\alpha y)^n = (\alpha y)^{-n/2} \cdot \vartheta(i/\alpha y)^n = \mathcal{O}(y^{-n/2}) \quad \text{für } 0 < y \leq 1.$$

Mit (1) erhält man daraus die Behauptung. $\qquad\qquad\square$

In Analogie zu IV.4.4(3) setzen wir

$$(2) \qquad \xi(T; s) := \pi^{-s}\Gamma(s) \cdot \zeta(T; s).$$

**Satz.** a) *Ist* $T \in \mathrm{Pos}\,(n;\mathbb{R})$, *so ist die* EPSTEIN*sche Zetafunktion* $\zeta(T; s)$ *als meromorphe Funktion in die komplexe $s$–Ebene fortsetzbar. Sie hat nur bei $s = n/2$ einen Pol, und zwar von 1. Ordnung mit Residuum*

$$\mathrm{res}_{s=n/2}\zeta(T; s) = \frac{\pi^{n/2}}{\Gamma(n/2) \cdot \sqrt{\det T}}.$$

*Darüber hinaus gilt*

(3) $\qquad \zeta(T;0) = -1 \quad und \quad \zeta(T;-m) = 0 \quad für \quad m = 1,2,3,\ldots.$

b) *Die Funktion*

$$\xi(T;s) - \left( \frac{(\det T)^{-1/2}}{s - n/2} - \frac{1}{s} \right)$$

*ist als ganze Funktion in die komplexe $s$–Ebene fortsetzbar. Es gilt die Funktionalgleichung*

$$(\det T)^{-1/2} \cdot \xi(T^{-1}; \frac{n}{2} - s) = \xi(T;s).$$

*Beweis.* In

$$\Gamma(s) := \int_0^\infty e^{-x} \cdot x^{s-1} dx \;, \quad \operatorname{Re} s > 0,$$

substituiert man $x = \pi y T[g]$, $y > 0$, $0 \neq g \in \mathbb{Z}^n$. Da man Summation und Integration für $\operatorname{Re} s > n/2$ wegen der Proposition vertauschen kann, folgt

$$\xi(T;s) = \sum_{g \in \mathbb{Z}^n}' \int_0^\infty e^{-\pi y T[g]} \cdot y^{s-1} dy = \int_0^\infty (\Theta(iy;T) - 1) \cdot y^{s-1} dy.$$

Mit einer Substitution $y \mapsto 1/y$ erhält man nun für $\operatorname{Re} s > n/2$

$$
\begin{aligned}
\xi(T;s) \;&=\; \int_0^1 (\Theta(iy;T) - 1) \cdot y^{s-1} dy + \int_1^\infty (\Theta(iy;T) - 1) \cdot y^{s-1} dy \\[2mm]
&=\; \int_1^\infty (\Theta(i/y;T) - 1) \cdot y^{-s-1} dy + \int_1^\infty (\Theta(iy;T) - 1) \cdot y^{s-1} dy \;.
\end{aligned}
$$

Mit der Theta–Transformationsformel 2.3 folgt

$$
\begin{aligned}
\int_1^\infty (\Theta(i/y;T) - 1) \cdot y^{-s-1} dy \;&=\; \int_1^\infty (\Theta(iy;T^{-1}) y^{n/2} (\det T)^{-1/2} - 1) \cdot y^{-s-1} dy \\[2mm]
&=\; \int_1^\infty (\Theta(iy;T^{-1}) - 1)(\det T)^{-1/2} y^{\frac{n}{2}-s-1} dy + \int_1^\infty (y^{n/2} (\det T)^{-1/2} - 1)\, y^{-s-1} dy \\[2mm]
&=\; \int_1^\infty (\Theta(iy;T^{-1}) - 1) \cdot (\det T)^{-1/2} \cdot y^{\frac{n}{2}-s-1} dy + \left( \frac{(\det T)^{-1/2}}{s - n/2} - \frac{1}{s} \right) \;.
\end{aligned}
$$

Daraus ergibt sich für $\mathrm{Re}\, s > n/2$ die Darstellung

$$
(4) \quad \xi(T;s) = \int_1^\infty \left[(\Theta(iy;T^{-1}) - 1)\cdot(\det T)^{-1/2}\cdot y^{\frac{n}{2}-s} + (\Theta(iy;T) - 1)\cdot y^s\right]\frac{dy}{y}
$$
$$
+ \left(\frac{(\det T)^{-1/2}}{s - n/2} - \frac{1}{s}\right).
$$

Aufgrund der Proposition existiert das Integral in (4) für alle $s \in \mathbb{C}$ und ist somit eine ganze Funktion von $s$. Die Aussagen des Satzes ergeben sich nun unmittelbar aus der Integraldarstellung (4). Die trivialen Nullstellen von $\zeta(T;s)$ in (3) folgen aus den Polstellen der Gamma–Funktion gemäß IV.4.3. Da $\xi(T;s)$ bei $s = 0$ das Residuum $-1$ und $\Gamma(s)$ bei $s = 0$ einen einfachen Pol mit Residuum 1 hat, hebt sich der mögliche Pol von $\zeta(T;s)$ bei $s = 0$ weg und es folgt $\zeta(T;0) = -1$. $\qquad\qquad\square$

**Bemerkungen.** a) Die Reihe

$$
(5) \quad \zeta(T;s) = {\sum_{g\in\mathbb{Z}^2}}'(T[g])^{-s} = {\sum_{m,n=-\infty}^{\infty}}'(am^2 + 2bmn + cn^2)^{-s}, \quad T = \begin{pmatrix} a & b \\ b & c \end{pmatrix} > 0,
$$

wurde zuerst von L. KRONECKER (*Werke IV*, 495) im Jahre 1889 untersucht und als Klasseninvariante im Sinne von 1.4(5) aufgefasst. Er stellte fest, dass $\zeta(T;s)$ in der komplexen $s$–Ebene bei $s = 1$ einen Pol 1. Ordnung hat und berechnete das konstante Glied der LAURENT–Reihe um $s = 1$ (KRONECKER*sche Grenzformel*, vgl. **5**). Später wurde $\zeta(T;s)$ mit zahlentheoretischen Problemen, dem so genannten „Klassenzahl 1–Problem" für imaginär–quadratische Zahlkörper, in Zusammenhang gebracht. Man vergleiche dazu die Arbeit von A. SELBERG und S. CHOWLA (J. Reine Angew. Math. **227**, 86–110 (1960)) aus dem Jahre 1949.
b) Die Verallgemeinerung der Reihen (5) auf beliebige positiv definite Matrizen wurde im Jahre 1903 von P. EPSTEIN (Math. Ann. **56**, 614–644 (1903) und **63**, 205–216 (1907)) vorgenommen.

**3. Die reell–analytische EPSTEIN–Reihe.** Für $\tau \in \mathbb{H}$ und $s \in \mathbb{C}$ mit $\mathrm{Re}\, s > 1$ definiert man die *reell–analytische* EISENSTEIN*–Reihe* durch

$$
(1) \quad E(\tau;s) := {\sum_{m,n\in\mathbb{Z}}}'\left(\frac{y}{|m\tau + n|^2}\right)^2.
$$

**Konvergenz–Lemma.** *Für* $\varepsilon > 0$ *und* $s \in \mathbb{C}$ *mit* $\mathrm{Re}\, s > 1$ *konvergiert die Reihe* (1) *in jedem Vertikalstreifen in* $\mathbb{H}$ *der Höhe* $\varepsilon$

$$
\mathcal{V}_\varepsilon := \{\tau \in \mathbb{H} \,;\, |x| \leq 1/\varepsilon \,,\, y \geq \varepsilon\}
$$

*absolut gleichmäßig. Es gibt ein $C > 0$ mit der Eigenschaft*

$$(2) \qquad |E(\tau; s)| \le C \cdot y^{\operatorname{Re} s} \quad \text{für alle} \ \ \tau \in \mathcal{V}_\varepsilon.$$

*Für festes $\tau \in \mathbb{H}$ ist $E(\tau; s)$ eine holomorphe Funktion in $s$.*

*Beweis.* Die absolut gleichmäßige Konvergenz in $\mathcal{V}_\varepsilon$ und (2) folgen aus Aufgabe III.2.1 und dem Beweis des Konvergenz–Lemmas III.2.1. Das Konvergenzverhalten ergibt auch die Holomorphie. $\qquad\qquad\square$

Es ist wiederum zweckmäßig, auch die *normierte reell–analytische* EISENSTEIN– *Reihe* zu betrachten, die definiert ist durch

$$(3) \qquad E^*(\tau; s) := \frac{1}{2\zeta(2s)} \cdot E(\tau; s) = \frac{1}{2} \sum_{\mathrm{ggT}(m,n)=1} \left( \frac{y}{|m\tau + n|^2} \right)^{s}.$$

Bezeichnet man die Modulgruppe wieder mit $\Gamma$ und definiert

$$(4) \qquad \Gamma_\infty := \{\pm T^n \ ; \ n \in \mathbb{Z}\} = \{M \in \Gamma \ ; \ c = 0\},$$

so folgt mit II.1.3(1) in Analogie zu III.2.1(6)

$$(5) \qquad E^*(\tau; s) = \sum_{M:\Gamma_\infty \backslash \Gamma} (\operatorname{Im} M\tau)^s = \sum_{M:\Gamma_\infty \backslash \Gamma} \varphi|_0 M(\tau), \quad \varphi(\tau) := y^s.$$

Ist $M \in \Gamma$ fest, so durchläuft mit $L$ auch $LM$ ein Vertretersystem der Rechtsnebenklassen von $\Gamma$ nach $\Gamma_\infty$. Daraus folgt das

**Invarianz–Lemma.** *Ist $s \in \mathbb{C}$ mit $\operatorname{Re} s > 1$ und $M \in \Gamma$, so gilt*

$$E(M\tau; s) = E(\tau; s) \quad und \quad E^*(M\tau; s) = E^*(\tau; s) \quad für \ alle \ \ \tau \in \mathbb{H}.$$

Wie in II.1.9(1) definiert man zu $\tau \in \mathbb{H}$ die Matrix

$$(6) \qquad F_\tau := \frac{1}{y} \begin{pmatrix} 1 & -x \\ -x & x^2 + y^2 \end{pmatrix} \in \operatorname{Pos}(2; \mathbb{R}).$$

Eine Verifikation ergibt

$$(7) \qquad \frac{|m\tau + n|^2}{y} = F_\tau[g], \quad g = \begin{pmatrix} -n \\ m \end{pmatrix},$$

sowie

$$(8) \qquad F_\tau^{-1} = F_{-1/\tau} = F_\tau[J].$$

Mit (7) folgt damit unmittelbar

$$(9) \qquad E(\tau; s) = \zeta(F_\tau; s).$$

Aus (8) und 1(3) erhält man $\zeta(F_\tau^{-1}; s) = \zeta(F_\tau; s)$. Damit formulieren wir einen Spezialfall von Satz 2 als

**Satz.** *Die reell–analytische* EISENSTEIN–*Reihe* $E(\tau; s)$ *ist als meromorphe Funktion in die komplexe* $s$–*Ebene fortsetzbar. Sie hat nur bei* $s = 1$ *einen Pol, und zwar von 1. Ordnung mit Residuum* $\pi$. *Darüber hinaus gilt*

$$E(\tau; 0) = -1 \quad und \quad E(\tau; -m) = 0 \quad für \quad m = 1, 2, 3, \dots .$$

*Die Funktion*

$$\mathbb{E}(\tau; s) := \pi^{-s} \Gamma(s) \cdot E(\tau; s)$$

*ist meromorph nach* $\mathbb{C}$ *fortsetzbar, erfüllt die Funktionalgleichung*

$$\mathbb{E}(\tau; 1 - s) = \mathbb{E}(\tau; s),$$

*und*

$$\mathbb{E}(\tau; s) - \left( \frac{1}{1 - s} - \frac{1}{s} \right)$$

*ist als ganze Funktion in die komplexe* $s$–*Ebene fortsetzbar.*

Für die weitere Anwendung ist es wichtig, das Wachstumsverhalten der fortgesetzten Funktion zu kennen.

**Proposition.** *Ist* $\mathcal{C}$ *ein Kompaktum in* $\mathbb{C} \setminus \{0, 1\}$, *so existieren positive Konstanten* $C$ *und* $\chi$ *mit der Eigenschaft*

$$|\mathbb{E}(\tau; s)| \leq C \cdot y^\chi \quad für\ alle \quad \tau \in \mathbb{F} \quad und \quad s \in \mathcal{C}.$$

*Beweis.* Für $\tau \in \mathbb{F}$ gilt $|x| \leq \frac{1}{2}$ und $y \geq \frac{1}{2}\sqrt{3}$. Damit verifiziert man leicht

$$F_\tau > \frac{1}{4y} E \quad und \quad F_\tau^{-1} = F_\tau[J] > \frac{1}{4y} E.$$

Diese Abschätzung setzt man in Proposition 2 ein und erhält mit einer geeigneten Konstanten $C_1$

$$|\Theta(it; T) - 1| \leq C_1 \cdot e^{-t/4y} \quad für\ alle\ t \geq 1, \quad T = F_\tau \quad und \quad T = F_\tau^{-1}, \quad \tau \in \mathbb{F}.$$

Dann wählt man $\chi > 0$, so dass $\mathrm{Re}\,s \leq \chi$ und auch $1 - \mathrm{Re}\,s \leq \chi$ für alle $s \in \mathcal{C}$. Nun ergibt 2(4) mit einer nur von $\mathcal{C}$ abhängigen Konstante $C_2$

$$|\mathbb{E}(\tau; s)| \leq C_2 + 2C_1 \cdot \int_1^\infty e^{-t/4y} \cdot t^{\chi-1} dt \leq C_2 + 2C_1 \cdot \Gamma(\chi) \cdot (4y)^\chi. \qquad \square$$

**Bemerkung.** $E(\tau; s)$ ist als Funktion von $\tau$ zwar nicht holomorph, aber eine Eigenfunktion des *hyperbolischen* LAPLACE–*Operators*

$$\widetilde{\triangle} = y^2 \left( \frac{\partial^2}{\partial x^2} + \frac{\partial^2}{\partial y^2} \right).$$

Es gilt nämlich

$$\tilde{\triangle}\, E(\tau; s) = s(s-1) \cdot E(\tau; s).$$

**4. Die FOURIER–Entwicklung.** Analog den holomorphen EISENSTEIN–Reihen $G_k(\tau)$, besitzen auch die reell–analytischen EISENSTEIN–Reihen $E(\tau; s)$ eine FOURIER–Entwicklung. Darin tritt jedoch die so genannte $K$–BESSEL–*Funktion*

$$(1) \qquad\qquad K_s(y) := \frac{1}{2} \int\limits_0^\infty t^{s-1} \cdot e^{-(t+1/t)y/2} dt \quad , \quad y > 0, \quad s \in \mathbb{C},$$

auf. Ihre wesentlichen Eigenschaften formulieren wir in dem

**Lemma.** *Zu jedem $\varepsilon > 0$ existiert ein $C > 0$, so dass*

$$(2) \qquad\qquad |K_s(y)| \le C \cdot e^{-y} \quad \textit{für alle} \quad y \ge \varepsilon, |\mathrm{Re}\, s| \le 1/\varepsilon.$$

*Für jedes $y > 0$ ist $s \mapsto K_s(y)$ eine gerade, ganze Funktion.*

*Beweis.* Der übliche Aufspaltungstrick ergibt

$$2K_s(y) \;=\; \int\limits_1^\infty t^{s-1} \cdot e^{-(t+1/t)y/2} dt + \int\limits_0^1 t^{s-1} \cdot e^{-(t+1/t)y/2} dt$$

$$=\; \int\limits_1^\infty (t^s + t^{-s}) \cdot e^{-(t+1/t)y/2}\, \frac{dt}{t}.$$

Es folgt $K_s(y) = K_{-s}(y)$. Für $y \ge \varepsilon$ und $\mathrm{Re}\, s \le 1/\varepsilon$ gilt wegen $t + 1/t \ge 2$

$$|K_s(y)| \cdot e^y \le \frac{1}{2} \int\limits_1^\infty \left( t^{\mathrm{Re}\, s} + t^{-\mathrm{Re}\, s} \right) \cdot e^{-(t+1/t-2)y/2}\, dt \le \int\limits_1^\infty t^{1/\varepsilon} \cdot e^{-(t+1/t-2)\varepsilon/2}\, dt =: C.$$

Daraus folgt (2) und die Holomorphie von $s \mapsto K_s(y)$ mit Hilfe des Majorantenkriteriums (vgl. R. REMMERT [1995], 2.1.3). $\qquad\qquad \square$

Wir kommen nun zu dem angekündigten

**Satz.** *Für $s \in \mathbb{C}$, $s \ne 0,1$ und alle $\tau \in \mathbb{H}$ gilt die FOURIER–Entwicklung*

$$(3) \qquad \mathbb{E}(\tau; s) \;=\; 2\xi(2s) \cdot y^s + 2\xi(2-2s) \cdot y^{1-s}$$

$$+ 4 {\sum_{n \in \mathbb{Z}}}' |n|^{s-1/2} \sigma_{1-2s}(|n|) \cdot y^{1/2} \cdot K_{s-1/2}(2\pi|n|y) \cdot e^{2\pi i n x}.$$

*Beweis.* Sei zunächst $\operatorname{Re} s > 1$. Dann gilt wie in Abschnitt **2**

$$\mathbb{E}(\tau;s) = \pi^{-s}\Gamma(s) \cdot \sideset{}{'}\sum_{m,n\in\mathbb{Z}} \left(\frac{y}{|m\tau+n|^2}\right)^s$$

$$= \sideset{}{'}\sum_{n\in\mathbb{Z}} \pi^{-s}\Gamma(s)(n^2)^{-s}y^s + \sideset{}{'}\sum_{m\in\mathbb{Z}}\sum_{n\in\mathbb{Z}} \pi^{-s}\Gamma(s)\left(\frac{y}{|m\tau+n|^2}\right)^s$$

$$= 2\xi(2s)\cdot y^s + \sideset{}{'}\sum_{m\in\mathbb{Z}} \int_0^\infty t^{s-1}\sum_{n\in\mathbb{Z}} e^{-\pi t((mx+n)^2+m^2y^2)/y}dt$$

$$= 2\xi(2s)\cdot y^s + \sideset{}{'}\sum_{m\in\mathbb{Z}} \int_0^\infty t^{s-1}\Theta_{mx,0}(it/y;1)e^{-\pi tm^2y}dt$$

$$= 2\xi(2s)\cdot y^s + \sideset{}{'}\sum_{m\in\mathbb{Z}} y^{1/2}\cdot \int_0^\infty t^{s-3/2}\Theta_{0,-mx}(iy/t;1)e^{-\pi tm^2y}dt$$

$$= 2\xi(2s)\cdot y^s + y^{1/2}\sideset{}{'}\sum_{m\in\mathbb{Z}}\sum_{n\in\mathbb{Z}} e^{-2\pi imnx}\cdot \int_0^\infty t^{s-3/2}e^{-\pi y(m^2t+n^2/t)}dt,$$

wenn man die Theta–Transformationsformel 2.3 verwendet. Nun gilt

$$\int_0^\infty t^{s-3/2}\cdot e^{-\pi ym^2t}dt = \pi^{1/2-s}\Gamma\left(s-\frac{1}{2}\right)\cdot y^{1/2-s}\cdot |m|^{1-2s}.$$

Für $n \neq 0$ verwendet man die Substitution $t = \left|\frac{n}{m}\right| r$ und erhält mit (1)

$$\int_0^\infty t^{s-3/2}\cdot e^{-\pi y(m^2t+n^2/t)}dt = \left|\frac{n}{m}\right|^{s-1/2}\cdot \int_0^\infty r^{s-3/2}\cdot e^{-\pi|mn|y(r+1/r)}dr$$

$$= 2\left|\frac{n}{m}\right|^{s-1/2}\cdot K_{s-1/2}(2\pi|mn|y).$$

Daraus ergibt sich für $\mathbb{E}(\tau;s)$ die Darstellung

$$2\xi(2s)y^s + 2\xi(2s-1)y^{1-s} + 2\sum_{m\neq 0,n\neq 0} y^{1/2}\left|\frac{n}{m}\right|^{s-1/2} K_{s-1/2}(2\pi|mn|y)\cdot e^{-2\pi imnx}.$$

Die Zusammenfassung der Terme $-mn$ liefert (3), wenn man noch $\xi(2s-1) = \xi(2-2s)$ beachtet. Die Aussage folgt nun durch analytische Fortsetzung, da die Reihe in (3) wegen des Lemmas für alle $s \in \mathbb{C}$ konvergiert. $\qquad\square$

**Bemerkungen.** a) Weil $|n|^{s-1/2}\cdot\sigma_{1-2s}(|n|)$ und $K_{s-1/2}(2\pi|n|y)$ unter $s\mapsto 1-s$ invariant sind, gilt die Funktionalgleichung auch für jeden einzelnen FOURIER-Koeffizienten.

b) Eine allgemeinere FOURIER–Entwicklung von EPSTEINschen Zetafunktionen findet man bei A. TERRAS [1988].

**5. Die KRONECKERsche Grenzformel** gibt den konstanten Koeffizienten der LAURENT–Entwicklung von $E(\tau; s)$ um $s = 1$ an. Überraschenderweise tritt hierbei die DEDEKINDsche $\eta$–Funktion (vgl. III, §6) auf. Zusätzlich verwenden wir

$$(1) \qquad \lim_{s \to 1} \left( \zeta(s) - \frac{1}{s-1} \right) = \mathcal{C}_{\text{EULER}} = \lim_{m \to \infty} \left( \sum_{k=1}^{m} \frac{1}{k} - \log m \right).$$

(vgl. z. B. M. KOECHER [1987], IV.3.4), wobei $\mathcal{C}_{\text{EULER}}$ die so genannte EULER*sche Konstante* bezeichne.

**Satz von der KRONECKERSCHEN Grenzformel.** *Für* $\tau \in \mathbb{H}$ *gilt*

$$(2) \qquad \lim_{s \to 1} \left( E(\tau; s) - \frac{\pi}{s-1} \right) = 2\pi \left( \mathcal{C}_{\text{EULER}} - \log 2 - \log(\sqrt{y} \cdot |\eta(\tau)|^2) \right).$$

*Beweis.* Aus der Identität

$$-\log(1-q) = \sum_{m=1}^{\infty} \frac{1}{m} \, q^m \quad \text{für } |q| < 1$$

erhält man mit III.6.2(1)

$$-2\pi \log |\eta(\tau)|^2 = -2\pi \log(\eta(\tau) \cdot \overline{\eta(\tau)})$$

$$= -2\pi \log \left( e^{-\pi y/6} \prod_{n=1}^{\infty} (1 - e^{2\pi i n \tau})(1 - e^{-2\pi i n \overline{\tau}}) \right)$$

$$= \frac{\pi^2}{3} y + 2\pi \sum_{n=1}^{\infty} \sum_{m=1}^{\infty} \frac{1}{m} \cdot (e^{2\pi i n m \tau} + e^{-2\pi i n m \overline{\tau}})$$

$$= \frac{\pi^2}{3} y + 2\pi \sum_{r=1}^{\infty} \sigma_{-1}(r) \cdot e^{2\pi i r \tau} + 2\pi \sum_{r=-1}^{-\infty} \sigma_{-1}(|r|) \cdot e^{2\pi i r \overline{\tau}},$$

da man wegen der absoluten Konvergenz beliebig umordnen darf. Aus Satz 4 und Satz 3 ergibt sich nun

$$E(\tau; s) = \frac{\pi^s}{\Gamma(s)} \, \mathbb{E}(\tau; s) = 2\zeta(2s)y^s + 2\sqrt{\pi} \, \frac{\Gamma(s - 1/2)}{\Gamma(s)} \, \zeta(2s - 1)y^{1-s}$$

$$+ \frac{4\pi^s}{\Gamma(s)} {\sum_{n \in \mathbb{Z}}}' |n|^{s-1/2} \sigma_{1-2s}(|n|) \sqrt{y} \, K_{s-1/2}(2\pi|n|y) \, e^{2\pi i n x}.$$

Mit 4(1) berechnet man

$$K_{1/2}(y) \;=\; \frac{1}{2}\int_0^\infty t^{-1/2}\cdot e^{-(t+1/t)y/2}dt = \frac{1}{2}\int_1^\infty \left(t^{1/2}+t^{-1/2}\right)\cdot e^{-(t+1/t)y/2}\,\frac{dt}{t}$$

$$=\; e^{-y}\cdot\int_1^\infty \frac{1}{2}\left(t^{-1/2}+t^{-3/2}\right)\cdot e^{-(t^{1/2}-t^{-1/2})^2 y/2}\,dt$$

$$=\; e^{-y}\cdot\int_0^\infty e^{-r^2 y/2}dr = \sqrt{\frac{\pi}{2y}}\,e^{-y},$$

wenn man R. REMMERT, G. SCHUMACHER [2002], 14.3.3, verwendet. Das führt zu

$$\lim_{s\to 1}\left(E(\tau;s)-\frac{\pi}{s-1}\right)$$

$$=\; R+2\zeta(2)y+\frac{4\pi}{\Gamma(1)}\cdot{\sum_{n\in\mathbb{Z}}}'\sqrt{|n|y}\;\sigma_{-1}(|n|)\cdot K_{1/2}(2\pi|n|y)\cdot e^{2\pi i n x}$$

$$=\; R+\frac{\pi^2}{3}y+2\pi{\sum_{n\in\mathbb{Z}}}'\sigma_{-1}(|n|)\cdot e^{-2\pi|n|y+2\pi i n x}$$

$$=\; R-2\pi\cdot\log|\eta(\tau)|^2,$$

wobei $R$ gegeben wird durch

$$\lim_{s\to 1}\left(2\sqrt{\pi}\,\frac{\Gamma(s-1/2)}{\Gamma(s)}y^{1-s}\cdot\zeta(2s-1)-\frac{\pi}{s-1}\right)$$

$$=\lim_{s\to 1}\left(f(s)\zeta(2s-1)-\frac{f(1)/2}{s-1}\right),\; f(s)=2\sqrt{\pi}\cdot\frac{\Gamma(s-1/2)}{\Gamma(s)}\cdot y^{1-s},\; f(1)=2\pi,$$

$$=2\pi\,\mathcal{C}_{\text{EULER}}+\tfrac{1}{2}f'(1),$$

wenn man (1) verwendet. Nun folgt

$$\frac{1}{2}f'(1)=\pi\frac{f'(s)}{f(s)}\bigg|_{s=1}=\pi\cdot\left(\frac{\Gamma'(1/2)}{\Gamma(1/2)}-\frac{\Gamma'(1)}{\Gamma(1)}-\log y\right).$$

Die logarithmische Differentiation der Verdopplungsformel IV.4.3(5) liefert

$$\frac{\Gamma'(s)}{\Gamma(s)}=\log 2+\frac{1}{2}\frac{\Gamma'(s/2)}{\Gamma(s/2)}+\frac{1}{2}\frac{\Gamma'((s+1)/2)}{\Gamma((s+1)/2)}.$$

Mit $s=1$ erhalten wir

$$\frac{\Gamma'(1)}{\Gamma(1)}-\frac{\Gamma'(1/2)}{\Gamma(1/2)}=2\log 2$$

und das ergibt die Behauptung (2).    $\square$

**Bemerkungen.** a) Der Satz geht auf L. KRONECKER (*Werke IV*, 222, 347–495; *Werke V*, 1–132) zurück. Ein alternativer Beweis stammt von M. KOECHER (Arch. Math. **4**, 316–321 (1953)). Es gibt Anwendungen der KRONECKERschen Grenzformel z. B. beim Satz von COATES und WILES über die $L$–Funktionen zu elliptischen Kurven mit komplexer Multiplikation. Man vergleiche A. TERRAS [1985], §3.5.

b) Allgemeiner nennt man $\Gamma$–invariante Eigenfunktionen des hyperbolischen LAPLACE–Operators $\widetilde{\Delta}$, die noch einer gewissen Wachstumsbedingung genügen, MAASS*sche Wellenformen*. Sie sind als reell-analytisches Analogon der ganzen Modulformen anzusehen. Eine ausführliche Beschreibung dieser Theorie findet man bei H. MAASS [1983] und A. TERRAS [1985] und für den dreidimensionalen hyperbolischen Raum bei J. ELSTRODT, F. GRUNEWALD, J. MENNICKE [1998].

**6. Die RANKIN–Konvolution.** In diesem Abschnitt beschreiben wir Ergebnisse von R.A. RANKIN (Proc. Cambridge Phil. Soc. **35**, 357–372) aus dem Jahre 1939, mit denen man eine schärfere Abschätzung über das Wachstumsverhalten der FOURIER–Koeffizienten von Spitzenformen erhalten kann.

Sind zwei ganze Modulformen $f, g \in \mathbb{M}_k$ mit FOURIER–Koeffizienten $\alpha_f(m)$ und $\alpha_g(m)$ gegeben, so definiert man die DIRICHLET–Reihe

$$(1) \qquad D_{f,g}(s) := \sum_{m=1}^{\infty} \alpha_f(m) \cdot \overline{\alpha_g(m)} \cdot m^{-s},$$

die wegen III.2.1(13) für $s \in \mathbb{C}$ mit $\operatorname{Re} s > 2k - 1$ absolut konvergiert. $D_{f,g}(s)$ heißt RANKIN–*Konvolution* von $D_f(s)$ und $D_g(s)$ (vgl. IV.4.4(2)). Bezeichnet $\langle \cdot, \cdot \rangle$ wieder das PETERSSON–Skalarprodukt IV.3.2(3), so folgt der

**Satz.** *Sind $f, g \in \mathbb{M}_k$ und ist $f$ oder $g$ eine Spitzenform, so besitzt $D_{f,g}(s)$ eine meromorphe Fortsetzung in die gesamte komplexe $s$–Ebene. Bei $s = k$ liegt eventuell ein Pol 1. Ordnung mit dem Residuum*

$$\operatorname{res}_{s=k} D_{f,g}(s) = 3 \cdot \frac{2^{2k} \pi^{k-1}}{(k-1)!} \cdot \langle f, g \rangle$$

*vor. Definiert man*

$$\mathbb{D}_{f,g}(s) := (2\pi)^{-2s} \Gamma(s) \Gamma(s + 1 - k) \cdot \zeta(2s + 2 - 2k) \cdot D_{f,g}(s),$$

*so ist*

$$\mathbb{D}_{f,g}(s) - \frac{1}{2} \pi^{1-k} \langle f, g \rangle \cdot \left( \frac{1}{s - k} - \frac{1}{s + 1 - k} \right)$$

*als ganze Funktion in die komplexe $s$–Ebene fortsetzbar und es gilt die Funktionalgleichung*

$$\mathbb{D}_{f,g}(2k - 1 - s) = \mathbb{D}_{f,g}(s).$$

*Beweis.* Für $\operatorname{Re} s > k$ berechnen wir das Integral

$$\mathfrak{I} = \Big\langle f(\tau) \cdot E^*(\tau; s + 1 - k), \, g(\tau) \Big\rangle.$$

Wegen $f(\tau)\overline{g(\tau)}y^k = \mathcal{O}(e^{-2\pi y})$ für $\tau \in \mathbb{F}$ nach Satz III.1.6 folgt die absolute Konvergenz von $\mathfrak{I}$ aus dem Konvergenz–Lemma 3. Wir fixieren ein Vertreter-system $\mathcal{V}$ der Rechtsnebenklassen von $\Gamma$ nach $\Gamma_\infty$. Mit 3(5) und Proposition IV.3.2 folgt

$$\mathfrak{I} = \int_{\mathbb{F}} y^k f(\tau)\overline{g(\tau)} \cdot \sum_{M \in \mathcal{V}} (\operatorname{Im} M\tau)^{s+1-k} dv$$

$$= \sum_{M \in \mathcal{V}} \int_{\mathbb{F}} f(M\tau)\overline{g(M\tau)} \cdot (\operatorname{Im} M\tau)^{s+1} dv = \int_{\mathbb{F}_\infty} f(\tau)\overline{g(\tau)} \cdot y^{s+1} dv ,$$

wobei $\mathbb{F}_\infty$ ein Fundamentalbereich von $\Gamma_\infty$ ist. Da der Integrand invariant unter $\Gamma_\infty$ ist, kann man nach Lemma IV.3.3 z. B.

$$\mathbb{F}_\infty = \{\tau \in \mathbb{H} \, ; \, 0 \leq x \leq 1\}$$

wählen. Nun setzt man für $f$ und $g$ die Fourier–Reihen ein. Da wenigstens eine der beiden Funktionen $f$ oder $g$ eine Spitzenform ist, liegt aufgrund des Wachs-tumsverhaltens der Fourier–Koeffizienten (vgl. Satz III.1.6 und III.2.1(13)) für $\operatorname{Re} s > 3k/2$ absolute Konvergenz vor, so dass man für diese Werte von $s$ Summation und Integration vertauschen darf. Wegen $\alpha_f(0)\alpha_g(0) = 0$ folgt

$$\mathfrak{I} = \sum_{m \geq 0}\sum_{n \geq 0} \alpha_f(m)\overline{\alpha_g(n)} \cdot \int_0^\infty \left(\int_0^1 e^{2\pi i(m-n)x} dx\right) \cdot e^{-2\pi(m+n)y} \cdot y^{s-1} dy$$

$$= \sum_{m \geq 1} \alpha_f(m)\overline{\alpha_g(m)} \cdot \int_0^\infty y^{s-1} \cdot e^{-4\pi m y} dy = (4\pi)^{-s}\Gamma(s) \cdot D_{f,g}(s) .$$

Daraus ergibt sich sofort

$$(2) \qquad \mathbb{D}_{f,g}(s) = \frac{1}{2}\pi^{1-k} \cdot \Big\langle f(\tau) \cdot \mathbb{E}(\tau; s + 1 - k), \, g(\tau) \Big\rangle$$

für $\operatorname{Re} s > 3k/2$. Nach Satz 3 und Proposition 3 ist die rechte Seite von (2) me-romorph in die gesamte komplexe $s$–Ebene fortsetzbar mit eventuellen einfachen Polen bei $s = k$ und $s = k - 1$ und Residuen

$$\operatorname*{res}_{s=k} \mathbb{D}_{f,g}(s) = - \operatorname*{res}_{s=k-1} \mathbb{D}_{f,g}(s) = \frac{1}{2}\pi^{1-k}\langle f, g \rangle .$$

Die Funktionalgleichung von $\mathbb{D}_{f,g}(s)$ folgt nun aus der Funktionalgleichung von $\mathbb{E}(\tau; s)$ in Satz 3. Die noch zu beweisenden Behauptungen sind einfache Folge-rungen. $\qquad\square$

Ein anderes Ergebnis erhält man, wenn weder $f$ noch $g$ eine Spitzenform ist. Da die Definition von $D_{f,g}(s)$ linear in $f$ und $g$ ist, genügt es, in diesem Fall $f = g = G_k^*$ zu betrachten.

**Proposition.** *Sei $k \geq 4$ gerade. Dann gilt*

$$(3) \quad D_{G_k^*,G_k^*}(s) = \left(\frac{2k}{B_k}\right)^2 \frac{\zeta(s) \cdot \zeta(s+1-k)^2 \cdot \zeta(s+2-2k)}{\zeta(2s+2-2k)} \, , \quad \mathrm{Re}\, s > 2k - 1.$$

*$D_{G_k^*,G_k^*}(s)$ besitzt eine meromorphe Fortsetzung in die gesamte komplexe $s$–Ebene und hat einfache Pole bei $s = 2k - 1$ sowie $s = k$. Die Funktion*

$$\mathbb{D}_{G_k^*,G_k^*}(s) := (2\pi)^{-2s}\Gamma(s)\Gamma(s+1-k) \cdot \zeta(2s+2-2k) \cdot D_{G_k^*,G_k^*}(s)$$

*ist meromorph in die gesamte $s$–Ebene fortsetzbar. Ihre einzigen Singularitäten sind einfache Pole bei $s = 0, k-1, k, 2k-1$ und es gilt die Funktionalgleichung*

$$\mathbb{D}_{G_k^*,G_k^*}(2k - 1 - s) = \mathbb{D}_{G_k^*,G_k^*}(s).$$

*Beweis.* Wir verwenden die FOURIER–Entwicklung aus III.2.1(9). Da die Teilersummen multiplikativ sind, erhalten wir ein EULER–Produkt, das sich mit der Summenformel für die geometrische Reihe leicht berechnen läßt:

$$D_{G_k^*,G_k^*}(s) = \left(\frac{2k}{B_k}\right)^2 \cdot \sum_{m \geq 1} \sigma_{k-1}(m)^2 \cdot m^{-s} = \left(\frac{2k}{B_k}\right)^2 \cdot \prod_p F_p$$

mit

$$F_p = \sum_{n \geq 0} \sigma_{k-1}(p^n)^2 \cdot p^{-ns} = \sum_{n \geq 0} \left(\frac{p^{(k-1)(n+1)} - 1}{p^{k-1} - 1}\right)^2 \cdot p^{-ns}$$

$$= \frac{1 - p^{2k-2-2s}}{(1 - p^{2k-2-s})(1 - p^{k-1-s})^2(1 - p^{-s})}.$$

Aus der Darstellung von $\zeta(s)$ als EULER–Produkt gemäß Korollar IV.4.7 C erhält man (3). Die holomorphe Fortsetzung und die Aussage über die Pole folgen nun aus Satz IV.4.5, wobei zu bemerken ist, dass sich bei $s = k$ ein Pol heraushebt, da $\zeta(s)$ bei $s = 2 - k$ aufgrund der Funktionalgleichung eine einfache Nullstelle hat.

Aus der Verdopplungsformel IV.4.3(5) und der Funktionalgleichung IV.4.3(3) erhält man nun für $\mathbb{D}_{G_k^*,G_k^*}(s)$ leicht die Darstellung

$$\left(\frac{k}{B_k}\right)^2 (2\pi)^{1-2k}\xi(s)\xi(s+1-k)^2\xi(s+2-2k) \prod_{j=1}^{k/2}(s+1-2j)(s+2-k-2j).$$

Die fehlenden Behauptungen folgen damit aus Satz IV.4.5.      $\square$

**Bemerkung.** Für $0 \neq f = g \in \mathbb{S}_k$ hat die Dirichlet–Reihe $D_{f,f}(s)$ bei $s = k$ einen Pol. Aus der Berechnung der Konvergenzabszisse von Dirichlet–Reihen und dem Satz von Landau (vgl. z. B. D. Zagier [1981], §1) folgert man

$$\sum_{n=1}^{N} |\alpha_f(n)|^2 = \mathcal{O}(N^{k+\varepsilon}) \quad \text{für} \quad N \to \infty \quad \text{und jedes} \quad \varepsilon > 0.$$

Diese Aussage verbessert die Abschätzung aus Satz III.1.6. Man vergleiche auch R.A. Rankin, Proc. Cambridge Phil. Soc. **35**, 357 –372 (1939).

**Aufgaben.** 1) $\zeta(E^{(2)}; s) = 4\zeta(s) \cdot L(s; \chi) = E(i; s)$, wobei $\chi$ der nicht–triviale Dirichletsche Charakter mod 4 ist.

2) $\zeta(E^{(4)}; s) = 8(1 - 2^{2-2s}) \cdot \zeta(s) \cdot \zeta(s - 1)$ (vgl. III.7.7).

3) $\zeta(E^{(8)}; s) = 16(1 - 2^{1-s} + 2^{4-2s}) \cdot \zeta(s) \cdot \zeta(s - 3)$ (vgl. III.7.7) .

4) $\zeta(S_8; s) = 240 \cdot 2^{-s} \cdot \zeta(s) \cdot \zeta(s - 3)$.

5) $\zeta(L_{24}; s) = \frac{65\,520}{691} \cdot 2^{-s} \cdot (\zeta(s) \cdot \zeta(s - 11) - D_{\Delta^*}(s))$ (vgl. IV.4.4(2)).

6) Für alle $m \geq 2$ gilt $\sharp(L_{24}, 2m) = 0 \,(\mathrm{mod}\ 65\,520)$.

7) $K_{3/2}(y) = \sqrt{\frac{\pi}{2y}} \cdot e^{-y} \cdot (1 + \frac{1}{y})$ für $y > 0$.

8) $\frac{d}{dy} K_s(y) = -\frac{1}{2}(K_{s+1}(y) + K_{s-1}(y))$ für $y > 0$ und $s \in \mathbb{C}$.

9) $\zeta(3) = \frac{2}{\pi} E(i; 2) - \frac{\pi^3}{45} - 2 \sum_{n=1}^{\infty} \sigma_3(n) \cdot (2n\pi + 1) \cdot e^{-2\pi n}$.

10) Seien $T \in \mathrm{Pos}\,(2; \mathbb{R})$, $s \in \mathbb{C}$, $\mathrm{Re}\,s > 1$. Für $n \geq 1$ ist $T'_n \zeta(T; s) := \sum_{A \in \Gamma:\Gamma_n} \zeta(T[A^t]; s)$ (vgl.

Satz IV.1.2) wohldefiniert. Für eine Primzahl $p$ bzw. $n \in \mathbb{N}$ gilt

$$T'_p \zeta(T; s) = (1 + p^{1-2s}) \cdot \zeta(T; s), \quad T'_n \zeta(T; s) = \sigma_{1-2s}(n) \cdot \zeta(T; s) .$$

11) Für $n \geq 1$ und $s \in \mathbb{C}$ mit $\mathrm{Re}\,(s) > 1$ gilt

$$T'_n E(\tau; s) := \sum_{M \in \Gamma:\Gamma_n} E(M\tau; s) = \sigma_{1-2s}(n) \cdot E(\tau; s).$$

12) Sei $T \in \mathrm{Pos}\,(2; \mathbb{R})$ und $\xi^*(T; s) := (\det T)^{s/2} \pi^{-s} \Gamma(s) \cdot \zeta(T; s)$. Dann erfüllt $\xi^*(T; s)$ die Funktionalgleichung $\xi^*(T; 1 - s) = \xi^*(T; s)$.

13) Sei $K = \mathbb{Q}(\sqrt{d})$, $d < 0$ quadratfrei, ein imaginär–quadratischer Zahlkörper der Diskriminante $D$ und $\mathfrak{o}$ der zugehörige Ring der ganzen Zahlen, d. h., $\mathfrak{o} = \mathbb{Z} + \mathbb{Z}\frac{1}{2}(1 + \sqrt{d})$ und $D = d$, falls $d \equiv 1 \,(\mathrm{mod}\ 4)$, bzw. $\mathfrak{o} = \mathbb{Z} + \mathbb{Z}\sqrt{d}$ und $D = 4d$ sonst. Für $a \in \mathbb{C}$ setzt man $N(a) = a\bar{a} = |a|^2$ und $\zeta_{\mathfrak{o}}(s) := \sum_{0 \neq a \in \mathfrak{o}} N(a)^{-s}$. Diese Reihe konvergiert absolut für $\mathrm{Re}\,(s) > 1$ und besitzt eine holomorphe Fortsetzung in die $s$–Ebene bis auf einen einfachen Pol bei $s = 1$ mit dem Residuum $\frac{2\pi}{\sqrt{-D}}$. Die Funktion $\xi_{\mathfrak{o}}(s) := |D|^{s/2}(2\pi)^{-s}\Gamma(s) \cdot \zeta_{\mathfrak{o}}(s)$ erfüllt die Funktionalgleichung

$$\xi_{\mathfrak{o}}(1 - s) = \xi_{\mathfrak{o}}(s).$$

# Literaturverzeichnis


N. H. ABEL: *Œuvres complètes I, II*. Gröndahl, Christiania 1839.

T. M. APOSTOL: *Introduction to analytic number theory*. Springer–Verlag, Berlin–Heidelberg–New York 1976.

T. M. APOSTOL: *Modular functions and Dirichlet series in number theory*. 2. Aufl., Springer–Verlag, Berlin–Heidelberg–New York 1990.

H. BURKHARDT: *Elliptische Funktionen*. Teubner, Leipzig 1899.

A. CAYLEY: *Collected mathematical papers I–XIII*. Cambridge University Press, Cambridge 1889–1898; Nachdruck, Johnson, New York–London 1961.

K. CHANDRASEKHARAN: *Elliptic functions*. Grundlehren Math. Wiss. **281**, Springer–Verlag, Berlin–Heidelberg–New York 1985.

H. COHEN: *A course in computational algebraic number theory*. Springer–Verlag, Berlin–Heidelberg–New York 1993.

J.H. CONWAY, N. J. A. SLOANE: *Sphere packings, lattices and groups*. 3. Aufl., Springer–Verlag, Berlin–Heidelberg–New York 1999.

R. DEDEKIND: *Gesammelte mathematische Werke I–III*. Braunschweig, 1930–1932; Nachdruck, Chelsea, New York 1969.

J. ELSTRODT, F. GRUNEWALD, J. MENNICKE: *Groups acting on hyperbolic space. Harmonic analysis and number theory*. Springer–Verlag, Berlin–Heidelberg–New York 1998.

G. EISENSTEIN: *Mathematische Werke I, II*. Chelsea, New York 1975.

L. EULER: *Opera Omnia*. Ser. I, **1–29**, Teubner, Leipzig–Berlin 1911–1956.

W. FISCHER, I. LIEB: *Funktionentheorie*. 6. Aufl., Vieweg, Braunschweig–Wiesbaden 1992.

O. FORSTER: *Riemannsche Flächen*. Springer–Verlag, Berlin–Heidelberg–New York 1977.

J. FOURIER : *Œuvres I, II*. Gauthier–Villars, Paris 1888, 1890.

E. FREITAG, R. BUSAM: *Funktionentheorie*. 3. Aufl., Springer–Verlag, Berlin–Heidelberg–New York 2000.

R. FRICKE: *Elliptische Funktionen; Automorphe Funktionen unter Einschluß der elliptischen Modulfunktionen*. In: *Enzyklopädie der Mathematischen Wissenschaften*. Band II, Teubner, Leipzig 1901–1921.

R. FRICKE: *Die elliptischen Funktionen und ihre Anwendungen I, II.* Teubner, Leipzig 1916, 1922.

R. FUETER: *Vorlesungen über die singulären Moduln und die komplexe Multiplikation der elliptischen Funktionen I, II.* Teubner, Leipzig 1924.

C. F. GAUSS: *Werke I–XII.* Ges. d. Wiss. Göttingen, Teubner, Leipzig 1863–1933.

E. GRAESER: *Einführung in die Theorie der elliptischen Funktionen und deren Anwendungen.* Oldenbourg, München 1950.

A. G. GREENHILL: *The applications of elliptic functions.* Macmillan, London 1892.

G. H. HALPHÉN: *Traité des fonctions elliptiques et de leurs applications I–VIII.* Gauthier–Villars, Paris 1886–1891.

H. HANCOCK: *Lectures on the theory of elliptic functions.* Wiley, New York 1910; Nachdruck, Dover, New York 1958.

E. HECKE: *Mathematische Werke.* Vandenhoeck und Ruprecht, Göttingen 1959.

D. HILBERT: *Gesammelte Abhandlungen I–III.* 2. Aufl., Springer–Verlag, Berlin–Heidelberg–New York 1970.

A. HURWITZ: *Mathematische Werke I, II.* Birkhäuser, Basel 1932, 1933.

A. HURWITZ, R. COURANT: *Vorlesungen über allgemeine Funktionentheorie und elliptische Funktionen.* 4. Aufl., Springer–Verlag, Berlin–Heidelberg–New York 1964.

D. H. HUSEMÖLLER: *Elliptic curves.* Springer–Verlag, Berlin–Heidelberg–New York 1987.

F. ISCHEBECK: *Einladung zur Zahlentheorie.* BI–Wissenschaftsverlag, Mannheim–Leipzig–Wien 1992.

C. G. J. JACOBI: *Gesammelte Werke I–VII.* Reimer, Berlin 1881–1891.

F. KLEIN: *Gesammelte mathematische Abhandlungen I–III.* Springer–Verlag, Berlin 1921–1923.

F. KLEIN, M. BRENDEL: *Materialien für eine wissenschaftliche Biographie von Gauß II, III.* Teubner, Leipzig 1911.

F. KLEIN, R. FRICKE: *Vorlesungen über die Theorie der elliptischen Modulfunktionen I, II.* Teubner, Leipzig 1890, 1892.

N. KOBLITZ: *Introduction to elliptic curves and modular forms.* 2. Aufl., Springer–Verlag, Berlin–Heidelberg–New York 1993.

M. KOECHER: *Matrices over* $\mathbb{Z}$. Manuskript, Münster 1985.

M. KOECHER: *Klassische elementare Analysis*. Birkhäuser, Basel–Boston 1987.

M. KOECHER: *Lineare Algebra und analytische Geometrie*. 4. Aufl., Springer–Verlag, Berlin–Heidelberg–New York 1997.

A. KRAZER: *Lehrbuch der Thetafunktionen*. Teubner, Leipzig 1903; Nachdruck, Chelsea, New York 1970.

L. KRONECKER: *Werke I–V*. Teubner, Leipzig 1895–1930; Nachdruck, Chelsea, New York 1968.

J. L. LAGRANGE: *Œuvres I–XIV*. Olms, Hildesheim 1973.

S. LANG: *Elliptic functions*. 2. Aufl., Springer–Verlag, Berlin–Heidelberg–New York 1987.

S. LANG: *Algebra*. 3. Aufl., Springer–Verlag, New York–Heidelberg–Berlin 2002.

A. M. LEGENDRE: *Traité des fonctions elliptiques I–III*. Paris 1825–1828.

J. LEHNER: *Discontinous groups and automorphic functions*. Math. Surv. Monogr. **VIII**, Amer. Math. Soc., Providence 1964.

H. MAASS: *Lectures on modular functions of one complex variable*. Tata Institute, Bombay 1964; Überarbeitung, Springer–Verlag, Berlin–Heidelberg–New York 1983.

K. MEYBERG: *Algebra I, II*. 2., 1. Aufl., Hanser–Verlag, München 1980, 1976.

K. MEYBERG, P. VACHENAUER: *Höhere Mathematik I*. 2. Aufl., Springer–Verlag, Berlin–Heidelberg–New York 1993.

H. MINKOWSKI: *Gesammelte Abhandlungen I, II*. Teubner, Leizig–Berlin 1911; Nachdruck, Chelsea, New York 1967.

T. MIYAKE: *Modular forms*. Springer–Verlag, Berlin–Heidelberg–New York 1989.

M. NEWMAN: *Integral matrices*. Academic Press, New York–London 1972.

W. F. OSGOOD: *Lehrbuch der Funktionentheorie I*. 3. Aufl., Teubner, Leipzig 1920.

H. PETERSSON: *Modulfunktionen und quadratische Formen*. Ergeb. Math. Grenzgeb. **100**, Springer–Verlag, Berlin–Heidelberg–New York 1982.

E. PICARD: *Selecta*. Gauthier–Villars, Paris 1928.

B. V. QUERENBURG: *Mengentheoretische Topologie*. 3. Aufl., Springer–Verlag, Berlin–Heidelberg–New York 2001.

R. A. RANKIN: *Modular forms and functions.* Cambridge University Press, Cambridge 1977.

R. REMMERT: *Funktionentheorie II.* 2. Aufl., Springer–Verlag, Berlin–Heidelberg–New York 1995.

R. REMMERT, G. SCHUMACHER: *Funktionentheorie I.* 5. Aufl., Springer–Verlag, Berlin–Heidelberg–New York 2002.

B. RIEMANN: *Gesammelte mathematische Werke, wissenschaftlicher Nachlaß und Nachträge.* Springer–Verlag, Berlin–Heidelberg–New York 1990.

W. SCHARLAU: *Quadratic and hermitian forms.* Grundl. math. Wiss. **270**, Springer–Verlag, Berlin–Heidelberg–New York 1985.

B. SCHOENEBERG: *Elliptic modular functions.* Grundl. math. Wiss. **203**, Springer–Verlag, Berlin–Heidelberg–New York 1974.

H. A. SCHWARZ: *Formeln und Lehrsätze zum Gebrauche der elliptischen Funktionen.* Springer–Verlag, Berlin 1893.

J.–P. SERRE: *A course in arithmetic.* Springer–Verlag, Berlin–Heidelberg–New York 1973.

G. SHIMURA: *Introduction to the arithmetic theory of authomorphic functions.* Iwanami Publishers and Princeton University Press, Tokyo–Princeton 1971, Reprint 1994.

C. L. SIEGEL: *Gesammelte Abhandlungen I–IV.* Springer–Verlag, Berlin–Heidelberg–New York 1966–1979.

C. L. SIEGEL: *Vorlesungen über ausgewählte Kapitel der Funktionentheorie I–III.* Vorlesungsausarbeitung, Göttingen 1964–1965; Nachdruck, Göttingen 1988.

J. H. SILVERMAN: *The arithmetic of elliptic curves.* Springer–Verlag, Berlin–Heidelberg–New York 1985.

P. STÄCKEL, W. AHRENS: *Der Briefwechsel zwischen C.G.J. Jacobi und P.H. von Fuß über die Herausgabe der Werke Leonhard Eulers.* Teubner, Leipzig 1908.

A. TERRAS: *Harmonic analysis on symmetric spaces and applications I, II.* Springer–Verlag, Berlin–Heidelberg–New York 1985, 1988.

E. C. TITCHMARSH: *The theory of functions.* 2. Aufl., Oxford University Press, London 1958.

F. TRICOMI, M. KRAFFT: *Elliptische Funktionen.* Akad. Verl. Ges., Leipzig 1948

W. WALTER: *Analysis I, II.* 4., 3. Aufl., Springer–Verlag, Berlin–Heidelberg–New York 1997, 1992.

W. WALTER: *Gewöhnliche Differentialgleichungen.* 7. Aufl., Springer–Verlag, Berlin–Heidelberg–New York 2000.

L. C. WASHINGTON: *Introduction to cyclotomic fields.* Springer–Verlag, Berlin–Heidelberg–New York 1982.

H. WEBER: *Algebra III.* 2. Aufl., Vieweg, Braunschweig 1908.

K. T. W. WEIERSTRASS: *Mathematische Werke I–VI.* Mayer & Müller, Berlin 1894–1915.

A. WEIL: *Elliptic Functions according to Eisenstein and Kronecker.* Ergeb. Math. Grenzgeb. **88**, Springer–Verlag, Berlin–Heidelberg–New York 1976.

D. ZAGIER: *Zetafunktionen und quadratische Zahlkörper.* Springer–Verlag, Berlin–Heidelberg–New York 1981.

# Symbolverzeichnis

| | |
|---|---|
| $\mathbb{M}_k$ | Vektorraum der ganzen Modulformen vom Gewicht $k$ 156 |
| $\mathbb{M}_k^{\mathbb{Z}}$ | $\mathbb{Z}$–Modul der ganzen Modulformen vom Gewicht $k$ mit ganzen FOURIER–Koeffizienten 178 |
| $\mathbb{M}_k(\Lambda)$, $\mathbb{M}_k(\Lambda,\chi)$ | Vektorraum der ganzen Modulformen vom Gewicht $k$ zur Kongruenzgruppe $\Lambda$ (und zum Charakter $\chi$) 196 |
| $M\tau = M\langle\tau\rangle$ | gebrochen lineare Transformation 109, 110 |
| $M^t$ | transponierte Matrix 109 |
| $M^\sharp$ | adjungierte Matrix 109 |
| $\mathbb{N}$ | $\{1,2,3,\dots\}$, Menge der natürlichen Zahlen |
| $\mathbb{N}_0$ | $\mathbb{N}\cup\{0\}$ |
| $\mathcal{O}$ | LANDAU–Symbol 38, 157 |
| $\mathrm{ord}_c f$ | Ordnung von $f$ an der Stelle $c$ 11 |
| $\wp, \wp_\Omega, \wp(z;\omega_1,\omega_2)$ | WEIERSTRASSsche $\wp$–Funktion 34, 35 |
| $\mathbb{P}(\mathbb{C})$ | $\mathbb{C}\cup\{\infty\}$ 11 |
| $\mathcal{P}_r^{(n)}$ | Vektorraum der homogenen Polynome vom Grad $r$ in $n$ Variablen 289 |
| $\mathrm{Per}\, f$ | Periodenmenge von $f$ 12 |
| $\mathrm{Pos}\,(n;\mathbb{R})$ | Menge der positiv definiten $n \times n$ Matrizen über $\mathbb{R}$ 122, 261 |
| $PSL(2;\mathbb{C})$, $PSL(2;\mathbb{R})$ | Gruppe der gebrochen linearen Transformationen 111, 114 |
| $\mathbb{Q}$ | Körper der rationalen Zahlen |
| $\mathbb{R}$ | Körper der reellen Zahlen |
| $\mathrm{Re}\, z$ | Realteil von $z \in \mathbb{C}$ |
| $\mathrm{res}_c f$ | Residuum von $f$ an der Stelle $c$ 25 |
| $\langle S\rangle$ | Klasse von $S$ 263 |
| $\mathbb{S}$ | graduierter Ring der Spitzenformen 182 |
| $\mathbb{S}_k$ | Vektorraum der Spitzenformen vom Gewicht $k$ 156 |
| $\mathbb{S}_k^{\mathbb{Z}}$ | $\mathbb{Z}$–Modul der Spitzenformen vom Gewicht $k$ mit ganzen FOURIER–Koeffizienten 179 |
| $\mathbb{S}_k(\Lambda), \mathbb{S}_k(\Lambda,\chi)$ | Vektorraum der Spitzenformen vom Gewicht $k$ zur Kongruenzgruppe $\Lambda$ (und zum Charakter $\chi$) 199 |
| $SL(2;\mathbb{R})$ | spezielle lineare Gruppe vom Grad 2 über $\mathbb{R}$ 114 |
| $SL(2;\mathbb{Z}) = \Gamma$ | Modulgruppe 17, 107 |
| $S \sim T$ | ganzzahlige Äquivalenz 263 |
| $T$ | $\left(\begin{smallmatrix}1&1\\0&1\end{smallmatrix}\right) \in \Gamma$ 124 |
| $T_n, T_n^{(k)}$ | HECKE–Operator 205, 207 |
| $U$ | $\left(\begin{smallmatrix}-1&1\\-1&0\end{smallmatrix}\right) \in \Gamma$ 125 |
| $V(\mathbb{H})$ | Vektorraum der auf $\mathbb{H}\cup\{\infty\}$ meromorphen, periodischen Funktionen 206 |
| $\mathbb{V}_k$ | Vektorraum der Modulformen vom Gewicht $k$ 154 |
| $\mathcal{V}_\varepsilon$ | Vertikalstreifen der Höhe $\varepsilon$ in $\mathbb{H}$ 129 |
| $\mathrm{vol}\,\Omega$ | Volumen einer Grundmasche von $\Omega$ 20 |
| $v(\Omega)$ | hyperbolische Fläche von $\Omega$ 229 |

| | |
|---|---|
| $\lvert z, w\rvert$ | hyperbolischer Abstand von $z$ und $w$  118 |
| $\mathbb{Z}$ | Ring der ganzen Zahlen |
| $\Delta, \Delta(\Omega), \Delta(\tau)$ | Diskriminante  41, 53, 162 |
| $\Delta$ | LAPLACE-Operator  290 |
| $\widetilde{\Delta}$ | hyperbolischer LAPLACE-Operator  307 |
| $\Delta^*, \Delta^*(\tau)$ | normierte Diskriminante  162, 163 |
| $\delta_k(m)$ | Darstellungsanzahl von $m$ als Summe von $k$ Quadraten  201 |
| $\Gamma = SL(2; \mathbb{Z})$ | Modulgruppe  124 |
| $\Gamma_n$ | $\{M \in \mathrm{Mat}(2; \mathbb{Z}); \det M = n\}$, Menge der Transformationen $n$–ter Ordnung  208 |
| $\Gamma : \Gamma_n$ | Rechtsvertretersystem von $\Gamma_n$ modulo $\Gamma$  209 |
| $\Gamma[n]$ | $\{M \in \Gamma;\ M \equiv E(\ \mathrm{mod}\ n)\}$, Hauptkongruenzgruppe der Stufe $n$  135 |
| $\Gamma_0[n]$ | $\{M \in \Gamma;\ c \equiv 0(\ \mathrm{mod}\ n)\}$, Kongruenzgruppe  137 |
| $\Gamma_\vartheta$ | $\{M \in \Gamma;\ M \equiv E, J(\ \mathrm{mod}\ 2)\}$, Theta–Gruppe  139 |
| $\Gamma_\tau$ | $\{M \in \Gamma;\ M\tau = \tau\}$, Fixgruppe von $\tau$ in $\Gamma$  129 |
| $\Gamma(\varphi)$ | Invarianzgruppe der Funktion $\varphi$  230 |
| $\Gamma(s)$ | Gamma–Funktion  242 |
| $\eta(\tau)$ | DEDEKINDsche Etafunktion  189 |
| $\sigma_k(m)$ | gewichtete Teilersumme  50 |
| $\vartheta(\tau), \vartheta(\tau, z)$ | JACOBIsche Theta–Reihe  84, 150 |
| $\Theta_{p,q}(\tau; S)$ | Theta–Reihe mit Charakteristik  266 |
| $\Theta(\tau; S)$ | Theta–Nullwert  267 |
| $\Theta(\tau; S, P)$ | Theta–Reihe zum harmonischen Polynom $P$  291 |
| $\tau$ | Element der oberen Halbebene $\mathbb{H}$ |
| $\tau(m)$ | RAMANUJANsche Taufunktion  53, 163 |
| $\zeta(s)$ | RIEMANNsche Zetafunktion  23, 246 |
| $\zeta(T; s)$ | EPSTEINsche Zetafunktion  303 |
| $\Diamond(u; \omega_1, \omega_2), \Diamond(\omega_1, \omega_2)$ | Periodenparallelogramm  19 |
| $\sharp(S, T)$ | Darstellungsanzahl von $T$ durch $S$  263 |

# Sachverzeichnis